吴拓 蒋军杰 编著

公差配合与测量

从入门到精通

GONGCHA PEIHE
YU CELIANG
CONGRUMEN
DAOJINGTONG

化学工业出版社
·北京·

内 容 简 介

本书详细讲解了公差配合与测量的方法及要点。

全书分为2篇共10章。基础篇包括公差配合的基本概念、技术测量基础、零件的几何公差及其测量、表面结构及其检测、极限量规；应用篇包括螺纹的公差配合与测量、轴承的公差配合与测量、齿轮和蜗杆传动的公差与测量、圆锥的公差配合与测量、键与花键的公差配合与测量。

本书结构明晰、体系完整、重难点突出，既可供从事机械设计、机械制造、检验测量等相关工作的工程技术人员使用，也可供高职院校机械类或近机类各专业学生学习参考。

图书在版编目（CIP）数据

公差配合与测量从入门到精通/吴拓，蒋军杰编著．—北京：化学工业出版社，2024．5

ISBN 978-7-122-45276-4

Ⅰ．①公… Ⅱ．①吴… ②蒋… Ⅲ．①公差-配合②技术测量 Ⅳ．①TG801

中国国家版本馆CIP数据核字（2024）第057402号

责任编辑：贾 娜　　文字编辑：张 宇
责任校对：王鹏飞　　装帧设计：史利平

出版发行：化学工业出版社
（北京市东城区青年湖南街13号 邮政编码100011）
印 刷：北京云浩印刷有限责任公司
装 订：三河市振勇印装有限公司
787mm×1092mm 1/16 印张24¾ 字数619千字
2024年5月北京第1版第1次印刷

购书咨询：010-64518888　　售后服务：010-64518899
网 址：http://www.cip.com.cn
凡购买本书，如有缺损质量问题，本社销售中心负责调换。

定 价：138.00元

前言

公差配合与测量技术是机械制造的核心技术之一。它是企业进行产品设计和工艺设计、进行生产管理和质量管理等活动必不可少的技术工具。为了适应我国科学技术的进步和机械制造业的发展，满足相关职业的技能需求，我们编写了本书，希望本书能够成为求学者的向导、设计者的助手。

本书以实用为本，够用为度，一本贯通四阶段，阅读本书后，能实现由认知、熟练、精通、活用四个阶段的跃迁；两篇紧扣三根弦，全书分为基础篇和应用篇，基础篇对必备知识进行了介绍和梳理；应用篇相当于一本简易手册，可给读者提供参考和指引。全书紧紧抓住例析、图解、国家标准这三个环节，所选编内容既能满足技术设计的需要，又力求精练而不冗长，以适应技术设计、生产实际的需要。

本书着重体现以下特点：

（1）力求内容系统、全面

本书内容比较详尽，力求兼顾各方面的需要。例如：有关轴承的内容，对滚动轴承和滑动轴承都做了详细介绍；有关键的内容，除平键外，半圆键、切向键、花键、钩头键也有涉及；关于螺纹知识，讲述普通三角螺纹之余，对梯形螺纹、机床丝杆、小螺纹、管螺纹、锯齿螺纹等也有讲解；关于齿轮的内容，除介绍圆柱形渐开线齿轮外，还阐述了圆锥齿轮、蜗轮蜗杆、齿条的相关知识。

（2）科学编排，重点突出

① 全书内容遵循国家标准或行业标准，限于篇幅无法纳入的内容，亦列出相关标准以做出指引。

② 主旨明确，内容精练，提供插图说明。图、文、表相结合，便于读者直观理解。

③ 篇章设置合理，结构明晰，要点清晰。例如，将与实际联系密切的“常见典型零件的公差配合与测量”集中到一章，帮助读者掌握典型零件的独特性及它们之间的相关性。

④ 为适应实际设计需要，提供了“标记示例”和“研习范例”。

（3）贴合实际应用的需要

切实贯彻加强基础、突出应用、注重能力、推崇创新的原则，力求综合性强、实践性强、应用性强，加强了技术测量部分的内容。

本书既可供从事机械设计、机械制造、检验测量等相关工作的工程技术人员使用，也可供高职院校机械类或近机类各专业师生学习参考。

本书由广东轻工职业技术大学吴拓、郑州轻工业大学蒋军杰编著。其中，第 1~3、 6~8 章由吴拓编写，第 4、 5、 9、 10 章由蒋军杰编写。

由于作者水平所限，书中难免有不妥之处，敬请读者批评指正。

编著者

目录

上篇　基础篇

下篇 应用篇 213

上 篇

基础篇

第1章 公差配合的基本概念

1.1 公差配合的基本术语

1.1.1 优先数和优先数系

(1) 优先数和优先数系的概念

产品无论在设计、制造，还是在使用中，其规格（零件尺寸大小、原材料尺寸大小、公差大小、承载能力及所使用设备、刀具、测量器具的尺寸等性能与几何参数）都要用数值表示。而产品的数值是有扩散传播的，例如，某一尺寸的螺栓会扩散传播到螺母尺寸，制造螺栓的刀具（丝锥、板牙等）尺寸，检验螺栓的量具（螺纹千尺、三针直径）的尺寸，安装刀具的工具，工件螺母的尺寸等。由此可见，产品技术参数的数值不能任意选，必须按照科学、统一的数值标准，不然会造成产品规格繁杂，直接影响互换性生产、产品的质量以及产品的成本。

在产品设计或生产中，为了满足不同的要求，需要形成不同规格的产品系列。同一产品的某一参数，从大到小取不同的值时，应采用一种科学的数值分级制度或称谓。人们对于产品技术参数合理分档、分级，对产品技术参数进行简化、协调统一，总结出一种科学的统一的数值标准，即优先数和优先数系。

优先数系是国际上统一的数值分级制度，是一种量纲为 0 的分级数系，适用于各种量值的分级。优先数系中的任一个数值均称为优先数。优先数和优先数系是 19 世纪末由法国人雷诺（Renard）首先提出的，后人为了纪念雷诺将优先数系称为 R_r 数系。

我国数值分级国家标准（GB/T 321—2005）规定十进制等比数列为优先数系，并规定了优先数系的 5 个系列，即按 5 个公比形成的数系，分别用 R_5、R_{10}、R_{20}、R_{40}、R_{80} 表示，其中前 4 个为基本系列，最后一个为补充系列。优先数系的代号为 R（R 是 Renard 的缩写），相应的公比代号为 R_r。r 代表 5、10、20、40、80 等数值，其对应关系为

R_5 系列　　$R_5=\sqrt[5]{10}\approx 1.6$

R_{10} 系列　　$R_{10}=\sqrt[10]{10}\approx 1.25$

R_{20} 系列　　$R_{20}=\sqrt[20]{10}\approx 1.12$

R_{40} 系列　　$R_{40}=\sqrt[40]{10}\approx 1.06$

R_{80} 系列　　$R_{80}=\sqrt[80]{10}\approx 1.03$

一般机械产品优先选择 R_5 系列，其次为 R_{10} 系列、R_{20} 系列等；专用工具的主要尺寸遵循 R_{10} 系列；通用型材、通用零件及工具的尺寸，铸件的壁厚等遵循 R_{20} 系列。

(2) 优先数系的基本系列

优先数系中的任何一个项值均为优先数，其值见表 1-1。从表 1-1 可以发现，R_5 系列的项值包含在 R_{10} 系列中，R_{10} 系列的项值包含在 R_{20} 系列之中，R_{20} 系列的项值包含在 R_{40} 系列之中。

此外，为了使优先数系有更大的适应性，可从基本系列中每隔几项选取一个优先数，组成一个新的系列，这种新的系列称为派生系列。例如，派生系列 $R_{\frac{10}{2}}$，就是从基本系列 R_{10} 中每隔一项取出一个优先数组成的，当首项为 1 时，$R_{\frac{10}{2}}$ 系列为 1.00、1.60、2.50、6.30、10.00…。又如 $R_{\frac{10}{3}}$ 系列，其公比为 $R_{\frac{10}{3}}=(\sqrt[10]{10})^3=2$，当首项为 1 时，$R_{\frac{10}{3}}$ 系列为 1、2、4、6、8、10…；1.25、2.5、5、10…。还有一种由若干等比系列混合构成的复合多公比系列，如 10、16、25、35.5、50、71、100、125、160 这一数列，它是由 R_5、$R_{\frac{10}{3}}$ 和 R_{10} 这 3 种系列构成的混合系列。

采用等比数列作为优先数系，可使相邻两个优先数的相对差相同，且运算方便，简单易记。选用基本系列时，应遵守先疏后密的规则，即应当按照 R_5、R_{10}、R_{20}、R_{40} 的顺序，优先采用公比较大的基本系列，以免规格过多。表 1-1 所示为优先数系的基本系列。

表 1-1 优先数系的基本系列（摘自 GB/T 321—2005）

R_5	R_{10}	R_{20}	R_{40}	R_5	R_{10}	R_{20}	R_{40}	R_5	R_{10}	R_{20}	R_{40}
1.00	1.00	1.00	1.00			2.24	2.24		5.00	5.00	5.00
			1.06				2.36				5.30
		1.12	1.12	2.50	2.50	2.50	2.50			5.60	5.60
			1.18				2.65				6.00
	1.25	1.25	1.25			2.80	2.80	6.30	6.30	6.30	6.30
			1.32				3.00				6.70
		1.40	1.40		3.15	3.15	3.15			7.10	7.10
			1.50				3.35				7.50
1.60	1.60	1.60	1.60			3.55	3.55		8.00	8.00	8.00
			1.70				3.75				8.50
		1.80	1.80	4.00	4.00	4.00	4.00			9.00	9.00
			1.90				4.25	10.00	10.00	10.00	10.00
	2.00	2.00	2.00			4.50	4.50				
			2.12				4.75				

1.1.2 有关尺寸的术语

(1) 尺寸

用特定单位表示长度值的数值，称为尺寸。一般情况下尺寸只表示长度量，如直径、半径、宽度、深度、高度和中心距等。工程上规定图样上尺寸的特定单位为 mm。

(2) 孔、轴的尺寸

孔通常指工件的圆柱形内表面和非圆柱形内表面（由两个平行平面或切面形成的包容面）的统称。

轴通常指工件的圆柱形外表面和非圆柱形外表面（由两个平行平面或切面形成的被包容面）的统称。

根据定义可以看出，图 1-1 中，d_1、d_2、d_3、d_4 应当视为“轴”，而 D_1、D_2、D_3、D_4、D_5 应视为“孔”。以此类推，凡有包容与被包容关系的两者，前者为孔，后者为轴。

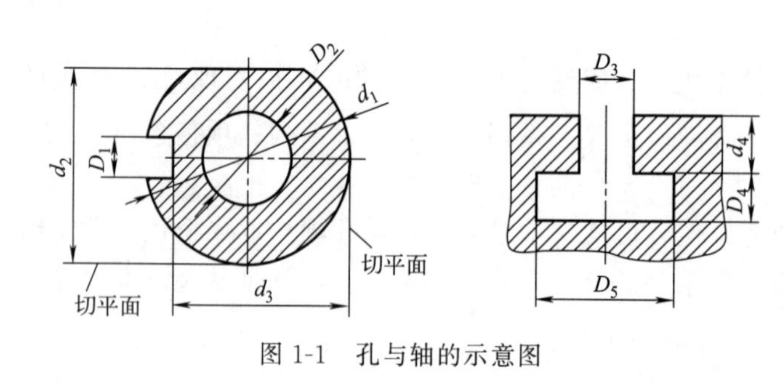

图 1-1　孔与轴的示意图

(3) 基本尺寸

在机械设计中，根据零部件的使用要求，考虑刚度、强度或结构等因素，用计算、试验或类比等方法确定的零部件尺寸称为基本尺寸。计算得到的基本尺寸应按照 GB/T 2822《标准尺寸》予以标准化，其目的是减少定值刀具（如钻头、绞刀）、定值量具（如塞规、卡规）、定值夹具（如弹簧夹头）及型材等的规格。两相互配合的零件，其结合部分的基本尺寸相同。

基本尺寸是计算极限尺寸和极限偏差的起始尺寸，可以是一个整数或一个小数，如 32、15、8.75、0.5 等。基本尺寸应标注在图样中。孔的基本尺寸用 D 表示，轴的基本尺寸用 d 表示，非孔、非轴的基本尺寸常用 L 表示。

基本尺寸也曾被称为“公称尺寸”“名义尺寸”。国家标准《标准尺寸》中所列出的标准尺寸数值来自优先数与优先数系。

(4) 极限尺寸

极限尺寸是指允许尺寸变动的尺寸极限值。它以基本尺寸为基数，允许的最大尺寸称为最大极限尺寸，允许的最小尺寸称为最小极限尺寸。孔的最大极限尺寸和最小极限尺寸分别用 D_{max} 和 D_{min} 表示；轴的最大极限尺寸和最小极限尺寸分别用 d_{max} 和 d_{min} 表示，非孔、非轴的最大极限尺寸和最小极限尺寸分别用 L_{max} 和 L_{min} 表示。如图 1-2 所示。

极限尺寸用来限制加工零件的尺寸变动，零件实际尺寸在两个极限尺寸之间则为合格。

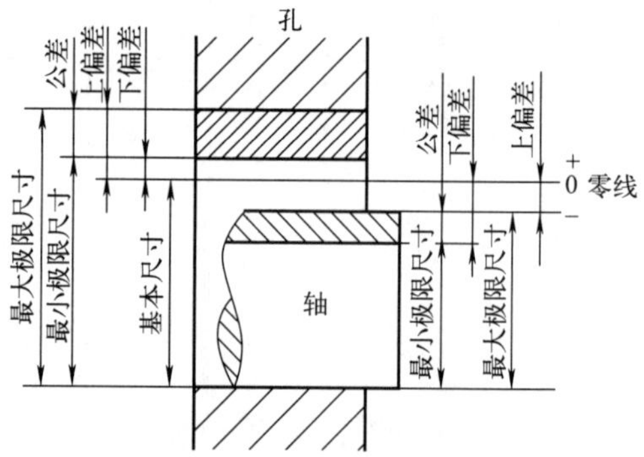

图 1-2　极限尺寸

(5) 实际尺寸

实际尺寸是指通过测量获得的某一孔、轴的尺寸。由于存在测量误差，实际尺寸并非尺寸的真值；又由于存在形状误差，零件的同一表面上的不同部位，其实际尺寸往往并不相等。

实际尺寸是用一定测量器具和方法，在一定的环境条件下获得，或者是经过数据处理获得的尺寸数值。由于存在测量误差，所以不同的人、使用不同的测量器具、采用不同测量方法、在不同环境下测量的尺寸数值可能不完全相同；还由于零件存在形状误差，零件的同一表面上的不同部位，其实际尺寸往往并不相等。这些都可以称为实际尺寸。

孔、轴的实际尺寸分别用 D_a、d_a 表示，非孔、非轴的基本尺寸常用 L_a 表示。

(6) 最大实体状态和最大实体尺寸

在尺寸公差范围内，具有材料量最多时的状态称为最大实体状态（简称 MMC），在此状态下的尺寸称为最大实体尺寸（简称 MMS）。根据定义可知，它是孔的最小极限尺寸和轴的最大极限尺寸的统称。

对于孔：$D_M = D_{min}$；对于轴：$d_M = d_{max}$。

例如：孔 $\phi50^{+0.039}_{0}$ 的最大实体尺寸为50mm，轴 $\phi50^{-0.025}_{-0.050}$ 的最大实体尺寸为49.975mm。

(7) 最小实体状态和最小实体尺寸

在尺寸公差范围内，具有材料量最少时的状态称为最小实体状态（简称LMC），在此状态下的尺寸称为最小实体尺寸（简称LMS）。根据定义可知，它是孔的最大极限尺寸和轴的最小极限尺寸的统称。

对于孔：$D_L = D_{max}$；对于轴：$d_L = d_{min}$。

例如：孔 $\phi50^{+0.039}_{0}$ 的最小实体尺寸为50.039mm，轴 $\phi50^{-0.025}_{-0.050}$ 的最小实体尺寸为49.950mm。

1.1.3 有关公差与偏差的术语

(1) 加工误差

加工工件时，任何一种加工方法都不可能把工件加工得绝对准确，一批完工工件的尺寸之间存在着不同程度的差异。由于工艺系统误差和其他因素的影响，甚至说，即使在相同的加工条件下，一批完工工件的尺寸也是各不相同的。通常，称一批工件的实际尺寸相对于公称尺寸的变动为尺寸误差。制造技术水平的提高，可以减小尺寸误差，但永远不可能消除尺寸误差。

从满足产品使用性能的要求来看，也不能要求一批相同规格的零件尺寸完全相同，而是根据使用要求的高低，允许存在一定的误差。

加工误差可分为下列几种，如图1-3所示。

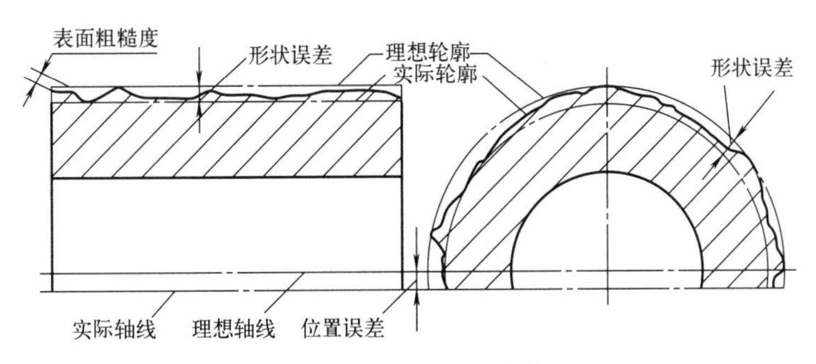

图1-3 圆柱表面的几何参数误差

① 尺寸误差指一批工件的尺寸变动，即加工后零件的实际尺寸和理想尺寸之差，如直径误差、孔距误差等。

② 形状误差指加工后零件的实际表面形状对于其理想形状的差异（或偏离程度），如圆度误差、直线度误差等。

③ 位置误差指加工后零件的表面、轴线或对称平面之间的相互位置对于其理想位置的差异（或偏离程度），如同轴度误差、位置度误差等。

④ 表面粗糙度指零件加工表面上具有的较小间距和峰谷所形成的微观几何形状误差。

(2) 尺寸偏差

尺寸偏差（简称偏差）是指某一尺寸减其基本尺寸所得的代数差。尺寸有实际尺寸和极限尺寸之分，所以尺寸偏差也有实际偏差和极限偏差之分。实际尺寸减其基本尺寸所得的代数差称为实际偏差；极限尺寸减其基本尺寸所得的代数差称为极限偏差。

① 上偏差：最大极限尺寸减去其基本尺寸所得的代数差称为上偏差。孔的上偏差用 ES 表示；轴的上偏差用 es 表示。

② 下偏差：最小极限尺寸减去其基本尺寸所得的代数差称为下偏差。孔的下偏差用 EI 表示；轴的下偏差用 ei 表示。

③ 上、下偏差统称为极限偏差。根据定义，孔、轴极限偏差可以表示为

孔：$ES=D_{max}-D \quad EI=D_{min}-D$

轴：$es=d_{max}-d \quad ei=d_{min}-d$

④ 实际偏差：实际尺寸减其基本尺寸所得的代数差。

由于极限尺寸和实际尺寸有可能大于、小于或等于基本尺寸，所以极限偏差和实际偏差可以为正值、负值或零。显然，合格零件的实际偏差应控制在极限偏差范围以内。

在实际生产中，一般在图样上只标注基本尺寸和极限偏差。标注形式为

$$\text{基本尺寸}^{\text{上偏差}}_{\text{下偏差}}\text{，如 }\phi 50^{\ 0}_{-0.062}$$

(3) 尺寸公差

尺寸公差（简称公差）是指允许的零件尺寸、几何形状和相互位置误差的最大变动范围，用以限制加工误差，等于最大极限尺寸与最小极限尺寸代数差的绝对值，也等于上偏差与下偏差代数差的绝对值。它是由设计人员根据产品使用性能要求给定的。规定公差的原则是在保证满足产品使用性能的前提下，给出尽可能大的公差。它反映了对一批工件制造精度的要求、经济性要求，并体现加工难易程度。公差越小，加工越困难，生产成本就越高。公差值不能为零，且应是绝对值。孔和轴的公差分别用 T_D 和 T_d 表示，用公式表示如下：

$$T_D=D_{max}-D_{min}=ES-EI \tag{1-1}$$

$$T_d=d_{max}-d_{min}=es-ei \tag{1-2}$$

规定相应公差值 r 的大小顺序，应为

$$T_{\text{尺寸}}>T_{\text{位置}}>T_{\text{形状}}>T_{\text{表面粗糙度}}$$

知识拓展：尺寸偏差与尺寸公差的区别

① 概念的不同。尺寸偏差中的极限偏差是相对于公称尺寸偏离大小的数值，即确定了极限尺寸相对公称尺寸的位置，它是限制实际偏差的变动范围。而公差仅表示极限尺寸变动范围的一个数值。

② 作用的不同。极限偏差表示了公差带的确切位置，可反映出零件在装配时配合的松紧程度，而公差仅表示公差带的大小，它反映了零件的配合精度。若公差值大，则允许尺寸变动的范围大，因而要求加工精度低；反之，公差值小，则允许尺寸变动的范围小，因而要求加工精度高。

③ 代数值的不同。由于实际（组成）要素的尺寸和极限尺寸可能大于、小于或等于公称尺寸，故尺寸偏差可以是正数、负数或零；而尺寸的公差是一个没有符号的绝对值，总是一个正数，且不可为零，更不能为负值。

④ 表征不同。尺寸公差是给定的允许尺寸误差的范围，或者说，公差是设计者根据零件的使用要求规定的误差允许值，它体现了对加工方法的精度要求不能通过测量而得。尺寸偏差是一批零件的实际尺寸相对于理想尺寸的偏离范围。当加工条件一定时，尺寸偏差就能体现出加工精度。

(4) 公差带与公差带图

用以表示相互配合的轴和孔的公称尺寸、极限尺寸、极限偏差以及相互关系的简图，称为极限与配合示意图，如图 1-4 所示。将极限与配合示意图用简化表示法画出的图形，称为公差带图，如图 1-5 所示。

在公差带图中，由代表上极限偏差和下极限偏差或上极限尺寸和下极限尺寸的两条直线所限定的一个区域称为公差带。它表示出零件的实际（组成）要素的尺寸对其公称尺寸所允许变动的范围，是由公差大小和其相对零线的位置来确定的。公差带大小是由标准公差，即国家标准规定的用以确定公差带大小的任一公差来确定的，公差带位置是由基本偏差，即国家标准规定的用以确定公差带相对于零线位置的上偏差或下偏差（一般指靠近零线的那个偏差）来确定的。公差带图中的尺寸单位为 mm，偏差及公差的单位也可用 μm（微米），但需注明。画公差带图时，不画出整个零件，只用表示公称尺寸的一条基准直线（称为零线），以其为基准来确定偏差和公差的起点，然后采用适当的比例，用平行于零线的矩形的长对边分别表示零件的上、下极限偏差的位置（见图 1-5）。若极限偏差为正，则画在零线的上方；极限偏差为负，则画在零线的下方；当与零线重合时，表示极限偏差为零。然后在矩形内画上剖面线（45°的平行线表示孔的公差带，阴影线表示轴的公差带），这样便可绘制出相应轴和孔尺寸的公差带图。

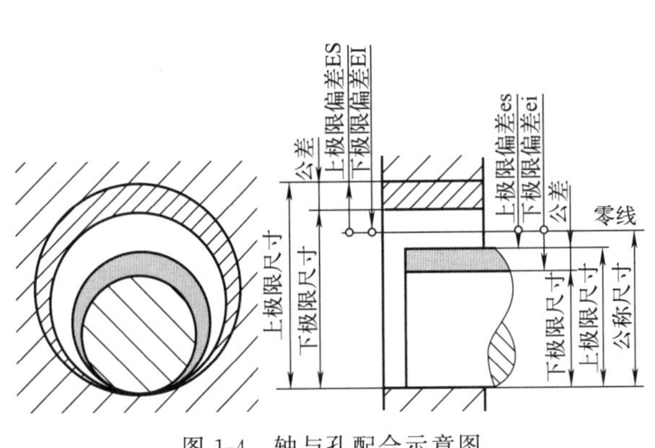

图 1-4　轴与孔配合示意图

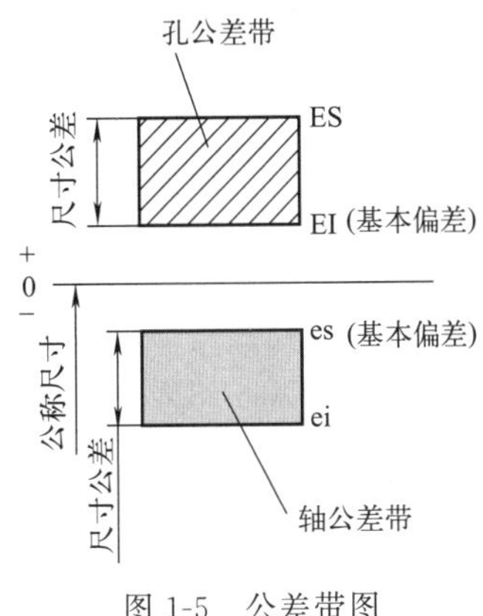

图 1-5　公差带图

必须指出，公差带图中矩形上、下平行的长边之间的距离，即为公差带的大小，由此构成了公差带。图 1-5 中公差带的大小与矩形的宽度有关，而与矩形的长度无关。因此，对公差带的理解也可认为是两条平行于零线且距离为公差值大小的平行线构成的一条长长的带。

如图 1-6 所示为圆柱销直径尺寸的公差带图。

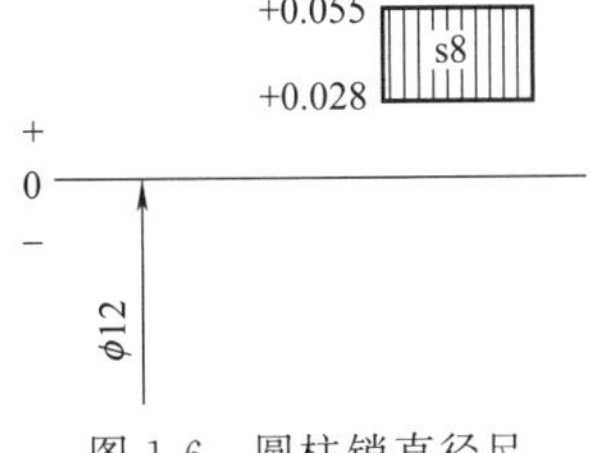

图 1-6　圆柱销直径尺寸的公差带图

研习范例

【例 1-1】 已知轴的基本尺寸为 ϕ82mm，轴的最大极限尺寸为 ϕ81.978mm，最小极限尺寸为 ϕ81.952mm。求轴的极限偏差。

【解】 代入公式，计算得

$es = d_{max} - d = 81.978\text{mm} - 82\text{mm} = -0.022\text{mm}$

$ei = d_{min} - d = 81.952mm - 82mm = -0.048mm$

轴的基本尺寸与极限偏差在图样上标注为：$\phi82_{-0.048}^{-0.022}$mm

【例 1-2】 已知孔、轴的基本尺寸为ϕ60mm，孔的最大极限尺寸为ϕ60.030mm，最小极限尺寸为ϕ60mm；轴的最大极限尺寸为ϕ59.990mm，最小极限尺寸为ϕ59.971mm。孔加工后的实际尺寸为60.010mm，轴加工后的实际尺寸为59.980mm。求孔、轴的极限偏差、公差和实际偏差，并绘出公差带图。

【解】 代入相应的公式，计算得

孔的上偏差 $ES = D_{max} - D = 60.030mm - 60mm = +0.030mm$

孔的下偏差 $EI = D_{min} - D = 60mm - 60mm = 0mm$

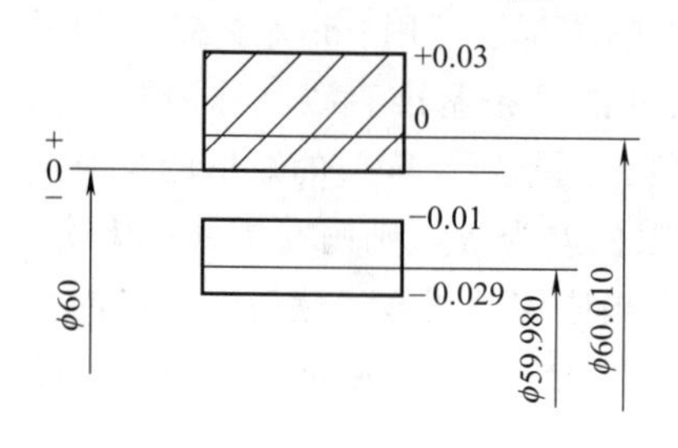

图 1-7 例 1-2 图

轴的上偏差 $es = d_{max} - d = 59.990mm - 60mm = -0.010mm$

轴的下偏差 $ei = d_{min} - d = 59.971mm - 60mm = -0.029mm$

孔的公差 $T_D = D_{max} - D_{min} = 60.030mm - 60.000mm = 0.030mm$

轴的公差 $T_d = d_{max} - d_{min} = 59.990mm - 59.971mm = 0.019mm$

孔和轴的基本尺寸与极限偏差在图样上标注分别为

孔：$\phi60_{0}^{+0.030}$mm 轴：$\phi60_{-0.029}^{-0.010}$mm

孔的实际偏差 = 60.010mm − 60mm = +0.010mm（即+10μm）

轴的实际偏差 = 59.980mm − 60mm = −0.020mm（即−20μm）

其公差带图如图1-7所示。

1.1.4 有关配合的术语

(1) 配合、间隙、过盈的概念

① 配合。配合是指一批基本尺寸相同、相互结合的孔与轴公差带之间的位置关系。零件在组装时，常使用配合这一概念反映组装后的松紧程度。

② 间隙或过盈是指在相互配合的孔与轴中，孔的尺寸减去相配合轴的尺寸所得的代数之差。此差值为正时称为间隙，用大写字母X表示；为负时称为过盈，用大写字母Y表示。根据孔和轴公差带相对位置的不同，配合又分为间隙配合、过盈配合和过渡配合三类。

(2) 配合的类型

① 间隙配合。间隙配合是指具有间隙（包括最小间隙等于零）的配合。此时，孔的公差带在轴的公差带之上，如图1-8 (a) 所示。由于孔和轴在各自的公差带内变动，因此装配后每对孔、轴间的间隙也是变动的。当孔制成上极限尺寸而轴制成下极限尺寸时，装配后得到最大间隙，用X_{max}表示；当孔制成下极限尺寸而轴制成上极限尺寸时，装配后得到最小间隙（包括最小间隙为零），用X_{min}表示。即

$$X_{max} = D_{max} - d_{min} = ES - ei \tag{1-3}$$

$$X_{min} = D_{min} - d_{max} = EI - es \tag{1-4}$$

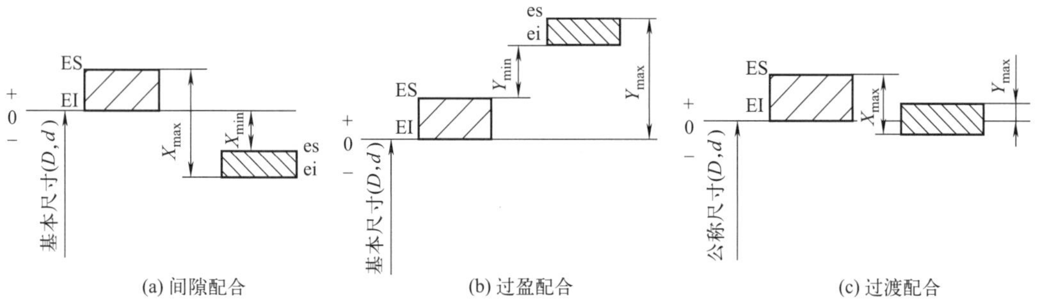

(a) 间隙配合 (b) 过盈配合 (c) 过渡配合

图 1-8 配合的类型

② 过盈配合。过盈配合是指具有过盈（包括最小过盈等于零）的配合。此时孔的公差带在轴的公差带之下，如图 1-8（b）所示。同样孔和轴装配后每对孔、轴间的过盈也是变化的。当孔上极限尺寸减去轴下极限尺寸时，装配后得到最小过盈，其值为负，用 Y_{min} 表示；当孔制成下极限尺寸而轴制成上极限尺寸时，装配后得到最大过盈，其值为负，用 Y_{max} 表示，即

$$Y_{min}=D_{max}-d_{min}=ES-ei \tag{1-5}$$

$$Y_{max}=D_{min}-d_{max}=EI-es \tag{1-6}$$

③ 过渡配合。过渡配合是可能具有间隙或过盈的配合。此时，孔的公差带与轴的公差带相互交叠，如图 1-8（c）所示。在过渡配合中，孔和轴装配后每对孔、轴间的间隙或过盈也是变化的。当孔上极限尺寸减去轴下极限尺寸时，装配后得到最大间隙，按式（1-3）计算；当孔制成下极限尺寸而轴制成上极限尺寸时，装配后得到最大过盈，按式（1-6）计算。

必须指出："间隙、过盈、过渡"是对一批孔、轴而言，具体到一对孔和轴装配后，只能是间隙或过盈，包括间隙或过盈为零，而不会出现过渡。

(3) 配合公差

配合公差是指组成配合的孔与轴的公差之和，用 T_f 表示。它是允许间隙或过盈的变动量，是一个绝对值。它表明了配合松紧程度的变化范围。在间隙配合中，最大间隙与最小间隙之差的绝对值为配合公差；在过盈配合中，最小过盈与最大过盈之差的绝对值为配合差；在过渡配合中，配合公差等于最大间隙与最大过盈之差的绝对值。即

$$T_f=|X_{max}-X_{min}| \tag{1-7}$$

$$T_f=|Y_{min}-Y_{max}| \tag{1-8}$$

$$T_f=|X_{max}-Y_{max}| \tag{1-9}$$

上述三种配合的配合公差亦为孔公差与轴公差之和，即

$$T_f=T_D+T_d \tag{1-10}$$

由此可见，配合机件的装配精度与零件的加工精度有关。若要提高机件的装配精度，使得配合后间隙或过盈的变化范围减少，则应减少零件的公差，也就是提高零件的加工精度。

(4) 配合公差带图

用直角坐标表示出相配合的孔与轴其间隙或过盈的变化范围的图形称为配合公差带图。如图 1-9 所示为孔与轴三种配合的配合公差带图，零线上方表示间隙，下方表示过盈。图中左上侧为 ϕ30H7/g6 间隙配合的配合公差带，右侧为 ϕ30H7/k6 过渡配合的配合公差带，中间下方为 ϕ30H7/p6 过盈配合的配合公差带。

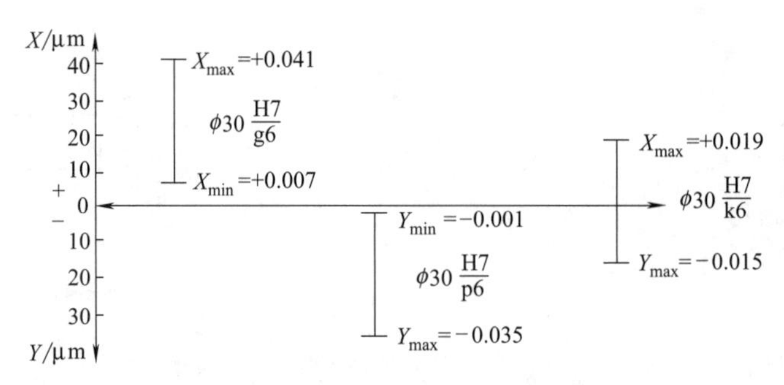

图 1-9 孔与轴的配合公差带图

知识拓展：平均盈隙

所谓“平均盈隙”，举例来说，是指在制造的一批零件中，任取一件齿轮轴的轴颈与任取的一件泵盖孔相配合时，均能获得接近平均间隙的间隙值。如果产品上所有的结合零件副都能实现“平均盈隙”的互换性装配，便可大大提高产品的质量，而且还可以稳定地进行生产。要实现一批产品零件的“平均盈隙”装配，唯一的办法就是在制造时，要求设备和工装能够按照齿轮轴轴颈与泵盖孔各自公差所确定的平均尺寸进行快速调整和控制。

实际生产中，“平均盈隙”更能体现配合性质。三种配合的“平均盈隙”的计算公式分别为：

① 间隙配合 $X_{av}=(X_{max}+X_{min})/2$

② 过盈配合 $Y_{av}=(Y_{max}+Y_{min})/2$

③ 过渡配合 X_{av}(或 Y_{av})$=(X_{max}+Y_{max})/2$

实际生产中，其平均松紧程度可能是平均间隙，也可能是平均过盈。

1.1.5 线性尺寸的一般公差

(1) 一般公差的概念及其应用

根据机械零件的功能，对机械零件在图样上表达的各几何要素的线性尺寸、角度尺寸、形状和各要素之间的位置等都有一定的公差要求。但是，对某些在功能上无特殊要求的要素，则可给出一般公差，即未注公差，也称为自由公差。

线性尺寸的一般公差主要用于较低精度的非配合尺寸、零件上无特殊要求的尺寸，以及在车间普通工艺条件下，由机床设备一般加工能力即可保证的公差，则尺寸后不需带有公差。

(2) 一般公差的极限偏差值及其标注

国家标准 GB/T 1804—2000《一般公差 未注公差的线性和角度尺寸的公差》中对一般公差规定了四个公差等级：精密级 f，中等级 m，粗糙级 c，最粗级 v，按未注公差的线性尺寸和倒圆及倒角高度尺寸分别给出了各公差等级的极限偏差数值。一般公差的极限偏差，无论孔、轴或长度尺寸一律呈对称分布。这样的规定，可以避免由于对孔、轴尺寸理解不一致而带来的不必要的纠纷。

当零件上的要素采用一般公差时，在图样上只标注公称尺寸，不标注极限偏差或公差带代号，零件加工完后可不检验，而是在图样上、技术文件或标准（企业或行业标准）中作出总的说明。例如，在零件图样上标题栏上方标明：GB/T 1804—m，则表示该零件的一般公差选用中等级，按国家标准GB/T 1804中的规定执行。

(3) 采用一般公差的意义

① 可简化制图，使图样清晰易读。

② 可节省图样设计的时间，设计者只要熟悉一般公差的规定和应用，不需要逐一考虑几何要素的公差值。

③ 只要明确哪些几何要素可由一般工艺水平保证，可简化对这些要素的检验要求，从而有利于质量管理。

④ 可突出图样上标注公差要素的重要性，以便在加工和检验时引起重视。

⑤ 明确图样上几何要素的一般公差要求后，对供需双方在加工、销售、交货等都有利。

1.2 极限与配合基础

1.2.1 极限制与配合制

(1) 极限制和配合制的概念

① 极限制。孔、轴的配合是否满足使用要求，主要看是否可以保证极限间隙或极限过盈的要求。显然，满足同一使用要求的孔、轴公差带的大小和位置是无限多的，如果不对满足同一使用要求的孔、轴公差带的大小和位置作出统一规定，将会给生产过程带来混乱，不利于工艺过程的经济性，也不便于产品的使用和维修。因此，应该对孔、轴尺寸公差带的大小和公差带的位置进行标准化。极限制是指经标准化的公差与偏差制度。它是一系列标准的孔、轴公差数值和极限偏差数值。

② 配合制。配合制是指同一极限制的孔和轴组成配合的一种制度。根据配合的定义和三类配合的公差带图解可以知道，配合的性质由孔、轴公差带的相对位置决定，因而改变孔或轴的公差带位置，就可以得到不同性质的配合。从理论上讲，任何一种孔的公差带和任何一种轴的公差带都可以形成一种配合，但实际上并不需要同时变动孔、轴的公差带，只要固定一个，改变另一个，既可得到满足不同使用性能要求的配合，又便于生产加工。因此，国家标准对孔和轴公差带之间的相互位置关系，规定了两种基准制，即基孔制和基轴制。

a. 基孔制。基孔制是指基本偏差为一定的孔的公差带，与不同基本偏差的轴的公差带形成各种配合的一种制度，如图1-10（a）所示。在基孔制中，孔是基准件，称为基准孔；轴是非基准件，称为配合轴。同时规定，基准孔的基本偏差是下极限偏差，且等于零，$EI=0$，并以基本偏差代号H表示，应优先选用。

b. 基轴制。基轴制是指基本偏差为一定的轴的公差带，与不同基本偏差的孔的公差带形成各种配合的一种制度，如图1-10（b）所示。在基轴制中，轴是基准件，称为基准轴；孔是非基准件，称为配合孔。同时规定，基准轴的基本偏差是上极限偏差，且等于零，$es=0$，并以基本偏差代号h表示。

(2) 公差等级与标准公差

为了实现互换性和满足各种使用要求，必须对各基本尺寸制定一系列公差与偏差，并规定一系列具有一定间隙或过盈的配合，这便成为公差与配合的国家标准的主要组成部分。

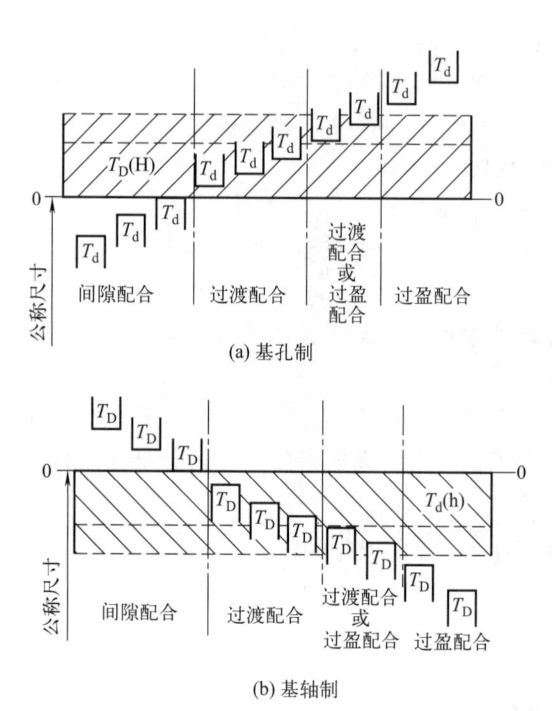

图 1-10　基准制

① 公差等级。为了将公差值标准化，以减少量具和刀具等的规格，同时又满足各种机器所需精度的要求，国家标准 GB/T 1800.1—2020 规定 01、0、1、2、3、4、5、6、7、8、9、10、11、12、13、14、15、16、17、18 共 20 个等级的公差系列，其中 01 级最高，18 级最低。国家标准还规定公差级用"IT"两个字母表示，公差级别用数字表示在 IT 之后，如 3 级公差则表示为 IT3。

② 标准公差值由表 1-2 给出。每列给出了标准公差等级 IT01～IT18 间任一个标准公差等级的公差值，表中的每一行对应一个尺寸范围，表 1-2 的第一列对尺寸范围进行了限定。

表 1-2　公称尺寸至 3150mm 的标准公差数值

公称尺寸/mm		标准公差等级																			
		IT01	IT0	IT1	IT2	IT3	IT4	IT5	IT6	IT7	IT8	IT9	IT10	IT11	IT12	IT13	IT14	IT15	IT16	IT17	IT18
大于	至	标准公差数值																			
		μm													mm						
—	3	0.3	0.5	0.8	1.2	2	3	4	6	10	14	25	40	60	0.1	0.14	0.25	0.4	0.6	1	1.4
3	6	0.4	0.6	1	1.5	2.5	4	5	8	12	18	30	48	75	0.12	0.18	0.3	0.48	0.75	1.2	1.8
6	10	0.4	0.6	1	1.5	2.5	4	6	9	15	22	36	58	90	0.15	0.22	0.36	0.58	0.9	1.5	2.2
10	18	0.5	0.8	1.2	2	3	5	8	11	18	27	43	70	110	0.18	0.27	0.43	0.7	1.1	1.8	2.7
18	30	0.6	1	1.5	2.5	4	6	9	13	21	33	52	84	130	0.21	0.33	0.52	0.84	1.3	2.1	3.3
30	50	0.6	1	1.5	2.5	4	7	11	16	25	39	62	100	160	0.25	0.39	0.62	1	1.6	2.5	3.9
50	80	0.8	1.2	2	3	5	8	13	19	30	46	74	120	190	0.3	0.46	0.74	1.2	1.9	3	4.6
80	120	1	1.5	2.5	4	6	10	15	22	35	54	87	140	220	0.35	0.54	0.87	1.4	2.2	3.5	5.4
120	180	1.2	2	3.5	5	8	12	18	25	40	63	100	160	250	0.4	0.63	1	1.6	2.5	4	6.3

续表

公称尺寸/mm		标准公差等级																			
		IT01	IT0	IT1	IT2	IT3	IT4	IT5	IT6	IT7	IT8	IT9	IT10	IT11	IT12	IT13	IT14	IT15	IT16	IT17	IT18
大于	至	标准公差数值																			
		μm											mm							
180	250	2	3	4.5	7	10	14	20	29	46	72	115	185	290	0.46	0.72	1.15	1.85	2.9	4.6	7.2
250	315	2.5	4	6	8	12	16	23	32	52	81	130	210	320	0.52	0.81	1.3	2.1	3.2	5.2	8.1
315	400	3	5	7	9	13	18	25	36	57	89	140	230	360	0.57	0.89	1.4	2.3	3.6	5.7	8.9
400	500	4	6	8	10	15	20	27	40	63	97	155	250	400	0.63	0.97	1.55	2.5	4	6.3	9.7
500	630			9	11	16	22	32	44	70	110	175	280	440	0.7	1.1	1.75	2.8	4.4	7	11
630	800			10	13	18	25	36	50	80	125	200	320	500	0.8	1.25	2	3.2	5	8	12.5
800	1000			11	15	21	28	40	56	90	140	230	360	560	0.9	1.4	2.3	3.6	5.6	9	14
1000	1250			13	18	24	33	47	66	105	165	260	420	660	1.05	1.65	2.6	4.2	6.6	10.5	16.5
1250	1600			15	21	29	39	55	78	125	195	310	500	780	1.25	1.95	3.1	5	7.8	12.5	19.5
1600	2000			18	25	35	46	65	92	150	230	370	600	920	1.5	2.3	3.7	6	9.2	15	23
2000	2500			22	30	41	55	78	110	175	280	440	700	1100	1.75	2.8	4.4	7	11	17.5	28
2500	3150			26	36	50	68	96	135	210	330	540	860	1350	2.1	3.3	5.4	8.6	13.5	21	33

当标准公差等级与代表基本偏差的字母组合形成公差带代号时，IT 省略，如 H7。

从 IT6～IT18，标准公差是每 5 级乘以因数 10。该规则应用于所有标准公差，还可用于表 1-2 没有给出的 IT 等级的外插值。

研习范例

【例 1-3】 公称尺寸大于 120～180mm，求 IT20 的值。

【解】 IT20＝IT15×10＝1.6mm×10＝16（mm）

公差带是上极限尺寸和下极限尺寸间的变动值，公差带代号用基本偏差表示公差带相对于公称尺寸的位置。关于公差带的位置，即，基本偏差的信息由一个或多个字母标示，称为基本偏差标示符。

(3) 基本偏差系列

① 基本偏差的意义及其代号。在对公差带的大小进行了标准化后，还需对公差带相对于零线的位置进行标准化。

基本偏差是国家标准表格中所列的用以确定公差带相对于零线位置的上偏差或下偏差，一般是指靠零线最近的那个偏差。也就是说，当公差带在零线以上时，规定下偏差（EI 或 ei）为基本偏差；当公差带在零线以下时，规定上偏差（ES 或 es）为基本偏差。为了满足各种不同配合的需要，满足生产标准化的要求，必须设置若干基本偏差并将其标准化，标准化的基本偏差组成基本偏差系列。

GB/T 1800.1—2020 对孔和轴分别规定了 28 种基本偏差，其代号用拉丁字母表示。大写代表孔，小写代表轴。在 26 个字母中，除去易混淆的 I、L、O、Q、W（i、l、o、q、w）等 5 个字母，国家标准规定采用 21 个，再加上 7 个双写字母 CD、EF、FG、JS、ZA、ZB、

ZC（cd、ef、fg、js、za、zb、zc），共有 28 个基本偏差代号，构成孔（或轴）的基本偏差系列，反映 28 种公差带相对于零线的位置，如图 1-11 所示。

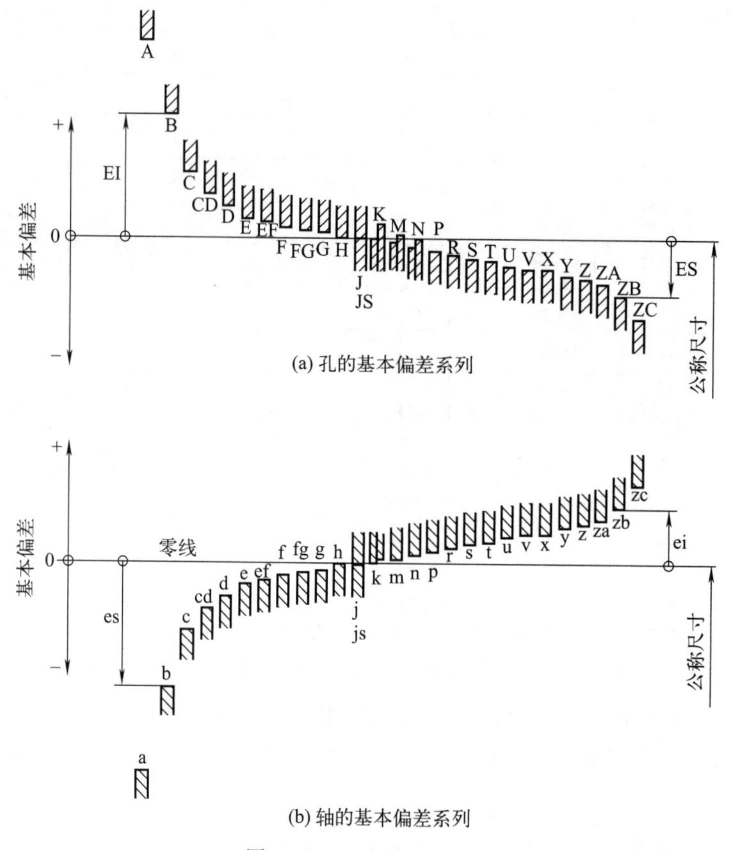

图 1-11 基本偏差系列

由图 1-11 可知，孔的基本偏差系列中，A～H 的基本偏差为下极限偏差，J～ZC 的基本偏差为上极限偏差；而轴的基本偏差系列中，a～h 的基本偏差为上极限偏差，j～zc 的基本偏差为下极限偏差。公差带的另一极限“开口”，表示其公差等级未定，它与尺寸和技术要求相关。

② 基本偏差系列的特点。

a. H 的基本偏差为 EI＝0，公差带位于零线之上；h 的基本偏差为 es＝0，公差带位于零线之下；J（j）与零线近似对称；JS（js）与零线完全对称。

b. 对于孔：A～H 的基本偏差为下偏差 EI，其绝对值依次减小；J～ZC 的基本偏差为上偏差 ES，其绝对值依次增大（J、JS 除外）。对于轴：a～h 的基本偏差为上偏差 es，其绝对值依次减小；j～zc 的基本偏差为下偏差 ei（j、js 除外），其绝对值依次增大。

由图 1-11 可知，孔的基本偏差分布与轴的基本偏差呈倒影关系。

c. JS 和 js 为完全对称偏差，在各个公差等级中完全对称于零线分布，因此其基本偏差可为上偏差＋IT/2，也可为下偏差－IT/2。

d. 在基本偏差系列图中只画出了公差带属于基本偏差的一端，另一端是开口的，它取决于各级标准公差的宽窄。当基本偏差确定后，按公差等级确定标准公差 IT，另一极限偏差即可按下列关系式计算：

轴　$es=ei+IT$　或　$ei=es-IT$　(1-11)

孔　$ES=EI+IT$　或　$EI=ES-IT$　(1-12)

这是极限偏差和标准公差的关系式。

③ 基本偏差的数值。

a. 轴的基本偏差数值。公称尺寸≤500mm 轴的基本偏差是以基孔制配合为基础，按照各种配合要求，再根据生产实践经验和统计分析结果得出的一系列公式经计算后圆整成尾数而得出列表值（数表可查阅相关手册，在此从略）。

b. 孔的基本偏差数值。公称尺寸≤500mm 孔的基本偏差数值都是由相应代号轴的基本偏差数值按一定规则换算得到的。

通用规则：同一字母表示的孔、轴的基本偏差的绝对值相等，而符号相反，即对于所有公差等级的 A～H，$EI=-es$；对于标准公差大于 IT8 的 K、M、N 和大于 IT7 的 P～ZC，$ES=-ei$。但其中也有例外，对于标准公差大于 IT8、公称尺寸大于 3mm 的 N 孔，其基本偏差 $ES=0$。

特殊规则：对于标准公差小于等于 IT8 的 K、M、N 和小于等于 IT7 的 P～ZC，孔的基本偏差 ES 与同字母的轴的基本偏差 ei 的符号相反，而绝对值相差一个 Δ 值，即

$$ES=-ei+\Delta \tag{1-13}$$

$$\Delta=IT(a)-IT(a-1) \tag{1-14}$$

式中　IT(a)——孔的标准公差；

IT(a－1)——比孔高一级的轴的标准公差。

按照两个规则换算得到孔的基本偏差数值（数表可查阅相关手册，在此从略）。

知识拓展：如何查极限偏差数值

（1）孔、轴的各种基本偏差与极限偏差的关系（可参看图 1-12）。

（2）查极限偏差数值的步骤和方法

① 根据基本偏差的代号确定是查孔还是查轴的基本偏差数值表。

② 在基本偏差数值表中找到基本偏差代号，再从基本偏差代号下找到公差等级数字所在的列。

③ 根据公称尺寸段所在的行，则行和列的相交处，就是所要查的极限偏差数值。

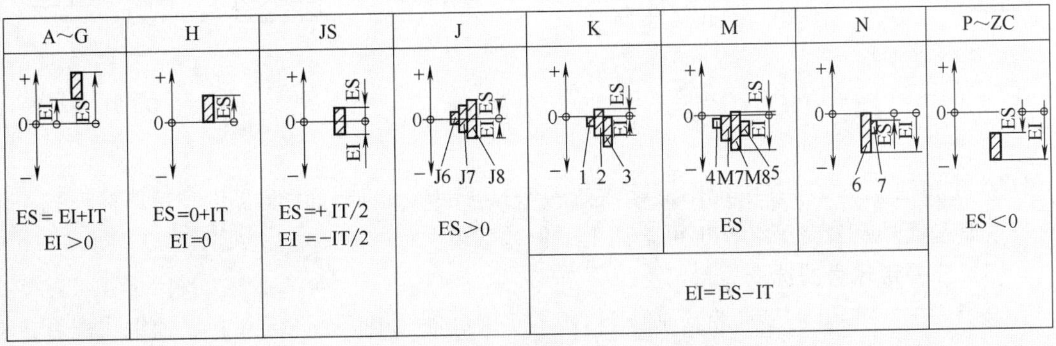

A～G	H	JS	J	K	M	N	P～ZC
+ 0 − EI ES	+ 0 − ES	+ 0 − ES EI	+ 0 − EI ES J6 J7 J8	+ 0 − ES EI 1 2 3	+ 0 − ES EI 4 M7 M8 5	+ 0 − ES EI 6 7	+ 0 − ES EI
ES= EI+IT EI＞0	ES=0+IT EI=0	ES=+ IT/2 EI =−IT/2	ES＞0		ES		ES＜0
				EI=ES−IT			

(a) 孔

图 1-12

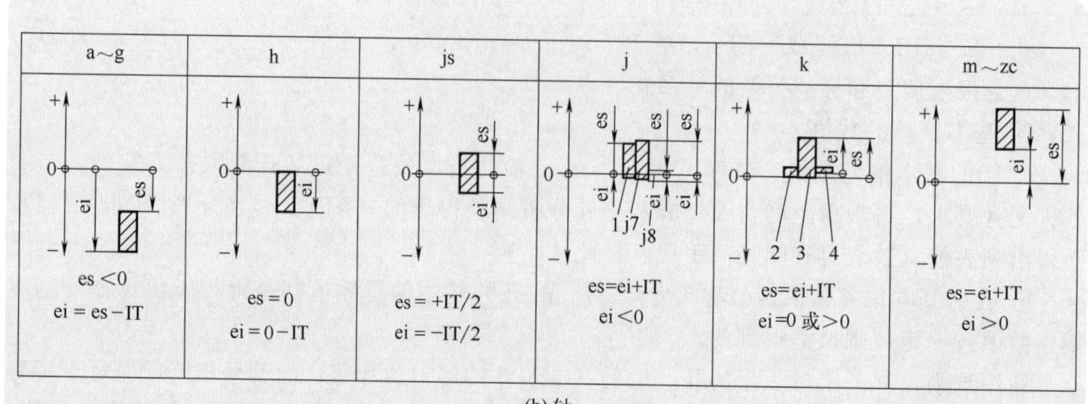

(b) 轴

图 1-12 孔和轴的偏差

研习范例

【例 1-4】 查 ϕ70f8 的极限偏差。

【解】 第一步：f 为小写字母，应查轴的基本偏差数值表。

第二步：找到基本偏差 f 下公差等级为 8 的一列。

第三步：公称尺寸 70 属“>65～80”尺寸段，找到此段所在的行，在行和列的相交处得到极限偏差数值：上偏差为－30μm，下偏差为－76μm，即得 ϕ70f8 为 $\phi70^{-0.030}_{-0.076}$mm。

(4) 孔和轴公差带在图样上的标注

① 孔和轴的公差带在零件图上的标注如图 1-13 所示，主要标注上下偏差数值，也可附注基本偏差代号及公差等级。

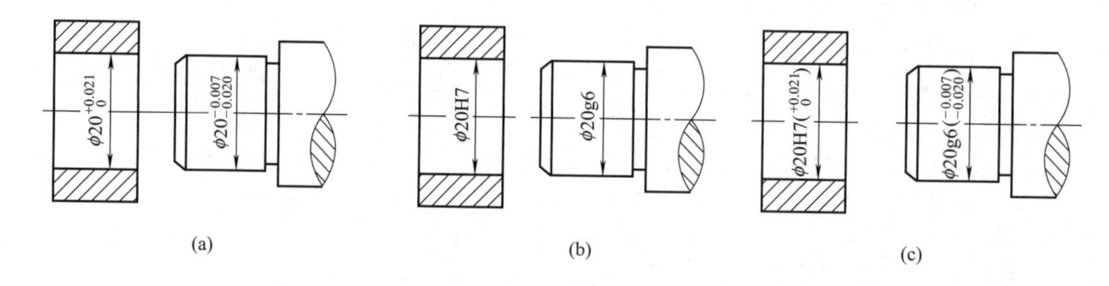

图 1-13 零件图上的标注

② 孔和轴的公差带在装配图上标注如图 1-14 所示，主要标注配合代号，即标注孔、轴的基本偏差代号及公差等级，也可附注上下偏差数值。

(5) 公差带代号的选取

① 优先和一般用途公差带。原则上 GB/T 1800.2—2009 允许任一孔、轴组成配合，但为了简化标准和使用方便，根据实际需要规定了优先和一般用途的孔、轴公差带，从而有利于生产和减少刀具、量具的规格、数量，便于技术人员工作。

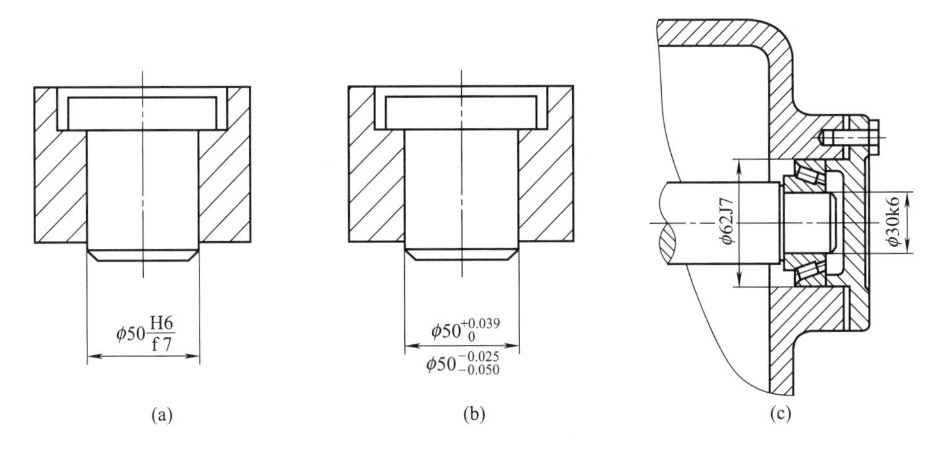

图 1-14　装配图上的标注

公差带代号应尽可能从图 1-15 和图 1-16 分别给出的孔和轴相应的公差带代号中选取。框中所示的公差带代号应优先选取。

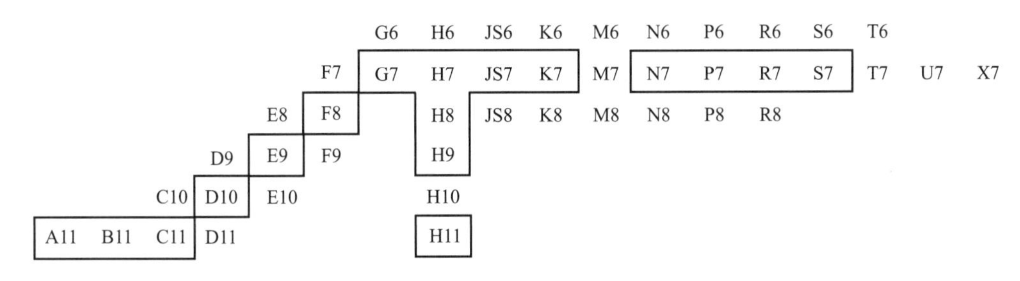

图 1-15　孔

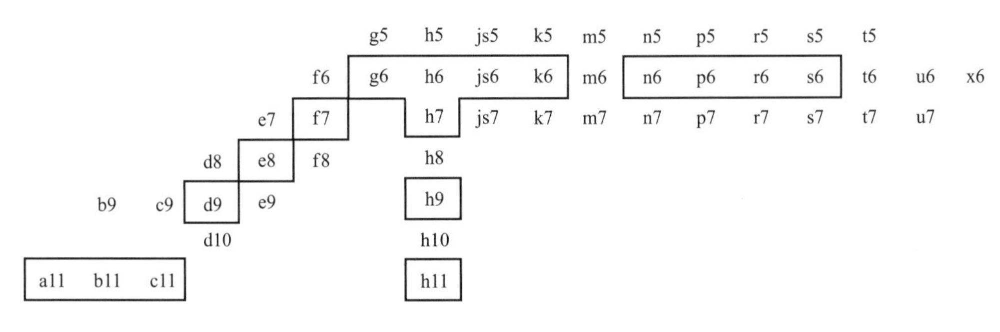

图 1-16　轴

极限与配合公差制给出了多种公差带代号即使这种选取仅受限于 GB/T 1800.2 所示的那些公差带代号，其可选性也非常宽。通过对公差带代号选取的限制，可以避免工具和量具不必要的多样性。

图 1-15 和图 1-16 中的公差带代号仅应用于不需要对公差带代号进行特定选取的一般性用途。例如，键槽需要特定选取。

在特定应用中若有必要，偏差 js 和 JS 可被相应的偏差 j 和 J 替代。

② 优先和常用配合。

配合制的选择，首先要确定采用“基孔制配合”（孔 H）还是“基轴制配合”（轴 h）。这两种配合制对于零件的功能没有技术性的差别，应基于经济因素进行选择。通常情况下，应选择“基孔制配合”。这种选择可避免工具（如铰刀）和量具不必要的多样性。“基轴制配合”仅用于那些可以带来切实经济利益的情况（如需要在没有加工的拉制钢棒的单轴上安装几个具有不同偏差的孔的零件）。

对于孔和轴的公差等级和基本偏差（公差带的位置）的选择，应能够以给出最满足所要求使用条件对应的最小和最大间隙或过盈。

图 1-17 和图 1-18 中的配合可满足普通工程机构的需要，应优先选择框中所示的公差带代号。

基准孔	轴公差带代号																	
	间隙配合							过渡配合				过盈配合						
H6						g5	h5	js5	k5	m5		n5	p5					
H7					f6	g6	h6	js6	k6	m6	n6		p6	r6	s6	t6	u6	x6
H8				e7	f7		h7	js7	k7	m7					s7		u7	
			d8	e8	f8		h8											
H9			d8	e8	f8		h8											
H10	b9	c9	d9	e9			h9											
H11	b11	c11	d10				h10											

图 1-17 基孔制配合的优先配合

基准轴	孔公差带代号																	
	间隙配合							过渡配合				过盈配合						
h5						G6	H6	JS6	K6	M6		N6	P6					
h6					F7	G7	H7	JS7	K7	M7	N7		P7	R7	S7	T7	U7	X7
h7				E8	F8		H8											
h8			D9	E9	F9		H9											
h9				E8	F8		H8											
			D9	E9	F9		H9											
	B11	C10	D10				H10											

图 1-18 基轴制配合的优先配合

1.2.2 极限与配合的选用

(1) 选择极限与配合的基本原则

在机械制造业中，应用极限与配合的国家标准，就是要根据使用要求正确合理地选择符合标准规定的孔、轴的公差带大小和公差带位置，也就是在公称尺寸确定之后，选择公差等级、配合制和配合种类。

选择极限与配合的基本原则是：充分满足使用性能要求，并获得最佳技术经济效益。其中，满足使用性能是第一位的，这是产品质量的保证。在此条件下，尽可能考虑生产、使用、维护过程的经济性。

正确合理地选择孔、轴的公差等级、配合制和配合种类，不仅要对极限与配合国家标准的构成原理和方法有较深的了解，而且应对产品的工作状况、使用条件、技术性能和精度要求、可靠性、预计寿命及生产条件进行全面的分析和估计，特别应该在生产实践和科学实验中不断积累设计经验，提高综合实际工作能力，才能真正达到正确合理选择的目的。

合理地选择极限与配合，对于提高产品的性能、质量，以及降低制造成本都有重大的作用。

(2) 选择极限与配合的方法

选择极限与配合的方法一般有类比法、计算法和试验法三种。

① 类比法。类比法就是通过对类似机器和零部件进行调查研究、分析对比、吸取经验，结合各自的实际情况选取极限与配合。这是应用最多、最主要的方法。

② 计算法。计算法是按照一定的理论和公式来确定所需要的间隙或过盈。由于影响因素较复杂，理论均是近似的，计算结果不尽符合实际，应进行适当的修正。

③ 试验法。试验法是通过试验或统计分析来确定间隙或过盈，此法较为合理可靠，但花费时间较长，成本较高，只用于重要的配合。

(3) 公差等级的选择

选择标准公差等级就是要正确处理零件的使用要求与制造工艺的复杂程度及成本之间的矛盾。公差等级选择过低，零件加工容易，生产成本低，但零件的使用性能也较差；公差等级选择过高，零件的使用性能虽好，但零件加工困难，且生产成本高。所以，必须综合考虑使用性能和经济性两方面的因素，正确合理地选择公差等级。

选择公差等级总的原则是在满足使用要求的前提下，尽量选取低的公差等级。

公差等级的选用，目前大多数情况下采用类比法，参考经过实践证明是合理的典型产品的公差等级，结合待定零件的配合、工艺和结构等特点，经分析对比后确定公差等级。对某些特别重要的配合，在条件允许的情况下，根据相应的因素确定要求的公差等级时，采用计算法进行精确设计。

用类比法选择公差等级时，还应考虑以下几个方面。

① 工艺等价原则。工艺等价原则是指使相配合的孔、轴加工难易程度相当。对于间隙配合和过渡配合，公称尺寸≤500mm时，对于各类配合，$IT_D \leqslant IT8$时，T_D比T_d低一级；$IT_D > IT8$时，T_D与T_d取同级。

对于过盈配合，公称尺寸≤500mm，$IT_D \leqslant IT7$时，T_D比T_d低一级；$IT_D > IT7$时，T_D与T_d取同级。若公称尺寸大于500mm，T_D与T_d也可取同级。

② 精度匹配原则。相互配合的零件，其公差等级与配合零件精度有关。例如，与滚动轴承、齿轮等配合的孔和轴的公差等级与滚动轴承、齿轮的精度等级要相匹配。

③ 配合性质适配原则。由于孔、轴公差等级的高低直接影响配合间隙或过盈的变动量，即影响配合的稳定性。因此，对过渡配合和过盈配合一般不允许其间隙或过盈的变动量太

大，应选较高的公差等级。推荐孔≤IT8，轴≤IT7。对于间隙配合，一般来说，间隙小，应选较高的公差等级，反之可以低一些。

④ 主、次配合表面区别对待原则。对于一般机械而言，主要配合表面的孔和轴选IT5～IT8；次要配合表面的孔和轴选IT9～IT12；非配合表面的孔和轴一般选IT12以下。

若已知配合公差 T_f，可按下式之一确定孔、轴配合尺寸公差的大小

$$T_f = T_D + T_d \quad \text{（按极值法计算）} \tag{1-15}$$

$$T_f = \sqrt{T_D^2 + T_d^2} \quad \text{（按概率法计算）} \tag{1-16}$$

上两式中，孔、轴公差按下述情况分配。

当配合尺寸≤500mm时，$T_f \leq 2IT8$ 的，推荐孔比轴低一级；$T_f > 2IT8$ 的，推荐孔、轴同级。当配合尺寸>500mm时，除采用孔、轴同级外，根据制造特点可采用配制配合。

如果是某特殊重要配合，已能根据使用要求确定其间隙或过盈的允许界限时，即可以用计算法进行精确设计，以确定其公差等级。例如公称尺寸为60mm的间隙配合，根据工作条件要求，允许的最大间隙 $[S_{max}]=80\mu m$，允许的最小间隙 $[S_{min}]=25\mu m$，则允许的间隙公差 $[T_f]=[S_{max}]-[S_{min}]=(80-25)\mu m=55\mu m$。若选定孔为7级，轴为6级，它们的公差分别为 $T_D=IT7=30\mu m$，$T_d=IT6=19\mu m$，其配合公差 $T_f=T_D-T_d=(30+19)\mu m=49\mu m<[T_f]$，可满足要求。

但是，以上计算用于动压轴承的间隙配合和在弹性变形范围内的过盈配合时，才有比较可靠的计算方法。其中，《过盈配合的计算和选用》已列入国家标准。

知识拓展：公差等级的选用

选用公差等级就是解决零件使用要求与制造经济性的矛盾。

选择公差首先要满足使用要求，各个等级的适用范围可参考表1-3。对于公称尺寸≤500mm的配合，公差≤IT8时推荐选择孔的公差等级比轴的低一级；对精度较低或公称尺寸>500mm的配合，推荐孔轴用同一公差等级。在满足设计要求的前提下，应尽量考虑工艺的可能性和经济性。尺寸公差与表面粗糙度是设计中同时提出的要求，二者之间既有密切的联系，又有不同的功能，在选择公差等级时，应考虑表面粗糙度的要求。

表1-3 公差等级的应用

应用	公差等级(IT)																			
	01	0	1	2	3	4	5	6	7	8	9	10	11	12	13	14	15	16	17	18
量块	—	—	—																	
量规			—	—	—	—	—	—	—											
配合尺寸							—	—	—	—	—	—	—	—	—					
特别精密零件的配合				—	—	—	—													
非配合尺寸(大制造公差)														—	—	—	—	—	—	—
原材料公差										—	—	—	—	—	—	—				

IT01 用于特别精密的尺寸传递基准。

应用举例：特别精密的标准量块。

IT0 用于特别精密的尺寸传递基准及航天领域中特别重要的极个别精密配合尺寸。

应用举例：特别精密的标准量块，个别特别重要的精密机械零件尺寸，校对检验 IT6 级轴用量规的校对量规。

IT1 用于精密的尺寸传递基准、高精密测量工具、特别重要的极个别精密配合尺寸。

应用举例：高精密标准量规，校对检验 IT7 至 IT9 级轴用量规的校对量规，个别特别重要的精密机械零件尺寸。

IT2 用于高精密的测量工具、特别重要的精密配合尺寸。

应用举例：检验 IT6 至 IT7 级工件用量规的尺寸制造公差，校对检验 IT8 至 IT11 级轴用量规的校对塞规，个别特别重要的精密机械零件的尺寸。

IT3 用于精密测量工具、小尺寸零件的高精度的精密配合及与 4 级滚动轴承配合的轴径和外壳孔径。

应用举例：检验 IT8 至 IT11 级工件用量规和校对检验 IT9 至 IT13 级轴用量规的校对量规，与特别精密的 4 级滚动轴承内环孔（直径至 100mm）相配的机床主轴、精密机械和高速机械的轴径，与 4 级向心球轴承外环外径相配合的外壳孔径，航空工业及航海工业中导航仪器上特殊精密的个别小尺寸零件的精密配合。

IT4 用于精密测量工具，高精度的精密配合和 4 级、5 级滚动轴承配合的轴径和外壳孔径。

应用举例：检验 IT9 至 IT12 级工件用量规和校对 IT12 至 IT14 级轴用量规的校对量规，与 4 级轴承孔（孔径大于 100mm 时）及 5 级轴承孔相配的机床主轴，精密机械和高速机械的轴颈，与 4 级轴承相配的机床外壳孔，柴油机活塞销及活塞销座孔径，高精度（1 级至 4 级）齿轮的基准孔或轴径，航空及航海工业用仪器中特殊精密的孔径。

IT5 用于机床、发动机和仪表中特别重要的配合，在配合公差要求很小，形状精度要求很高的条件下，这类公差等级能使配合性质比较稳定，相当于旧国标中最高精度（1 级精度轴），故它对加工要求较高，一般机械制造中较少应用。

应用举例：检验 IT11 至 IT14 级工件用量规和校对 IT14 至 IT15 级轴用量规的校对量规，与 5 级滚动轴承相配的机床箱体孔，与 6 级滚动轴承孔相配的机床主轴，精密机械及高速机械的轴颈，机床尾架套筒，高精度分度盘轴颈，分度头主轴，精密丝杠基准轴颈，高精度镗套的外径，发动机中主轴的外径，活塞销外径与活塞的配合，精密仪器中轴与各种传动件轴承的配合，航空、航海工业仪表中重要的精密孔的配合，5 级精度齿轮的基准孔及 5 级、6 级精度齿轮的基准轴。

IT6 广泛用于机械制造中的重要配合，配合表面有较高均匀性的要求，能保证相当高的配合性质，使用可靠，相当于旧国标中 2 级精度轴和 1 级精度孔的公差。

应用举例：检验 IT12 至 IT15 级工件用量规和校对 IT15 至 IT16 级轴用量规的校对量规；与 6 级滚动轴承相配的外壳孔及与滚子轴承相配的机床主轴轴颈；机床制造中，装配式齿轮、蜗轮、联轴器、带轮、凸轮的孔径；机床丝杠支承轴颈；矩形花键的定心直径；摇臂钻床的立柱；机床夹具的导向件的外径尺寸；精密仪器、光学仪器、计量仪器中的精密轴；航空、航海仪器仪表中的精密轴；无线电工业、自动化仪表、电子仪器、邮电机械中的特别重要的轴，以及手表中特别重要的轴；导航仪器中主罗经的方位轴、微电动机轴、电子计算机外围设备中的重要尺寸；医疗器械中牙科直车头；中心齿轴及X线机齿轮箱的精密轴等；缝纫机中重要轴类尺寸；发动机中的汽缸套外径、曲轴主轴颈、活塞销、连杆衬套、连杆和轴瓦外径等；6级精度齿轮的基准孔和7级、8级精度齿轮的基准轴径，以及特别精密（1级2级精度）齿轮的顶圆直径。

IT7　应用条件与IT6相类似，但它要求的精度可比IT6稍低一点，在一般机械制造业中应用相当普遍，相当于旧国标中3级精度轴或2级精度孔的公差。

应用举例：孔径，机床卡盘座孔，摇臂钻床的摇臂孔，车床丝杠的轴承孔，机床夹头导向件的内孔（如固定钻套、可换钻套、衬套、镗套等），发动机中的连杆孔、活塞孔、铰制螺栓定位孔等，纺织机械中的重要零件，印染机械中要求较高的零件，精密仪器、光学仪器中精密配合的内孔，手表中的离合杆压簧等，导航仪器中主罗经壳底座孔、方位支架孔，医疗器械中牙科直车头中心齿轮轴的轴承孔及X线机齿轮箱的转盘孔，电子计算机、电子仪器、电子仪表中的重要内孔，自动化仪表中的重要内孔，缝纫机中的重要轴内孔零件，邮电机械中的重要零件的内孔，7级、8级精度齿轮的基准孔和9级、10级精密齿轮的基准轴。

IT8　用于机械制造中属中等精度，在仪器、仪表及钟表制造中，由于基本尺寸较小，所以属较高精度范畴，在配合确定性要求不太高时，可应用较多的一个等级，尤其是在农业机械、纺织机械、印染机械、医疗器械中应用最广。

应用举例：检验IT16级工件用量规，轴承座衬套沿宽度方向的尺寸配合，手表中跨齿轴、棘爪拨针轮等与夹板的配合，无线电仪表工业中的一般配合，电子仪器仪表中较重要的内孔，计算机中变数齿轮孔和轴的配合，医疗器械中牙科车头的钻头套的孔与车针柄部的配合，导航仪器中主罗经粗刻度盘孔月牙形支架与微电机汇电环孔等，电机制造中铁心与机座的配合，发动机活塞油环槽宽，连杆轴瓦内径，低精度（9至12级精度）齿轮的基准孔和11～12级精度齿轮的基准轴，6至8级精度齿轮的顶圆。

IT9　应用条件与IT8相类似，但要求精度低于IT8时用，比旧国标4级精度公差值稍大。

应用举例：机床制造中轴套外径与孔，操纵件与轴，空转带轮与轴，操纵系统的轴与轴承等的配合；纺织机械，印染机械中的一般配合零件；发动机中机油泵体内孔，气门导管内孔，飞轮与飞轮套圈衬套，混合气预热阀轴，气缸盖孔径、活塞槽环的配合等；光学仪器、自动化仪表中的一般配合；手表中要求较高零件的未注公差尺寸的配合；单键连接中键宽配合尺寸；打字机中的运动件配合。

IT10　应用条件与IT9相类似，但要求精度低于IT9时用，相当于旧国标的5级精度公差。

应用举例：电子仪器仪表中支架上的配合，导航仪器中绝缘衬套孔与汇电环衬套轴，打字机中铆合件的配合尺寸，闹钟机构中的中心管与前夹板、轴套与轴，手表中尺寸小于18mm时要求一般的未注公差尺寸及大于18mm要求较高的未注公差尺寸，发动机中油封挡圈孔与曲轴带轮毂。

IT11　用于配合精度要求较粗糙，装配后可能有较大的间隙，特别适用于要求间隙较大，且有显著变动而不会引起危险的场合，相当于旧国标的6级精度公差。

应用举例：机床上法兰盘止口与孔、滑块与滑移齿轮、凹槽等，农业机械、机车车厢部件及冲压加工的配合零件，钟表制造中不重要的零件，手表制造用的工具及设备中的未注公差尺寸，纺织机械中较粗糙的活动配合，印染机械中要求较低的配合，医疗器械中手术刀片的配合，磨床制造中的螺纹连接及粗糙的动连接，不作测量基准用的齿轮顶圆直径公差。

IT12　配合精度要求很粗糙，装配后有很大的间隙，适用于基本上没有什么配合要求的场合，要求较高的未注公差尺寸的极限偏差，比旧国标的 7 级精度公差值稍小。

应用举例：非配合尺寸及工序间尺寸，发动机分离杆，手表制造中工艺装备的未注公差尺寸，计算机行业切削加工中未注公差尺寸的极限偏差，医疗器械中手术刀柄的配合，机床制造中扳手孔与扳手座的连接。

IT13　应用条件与 IT12 相类似，但比旧国标 7 级精度公差值稍大。

应用举例：非配合尺寸及工序间尺寸，计算机、打字机中切削加工零件及圆片孔、二孔中心距的未注公差尺寸。

IT14　用于非配合尺寸及不包括在尺寸链中的尺寸，相当于旧国标的 8 级精度公差。

应用举例：在机床、汽车、拖拉机、冶金矿山、石油化工、电机、电器、仪器、仪表、造船、航空、医疗器械、造纸与纺织机械等工业中对切削加工零件未注公差尺寸的极限偏差，广泛应用此等级。

IT15　用于非配合尺寸及不包括在尺寸链中的尺寸，相当于旧国标的 9 级精度公差。

应用举例：冲压件、木模铸造零件、重型机床制造，当尺寸大于 3150mm 时的未注公差尺寸。

IT16　用于非配合尺寸及不包括在尺寸链中的尺寸，相当于旧国标的 10 级精度公差。

应用举例：打字机中浇铸件尺寸，无线电制造中箱体外形尺寸，手术器械中的一般外形尺寸公差，压弯延伸加工用尺寸，纺织机械中木件尺寸公差，塑料零件尺寸公差，木模制造和自由锻造时用。

IT17　用于非配合尺寸及不包括在尺寸链中的尺寸，相当于旧国标的 11 级精度公差。

应用举例：塑料成形尺寸公差，手术器械中的一般外形尺寸公差。

IT18　用于非配合尺寸及不包括在尺寸链中的尺寸，相当于旧国标的 12 级精度公差。

应用举例：冷作、焊接尺寸用公差。

(4) 配合制的选择

国家标准规定了基孔制和基轴制两种配合制。一般来说，孔、轴基本偏差数值，可保证在一定条件下极限间隙或极限过盈相同，即基孔制和基轴制的配合性质相同。如 H7/f6 与 F7/h6 有相同的最大、最小间隙。所以，在一般情况下，无论选用基孔制还是基轴制配合，均能满足同样的使用要求。因此，配合制的选择基本上与使用要求无关，主要应从生产工艺的经济性和结构的合理性等方面综合考虑。

① 优先选择基孔制配合。一般情况下，应优先选用基孔制配合。一定的公称尺寸和公差等级下，基准孔的极限尺寸是一定的，不同的配合是由不同极限尺寸的配合轴形成的。如果在机械产品的设计中采用基孔制配合，可以最大限度地减少孔的尺寸种类，随之减少了定尺寸刀具（钻头、铰刀、拉刀等）、量具（卡规、塞规等）的规格，从而获得显著的经济效

益，也利于刀具、量具的标准化、系列化，以便经济、合理地使用它们。

② 特殊情况下选择基轴制配合。下列情况采用基轴制配合则经济合理。

a. 在纺织机械、农业机械、仪器仪表中，经常直接采用一些精度较高的（IT8～IT11）冷拉钢材做轴，不必加工。此时选用基轴制配合，只需对孔进行加工，因而较为经济合理。

b. 与标准件配合时，必须按标准件来选择基准制，如滚动轴承的外圈与壳体孔的配合必须采用基轴制。

c. 有些零件由于结构或工艺上的原因，必须采用基轴制。例如，发动机的活塞连杆机构，如图 1-19 所示，活塞销与活塞的两个销孔的连接要求定位准确，为此采用过渡配合（M6/h5）；而活塞销与连杆衬套孔之间有相对运动（相对摆动），为此采用间隙配合（H6/h5）。如采用基孔制配合，则活塞的两个销孔和连杆衬套孔的公差带相同，而为了满足两种不同的配合要求，必须把活塞销按两种公差带加工成“阶梯轴”，如图 1-19（b）所示，这给加工和装配造成很大的困难。若改用基轴制，则活塞销按一种公差带加工，制成光轴，如图 1-19（c）所示，而活塞的两个销孔和连杆衬套孔按不同的公差带加工，从而获得两种不同的配合。这样既保证装配的质量，又不会给加工带来困难，所以，在这种情况下应采用基轴制。

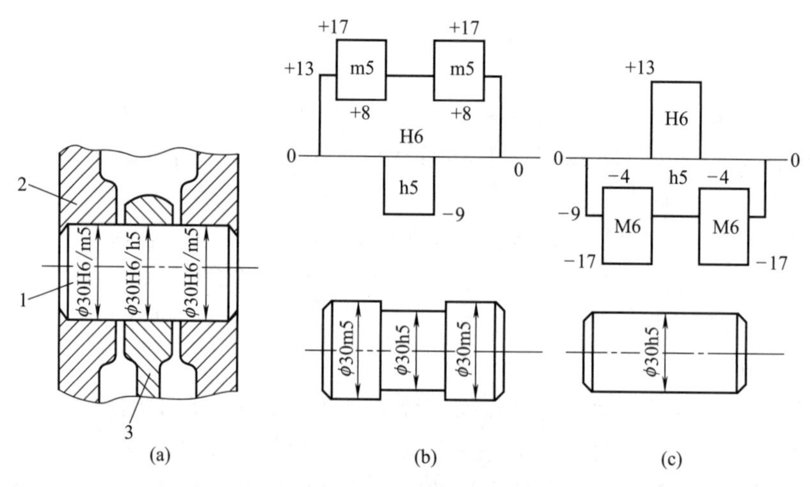

图 1-19 活塞组件的配合

1—活塞销；2—活塞；3—连杆小头

③ 非基准制配合。图 1-19 所示的实例中，还可采用活塞销 1 与活塞 2 仍为基孔制配合（ϕ30H6/m5）。为不使活塞销形成台阶，又与连杆形成间隙配合，将连杆小头 3 选用基轴制配合的孔（ϕ30F6），则它与基孔制配合的轴（ϕ30m5）形成所需的间隙配合。其中，ϕ30F6/m5 就形成不同基准制的配合，或称为非基准制的配合。

在某些特殊场合，基孔制与基轴制的配合均不适宜，如图 1-20 中轴承盖与孔的配合为 ϕ110J7/f9、挡环与轴的配合为 ϕ50F8/k6 等。又如为保证电镀后 ϕ50H9/f8 的配合，且保证其镀层厚度为（10±2）μm，则电镀前孔、轴必须分别按 ϕ50F9 和 ϕ50c8 加工。以上均是不同基准制的非基准制配合在生产中的应用实例。

(5) 配合种类的选择

在确定配合制和公差等级之后，就可以确定基准孔或基准轴的公差带以及相应的非基准件公差带的大小，因此配合种类的选择实际上就是要确定非基准件公差带的位置，即确定非基准件的基本偏差代号。

选择配合种类的主要根据是使用要求，应该按照工作条件要求的松紧程度，在保证机器正常工作的情况下来选择适当的配合。但是，除动压轴承的间隙配合和在弹性变形范围内由过盈传递力矩或轴向力的过盈配合外，工作条件要求的松紧程度很难用量化指标衡量。在实际工作中，除少数可用计算法进行配合选择的设计计算外，多数采用类比法和试验法选择配合种类。

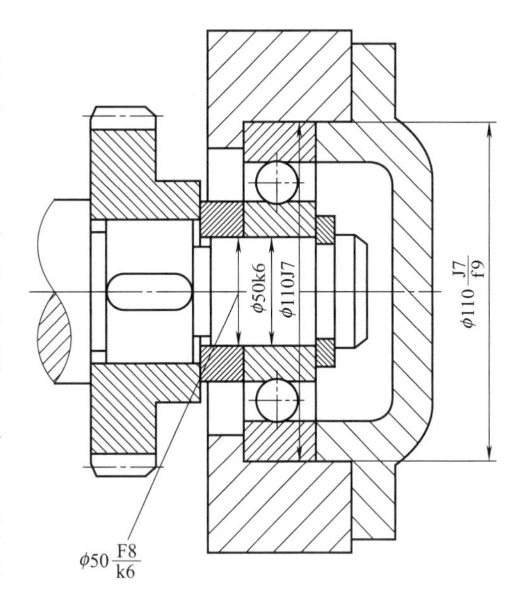

图 1-20　非基准制混合配合

采用类比法选择配合时，应从以下几个方面入手。

① 确定配合的类别。配合共分间隙、过渡和过盈配合三大类。设计时究竟应选择哪一种配合类别，主要取决于使用要求。

过盈配合具有一定的过盈量，主要用于结合件间无相对运动且不需要拆卸的静连接。当过盈量较小时，只作精确定心用，如需传递力矩则需加键、销等紧固件；过盈量较大时，可直接用于传递力矩。

过渡配合可能具有间隙，也可能具有过盈，因其量小，主要用于精确定心、结合件间无相对运动、可拆卸的静连接。要传递力矩时则要加紧固件。

间隙配合具有一定的间隙，间隙小时主要用于精确定心又便于拆卸的静连接，或结合件间只有缓慢移动或转动的动连接。间隙较大时主要用于结合件间有转动、移动或复合运动的动连接。

② 按工作条件确定配合的松紧。配合的类别确定后，若待定的配合部位与供类比的配合部位在工作条件上存在一定的差异，应对配合的松紧程度（即间隙或过盈量的大小）做适当的调整。

③ 了解各配合的特征与应用，确定轴和孔的基本偏差。

图 1-21 列举了一些配合应用实例。

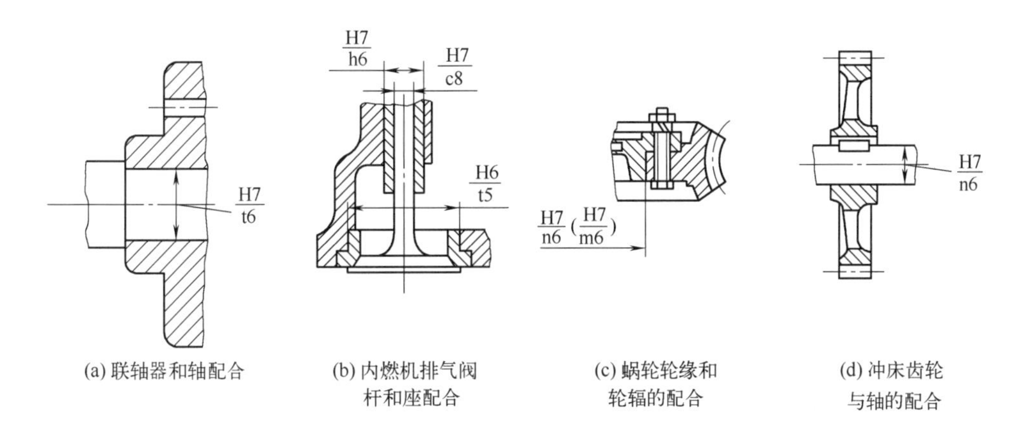

图 1-21

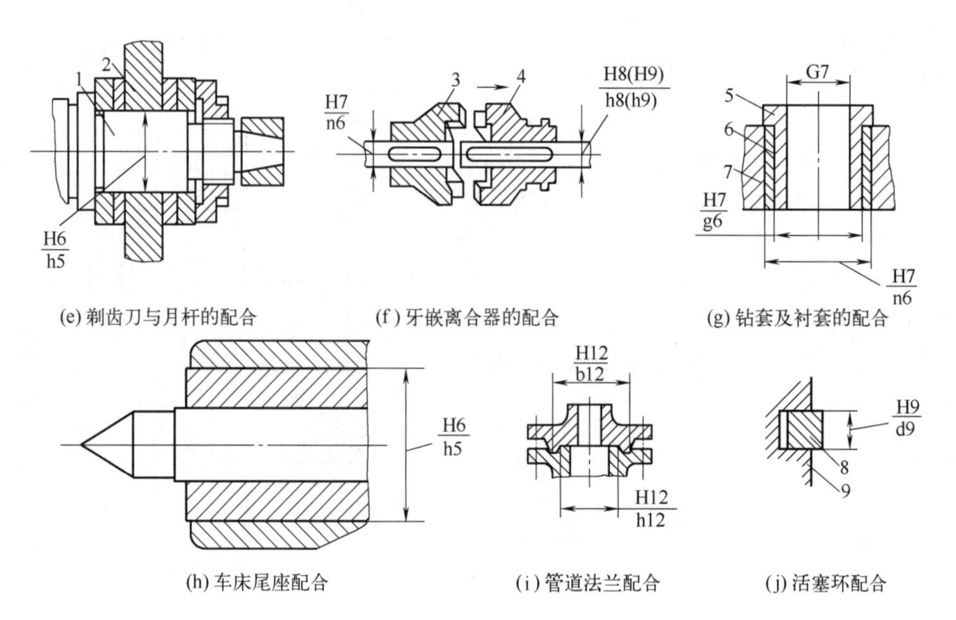

(e) 剃齿刀与月杆的配合　(f) 牙嵌离合器的配合　(g) 钻套及衬套的配合

(h) 车床尾座配合　(i) 管道法兰配合　(j) 活塞环配合

图 1-21　配合应用实例

1—刀杆主轴；2—剃齿刀；3—固定爪；4—移动爪；5—钻套；6—衬套；7—钻模板；8—活塞环；9—活塞

知识拓展：配合的选用

选择配合时要考虑配合件的工作情况。配合件间有无相对运动，若有相对运动，则只能选间隙配合；配合件之间定心精度高低，要求高时需采用过渡配合；配合件受力情况，单位压力大时，间隙要大些，或过盈要小些；装配情况，如需经常拆装，则配合间隙要大些，或过盈量要小些；工作温度，若工作温度与装配温度相差较大时，必须充分考虑装配的间隙在工作时发生的变化。

选择配合时还要考虑配合件的生产情况。当属于单件小批量生产时，孔往往接近最小极限尺寸，轴往往接近最大极限尺寸，造成孔轴配合趋紧，此时间隙应放大些。

选择配合时应尽量选用优先配合。选择配合的方法有类比法、计算法、试验法三种。

间隙配合

① a、b：可得到特别大的间隙，应用很少。

应用举例：管道法兰连接用的配合。

② c：可得到很大的间隙，一般适用于缓慢、松弛的动配合。用于工作条件较差（如农业机械），受力变形，或为了便于装配而必须保证有较大的间隙时，推荐配合为 H11/c11。其较高等级的配合，如 H8/c7 适用于轴在高温工作的紧密动配合，例如内燃机排气阀和导管。

应用举例：内燃机气门导杆与座的配合。

③ d：该类配合一般用于 IT7～IT11 级，适用于松的转动配合，如密封盖、滑轮、空转带轮等与轴的配合，也适用于大直径滑动轴承配合，如透平机、球磨机、滚轧成形和重型弯曲机及其他重型机械中的一些滑动支承。

应用举例：C616车床尾座中偏心轴与尾座体孔的结合。

④ e：多用于IT7、IT8、IT9级，通常适用于要求有明显间隙，易于转动的支承配合，如大跨距支承、多支点支承等配合。高等级的e轴适用于大的、高速、重载支承，如蜗轮发电机、大电动机的支承及内燃机主要轴承、凸轮轴支承、摇臂支承等配合。

应用举例：内燃机主轴承。

⑤ f：多用于IT6、IT7、IT8级的一般转动配合，当温度影响不大时，被广泛用于普通润滑油（或润滑脂）润滑的支承，如齿轮箱、小电动机、泵等的转轴与滑动支承的配合。

应用举例：齿轮轴套与轴的配合。

⑥ g：配合间隙很小，制造成本高，除很轻负荷的精密装置外，不推荐用于转动配合。多用于IT5、IT6、IT7级，最适合不回转的精密滑动配合，也用于插销等定位配合，如精密连杆轴承、活塞及滑阀、连杆销等。

应用举例：钻套与衬套的结合。

⑦ h：多用于IT4～IT11级，广泛用于无相对转动的零件，作为一般的定位配合。若没有温度、变形影响，也用于精密滑动配合。

应用举例：车床尾座体孔与顶尖套筒的结合。

过渡配合

⑧ js：其为完全对称偏差（±IT/2），平均起来为稍有间隙的配合，多用于IT4～IT7级，要求间隙比h轴小，并允许略有过盈的定位配合，如联轴器，可用手或木槌装配。

应用举例：齿圈与钢轮辐的结合。

⑨ k：平均起来没有间隙的配合，适用IT4～IT7级，推荐用于稍有过盈的定位配合，例如为了消除振动用的定位配合，一般用木锤装配。

应用举例：某车床主轴后轴承座与箱体孔的结合。

⑩ m：平均起来具有不大过盈的过渡配合。适用IT4～IT7级，一般可用木锤装配，但在最大过盈时，要求相当的压入力。

应用举例：蜗轮青铜轮缘与轮辐的结合。

⑪ n：平均过盈比m轴稍大，很少得到间隙，适用于IT4～IT7级，用锤或压力机装配，通常推荐用于紧密的组件配合，H6/n5配合时为过盈配合。

应用举例：冲床齿轮与轴的结合。

过盈配合

⑫ p：与H6或H7配合时是过盈配合，与H8孔配合时则为过渡配合。对非铁制零件，为较轻的压入配合，当需要更换时易于拆卸。对钢、铸铁或铜、钢组件装配是标准压入配合。

应用举例：卷扬机的绳轮与齿圈的结合。

⑬ r：对铁制零件为中等打入配合，对非铁制零件，为轻打入的配合，当需要时可以拆卸。与H8孔配合，直径在100mm以上时为过盈配合，直径小时为过渡配合。

应用举例：蜗轮与轴的结合。

⑭ s：用于钢制和铁制零件的永久性和半永久装配，可产生相当大的结合力。当用弹性材料，如轻合金时，配合性质与铁制零件的p轴相当。例如套环压装在轴上和阀座等的配合。尺寸较大时，为了避免损伤配合表面，需用热胀法或冷缩法装配。

应用举例：水泵阀座与壳体的结合。

⑮ t、u、v、x、y：过盈量依次增大，一般不推荐。

应用举例：联轴器与轴的结合。

配合选用的综合示例见图 1-22。

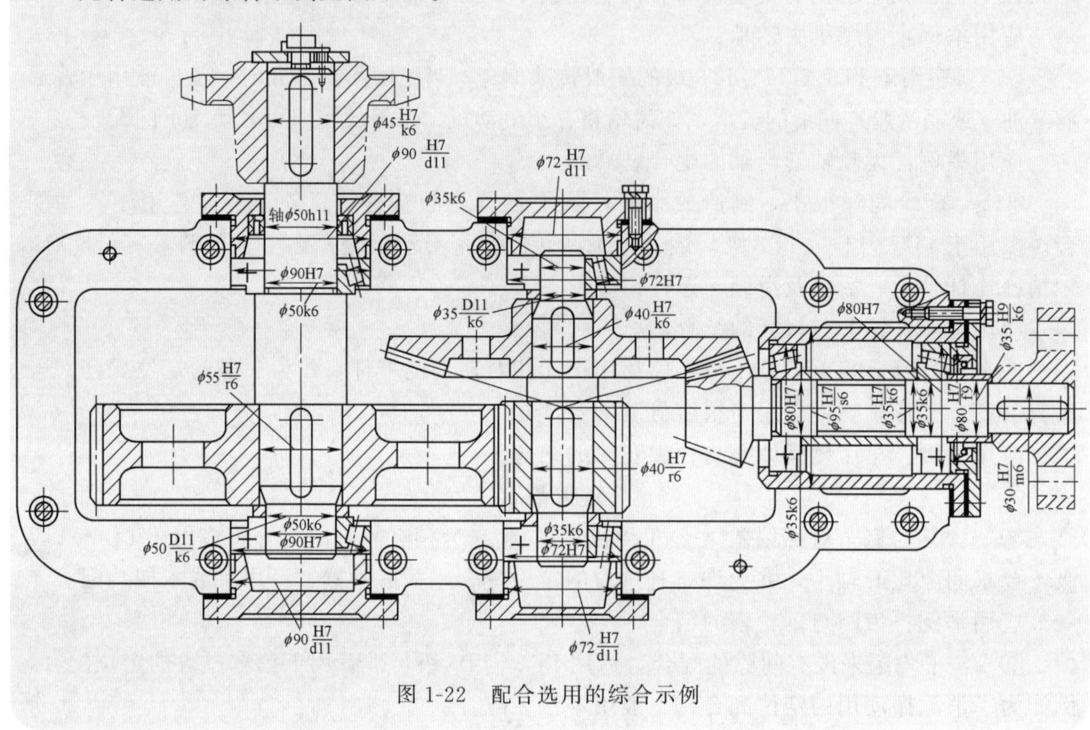

图 1-22 配合选用的综合示例

研习范例：如何选择钻模有关部分的公差配合

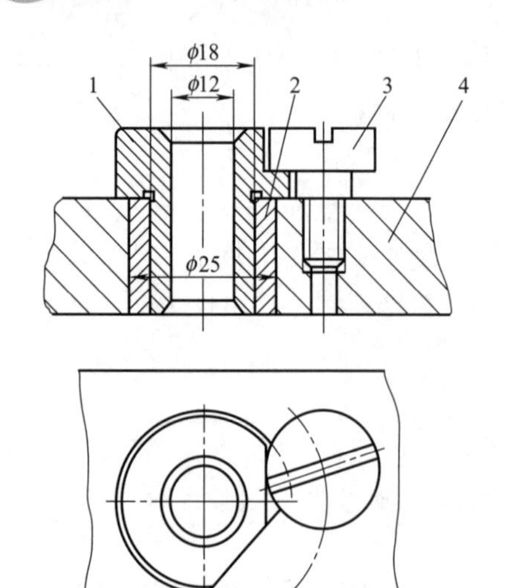

图 1-23 钻模上的钻模板、衬套与钻套
1—快换钻套；2—衬套；
3—钻套螺钉；4—钻模板

【例 1-5】 如图 1-23 所示为钻模的一部分。钻模板 4 上有衬套 2，快换钻套 1 在工作中要求能迅速更换，当快换钻套 1 以其铣成的缺边对正钻套螺钉 3 后，可以直接装入衬套 2 的孔中，再顺时针旋转一个角度，钻套螺钉 3 的下端面就盖住钻套 1 的另一缺面。这样钻削时，钻套 1 便不会因为切屑排出产生的摩擦力而使其退出衬套 2 的孔外，当钻孔后更换钻套 1 时，可将钻套 1 逆时针旋转一个角度后直接取下，换上另一个孔径不同的快换钻套而不必将钻套螺钉 3 取下。钻模现需加工工件上的 ϕ12mm 孔，试选择如图 1-23 所示衬套 2 与钻模板 4 的公差配合、钻孔时快换钻套 1 与衬套 2 以及内孔与钻头的公差配合。

【解】 ① 基准制的选择：对衬套 2 与钻模板 4 的配合以及钻套 1 与衬套 2 的配合，因为结构无特殊要求，按国际规定，应优先选用基孔制。

对钻头与钻套1内孔的配合，因钻头属于标准刀具，可以视为标准件，故与钻套1的内孔配合应该采用基轴制。

② 公差等级的选择：通过相关手册可知，钻模夹具各元件的连接可以按照用于配合尺寸的IT5～IT8级选用。

重要的配合尺寸，对轴可以选IT6，对孔可以选择IT7。本例中钻模板4的孔、衬套2的孔、钻套的孔统一按照IT7选用。而衬套2的外圆、钻套1的外圆则按照IT6选用。

③ 配合种类的选择：衬套2与钻模板4的配合，要求连接牢靠，在轻微冲击和负荷下不用连接件也不会发生松动，即使衬套内孔磨损了，需要更换时拆卸的次数也不多。因此选择平均过盈量大的过渡配合n，本例配合选为$\phi 25\dfrac{H7}{n6}$。

钻套1与衬套2的配合，经常用手更换，故需要一定间隙保证更换迅速，但是因为又要求有准确的定心，间隙不能过大，为此精密手动移动的配合选定为g。本例中选为$\phi 18\dfrac{H7}{g6}$。

至于钻套1内孔，因要引导旋转着的刀具进给，既要保证一定的导向精度，又要防止间隙过小而被卡住，为此选取的配合为F（本例选择ϕ12F7）。

必须指出：对于和钻套1配合的衬套2内孔，根据上面分析本应该选择ϕ18，考虑到GB/T 2804—2008（夹具标准），为了统一钻套内孔与衬套内孔的公差带，规定了统一选用R7，以利于制造。所以，在衬套2内孔公差带为R7的前提下，选用相当于H7/r6类配合的R7/h6非基准制配合。具体对比见图1-24。

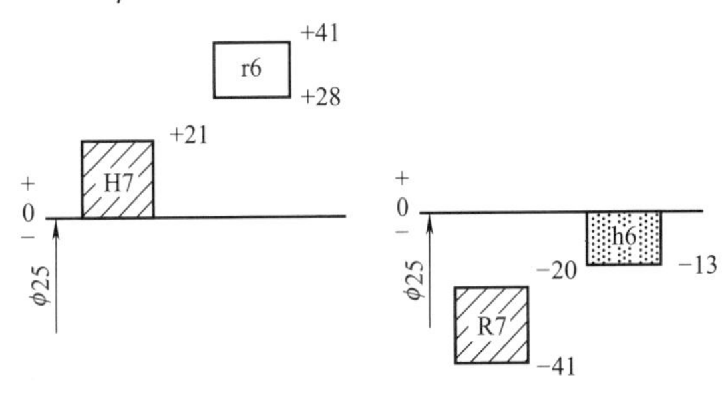

图1-24　基准制配合与非基准制配合的对比

研习范例：试分析确定C6132车床尾座有关部位的配合选择

图1-25为C6132车床的尾座。该车床属中等精度、小批量生产的机器。其尾座的作用主要是以顶尖顶持工件或安装钻头、铰刀等，并承受切削力。尾座与主轴的同轴度要求比较严格。

尾座的动作大致如下：尾座沿床身导轨移动到位后，可扳动扳手11，通过偏心轴12使拉紧螺钉13上提，使压板17紧压床身，从而固定尾座位置。转动手轮9，通过丝杠5，推动螺母6、顶尖套筒3和顶尖1沿轴向移动，顶紧工件。最后扳动小扳手21，由螺杆20拉紧夹紧套19，使顶尖的位置固定。

极限与配合的选用可以按如下原则进行。

① 顶尖套筒3的外圆柱面与尾座体2上孔的配合选用ϕ60H6/h5。因为套筒要求能在孔中沿轴向移动，且不能晃动，故应选高精度的小间隙配合。

② 螺母6与顶尖套筒3上ϕ32mm的内孔的配合选用ϕ32H7/h6。因为ϕ32mm尺寸起径向定位作用，为装配方便，宜选用间隙不大的间隙配合，以保证螺母与套筒同心，保证丝杠转动的灵活性。

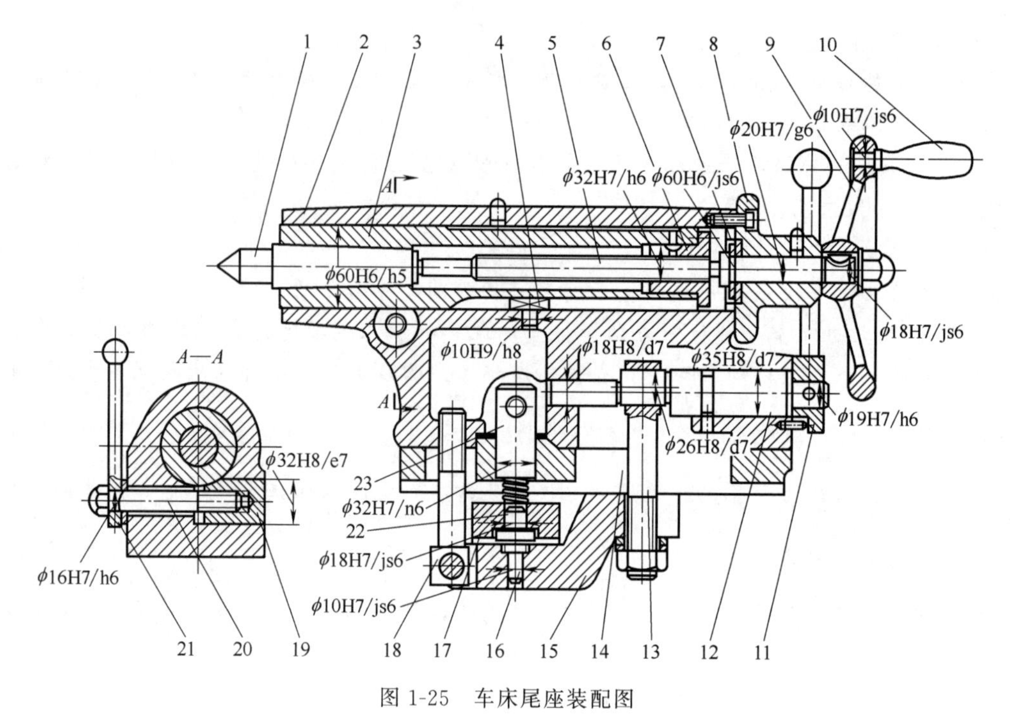

图 1-25 车床尾座装配图

1—顶尖；2—尾座体；3—顶尖套筒；4—定位块；5—丝杠；6—螺母；7—挡圈；8—后盖；9—手轮；10—手柄；11—扳手；12—偏心轴；13—拉紧螺钉；14—底板；15—杠杆；16—小压块；17—压板；18—螺钉；19—夹紧套；20—螺杆；21—小扳手；22—压块；23—柱

③ 后盖 8 凸肩与尾座体 2 上 ϕ60mm 的孔的配合选用 ϕ60H6/js6。后盖 8 要求能沿径向挪动，补偿其与丝杠轴装配后可能产生的偏心误差，从而保证丝杠的灵活性，需用小间隙配合。

④ 后盖 8 与丝杠 5 上 ϕ20mm 的轴颈的配合选用 ϕ20H7/g6，要求能低速转动，间隙比轴向移动时稍大即可。

⑤ 手轮 9 与丝杠 5 右端 ϕ18mm 的轴颈的配合选用 ϕ18H7/js6。手轮由半圆键带动丝杠转动，要求装卸方便且不产生相对晃动。

⑥ 手柄 10 与手轮 9 上 ϕ10mm 的孔的配合，可选用 ϕ10H7/js6，或选用 ϕ10H7/k6。因手轮为铸铁件，过盈不能太大，装后无拆卸要求。

⑦ 定位块 4 与尾座体 2 上 ϕ10mm 的孔的配合选用 ϕ10H9/h8。为使定位块装配方便，轴在 ϕ10mm 的孔内稍做回转，选择精度不高的间隙配合。

⑧ 偏心轴 12 与尾座体 2 上 ϕ18mm 和为 ϕ35mm 的两支承孔的配合分别选为 ϕ18H8/d7 和 ϕ35H8/d7。应使偏心轴能顺利回转且能补偿偏心轴两轴颈与两支承孔的同轴度误差，故应分别选间隙较大的配合。

⑨ 偏心轴 12 与拉紧螺钉 13 上 ϕ26mm 的孔的配合选用 ϕ26H8/d7，功能要求与上条相近。

⑩ 偏心轴 12 与扳手 11 的配合选用 ϕ19H7/h6。装配时销与偏心轴配合，需调整扳手处于紧固位置时，偏心轴也处于偏心向上位置，因此不能选有过盈的配合。

⑪ 杠杆 15 上 ϕ10mm 的孔与小压块 16 的配合选 ϕ10H7/js6。为装配方便，且拆装时不易掉出，故选过盈很小的过渡配合。

⑫ 压板17上ϕ18mm的孔与压块22的配合选ϕ18H7/js6，其要求同第⑪条。

⑬ 底板14上ϕ32mm的孔与柱23的配合选用ϕ32H7/n6，因为其要求在有横向力时不松动，装配时可用锤击。

⑭ 夹紧套19与尾座体2上ϕ32mm的孔的配合选ϕ32H8/e7。要求当小扳手21松开后，夹紧套能很容易地退出，故选间隙较大的配合。

⑮ 小扳手21上ϕ16mm的孔与螺杆20的配合选用ϕ16H7/h6，因二者用半圆键连接，功能与第⑤条相近，但间隙可稍大于第⑤条。

第2章 技术测量基础

2.1 技术测量的基础知识

2.1.1 测量的基本概念

零件几何量需要通过测量或检验，才能判断其合格与否，只有合格的零件才具有互换性。

(1) 测量

测量就是把被测量与具有计量单位的标准量进行比较，从而确定被测量量值的过程。被测量的量在一定条件下总有一个客观存在的量值，通常称为真值。当我们使用某种设备在一定条件下对此量进行测量时，所得的测量值同真值之间总有一个差值，该差值称为测量误差。可用公式表示为

$$L=qE \tag{2-1}$$

式中 L——被测量；

q——比值；

E——计量单位。

式（2-1）表明，任何几何量的量值都由两部分组成：表征几何量的数值和该几何量的计量单位。例如，几何量 $L=65\text{mm}$，其中 mm 为长度计量单位，数值 65 则是以 mm 为计量单位时该几何量量值的数值。

显然，对任一被测对象进行测量，首先要建立计量单位，其次要有与被测对象相适应的测量方法，并且要达到所要求的测量精度。因此，一个完整的几何量测量过程包括被测对象、计量单位、测量方法和测量精度等四个要素。

① 被测对象。在几何量测量中，被测对象是指长度、角度、形状、相对位置、表面粗糙度、几何参数等。

② 计量单位。计量单位是指用以度量同类量值的标准量。我国法定长度计量单位为米（m），角度计量单位为弧度（rad）和度（°）、分（′）、秒（″）；机械制造中常用的长度单位为毫米（mm）、微米（μm）、纳米（nm）；常用的角度计量单位为弧度（rad）、微弧度（μrad）、度（°）、分（′）、秒（″），$1°=0.0174533\text{rad}$。

③ 测量方法。测量方法指测量时所采用的测量原理、测量器具和测量条件的综合。

④ 测量精度。测量精度指测量结果与真值一致的程度。

为了尽量缩小测量误差，提高测量精度，保证测量质量，进行测量时必须遵守测量四原则。

① 最小变形原则。测量器具与被测零件都会因实际温度偏离标准温度或受力（重力和测量力）而产生变形，形成测量误差。为了实现最小变形，在测量过程中，必须控制测量温度及其变动、保证测量器具与被测零件有足够的等温时间、选用与被测零件线胀系数相近的测量器具、选用适当的测量力并保持其稳定、选择适当的支承点等。

② 基准统一原则。测量基准应与加工基准和使用基准统一，即工序测量应以工艺基准作为测量基准，终检测量应以设计基准作为测量基准。

③ 阿贝原则。阿贝原则要求在测量过程中被测长度与基准长度应安置在同一直线上。若被测长度与基准长度并排放置，在测量比较过程中由于制造误差的存在，移动方向的偏移，两长度之间出现夹角而产生较大的误差。误差的大小除与两长度之间夹角大小有关外，还与其之间的距离有关，距离越大，误差也越大。

④ 最短链原则。在间接测量中，与被测量具有函数关系的其他量与被测量形成测量链。形成测量链的环节越多，被测量的不确定度越大。因此，应尽可能减少测量链的环节数，以保证测量精度，称之为最短链原则。以最少数目的量块组成所需尺寸的量块组，就是最短链原则的一种实际应用。

(2) 检验

检验是指判断被测量是否在规定的极限范围之内即是否合格的过程。

(3) 检测

检测是测量与检验的总称；是保证产品精度和实现互换性生产的重要前提；是贯彻质量标准的重要技术手段；是生产过程中的重要环节。

检测是机械制造的“眼睛”，不仅用于评定产品质量，分析不良产品的原因，及时调整加工工艺，预防废次品，降低成本，还为 CAD/CAM 逆向工程提供数据服务。

2.1.2 长度单位与量值传递系统

(1) 长度单位及其基准

目前，世界各国所使用的长度单位制度有公制和英制两种。我国采用公制。法定计量单位是米（m）。1983 年，第十七届国际计量大会通过决议，规定米的定义为：光在真空中在 1/299792458s 时间间隔内行程的长度，并推荐用激光辐射来复现它，其不确定度可达 1×10^{-9}。我国用碘吸收稳定频率的 0.633μm 氦氖激光波长来复现长度基准。

(2) 量值传递系统

① 长度量值传递系统。在生产实践和科学研究中，不可能直接利用光波波长进行长度尺寸的测量，通常要通过各种测量器具进行测量。为了保证量值的互换性，必须建立起严密地将中间长度基准逐级传递到生产中使用的各种计量器具上的量值传递系统。我国长度量值传递系统如图 2-1 所示，从最高基准谱线开始，通过线纹尺和量块两个平行的系统向下传递。

② 角度量值传递系统。角度是重要的几何量之一。一个圆周定义为 360°。角度不需要像长度一样建立自然基准。但在计量部门，为了方便，仍采用多面棱体（菱形块）作为角度量值的基准。机械制造中的角度标准一般是角度量块、测角仪或分度头等。

多面棱体有 4 面、6 面、8 面、12 面、24 面、36 面以及 72 面等。以多面棱体作为角度基准的量值传递系统，如图 2-2 及图 2-3 所示。

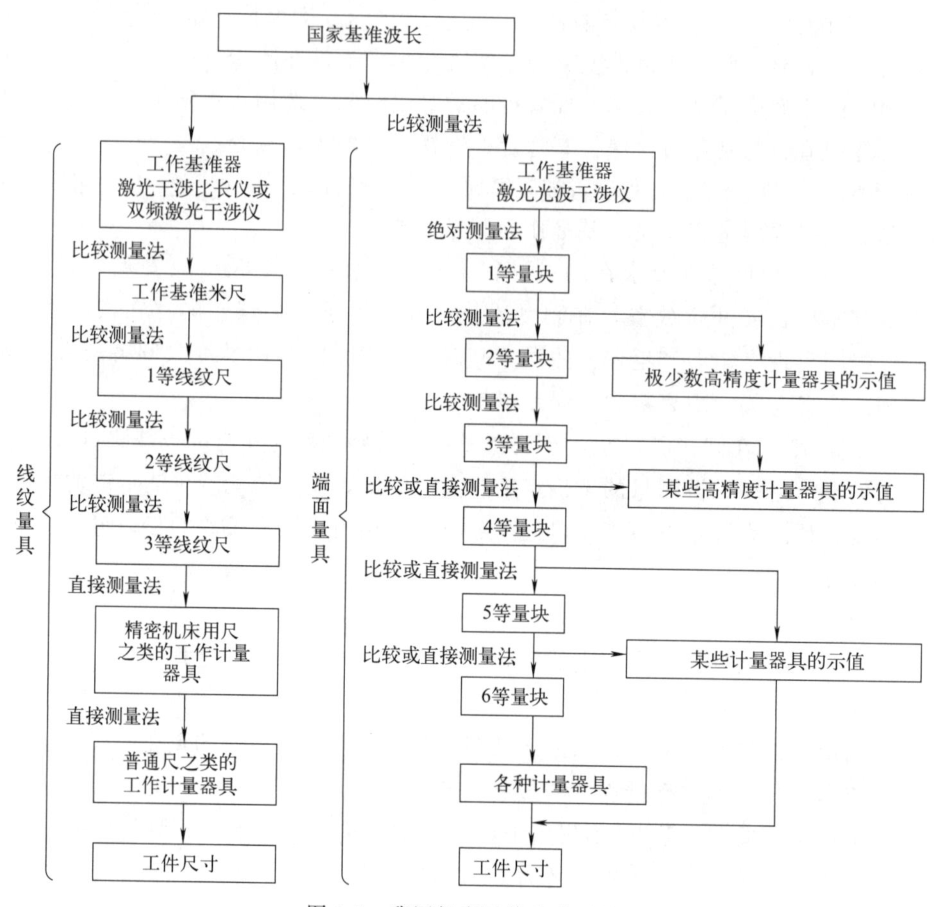

图 2-1 我国长度量值传递系统

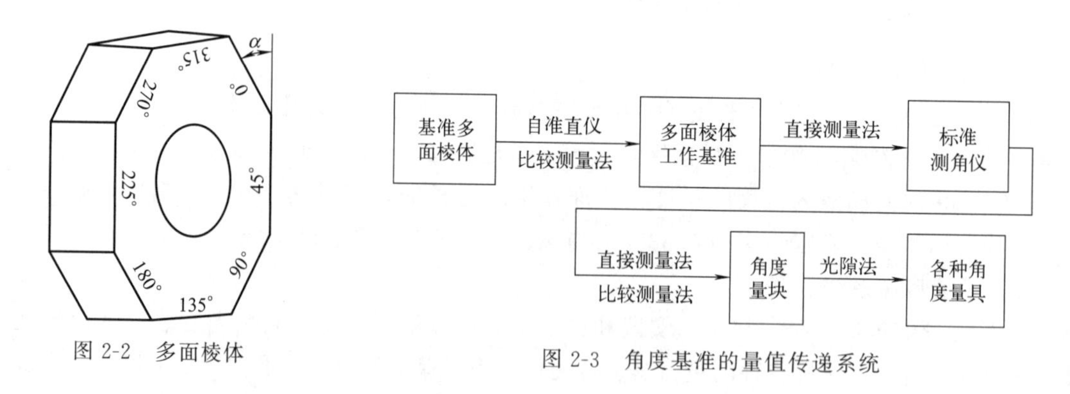

图 2-2 多面棱体

图 2-3 角度基准的量值传递系统

2.2 测量量具和测量方法

2.2.1 测量器具和测量方法分类

(1) 测量器具的分类

测量器具（也称为计量器具）是测量仪器和测量工具的总称。通常把具有传动放大系统的测量器具称为测量仪器，如指示表、杠杆式比较仪、光学比较仪等；把没有传动放大系统的测量器具称为量具，如游标卡尺、各种量规等。按照测量器具的结构特点可分为量具、量规、量仪（测量仪器）和计量装置等四类。

① 量具。量具通常是指结构比较简单的测量工具，包括单值量具、多值量具和标准量具等。

单值量具是用来复现单一量值的量具，例如量块、角度量块等。它们通常都是成套使用。

多值量具是一种能复现一定范围的一系列不同量值的量具，如千分尺、90°角尺等。

标准量具是用作计量标准，供量值传递用的量具，如量块、基准米尺、角度尺等。

② 量规。量规又称为极限量规，是一种没有刻度的，用以检验零件尺寸、形状、相互位置，控制最大、最小极限尺寸的专用检验工具。它只能判断零件是否合格，而不能得出具体尺寸，如光滑极限量规、螺纹量规、花键量规等。

③ 量仪。量仪即计量仪器，是指能将被测的量值转换成可直接观察的指示值或等效信息的计量器具。按工作原理和结构特征，量仪可分为数显式（如数显卡尺、数显量角器、数显千分尺等）、机械式（如百分表、扭簧比较仪等）、电动式（如电感比较仪、电动轮廓仪等）、光学式（如光学仪、工具显微镜、激光干涉仪等）、气动式（如压力式气动量仪、浮标式气动量仪等），以及它们的组合形式——光机电一体化的现代量仪等。

④ 计量装置。计量装置是一种专用检验工具，可以迅速地检验更多或更复杂的参数，从而有助于实现自动测量和自动控制，如自动分选机、齿轮综合精度检查仪、发动机缸体孔几何精度综合测量仪、检验夹具、主动测量装置等。

(2) 测量方法的分类

按照测量值的获得方式不同，测量方法可以进行如下分类。

① 按是否直接量出所需的量值，分为直接测量和间接测量。

a. 直接测量。直接测量是从计量器具的读数装置上直接读出被测参数的量值或相对于标准量的偏差。

直接测量又可分为绝对测量和相对测量。若测量读数可直接表示出被测量的全值，则这种测量方法就称为绝对测量法，例如用游标卡尺测量零件尺寸。若测量读数仅表示被测量相对于已知标准量的偏差值，则这种方法为相对测量法，例如使用量块和千分表测量零件尺寸，先用量块调整计量器具零位，后用零件替换量块，则该零件尺寸就等于计量器具标尺上读数值和量块值的代数和。一般说来，相对测量的测量精度比绝对测量的测量精度高。

b. 间接测量。间接测量是指先测量有关量，再通过一定的函数关系，求得被测之量的量值，例如用正弦规测量工件角度，又如通过测量弦高和弦长计算求得半径。

② 按同时测量零件被测参数的多少，可分为综合测量和单项测量。

a. 单项测量。单项测量是指对被测件的各个参数分别测量，例如分别测量齿轮的齿厚、齿距偏差等。

b. 综合测量。同时测量零件几个相关参数，综合判断零件是否合格的测量方法称为综合测量。目的在于保证被测工件在规定的极限轮廓内，以满足互换性要求，例如齿轮（或花键）的综合测量。

单项测量结果便于工艺分析，而综合测量结果比较符合工件的实际工作状态。

③ 按被测零件的表面与测量头是否有机械接触，可分为接触测量和非接触测量。

a. 接触测量。接触测量指被测零件表面与测量头有机械接触，并有机械作用的测量力存在，如游标卡尺、千分尺测量。

b. 非接触测量。非接触测量指被测零件表面与测量头没有机械接触，如光学投影测量、激光测量、气动测量等。

④ 按测量技术在机械制造工艺过程中所起的作用，可分为主动测量和被动测量。

a. 主动测量。零件在加工过程中进行的测量为主动测量。这种测量方法可以直接控制零件的加工过程，能及时防止废品的产生。

b. 被动测量。零件加工完毕后所进行的测量称为被动测量。这种测量方法仅能发现和剔除废品。

此外，还可根据测量是否在加工过程中进行而分为在线测量和离线测量；根据被测量在测量过程中所处的状态分为静态测量和动态测量；根据商定测量结果的全部因素或条件是否改变分为等精度测量和不等精度测量。

以上测量方法的分类出于不同角度的考虑，对于一个具体的测量过程，可能同时兼备几种测量方法的特性，例如用三坐标测量机对工件的轮廓进行测量，则同时属于接触测量、直接测量、在线测量、动态测量等。

2.2.2 量具和量仪的主要度量指标

(1) 测量器具的基本技术指标

测量器具的基本技术性能指标是合理选择和使用测量器具的重要依据。

① 分度间距。分度间距亦称刻度间距、标尺间距，是指测量器具刻度标尺或刻度盘上两相邻刻线中心线间的距离。为了便于读数，分度间距不宜太小，一般为1～2.5mm。分度间距太大，会加大读数装置的轮廓尺寸。

② 分度值。分度值亦称刻度值，指测量器具标尺上每刻线间距所代表的被测量的量值。一般长度测量器具的分度值有0.1mm、0.01mm、0.001mm、0.0005mm等。分度值是一种测量器具所能直接读出的最小单位量值，它反映了读数精度的高低。分度值通常取1、2、5的倍数，一般说来，分度值越小，测量器具的精度越高。

③ 示值范围。示值范围指测量器具标尺或刻度盘所指示的起始值到终止值的范围，如某比较仪的示值范围为±15μm。

④ 测量范围。测量范围指测量器具所能测量的最大与最小值范围，如千分尺的测量范围就有0～25mm、25～50mm、50～75mm……多种。

⑤ 示值误差。示值误差指测量器具示值减去被测量的真值所得的差值，是测量器具本身各种误差的综合反映。测量仪器示值范围内的不同工作点，其示值误差是不同的。

⑥ 灵敏度。灵敏度指测量器具对被测量变化的反映能力。若被测几何量的变化为Δx，该几何量引起测量器具的响应变化为ΔL，则灵敏度为

$$S=\Delta L/\Delta x \tag{2-2}$$

在分子、分母是同一类量的情况下，灵敏度亦称放大比或放大倍数。

(2) 测量器具的其他技术指标

① 分辨力。分辨力指测量器具所能显示的最末一位数所代表的量值。有些量仪不能使用分度值，其读数只能采用非标尺或非分度盘显示，因而将其称为分辨力，例如国产JC19型数显式万能工具显微镜的分辨力为0.5μm。

② 测量的重复性。在相同的测量条件下，对同一被测量进行连续多次测量（一般5～10

次），所有测得值的最大变化范围称为示值的稳定性，又称为测量的重复性。通常以测量重复性误差的极限值（正、负偏差）来表示。

③ 灵敏阈。能够引起测量器具示值变动的被测尺寸的最小变动量称为该测量器具的灵敏阈，又称为灵敏限，也称为鉴别力，反映该测量器具对于被测尺寸变动的敏感程度。

灵敏度和灵敏阈是两个不同的概念。如分度值均为 0.001mm 的齿轮式千分表与扭簧比较仪，它们的灵敏度基本相同，但就灵敏阈来说，后者比前者高。

④ 回程误差。回程误差是指在相同条件下，被测量值不变，测量器具行程方向不同时，两示值之差的绝对值。它是由测量器具中测量系统的间隙、变形和摩擦等原因引起的。

⑤ 修正值。修正值是指为了消除或减少系统误差，用代数法加到未修正的测量结果上的数值。其大小与示值误差绝对值相等而符号相反。例如示值误差为－0.005mm，则修正值为＋0.005mm。

⑥ 不确定度。不确定度表示由于测量误差的存在而对被测几何量不能肯定的程度。这是一个综合指标，包括示值误差、回程误差等。

⑦ 测量力。测量力是指测量器具的测量元件与被工件表面接触时产生的机械压力。显然，测量力过大会引起测量器具的有关部分变形，在一定程度上降低测量精度；测量力过小也可能降低测量器具与工件接触的可靠性而引起测量误差。因此必须合理控制测量力的大小。

2.2.3 量具及量仪的典型读数装置

测量器具上的读数装置种类很多，此处介绍以下五种。

(1) 游标读数装置

游标的读数原理可用图 2-4（a）来说明。在图 2-4（a）中，主刻度尺的刻度间隔为 1mm，游标刻度尺的刻度间隔为 0.9mm，所以主刻度尺与游标刻度尺一格的宽度差为 0.1mm。当主刻度尺的零线与游标刻度尺的零线对准时，除游标刻度尺的最后一条刻线（即第 10 根刻线）与主刻度尺刻线（第 9 根刻线）对准外，游标刻度尺的其他刻线都不与主刻度尺的刻线对准，但若将游标刻度尺向右移动 0.1mm 时，则游标刻度尺的第 1 根刻线与主刻度尺刻线重合；若将游标刻度尺向右移动 0.2mm，则游标刻度尺的第 2 根刻线与主刻度尺刻线重合。依次类推。故游标刻度在 1mm 范围内（主刻度尺刻度间隔）向右移动的距离，可由游标刻度尺韵刻线与主刻度尺刻线对准的序号决定。例如：当游标刻度尺的第 8 根刻线与主刻度尺刻线重合时，则表示游标刻度尺向右移动了 0.8mm。

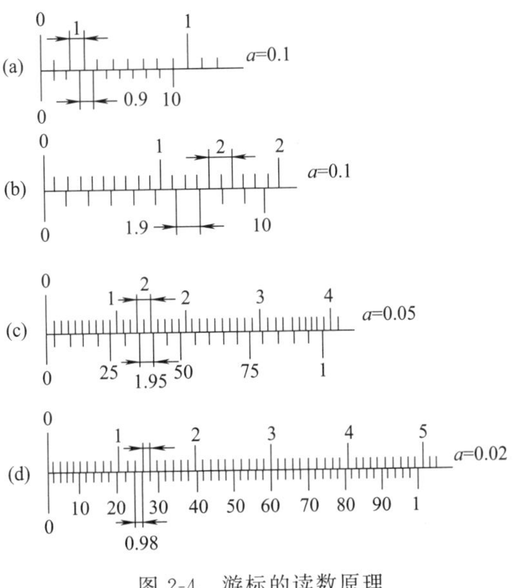

图 2-4　游标的读数原理

因此有了游标尺，就可以比较精确地获得主刻度尺刻度的小数部分。

图 2-4 中的（b）、（c）、（d），与上述的原理是相同的，只不过它们主刻度尺的刻度间距

与游标刻度尺的刻度间距的差值不同罢了。所以它们的刻度值也不相同。

(2) 千分螺旋读数装置

千分螺旋读数装置除应用在千分尺上以外，在其他测量仪器上也应用得较为普遍。千分螺旋读数装置是一个精密螺杆和螺母的结合。图 2-5 是千分尺的原理图，螺杆 2 能在不动的螺母 1 中转动，从而螺杆 2 相对螺母 1 产生轴向移动。螺杆 2 和套筒 3 相连，另一端即为活动测量端 5。螺母 1 固定在量杆 4 上，量杆 4 又通过弓形架和固定测量端 6 连接在一起。量杆 4 上刻有刻度间隔为 0.5mm 的刻度，套筒 3 的锥面圆周上刻有 50 小格，螺杆 2 的螺距为 0.5mm。这样，当套筒 3 带动螺杆 2 旋转一周时，活动测量端 5 相对固定测量端轴向移动 0.5mm。如套筒只转过它本身圆周上刻度的一小格，则两测量端间的相对位移量为 0.5/50=0.01mm。读数从量杆 4 上刻度和套筒 3 上圆周刻度读出。图 2-5 所示读数为 15.97mm。

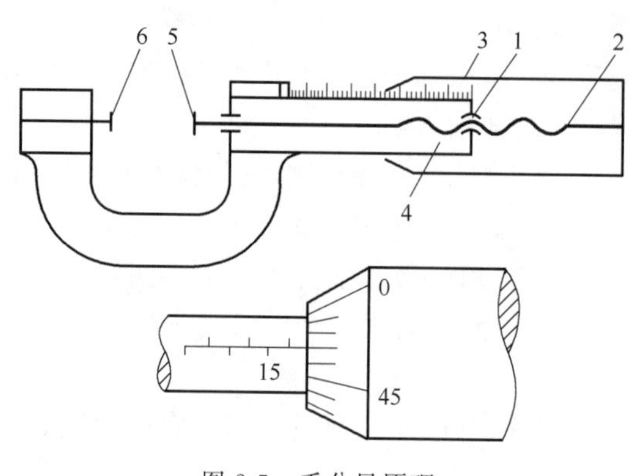

图 2-5 千分尺原理

1—螺母；2—螺杆；3—套筒；4—量杆；5—活动测量端；6—固定测量端

有时套筒的直径做得较大，在它的圆周上刻了 100 个小格。这样，每一小格所代表的长度值就是 0.005mm 了。

(3) 指针刻度盘读数装置

这种读数装置用在百分表、测微仪和其他有指针的量仪中。实际上它和普通刻度尺一样，只不过把刻线刻在圆盘上，靠指针所对准的刻度读出数值。

(4) 螺旋显微镜读数装置

这种读数装置较为广泛地应用在精密测量仪器中。它是由三个刻度尺组成的。图 2-6 为螺旋显微镜的原理图。

在图 2-6 中，玻璃刻度尺 5 为毫米刻度尺，它与测量头固定在一起，通过物镜 4 成像于螺旋分划板 2 的刻线平面上。紧靠此螺旋分划板 2 有一固定的分划板 3，在分划板 3 上刻有刻度间隔为 0.1mm 的 11 条刻线（从 0 至 10），利用这块 1/10mm 分划板，可以准确地读出测量值为 1/10mm 的读数。整个刻度的读数可从目镜 1 的视场中看到。

为了确定毫米刻线在两条相邻的 1/10mm 刻线之间的准确位置，就必须利用螺旋分划板 2。

螺旋分划板的读数原理如图 2-7 所示。螺旋分划板上刻有螺距为 0.1mm 的阿基米德螺旋线，在分划板的中间的一个圆圈刻有等距的 100 小格，此分划板绕其中心转动时，每转一周，阿基米德螺旋线的曲率半径增大（或减小）0.1mm。如每转过圆周上刻度的一小格，则螺旋线的曲率半径增大（或减小）0.1/100=0.001mm。用此分划板测量 1/10mm 之间的准确位置时，只需转动螺旋分划板，直至螺旋线与毫米刻度尺的刻度影像（图中的 24 刻度线）重合，即可由螺旋分划板中间的圆周上，读出 1/10mm 以下的精确读数。

图 2-8 为螺旋显微镜读数装置的视场图，图中的读数为 46.3622mm。

(5) 丝杆式显微读数装置

我国生产的 19JA 万能工具显微镜，系采用丝杆式显微读数装置。图 2-9 为这种显微读

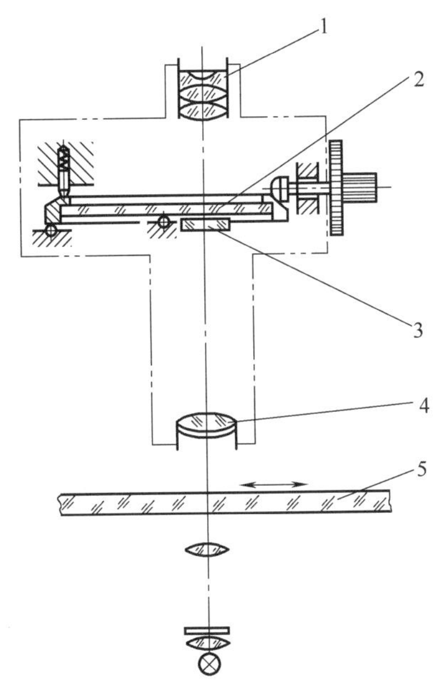

图 2-6　螺旋显微镜原理

1—螺母；2—螺旋分划板；3—固定分划板；4—物镜；5—刻度尺

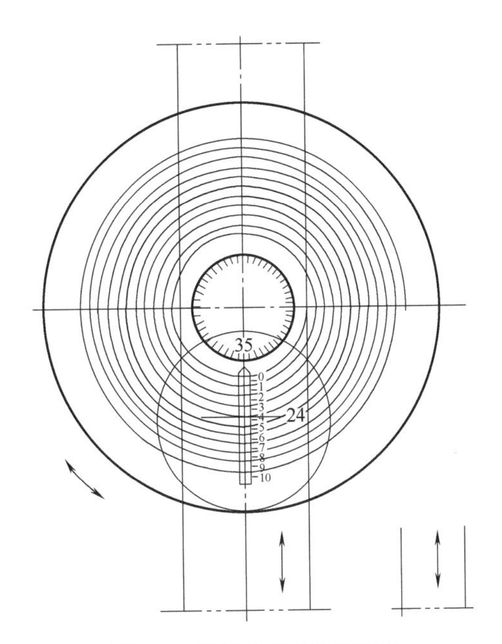

图 2-7　螺旋分划板读数原理

数装置的原理图。图 2-10 为这种显微读数装置的外形。

在图 2-9 中，分划板 1 是活动的，它与微动螺钉 3 连在一起。分划板 1 上刻有 11 条间隔为 0.1mm 的格缝，微动螺钉旋转一圈，分划板 1 移动 0.1mm，微动螺钉的刻度套筒 2 则转过 100 个小格，即每转过 1 小格，相当于分划板 1 移动 0.001mm。因此，当测量时，毫米刻度尺（图 2-9 中未画出，图 2-10 中刻度 53 即为毫米刻度尺的刻度）与工作台一起移动到测量位置上，通过光学系统把毫米刻线成像在分划板 1 上（图 2-10 中的 53 刻线）。如果毫米刻线成像在两条格缝之间，则转动刻度套筒 2 使毫米刻线夹在格缝中间。这时即可根据毫米刻线投影在影屏上的数值及刻度套筒上的数值读出测量数值。图 2-10 中的读数为 53.730mm。

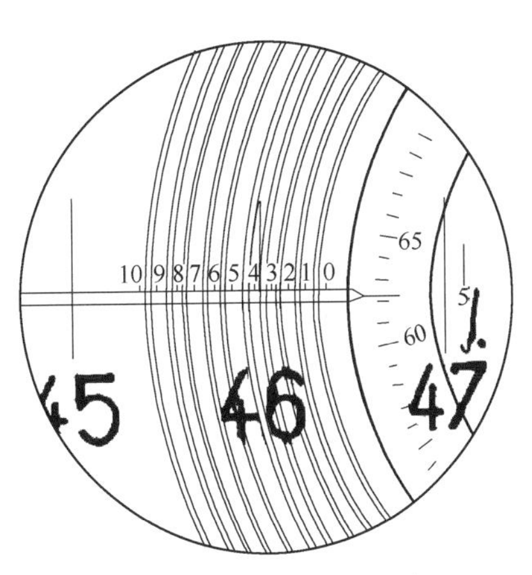

图 2-8　螺旋显微镜读数视场

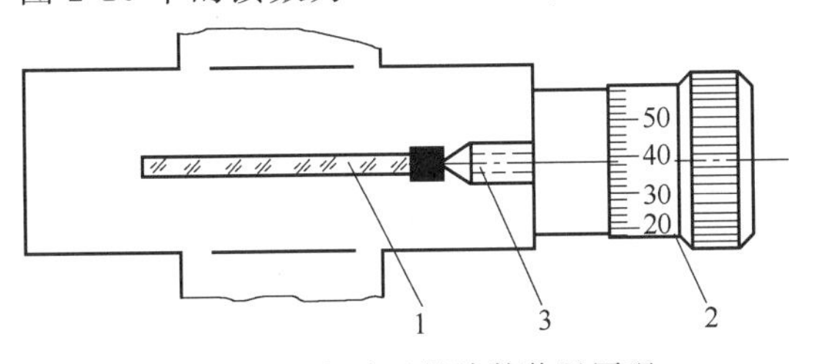

图 2-9　丝杆式显微读数装置原理

1—分划板；2—刻度套筒；3—微动螺钉

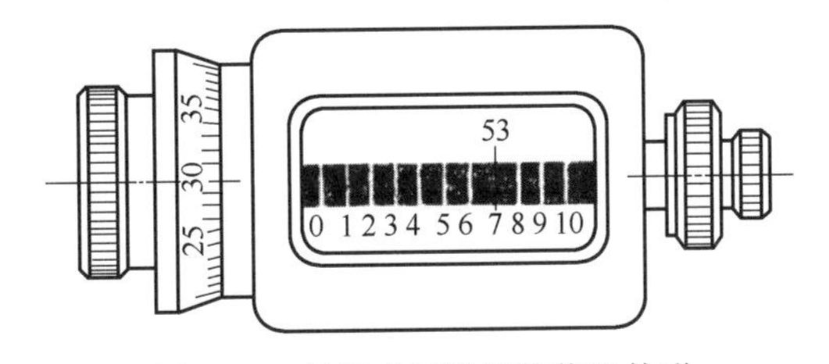

图 2-10　丝杆式显微读数装置外形

图 2-11 是这种显微装置的另一种结构。它与第一种丝杆式显微读数装置不同之处在于：

它在玻璃套筒2上刻有100格。手轮3通过传动齿轮4带动微动螺钉5转动。微动螺钉旋转1周，通过螺母6带动0.1mm刻度尺1移动0.1mm，同时玻璃套筒2旋转1周（即转过100格）。这样，通过影屏上的读数即可得知毫米刻度尺的移动数值。

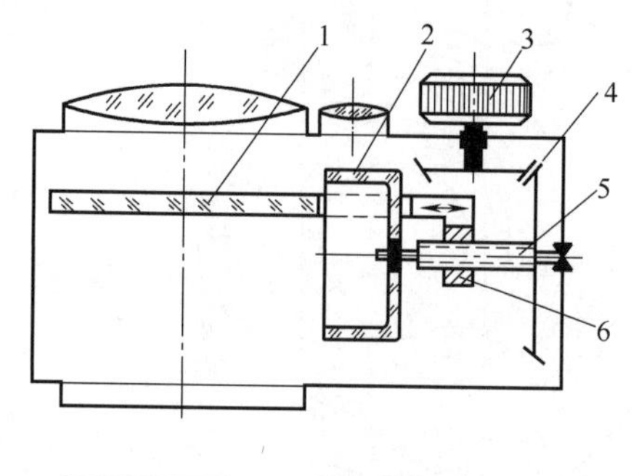

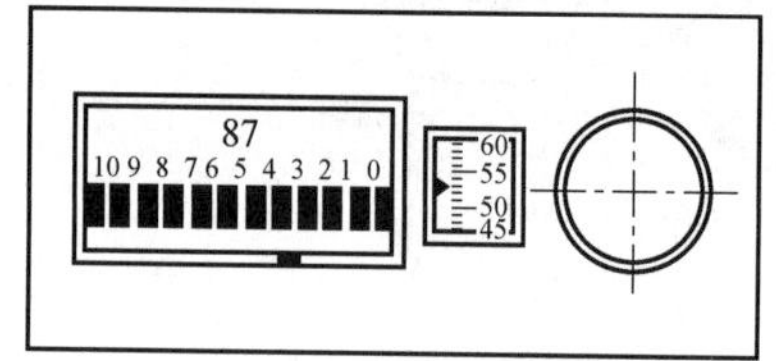

图2-11 DXI型投影工具显微镜中的丝杆式显微读数装置示意图

1—刻度尺；2—玻璃套筒；3—手轮；4—传动齿轮；5—微动螺钉；6—螺母

图2-11中的读数为87.453mm。我国生产的DXI型投影工具显微镜就采用了这种显微读数装置。

2.2.4 常用检测器具及其使用

(1) 量块

量块俗称块规。它是无刻度的平面平行端面量具。量块除作为标准器具进行长度量值传递外，还可以作为标准器来调整仪器、机床或直接检测零件。

① 量块的材料、形状和尺寸。

量块通常用线胀系数小、性能稳定、耐磨、不易变形的材料如铬锰钢等制成。

长度量块的形状有长方体和圆柱体，常用的是长方体，如图2-12所示，其上有两个相互平行、非常光洁的工作面，亦称测量面，另有四个一般的侧面，其截面尺寸有30mm×9mm（$L \leqslant 10$mm时）和35mm×9mm（$L > 10$mm时）。量块的工作尺寸是指中心长度OO'，即从一个测量面上的中点至与该量块另一测量面相研合的辅助体表面（平晶）之间的距离。

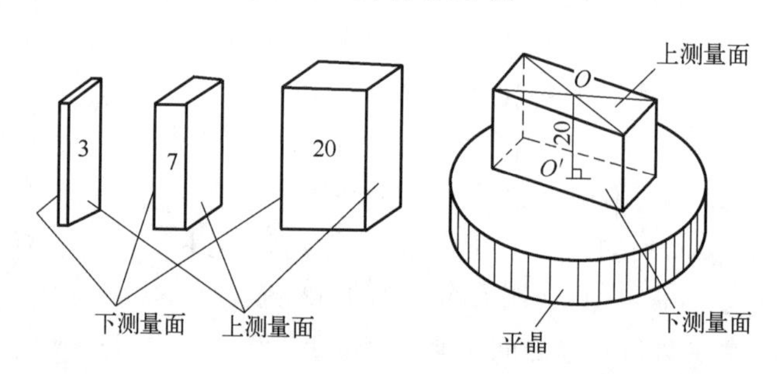

图2-12 量块

角度量块有三角形和四边形两种。三角形角度量块只有一个工作角（10°～79°），可以用作角度测量的标准量；而四边形角度量块则有四个工作角（80°～100°），也可以用作角度测量的标准量。

② 量块的精度等级。

根据GB/T 6093—2001规定，量块按制造精度（即量块长度的极限偏差和长度变动量允许值）分为5级：K级（校准级）和0、1、2、3级（准确度级）。精度0级最高，3级最低，主要根据量块长度极限偏差、测量面的平面度和粗糙度以及量块的研合性等指标来划定。量块长度的极限偏差是指量块中心长度与标称长度之间允许的最大偏差。

在计量部门，量块按JJG 146—2011规定的检定精度分为5等。其中，1等精度最高，5等精度最低。检定精度是按量块中心长度测量极限误差和平面平行性允许偏差来划分的。

值得注意的是，由于量块平面平行性和研合性的要求，一定的“级”只能检定出一定的“等”。

制造高精度的量块，其工艺要求高，成本也高，而且使用一段时间后也会因磨损而引起尺寸减小、精度级别降低。因此，量块使用一段时间后，应定期送专业部门按照标准对其各项精度指标进行检定，确定符合哪一“等”，并在检定证书中给出标称尺寸的修正值。

量块的“级”和“等”是从成批制造和单个检定两种不同角度出发，对其精度进行划分的两种不同形式。

量块按“级”使用时，应以量块的标称长度作为工作尺寸，该尺寸包含了量块的制造误差，也包含了检定时的测量误差。量块按“等”使用时，应以检定后所给出的量块中心长度的实际尺寸作为工作尺寸，该尺寸排除了量块制造误差的影响，仅包含较小的测量误差。因此，量块按“等”使用比按“级”使用时的测量精度高。例如，标称长度为30mm的0级量块，其长度的极限偏差为±0.00020mm，若按“级”使用，不管该量块的实际尺寸如何，均按30mm计，则引起的测量误差就为±0.00020mm。但是，若该量块经过检定后，确定为3等，其实际尺寸为30.00012mm，测量极限误差为±0.00015mm，那么显然，按“等”使用，即按尺寸为30.00012mm使用的测量极限误差为±0.00015mm，比按“级”使用测量精度高。

③ 量块的特性和应用。

量块的基本特性除上述的稳定性、耐磨性和准确性之外，还有一个重要特性——研合性。所谓研合性，是指两个量块的测量面相互接触，并在不大的压力下做一些切向相对滑动就能贴附在一起的性质。这是在量块表面粗糙度值极小的情况下，表面附着的油膜的单分子层的定向作用所致。利用这一特性，把量块研合在一起，便可以组成所需要的各种尺寸。我国生产的成套量块有91块、83块、46块、38块等几种规格。在使用组合量块时，为了减小量块组合的累积误差，应尽量减少使用的块数，一般不超过4块。选用量块，应根据所需尺寸的最后一位数字选择量块，每选一块至少减少所需尺寸的一位小数。例如从83块一套的量块中选取尺寸为28.785mm量块组，则可分别选用1.005mm、1.28mm、6.5mm、20mm共4块量块。91块一套的量块使用最方便。

量块是成套供应的，按一定尺寸组成一盒。成套量块的组合尺寸可查阅相关手册。

④ 量块使用注意事项。

a. 使用量块必须在使用有效期内，否则应及时送专业部门检定。使用环境应良好，防止各种腐蚀性物质及灰尘对测量面的损伤影响其研合性。量块应存放在干燥处，房间湿度应不大于25%。

b. 使用时，分清量块的“级”和“等”，注意使用规则。

c. 选取量块时，应用航空汽油清洗，洁净软布擦干，等量块温度与环境温度相同时方可使用。

d. 轻拿、轻放量块，杜绝碰撞、跌落等情况发生。

e. 不得用手直接接触量块，以避免汗液对量块的腐蚀及手温对测量精确度的影响。

f. 研合时应用推压方式研合，应保持动作平稳，以免测量面被量块棱角刮伤。

g. 使用完毕，应用航空汽油清洗所用量块，擦干后涂上防锈脂存于干燥处。

(2) 游标类量具

游标卡尺是利用游标读数原理制成的量具。游标卡尺分度值常用的为0.1mm、

0.05mm、0.02mm 三种，最常用的为 0.02mm。其主要用于机械加工中测量工件内径尺寸、外径尺寸、宽度、深度、厚度和孔距等。它具有结构简单、使用方便、测量范围大等特点。

① 长度游标卡尺，其结构如图 2-13 所示。

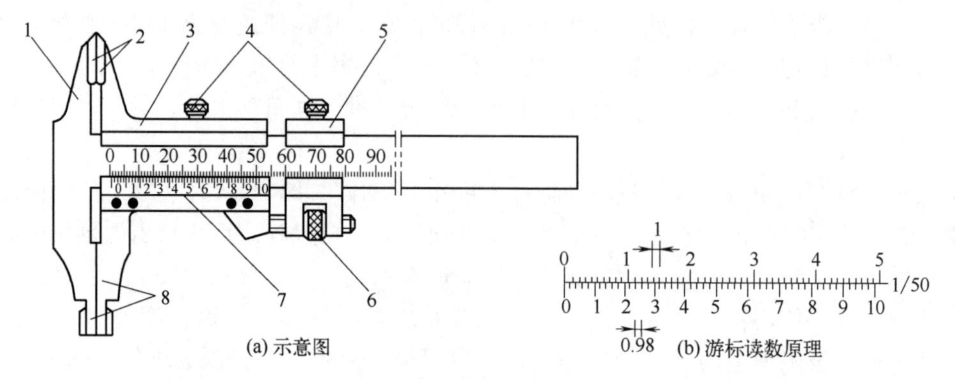

(a) 示意图　(b) 游标读数原理

图 2-13　长度游标卡尺

1—尺身；2—刀口外测量爪；3—尺框；4—锁紧螺钉；5—微动装置；6—微动螺母；7—游标；8—内外测量爪

通常所称游标卡尺即指长度游标卡尺。游标卡尺的量爪可测量工件的内、外尺寸。测量范围为 0～125mm、0～150mm 的游标卡尺还带有深度尺，可测量槽深及凸台高度。图 2-14 所示为三种常用游标卡尺的类型。

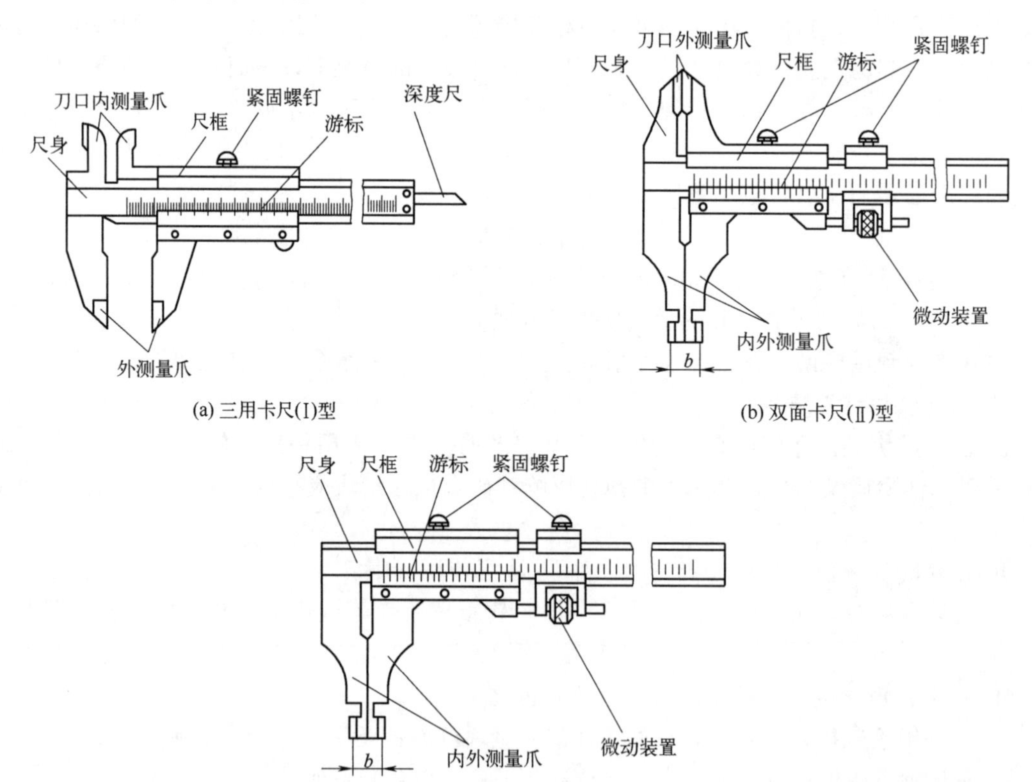

(a) 三用卡尺(Ⅰ)型　(b) 双面卡尺(Ⅱ)型　(c) 单面卡尺(Ⅲ)型

图 2-14　常用游标卡尺的类型

新型的游标卡尺为读数方便，装有测微表头或配有电子数显，如图 2-15（a）、（b）所示。

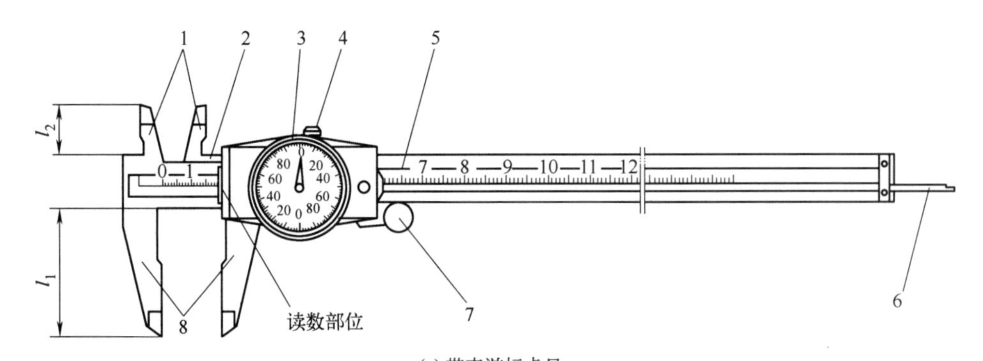

(a) 带表游标卡尺

1—刀口形内测量爪；2—尺框；3—指示表；4—紧固螺钉；5—尺身；
6—深度尺；7—微动装置；8—外测量爪

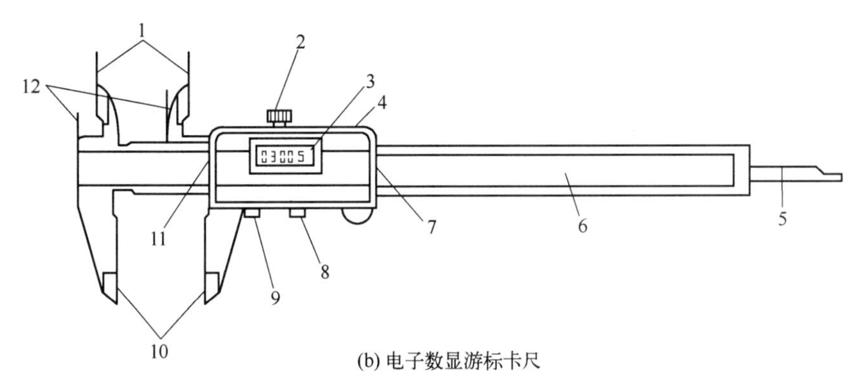

(b) 电子数显游标卡尺

1—内测量面；2—紧固螺钉；3—液晶显示器；4—数据输出端口；5—深度尺；6—主尺；
7,11—去尘板；8—置零按钮；9—米/英制换算按钮；10—外测量面；12—台阶测量面

图 2-15　新型游标卡尺

注意：图 2-13（a）所示的游标卡尺，在用内外测量爪 8 测内尺寸时，量爪宽度的 10.00mm 要计入示值，否则示值与工件实际值不一致。

为了测量复杂工件或特殊要求工件，还有许多种其他样式的游标卡尺。

a. 旋转型游标卡尺，如图 2-16 所示。

b. 偏置卡尺，如图 2-17 所示。

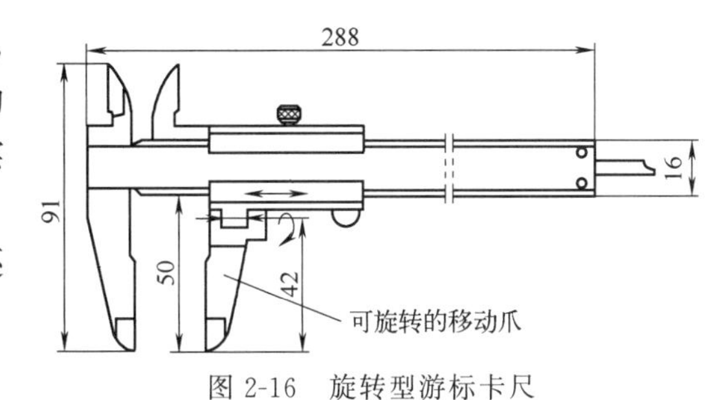

图 2-16　旋转型游标卡尺

注：可旋转移动量爪便于测量阶梯轴。

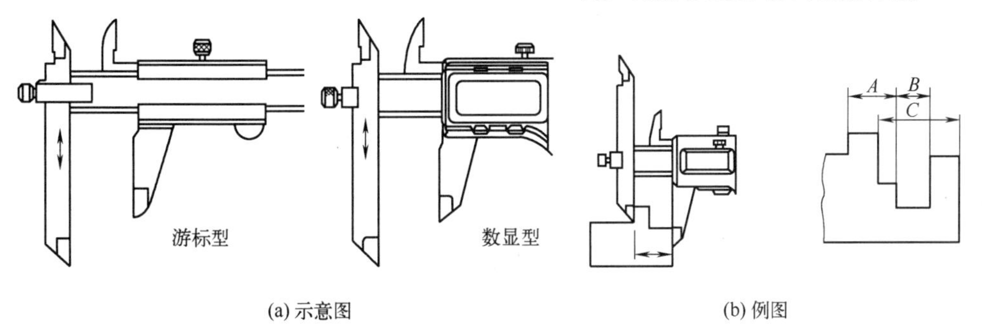

(a) 示意图　　(b) 例图

图 2-17　偏置卡尺

注：尺身量爪可上下滑动便于进行阶差断面测量。

c. 背置量爪型中心线卡尺，如图 2-18 所示。

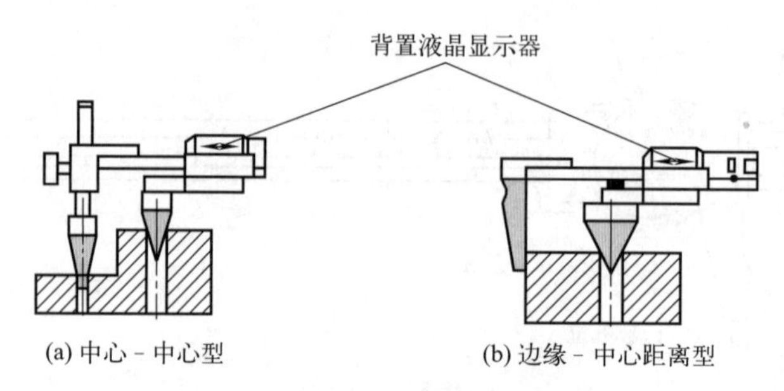

(a) 中心 - 中心型　　(b) 边缘 - 中心距离型

图 2-18　背置量爪型中心线卡尺

注：专门用于两中心间距离或边缘到中心距离的测量。液晶显示块带有量爪，便于俯视读数测量。

d. 长量爪卡尺，如图 2-19 所示。

e. 管壁厚度卡尺，如图 2-20 所示。

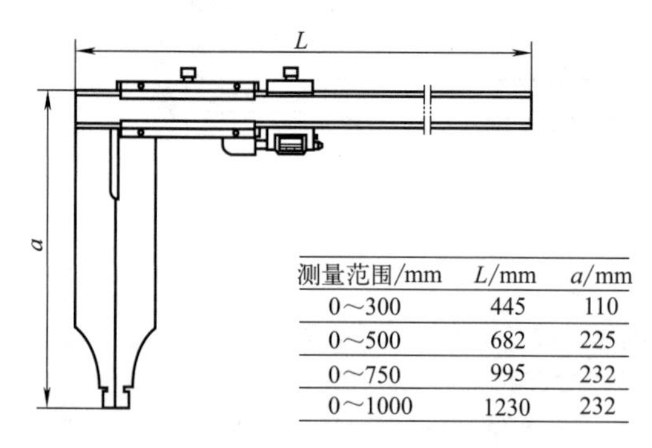

测量范围/mm	L/mm	a/mm
0～300	445	110
0～500	682	225
0～750	995	232
0～1000	1230	232

图 2-19　长量爪卡尺

注：长量爪适于通常情况下难以测量到的位置。

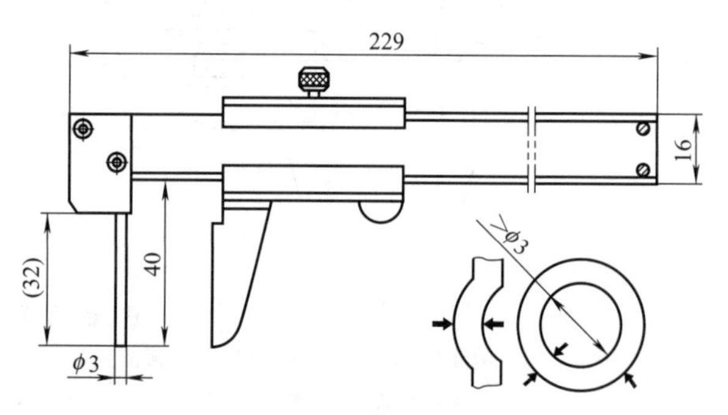

图 2-20　管壁厚度卡尺

注：尺身量爪为一根圆形杆，适于管壁厚度测量。

f. 内（外）凹槽卡尺，如图 2-21 所示。

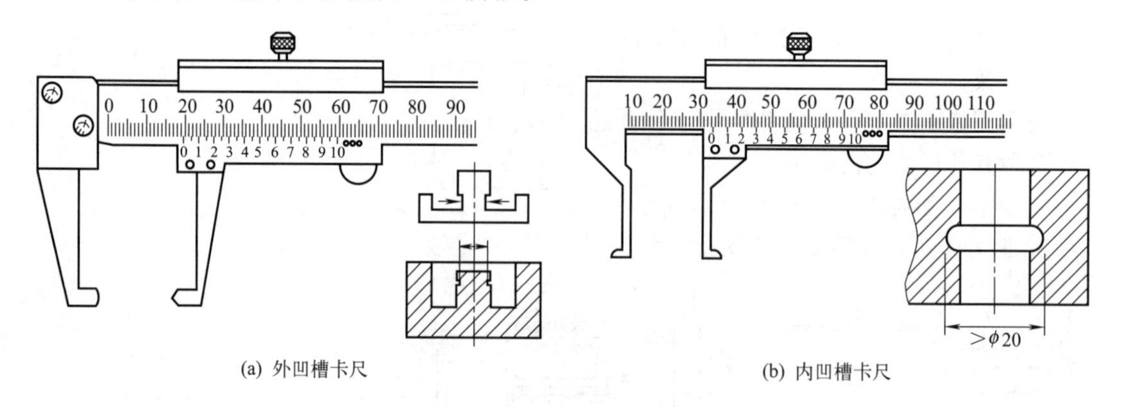

(a) 外凹槽卡尺　　(b) 内凹槽卡尺

图 2-21　内（外）凹槽卡尺

注：专门用于难以测量的位置。

② 高度游标卡尺。带有底座及辅件的高度划线游标卡尺，可用于在平板上精确划线与测量，称为游标高度卡尺。图 2-22 所示的高度游标卡尺配有双向电子测头，确保了测量的高效性和稳定性，分辨力为 0.001mm；配有硬质合金划线器，具有测量及划线功能，带有数据保持与输出功能。

③ 深度游标尺。深度游标尺的尺身顶端有普通型顶端及钩形顶端，如图 2-23 所示。钩形顶端不仅可进行标准的深度测量，还可对凸台阶或凹台阶的阶差深度和厚度进行测量。

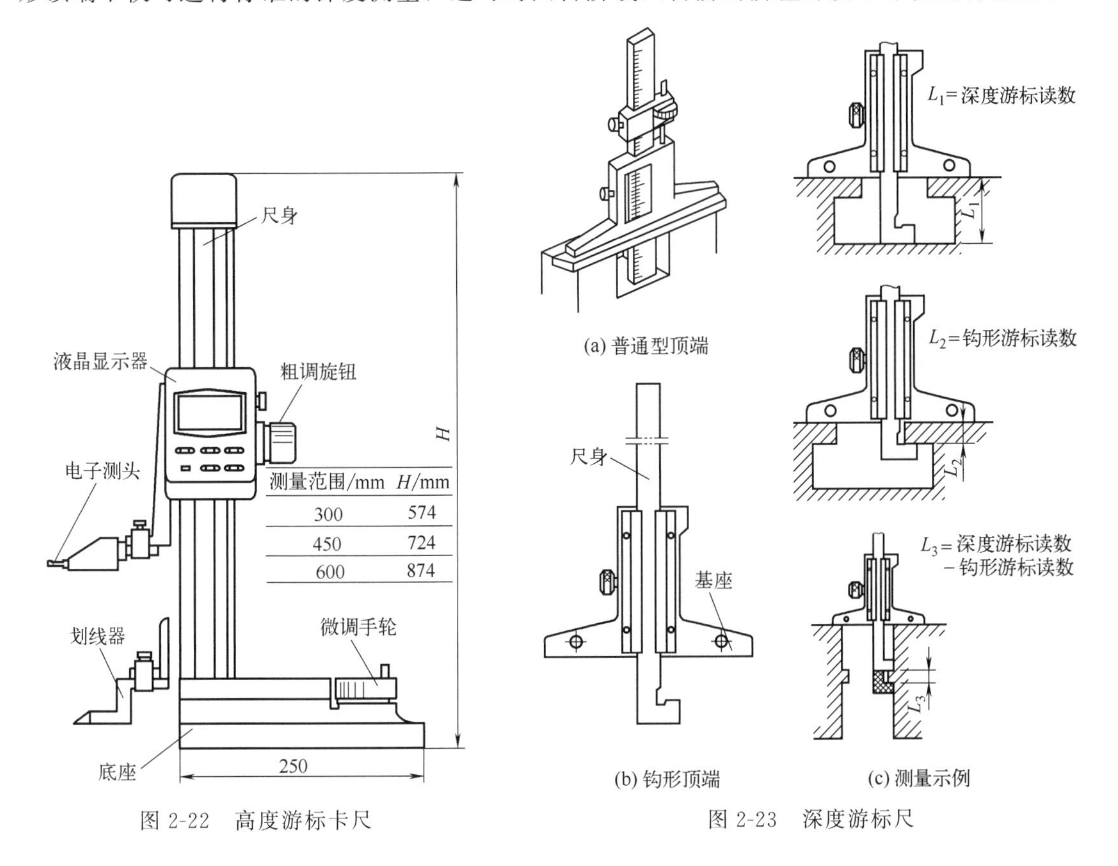

测量范围/mm	H/mm
300	574
450	724
600	874

图 2-22　高度游标卡尺

图 2-23　深度游标尺

④ 使用游标卡尺的注意事项如下。

a. 使用前，应先把量爪和被测工件表面的灰尘和油污等擦干净，以免碰伤量爪面和影响测量精度，同时检查各部件的相互作用，如尺框和基尺装置移动是否灵活，紧固螺钉是否能起作用等。使用前，还应检查游标卡尺零位，使游标卡尺两量爪紧密贴合，用眼睛观察时应无明显的光隙，同时观察游标零刻线与尺身零刻线是否对准，游标的尾刻线与尺身的相应刻线是否对准。最好把量爪闭合 3 次，观察各次读数是否一致。如果 3 次读数虽然不是“0”，但却一样，可把这一数值记下来，在测量时加以修正。

b. 使用时，要掌握好量爪面同工件表面接触时的压力，做到既不太大，也不太小，刚好使测量面与工件接触，同时量爪还能沿着工件表面自由滑动。有微动装置的游标卡尺，应使用微动装置。

c. 在读数时，应把游标卡尺水平拿着朝光亮的方向，尽可能地使视线和尺上所读的刻线垂直，以免由于视线的歪斜而引起读数误差（即视差）。必要时，可用 3～5 倍的放大镜帮助读数。最好在工件的同一位置上多测量几次，取其平均读数，以减小读数误差。测量外尺寸读数后，切不可从被测工件上用猛力抽下游标卡尺，否则会使量爪因测量而加快磨损。测量内尺寸读数后，要使量爪沿着孔的中心线滑出，防止歪斜，否则将使量爪扭伤、变形或使尺框走动，影响测量精度。

d. 不准用游标卡尺测量运动中的工件，否则容易使游标卡尺受到严重磨损，也容易发生事故。不准以游标卡尺代替卡钳在工件上来回拖拉，使用游标卡尺时不可用力同工件撞击，防止损坏游标卡尺。

e. 游标卡尺不要放在强磁场附近（如磨床的工作台上），以免使游标卡尺感应磁性，影响使用。

f. 使用后，应当注意把游标卡尺平放，尤其是大尺寸的游标卡尺，否则会使主尺弯曲变形。使用完毕之后，应安放在专用盒内，注意不要使它弄脏或生锈。

g. 游标卡尺受损后，不能用锤子、锉刀等工具自行修理，应交专门修理部门修理，并经检定合格后才能使用。

(3) 千分尺

千分尺是应用螺旋副读数原理进行测量的量具。千分尺按结构、用途不同分为外径类千分尺、内径类千分尺及深度千分尺等。

千分尺的测量范围分为：0～25mm，25～50mm，…，475～500mm，大型千分尺可达几米。注意：0.01mm 分度值的千分尺每 25mm 为一规格挡，应根据工件尺寸大小选择千分尺规格，使工件尺寸在其测量范围之内。

① 外径类千分尺。

a. 普通外径千分尺，如图 2-24 所示。

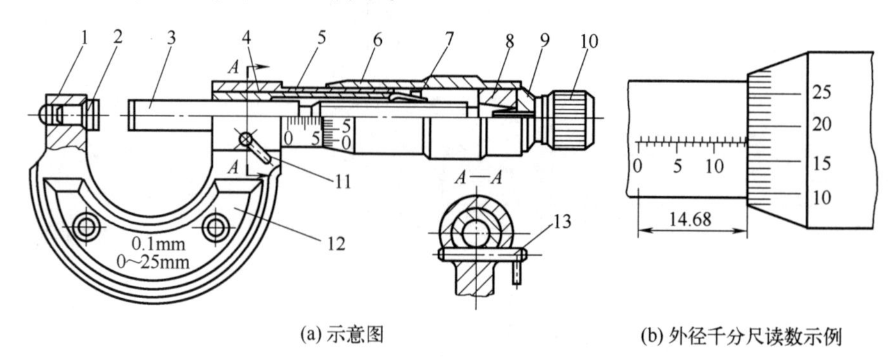

(a) 示意图　　(b) 外径千分尺读数示例

图 2-24　外径千分尺

1—尺架；2—测砧；3—测微螺杆；4—螺纹轴套；5—固定套筒；6—微分筒；7—调节螺母；8—接头；9—垫片；10—测力装置；11—锁紧机构；12—绝热板；13—锁紧轴

普通外径千分尺的结构设计符合阿贝原则，以螺杆螺距作为测量的基准量，螺杆和螺母的配合应该精密，配合间隙应能调整；固定套筒和微分筒作为示数装置，用刻度线进行读数；有保证一定测力的棘轮棘爪机构。外径千分尺有刻线式和数显式等种类。

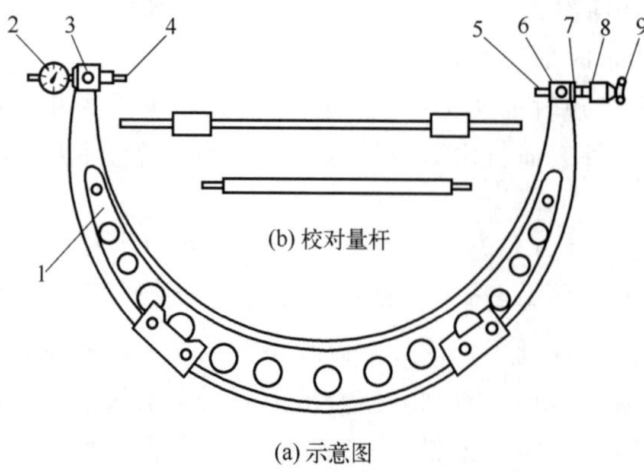

(a) 示意图

图 2-25　带表测砧式千分尺

1—尺架；2—百分表；3—测砧紧固螺钉；4—测砧；5—测微螺杆；6—制动器；7—套管；8—微分筒；9—测力装置

b. 大外径千分尺。它适合于大型零件的精确测量。其分度值为 0.01mm，测量范围为 1000～3000mm。按结构形式分为测砧可换式和可调式的大千分尺。带表测砧式千分尺如图 2-25 所示。

c. 精确测量外尺寸的千分尺。杠杆千分尺的分度值为 0.001mm、0.002mm。

一般量程为 0～25mm，最大量程为 100mm，如图 2-26 所示。它是利用杠杆传动机构原理，将测量的轴向位移变为指示表指针的回转运动。

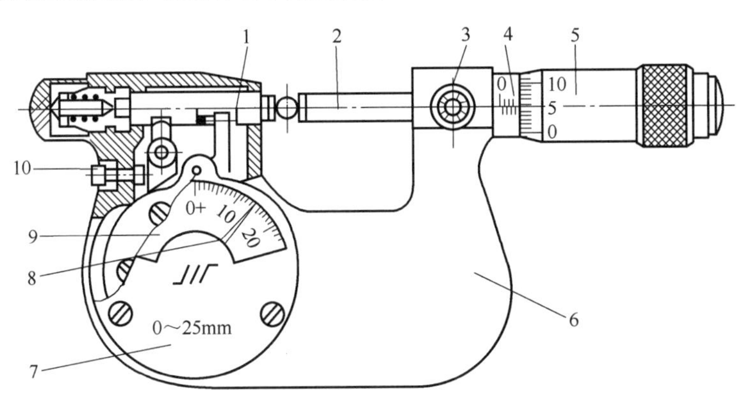

图 2-26　杠杆千分尺

1—测砧；2—测微螺杆；3—锁紧装置；4—固定轴套；5—微分筒；6—尺架；7—盖板；8—指针；9—刻度盘；10—按钮

使用杠杆千分尺的注意事项如下。

• 使用前应校对杠杆千分尺的零位。首先校对微分筒零位和杠杆指示表零位。0～25mm 杠杆千分尺可使两测量面接触，直接进行校对；25mm 以上的杠杆千分尺用 0 级调整量棒或用 1 级量块来校对零位。刻度盘可调整式杠杆千分尺零位的调整方法为，先使微分筒对准零位，再使指针对准零刻度线即可。刻度盘固定式杠杆千分尺零位的调整方法为，先调整指示表指针零位，此时若微分筒上零位不准，应按通常千分尺调整零位的方法进行调整，即将微分筒后盖打开，紧固止动器，松开微分筒后，将微分筒对准零刻度线，再紧固后盖，直至零位稳定。在上述零位调整时，均应多次拨动拨叉，示值必须稳定。

• 直接测量时将工件正确置于两测量面之间，调节微分筒使指针有适当示值，并应拨动拨叉几次，示值必须稳定。此时，微分筒的读数加上表盘上的读数，即为工件的实测尺寸。相对测量时可用量块做标准，调整杠杆千分尺，使指针位于零位，然后紧固微分筒，在指示表上读数，相对测量可提高测量精度。成批测量时应按工件被测尺寸，用量块组调整杠杆千分尺示值，然后根据工件公差，转动公差带指标调节螺钉，调节公差带。测量时只需观察指针是否在公差带范围内，即可确定工件是否合格，这种测量方法不但精度高，而且检验效率亦高。

• 当转动旋钮，测微螺杆即将靠近待测物时，一定要改为旋动测力装置，不能转动旋钮使螺杆压在待测物上。测微螺杆与测砧已将待测物卡住或锁紧装置已旋紧时，决不能强行转动旋钮。

• 通常千分尺架上装有隔热塑料块，测量时应尽量让手少接触金属部分，以免手温使尺架膨胀引起微小误差。

• 使用千分尺测量较为重要的同一长度时，一般应反复测量几次，取平均值作为测量结果。

• 使用后，应擦拭干净，让测砧和螺杆之间留出一点间隙，放在专用盒内保存。较长时间不用的话，应将测微螺杆和测砧抹上黄油或机油，放置在干燥的地方。

d. 可测管壁厚、板厚的千分尺及特殊用途的千分尺。

壁厚千分尺是利用测砧与管壁内表面成点接触而实现的，如图 2-27 所示。

板厚千分尺的测量范围为 0～25mm，尺架凹入，深度 H 分为 40mm、80mm、150mm，如图 2-28 所示。它具有球形测量面、平测量面及特殊形状的尺架。

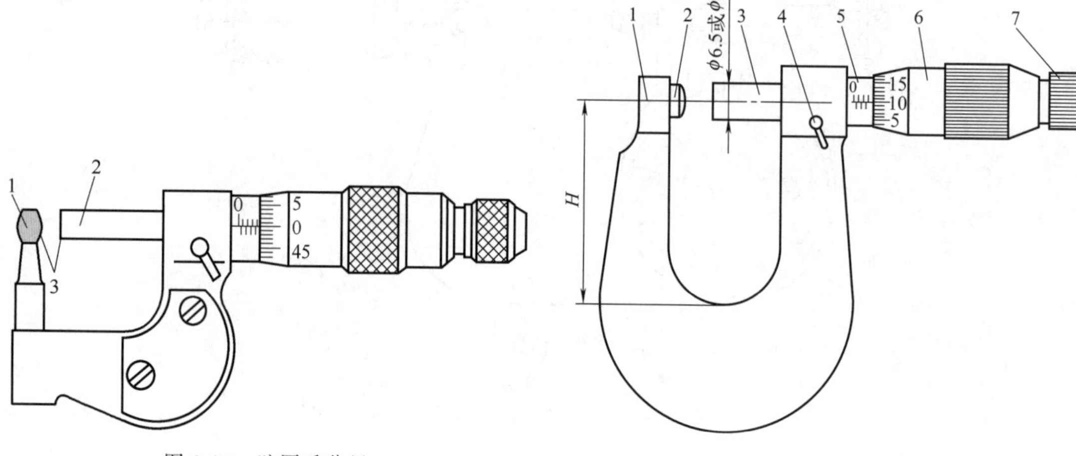

图 2-27　壁厚千分尺

1—测砧；2—测微螺杆；3—测量面

图 2-28　板厚千分尺

1—尺架；2—测砧；3—测微螺杆；4—锁紧装置；5—固定套管；6—微分筒；7—测力装置

尖头千分尺用于测量钻头的钻心直径或丝锥锥心直径等。其测量端为球面或平面，直径 d＝0.2～0.3mm，如图 2-29 所示。

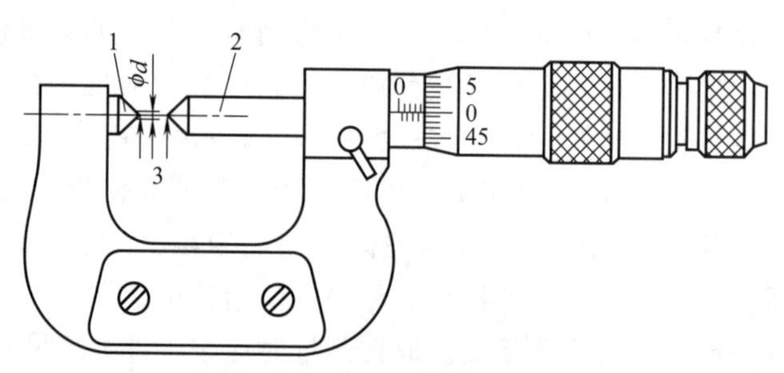

图 2-29　尖头千分尺

1—测砧；2—测微螺杆；3—测量面

奇数沟千分尺具有特制的 V 形测砧，可测量带有 3 个、5 个和 7 个沿圆周均匀分布的沟槽的工件外径，如图 2-30 所示。

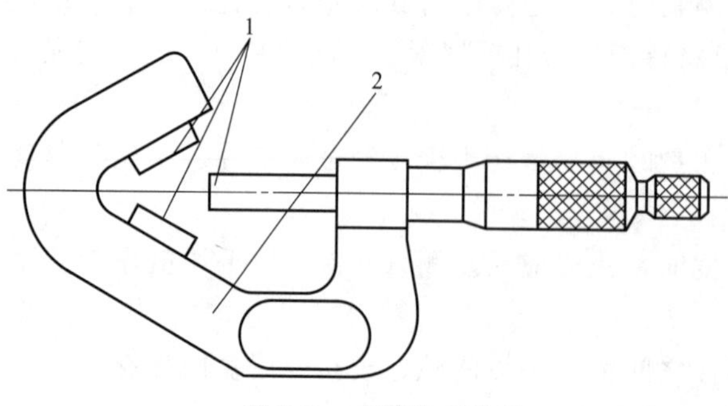

图 2-30　奇数沟千分尺

1—测量面；2—尺架

② 内径类千分尺。内径类千分尺的特点是：运用螺旋副原理；具有圆弧测头（爪）；测量前需要用校对环规校对尺寸。

a. 内径千分尺。主要用于测量工件内径，也可用于测量槽宽和两个平行表面之间的距离。内径千分尺一般有单杆型、管接型和换管型等。单杆型是不可接拆的，测量范围为 50～300mm，如图 2-31 所示。

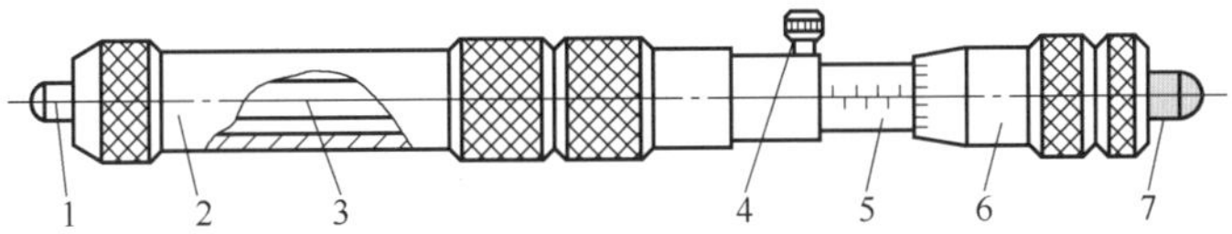

图 2-31　内径千分尺

1—测量头；2—接长杆；3—心杆；4—锁紧装置；5—固定套管；6—微分筒；7—测微头

b. 内测千分尺。内测千分尺的测量爪有两个圆弧测量面，是适于测量内尺寸的千分尺，测量范围为 5～30mm、25～50mm、…、125～150mm，如图 2-32 所示。

c. 三爪内径千分尺。利用螺旋副原理，通过旋转塔形阿基米德螺旋体或推动锥体使三个测量爪做径向位移，且与被测内孔接触，对内孔读数，如图 2-33 所示。其Ⅱ型测量范围为 3.5～4.5mm，…，8～10mm，…，20～25mm，最大为 300mm。

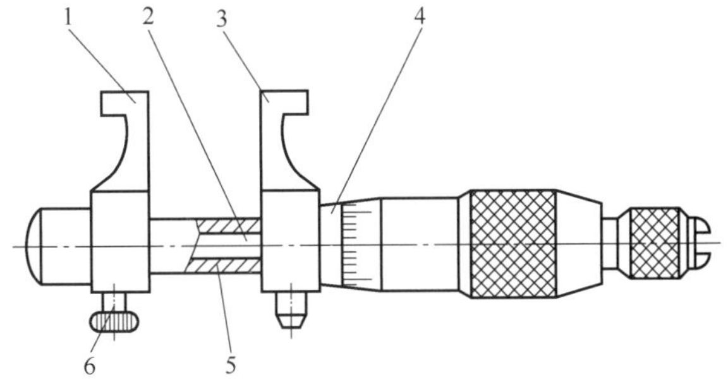

图 2-32　内测千分尺（25～50mm）

1—固定测量爪；2—测微螺杆；3—活动测量爪；4—固定套管；5—导向套；6—锁紧装置

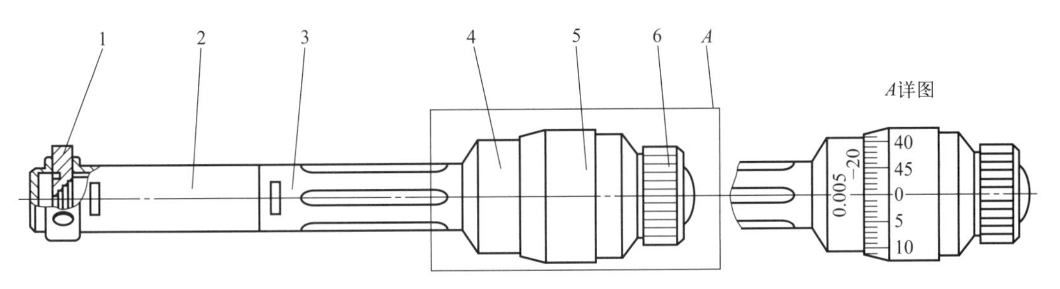

图 2-33　三爪内径千分尺

1—测量爪；2—测量头；3—套筒；4—固定套筒；5—微分筒；6—测力装置

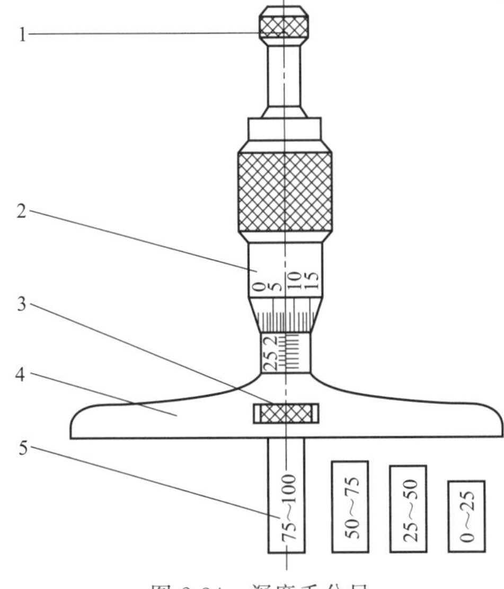

图 2-34　深度千分尺

1—测力装置；2—微分筒；3—锁紧装置；4—基座；5—可换测量杆

③ 深度千分尺。深度千分尺由测量杆、基座、测力装置等组成，用于测量工件的孔、槽深度和台阶高度，如图 2-34、图 2-35 所示。它是利用螺旋副原理，对底座基面与测量杆测量面分隔的距离进行刻度（或数显）读数的量具。在测微螺杆的下面连接着可换测量杆，以增加量程。测量杆有 4 种尺寸规格，加测量杆后的测量范围分别为 0～25mm、25～50mm、50～75mm、75～100mm。深度千分尺测量工件的最高公差等级为 IT10。

使用深度千分尺的注意事项如下。

• 测量前，应将工件去除毛刺，将千分尺底板的测量面和工件被测面擦干净，被测表面应具有较小的表面粗糙度。

• 在每次更换测量杆后，必须用调整量具

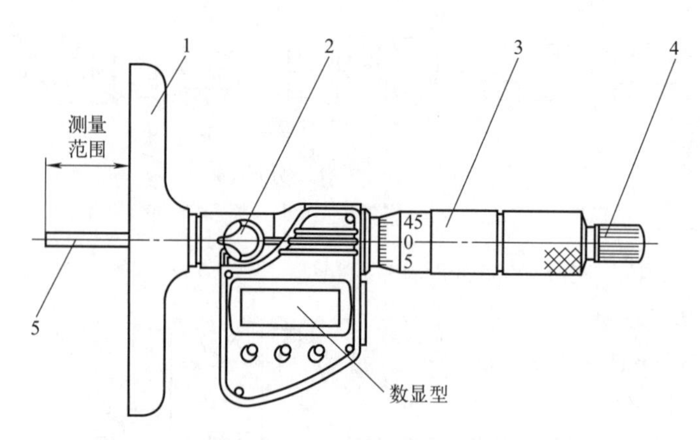

图 2-35　数显型深度千分尺

1—基座；2—锁紧装置；3—微分筒；4—测力装置；5—可换测量杆

校正其示值，如无调整量具，可用量块校正。应经常校对零位，零位的校对可采用两块尺寸相同的量块组合体进行。

• 测量时，应使测量底板与被测工件表面保持紧密接触。测量杆中心轴线与被测工件的测量面保持垂直。

• 用完之后，应放在专用盒内保存。

(4) 机械量仪

游标卡尺和千分尺虽然结构简单，使用方便，但由于其示值范围较大及机械加工精度的限制，故其测量准确度不易提高。

机械式量仪是借助杠杆、齿轮、齿条或扭簧的传动，将测量杆的微小直线位移经传动和放大机构转变为表盘上指针的角位移，从而指示出相应的数值，所以又称指示式量仪。

机械式量仪主要用于相对测量，可单独使用，也可将它安装在其他仪器中作测微表头使用。这类量仪的示值范围较小，示值范围最大的（如百分表）不超出 10mm，最小的（如扭簧比较仪）只有±0.015mm，其示值误差在±0.01～0.0001mm 之间。此外，机械式量仪都有体积小、重量轻、结构简单、造价低等特点，不需附加电源、光源、气源等，也比较坚固耐用，因此，其应用十分广泛。

机械式量仪按其传动方式的不同，可以分为 4 类：

• 杠杆式传动量仪：刀口式测微仪；

• 齿轮式传动量仪：百分表；

• 扭簧式传动量仪：扭簧比较仪；

• 杠杆式齿轮传动量仪：杠杆齿轮式比较仪、杠杆式卡规、杠杆式千分尺、杠杆百分表和内径百分表。

① 百分表。分度值为 0.01mm 的指示表称为百分表；分度值为 0.001mm、0.002mm 的指示表称为千分表，千分表示值误差在工作行程范围内不大于 5μm，在任意 0.2mm 范围内不大于 3μm，示值变化不大于 0.3μm。图 2-36 所示为百分表结构。

从图 2-36 可以看到，当切有齿条的测量杆 5 上下移动时，带动与齿条相啮合的小齿轮 1 转动，此时与小齿轮固定在同一轴的大齿轮也跟着转动，通过大齿轮即可带动中间齿轮 3 及与中间齿轮固定在同一轴上的指针 6。这样通过齿轮传动系统就可将测量杆的微小位移放大变为指针的偏转，并由指针在刻度盘上指出相应的数值。为了消除由齿轮传动系统中齿侧间

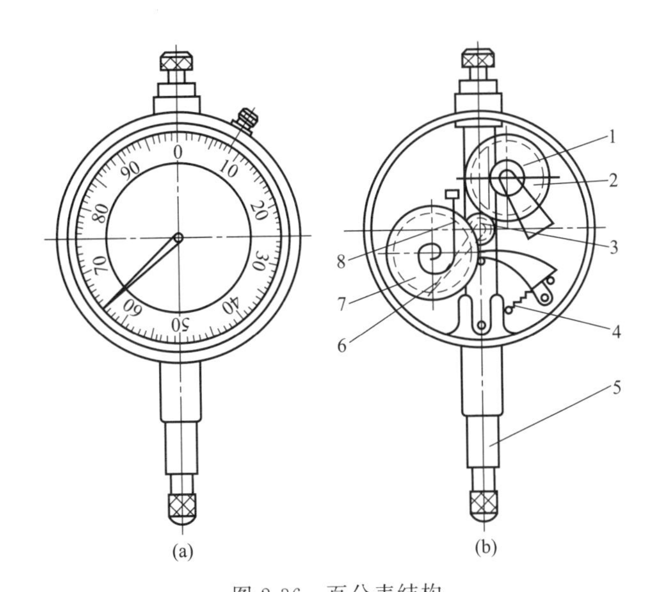

图 2-36　百分表结构

1—小齿轮；2，7—大齿轮；3—中间齿轮；4—弹簧；5—测量杆；6—指针；8—游丝

隙引起的测量误差，在百分表内装有游丝，由游丝产生的转矩作用在大齿轮 7 上，大齿轮 7 也和中间齿轮啮合，这样可以保证齿轮在正反转时都在齿的同一侧面啮合，因而可消除齿侧间隙的影响。大齿轮 7 的轴上装有小指针，以显示大齿轮的转数。

使用百分表座及专用夹具，可对长度尺寸进行相对测量。测量前先用标准件或量块校对百分表和转动表圈，使表盘的零刻度线对准指针，然后再测量工件，从表中读出工件尺寸相对标准件或量块的偏差，从而确定工件尺寸。

使用百分表及相应附件还可用来测量工件的直线度、平面度、平行度等误差，以及在机床上或者其他专用装置上测量工件的各种跳动误差等。

使用百分尺的注意事项如下。

- 测量前，应该检查百分表盘玻璃是否破裂或脱落，测量头、测量杆、套筒等是否有碰伤或锈蚀，指针有无松动现象，指针的转动是否平稳等。
- 测量时，应使测量杆与零件被测表面垂直。测量圆柱面的直径时，测量杆的中心线要通过被测量圆柱面的轴线。测量头开始与被测量表面接触时，为保持一定的初始测量力，应该使测量杆压缩 0.3～1mm，以免当偏差为负时，得不到测量数据。
- 测量时，应轻提测量杆，移动工件至测量头下面（或将测量头移至工件上），再缓慢放下测量杆，使测量头与被测表面接触。不能急于放下测量杆，否则易造成测量误差。不准将工件强行推至测量头下，以免损坏量仪。测头移动要轻缓，距离不要太大。测量杆与被测表面的相对位置要正确，提压测量杆的次数不要过多，距离不要过大，以免损坏机件及加剧零件磨损。测量时不能超量程使用，以免损坏百分表内部零件。
- 使用过程中，百分表应避免剧烈振动和碰撞，不要使测量头突然撞击在被测表面上，以防测量杆弯曲变形，更不能敲打表的任何部位。表架要放稳，以免百分表落地摔坏。使用磁性表座时，要注意表座的旋钮位置。表体不得猛烈振动，被测表面不能太粗糙，以免齿轮等运动部件损坏。
- 严防水、油、灰尘等进入表内，不要随便拆卸表的后盖。百分表使用完毕，要擦净放回盒内，使测量杆处于自由状态，以免表内弹簧失效。

② 内径百分表。内径百分表由百分表和专用表架组成，是用相对法测量孔径、深孔、沟槽等内表面尺寸的量具。测量前应使用与工件同尺寸的环规（或千分尺）标定表的分度值（或零位），然后再进行比较测量。

a. 普通内径百分表。

普通内径百分表的构造如图 2-37 所示，百分表的测量杆与传动杆始终接触，弹簧是控制测量力的，并经过传动杆、杠杆向外顶住活动测头。测量时，活动测量头 1 的移动使杠杆 8 回转，通过传动杆 5 推动百分表的测量杆，使百分表指针回转。由于杠杆是等臂的，百分表测量杆、传动杆及活动测头三者的移动量是相同的，所以，活动测头的移动量可以在百分表上读出来。表架的弹簧 6 用于控制测量力。定位装置 9 可确保正确的测量位置，该处是显示读数最大的内径的位置。

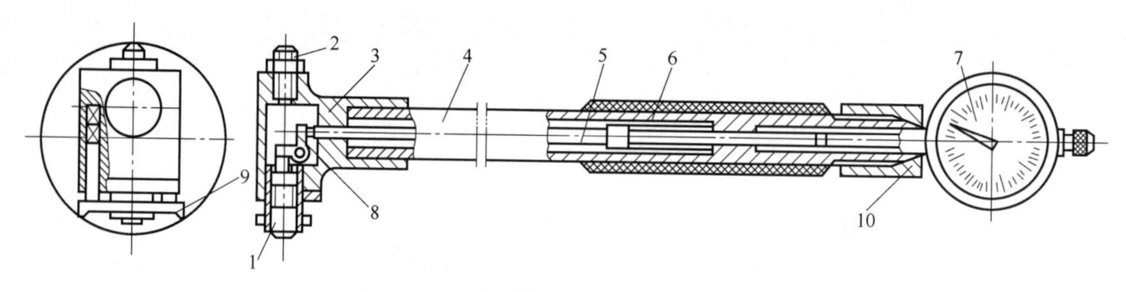

图 2-37 内径百分表（定位护桥式）构造

1—测量头；2—可换测头；3—主体；4—表架；5—传动杆；6—弹簧；7—量表；8—杠杆；9—定位装置；10—旋合螺母

定位护桥式内径百分表的测量范围为 6～10mm，10～18mm，…，50～100mm，…，250～400mm。

使用时，将量表 7 插入表架 4 的孔内，使百分表的测量杆与表架传动杆 5 接触，当表盘指示出一定预压值后，用旋合螺母 10 的锥面锁紧表头。用环规或千分尺校出“0”位后即可进行比较测量。

使用内径百分表的注意事项如下。

• 测量前必须根据被测工件尺寸选用相应尺寸的测头，安装在内径百分表上。使用前应根据工件被测尺寸，选择相应精度标准环规或用量块及量块附件的组合体来调整内径百分表的零位。调整时表针应压缩 1mm 左右，表针指向正上方为宜。

• 调整及测量中，内径百分表的测头应与环规及被测孔径轴线垂直，即在径向找最大值，在轴向找最小值。

• 测量槽宽时，在径向及轴向均找其最小值。

• 具有定心器的内径百分表，在测量内孔时，只要将其按孔的轴线方向来回摆动，其最小值即为孔的直径。

b. 涨簧式内径百分表。涨簧式内径百分表的测量范围由涨簧测头标称直径与测头的工作行程决定。当测头直径为 2～3.75mm 时，工作行程为 0.3mm；当测头直径为 4～9.5mm 时，工作行程为 0.6mm；当测头直径为 10～20mm 时，工作行程为 1.2mm，如图 2-38 所示。涨簧式内径百分表用于小孔测量，测量范围为 3～4mm，4～10mm，10～20mm。

c. 钢球式内径百分表。钢球式内径百分表的测量范围为 3～4mm，4～10mm，10～20mm。其测孔深度 H 分别为 10mm、16mm、25mm，如图 2-39 所示。钢球式内径百分表

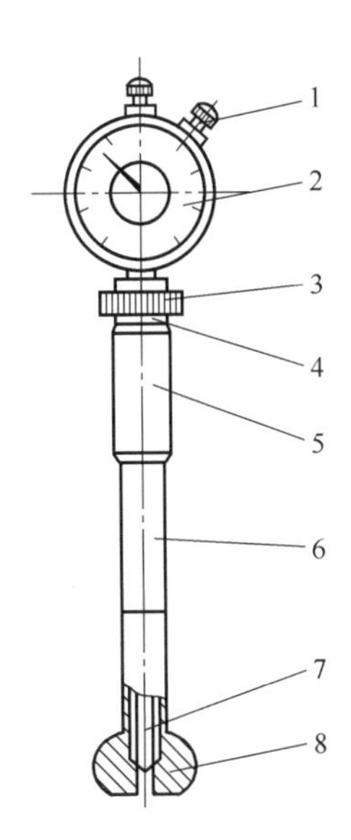

图 2-38 涨簧式内径百分表

1—制动器；2—百分示表；3—预紧螺母；4—卡簧；5—手柄；6—接杆；7—顶杆；8—涨簧测头

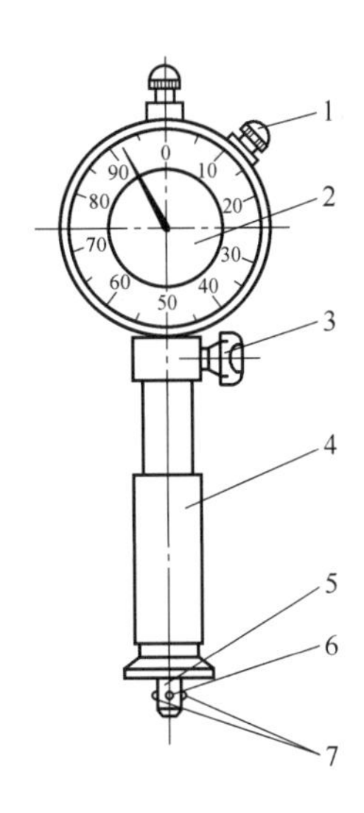

图 2-39 钢球式内径百分表

1—制动器；2—百分示表；3—锁紧装置；4—手柄；5—钢球测头；6—定位钢球；7—测量钢球

用于小孔测量。

③ 杠杆百分表。杠杆百分表又称靠表，是将杠杆测头的位移（杠杆的摆动），通过机械传动系统，转化为表针在表盘上的偏转。表盘圆周上有均匀的刻度，其分度值为 0.01mm，示值范围为±0.4mm。

杠杆百分表的外形与原理如图 2-40 所示。测量时，杠杆测头 5 的位移使扇形齿轮 4 绕其轴摆动，从而带动小齿轮 1 及同轴上的表针 3 偏转而指示读数，扭簧 2 用于复位。

由于杠杆百分表体积较小，故可将表身伸入工件孔内测量，测头可变换测量方向，使用极为方便。尤其在测量或加工中对小孔工件的找正，更突显其精度高且灵活的特点。

使用杠杆百分表时，也需将其装夹于表座上，夹持部位为表夹头 6。

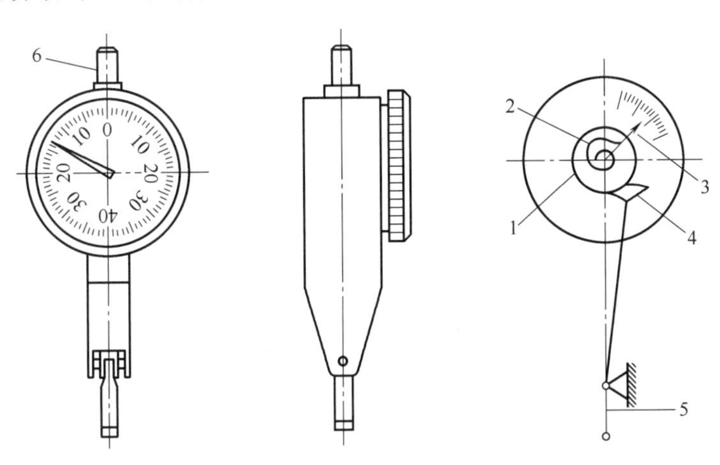

图 2-40 杠杆百分表

1—齿轮；2—扭簧；3—表针；4—扇形齿轮；5—杠杆测头；6—表夹头

若无法使测杆的轴线垂直于被测工件尺寸，测量结果则按下式修正：

$$A=B\cos\alpha \tag{2-3}$$

式中 A——正确的测量结果；

B——测量读数；

α——测量线与工件尺寸的夹角。

④ 比较仪。

a. 杠杆齿轮式比较仪。它是借助杠杆-齿轮传动系统，将测杆的直线位移转换为指针在表盘上的角位移的量仪。杠杆齿轮式比较仪主要用于以比较测量法测量精密制件的尺寸和几何误差。该比较仪也可用作其他测量装置的指示表。杠杆齿轮式比较仪的外形如图 2-41 所示，表盘上有不满一周的刻度，分度值为 0.5μm、1μm、2μm、5μm。

当测量杆移动时，杠杆绕轴转动，并通过杠杆短臂 R_4 和长臂 R_3 将位移放大，同时扇形齿轮带动与其啮合的小齿轮转动，这时小齿轮分度圆半径 R_2 与指针长度 R_1 又起放大作用，使指针在标尺上指示出相应测量杆的位移值。

b. 扭簧式比较仪。扭簧式比较仪是利用扭簧作为传动放大机构，将测量杆的直线位移变换为指针的角位移的量仪。其结构简单，传动比大，在传动机构中没有摩擦和间隙，所以测力小，灵敏度高，广泛应用于机械、轴承、仪表等行业，用于以比较法测量精密制件的尺寸和几何误差。该比较仪还可用作其他测量装置的指示表。机械扭簧式比较仪外形如图 2-42 所示。

扭簧式比较仪的传动原理是：利用扭簧元件作为尺寸的转换和放大机构。其分度值为 0.1μm、0.2μm、0.5μm、1μm、2μm、5μm、10μm。

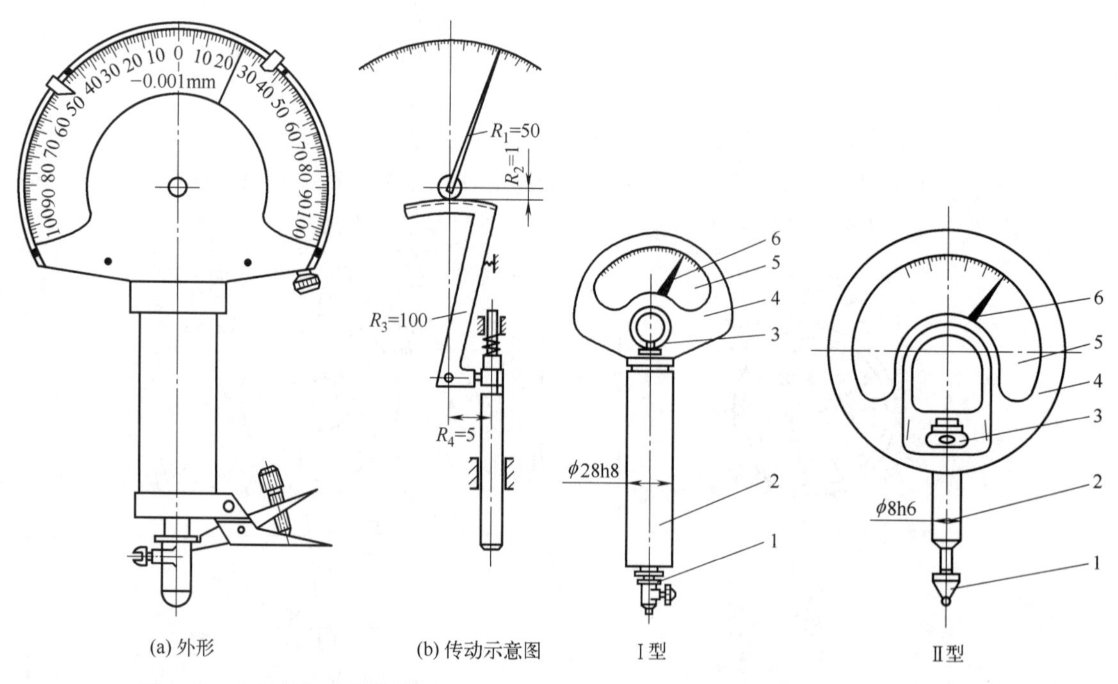

图 2-41 杠杆齿轮式比较仪

图 2-42 机械扭簧式比较仪

1—测帽；2—套筒；3—微动螺钉；4—表壳；5—刻度盘；6—指针

(5) **角度量具**

① 万能角度尺。万能角度尺是用来测量工件 0°～320°内外角度的量具。其分度值有 2′和 5′两种，其尺身的形状有圆形和扇形两种。本节以最小刻度为 2′的扇形万能角度尺为例介绍万能角尺的结构、刻线原理、读数方法和测量范围。

图 2-43 所示为最小刻度为 2′的扇形万能角度尺，由尺身、角尺、游标、制动器、扇形板、基尺、直尺、夹块、捏手、小齿轮和扇形齿轮等组成。游标固定在扇形板上，基尺和尺身连成一体。扇形板可以与尺身做相对回转运动，形成和游标卡尺相似的读数机构。角尺用夹块固定在扇形板上，直尺又用夹块固定在角尺上。根据所测角度的需要，也可拆下角尺，将直尺直接固定在扇形板上。制动器可将扇形板和尺身锁紧，便于读数。

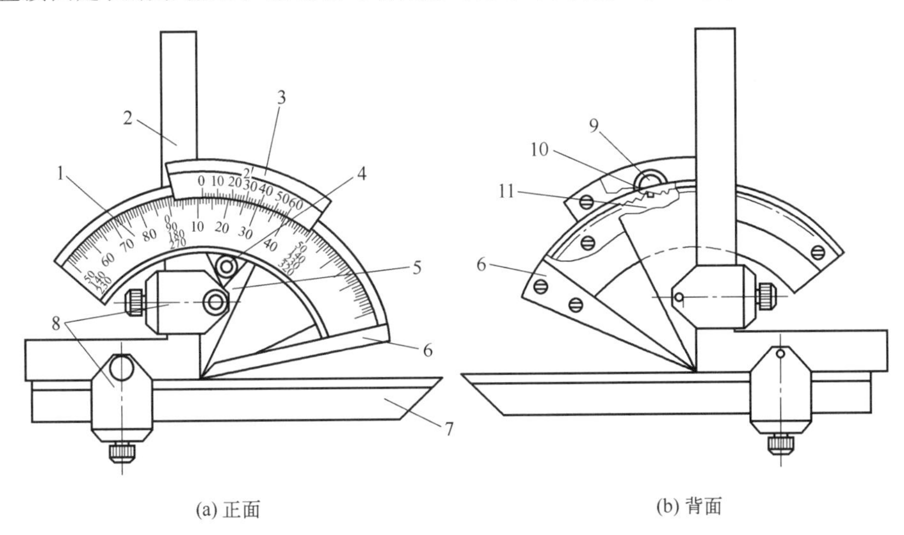

图 2-43　万能角度尺

1—尺身；2—角尺；3—游标；4—制动器；5—扇形板；6—基尺；7—直尺；8—夹块；9—捏手；10—小齿轮；11—扇形齿轮

测量时，可转动万能角度尺背面的捏手，通过小齿轮转动扇形齿轮，使尺身相对扇形板产生转动，从而改变基尺与角尺或直尺间的夹角，满足各种不同情况下测量的需要。

② 正弦规。正弦规是测量锥度的常用量具。使用正弦规检测圆锥体的锥角 α 时，应先使用计算公式 $h=L\sin\alpha$ 算出量块组的高度尺寸。测量方法如图 2-44 所示。

如果被测角正好等于锥角，则指针在 a、b 两点指示值相同；如果被测锥度有误差 ΔK，则 a、b 两点必有差值 n。n 与被测长度的比即为锥度误差，即

$$\Delta K=\frac{n}{L} \tag{2-4}$$

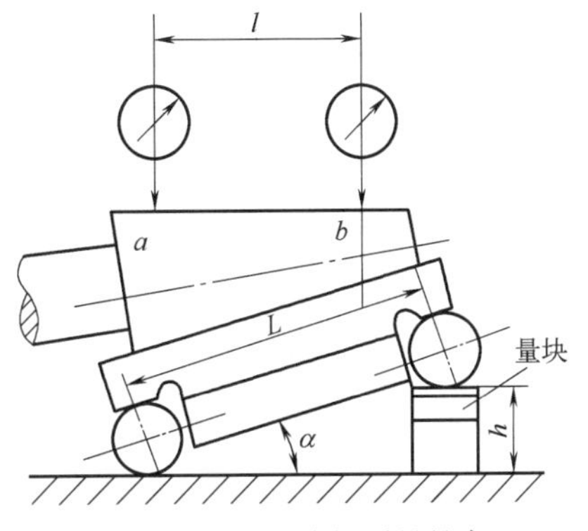

图 2-44　用正弦规测量锥角

③ 水平仪。水平仪是测量被测平面相对水平面微小倾角的一种计量器具，在机械制造中，常用来检测工件表面或设备安装的水平情况。如检测机床、仪器的底座、工作台面及机床导轨等的水平情况，还可以用水平仪检测导轨、平尺、平板等的直线度和平面度误差，以及测量两工作面

的平行度误差和工作面相对于水平面的垂直度误差等。

水平仪按其工作原理可分为水准式水平仪和电子水平仪两类。水准式水平仪又有条式水平仪、框式水平仪和合像水平仪三种。水准式水平仪目前使用最为广泛。

水准式水平仪的主要工作部分是管状水准器。管状水准器是一个密封的玻璃管，其内表面的纵剖面是一曲率半径很大的圆弧面。管内装有精馏乙醚或精馏乙醇，但未注满，形成一个气泡。玻璃管的外表面刻有刻度，不管水准器的位置处于何种状态，气泡总是趋向于玻璃管圆弧面的最高位置。当水准器处于水平位置时，气泡位于中央。水准器相对于水平面倾斜时，气泡就偏向高的一侧，倾斜程度可以从玻璃管外表面上的刻度读出，如图 2-45 所示，经过简单的换算，就可得到被测表面相对水平面的倾斜度和倾斜角。

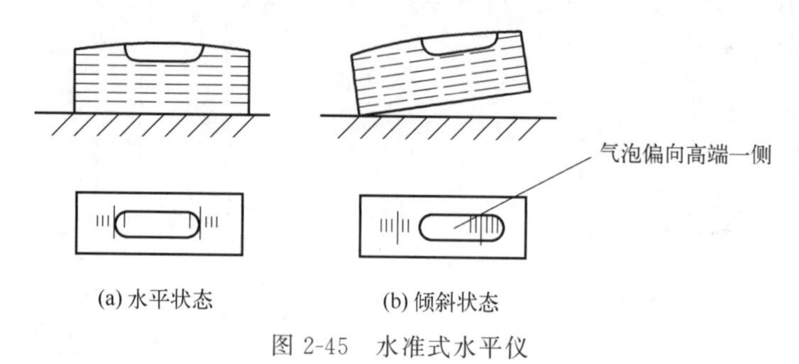

图 2-45 水准式水平仪

a. 条式水平仪。条式水平仪的外形如图 2-46 所示。它由主体、盖板、水准器和调零装置组成。在测量面上刻有 V 形槽，以便放在圆柱形的被测表面上测量。图 2-46（a）中水平仪的调零装置在一端，而图 2-46（b）中的调零装置在水平仪的上表面，因而使用更为方便。条式水平仪工作面的长度有 200mm 和 300mm 两种。

b. 框式水平仪。框式水平仪的外形如图 2-47 所示。它由横水准器、主体把手、主水准器、盖板和调零装置组成。条式水平仪的主体为条形，而框式水平仪的主体为框形。框式水平仪除有安装水准器的下测量面外，还有一个与下测量面垂直的侧测量面，因此框式水平仪不仅能测量工件的水平表面，还可用它的侧测量面与工件的被测表面相靠，检测其对水平面的垂直度。框式水平仪的框架规格有 150mm×150mm，200mm×200mm，250mm×250mm，300mm×300mm 四种，其中 200mm×200mm 最为常用。

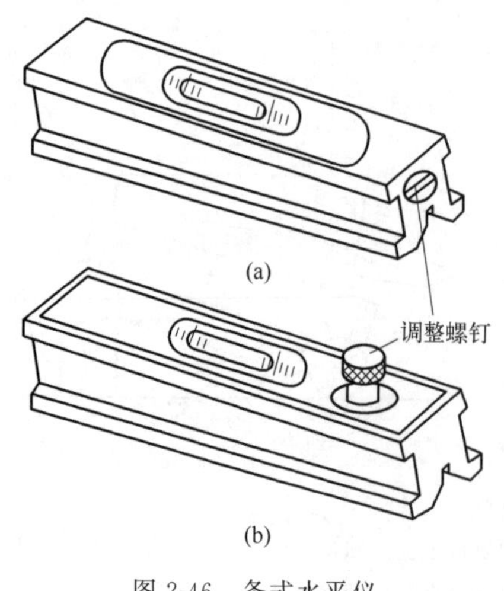

图 2-46 条式水平仪

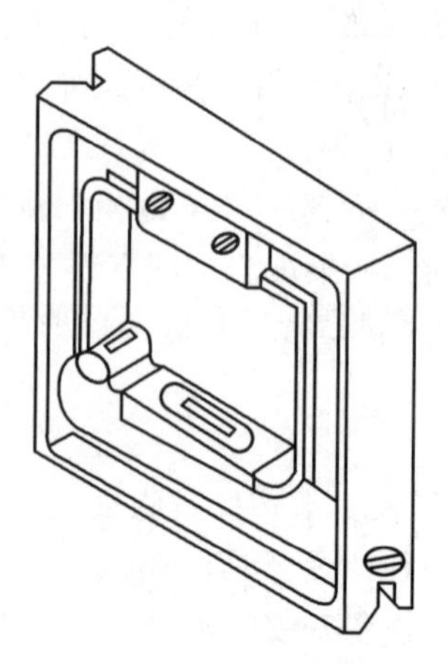

图 2-47 框式水平仪

c. 合像水平仪。合像水平仪主要应用于测量平面和圆柱面对水平的倾斜度，以及机床与光学机械仪器的导轨或机座等的平面度、直线度和设备安装位置的正确度等。其工作原理是利用棱镜将水准器中的气泡影像经过放大，来提高读数的瞄准精度，利用杠杆、微动螺杆等传动机构进行读数。合像水平仪结构如图 2-48 所示，合像水平仪的水准器安装在杠杆架的底板上，它的位置可用微动旋钮通过测微螺杆与杠杆系统进行调整。水准器内的气泡，经两个不同位置的棱镜反射至观察窗放大观察（分成两半合像）。当水准器不在水平位置时，气泡 A、B 两半不对齐，当水准器在水平位置时，气泡 A、B 两半就对齐，如图 2-48（c）所示。

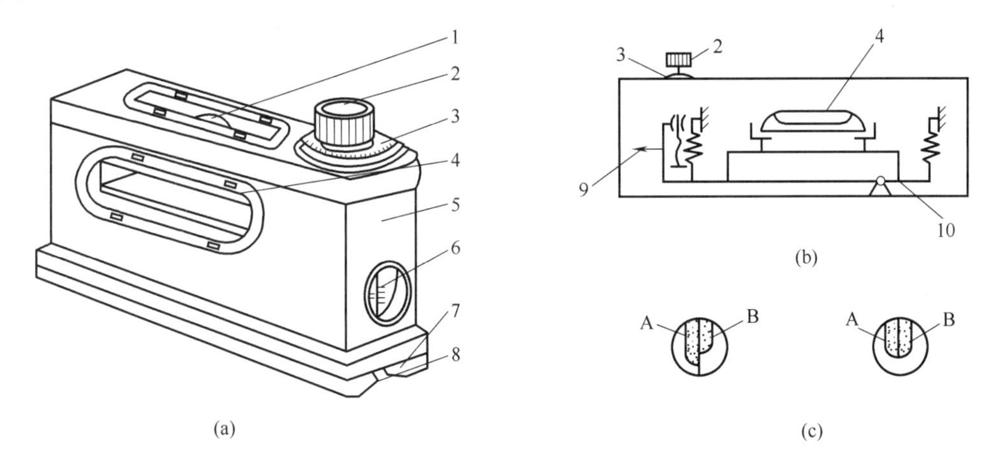

图 2-48　合像水平仪结构

1—观察窗；2—微动旋钮；3—微分盘；4—主水准器；5—壳体；6—毫米/米刻度；7—底面工作面；8—V 形工作面；9—指针；10—杠杆

合像水平仪主要用于精密机械制造中，其最大特点是使用范围广，测量精度较高，读数方便、准确。

d. 水准式水平仪的使用注意事项如下。

- 温度变化对仪器中的水准器位置影响很大，必须隔离热源。
- 使用前，工作面要清洗干净。
- 测量时，旋转微分盘要平稳，必须等两气泡像完全符合后方可读数。

(6) 其他常用测量仪器简介

除了上述测量仪器外，利用光学原理制成的光学量仪应用也比较广泛，如在长度测量中的光学计就是利用光学杠杆放大作用将测量杆的直线位移转换为反射镜的偏转，使反射光线也发生偏转，从而得到标尺影像的一种光学量仪。

① 立式光学比较仪。立式光学比较仪主要是利用量块与零件相比较的方法来测量物体外形的微差尺寸，是测量精密零件的常用测量器具。

立式光学比较仪外形结构如图 2-49 所示，主要由四个部分组成。

光学计管：测量读数的主要部件；

零位调节手轮：可对零位进行微调整；

测帽：根据被测件形状，选择不同的测帽套在测杆上，其选择原则为测帽与被测件的接触面积要最小；

工作台：对不同形状的测件，应选用尺寸不同的工作台，其选择原则与测帽的选择原则

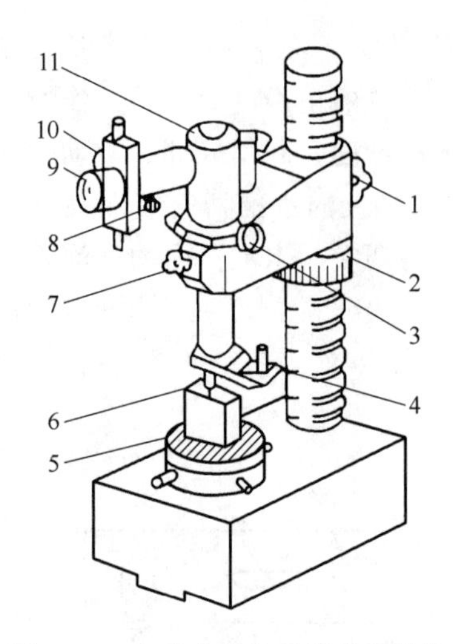

图 2-49　立式光学比较仪外形结构
1—悬臂锁紧装置；2—升降螺母；3—光管细调手轮；4—拨叉；5—工作台；6—被测工件；7—光管锁紧螺母；8—测微螺母；9—目镜；10—反光镜；11—光管

基本相同。

a. 立式光学比较仪主要技术参数。以 LG-1 型立式光学计为例，其主要技术参数是：总放大倍数约 1000 倍；分度值为 0.001mm；示值范围为±0.1mm；测量范围为最大长度 180mm；仪器的最大不确定度为±0.00025mm；示值稳定性为 0.0001mm；测量的最大不确定度为±（0.5+L/100）μm。

b. 立式光学比较仪的工作原理。立式光学比较仪是利用光学杠杆的放大原理，将微小的位移量转换为光学影像的移动来进行测量的。

c. 立式光学比较仪的使用方法。使用立式光学比较仪必须做好以下四项工作。

粗调：仪器放在平稳的工作台上，将光学比较仪光管安在横臂的适当位置。

测帽选择：测量时被测件与测帽间的接触面应最小，即近似于点或线接触。

工作台校正：工作台校正的目的是使工作面与测帽平面保持平行，一般是将与被测件尺寸相同的量块放在测帽边缘的不同位置，若读数相同，则说明其平行，否则可调工作台旁边的四个调节旋钮。

调零：将选用的量块组放在一个清洁的平台上，转动粗调节环使横臂下降至测头刚好接触量块组时，将横臂固定在立柱上，再松开横臂前端的锁紧装置，调整光管与横臂的相对位置，当从光管的目镜中看到零刻线与指示虚线基本重合后，固定光管，然后调整光管微调旋钮，使零刻线与指示虚线完全对齐，拨动提升器几次，若零位稳定，则仪器可进行工作。

d. 立式光学比较仪的仪器保养。立式光学比较仪属于一种精密仪器，必须认真做好保养工作。

• 应注意保持清洁，不用时宜用罩子套上防尘。

• 避免用手指碰触立式光学比较仪部件，以免影响成像质量。

• 立式光学比较仪光管内部构造比较复杂精密，不宜随意拆卸，出现故障应送专业部门修理。

• 使用完毕后，必须用航空汽油清洗并拭干工作台、测量头以及其他金属表面，再涂上无酸凡士林。

② 万能测长仪。万能测长仪是由精密机械、光学系统和电气部分结合起来的长度测量仪器，既可用来对零件的外形尺寸进行直接测量和比较测量，也可以使用仪器的附件进行各种特殊测量工作。

图 2-50 所示为卧式万能测长仪，卧式万能测长仪主要由底座、万能工作台、测量座、手轮、尾座和各种测量设备附件等组成。

底座的头部和尾部分别安装着测量座 4 和尾座 9，它们可沿导轨在测量轴线方向上移动。在底座中部安装着万能工作台 6，通过底座尾部的平衡装置，可使工作台连同被测零件一起轻松地升降。平衡装置是通过尾座下方的手轮 14 使弹簧产生不同的伸长和拉力，再通过杠杆机构和工作台升降机构连接，使拉力与工作台的重力相平衡。

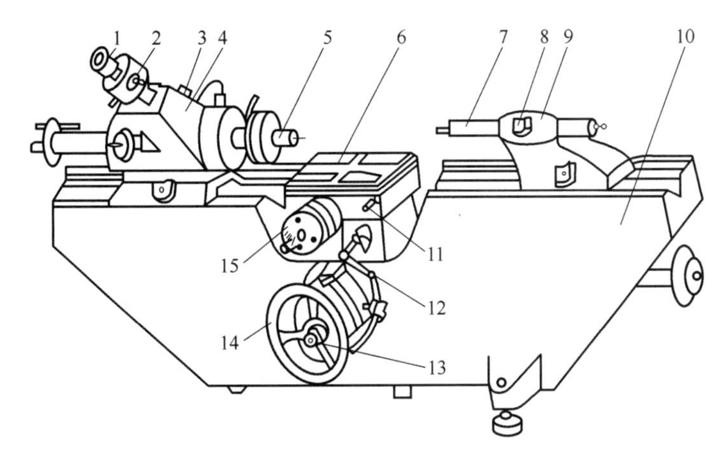

图 2-50　卧式万能测长仪

1—目镜；2—读数显微镜；3—紧固螺钉；4—测量座；5—测量主轴；6—万能工作台；7—尾管；8—尾管紧固螺钉；9—尾座；10—底座；11—工作台回转手柄；12—摆动手柄；13—手轮紧固螺钉；14—工作台升降手轮；15—工作台横向移动微分手轮

万能工作台 6 可有 5 个自由度的运动。中间手轮调整其升降运动，范围为 0～105mm，并可在刻度盘上读出；旋转前端微分筒可使工作台产生 0～25mm 的横向移动；扳动侧面两手柄可使工作台具有±3°的倾斜运动或使工作台绕其垂直轴线旋转±4°；在测量轴线上，工作台可自由移动±5mm。

测量座 4 是测量过程中感应尺寸变化并进行读数的重要部件，主要由测杆、读数显微镜 2、照明装置及微动装置组成。它可以通过滑座在底座床面的导轨上滑动，并能用手轮在任何位置上固定。测量座的壳体由内六角螺钉与滑座紧固成一体。

尾座 9 放在底座右侧的导轨面上，它可以用手柄固定在任意位置上。尾管 7 装在尾管的相应孔中，并能用尾管紧固螺钉 8 固定，旋转其后面的手轮时可使尾座测头做轴向微动。测头上可以装置各种测帽，同时通过螺钉调节，可使其测帽平面与测座上的测帽平面平行，尾座上的测头是测量中的一个固定测点。

测量附件主要包括内尺寸测量附件、内螺纹测量附件和电眼装置三类。

a. 卧式万能测长仪主要技术参数。分度值为 0.001mm。测量范围包括以下几个方面：直接测量 0～100mm；外尺寸测量 0～500mm；内尺寸测量 10～200mm；电眼装置测量 1～20mm；外螺纹中径测量 0～180mm；内螺纹中径测量 10～200mm。仪器误差包括以下方面：测外部尺寸±$(0.5+L/100)$ μm；测内部尺寸±$(2+L/100)$ μm。

b. 测量原理。万能测长仪是按照阿贝原则设计制造的，其测量精度较高。在万能测长仪上进行测量，是直接把被测件与精密玻璃尺做比较，然后利用补偿式读数显微镜观察刻度尺，进行读数。玻璃刻度尺被固定在测体上，因其在纵向轴线上，故刻度尺在纵向上的移动量完全与被测件的长度一致，而此移动量可在显微镜中读出。

c. 仪器使用。卧式万能测长仪可测量两平行平面间的长度、圆柱体的直径、球体的直径、内尺寸长度、外螺纹中径和内螺纹中径等。万能测长仪能测量的被测件类型较多，测量方法各不相同，其基本步骤为选择并装调测头、安放被测件、校正零位、寻找被测件的最佳测量点、测量读数，在具体操作仪器前须仔细阅读使用说明书。

d. 维护保养。仪器室不得有灰尘、各种腐蚀性气体，不得有振动；室温应维持在 20℃

左右，相对湿度最好不超过60%，防止光学部件产生霉斑；每次使用完毕后，必须用航空汽油清洗工作台、测帽以及其他附属设备的表面，并涂上无酸凡士林，盖上仪器罩。

图 2-51 SRM-1 型表面粗糙度测量仪

③ SRM-1 型表面粗糙度测量仪。SRM-1 型表面粗糙度测量仪如图 2-51 所示。该仪器主要用于测量各种型面的表面粗糙度。该仪器采用了计算机进行信号处理，测量精度高，传感器灵敏度高，测量人员只需按一个测量键即可进行测量，仪器自动显示测量结果。

SRM-1 型表面粗糙度测量仪的工作原理：驱动器带动压电式传感器在零件表面移动进行采样，信号经放大器及计算机的处理，通过显示屏同时读出被测量表面的粗糙度及 Ra、Rz、Ry 实测值。

使用该仪器的基本步骤为：安装仪器；校准仪器放大倍数；安放被测件；采集数据；数据处理。

关于 SRM-1 型表面粗糙度测量仪的维护与保养有以下几点要求。

- 被测表面温度不得高于 40℃，且不得有水、油、灰尘、切屑、纤维及其他污物。
- 使用现场不得有振动，仪器不得发生跌撞。
- 传感器在使用中避免撞击触尖，触尖不能用酒精清洗，必要时只能用无水汽油清洗。
- 随仪器附带的多刻线样板如有严重划伤时，应及时更换，否则会造成校准误差增大。

④ 19JA 型万能工具显微镜。万能工具显微镜是一种在工业生产和科学研究部门使用十分广泛的光学测量仪器。它具有较高的测量精度，适用于长度和角度的精密测量。同时由于配备多种附件，其应用范围得到充分的扩大。仪器可用影像法、轴切法或接触法按直角坐标或极坐标对机械工具和零件的长度、角度和形状进行测量。主要的测量对象有刀具、量具、模具、样板、螺纹和齿轮类零件等。

万能工具显微镜的外形如图 2-52 所示，主要由底座、X 轴滑台、Y 轴滑台、立臂、横梁、瞄准显微镜、投影读数装置组成。

万能工具显微镜主要是应用直角或极坐标原理，通过主显微镜瞄准定位和读数系统读取坐标值而实现测量的。

根据被测件的形状、大小及被测部位的不同，一般有以下三种测量方法。

a. 影像法。中央显微镜将被测件的影像放大后，成像在“米”字分划板上，利用“米”字分划板对被测点进行瞄准，由读数系统读取其坐标值，相应点的坐标值之差即为所需尺寸的实际值。

b. 轴切法。为克服影像法测量大直径外尺寸因出现衍射现象而造成的较大的测量误差，可以利用仪器所配附件测量刀上的刻线，来替代被测表面轮廓进行瞄准，从而完成测量。

c. 接触法。用光学定位器直接接触被测表面来进行瞄准、定位并完成测量。该方法适用于影像成像质量较差或根本无法成像的零件的测量，如有一定厚度的平板件、深孔零件、台阶孔、台阶槽等。

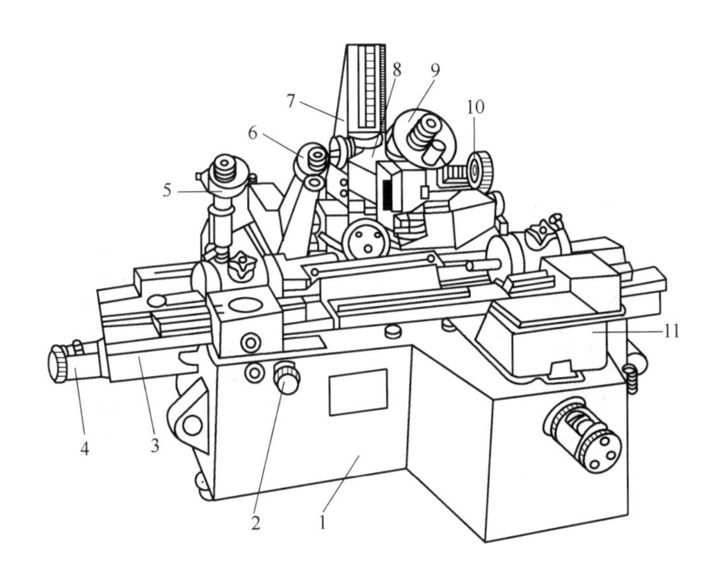

图 2-52　万能工具显微镜

1—基座；2—纵向锁紧手轮；3—工作台纵滑板；4—纵向滑动微调；5—纵向读数显微镜；6—横向读数显微镜；7—立柱；8—支臂；9—测角目镜；10—立柱倾斜手轮；11—小平台

使用万能工具显微镜时，因不同的被测件所采用的测量原理各不相同，详细的操作使用方法可查阅其使用说明书和有关的参考书。

万能工具显微镜的维护保养与立式光学比较仪、万能测长仪、光切法显微镜等光学仪器相似。

2.2.5　新技术在测量中的应用

随着科学技术的迅速发展，测量技术已从应用机械原理、几何光学原理发展到应用更多的新的物理原理，引进了光栅、激光、感应同步器、磁栅以及射线技术等最新的技术成就，特别是计算机技术的发展和应用，使得计量仪器跨越到一个新的领域。三坐标测量机和计算机完美地结合，使之成为一种愈来愈引人注目的高效率、新颖的几何量精密测量设备。

(1) 光栅技术

① 计量光栅。

在长度计量测试中应用的光栅称为计量光栅。它一般是由很多间距相等的不透光刻线和刻线间透光缝隙构成。光栅尺的材料有玻璃和金属两种。

计量光栅一般可分为长光栅和圆光栅。长光栅的刻线密度有每毫米 25 条、50 条、100 条和 250 条等。圆光栅的刻线数有 10800 条和 21600 条两种。

② 莫尔条纹的产生。

如图 2-53 (a) 所示，将两块具有相同栅距 (W) 光栅的刻线面平行地叠合在一起，中间保持 0.01～0.1mm 间隙，并使两光栅刻线之间保持一很小夹角 (θ)。于是在 a-a 线上，两块光栅的刻线相互重叠，而缝隙透光（或刻线间的反射面反光），形成一条亮条纹。而在 b-b 线上，两块光栅的刻线彼此错开，缝隙被遮住，形成一条暗条纹。由此产生的一系列明暗相间的条纹称为莫尔条纹，如图 2-53 (b) 所示。图中莫尔条纹近似地垂直于光栅刻线，图 2-53 的莫尔条纹线因此称为横向莫尔条纹。两亮条纹或暗条纹之间的宽度 B 称为条纹间距。

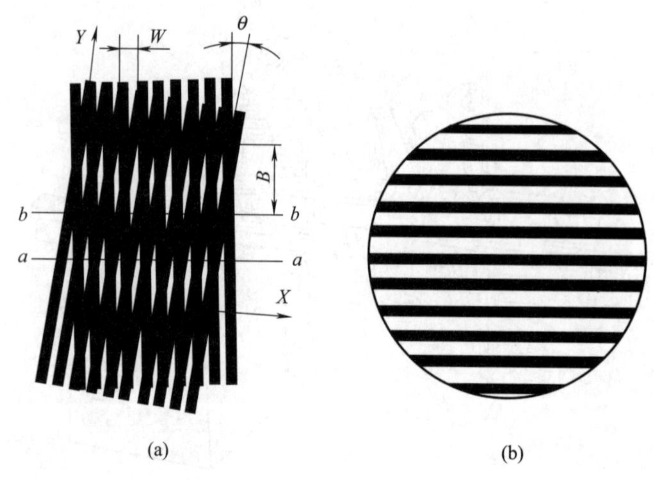

图 2-53　莫尔条纹

③ 光栅莫尔条纹的特征。

a. 对光栅栅距具有放大作用。根据图 2-53 的几何关系可知，当两光栅刻线的 θ 交角很小时

$$B \approx W/\theta \tag{2-5}$$

式中，θ 以弧度为单位。此式说明，适当调整夹角 θ，可使条纹间距 B 比光栅栅距 W 放大几百倍甚至更大，这对莫尔条纹的光电接收器接收非常有利。如 $W=0.04$mm，$\theta=0°13'15''$时，则 $B=10$mm，相当于放大了 250 倍。

b. 对光栅刻线误差具有平均效应。由图 2-53（a）可以看出，每条莫尔条纹都是由许多光栅刻线的交点组成，所以个别光栅刻线的误差和疵病在莫尔条纹中得到平均。设 δ_0 为光栅刻线误差，n 为光电接收器所接收的刻线数，则经莫尔条纹读出系统后的误差为

$$\delta=\delta_0/\sqrt{\delta_n} \tag{2-6}$$

由于 n 一般可以达几百条刻线，所以莫尔条纹的平均效应可使系统测量精度提高很多。

c. 莫尔条纹运动与光栅副运动具有对应性。在图 2-53（a）中，当两光栅尺沿 X 方向相对移动一个栅距 W 时，莫尔条纹在 Y 方向也随之移动一个莫尔条纹间距 B，即保持着运动周期的对应性；当光栅尺的移动方向相反时，莫尔条纹的移动方向也随之相反，即保持了运动方向的对应性。利用这个特性，可实现数字式的光电读数和判别光栅副的相对运动方向。

(2) 激光技术

激光是一种具有很好的单色性、方向性、相干性和能量高度集中性的新型光源，它一出现很快就在科学研究、工业生产、医学、国防等许多领域中获得广泛的应用。现在，激光技术已成为建立长度计量基准和精密测试的重要手段。它不但可以用干涉法测量线位移，还可以用双频激光干涉法测量小角度，用环形激光测量圆周分度，以及用激光准直技术来测量直线度误差等。

常用的激光干涉测长仪实质上就是以激光作为光源的迈克尔逊干涉仪，其原理如图 2-54 所示。从激光器发出的激光束，经透镜 L、L_1 和光阑 P_1 组成的准直光管扩束成一束平行光，经分光镜 M 分成两路，分别被角隅棱镜 M_1 和 M_2 反射回到 M 重叠，被透镜 L_2 聚集到光电计数器 PM 处。当工作台带动棱镜 M_2 移动时，在光电计数处由于两路光束聚集产生干

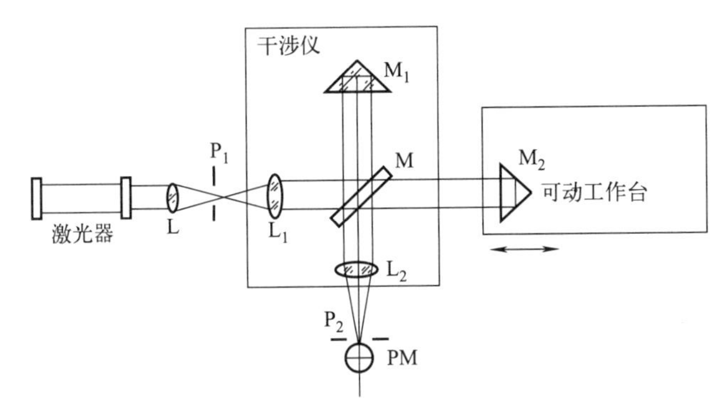

图 2-54　激光干涉测长仪原理

涉，形成明暗条纹，通过计数就可以计算出工作台移动的距离 $S=N\lambda/2$（式中，N 为干涉条纹数；λ 为激光波长）。

激光干涉测长仪的电路原理图如图 2-55 所示。

图 2-55　激光干涉测长仪电路原理图

(3) 三坐标测量机

① 三坐标测量机的结构与类型。三坐标测量机如图 2-56 所示，一般都具有相互垂直的三个测量方向，水平纵向运动方向为 x 方向（又称 x 轴），水平横向运动方向为 y 方向（又称 y 轴），垂直运动方向为 z 方向（又称 z 轴）。

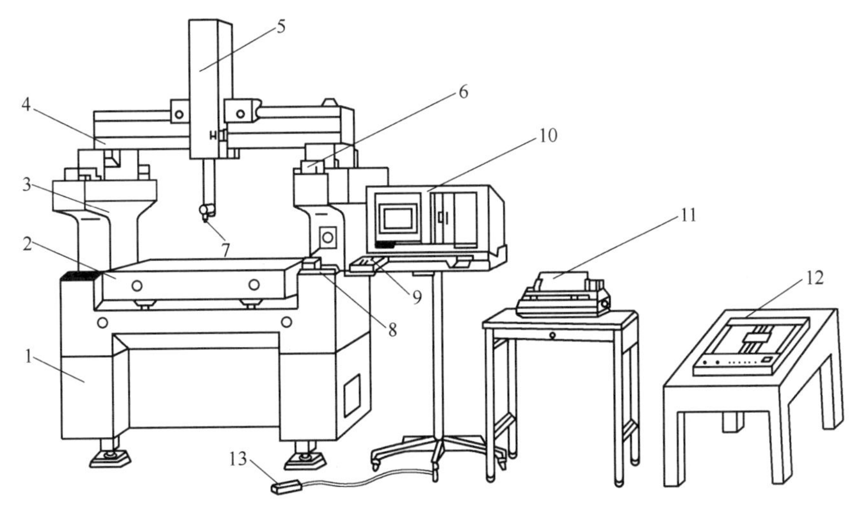

图 2-56　三坐标测量机

1—底座；2—工作台；3—立柱；4～6—导轨；7—测头；8—驱动开关；
9—键盘；10—计算机；11—打印机；12—绘图仪；13—脚踏开关

它的结构类型如图 2-57 所示。其中，图（a）为悬臂式 z 轴移动，特点是左右方向开阔，操作方便，但因 z 轴在悬臂 y 轴上移动，易引起 y 轴挠曲，使 y 轴的测量范围受到限制（一般不超过500mm）。图（b）为悬臂式 y 轴移动，特点是 z 轴固定在悬臂 y 轴上，随 y 轴一起前后移动，有利于工件的装卸，但悬臂在 y 轴方向移动，重心的变化较明显。图（c）、图（d）为桥式，以桥框作为导向面，z 轴能沿 y 方向移动，它的结构刚性好，适用于大型测量机。图（e）、图（f）为龙门移动式和龙门固定式两种，其特点是当龙门移动或工作台移动时，装卸工件非常方便，操作性能好，适宜于小型测量机，精度较高。图（g）、图（h）是在卧式镗床或坐标镗床的基础上发展起来的坐标机，这种形式精度也较高，但结构复杂。

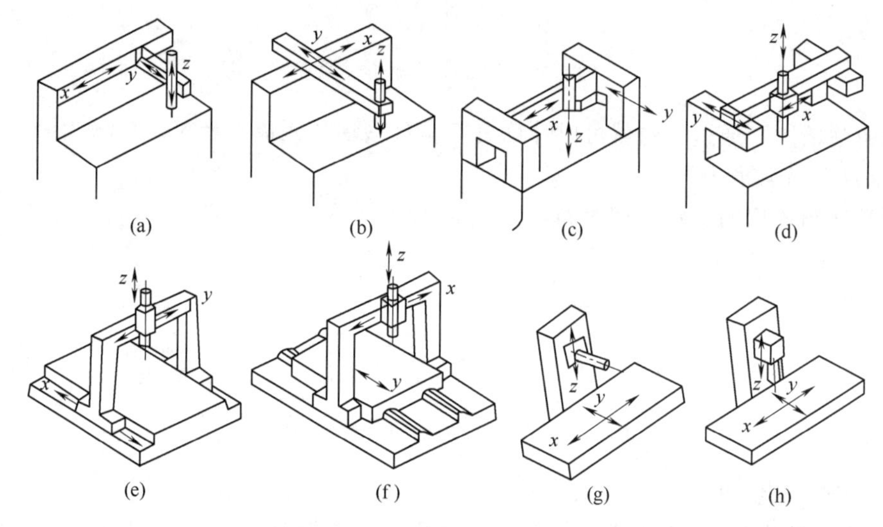

图 2-57　三坐标测量机结构类型

② 三坐标测量机的测量系统。测量系统是坐标测量机的重要组成部分之一，关系着坐标测量机的精度、成本和寿命。对于CNC三坐标测量机，测量系统输出的坐标值必须为数字脉冲信号，才能实现坐标位置闭环控制。坐标测量机上使用的测量系统种类很多，按其性质可分为机械式、光学式和电气式测量系统，各种测量系统精度范围各不相同。

③ 三坐标测量机的测量头。三坐标测量机的测量头按测量方式分为接触式和非接触式两大类。接触式测量头可分为硬测头和软测头两类。硬测头多为机械测头，主要用于手动测量和精度要求不高的场合。软测头是目前三坐标测量机普遍使用的测量头。软测头有触发式测头和三维测微头。触发式测头亦称电触式测头，其作用是瞄准。它可用于“飞越”测量，即在检测过程中，测头缓缓前进，当测头接触工件并过零时，测头即自动发出信号，采集各坐标值，而测头则不需要立即停止或退回，即允许若干毫米的超程。图 2-58 是触发式测头的典型结构之一，其工作原理相当于零位发信开关。当三对由圆柱销组成的接触副均匀接触时，测杆处于零位。当测头与被测件接触时，测头被推向任一方向后，三对圆柱销接触副必然有一对脱开，电路立即断开，随即发出过零信号。当测头与被测件脱离后，外力消失，由于弹簧的作用，测杆回到原始位

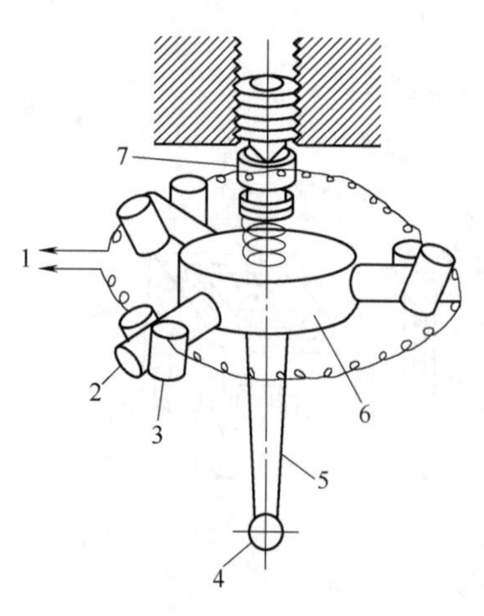

图 2-58　触发式测头

1—信号线；2—销；3—圆柱销；4—红宝石测头；5—测杆；6—块规；7—陀螺

置。这种测头的重复精度可达±1μm。

④ 三坐标测量机的测量原理。因所选用的坐标轴在空间方向可自由移动，测量头在测量空间可达任意一处测点，且运动轨迹由测球中心点表示，所以计算机屏幕上会显示出 x、y、z 方向的精确坐标值。测量时，零件放于工作台上，使测头与零件表面接触，三坐标测量机的检测系统即时计算出测球中心点的精确位置，当测球沿工件的几何型面移动时，各点的坐标值被送入计算机，经专用测量软件处理后，就可以精确地计算出零件的几何尺寸和几何误差，实现多种几何量测量、实物编程、设计制造一体化以及柔性测量中心等功能。

⑤ 三坐标测量机的应用。三坐标测量机集精密机械、电子技术、传感器技术、电子计算机等现代技术之大成，对任何复杂的几何表面与几何形状，只要测头能感受（或瞄准）到的地方，就可以测出它们的几何尺寸和相互位置关系，并借助计算机完成数据处理。如果在三坐标测量机上设置分度头、回转台（或数控转台），除采用直角坐标系外，还可采用极坐标、圆柱坐标系测量，使测量范围更加扩大。对于有 x、y、z、φ（回转台）四轴坐标的测量机，常称为四坐标测量机。增加回转轴的数目，还有五坐标或六坐标测量机。

a. 三坐标测量机与“加工中心”相配合，具有“测量中心”的功能。在现代化生产中，三坐标测量机已成为 CAD/CAM 系统中的一个测量单元，它将测量信息反馈到系统主控计算机，进一步控制加工过程，提高产品质量。

b. 三坐标测量机及其配置的实物编程软件系统通过对实物与模型的测量，得到加工面几何形状的各种参数而生成加工程序，完成实物编程；借助于绘图软件和绘图设备，可得到整个实物的外观设计图样，实现设计、制造一体化的生产系统，并且该图样可 3D 立体旋转，是逆向工程的最佳工具。

c. 多台测量机联机使用，组成柔性测量中心，可实现生产过程的自动检测，提高生产效率。

正因如此，三坐标测量机越来越广泛地应用于机械制造、电子、汽车和航空航天等工业领域。

2.2.6 各种测量选择原则

(1) 测量方法的选择原则

测量方法主要根据测量目的、生产批量、被测件的结构尺寸与精度、现有计量器具的条件等选择，其选择原则是：

① 保证测量结果的准确度；

② 在满足测量要求的前提下，选择成本尽可能低的测量方法。

(2) 验收原则

任何测量过程都难免存在测量误差，因而在确定工件的合格性时，可能出现两种错误的判断：一种是把尺寸超出规定尺寸极限的废品误判为合格品而接收下来，称为误收。另一种是把处于规定尺寸极限之内的合格品误判为废品而予以报废，称为误废。

误收不利于保证质量，误废不利于降低成本。为了适当控制误废，尽量减少误收，保证检验质量，根据我国实际情况，参照 ISO 标准，国家制定了国家标准 GB/T 3177—2009《产品几何技术规范（GPS） 光滑工件尺寸的检验》。此标准规定了验收原则，即“所用验收方法应只接收位于规定的尺寸极限之内的工件”。根据这一原则，建立了在规定尺寸极限基础上的验收极限。详见 2.2.7 节。

(3) 量具及量仪的选择原则

对于机械零件的尺寸测量，量具及量仪的选择主要考虑以下三个方面。

① 量具（或量仪）的测量范围及标尺的测量范围，能够适应工件的外形、位置、被测尺寸的大小以及尺寸公差的要求。例如，用光学比较仪测量工件时，除零件的外形尺寸和被测尺寸应该小于仪器的测量范围外，工件的公差还应小于刻度标尺的测量范围（±100μm）。

② 由于量仪都有误差，所以在测量时，若量仪上指示出的工件尺寸正好在工件公差带的极限位置处，则在测量误差±Δ 的影响下，工件的真实尺寸可能已超出公差范围一个 Δ 值，如图 2-59（a）所示。测量时，工件被认为合格的量仪允许读数的极限尺寸范围称为生产公差。由于存在测量误差±Δ，所以工件的实际尺寸范围比生产公差（亦即工件公差）还要扩大 2Δ 的范围。这个保证工件实际尺寸的极限范围称为保证公差。

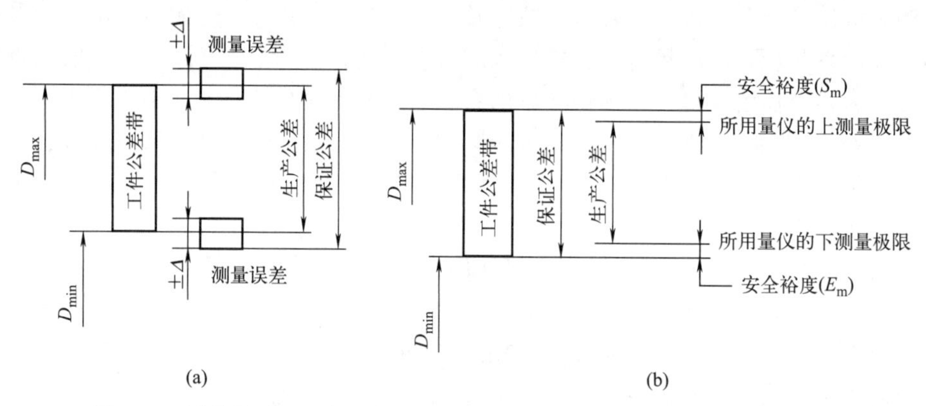

图 2-59 测量误差、工件公差、生产公差、保证公差、安全裕度间的关系

国际标准 ISO 将测量误差作为测量时的不确定度，用 S_m 表示，一般取 2S 值。S 值由以下公式计算：

$$S=\sqrt{\frac{\sum_{i=1}^{n}(x_i-\overline{x})^2}{n-1}} \tag{2-7}$$

式中 x_i——单个测量的结果值；

n——测量次数；

$\overline{x}$——n 次测量结果的平均值。

当测量条件很差时，可取比 2S 更大的值；如条件很好，也可取比 2S 更小的值。

为了使工件实际尺寸能在规定的公差范围内，ISO 规定用量仪测量工件时的读数极限应位于工件极限尺寸之内，并相距一个 S_m 值，称为安全裕度，见图 2-59（b）。所以工件标准公差基本上是保证公差，而测量时的生产公差应比工件公差减少 2S_m 值，即：

生产公差＝标准公差－2S_m

标准公差＝保证公差

ISO 对不同直径和公差等级规定了 S_m 值的容许最大值 S_M。选择量仪精度应和 S_M 值相适应。

③ 在满足上述两项基本要求的前提下，应尽可能地降低量仪和检验工作的费用。

通常，选择仪器（或量具）的测量误差，约占被测零件尺寸公差的 10%～30%。对于高精度的零件，仪器的测量误差可占被测零件公差的 30%～50%。通常把测量方法的极限误差和被测零件的尺寸公差之比，叫作测量方法的精度系数，以 K 表示。

$$K=\frac{\text{测量方法的极限误差}}{\text{被测零件的尺寸公差}}=\frac{3\sigma}{\delta_{\text{公差}}} \tag{2-8}$$

表 2-1 是根据被测零件尺寸公差推荐的测量方法的精度系数。

表 2-1 与被测零件尺寸公差等级相应的测量方法的精度系数

工件的公差等级	IT5	IT6	IT7	IT8	IT9	IT10	IT11～16
K/%	32.5	30	27.5	25	20	15	10

具体选择测量器具应贯彻以下三原则：

a. $u_1' \leqslant u_1$ 原则。按照计量器具所引起的测量不确定度允许值 u_1 来选择计量器具，以保证测量结果的可靠性。常用的千分尺、游标卡尺、比较仪和百分表的不确定度 u_1' 值可在相关手册中查到。但是，如果没有所选精度的仪器，或者现场器具的测量不确定度大于 u_1 值，则可以采用比较测量法以提高现场器具的使用精度。

b. $0.4u_1' \leqslant u_1$ 原则。当使用形状与工件形状相同的标准器进行比较测量时，千分尺的不确定度 u_1' 值降为原来的 40%。

c. $0.6u_1' \leqslant u_1$ 原则。当使用形状与工件形状不相同的标准器进行比较测量时，千分尺的不确定度 u_1' 值降为原来的 60%。

研习范例：选择测量仪器和测量方法

【例 2-1】 试选择 ϕ65h8 轴的测量仪器和测量方法。

【解】 查出零件尺寸公差：$\delta_{\text{公差}}=46\mu m$，

根据表 2-1 确定 K 值：$K=25\%$，

所以 $3\sigma=K\delta_{\text{公差}}=11.5\ (\mu m)$

$\pm 3\sigma=\pm 11.5\mu m$

根据相关手册有关测量方法的极限误差，可知测量尺寸在 50～80mm 范围内，符合极限误差为 ±11.5μm 的测量仪器有：

① 二级杠杆式百分表（在 0.1mm 内使用）与三级量块做比较测量；

② 用 50～75mm 的一级千分尺做绝对测量。

以上两种方法均符合要求，但是第一种方法需要用平板和其他辅助工具，操作也比较复杂，而用第二种方法则比较简单。故采用 50～75mm 的一级千分尺测量该轴较为合适。

(4) 测量基准面的选择原则

选择测量基准面原则上必须遵守基准统一原则，即测量基准面应与设计基准面、工艺基准面、装配基准面一致。但是，在工件的工艺基准面与设计基准面不一致的情况下，则测量基准面的选择应遵守下列原则：

① 在工序间检验时，测量基准面应与工艺基准面一致。

② 在终结检验时，测量基准面应与装配基准面一致。

在实际检测中，有时还需要辅助测量基准面。辅助测量基准面的选择原则为：

① 选择尺寸精度较高的尺寸或尺寸组作为辅助测量基准面，当没有合适的辅助测量基准面时，应事先加工一基准面作为辅助测量基准面。

② 应选择稳定性较好且精度较高的尺寸作为辅助基准面。

③ 当被测参数较多时，应在精度大致相同的情况下，选择各参数之间关系较密切的、便于控制各参数的一参数作为辅助基准面。

(5) 定位方式的选择原则

定位方式应根据被测件的几何形状和结构形式选择。定位方式的选择原则是：

① 对于平面，可用三点支撑或平面定位；

② 对于球面，可用V形铁或平面定位；

③ 对于外圆柱表面，可用V形铁或顶尖、三爪卡盘定位；

④ 对于内圆柱表面，可用心轴、内三爪卡盘定位。

(6) 温度误差的消除方法

对测量数据准确度有影响的测量条件主要有温度、湿度、振动、尘埃、腐蚀性气体等客观条件，其中温度对测量精度影响最大，特别是在绝对测量过程中。由温度引起的测量误差可按下式计算：

$$\Delta L=L[\alpha_1(t_1-20)-\alpha_2(t_2-20)] \tag{2-9}$$

式中 L——被测工件长度，mm；

α_1——计量器具的线胀系数；

α_2——被测工件的线胀系数；

t_1——计量器具的温度，℃；

t_2——被测工件的温度，℃。

减小或消除温度误差的主要方法有：

① 选择与被测工件线胀系数一致或相近的计量器具进行测量。

② 经定温后进行测量。

③ 在标准温度20℃下进行测量。高精度测量应在（20±0.1）～（20±0.5）℃的室内进行；中等精度测量应在（20±2）℃的室内进行；一般精度测量应在（20±5）℃的室内进行。而且测量前，应在恒温室内定温一段时间。

2.2.7 光滑工件尺寸的检验

GB/T 3177—2009规定“应只接收位于规定的尺寸极限之内的工件”的原则，从而建立了在规定尺寸极限基础上的验收极限，有效地解决了“误收”和“误废”现象。

(1) 检验范围

本标准适用于使用游标卡尺、千分尺及车间使用的比较仪、投影仪等这些普通计量器具，对标准公差等级为IT6～IT18，公称尺寸至500mm的光滑工件尺寸进行检验。本标准也适用于对一般公差尺寸工件的检验。

(2) 验收原则及方法

本标准所用验收方法应只接收位于规定的尺寸极限之内的工件。由于计量器具和计量系统都存在误差，故不能测得真值。多数计量器具通常只用于测量尺寸，而不测量工件存在的形状误差。因此，对遵循包容要求的尺寸要素，应把对尺寸及形状测量的结果综合起来，以判定工件是否超出最大实体边界。

为了保证验收质量，标准规定了验收极限、计量器具的测量不确定度允许值和计量器具的选用原则，但对温度、压陷效应等不进行修正。

(3) 验收极限

验收极限是检验工件尺寸时判断合格与否的尺寸界限。

① 验收极限方式的确定。验收极限可按下列方式之一确定。

a. 内缩方式。验收极限是从规定的最大实体尺寸（MMS）和最小实体尺寸（LMS）分别向工件公差带内移动一个安全裕度（A）来确定，如图2-60所示。

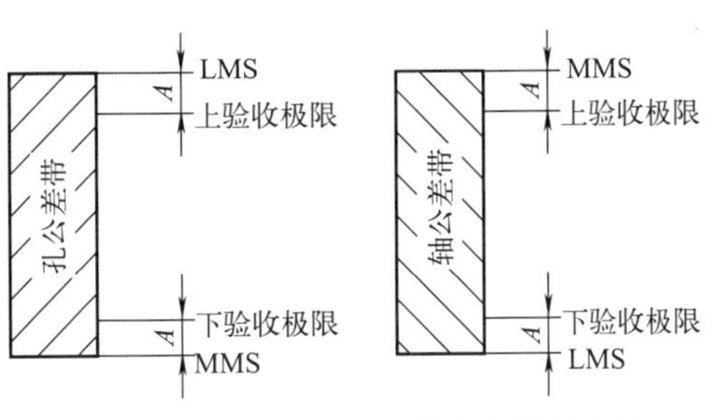

图2-60　验收极限与工件公差带关系图

孔尺寸的验收极限：

$$上验收极限=最小实体尺寸(LMS)-安全裕度(A) \tag{2-10}$$

$$下验收极限=最大实体尺寸(MMS)+安全裕度(A) \tag{2-11}$$

轴尺寸的验收极限：

$$上验收极限=最大实体尺寸(MMS)-安全裕度(A) \tag{2-12}$$

$$下验收极限=最小实体尺寸(LMS)+安全裕度(A) \tag{2-13}$$

A 值按工件公差的1/10确定。安全裕度 A 相当于测量中总的不确定度，它表征了各种误差的综合影响。

b. 不内缩方式。规定验收极限等于工件的最大实体尺寸（MMS）和最小实体尺寸（LMS），即 A 值等于零。

② 验收极限方式的选择。验收极限方式的选择要结合尺寸功能要求及其重要程度、尺寸公差等级、测量不确定度和过程能力等因素综合考虑。

a. 对遵循包容要求的尺寸、公差等级高的尺寸，其验收极限方式要选内缩方式。

b. 对非配合和一般公差的尺寸，其验收极限方式则选不内缩方式。

c. 当过程能力指数 $C_p \geqslant 1$ 时，其验收极限可以按不内缩方式；但对遵循包容要求的尺寸，其最大实体尺寸一边的验收极限仍应按内缩方式。

d. 对非配合和一般公差的尺寸，其验收极限按不内缩方式。

(4) 计量器具的选择

按照计量器具所导致的测量不确定度允许值（u_1）选择计量器具。选择时，应使所选用的计量器具的测量不确定度数值等于或小于选定的 u_1 值。

计量器具的测量不确定度允许值（u_1）按测量不确定度（u）与工件公差的比值分挡。

对IT6～IT11级分为Ⅰ、Ⅱ、Ⅲ三挡，分别为工件公差的1/10、1/6、1/4。

对IT12～IT18级分为Ⅰ、Ⅱ两挡。

计量器具的测量不确定度允许值（u_1）约为测量不确定度（u）的0.9倍，即

$$u_1=0.9u \tag{2-14}$$

一般情况下应优先选用Ⅰ挡，其次选用Ⅱ、Ⅲ挡。

选择计量器具时，应保证其不确定度不大于其允许值 u_1。

研习范例：验收极限的确定和计算器具的选择

【例2-2】 试确定轴类工件 $\phi 145h9\left(\begin{smallmatrix}0\\-0.10\end{smallmatrix}\right)$ 的验收极限，并选择相应的计量器具。

【解】 ① 确定安全裕度 A。

查表得，基本尺寸大于 120～180mm、IT9 时，$A=1/10T=10\mu m$。

② 确定验收极限。

由于工件采用包容要求，应按内缩方式确定验收极限。

$$上验收极限=最大极限尺寸-A=144.99mm$$

$$下验收极限=最小极限尺寸+A=144.91mm$$

③ 选择计量器具。

从相关手册查表可知，在工件尺寸不大于 150mm 时分度值为 0.01mm 的千分尺的不确定度为 0.008mm，小于 $u_1=0.09mm$，可满足要求。

2.3 测量误差与数据处理

2.3.1 测量误差概述

(1) 测量误差的概念

由于计量器具本身的误差以及测量条件、测量方法的限制，任何测量过程所测得的值都不可能是真值，测量所得的值与被测量的真值之间的差异在数值上表现为测量误差。

(2) 测量误差的表示

测量误差可以表示为绝对误差和相对误差。

① 绝对误差是指测量所得的值（仪表的指示值）x 与被测量的真值 x_0 之差，即

$$\delta=x-x_0 \tag{2-15}$$

式中 δ——绝对误差；

x——测量所得的值；

x_0——被测量的真值。

由于测量所得的值 x 可能大于或小于被测量的真值 x_0，所以测量误差 δ 可能为正值，也可能为负值。δ 的绝对值越小，说明测量所得的值越接近真值，因此测量精度越高。

② 相对误差。被测量的真值是难以得知的，在实际工作中，常以较高精度的测得值作为相对真值。例如用千分尺或比较仪的测得值作为相对真值，以确定游标卡尺测得值的测量误差。

相对误差是指绝对误差 δ 的绝对值 $|\delta|$ 与被测量的真值 x_0 之比，即

$$\varepsilon=\frac{|x-x_0|}{x_0}\times 100\%=\frac{|\delta|}{x_0}\times 100\% \tag{2-16}$$

相对误差比绝对误差更能说明测量的精密程度。但是，在长度测量中，相对误差应用较少，通常所说的测量误差，一般是指绝对误差。

(3) 测量误差的来源

① 计量器具误差。计量器具误差是指计量器具的内在误差，包括设计原理、制造、装配调整、测量力所引起的变形和瞄准所存在的各项误差的总和。这些误差的综合反映可用计量器具的示值精度或不确定度来表示。

② 基准件误差。基准件误差是指作为标准的标准件本身的制造误差和检定误差。例如用量块作为标准件调整计量器具的零位时，量块的误差会直接影响测量所得值。因此，为了

保证测量精度，进行调整时必须选择一定精度的基准件。一般取基准件的误差占总测量误差的1/5～1/3。

③ 测量方法误差。测量方法误差是指测量时选用的测量方法不完善而引起的误差。例如接触测量中测量力引起计量器具和零件表面变形产生的误差，测量基准、测量头形状选择不当产生的测量误差等。测量时，采用的测量方法不同，产生的测量误差也不一样。例如对高精度孔径测量使用气动仪比使用内径千分尺要精确得多。

④ 安装定位误差。测量时，应正确地选择测量基准，并相应地确定被测件的安装方法。为了减小安装定位误差，在选择测量基准时，应尽量遵守“基准统一原则”，即工序检查应以工艺基准作为测量基准，终检时应以设计基准作为测量基准。测量基准选择不当，将产生测量误差。

⑤ 测量环境误差。测量的环境条件包括温度、湿度、振动、气压、尘埃、介质折射率等许多因素均影响测量精度。一般情况下，可只考虑温度影响。其余因素，只有精密测量时才考虑。测量时，由于室温偏离标准温度20℃而引起的测量误差可由下式计算

$$\Delta l=l[\alpha_1(t_1-20℃)-\alpha_2(t_2-20℃)] \tag{2-17}$$

式中 l——被测件在20℃时的长度；

t_1，t_2——分别为被测件与标准件的实际温度；

α_1，α_2——分别为被测件与标准件的线胀系数。

⑥ 人员因素。影响测量误差的人的因素也有不少，如测量人员的技术水平、测量力的控制、心理状态、视觉偏差、估读判断错误、疲劳程度等，均可能引起测量误差。

(4) 测量误差的分类

测量误差按其性质可分为三类，即系统误差、随机误差和粗大误差。

① 系统误差。

a. 定义。在相同条件下多次重复测量同一量值时，误差的数值和符号保持不变；或在条件改变时，按某一确定规律变化的误差称为系统误差。

b. 系统误差的分类。系统误差按取值特征分为定值系统误差和变值系统误差两种。例如在立式光较仪上用相对法测量工件直径，调整仪器零点所用量块的误差对每次测量结果的影响都相同，属于定值系统误差；在测量过程中，若温度产生均匀变化，则引起的误差为线性系统变化，属于变值系统误差。

从理论上讲，当测量条件一定时，系统误差的大小和符号是确定的，因而，也是可以被消除的。但在实际工作中，系统误差不一定能够完全消除，只能减少到一定的限度。根据系统误差被掌握的情况，可分为固定系统误差和变动系统误差两种。

固定系统误差又称为常值误差，是在测量过程中，其符号和绝对值均已确定的系统误差。

变动系统误差是指符号和绝对值未经确定的系统误差。对变动系统误差应在分析原因、发现规律或采用其他手段的基础上，估计误差可能出现的范围，尽量减少或消除。变动系统误差又分为两种：累积性误差，即在测量过程中，随时间的增加或测量过程的进行，其测量误差逐渐增大或减小，如千分尺测量螺杆其螺距累积误差等；周期性误差，即在测量过程中，误差的大小和符号发生周期性变化，如百分表指针回转中心与刻度盘中心不重合时，即产生周期性系统误差。

c. 消除系统误差的方法。

• 修正法，即预先将仪器的误差鉴定出来，制成修正表，测量时按修正表将误差从测

量结果中消去；

• 抵消法，即在测量中，使固定的系统误差相互抵消；

• 对称法，当系统误差是具有按线性变化的累积性误差时，则采用对称观察法来消除误差，即取对某一中间数值两端对称的测量值的平均值；

• 半周期法，当系统误差是按正弦函数规律变化的周期误差时，可采用半周期法来消除误差，即取相隔半个周期的两个值的平均值。

② 随机误差。在相同条件下，多次测量同一量值时，误差的绝对值和符号以不可预定的方式变化着，但误差出现的整体是服从统计规律的，这种类型的误差叫随机误差，又称偶然误差。

大量的测量实践证明，多数随机误差，特别是在各不占优势的独立随机因素综合作用下的随机误差是服从正态分布规律的，其概率密度函数为

$$y=\frac{1}{\sigma\sqrt{2\pi}}\mathrm{e}^{-\frac{\delta^2}{2\sigma^2}} \tag{2-18}$$

式中 y——概率密度；

e——自然对数的底数，$\mathrm{e}=2.71828$；

δ——随机误差，$\delta=l-\mu$（μ 为测量不确定度允许值）；

σ——均方根误差，又称标准偏差，可按下式计算

$$\sigma=\sqrt{\frac{\delta_1^2+\delta_2^2+\cdots+\delta_n^2}{n}}=\sqrt{\frac{\sum_{i=1}^{n}\delta_i^2}{n}} \tag{2-19}$$

式中 n——测量次数。

正态分布曲线如图 2-61（a）所示。

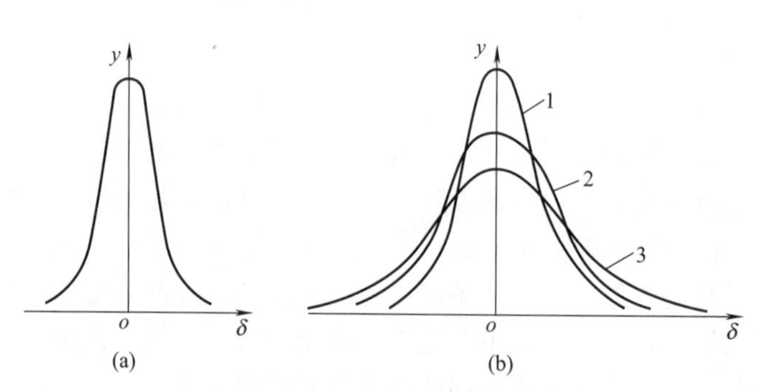

图 2-61 正态分布曲线

不同的标准偏差对应不同的正态分布曲线，如图 2-61（b）所示，σ 越小，正态分布曲线越陡，随机误差分布也就越集中，测量的可靠性也就越高。

由图 2-61（a）知，随机误差有如下特性：

a. 对称性。绝对值相等的正、负误差出现的概率相等。

b. 单峰性。绝对值小的随机误差比绝对值大的机误差出现的机会多。

c. 有界性。在一定测量条件下，随机误差的绝对值不会大于某一界限值。

d. 抵偿性。当测量次数 n 无限增多时，随机误差的算术平均值趋向于零。

③ 粗大误差。粗大误差的数值较大，它是由测量过程中各种错误造成的，对测量结果

有明显的歪曲，如已存在，应予剔除。常用的方法为，当$|\delta_i|>3\sigma$时，测得值l_i就含有粗大误差，应予以剔除。3σ即作为判别粗大误差的界限，此方法称为3σ准则。

2.3.2　测量精度

测量精度是指测得值与真值的接近程度。精度是误差的相对概念。由于误差分系统误差和随机误差，因此笼统的精度概念不能反映上述误差的差异，从而引出如下的概念。

① 精密度。精密度表示测量结果中随机误差大小的程度，可简称“精度”。

② 正确度。正确度表示测量结果中系统误差大小的程度，是所有系统误差的综合。

③ 精确度。精确度指测量结果受系统误差与随机误差综合影响的程度，也就是说，它表示测量结果与真值的一致程度。精确度亦称为“准确度”。

在具体测量中，精密度高，正确度不一定高；正确度高，精密度不一定也高。精密度和正确度都高，则精确度就高。

现以射击打靶为例加以说明。如图 2-62（a）表示武器系统误差大而气象、弹药等随机误差小，正确度低而精密度高。图 2-62（b）表示武器系统误差小而气象、弹药等随机误差大，即正确度高而精密度低。图 2-62（c）表示系统误差和随机误差均小，即准确度高，说明各种条件皆好。图 2-62（d）表示武器系统误差大，气象、弹药等随机误差大，即准确度低。

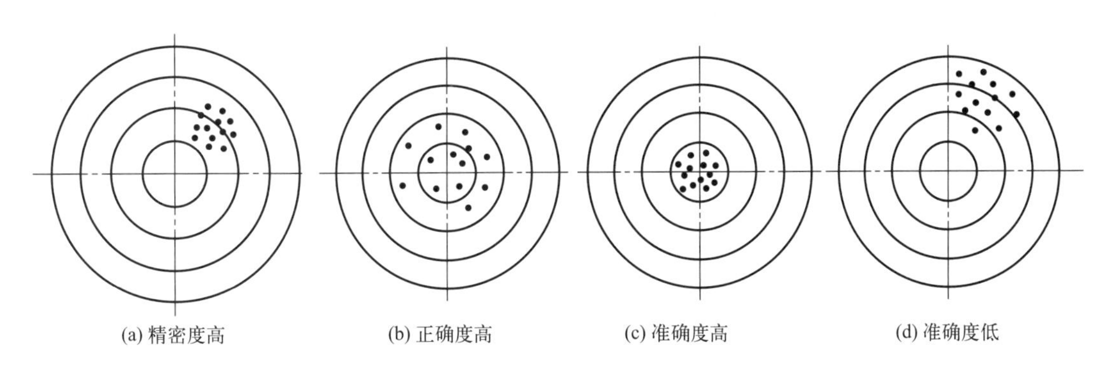

图 2-62　精密度、正确度和准确度

2.3.3　测量结果的数据处理

（1）各类测量误差的处理

通过对某一被测几何量进行连续多次的重复测量，得到一系列的测量数据——测量列，通过对该测量列进行数据处理，可以消除或减小测量误差的影响，提高测量精度。

① 测量列中随机误差的处理。随机误差不可能被修正或消除，但可以应用概率论和数理统计的方法估计出随机误差的大小及规律，并设法消除其影响。

对大量测试实验数据进行统计后发现，随机误差通常服从正态分布规律。由正态分布曲线的数学表达式可知，随机误差的概率密度y的大小与随机误差δ、标准偏差σ有关。当$\delta=0$时，概率密度最大，即$y_{max}=1/(\sigma\sqrt{2\pi})$。显然，标准偏差$\sigma$越小，分布曲线就越陡，随机误差分布越集中，表示测量精度就越高。

由于被测几何量的真值未知，所以不能直接计算求得标准偏差σ的数值。在实际测量中，当测量次数 N 充分大时，随机误差的算术平均值趋于零，便可以用测量列中各个测得值的算术平均值代替真值，并估算出标准偏差，进而确定测量结果。

在假定测量中不存在系统误差和粗大误差的前提下，可按下列步骤对随机误差进行处理。

a. 计算测量中各个测得值的算术平均值 $\overline{x}$；

b. 计算残余误差，残余误差 v_i 即测得值与算术平均值之差（$v_i=x_i-\overline{x}$），一个测量列对应着一个残余误差列；

c. 运用贝塞尔公式计算标准偏差（即单次测得值的标准偏差 σ）$\sigma=\sqrt{\dfrac{\sum\limits_{i=1}^{N}v_i^2}{N-1}}$；

d. 计算测量列算术平均值的标准误差 $\sigma_{\overline{x}}=\dfrac{\sigma}{\sqrt{N_V}}$；

e. 计算测量列算术平均值的测量极限误差 $\delta_{\lim}(\overline{x})=\pm\sigma_{\overline{x}}$；

f. 定出多次测量所得结果的表达式 $x_e=\overline{x}\pm3\sigma_{\overline{x}}$，并说明置信概率为 99.73%。

② 测量列中系统误差的处理。实际测量中，系统误差对测量结果的影响是不可忽视的。揭示系统误差出现的规律，消除系统误差对测量结果的影响，是提高测量精度的有效措施。

产生测量系统误差的因素是复杂多样的，要查明所有系统误差是困难的，因而也不可能完全消除系统误差的影响。发现系统误差必须根据测量过程和计量器具进行全面而细致地分析。目前常用以下两种方法发现某些系统误差。

a. 实验对比法。实验对比法就是通过改变产生系统误差的测量条件，进行不同条件下的测量来发现系统误差。这种方法适用于发现定值系统误差。

b. 残差观察法。残差观察法是指根据测量列的各个残差大小和符号的变化规律，直接由残差数据或残差曲线图形来判断有无系统误差。这种方法适用于发现大小和符号按一定规律变化的变值系统误差。

对于系统误差，可从以下几方面着手消除。

a. 从产生误差的根源上消除系统误差。测量员应对测量过程中可能产生系统误差的各个环节进行分析，并在测量前就将系统误差从根源上消除掉，例如测量前后都需要检查示值零位是否偏移或变动。

b. 用修正法消除系统误差。这种方法是预先将计量器具的系统误差检定或计算出来，做出误差表或误差曲线，然后取与误差数值相同而符号相反的值作修正值，将测得值加上相应的修正值，即可使测量结果不包含系统误差。

c. 用抵消法消除定值系统误差。这种方法要求在对称位置上分别测量一次，以使两次测量中测得的数据出现的系统误差大小相等、符号相反，取这两次测量中数据的平均值作为测得值，即可消除定值系统误差。

d. 用半周期法消除周期性系统误差。对周期性系统误差，可以每相隔半个周期进行一次测量，以相邻两次测量的数据的平均值作为一个测得值，即可消除周期性系统误差。

③ 测量列中粗大误差的处理。粗大误差的数值相当大，在测量中应尽可能避免。如果粗大误差已经产生，则通常根据判别粗大误差的拉依达准则予以消除。拉依达准则又称 3σ 准则：当测量列服从正态分布时，残差落在 $\pm3\sigma$ 外的概率很小，仅为 0.27%，因此当出现绝对值比 3σ 大的残差时，则认为该残差对应的测得值含有粗大误差，应予剔除。注意，拉

依达准则不适用于测量次数小于或等于 10 的情形。

(2) 等精度测量下直接测量列的数据处理

等精度测量是指在测量人员、量仪、测量方法以及环境等测量条件不变的情况下，对某一被测几何量进行的连续多次测量。虽然在此条件下得到的各个测量值不同，但影响各个测得值精度的因素和条件相同，故测量精度视为相等。一般情况下，为简化测量数据处理，大多采用等精度测量。

对于等精度测量条件下直接测量列中的测量结果，应按以下步骤进行数据处理。

① 计算测量列的算术平均值和残差，以判断测量列中是否存在系统误差。如存在系统误差，则应采取措施消除。

② 计算测量列单次测量值的标准偏差，判断是否存在粗大误差。如存在粗大误差，则应剔除含粗大误差的测得值，并重新组成测量列，重复上述计算，直到将所有含粗大误差的测量值都剔除干净为止。

③ 计算测量列的算术平均值的标准偏差和测量极限误差。

④ 给出测量结果表达式 $X_e=\overline{x}\pm 3\sigma_{\overline{x}}$，并说明置信概率。

研习范例：求测量结果

【例 2-3】 对某一轴颈 x 等精度测量 16 次，按测量顺序将各测得值依次列于表 2-2 中，试求测量结果。

表 2-2　数据处理计算表

测量序号	测得值(x_i)/mm	残差($v_i=x_i-\overline{x}$)/μm	残差的平方(v_i^2)/μm²
1	54.958	+1	1
2	54.957	0	0
3	54.959	+2	4
4	54.957	0	0
5	54.956	−1	1
6	54.958	+1	1
7	54.957	0	0
8	54.959	+2	4
9	54.957	0	0
10	54.955	−2	4
11	54.958	+1	1
12	54.957	0	0
13	54.956	−1	1
14	54.955	−2	4
15	54.957	0	0
16	54.956	−1	1
算术平均值 $\overline{x}$ 为 54.957		$\sum v_i=0$	$\sum v_i^2=22$

【解】 ① 判断定值系统误差。假设计量器具已经检定，测量环境得到有效控制，可认为测量中不存在定值系统误差。

② 求测量列算术平均值。

$$\overline{x}=\frac{\sum_{i=1}^{N}x_i}{N}=54.957\text{mm}$$

③ 计算残差。各残差的数值经计算后列入表 2-2 中。按残差观察法，这些残差的符号大体上正、负相间，没有周期性变化，因此可以认为测量中不存在变值系统误差。

④ 计算测量列单次测量值的标准偏差。

$$\sigma=\sqrt{\frac{\sum_{i=1}^{N}v_i^2}{N-1}}\approx 1.211\mu\text{m}$$

⑤ 判别粗大误差。

⑥ 计算测量列算术平均值的标准偏差。

$$\sigma_{\overline{x}}=\frac{\sigma}{\sqrt{N}}\approx 0.30\mu\text{m}$$

⑦ 计算测量列算术平均值的测量极限误差。

$$\delta_{\lim}(\overline{x})=\pm\sigma_{\overline{x}}=\pm 0.30\mu\text{m}$$

⑧ 确定测量结果。

$$X_e=\overline{x}\pm 3\sigma_{\overline{x}}=(54.957\pm 0.00030)\text{mm}$$

这时的置信概率为 99.73%。

第3章

零件的几何公差及其测量

3.1 几何公差概述

3.1.1 零件的几何要素

(1) 零件几何要素的定义

构成零件的几何特征的点（圆心、球心、锥顶等）、线（素线、轴线、中心线、曲线等）、面（平面、圆柱面、圆锥面、球面、曲面等），称为零件的几何要素，如图3-1所示。

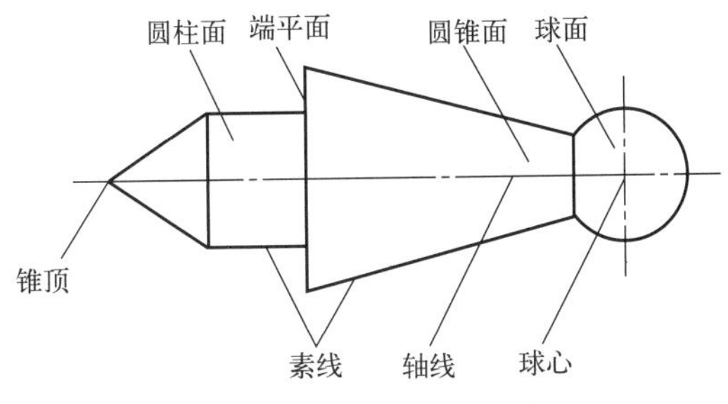

图3-1 零件的几何要素

(2) 零件几何要素的分类

① 按结构特征分：构成零件内、外表面外形并为人们直接感觉到的具体要素称为组成要素，或称轮廓要素。组成要素的对称中心所表示的（点、线、面）要素称为导出要素，亦称为中心要素，属抽象要素。设计图样所表示的要素如中心点、中心线、中心面等中心要素均为导出要素。

② 按存在状态分：零件上实际存在的要素称为实际要素，测量时由提取要素代替。由于存在测量误差，提取要素并非该实际要素的真实状况。具有几何学意义、无误差的要素称为理想要素。

③ 按功能要求分：仅对其本身给出形状公差要求，或仅涉及其形状公差要求时的要素称为单一要素。相对其他要素有功能要求而给出方向、位置和跳动公差的要素称为关联要素。

④ 按所处地位分：图样上给出了几何公差要求的要素称为被测要素。用来确定被测要素方向或位置的要素称为基准要素，理想基准要素简称基准，如图3-2所示。

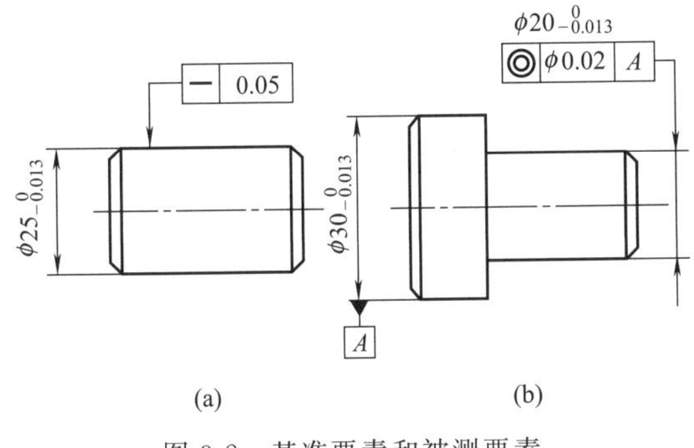

图3-2 基准要素和被测要素

3.1.2 几何公差的项目及符号

(1) 现行的几何公差国家标准

我国现行的几何公差国家标准如下：

GB/T 1182—2018《产品几何技术规范

（GPS）几何公差　形状、方向、位置和跳动公差标注》。

GB/T 16671—2018《产品几何技术规范（GPS）　几何公差　最大实体要求（MMR）、最小实体要求（LMR）和可逆要求（RPR）》。

GB/T 4249—2018《产品几何技术规范（GPS）　基础概念、原则和规则》。

GB/T 1958—2004《产品几何技术规范（GPS）　形状和位置公差　检测规定》。

GB/T 13319—2020《产品几何技术规范（GPS）　几何公差　成组（要素）与组合几何规范》。

GB/T 24630.1—2009《产品几何技术规范（GPS）　平面度　第1部分：词汇和参数》。

GB/T 24632.1—2009《产品几何技术规范（GPS）　圆度　第1部分：词汇和参数》。

GB/T 24632.2—2009《产品几何技术规范（GPS）　圆度　第2部分：规范操作集》。

GB/T 24630.2—2009《产品几何技术规范（GPS）　平面度　第2部分：规范操作集》。

GB/T 24631.1—2009《产品几何技术规范（GPS）　直线度　第1部分：词汇和参数》。

GB/T 24631.2—2009《产品几何技术规范（GPS）　直线度　第2部分：规范操作集》。

GB/T 24633.1—2009《产品几何技术规范（GPS）　圆柱度　第1部分：词汇和参数》。

GB/T 24633.2—2009《产品几何技术规范（GPS）　圆柱度　第2部分：规范操作集》。

GB/T 18780.1—2002《产品几何量技术规范（GPS）　几何要素　第1部分：基本术语和定义》。

GB/T 18780.2—2003《产品几何量技术规范（GPS）　几何要素　第2部分：圆柱面和圆锥面的提取中心线、平行平面的提取中心面、提取要素的局部尺寸》。

GB/T 7234—2004《产品几何量技术规范（GPS）　圆度测量　术语、定义及参数》。

（2）几何公差的分类与特征符号

各几何公差的几何特征及符号如表3-1所示。由表可见，形状公差无基准要求，方向公差、位置公差和跳动公差有基准要求，而在几何特征线、面轮廓度中，无基准要求为形状公差，有基准要求为方向或位置公差。

需要说明的是：特征符号的线宽为 $h/10$（h 为图样中所注尺寸数字的高度），符号的高度一般为 h，圆柱度、平行度和跳动公差的符号倾斜约75°。

表3-1　几何公差的几何特征及符号

公差类型	几何特征	符号	有或无基准
形状公差	直线度	—	无
	平面度	▱	无
	圆度	○	无
	圆柱度	⌭	无
方向、位置公差或形状公差	线轮廓度	⌒	有或无
	面轮廓度	⌓	有或无
方向公差	平行度	//	有
	垂直度	⊥	有
方向公差	倾斜度	∠	有
位置公差	位置度	⌖	有或无
	同心度(用于中心点)	◎	有
	同轴度(用于轴线)	◎	有
	对称度	⌯	有
跳动公差	圆跳动	↗	有
	全跳动	⌰	有

表 3-2 为几何公差的几何特征附加符号。

表 3-2 几何公差的几何特征附加符号

名 称	符 号	名 称	符 号
基准目标	(φ2 / A1)	包容要求	Ⓔ
理论正确尺寸	[50]	可逆要求	Ⓡ
延伸公差带	Ⓟ	不凸起	NC
最大实体要求	Ⓜ	公共公差带	CZ
最小实体要求	Ⓛ	线素	LE
全周(轮廓)	(指引线上小圆)	任意横截面	ACS

3.1.3 几何公差的含义及要素

(1) 几何公差的含义及其对零件使用性能的影响

机械零件在加工过程中，由于工艺系统本身具有一定的误差以及各种因素的影响，使得加工后零件的各个几何要素不可避免地产生各种加工误差。加工误差包括尺寸偏差、几何误差（形状、方向、位置和跳动误差）以及表面粗糙度等。几何公差就是指对构成零件的几何要素的形状和相互位置准确性的控制要求，也就是对几何要素的形状和位置规定的最大允许变动量。

几何误差对零件使用性能的影响可归纳为以下几点。

① 影响装配性。如箱盖、法兰盘等零件上各螺栓孔的位置误差，将影响可装配性。

② 影响配合性质。如轴和孔配合面的形状误差，在间隙配合中会使间隙大小分布不均匀，发生相对运动时会加速零件的局部磨损，使得运动不平稳；在过盈配合中则会使各处的过盈量分布不均匀，从而影响连接强度。

③ 影响工作精度。如车床床身导轨的直线度误差，会影响床鞍的运动精度；车床主轴两支承轴颈的几何误差将影响主轴的回转精度；齿轮箱上各轴承孔的位置误差，会影响齿轮齿面载荷分布的均匀性和齿侧间隙。

④ 其他影响。如液压系统中零件的形状误差会影响密封性；承受负荷零件结合面的形状误差会减小实际接触面积，从而降低接触刚度及承载能力。

实际上几何误差还将直接影响到工艺装备的工作精度，尤其是对于高温、高压、高速、重载等条件下工作的精密机器或仪器更为重要。因此，为了减少或消除这些不利的影响，设计零件时必须对零件的几何误差予以合理的限制，即对零件的几何要素规定必要的几何公差。

(2) 几何公差的标注

在技术图样上，几何公差应采用代号标注，如图 3-3 所示。只有在无法采用代号标注，或者采用代号标注过于复杂时，才允许用文字说明几何公差要求。

几何公差代号由几何特征的符号、框格、指引线、公差数值和基准代号的字母等组成，如图 3-3（a）所示。公差框格和指引线均用细实线画出。指引线可从框格的任意一端引出，引出端必须垂直于框格；引向被测要素时允许弯折，但不得多于两次；指引线箭头与尺寸线箭头画法相同，箭头应指向公差带的宽度或直径方向。框格可以水平放置，也可垂直放置，自左到右顺序填写的是：第一格填写几何公差的几何特征符号；第二格填写几何公差数值和有关符号，如果公差带为圆形或圆柱形，公差值前应加注符号“ϕ”，如果公差带为圆球形，公差值前应加注符号“Sϕ”；第三格和以后各格填写基准代号的字母和有关符号。单个要素为基准，即一个字母表示的单个基准，如图 3-3（b）所示，也有以两个或三个基准建立的基准体系，如图 3-3（c）所示。表示基准的大写字母按基准的优先顺序自左而右地填写，以两个要素建立公共基准时，用中间加连字符的两个大写字母来表示，如图 3-3（d）所示。基准符号如图 3-3（e）所示，大写的基准字母写在基准方格内，方格的边长为 $2h$，用细实线与一个涂黑的或空白的等腰三角形相连，涂黑或空白的三角形具有相同的含义。

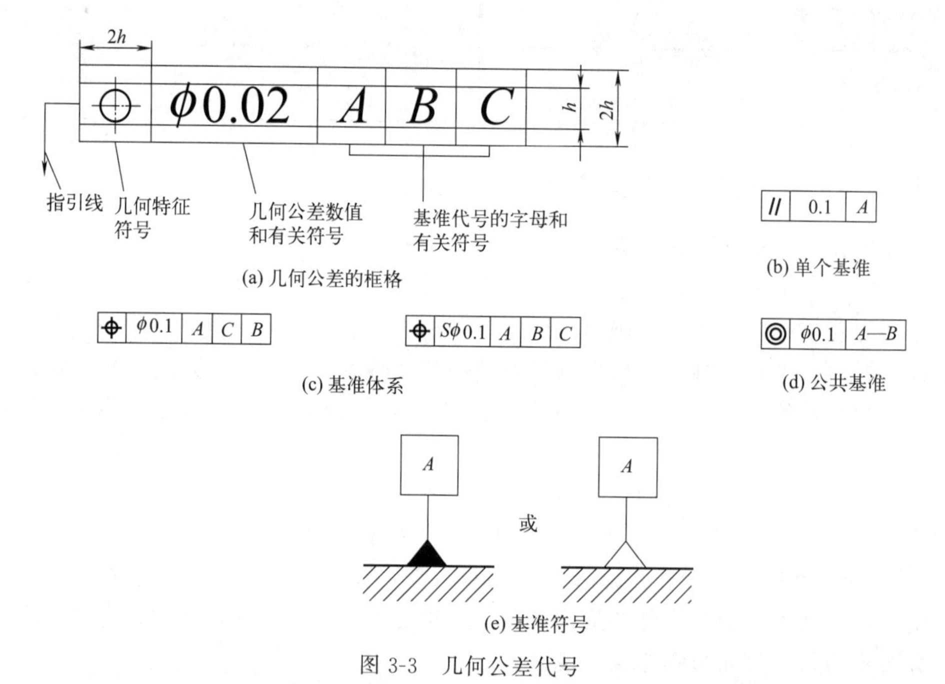

图 3-3 几何公差代号

① 被测要素的标注

a. 当被测要素为零件的轮廓线或表面等组成要素时，将指引线的箭头指向该要素的轮廓线或其延长线上，但必须与尺寸线明显地错开，如图 3-4 所示。

b. 当被测要素为零件的表面时，指向被测要素的指引线箭头，也可以直接指在引出线的水平线上。引出线可由被测量面中引出，其引出线的端部应画一圆黑点，如图 3-5 所示。

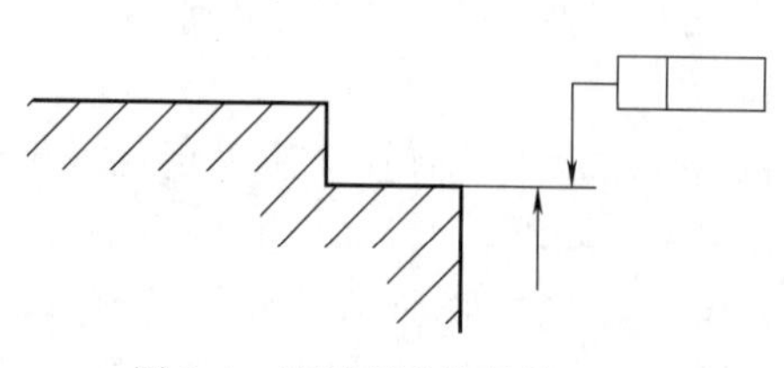

图 3-4 被测要素的标注（一）

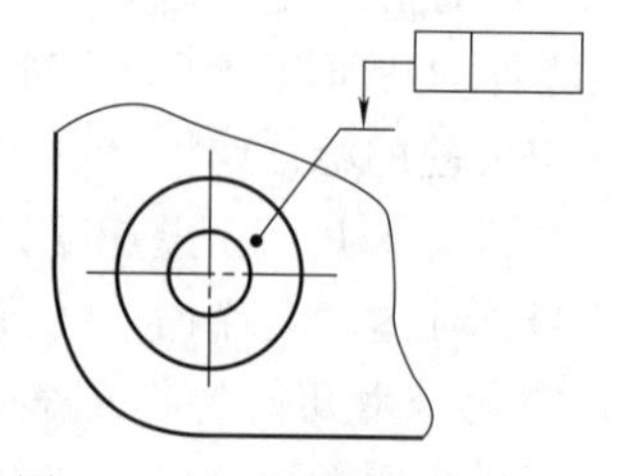

图 3-5 被测要素的标注（二）

c. 当被测要素为要素的局部时，可用粗点画线限定其范围，并加注尺寸，如图 3-6 左半部分的标注和图 3-7 所示。

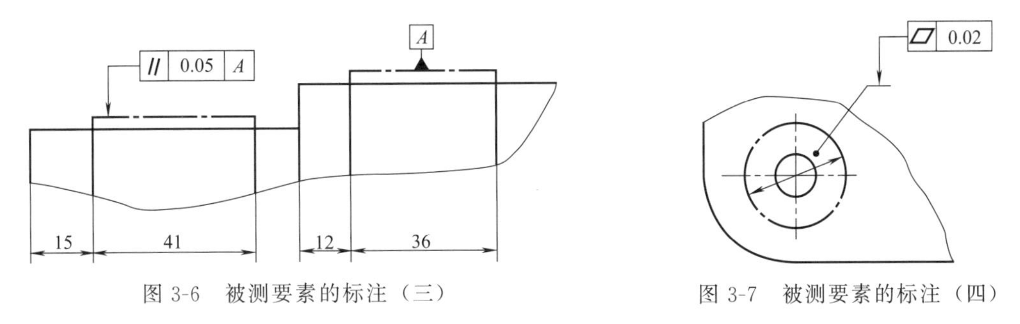

图 3-6　被测要素的标注（三）　　图 3-7　被测要素的标注（四）

d. 当被测要素为零件上某一段形体的轴线、中心平面或中心点时，则指引线的箭头应与该尺寸线的箭头对齐或重合，如图 3-8 所示。

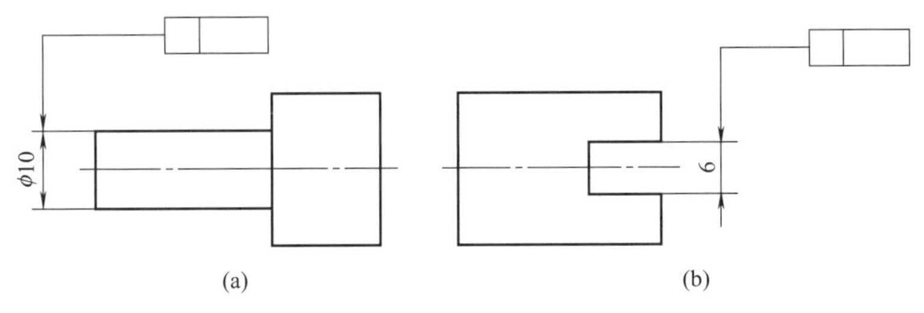

图 3-8　被测要素的标注（五）

e. 当几个被测要素具有相同的几何公差要求时，可共用一个公差框格，从框格一端引出多个指引线的箭头指向被测要素，如图 3-9（a）所示。当这几个被测要素位于同一高度，且具有单一公差带时，可以在公差框格内公差值的后面加注公共公差带的符号 CZ，如图 3-9（b）所示。当同一被测要素具有多项几何公差要求时，几何公差框格可并列，共用一个指引线箭头。

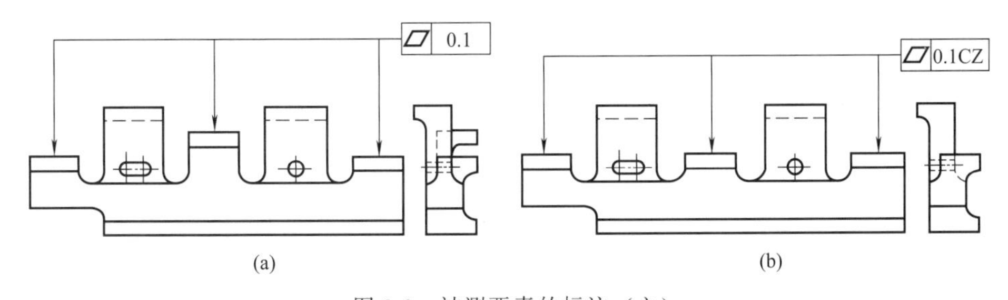

图 3-9　被测要素的标注（六）

f. 用全周符号（在指引线的弯折处所画出的小圆）表示该视图的轮廓周边或周面均受此框格内公差带的控制，如图 3-10 所示。

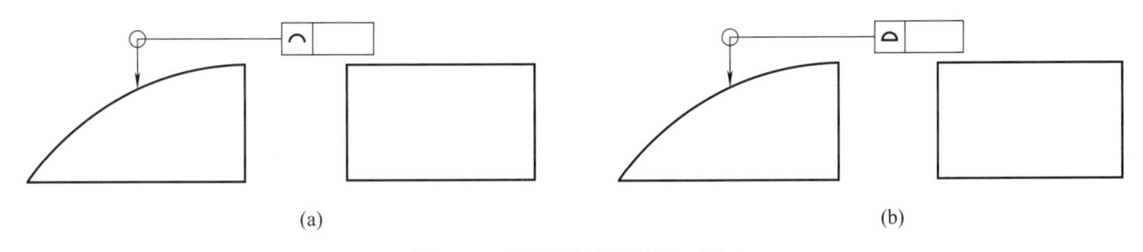

图 3-10　被测要素的标注（七）

g. 当被测要素是圆锥体的轴线时，指引线应对准圆锥体的大端或小端的尺寸线。若图样中仅有任意处的空白尺寸线，则可与该尺寸线相连，如图 3-11 所示。

h. 当被测要素是线不是面时，应在公差框格附近注明线素符号（LE），如图 3-12 所示。

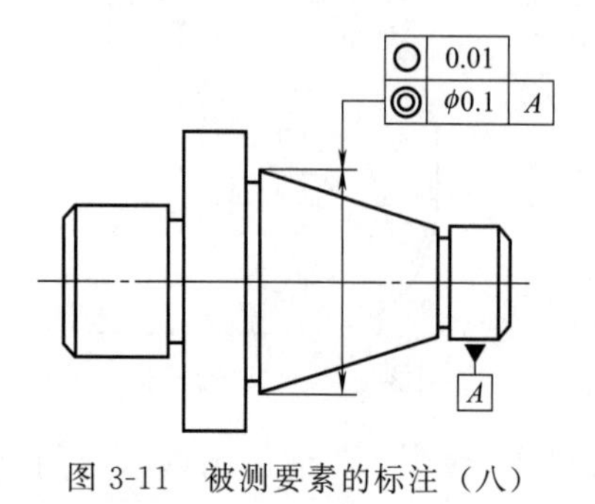

图 3-11 被测要素的标注（八）

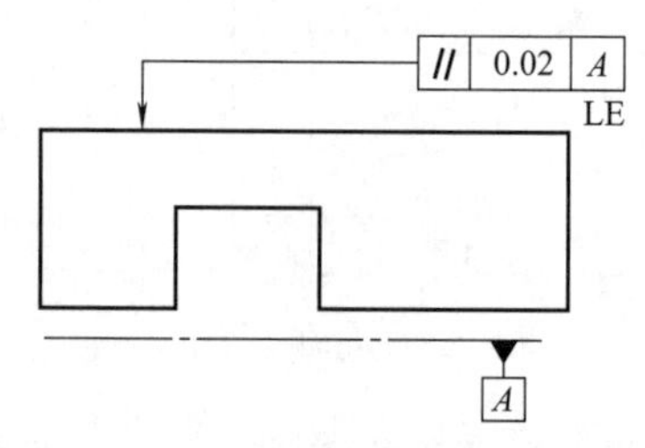

图 3-12 被测要素的标注（九）

i. 关于被测要素的几个特殊标注方法。

对同一被测要素，如在全长上给出公差值的同时，又要求在任一长度上进行进一步的限制，可同时给出全长上和任意长度上两项要求，任一长度的公差值要求用分数形式表示，如图 3-13（a）所示。同时给出全长和任一长度上的公差值时，全长上的公差值框格置于任一长度的公差值框格上面，如图 3-13（b）所示。如需限制被测要素在公差带内的形状，应在公差框格下方注明，如图 3-13（c）所示的“不凸起”符号 NC。

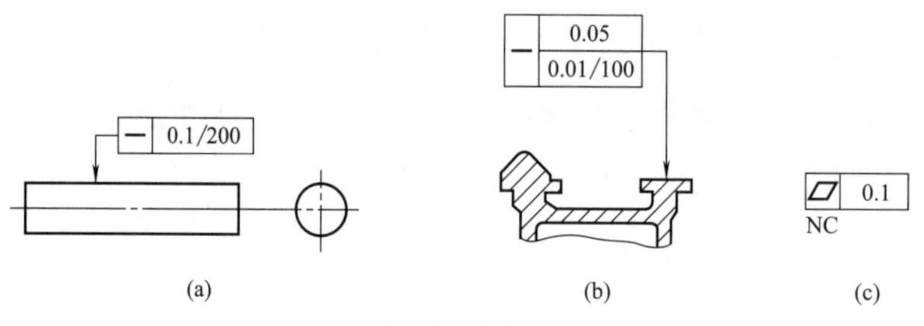

图 3-13 被测要素的标注（十）

表示被测要素的数量，应注在框格的上方，其他说明性内容应注在框格的下方。但允许例外的情况，如上方或下方没有位置标注时，可注在框格的周围或指引线上，如图 3-14 所示。

由齿轮和花键作为被测要素或基准要素时，其分度圆轴线用“PD”表示。大径（对外齿轮是齿顶圆直径，对内齿轮是齿根圆直径）轴线用“MD”表示，小径（对外齿轮是齿根圆直径，对内齿轮是齿顶圆直径）轴线用“LD”表示，如图 3-15（a）、(b) 所示。

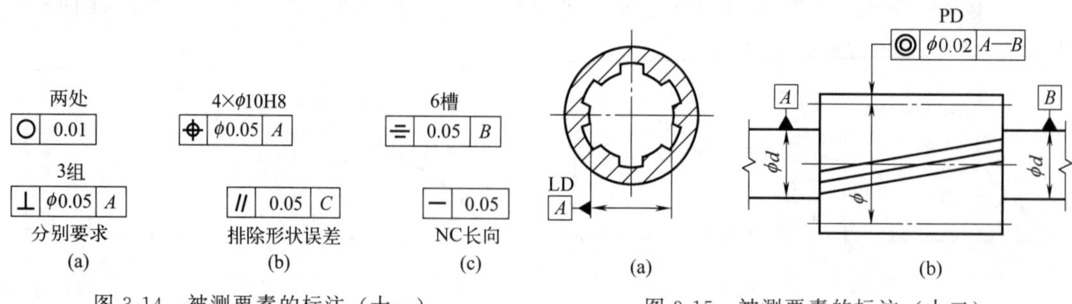

图 3-14 被测要素的标注（十一）

图 3-15 被测要素的标注（十二）

一般情况下，以螺纹的中径轴线作为被测要素或基准要素时，无须另加说明。如需以螺纹大径或小径作为被测要素或基准要素时，应在框格下方或基准符号的下方加注“MD”或“LD”，如图 3-16 所示。

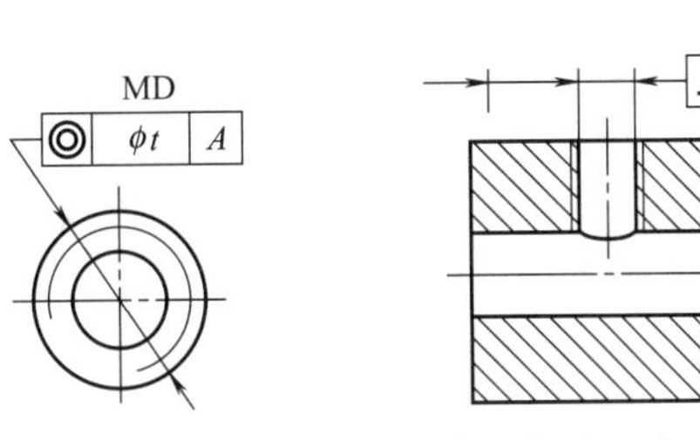

图 3-16 被测要素的标注（十三）

② 基准要素的标注

a. 当基准要素为零件的轮廓线或表面时，则基准三角形放置在要素的轮廓线或其延长线上，与尺寸线明显地错开，如图 3-17 所示。

b. 当基准要素为零件的表面时，受图形限制，基准三角形也可放置在该轮廓面引出线的水平线上，其引出线的端部应画一圆黑点，如图 3-18 所示。

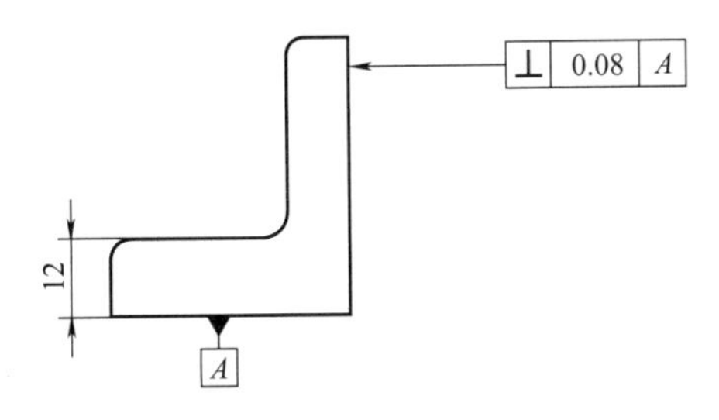

图 3-17 基准要素的标注（一）

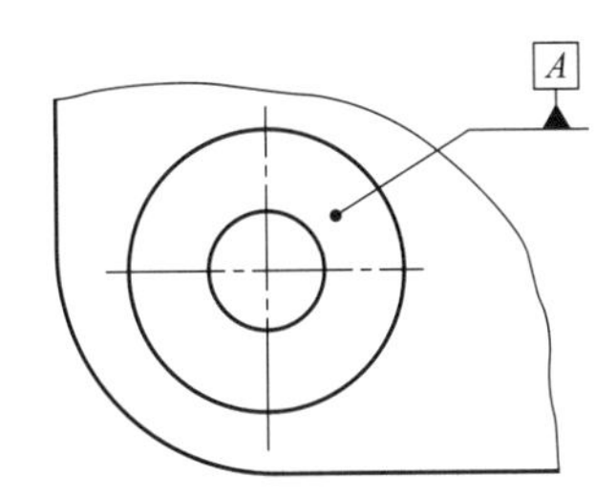

图 3-18 基准要素的标注（二）

c. 当基准要素为零件上尺寸要素确定的某一段轴线、中心平面或中心点时，则基准三角形应与该尺寸线在同一直线上，如图 3-19（a）所示。如果尺寸界线内安排不下两个箭头，则另一箭头可用三角形代替，如图 3-19（b）所示。

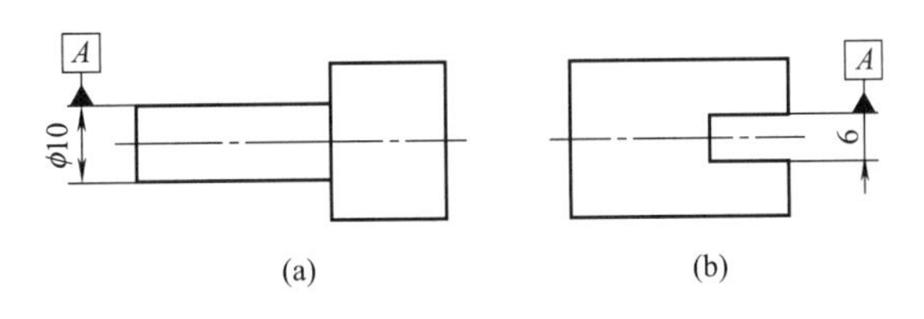

图 3-19 基准要素的标注（三）

d. 当基准要素为要素的局部时，可用粗点画线限定范围，并加注尺寸，如图 3-6 右半部分的标注和图 3-20 所示。

e. 当基准要素与被测要素相似而不易分辨时，应采用任选基准。任选基准符号见图 3-21（a），任选基准的标注方法如图 3-21（b）所示。

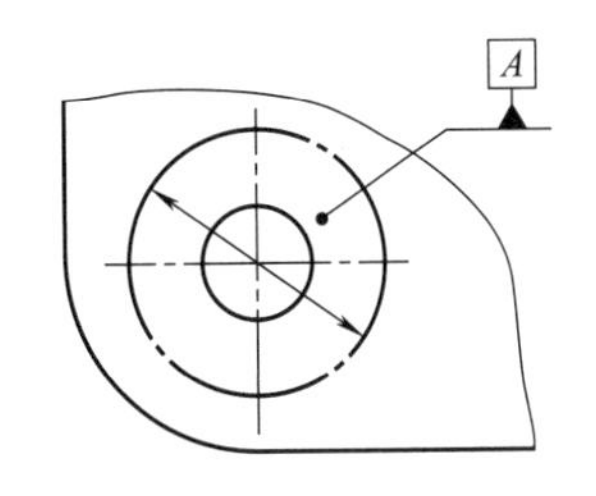

图 3-20 基准要素的标注（四）

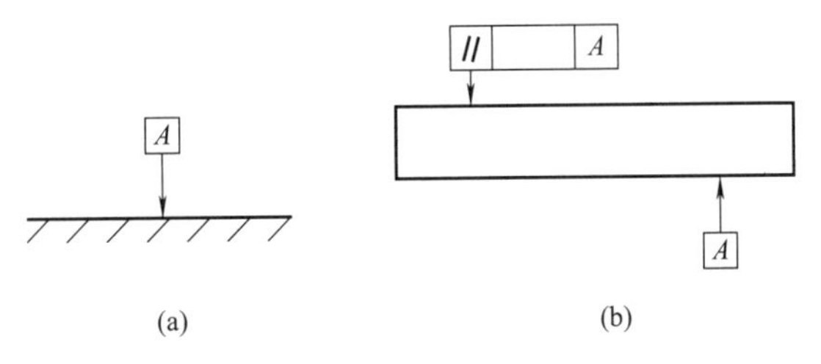

图 3-21 基准要素的标注（五）

③ 几何误差值的限定符号（表 3-3）。

表 3-3 几何误差值的限定符号

对误差限定	符号	标注示例
只许实际要素的中间部位向材料内凹下	（−）	— $t(-)$
只许实际要素的中间部位向材料外凸起	（+）	▱ $t(+)$
只许实际要素从左至右逐渐减小	（▷）	⌭ t(▷)
只许实际要素从右至左逐渐减小	（◁）	⌭ t(◁)

④ 避免采用的标注方法（表 3-4）。

表 3-4 避免采用的标注方法

要素特征	序号	避免采用的图例	说明
被测要素	1	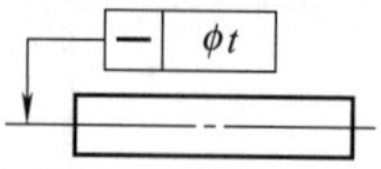 — ϕt	被测要素为单一要素的轴线，指示箭头不应直接指向轴线，必须与尺寸线相连
	2	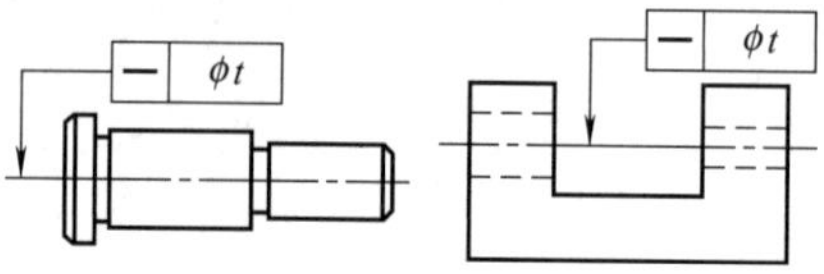 — ϕt　— ϕt	被测要素为多要素的公共轴线时，指示箭头不应直接指向轴线，而应各自分别注出
	3	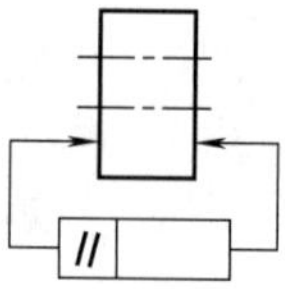 //	任选基准必须注出基准符号，并在框格中注出基准字母
	4	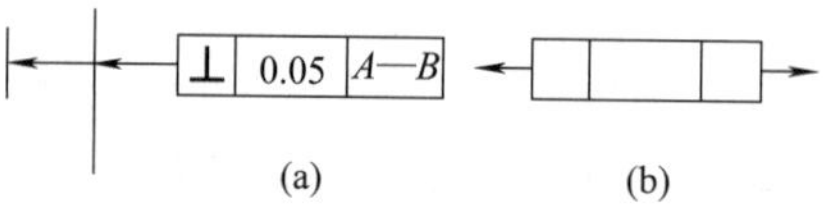 ⊥ 0.05 A—B (a)　(b)	如图(a)所示，不能在一根引线上画多个同向的箭头 如图(b)所示，指引线箭头不准由框格两侧同时引出
基准要素	5	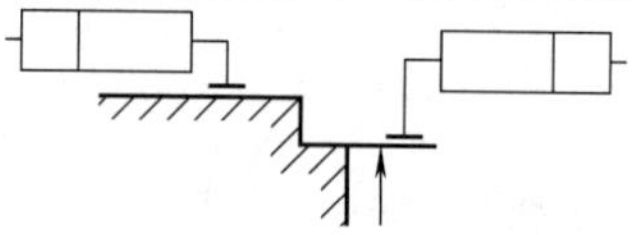	短横线不应直接与轮廓线或其延长线相连。必须标出完整的基准符号并在框格中标出字母代号
	6	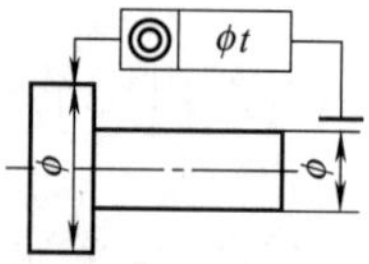 ◎ ϕt	短横线不应直接与尺寸线相连，必须标出基准符号并在框格中标出字母代号
	7	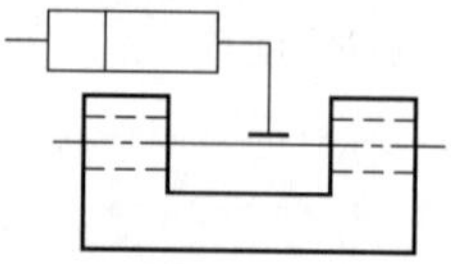	当基准要素为多个要素的公共轴线、公共中心平面时，短横线不应直接与公共轴线相连，必须分别标注，并在框格内注出字母代号
	8	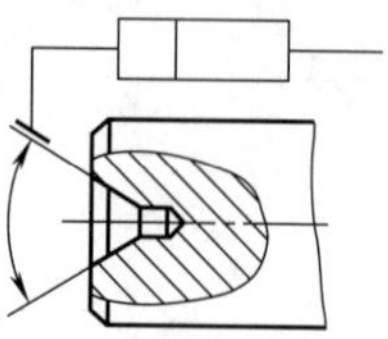	当中心孔为基准时，短横线不应直接与中心孔的角度尺寸线相连，必须标出基准符号并在框格中标出字母代号

⑤ 几何公差标注示例，如图 3-22 和图 3-23 所示。

图 3-22 机件上所标注的几何公差，其含义如下。

a. ϕ80h6 圆柱面对 ϕ35H7 孔轴线的圆跳动公差为 0.015mm。

b. ϕ80h6 圆柱面的圆度公差为 0.005mm。

c. $26_{-0.035}^{0}$ 的右端面对左端面的平行度公差为 0.01mm。

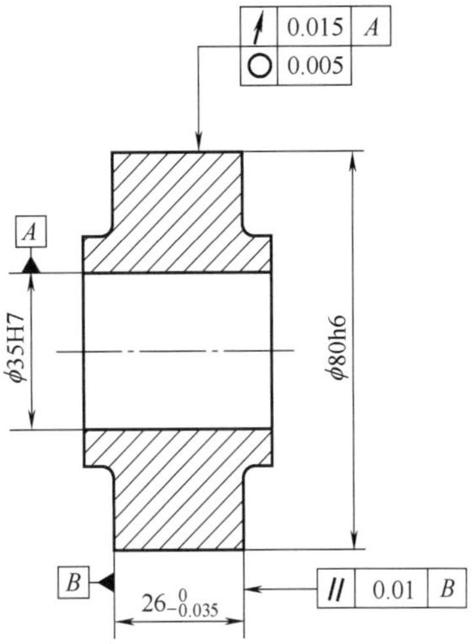

图 3-22　几何公差标注示例（一）

图 3-23 所示的气门阀杆，其上所标注几何公差的含义如下。

a. $SR150$ 的球面对 $\phi16_{-0.034}^{-0.016}$ 圆柱轴线的圆跳动公差为 0.003mm。

b. $\phi16_{-0.034}^{-0.016}$ 圆柱面的圆柱度公差为 0.005mm。

c. M8×1 螺纹孔的轴线对 $\phi16_{-0.034}^{-0.016}$ 圆柱轴线的同轴度公差为 ϕ0.1mm。

d. 阀杆的右端面对 $\phi16_{-0.034}^{-0.016}$ 圆柱轴线的垂直度公差为 0.01mm。

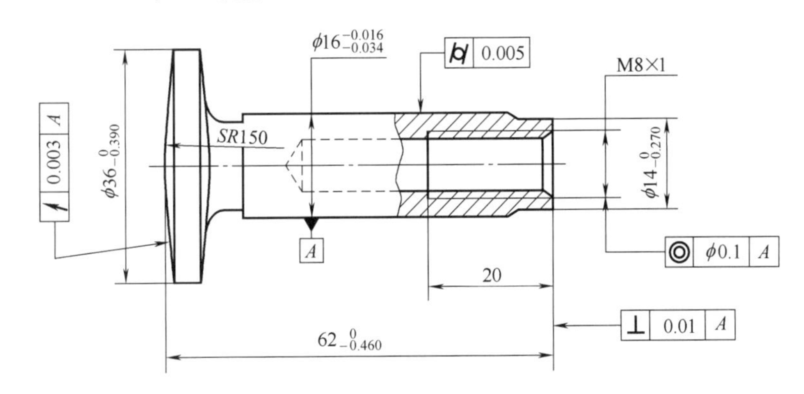

图 3-23　几何公差标注示例（二）

3.2 几何公差带

3.2.1 公差带图的定义

用以表示相互配合的一对几何要素的公称尺寸、极限尺寸、极限偏差以及相互关系的简图，称为极限与配合的示意图。将极限与配合的示意图用简化表示法画出的图，称为公差带图。

3.2.2 各类几何公差带的定义、标注及解释

(1) 形状公差及形状公差带

① 形状公差。形状公差是指单一实际要素所允许的变动全量，全量是指被测要素的整个长度。形状公差包括直线度、平面度、圆度、圆柱度、线轮廓度和面轮廓度。其中，直线度公差用于限制给定平面内或空间直线（如圆柱面和圆锥面上的素线或轴线）的形状误差；

平面度公差用于限制平面的形状误差；圆度公差用于限制曲面体表面正截面内轮廓的形状误差；圆柱度公差用于限制圆柱面整体的形状误差；线轮廓度公差则用于限制平面曲线或曲面的截面轮廓的形状误差；而面轮廓度用于限制空间曲面的形状误差。

② 形状公差带。形状公差带包括公差带的形状、大小、位置和方向四个要素，其形状随要素的几何特征及功能要求而定。由于形状公差都是对单一要素本身提出的要求，因此形状公差都不涉及基准，故公差带也没有方向和位置的约束，可随被测实际要素的有关尺寸、形状、方向和位置的改变而浮动，公差带的大小由公差值确定。形状公差带的定义、标注及解释参见表 3-5。

表 3-5　形状公差带的定义、标注及解释

几何特征及符号	公差带的定义	标注示例及解释
直线度 —	公差带为给定平面内和给定方向上，间距等于公差值 t 的两平行直线所限定的区域 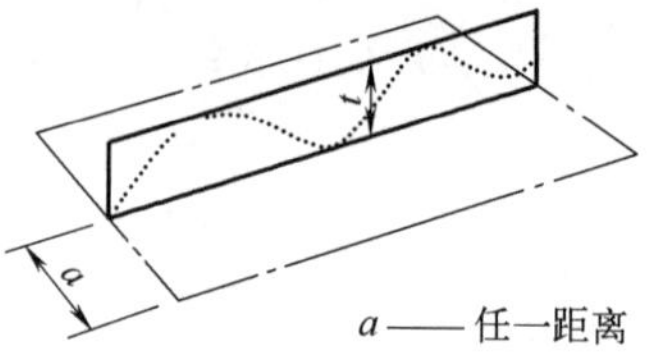 a——任一距离	在任一平行于图示投影面的平面内，被测上平面的提取（实际）线应限定在间距等于 0.1 的两平行直线之间 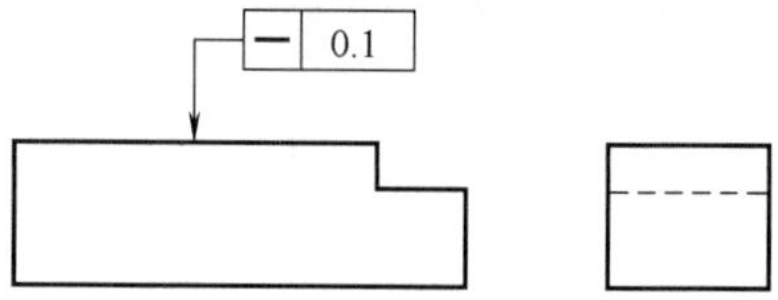 — 0.1
	公差带为间距等于公差值 t 的两平行平面所限定的区域 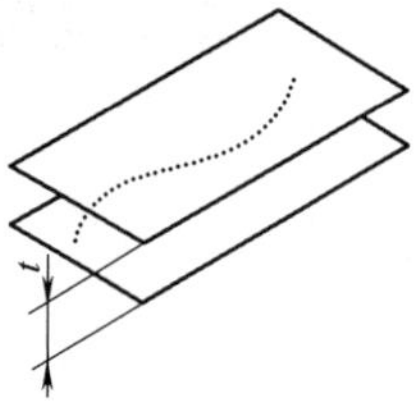	提取（实际）的棱边应限定在间距等于 0.1 的两平行平面之间 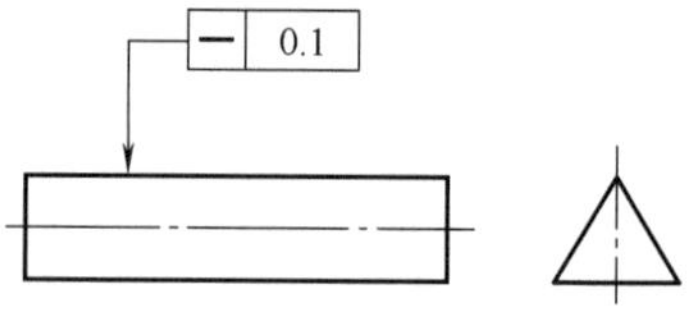 — 0.1
	公差带为直径等于公差值 ϕt 的圆柱面所限定的区域 注意：公差值前加注符号 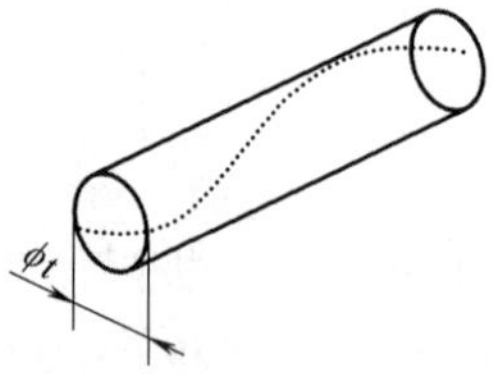 ϕ	外圆柱面的提取（实际）中心线应限定在直径等于 ϕ0.08 的圆柱面内 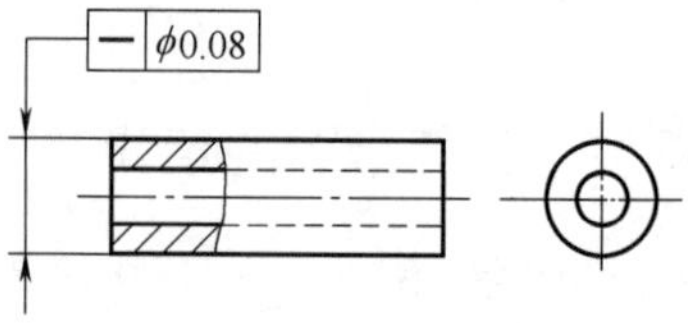 — ϕ0.08
平面度 ▱	公差带为间距等于公差值 t 的两平行平面所限定的区域 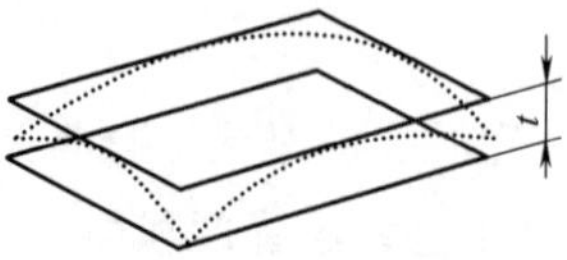	提取（实际）表面应限定在间距等于 0.08 的两平行平面之间 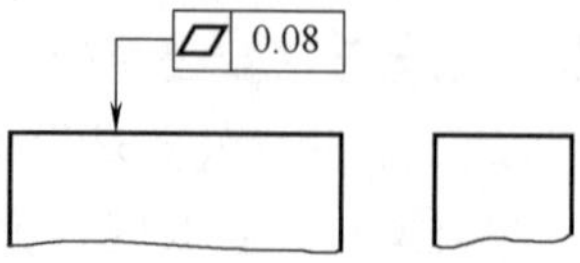 ▱ 0.08

续表

几何特征及符号	公差带的定义	标注示例及解释
圆度 ○	公差带为在给定横截面内、半径差等于公差值 t 的两同心圆所限定的区域 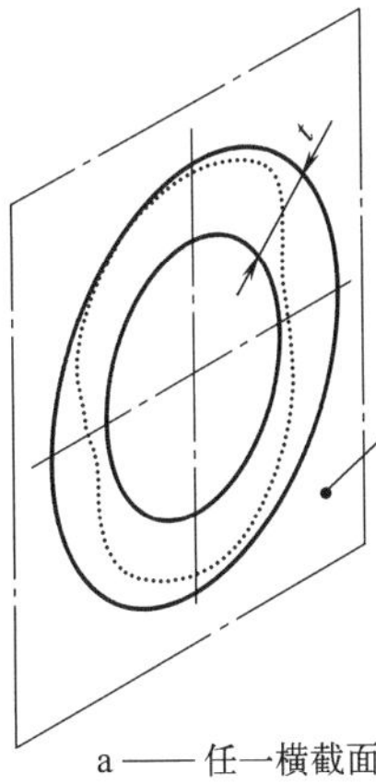 a —— 任一横截面	在圆柱（或圆锥）面的任意横截面内，提取（实际）圆周应限定在半径差等于 0.03 的两共面同心圆之间 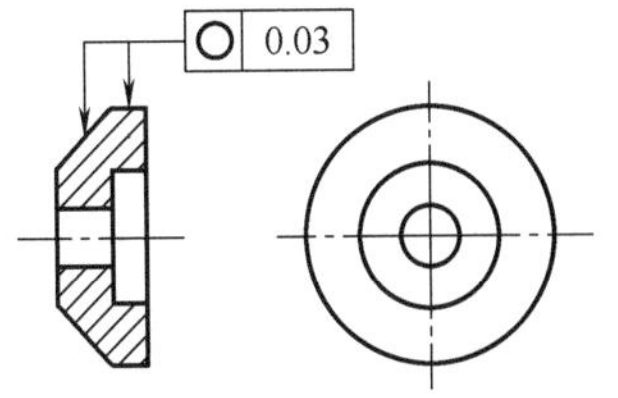 在圆锥面的任意横截面内，提取（实际）圆周应限定在半径差等于 0.01 的两同心圆之间 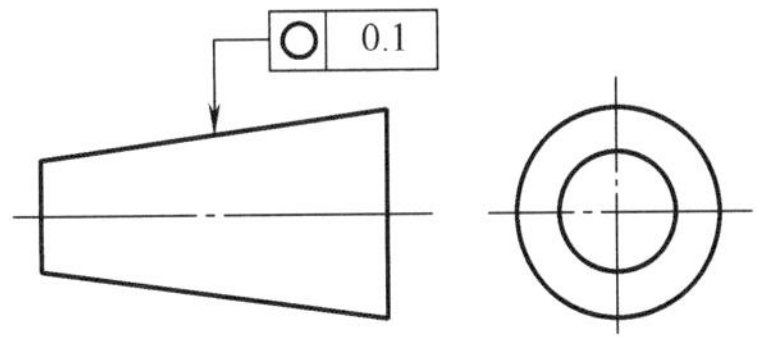
圆柱度 ⌭	公差带为半径差等于公差值 t 的两同轴圆柱面所限定的区域 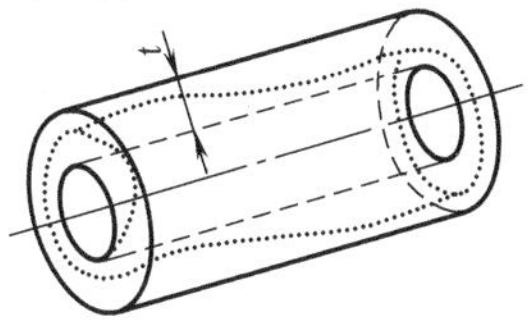	提取（实际）圆柱面应限定在半径差等于 0.1 的两同轴圆柱面之间 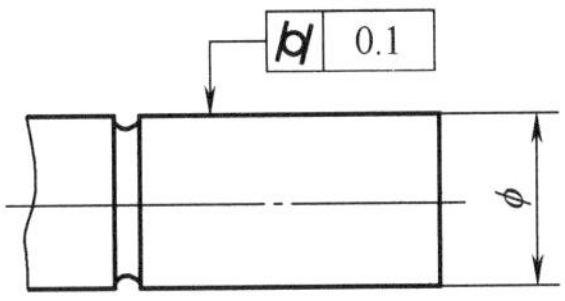
线轮廓度 ⌒	公差带为直径等于公差值 t、圆心位于具有理论正确几何形状上的一系列圆的两包络线所限定的区域 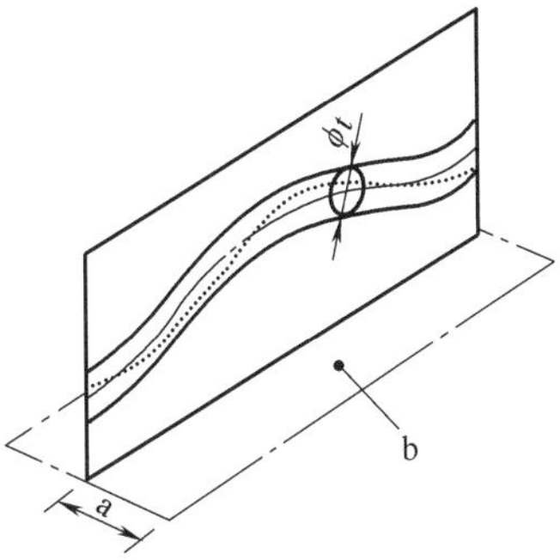 a —— 任一距离 b —— 垂直于右侧视图所在平面	在任一平行于图示投影面的截面内，提取（实际）轮廓线应限定在直径等于 0.04、圆心位于被测要素理论正确几何形状上的一系列圆的两等距包络线之间 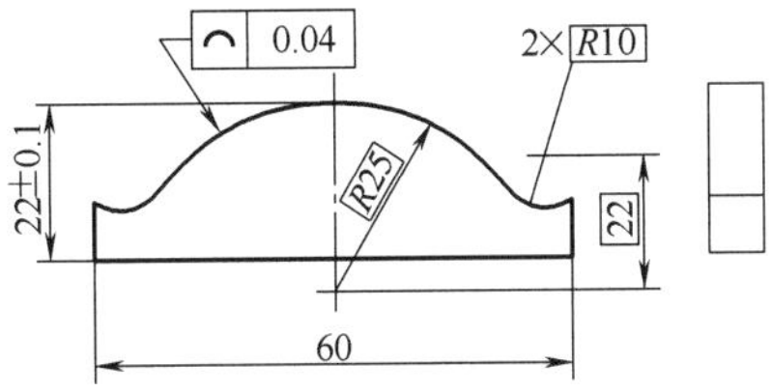
面轮廓度 ⌓	公差带为直径等于公差值 t、球心位于被测要素理论正确几何形状上的一系列圆球的两包络面所限定的区域 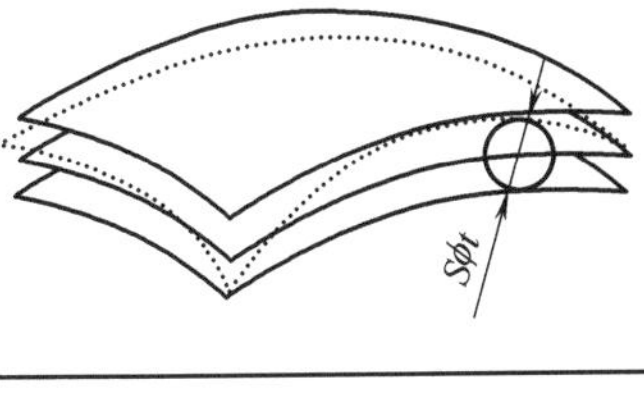	提取（实际）轮廓面应限定在直径等于 0.02、球心位于被测要素理论正确几何形状上的一系列圆球的两等距包络面之间 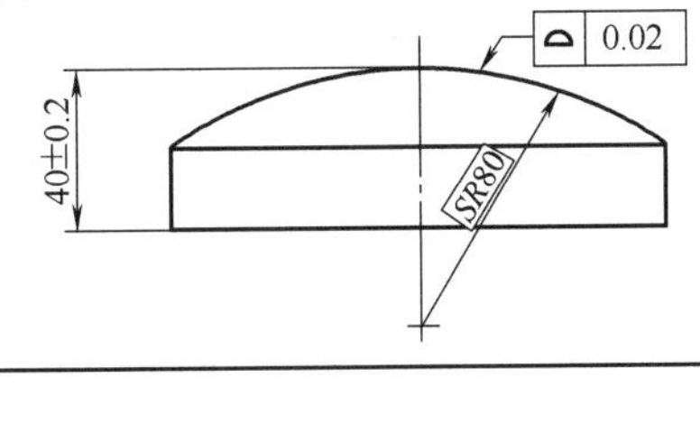

(2) 方向公差及方向公差带

① 方向公差。方向公差是指关联实际要素对基准在方向上允许的变动全量。包括平行度、垂直度和倾斜度三种。

② 方向公差带。方向公差带的方向是固定的，由基准来确定，而其位置则可在尺寸公差带内浮动。方向公差的公差带在控制被测要素相对于基准方向误差的同时，能自然地控制被测要素的形状误差。因此，对同一被测要素当给出方向公差后，通常不再对该要素提出形状公差要求。如果确实需要对它的形状精度提出要求时，可以在给出方向公差的同时，再给出形状公差，但形状公差值一定要小于方向公差值。方向公差带的定义、标注及解释见表 3-6。

表 3-6 方向公差带的定义、标注及解释

几何特征及符号		公差带的定义	标注示例及解释
平行度 //	线对基准体系的平行度公差	公差带为间距等于公差值 t、平行于两基准(基准轴线和平面)的两平行平面所限定的区域 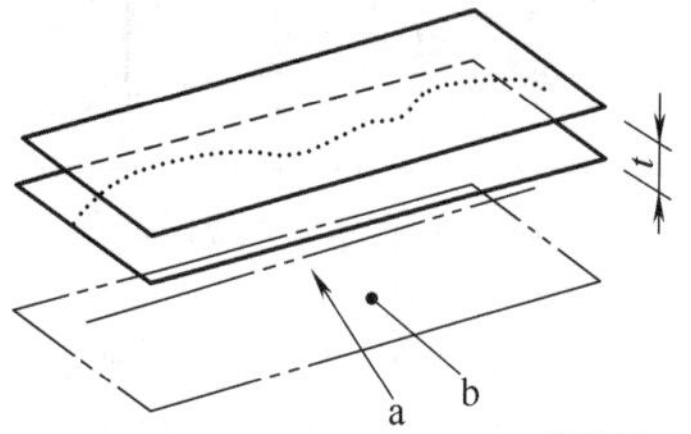 a——基准轴线 b——基准平面	提取(实际)中心线应限定在间距等于 0.1、平行于基准轴线 A 和基准平面 B 的两平行平面之间 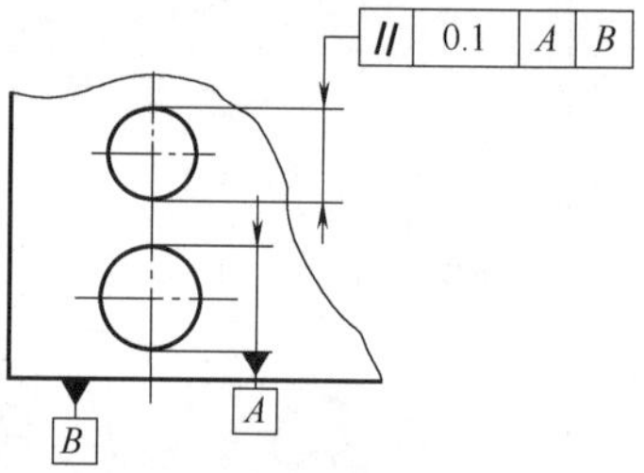
		公差带为间距等于公差值 t、平行于基准轴线 A 且垂直于基准平面 B 的两平行平面所限定的区域 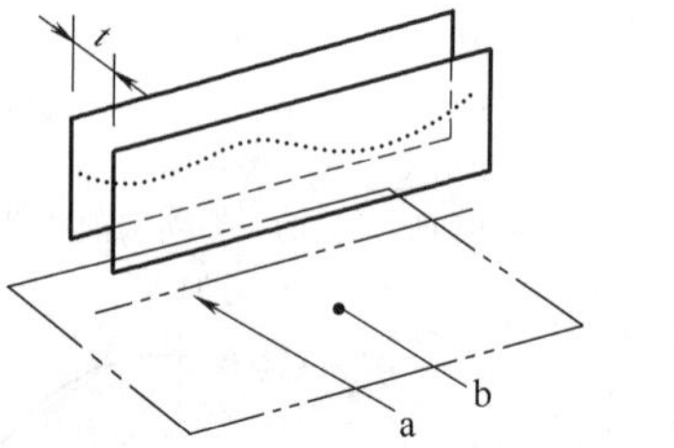 a——基准轴线A b——基准平面B	提取(实际)中心线应限定在间距等于 0.1 的两平行平面之间，该两平行平面平行于基准轴线 A 且垂直于基准平面 B 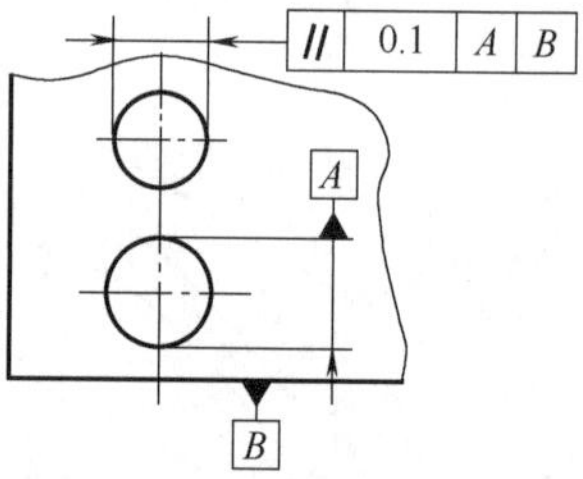
		公差带为平行于基准轴线和平行或垂直于基准平面、距离分别为公差值 t_1 和 t_2，且相互垂直的两平行平面所限定的区域 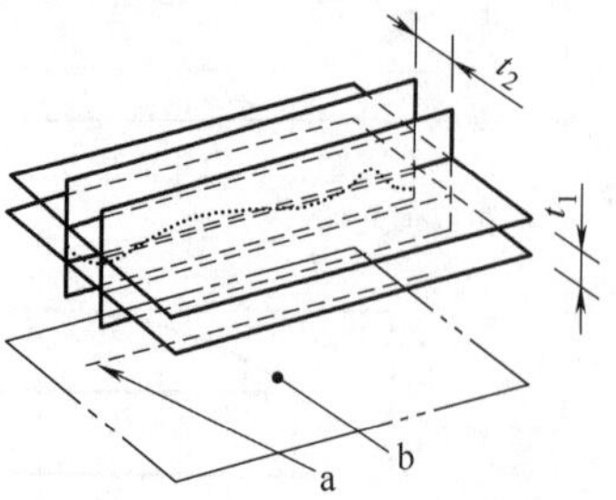 a——基准轴线 b——基准平面	提取(实际)中心线应限定在平行于基准轴线 A 和平行或垂直于基准平面 B、间距分别等于 0.1 和 0.2，且相互垂直的两平行平面之间 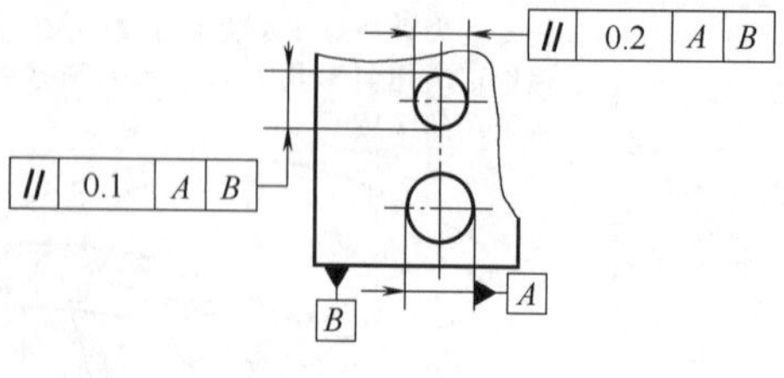

续表

几何特征及符号		公差带的定义	标注示例及解释
平行度 //	线对基准体系的平行度公差	公差带为间距等于公差值 t 的两平行直线所限定的区域，该两平行直线平行于基准平面 A 且处于平行于基准平面 B 的平面内 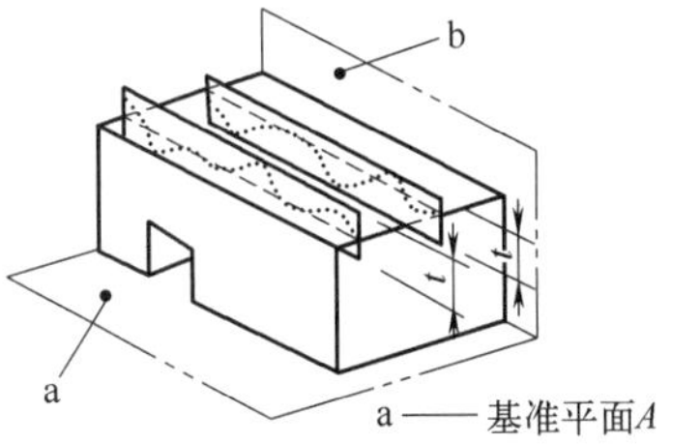 a——基准平面A b——基准平面B	提取（实际）线应限定在间距等于 0.02 的两平行直线之间，该两平行直线平行于基准平面 A 且处于平行于基准平面 B 的平面内 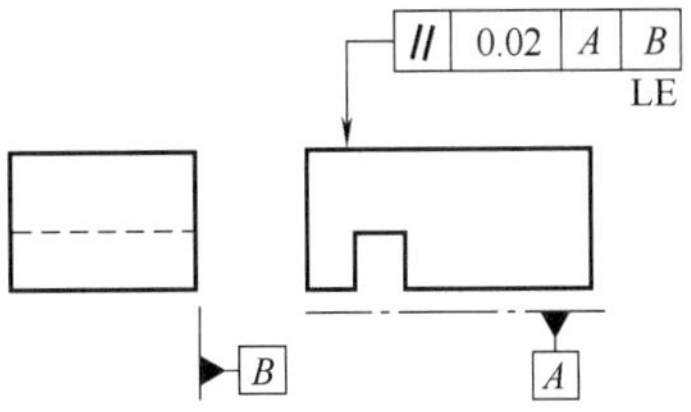
	线对线的平行度公差	公差带为平行于基准轴线、直径等于公差值 ϕt 的圆柱面所限定的区域 注意：公差值前加注符号 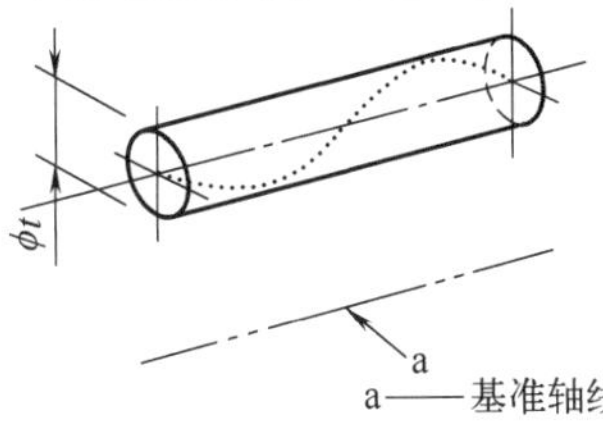 ϕ a——基准轴线	提取（实际）中心线应限定在平行于基准轴线 A、直径等于 ϕ0.03 的圆柱面内 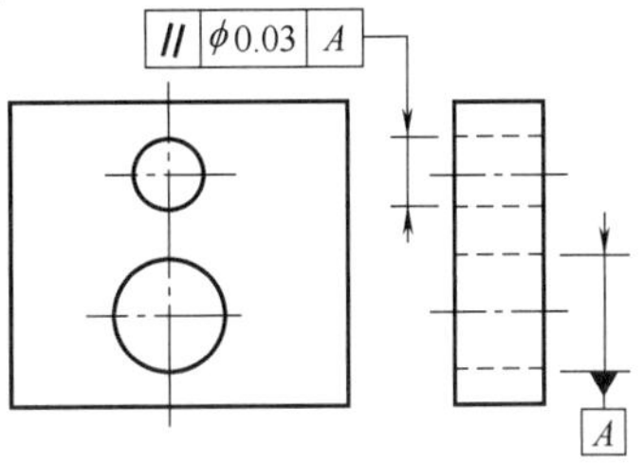
	线对基准面的平行度公差	公差带是平行于基准平面、距离为公差值 t 的两平行平面所限定的区域 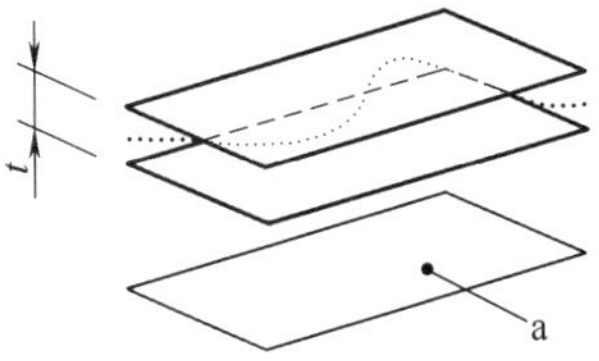 a——基准平面	提取（实际）中心线应限定在平行于基准平面 B、间距等于 0.01 的两平行平面之间 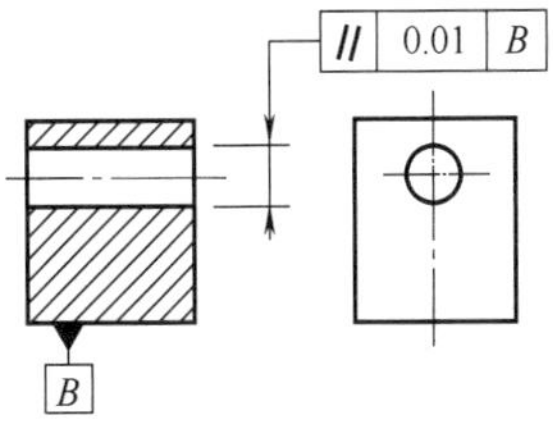
	面对基准线的平行度公差	公差带为间距等于公差值 t、平行于基准轴线的两平行平面所限定的区域 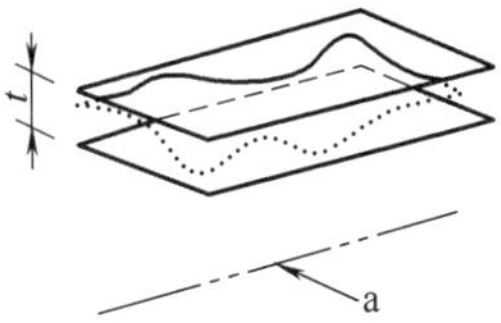 a——基准轴线	提取（实际）表面应限定在间距等于 0.1、平行于基准轴线 C 的两平行平面之间 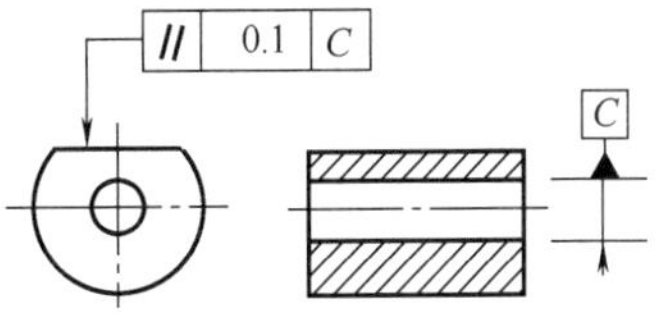

续表

几何特征及符号		公差带的定义	标注示例及解释
平行度 //	面对基准面的平行度公差	公差带为间距等于公差值 t、平行于基准平面的两平行平面所限定的区域 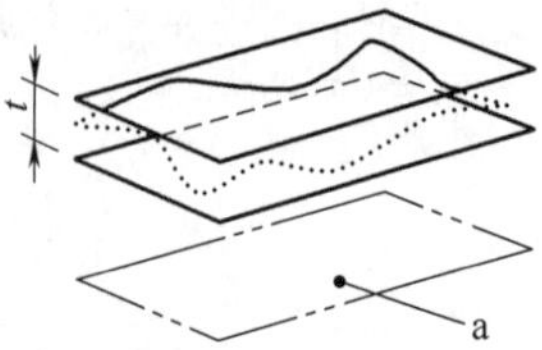t a a——基准平面	提取(实际)表面应限定在间距等于 0.01、平行于基准平面 D 的两平行平面之间 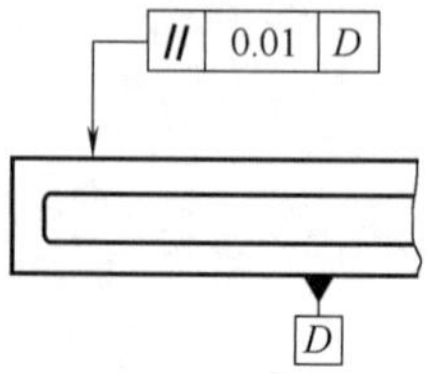// 0.01 D D
垂直度 ⊥	线对基准体系的垂直度公差	公差带为间距等于公差值 t 的两平行平面所限定的区域,该两平行平面垂直于基准平面 A,且平行于基准平面 B 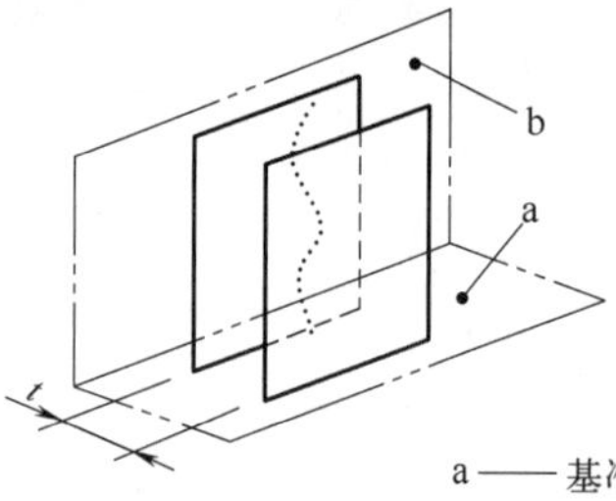b a t a——基准平面A b——基准平面B	圆柱面的提取(实际)中心线应限定在间距等于 0.1 的两平行平面之间,该两平行平面垂直于基准平面 A,且平行于基准平面 B 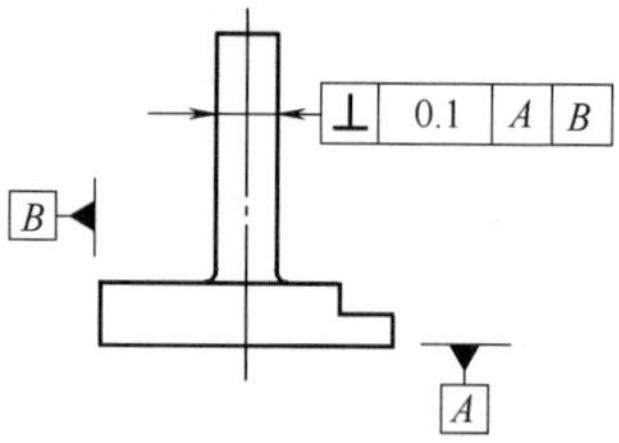⊥ 0.1 A B B A
		公差带为间距等于公差值 t_1 和 t_2,且相互垂直的两组平行平面所限定的区域,该两组平行平面都垂直于基准平面 A,其中一组平行平面垂直于基准平面 B,而另一组平行平面平行于基准平面 B 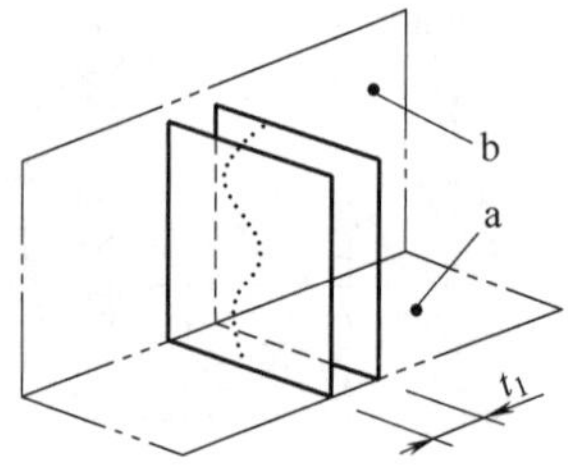b a t1 a——基准平面A b——基准平面B 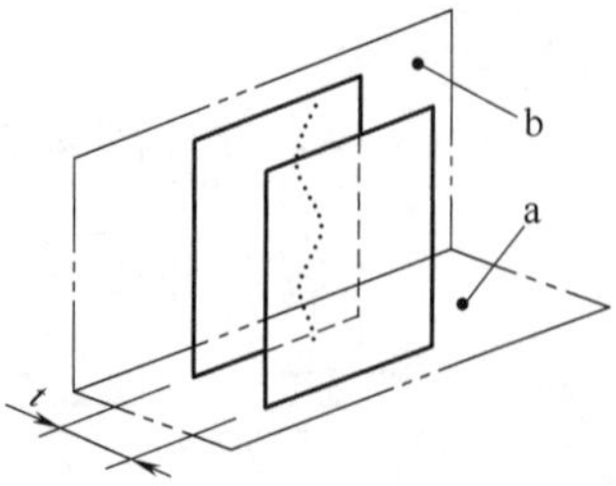b a t a——基准平面A b——基准平面B	圆柱面的提取(实际)中心线应限定在间距等于 0.1 和 0.2,且相互垂直的两组平行平面内,该两组平行平面垂直于基准平面 A,且垂直或平行于基准平面 B 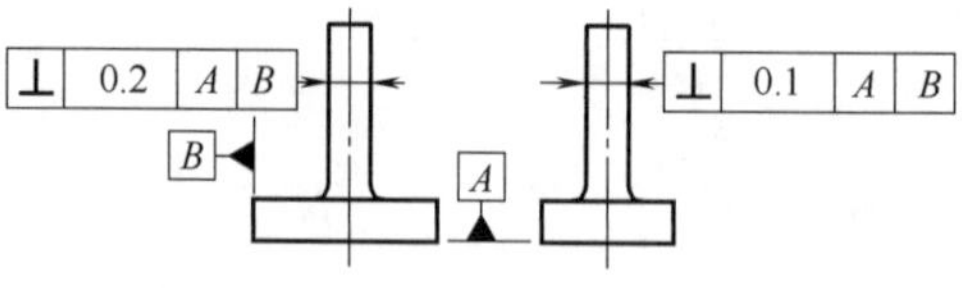⊥ 0.2 A B B A ⊥ 0.1 A B

续表

几何特征及符号	公差带的定义		标注示例及解释
垂直度 ⊥	线对基准线的垂直度公差	公差带为间距等于公差值 t、垂直于基准轴线的两平行平面所限定的区域 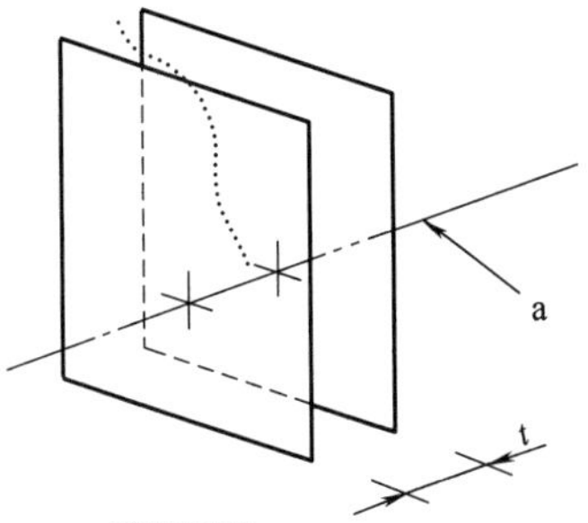 a——基准轴线	提取(实际)中心线应限定在间距等于 0.6、垂直于基准轴线 A 的两平行平面之间 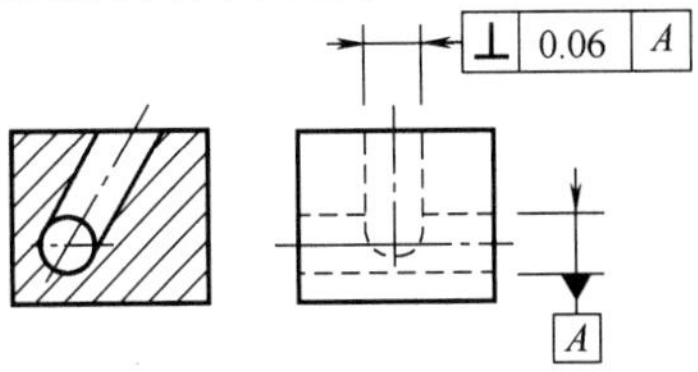
	线对基准面的垂直度公差	公差带为直径等于公差值 ϕt、轴线垂直于基准平面的圆柱面所限定的区域 注意:公差值前加注符号 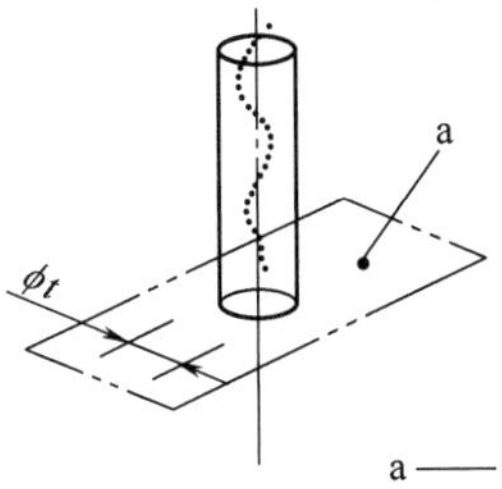 ϕ a——基准平面	圆柱面的提取(实际)中心线应限定在直径等于 $\phi 0.01$、垂直于基准平面 A 的圆柱面内 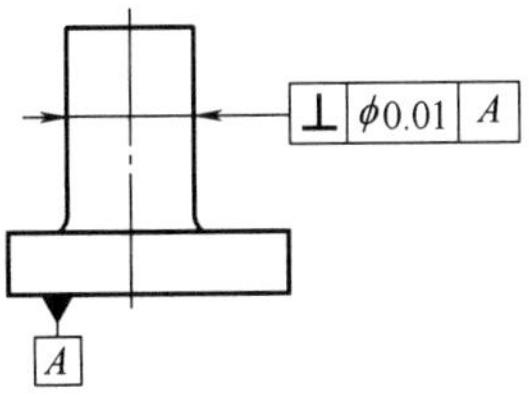
	面对基准线的垂直度公差	公差带为间距等于公差值 t 且垂直于基准轴线的两平行平面所限定的区域 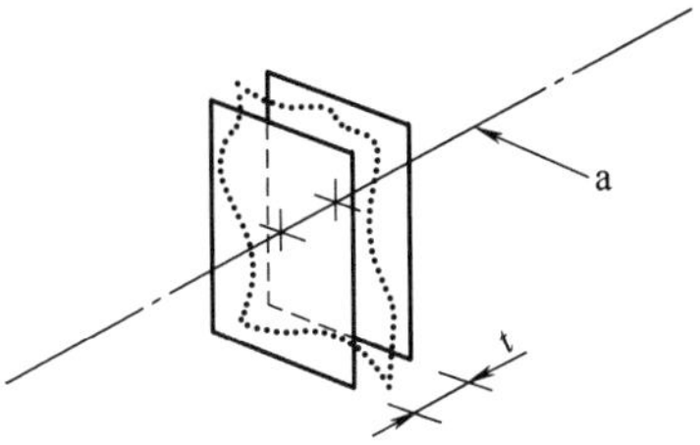 a——基准轴线	提取(实际)表面应限定在间距等于 0.08 的两平行平面之间,该两平行平面垂直于基准轴线 A 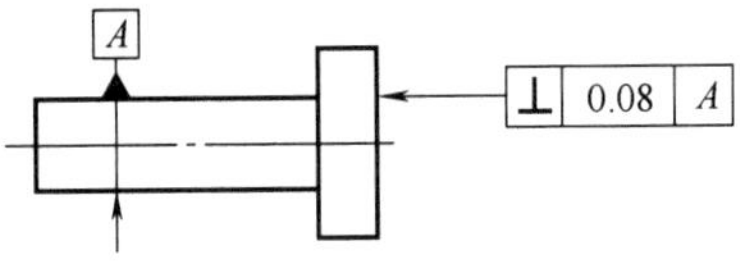
	面对基准面的垂直度公差	公差带为间距等于公差值 t、垂直于基准平面的两平行平面所限定的区域 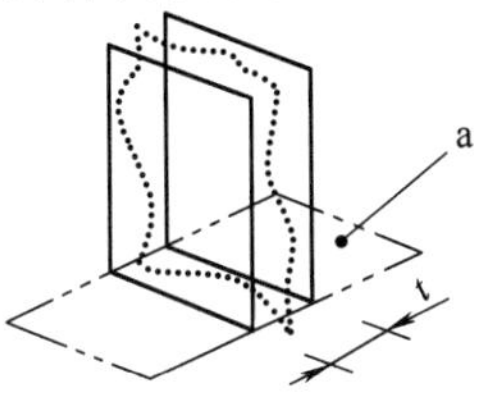 a——基准平面	提取(实际)表面应限定在间距等于 0.08、垂直于基准轴线 A 的两平行平面之间 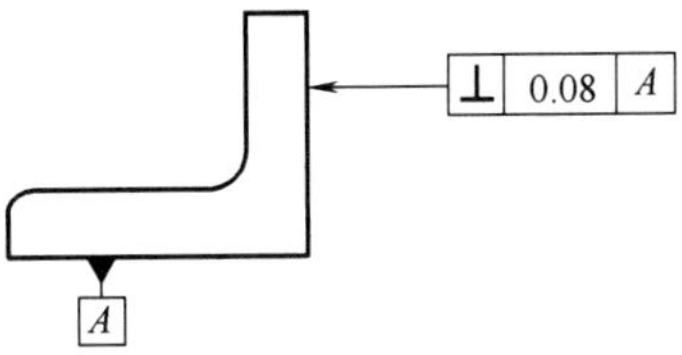

续表

几何特征及符号		公差带的定义	标注示例及解释
倾斜度 ∠	线对基准线的倾斜度公差	被测线与基准线在同一平面上 公差带为间距等于公差值 t 两平行平面所限定的区域，该两平行平面按给定角度倾斜于基准轴线 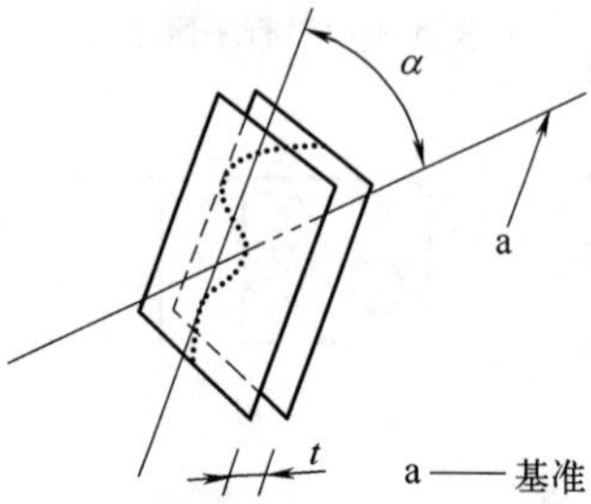 a——基准轴线	提取(实际)中心线应限定在间距等于 0.08 的两平行平面之间，该两平行平面按理论正确角度 60°倾斜于公共基准轴线 $A—B$ 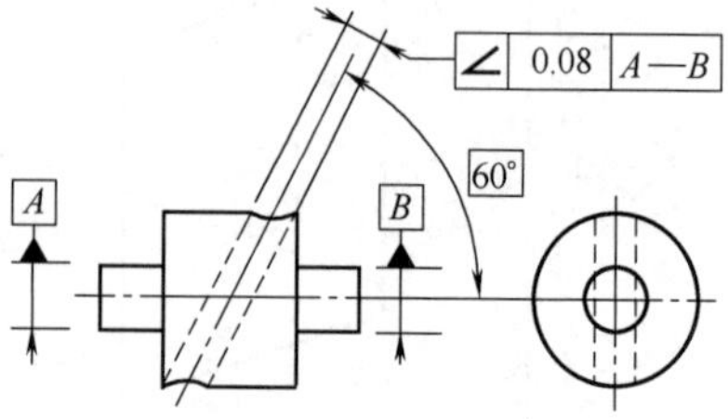
		被测线与基准线不在同一平面内 公差带为间距等于公差值 t 两平行平面所限定的区域，该两平行平面按给定角度倾斜于基准轴线 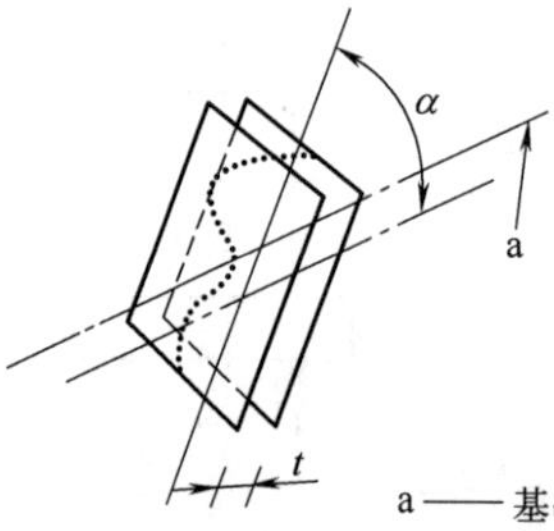 a——基准轴线	提取(实际)中心线应限定在间距等于 0.08 的两平行平面之间，该两平行平面按理论正确角度 60°倾斜于公共基准轴线 $A—B$ 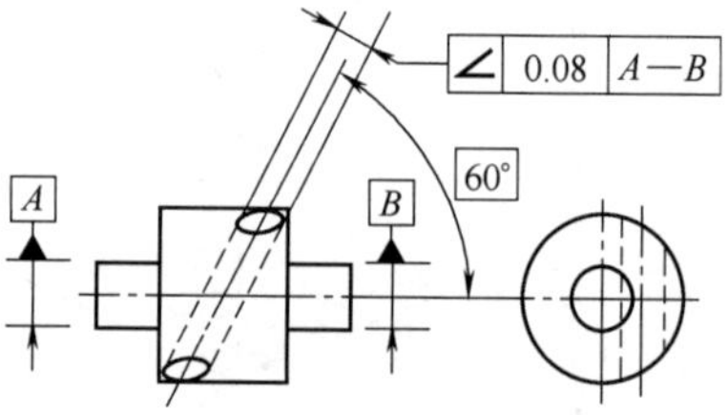
	线对基准面的倾斜度公差	公差带为间距等于公差值 t 的两平行平面所限定的区域，该两平行平面按给定角度倾斜于基准平面 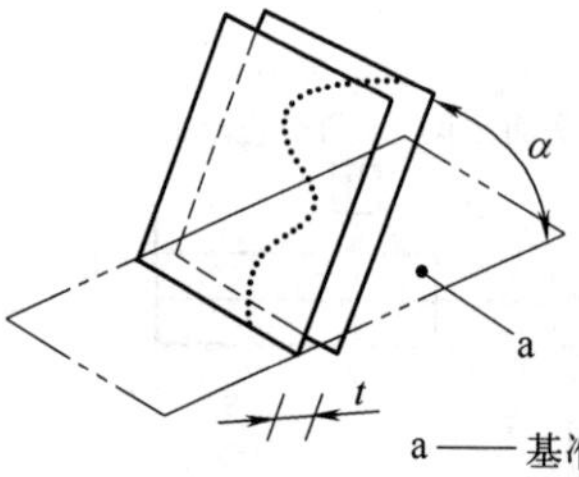 a——基准平面	提取(实际)中心线应限定在间距等于 0.08 的两平行平面之间，该两平行平面按理论正确角度 60°倾斜于公共基准平面 A 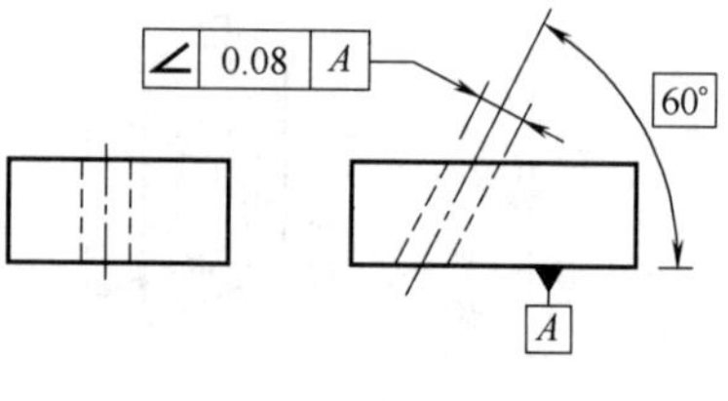
		公差带为直径等于公差值 ϕt 的圆柱面所限定的区域，该圆柱面公差带的轴线按给定角度倾斜于基准平面 A 且平行于基准平面 B 注意：公差值前加注符号 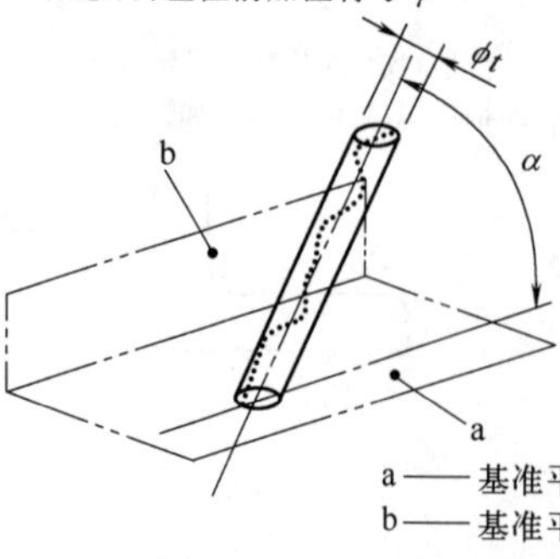 ϕ a——基准平面 A b——基准平面 B	提取(实际)中心线应限定在直径等于 ϕ0.1 的圆柱面内，该圆柱面的中心线按理论正确角度 60°倾斜于公共基准平面 A 且平行于基准平面 B 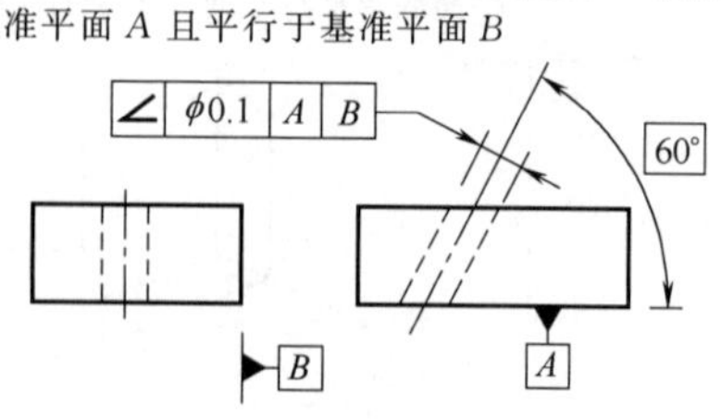

续表

几何特征及符号		公差带的定义	标注示例及解释
倾斜度 ∠	面对基准线的倾斜度公差	公差带为间距等于公差值 t 的两平行平面所限定的区域，该两平行平面按给定角度倾斜于基准轴线 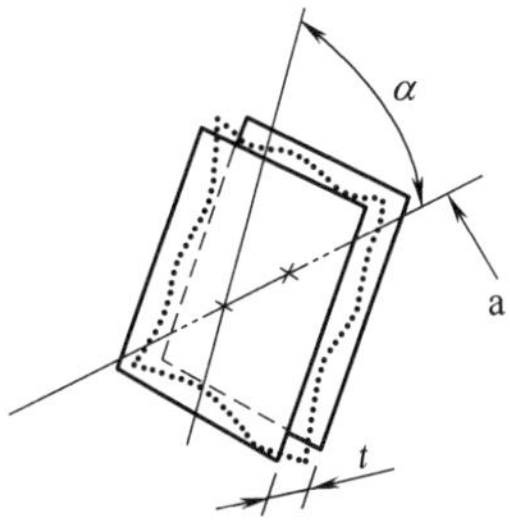 a——基准轴线	提取(实际)表面应限定在间距等于 0.1 的两平行平面之间，该两平行平面按理论正确角度 75°倾斜于基准轴线 A 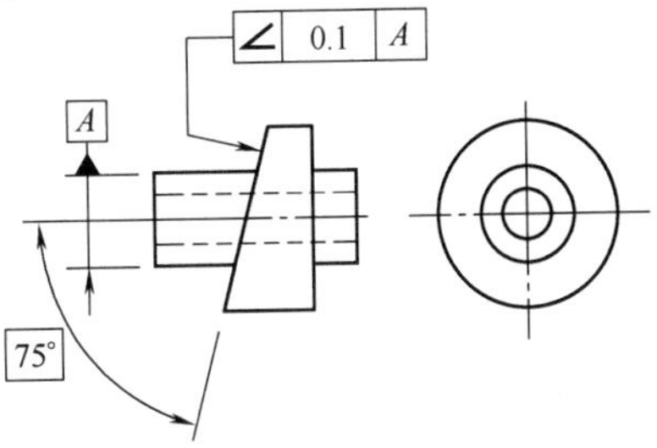
	面对基准面的倾斜度公差	公差带为间距等于公差值 t 的两平行平面所限定的区域，该两平行平面按给定角度倾斜于基准平面 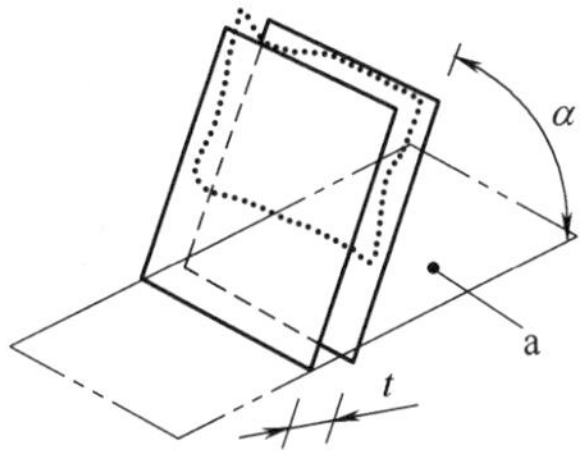 a——基准轴线	提取(实际)表面应限定在间距等于 0.08 的两平行平面之间，该两平行平面按理论正确角度 40°倾斜于公共基准平面 A 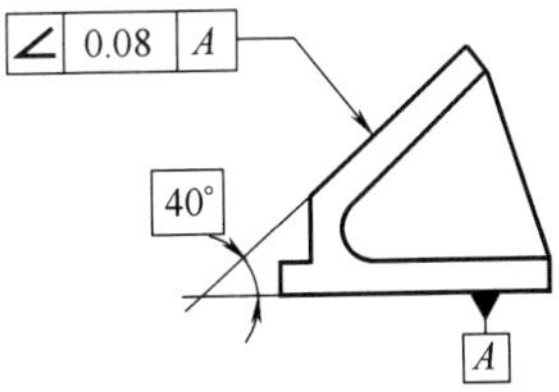

(3) 位置公差及位置公差带

① 位置公差。位置公差是指关联实际要素对基准在位置上允许的变动全量。位置公差包括位置度、同轴（同心）度和对称度三种。其中位置度公差用于控制点、线、面的实际位置对其理想基准位置的误差；同轴（同心）度公差用于控制被测轴线（同心）对基准轴线（同心）的误差；而对称度公差用于控制被测中心面对基准中心平面的误差。

② 位置公差带。位置公差带具有以下两个特点：相对于基准位置是固定的，不能浮动，其位置由理论正确尺寸相对于基准所确定；位置公差带既能控制被测要素的位置误差，又能控制其方向和形状误差。因此，当给出位置公差要求的被测要素，一般不再提出方向和形状公差的要求。只有对被测要素的方向和形状精度有更高要求时，才另行给出形状和方向公差要求，且应满足 $t_{位置} > t_{方向} > t_{形状}$。位置公差带的定义、标注及解释见表 3-7。

表 3-7 位置公差带的定义、标注及解释

几何特征及符号		公差带的定义	标注示例及解释
位置度 ⌖	点的位置度公差	公差带为直径等于公差值 $S\phi t$ 的圆球面所限定的区域，该圆球面中心的理论正确位置由基准平面 A、B、C 和理论正确尺寸确定 注意：公差值前加注符号 $S\phi$	提取(实际)球心应限定在直径等于 $S\phi0.3$ 的圆球内，该圆球的中心由基准平面 A、基准平面 B、基准平面 C 和理论正确尺寸 30、25 确定

续表

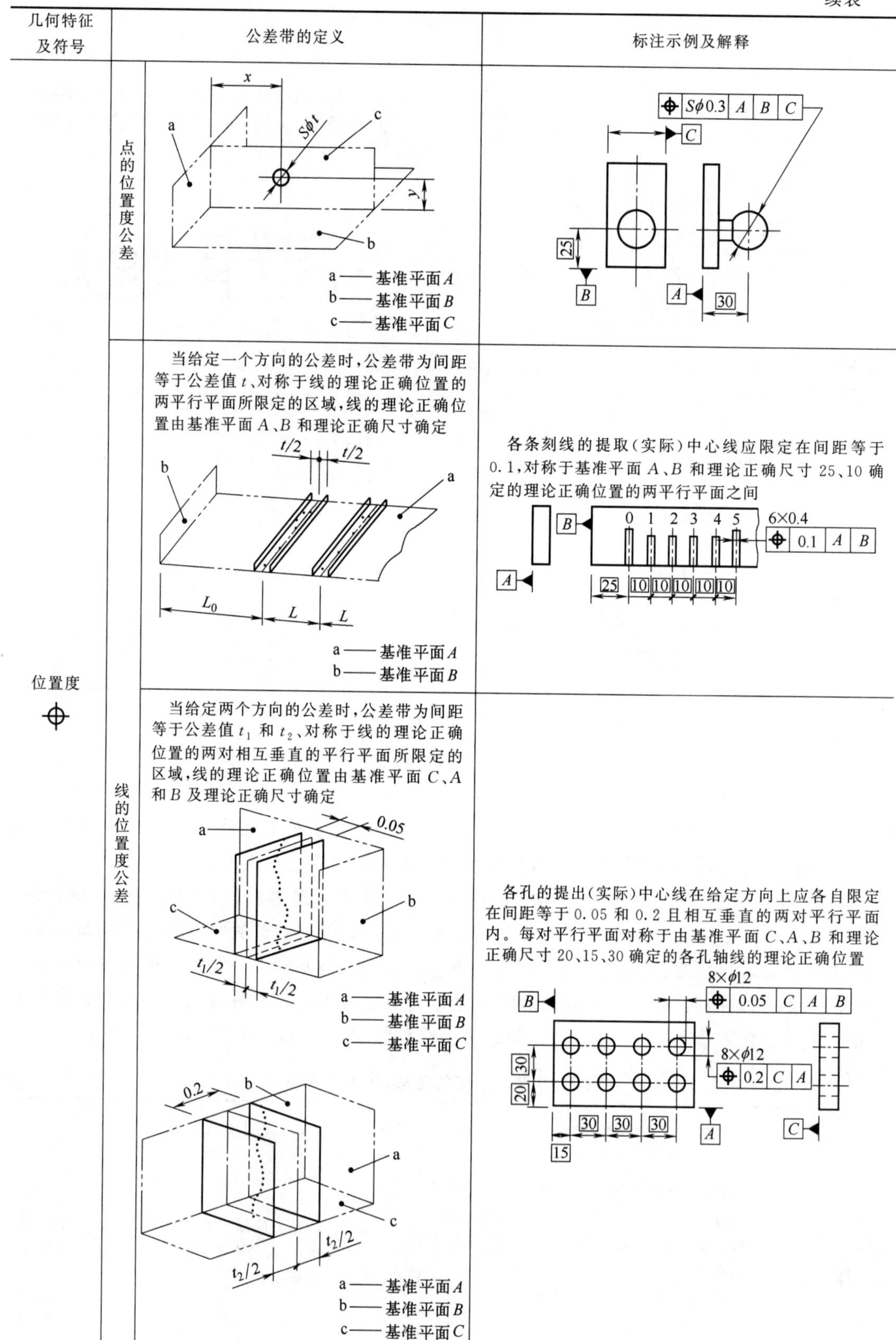

几何特征及符号		公差带的定义	标注示例及解释
位置度 ⌖	点的位置度公差	a—基准平面A b—基准平面B c—基准平面C	
	线的位置度公差	当给定一个方向的公差时，公差带为间距等于公差值t、对称于线的理论正确位置的两平行平面所限定的区域，线的理论正确位置由基准平面A、B和理论正确尺寸确定 a—基准平面A b—基准平面B	各条刻线的提取(实际)中心线应限定在间距等于0.1，对称于基准平面A、B和理论正确尺寸25、10确定的理论正确位置的两平行平面之间
		当给定两个方向的公差时，公差带为间距等于公差值t_1和t_2、对称于线的理论正确位置的两对相互垂直的平行平面所限定的区域，线的理论正确位置由基准平面C、A和B及理论正确尺寸确定 a—基准平面A b—基准平面B c—基准平面C	各孔的提出(实际)中心线在给定方向上应各自限定在间距等于0.05和0.2且相互垂直的两对平行平面内。每对平行平面对称于由基准平面C、A、B和理论正确尺寸20、15、30确定的各孔轴线的理论正确位置

续表

几何特征及符号		公差带的定义	标注示例及解释
位置度 ⌖	线的位置度公差	公差带为直径等于公差值 ϕt 的圆柱面所限定的区域，该圆柱面轴线的位置由基准平面 A、B、C 和理论正确尺寸确定 注意：公差值前加注符号 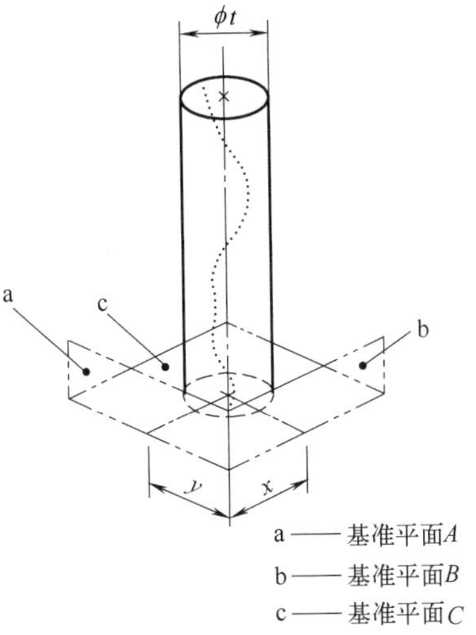 ϕ a——基准平面A b——基准平面B c——基准平面C	提取(实际)中心线应限定在直径等于 0.08 的圆柱面内，该圆柱面轴线的位置应处于由基准平面 A、B、C 和理论正确尺寸 100、68 确定的理论正确位置上 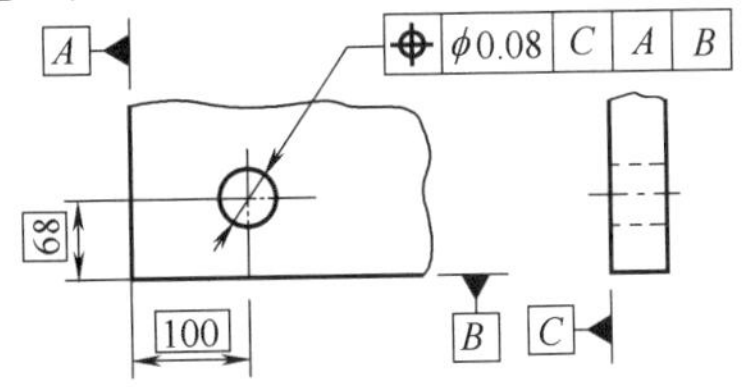
			各提取(实际)中心线应各自限定在直径等于 0.1 的圆柱面内，该圆柱面的轴线应处于由基准平面 C、A、B 和理论正确尺寸 20、15、30 确定的各孔轴线的理论正确位置上 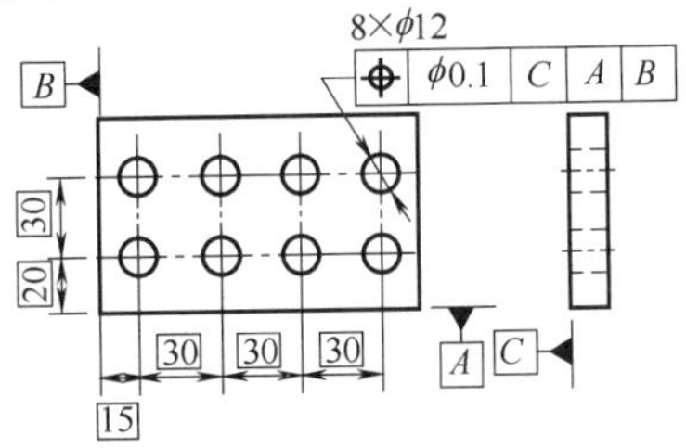
	轮廓平面或中心平面的位置度公差	公差带为间距等于公差值 t 且对称于被测面的理论正确位置的两平行平面所限定的区域，面的理论正确位置由基准平面 A、基准轴线 B 和理论正确尺寸确定 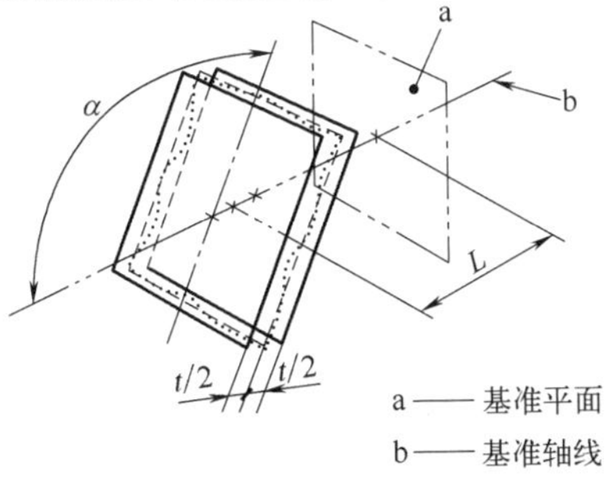 a——基准平面 b——基准轴线	提取(实际)表面应限定在间距等于 0.05 且对称于被测面的理论正确位置的两平行平面之间，该两平行平面对称于由基准平面 A、基准轴线 B 和理论正确尺寸 15、105°确定的被测面的理论正确位置 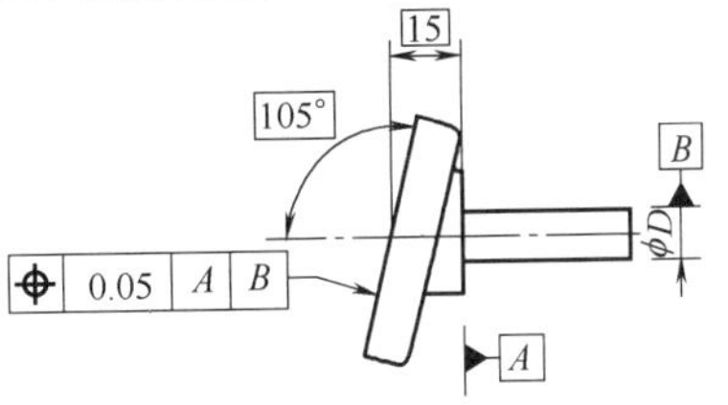
			提取(实际)中心面应限定在间距等于 0.05 的两平行平面之间，该两平行平面对称于由基准平面 A 和理论正确角度 45°确定的被测面的理论正确位置 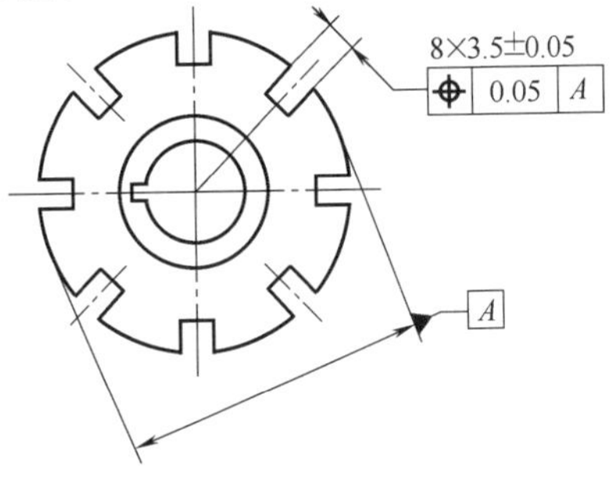

续表

几何特征及符号	公差带的定义		标注示例及解释
同轴度和同心度 ◎	点的同心度公差	公差带为直径等于公差值 ϕt 的圆周所限定的区域，该圆周的圆心与基准点重合 注意：公差值前加注符号 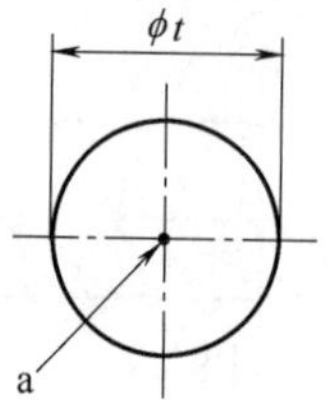 ϕ ϕt a a——基准点	在任意横截面内，内圆的提取（实际）中心应限定在直径等于 $\phi 0.1$、以基准点 A 为圆心的圆周内 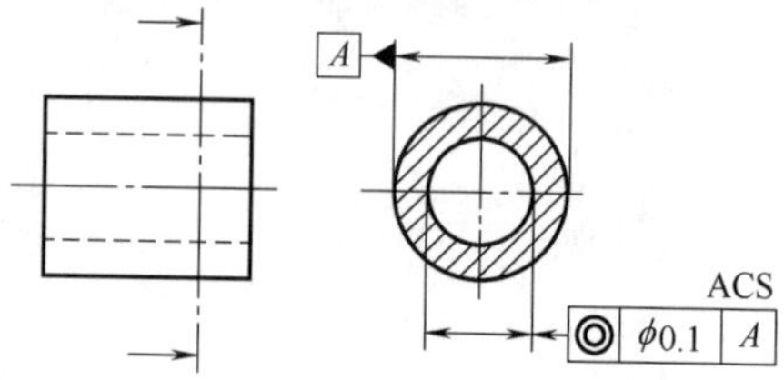 A ACS ◎ ϕ0.1 A
	轴线的同轴度公差	公差带为直径等于公差值 ϕt 的圆柱面所限定的区域，该圆柱面的轴线与基准轴线重合 注意：公差值前加注符号 ϕ ϕt a a——基准轴线	大圆柱面的提取（实际）中心线应限定在直径等于 $\phi 0.08$、以公共基准轴线 $A—B$ 为轴线的圆柱面内 ◎ ϕ0.08 A—B A B ϕ ϕ ϕ 大圆柱面的提取（实际）中心线应限定在直径等于 $\phi 0.1$、以基准轴线 A 为轴线的圆柱面内 A ◎ ϕ0.1 A 大圆柱面的提取（实际）中心线应限定在直径等于 $\phi 0.1$、以垂直于基准平面 A 的基准轴线 B 为轴线的圆柱面内 ◎ ϕ0.1 A B A B
对称度 ⌯	中心面的对称度公差	公差带为间距等于公差值 t，对称于基准中心平面的两平行平面所限定的区域 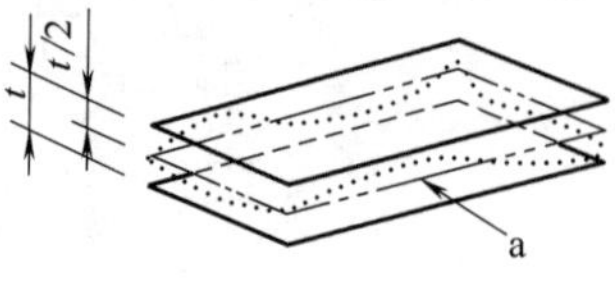 t $t/2$ a a——基准中心平面	提取（实际）中心面应限定在间距等于 0.08、对称于基准中心平面 A 的两平行平面之间 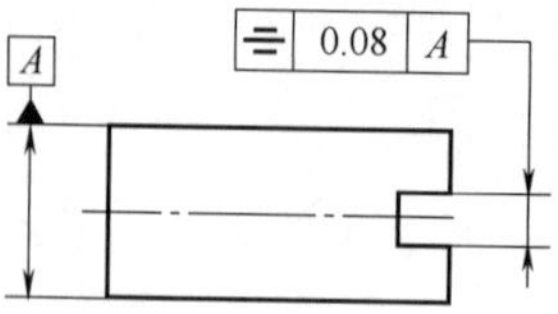 ⌯ 0.08 A A

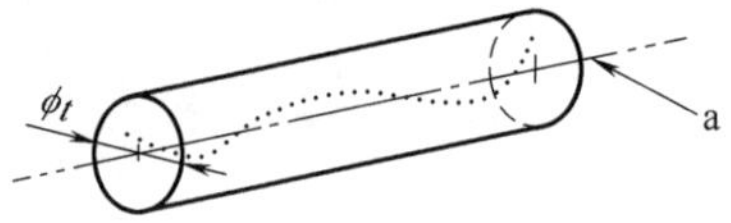

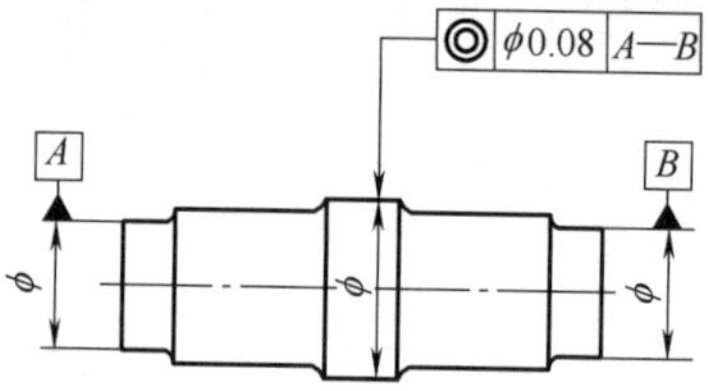

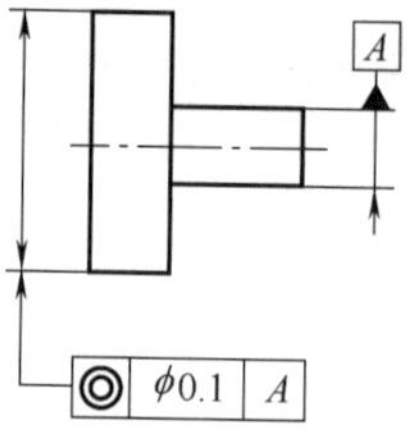

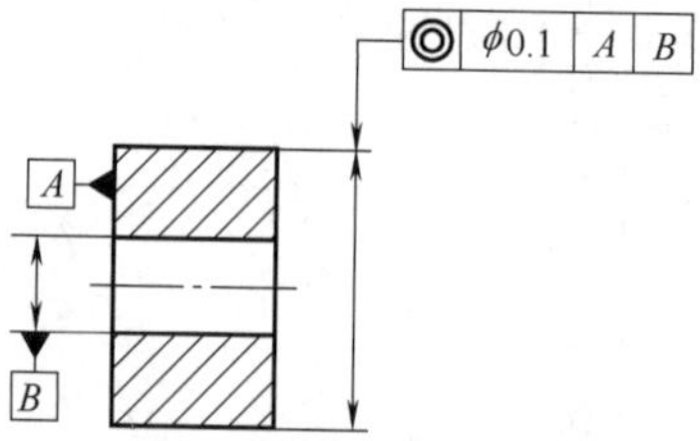

续表

几何特征及符号		公差带的定义	标注示例及解释
对称度 ⌯	中心面的对称度公差	公差带为间距等于公差值 t，对称于基准中心平面的两平行平面所限定的区域 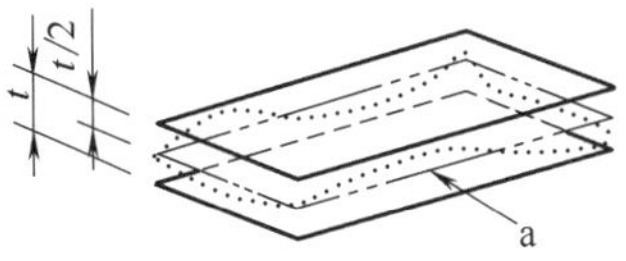 a——基准中心平面	提取(实际)中心面应限定在间距等于 0.08、对称于公共基准中心平面 $A—B$ 的两平行平面之间 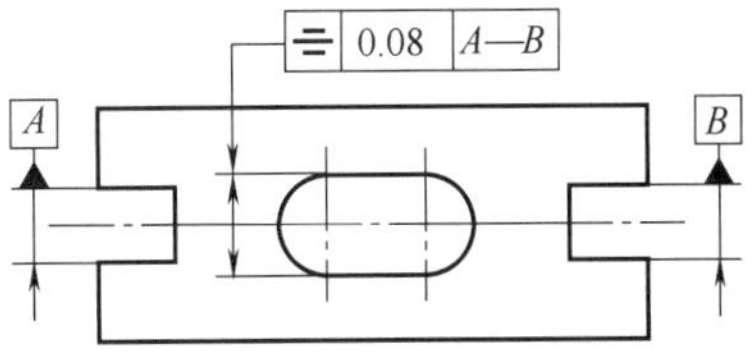

(4) 跳动公差及跳动公差带

① 跳动公差。跳动公差是指关联实际要素绕基准回转一周或连续回转时所允许的最大跳动量。跳动公差包括圆跳动和全跳动两种，其中，圆跳动又分为径向、轴向和斜向圆跳动三种，全跳动又分为径向和轴向全跳动两种。跳动公差是针对特定的测量方法来定义的几何公差项目，因而可以从测量方法上理解其意义。

② 跳动公差带。跳动公差带具有综合控制被测要素的位置、方向和形状的作用。因此，采用跳动公差时，若综合控制被测要素能够满足功能要求，一般不再标注相应的位置公差、方向公差和形状公差；若不能满足功能要求，则可进一步给出相应的位置公差、方向公差和形状公差，但其数值应小于跳动公差值。跳动公差带的定义、标注及解释见表 3-8。

表 3-8　跳动公差带的定义、标注及解释

几何特征及符号		公差带的定义	标注示例及解释
圆跳动 ↗	径向圆跳动公差	公差带为在任一垂直于基准轴线的横截面内、半径差等于公差值 t、圆心在基准轴线上的两同心圆所限定的区域 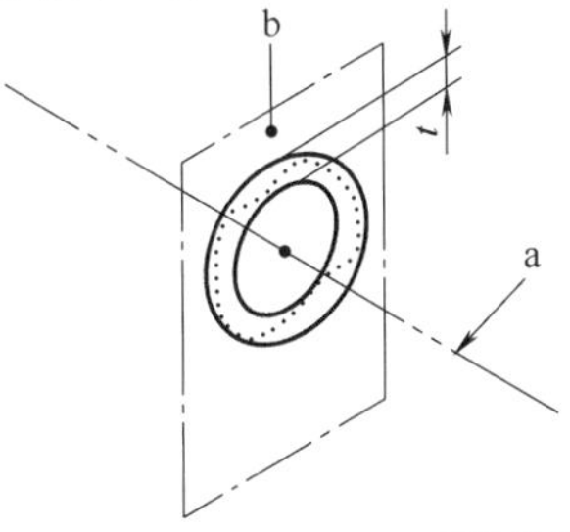 a——基准轴线 b——横截面	在任一垂直于基准轴线 A 的横截面内，提取(实际)圆面应限定在半径差等于 0.1，圆心在基准轴线 A 上的两同心圆之间 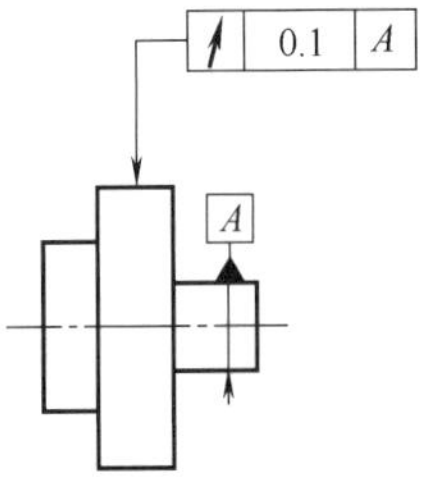 在任一平行于基准平面 B、垂直于基准轴线 A 的横截面内，提取(实际)圆面应限定在半径差等于 0.1，圆心在基准轴线 A 上的两同心圆之间 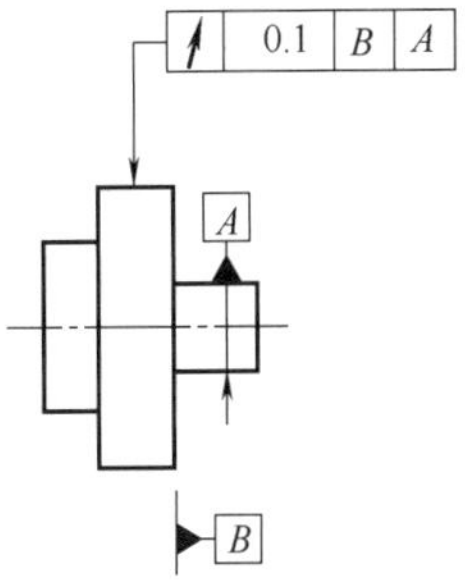

续表

几何特征及符号		公差带的定义	标注示例及解释
圆跳动 ↗	径向圆跳动公差	公差带为在任一垂直于基准轴线的横截面内、半径差等于公差值 t、圆心在基准轴线上的两同心圆所限定的区域 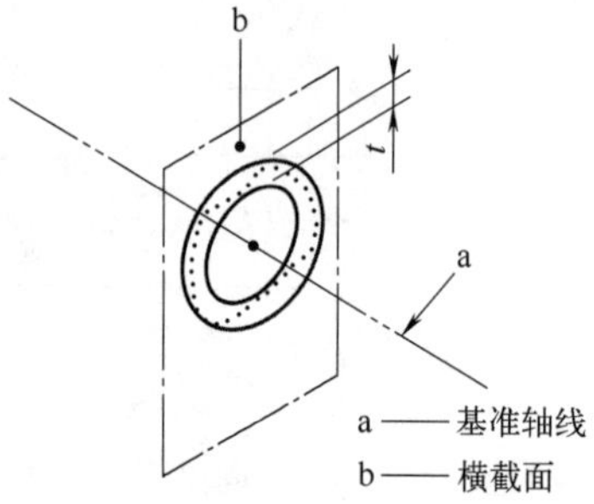 a —— 基准轴线 b —— 横截面	在任一垂直于公共基准 $A—B$ 的横截面内，提取(实际)圆面应限定在半径差等于 0.1，圆心在基准轴线 $A—B$ 上的两同心圆之间 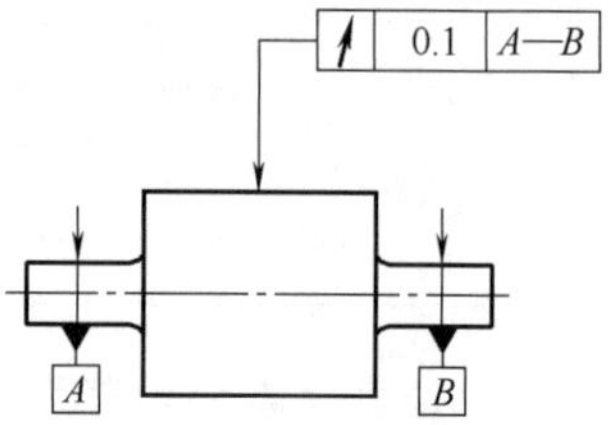 ↗ 0.1 A—B
		圆跳动通常适用于整个要素，但也可规定只适用于局部要素的某一指定部分	在任一垂直于基准轴线 A 的横截面内，提取(实际)圆弧应限定在半径差等于 0.2，圆心在基准轴线 A 上的两同心圆弧之间 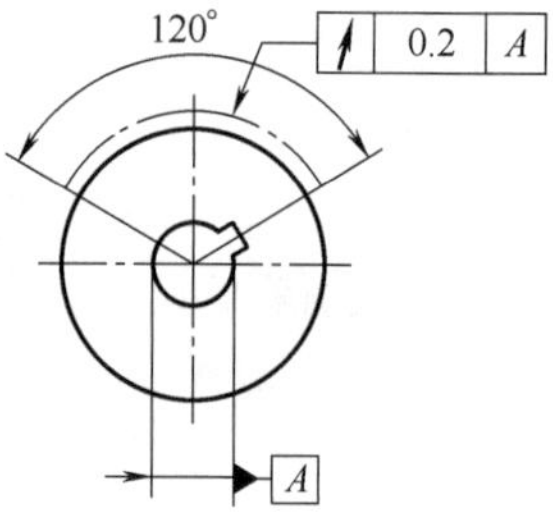 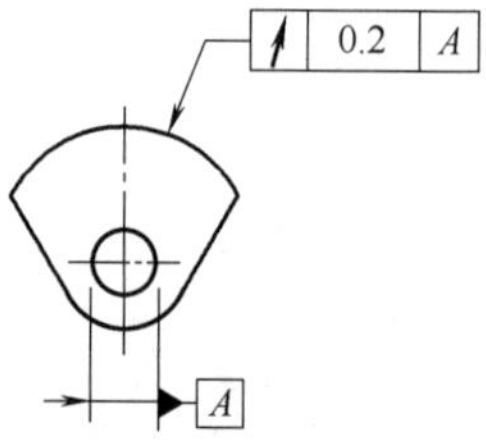 120° ↗ 0.2 A
	轴向圆跳动公差	公差带为与基准轴线同轴的任一半径的圆柱截面上，轴向距离等于公差值 t 的两圆所限定的圆柱面区域 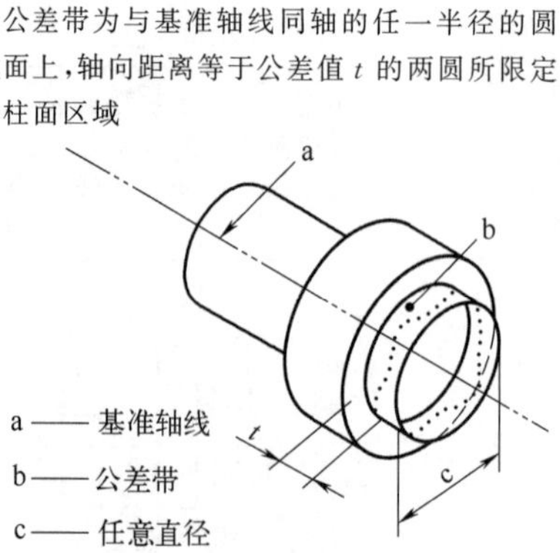 a —— 基准轴线 b —— 公差带 c —— 任意直径	在与基准轴线 D 同轴的任一圆柱形截面上，提取(实际)圆应限定在轴向距离等于 0.1 的两个等圆之间 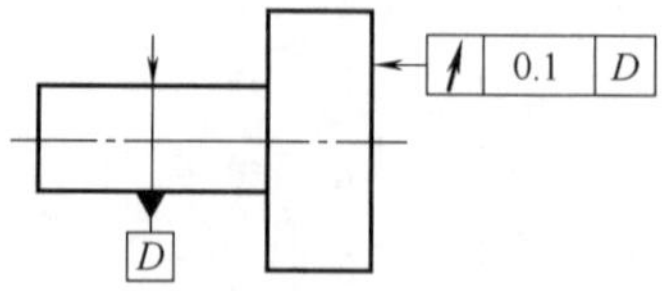 ↗ 0.1 D

续表

几何特征及符号		公差带的定义	标注示例及解释
圆跳动 ↗	斜向圆跳动公差	公差带为与基准轴线同轴的某一圆锥截面上，间距等于公差值 t 的两圆所限定的圆锥面区域 除非另有规定，测量方向应沿被测表面的法向 a——基准轴线 b——公差带	在与基准轴线 C 同轴的任一圆锥截面上，提取(实际)线应限定在素线方向间距等于0.1的两个不等圆之间 当标注公差的素线不是直线时，圆锥截面的锥角要随所测圆的实际位置而改变
	给定方向的斜向圆跳动公差	公差带为与基准轴线同轴的、具有给定锥角的任一圆锥截面上，间距等于公差值 t 的两个不等圆所限定的圆柱面区域 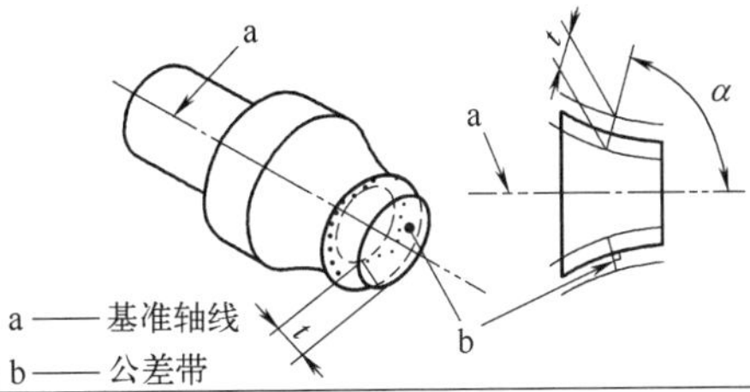 a——基准轴线 b——公差带	在与基准轴线 C 同轴的且具有给定角度60°的任一圆锥截面上，提取(实际)圆应限定在素线方向间距等于0.1的两个不等圆之间 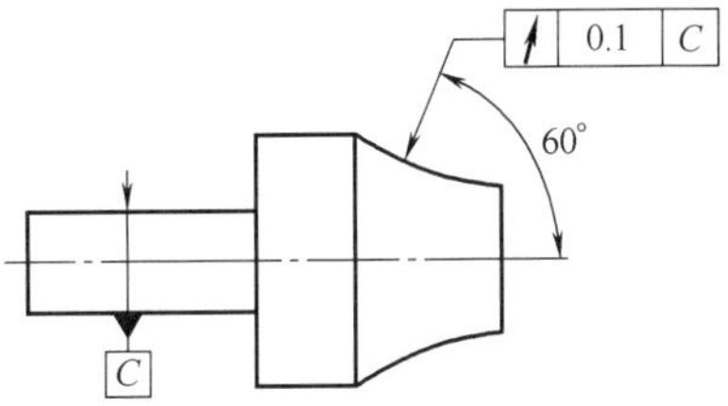
全跳动 ⌰	径向全跳动公差	公差带为半径等于公差值 t，与基准轴线同轴的两圆柱面所限定的区域 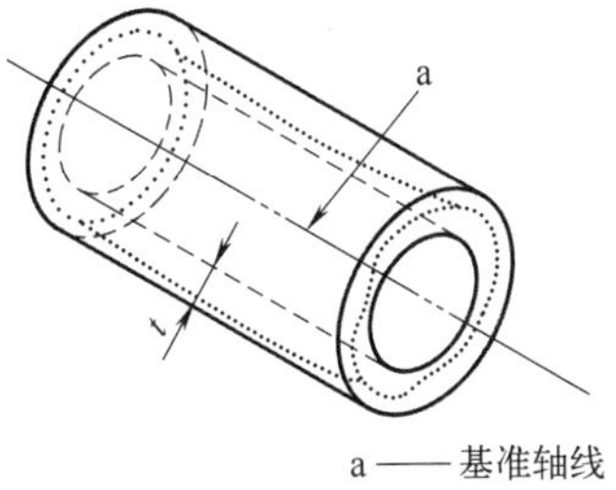 a——基准轴线	提取(实际)表面应限定在直径等于0.1，与公共基准轴线 $A—B$ 同轴的两圆柱面之间 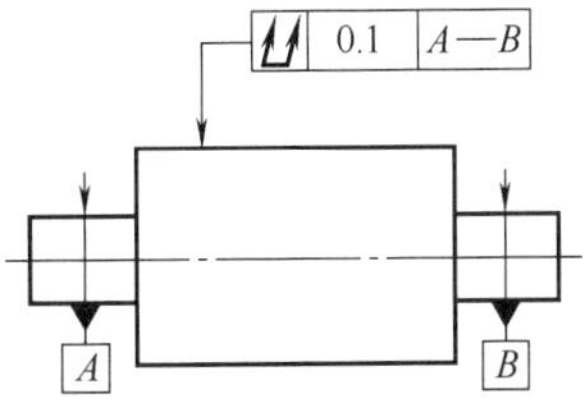
	轴向全跳动公差	公差带为间距等于公差值 t 且垂直于基准轴线的两平行平面所限定的区域 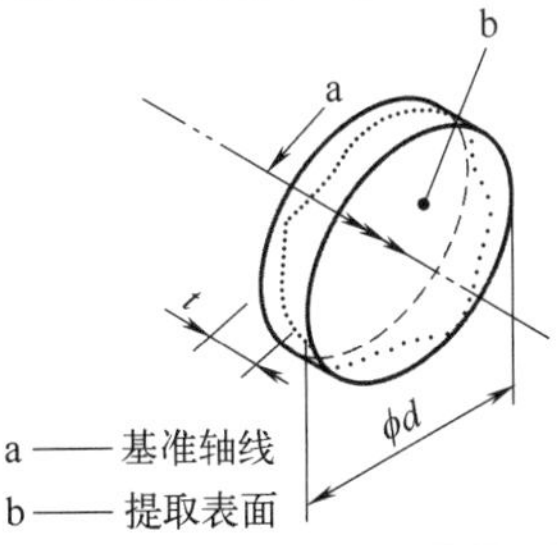 a——基准轴线 b——提取表面	提取(实际)表面应限定在间距等于0.1、垂直于基准轴线 D 的两平行平面之间 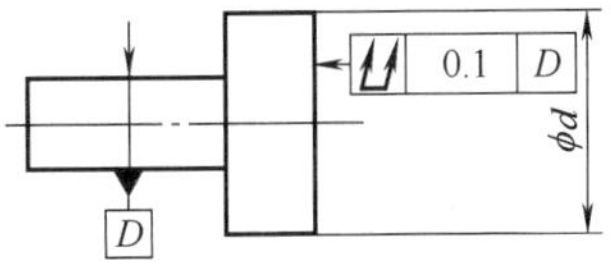

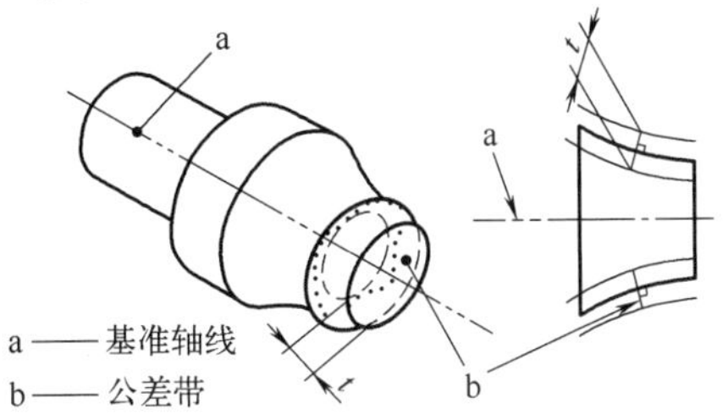

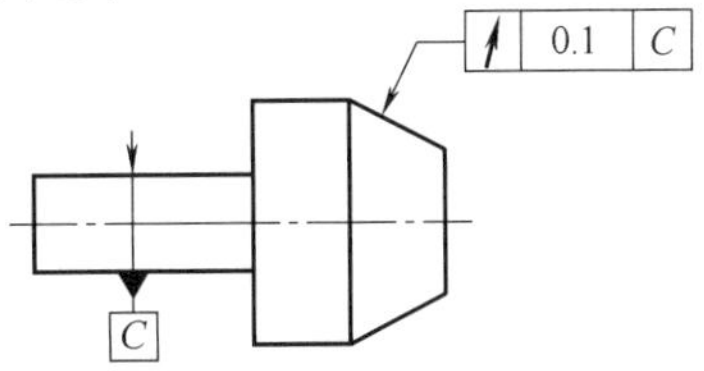

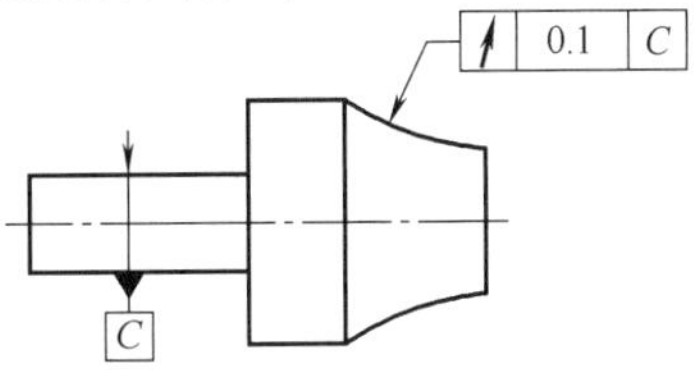

3.3 公差原则

3.3.1 公差原则概述

(1) 公差原则及其在生产实际中的重要意义

机械零件的任何实际要素，都同时存在尺寸误差和几何误差。有些尺寸误差和几何误差密切相关，例如具有偶数棱的圆柱面的圆度误差就影响尺寸误差；而有些几何误差和尺寸误差相互无关，例如中心要素的形状误差则与相应的轮廓要素的尺寸误差无关。影响零件使用性能的，有时主要是尺寸误差，有时主要是几何误差，有时则主要是它们的综合作用结果而不必严格区分各自的大小。例如，孔 $\phi20H7(^{+0.021}_{0})$mm 和轴 $\phi20h6(^{0}_{-0.013})$mm 的配合，是最小间隙为零的间隙配合。若加工后孔和轴的实际（组成）要素的尺寸处处都为 $\phi20$mm，且具有理想的正确形状，此时孔和轴的配合状态是处于最小间隙为零的装配关系，如图 3-24（a）所示。若加工后孔的实际（组成）要素的尺寸仍处处都为 $\phi20$mm，且具有理想的正确形状；而轴的实际（组成）要素的尺寸也处处都为 $\phi20$mm，但存在着直线度误差。此时孔和轴的配合状态就不是处于最小间隙为零的装配关系，而产生了过盈，如图 3-24（b）所示。

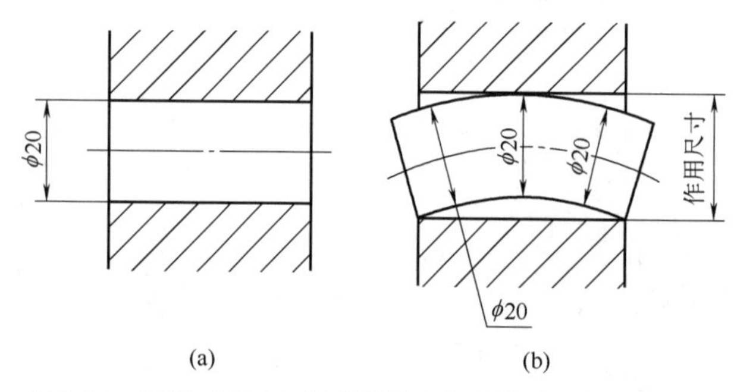

图 3-24 实际（组成）要素的尺寸与形状误差的综合影响

因此，零件的配合性能不能单从实际（组成）要素的尺寸大小来判定，而应根据实际（组成）要素的尺寸与形状误差的综合影响来判断。所以，为满足零件的配合功能要求，生产实际中就需要正确地确定几何公差和尺寸公差之间的相互影响，给出相应公差要求，并按国家标准规定的标注方法在图样上正确地表示出来。

为了正确表达设计意图并为制造工艺提供方便，设计时应研究尺寸误差与几何误差的关系，既规定尺寸公差要求，又规定几何公差要求。确定尺寸公差和几何公差之间相互关系的原则称为公差原则。公差原则分为独立原则和相关要求，而相关要求又分为包容要求、最大实体要求、最小实体要求和可逆要求。

(2) 公差原则的有关术语

① 最大实体状态和最大实体尺寸。最大实体状态（MMC）是指提取组成要素的局部尺寸处处位于极限尺寸，且使其具有最大实体时的状态。最大实体状态下的极限尺寸，称为最大实体尺寸（MMS），即外表面轴的最大实体尺寸（d_M）是外尺寸要素的上极限尺寸 d_{max}，而内表面孔的最大实体尺寸（D_M）是内尺寸要素的下极限尺寸 D_{min}。

② 最小实体状态和最小实体尺寸。最小实体状态（LMC）是指提取组成要素的局部尺寸处处位于极限尺寸，且使其具有最小实体时的状态。最小实体状态下的极限尺寸，称为最小实体尺寸（LMS），即外表面轴的最小实体尺寸（d_L）是外尺寸要素的下极限尺寸 d_{min}，而内表面孔的最小实体尺寸（D_L）是内尺寸要素的上极限尺寸 D_{max}。

③ 实效状态和实效尺寸。实效状态（VB）是指由图样上给定的被测要素最大实体尺寸和该要素轴线或中心平面的形状公差所形成的极限边界，该极限边界应具有理想形状。实效状态的边界尺寸称为实效尺寸（VS）。实效尺寸是最大实体尺寸与几何公差的综合结果，应按下式计算：

内表面(如孔、槽等)的实效尺寸＝最小极限尺寸＋几何公差

外表面(如轴、凸台等)的实效尺寸＝最大极限尺寸－几何公差

④ 最大实体边界和最小实体边界。最大实体边界（MMB）是指最大实体状态理想形状的极限包容面。最小实体边界（LMB）是指最小实体状态理想形状的极限包容面。

⑤ 作用尺寸。在装配时，提取组成要素的局部实际尺寸和几何误差综合起作用的尺寸称为作用尺寸。同一批零件加工后由于实际（组成）要素各不相同，其几何误差的大小也不同，所以作用尺寸也各不相同。但对某一零件而言，其作用尺寸是确定的。作用尺寸分为体外作用尺寸和体内作用尺寸。

a. 体外作用尺寸。在被测要素的给定长度上，与实际内表面孔的体外相接的最大理想面的尺寸或与实际外表面轴的体外相接的最小理想面的尺寸称为体外作用尺寸。对于单一要素的体外作用尺寸，如图 3-25（a）所示；而对于关联要素的体外作用尺寸，此时该理想面的轴线或中心平面必须与基准保持图样上给定的几何关系，如图 3-25（b）所示。内、外表面的体外作用尺寸分别用 D_{fe} 和 d_{fe} 表示。

b. 体内作用尺寸。在被测要素的给定长度上，与实际内表面孔的体内相接的最小理想面的尺寸或与实际外表面轴的体内相接的最大理想面的尺寸称为体内作用尺寸。对于单一要素的体内作用尺寸，如图 3-26（a）所示；而对于关联要素的体内作用尺寸，此时该理想面的轴线或中心平面必须与基准保持图样上给定的几何关系，如图 3-26（b）所示。内、外表面的体内作用尺寸分别用 D_{fi} 和 d_{fi} 表示。

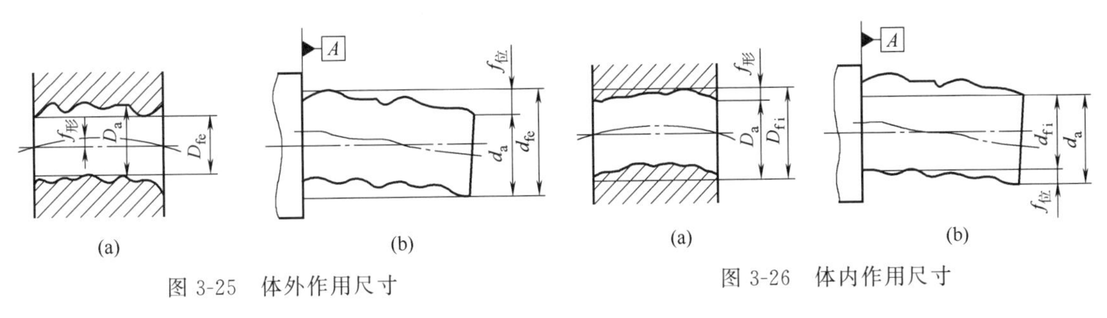

图 3-25　体外作用尺寸

图 3-26　体内作用尺寸

由于孔的体外作用尺寸比实际（组成）要素的尺寸小，体内作用尺寸比实际（组成）要素的尺寸大；而轴的体外作用尺寸比实际（组成）要素的尺寸大，体内作用尺寸比实际（组成）要素的尺寸小，因此，作用尺寸将影响孔和轴装配后的松紧程度，也就是影响配合性质。故对有配合要求的孔和轴，不仅应控制其实际（组成）要素的尺寸，还应控制其作用尺寸。

3.3.2 公差原则的内容

(1) 公差原则之独立原则

独立原则是指图样上给定的每个尺寸和几何（形状、方向、位置和跳动）要求均是独立的，并应分别满足要求。也就是说，当遵守独立原则时，图样上给出的尺寸公差仅控制提取

组成要素的局部尺寸的变动量，而不控制要素的几何误差，而当图样上给出几何公差时，只控制被测要素的几何误差，与实际（组成）要素的尺寸无关。如果对尺寸和几何（形状、方向、位置和跳动）要求之间的相互关系有特定要求，应在图样上另予规定。

图 3-27 所示的零件是单一要素遵守独立原则，该轴在加工完后的提取组成要素的局部尺寸必须在 ϕ49.950～49.975mm 之间，并且无论轴的提取组成要素的局部尺寸是多少，中心线的直线度误差都不得大于 ϕ0.012mm。只有同时满足上述两个条件，轴才合格。图 3-28 所示的零件是关联要素遵守独立原则，该零件加工完后的实际（组成）要素的尺寸必须在 ϕ9.972～9.987mm 之间，中心线对基准平面 A 的垂直度误差不得大于 ϕ0.01mm。只有同时满足上述两个条件，零件才合格。

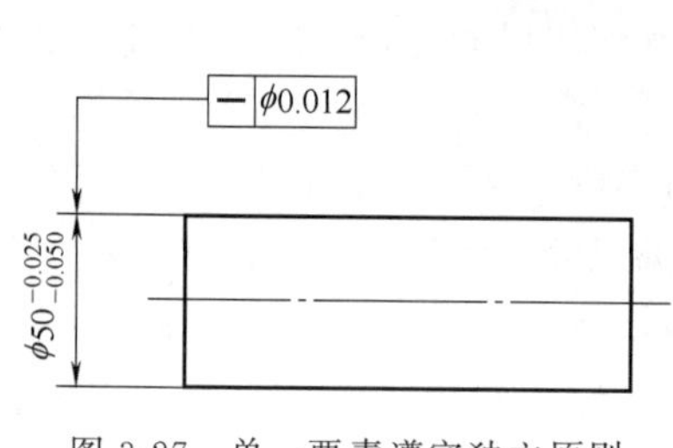

图 3-27　单一要素遵守独立原则

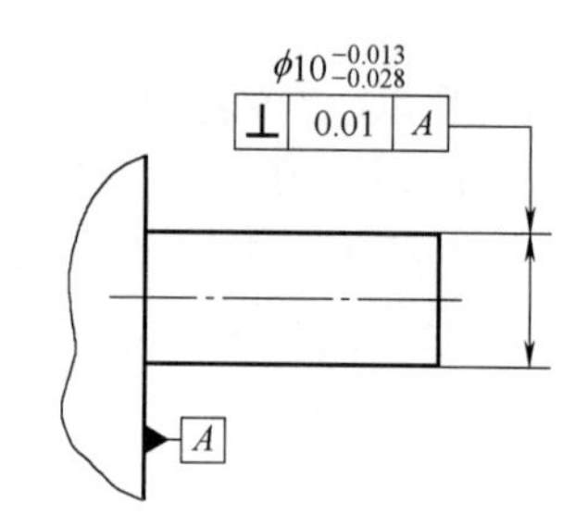

图 3-28　关联要素遵守独立原则

凡是对给出的尺寸公差和几何公差要求用特定符号或文字说明它们之间有联系者，均表示其遵守独立原则，应在图样或技术文件中注明：公差原则按 GB/T 4249。

尺寸公差和几何公差按独立原则给出的设计图样，总是能够满足零件的功能要求。独立原则应用十分广泛，是确定尺寸公差和几何公差关系的基本原则，只有当采用相关要求有明显的优越性，才不采用独立原则给出尺寸公差和几何公差。独立原则主要应用于要求严格控制要素几何误差的场合。当要素的尺寸公差和其某方面的几何公差直接满足的功能不同，需要分别满足要求时，应按独立原则给出，如齿轮箱轴承孔的同轴度公差和孔径的尺寸公差必须按独立原则给出，否则将会影响齿轮的啮合质量。影响要素使用功能的，视其影响者是尺寸公差还是几何公差，可采用独立原则经济合理地满足其要求，轧机的轧辊对它的直径无严格精度要求，但对它的形状精度要求较高，以保证轧制品的质量，所以其形状公差应按独立原则给出。在制造过程中，需要对要素的尺寸做精确度量以进行选配或分组装配者，要素的尺寸公差和几何公差之间应遵守独立原则。要求密封性良好的零件，常对其形状精度提出较严格的要求，其尺寸公差和几何公差都应采用独立原则。

独立原则一般多用于非配合零件，或对形状和位置要求严格但对尺寸精度要求相对较低的场合。

(2) 公差原则之相关要求

尺寸公差和几何公差相互关联的公差要求称为相关要求。

① 包容要求。包容要求是指提取的组成要素不得超越其最大实体边界，其局部尺寸不得超出最小实体尺寸，即实际组成要素应遵守最大实体边界，体外作用尺寸不超过（对于轴不大于，对于孔不小于）最大实体尺寸。因此，如果实际要素达到最大实体状态，就不得有任何几何误差，只有在实际要素偏离最大实体状态时，才允许存在与偏离量相关的几何误差。同理，遵守包容要求时，提取组成要素的局部实际尺寸不能超出（对于轴不小于，对于孔不大于）最小实体尺寸。

当尺寸要素采用包容要求时，图样或文件中应注明“公差要求按 GB/T 4249”，应在其尺寸极限偏差或公差带代号之后加注符号Ⓔ，如图 3-29（a）所示。该零件提取的圆柱面应在最大实体边界之内，该边界的尺寸为最大实体尺寸 ϕ150mm，其局部尺寸不得小于 ϕ149.96mm，如图 3-29（b）～（e）所示。

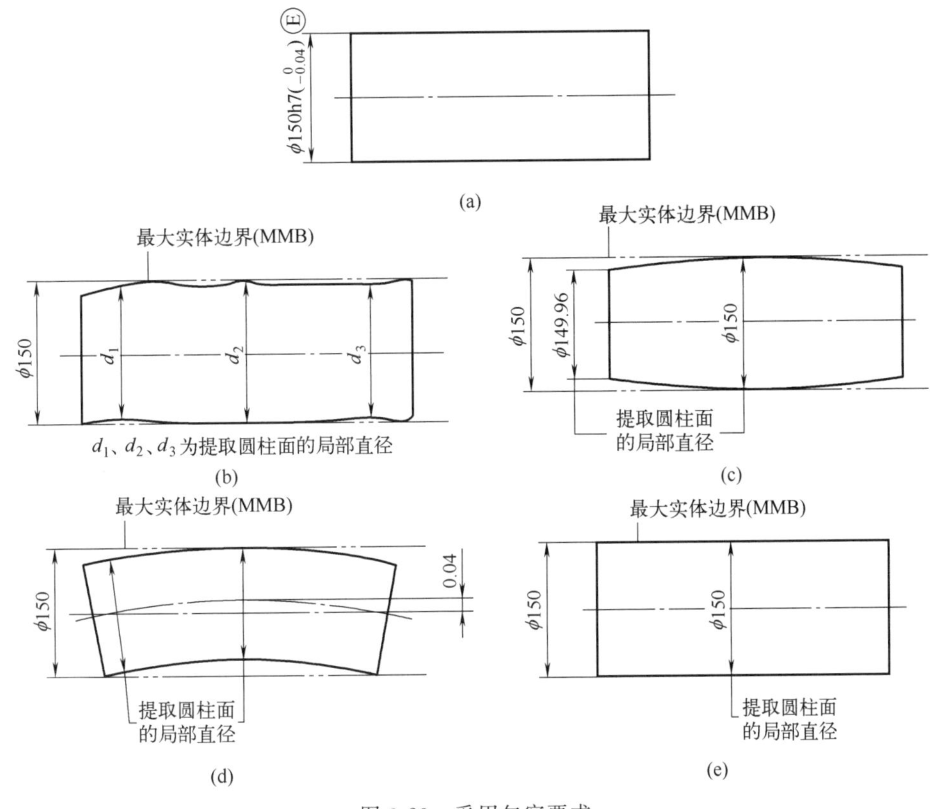

图 3-29　采用包容要求

包容要求的实质是当要素的实际尺寸偏离最大实体尺寸时，允许其形状误差增大。它反映了尺寸公差与形状公差之间的补偿关系。采用包容要求，尺寸公差不仅限制了要素的实际尺寸，还控制了要素的形状误差。包容要求主要应用于形状公差，保证配合性质，特别是配合公差较小的精密配合，用最大实体边界来保证所要求的最小间隙或最大过盈，用最小实体尺寸来防止间隙过大或过盈过小。

包容要求适用于有配合要求的圆柱表面或两平行对应面单一尺寸要素。要素遵守包容要求时，应用光滑极限量规检验实际尺寸和体外作用尺寸。

② 最大实体要求。最大实体要求是指零件尺寸要素的非理想要素（即实际被测要素）不得违反其最大实体实效状态的一种尺寸要素要求，即尺寸要素的非理想要素不得超越其最大实体实效边界的一种尺寸要素要求。在应用最大实体要求时，要求被测要素的实际轮廓处处不得超越该边界，当其实际（组成）要素的尺寸偏离最大实体尺寸时，允许其几何误差值超出图样上给定的公差值，而提取组成要素的局部尺寸应在最大实体尺寸和最小实体尺寸之间。

最大实体要求适用于导出要素（如中心线），不能应用于组成要素（如轮廓要素），既可用于被测要素，又可用于基准要素。

应用最大实体要求时，几何公差值是被测要素或基准要素的实际轮廓处于最大实体状态的前提下给定的，目的是保证装配互换性；被测要素的体外作用尺寸不得超过其最大实体实效尺寸；当被测要素的实际（组成）要素尺寸偏离最大实体尺寸时，其几何公差值可以增大，所允许的几何误差为图样上给定几何公差值与实际尺寸对最大实体尺寸的偏离量之和；被测要素的实际（组成）要素尺寸应处于最大实体尺寸和最小实体尺寸之间。

当最大实体要求用于被测要素时，被测要素的实际轮廓在给定的长度上处处不得超出最大实体实效边界，即其体外作用尺寸不应超出最大实体实效尺寸，且其提取要素的局部尺寸不得超出最大实体尺寸和最小实体尺寸。当被测要素是组成要素时，基准要素体外作用尺寸对控制边界偏离所得的补偿量，只能补偿给组成要素，而不是补偿给每一个被测要素。

当最大实体要求应用于基准要素时，基准要素本身采用最大实体要求，应遵守最大实体实效边界。基准要素本身不采用最大实体要求，而是采用独立原则或包容要求时，应遵守最大实体边界。

由于最大实体要求在尺寸公差和几何公差之间建立了联系，因此，只有被测要素或基准要素为导出要素时，才能应用最大实体要求。这样可以充分利用尺寸公差来补偿几何公差，提高零件的合格率，保证零件的可装配性，从而获得显著的经济效益。

采用最大实体要求标注时应在几何公差框格值中的公差值或基准符号后加注符号Ⓜ。必须强调：当基准要素本身采用最大实体要求时，基准代号此时只能标注在基准要素公差框格的下端，而不能将基准代号与基准要素的尺寸线对齐。

最大实体要求采用零几何公差，是指当被测要素采用最大实体要求，给出的几何公差值为零时，称零几何公差，用“ϕ0 Ⓜ”表示，如图 3-30 所示。

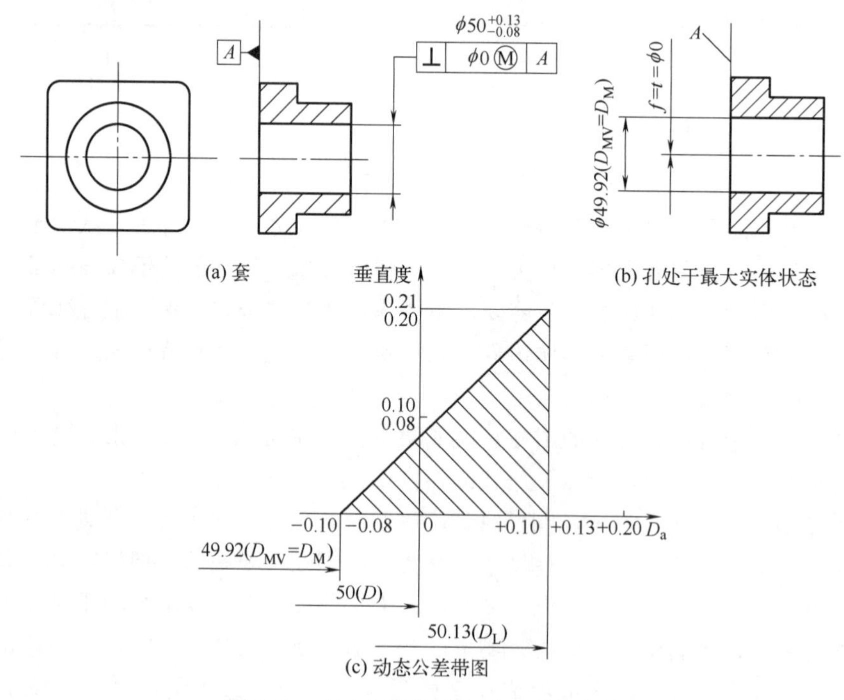

图 3-30 最大实体要求采用零几何公差

由此可知：

a. 实际孔不大于 ϕ50.13mm。

b. 关联作用尺寸不小于最大实体尺寸 D_M＝49.92mm。

c. 当孔处于最大实体状态时，其轴线对基准 A 的垂直度误差为零。

d. 当孔处于最小实体状态时，其轴线对基准 A 的垂直度误差颇大，为孔的尺寸公差值 ϕ0.21mm。

采用最大实体要求时，局部实际尺寸应用两点法测量，实体的实效边界应用位置量规检验。

③ 最小实体要求。最小实体要求是指零件尺寸要素的非理想要素不得违反其最小实体实效状态的一种尺寸要素要求，即尺寸要素的非理想要素不得超越其最小实体实效边界的一种尺寸要素要求。

在应用最小实体要求时，要求被测要素的实际轮廓处处不得超越该边界，当其实际尺寸偏离最小实体尺寸时，允许其几何误差值超出图样上给定的公差值，而要素的局部实际尺寸应在最大实体尺寸和最小实体尺寸之间。

最小实体要求既可用于被测要素，又可用于基准要素。

最小实体要求应用于被测要素时，被测要素实际轮廓在给定的长度上处处不得超出最小实体实效边界，即其体内作用尺寸不应超出最小实体实效尺寸，且其局部实际尺寸不得超出最大实体尺寸和最小实体尺寸。最小实体要求应用于被测要素时，被测要素的几何公差值是在该要素处于最小实体状态时给出的，被测要素的实际轮廓偏离其最小实体状态，即其实际（组成）要素尺寸偏离最小实体尺寸时，几何误差值可超出在最小实体状态下给出的几何公差值，即此时的几何公差值可以增大。当给出的几何公差值为零时，即为零几何公差，被测要素的最小实体实效边界等于最小实体边界，最小实体实效尺寸等于最小实体尺寸。

最小实体要求应用于基准要素时，基准要素应遵守相应的边界，若基准要素的实际轮廓偏离相应的边界，即其体内作用尺寸偏离相应的边界尺寸，则允许基准要素在一定范围内浮动，其浮动范围等于基准要素的体内作用尺寸与相应边界尺寸之差。基准要素本身采用最小实体要求时，则相应的边界为最小实体实效边界，此时基准代号应直接标注在形成该最小实体实效边界的几何公差框格下面。基准要素本身不采用最小实体要求时，相应的边界为最小实体边界。

最小实体要求仅用于导出要素，控制要素的体内作用尺寸：对于孔类零件，体内作用尺寸将使孔件的壁厚减薄，参见图 3-26（a）；而对于轴类零件，体内作用尺寸将使轴的直径变小，参见图 3-26（b）。因此，最小实体要求可用于保证孔件的最小壁厚和轴件的最小设计强度。在零件设计中，对薄壁结构和强度要求高的轴件，应考虑合理应用最小实体要求以保证产品质量。

采用最小实体要求标注时应在几何公差框格值中的公差值或基准符号后加注符号Ⓛ。

当被测要素采用最小实体要求，给出的几何公差为零时，称零几何公差，用 ϕ0 Ⓛ表示。图 3-31（a）表示了孔 $\phi 39^{+1}_{0}$mm 的轴线与外圆 $\phi 51^{0}_{-0.5}$mm 的轴线的同轴度公差为 ϕ0 Ⓛ，即在最小实体状态下的同轴度公差值为零。对基准也应用了最小实体要求。

图 3-31 中，显然实际孔的直径必须在 ϕ39～40mm 之间变化，控制实际孔的最小实体实效边界为 ϕ40mm 的理想圆柱面，亦即该孔的最小实体边界，见图 3-31（a）。

由此可知，当基准圆柱面的直径为 50.5mm，即为最小实体尺寸时，其轴线不得有任何浮动。如此时被测孔的直径也是最小实体尺寸 ϕ40mm，被测轴线相对于基准轴线不得有任何同轴度误差［见图 3-31（b）］。当基准圆柱的直径仍为 50.5mm，但被测孔的直径达到

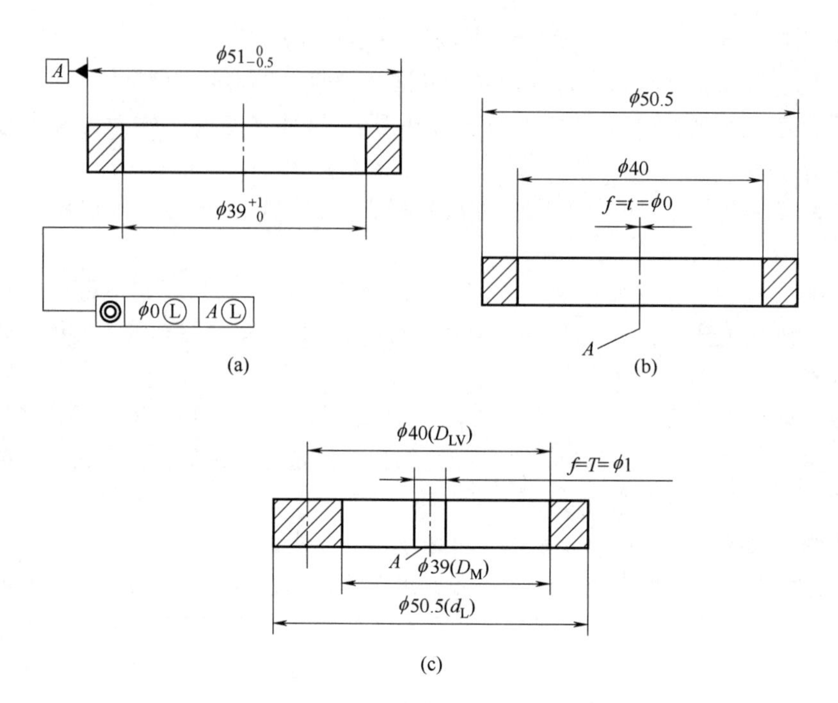

图 3-31　应用最小实体要求时的零几何公差

39mm（最大实体尺寸），此时实际孔直径偏离最小实体尺寸的数值为 1mm，可补偿给被测轴线，因而被测轴线的同轴度误差可为 1mm，见图 3-31（c）。如基准圆的直径为 51mm（最大实体尺寸），偏离了最小实体尺寸 0.5mm，也即其实际轮廓偏离了 ϕ50.5mm 的控制边界。此时基准轴线可获得一个浮动的区域即 ϕ0.5mm。基准轴线的浮动，使被测轴线相对于基准轴线的同轴度误差因此而改变，但两者均仍受自身的边界所控制。

④ 可逆要求。可逆要求（RPR）是指在不影响零件功能的前提下，当被测轴线或中心平面的几何误差值小于给出的几何公差值时，允许相应的尺寸公差增大。它通常与最大实体要求或最小实体要求一起应用，可以说可逆要求是最大实体要求或最小实体要求的附加要求，表示尺寸公差可以在实际几何误差小于几何公差之间的差值范围内增大。

可逆要求在图样上（公差框格内）标注：用符号Ⓡ标注在Ⓜ或Ⓛ之后，仅用于注有公差的要素，如图 3-32、图 3-33 所示。在最大实体要求或最小实体要求附加可逆要求后，改变了尺寸要素的尺寸公差，可以充分利用最大实体实效状态和最小实体实效状态的尺寸。在制造可能性的基础上，可逆要求允许尺寸和几何公差之间相互补偿。此时，被测要素应遵守最大实体实效边界或最小实体实效边界。

如图 3-32（a）所示，公差框格内加注Ⓜ、Ⓡ表示：被测要素孔的实际尺寸可在最小实体尺寸 ϕ50.13mm 和最大实体实效尺寸 ϕ49.92mm（=ϕ50−0.08）mm 之间变动，轴线的垂直度误差为 0～0.21mm，如图 3-32（c）所示。

图 3-33（a）所示，公差框格内加注Ⓛ、Ⓡ表示：被测要素孔的实际尺寸可在最大实体尺寸 ϕ8mm 和最小实体实效尺寸 ϕ8.65mm（=ϕ8mm+0.25mm+0.4mm）之间变动，轴线的位置度误差为 0～0.65mm，如图 3-33（b）所示。

总之，在保证功能要求的前提下，力求最大限度地提高工艺性和经济性，是正确运用公差原则的关键所在。

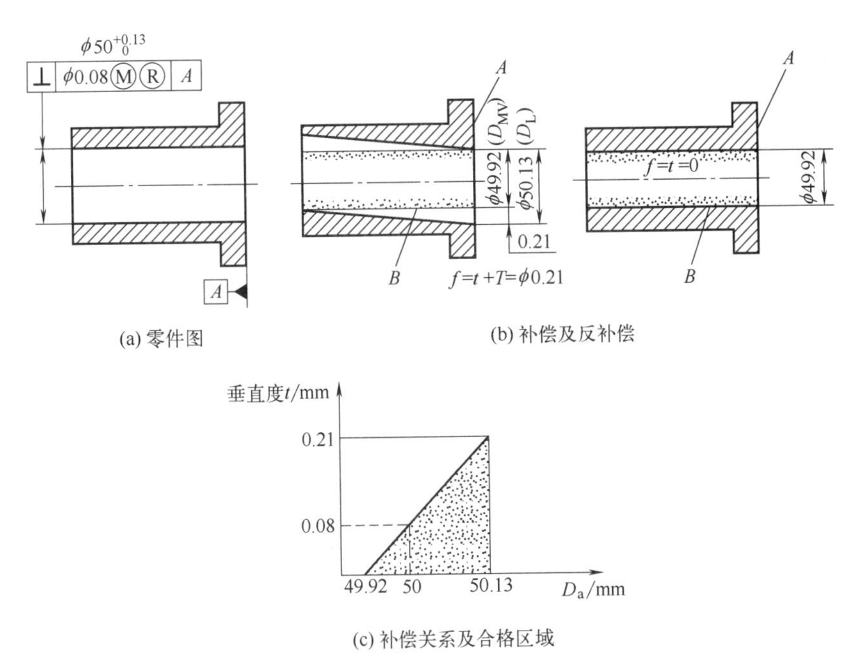

(a) 零件图 (b) 补偿及反补偿

(c) 补偿关系及合格区域

图 3-32 孔的轴线垂直度公差采用可逆的最大实体要求

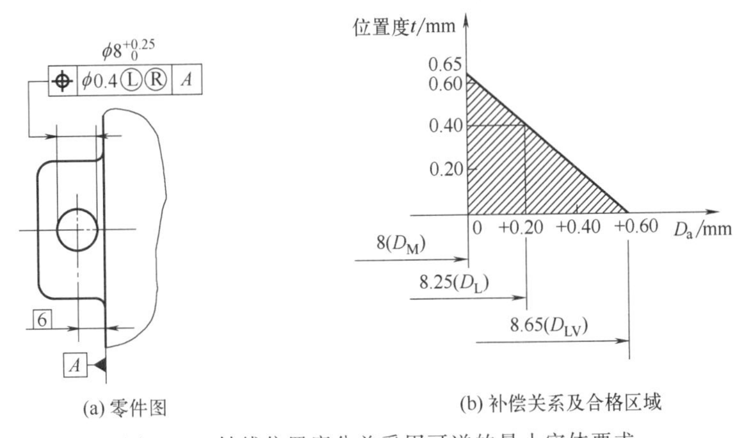

(a) 零件图 (b) 补偿关系及合格区域

图 3-33 轴线位置度公差采用可逆的最小实体要求

3.4 几何公差的选择

正确地选用几何公差对提高产品的质量和降低制造成本，具有十分重要的意义。几何公差的选择主要包括：几何特征、基准、公差原则和几何公差等级的选择。

(1) 几何特征的选择

在选择几何特征时，应考虑以下几个方面。

① 零件的结构特征。分析加工后的零件可能存在的各种几何误差，例如：圆柱形零件会有圆柱度误差；圆锥形零件会有圆度和素线直线度误差；阶梯轴、孔类零件会有同轴度误差；平面零件有平面度误差；孔、槽类零件会有位置度误差或对称度误差等。

② 零件的功能要求。分析影响零件功能要求的主要几何误差的特征，例如：影响车床

主轴工作精度的主要误差是前后轴颈的圆柱度误差和同轴度误差；影响溜板箱运动精度的是车床导轨的直线度误差；影响轴颈与轴承内圈的配合性质以及轴承的工作性能、使用寿命的有，与滚动轴承内圈配合的轴颈的圆柱度误差和轴肩的轴向圆跳动误差。有时，应根据工艺要求选择几何公差，例如：圆柱形零件，仅需要顺利装配或保证能减少孔和轴之间的相对运动时，可选用中心线的直线度；当孔和轴之间既有相对运动，又要求密封性能好，且要保证在整个配合的表面有均匀的小间隙，则需要给出圆柱度以综合控制圆柱面的圆度、素线和中心线的直线度。此外还应考虑几何误差的综合影响，例如：减速器箱体上各轴承孔的中心线之间的平行度误差，会影响减速器中齿轮的接触精度和齿侧间隙的均匀性，为了保证齿轮的正确啮合，需给出各轴承孔之间的平行度公差，而为了保证平面的良好密封性，应给出平面度要求。

另外，当用尺寸公差控制几何误差能满足精度要求且又经济时，则可只给出尺寸公差，而不再另给出几何公差。这时的被测要素应采用包容要求。如果尺寸精度要求低而几何精度要求高，则不应由尺寸公差控制几何误差，而应按独立原则给出几何公差，否则会影响经济效益。

③ 各个几何公差的特点。在几何公差中，单项控制的几何特征有直线度、平面度、圆度等；综合控制的几何特征有圆柱度、跳动公差、各个方向公差以及各个位置公差。选择时应充分发挥综合控制几何特征的功能，这样可减少图样上给出的几何特征项目，从而减少需检测的几何误差数。

④ 检测条件的方便性。确定几何特征项目，必须与检测条件相结合，考虑现有条件的可能性与经济性。检测条件包括：有无相应的检测设备，检测难易程度、检测效率是否与生产批量相适应等。在满足功能要求的前提下，应选用测量简便的几何特征来代替测量较难的几何特征。常对轴类零件提出跳动公差来代替圆度、圆柱度、同轴度等，这是因为跳动公差检测方便，且具有综合控制功能。例如，与滚动轴承内孔相配合的两轴颈的同轴度公差常用径向圆跳动或径向全跳动公差来代替；端面对轴线的垂直度公差可用轴向圆跳动或轴向全跳动公差来代替。这样会给测量带来方便。但必须注意，径向全跳动误差是同轴度误差与圆柱面形状误差的综合结果，故用径向全跳动代替同轴度时，给出的径向全跳动公差值应略大于同轴度公差值，否则会要求过严。用轴向圆跳动代替端面对轴线的垂直度，不是十分可靠，而轴向全跳动公差带与端面对轴线的垂直度公差带相同，故可以等价代替。

（2）基准的选择

基准是确定关联要素间方向或位置的依据。在选择位置公差时，必须同时考虑采用的基准。选择基准时，主要应根据零件的功能和设计要求，并兼顾基准统一原则和零件结构特征等方面来考虑。

① 遵守基准统一原则。基准统一原则是指零件的设计基准、定位基准和装配基准均为零件上的同一要素。这样既可减少因基准不重合而产生的误差，又可简化夹具、量具的设计、制造和检测过程。

a. 根据要素的功能及几何形状来选择基准。例如轴类零件通常是以两个轴承支承运转的，其运转轴线是安装轴承的两段轴颈的公共轴线。因此，从功能要求和控制其他要素的位置精度来看，应选用安装时支承该轴的两段轴颈的公共轴线作为基准。

b. 根据装配关系，应选择零件上精度要求较高的表面。例如采用零件在机器中的定位面或相互配合、相互接触的结合面等作为各自的基准，以保证装配要求。

c. 从加工和检验的角度考虑，应选择在夹具、检具中定位的相应要素为基准。这样能使所选基准与定位基准、检测基准、装配基准重合，以消除由于基准不重合引起的误差。

d. 基准应具有足够刚度和尺寸，以保证定位稳定性与可靠性。

② 选用多基准，应遵循以下原则。

a. 对结构复杂的零件，一般应选组合基准或三个基准，还应从被测要素的使用要求考虑基准要素的顺序，以确定被测要素在空间的方向和位置。

b. 选择对被测要素的功能要求影响最大或定位最稳的宽大平面或较长轴线（可以三点定位）作为第一基准。

c. 选择对被测要素的功能要求影响次之或窄而长的平面（可以两点定位）作为第二基准。

d. 选择对被测要素的功能要求影响较小或短小的平面（一点定位）作为第三基准。

(3) 公差原则的选择

选择公差原则时，应根据被测要素的功能要求，充分发挥公差的职能，并考虑采用公差原则的可行性与经济性。

① 独立原则的选择。选择独立原则应考虑以下几点问题。

a. 当零件上的尺寸精度与几何精度需要分别满足要求时采用。如齿轮箱体孔的尺寸精度与两孔中心线的平行度；连杆活塞销孔的尺寸精度与圆柱度；滚动轴承内、外圈滚道的尺寸精度与形状精度。

b. 当零件上的尺寸精度与几何精度要求相差较大时采用。如滚筒类零件的尺寸精度要求较低，形状精度要求较高；平板的形状精度要求较高，尺寸精度无要求；冲模架的下模座无尺寸精度要求，平行度要求较高；通油孔的尺寸精度有一定的要求，形状精度无要求。

c. 当零件上的尺寸精度与几何精度无联系时采用。如滚子链条的套筒或滚子内、外圆柱面的中心线的同轴度与尺寸精度；齿轮箱体孔的尺寸精度与两孔中心线间的位置精度；发动机连杆上孔的尺寸精度与孔中心线间的位置精度。

d. 保证零件的运动精度时采用。如导轨的形状精度要求严格，尺寸精度要求次之。

e. 保证零件的密封性时采用。如气缸套的形状精度要求严格，尺寸精度要求次之。

f. 零件上未注公差的要素采用。凡未注尺寸公差和未注几何公差的要素，都采用独立原则，如退刀槽、倒角、倒圆等非功能要素。

② 相关要求的选择。

a. 包容要求的选择。

• 应保证国家标准规定的极限与配合的配合性质。如 ϕ20H7Ⓔ孔与 ϕ20h6Ⓔ轴的配合中，所需要的间隙是通过孔与轴各自遵守最大实体边界来保证的，这样才不会因孔和轴的形状误差在装配时产生过盈，可以保证最小间隙等于零。

• 尺寸公差与几何公差无严格比例关系要求的场合。如一般的孔与轴配合，只要求作用尺寸不超越最大实体尺寸，实际（组成）要素的尺寸不超越最小实体尺寸。

b. 最大实体要求的选择。

• 在零件上保证关联作用尺寸不超越最大实体尺寸时采用。如关联要素的孔与轴有配合性质要求，标注 0 Ⓜ。

• 用于被测导出要素，来保证自由装配。如轴承盖、法兰盘上的螺栓安装孔等。

• 用于基准导出要素，此时基准轴线或中心平面相对于理想边界的中心允许偏离。如同轴度的基准轴线。

c. 最小实体要求的选择。

• 用于被测导出要素，来保证孔件最小壁厚及轴件的最小强度，对于孔类零件以保证其壁厚，对于轴类零件以保证其最小截面。

• 用于基准导出要素，此时基准轴线或中心平面相对于理想边界的中心允许偏离。

d. 可逆要求的选择。用于零件上具有最大实体要求与最小实体要求的场合，来保证零件的实际轮廓在某一控制边界内，而不严格区分其尺寸公差和几何公差是否在允许的范围内。

(4) 几何公差等级的选择

① 几何公差等级的选择原则。

几何公差等级用来确定几何公差值。几何公差等级的选择以满足零件功能要求为前提，并考虑加工成本的经济性和零件的结构特点，尽量选取较低的公差等级。

确定几何公差等级的方法有两种：计算法和类比法。通常多采用类比法。类比法是根据零部件的结构特点和功能要求，参考现有的手册、资料和经过实际生产验证的同类零部件的几何公差要求，通过对比分析后确定较为合理的公差值的方法。

a. 设计产品时，应按国家标准提供的统一数系选择几何公差等级。国家标准对直线度、平面度、平行度、垂直度、同轴度、对称度、倾斜度、圆跳动、全跳动都划分为 12 个等级。公差等级按序由高变低，公差值则按序递增。国家标准没有对线轮廓度和面轮廓度规定公差值。

b. 国家标准对圆度、圆柱度公差分为 0、1、2、…、12，共 13 级，公差等级按序由高变低，公差值则按序递增。

c. 考虑零件的结构特点选择几何公差等级。对于下列情况应较正常情况选择降低 1～2 级几何公差等级：刚性较差的零件，如细长的轴或孔；跨距较大的轴或孔；宽度较大（大于 1/2 长度）的零件表面。因为加工以上几种情况的零件时易产生较大的形状误差。另外，孔件相对于轴件也应低些。

② 几何公差值的选择原则。

几何公差值的选择原则是：在保证零件功能的前提下，尽可能选用最经济的公差值。使用类比法确定几何公差值时，应注意考虑以下几点。

a. 各类公差之间关系应协调，遵循的一般原则是：形状公差＜方向公差＜位置公差＜跳动公差＜尺寸公差。

但必须指出，细长轴中心线的直线度公差远大于尺寸公差；位置度和对称度公差往往与尺寸公差相当；当几何公差与尺寸公差相等时，对同一被测要素按包容要求处理。

同一要素上给出的形状公差值应小于其他几何公差值，如相互平行的两个平面，在其中一个表面上提出平面度和平行度公差时，则平面度公差值应小于平行度公差值；圆柱形零件的形状公差值（中心线的直线度除外）一般应小于其尺寸公差值；平行度公差值应小于其相应的距离尺寸的尺寸公差值。

b. 位置公差应大于方向公差，因为一般情况下位置公差可包含方向公差要求。

c. 综合公差应大于单项公差，如圆柱度公差大于圆度公差、素线和中心线的直线度公差；径向全跳动公差大于径向圆跳动公差。

d. 形状公差与表面粗糙度之间的关系也应协调，一般中等尺寸和中等精度要求的零件，

其表面粗糙度参数 Ra 值可占形状公差值的 20%～25%，即 $Ra=(0.2\sim0.25)t_{形}$。

e. 位置度公差通常需要通过计算来确定。对计算值经圆整后查表选择标准公差值，若被连接零件之间需要调整，位置度公差应适当减小。

f. 未注几何公差在图样上没有具体标明几何公差值，并不是没有几何精度要求，而是采用常用设备和工艺就能保证，因而未注几何公差在图样上不必标出。

3.5 几何误差的检测

3.5.1 几何误差的检测原则

几何误差的项目很多，为了能正确、合理地选择检测方案，国家标准（GB/T 1958—2017）规定了几何误差的 5 个检测原则，即按最小区域法或定向、定位最小区域法对被测要素进行评定，以判断其零件是否合格，并附有一些检测方法。

(1) 与理想要素比较原则

将被测实际要素与理想要素相比较，如图 3-34 所示，量值由直接法或间接法获得，理想要素用模拟方法获得。理想要素用模拟方法获得必须有足够的精度，如以一束光线、拉紧的钢丝或刀口尺等体现理想直线，以平板或平台的工作面体现理想平面。

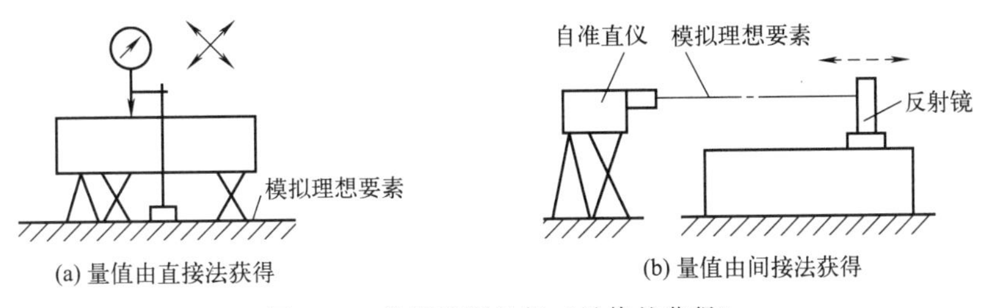

图 3-34　检测原则示例（量值的获得）

(2) 测量坐标值原则

测量被测实际要素的坐标值，如直角坐标值（见图 3-35）、极坐标值、圆柱面坐标值，并经过数据处理获得几何误差值。这项原则适用于复杂表面，虽然其数据处理十分烦琐，但随着计算机技术的发展，其应用会越来越广泛。

(3) 测量特征参数原则

测量被测实际要素上具有代表性的参数（即特征参数）来表示几何误差值，如图 3-36 所示。该原则虽然获得的数据只是近似，但易于实践，所以在生产中常用。

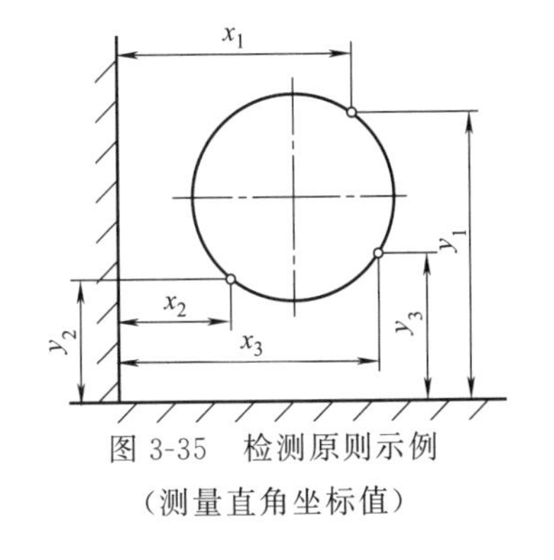

图 3-35　检测原则示例（测量直角坐标值）

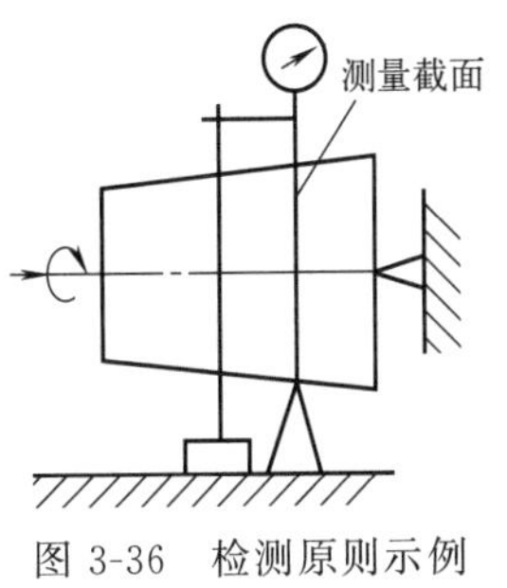

图 3-36　检测原则示例（两点法测量圆度特征参数）

(4) 测量跳动原则

在被测实际要素绕基准轴线回转过程中，沿给定方向测量其对某参考点或线的变动量，如图 3-37 所示。变动量是指指示计最大与最小读数之差。该方法和设备均较简单，适合在车间条件下使用但只限于回转零件。

(5) 控制实效边界原则

检验被测实际要素是否超过实效边界，以判断零件是否合格。例如用位置量规模拟实效边界，检测被测提取要素是否超过最大实体边界，以判断是否合格。适用于采用最大实体要求的场合，一般采用综合量规来检验（见图 3-38）。

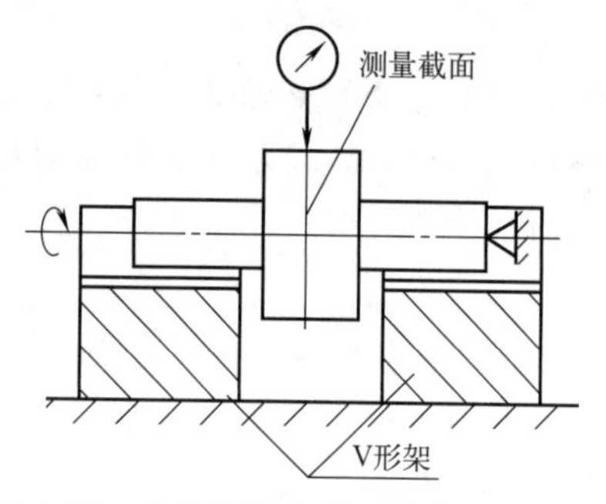

图 3-37 检测原则示例（测量径向跳动）

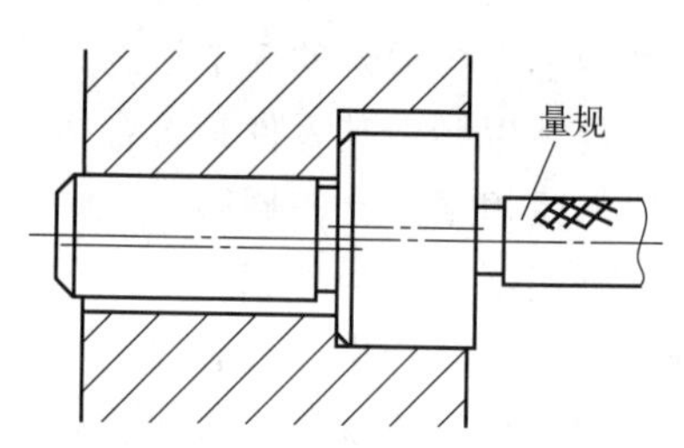

图 3-38 检测原则示例（用综合量规检验同轴度误差）

3.5.2 形状误差的检测

(1) 直线度误差的检测

直线度误差是指被测实际直线对理想直线的变动量。理想直线可以用平尺、刀口尺等标准器具模拟，如图 3-39 所示。应用与理想要素比较的检测原则，将平尺或刀口尺与被测直线接触，并使二者之间的最大光隙为最小。此时的最大光隙即为该被测直线的直线度误差。误差的大小是根据光隙测定的。当光隙较小时，可按标准光隙来估读；当光隙较大时，则可用塞尺（即厚薄规）来测量。按上述方法测量若干条直线，取其中最大误差值作为被测零件的直线度误差。

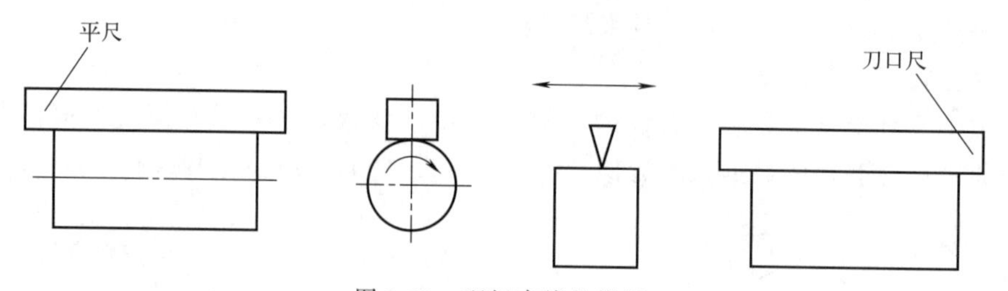

图 3-39 理想直线的模拟

标准光隙由量块、刀口尺和平面平晶（或精密平板）组合而成，如图 3-40 所示。标准光隙的大小借助于光线通过狭缝时，呈现各种不同颜色的光束来鉴别。一般来说，当间隙大于 2.5μm 时，光隙呈白色；间隙为 1.25～1.75μm 时，光隙呈红色；间隙约为 0.8μm 时，光隙呈蓝色；间隙小于 0.5μm 时，不透光。当间隙大于 30μm 时，可用塞尺来测量。

图 3-41 所示是应用带表的测量支架，在平板上用可调支架将被测直线调整到与平板等

高，作为理想直线测出实际直线误差值。测量时，将被测素线的两端调整到与平板等高，在素线全长范围内测量各点相对端点的高度差，同时记录读数，根据读数用计算法或作图法计算直线度误差。按上述方法测若干条素线，取其中最大的误差值作为该零件的直线度误差。

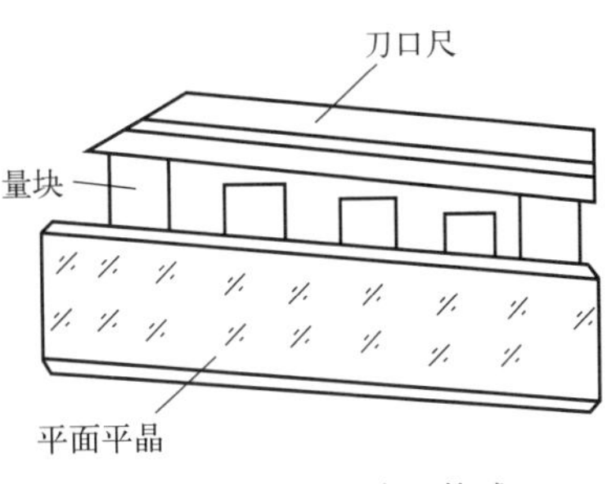

图 3-40　标准光隙的构成

实际中直线度误差的检测方法很多，如指示器测量法、刀口尺法、钢丝法、水平仪法和自准直仪法等。

① 指示器测量法。如图 3-42 所示，将被测零件安装在平行于平板的两顶尖之间，用带有两只指示器的表架沿垂直轴截面的两条素线测量，同时分别记录两指示器在各自测点的读数 M_1 和 M_2，取各测点读数差值之半的绝对值，即 $|(M_1-M_2)/2|$ 中的最大与最小差值作为该截面轴线的直线度误差。将该零件转位，按上述方法测量若干个截面，取其中最大的误差值作为该零件轴线的直线度误差。

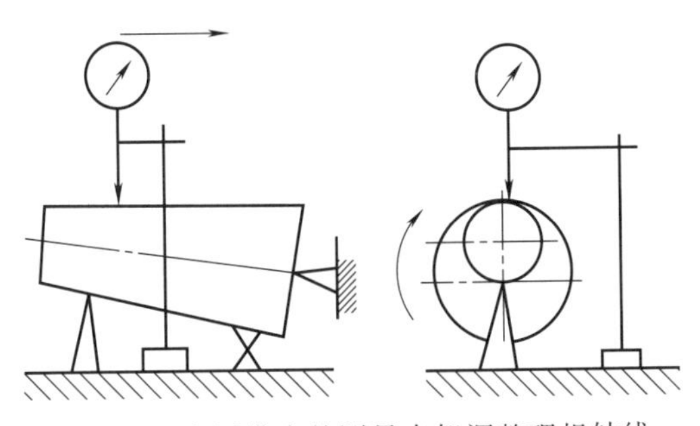
图 3-41　应用带表的测量支架调整理想轴线

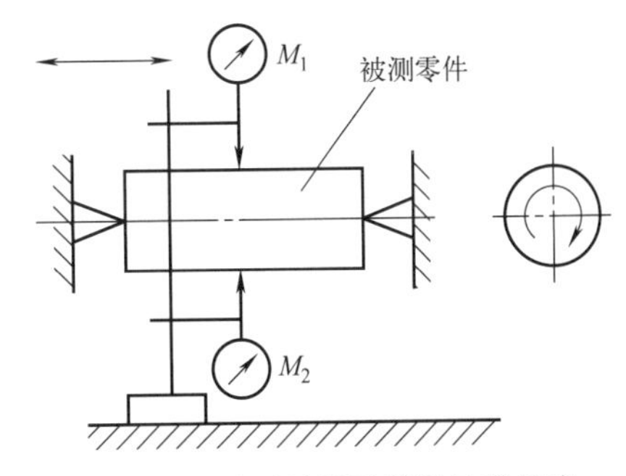

图 3-42　用两只指示器测量直线度

② 刀口尺法。如图 3-43（a）所示，用刀口尺和被测要素（直线或平面）接触，使刀口尺和被测要素之间最大间隙为最小，此最大间隙即为被测要素的直线度误差，间隙量可用塞尺测量或与标准比较。

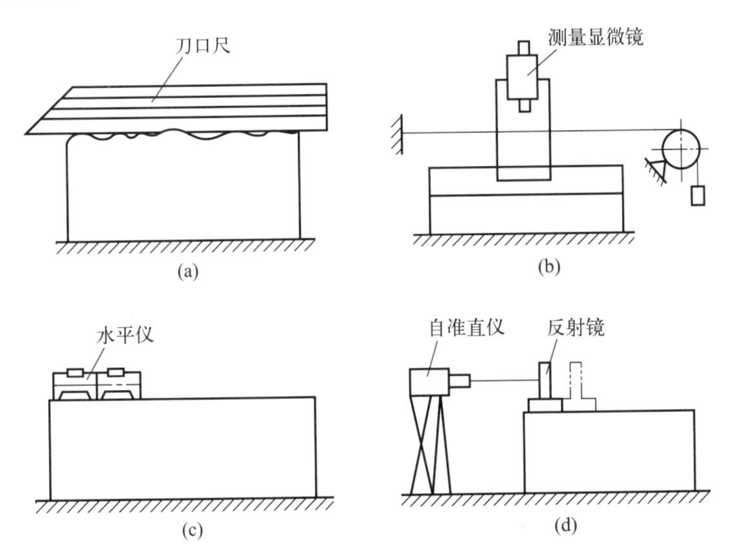

图 3-43　测量直线度误差

③ 钢丝法。如图 3-43（b）所示，用特制的钢丝作为测量基准，用测量显微镜读数。调整钢丝的位置，使测量显微镜读得的两端读数相等。沿着被测要素移动测量显微镜，测量显微镜中的最大读数即为被测要素的直线度误差。

④ 水平仪法。如图 3-43（c）所示，将水平仪放在被测表面上，沿被测要素按节距逐段连续测量。对读数进行计算可求得直线度误差。也可采用作图法求得直线度误差值。一般是在读数之前先将被测要素调成近似水平，以保证水平仪读数更方便。测量时可在水平仪下面放入桥板，桥板的长度可按被测要素的长度和测量精度要求确定。

⑤ 自准直仪法。如图 3-43（d）所示。用自准直仪和反射镜测量是将自准直仪放在固定位置上，测量过程中保持位置不变。反射镜通过桥板放在被测要素上，沿被测要素按节距逐段连续移动反射镜，并在自准直仪的读数显微镜中读得相应的读数，对读数进行计算可求得直线度误差。该测量中以准直光线为测量基准。

⑥ 节距法。如图 3-44 所示，小角度水平仪安装在桥板上，依次逐段移动桥板，用小角度水平仪分别测出实际线各段的斜率变化，然后经过计算，求得直线度误差。显然，图 3-44 所示用于较长表面测量，所需元件稍多一些，水平仪也更精细些，而图 3-43（c）所示适用于较短表面。

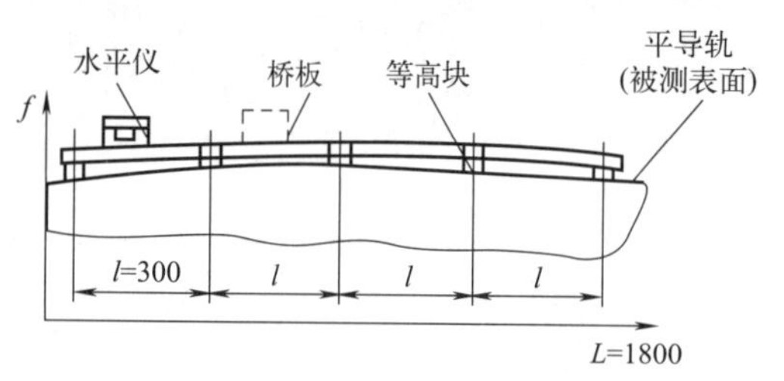

图 3-44 较长表面直线度误差的测量

（2）平面度误差的检测

平面度误差是指被测实际表面对理想平面的变动量。平面度误差的测量方法有直接测量法和间接测量法两种。直接测量法是将被测实际表面与理想平面直接进行比较，二者之间的线值距离即为平面度误差。间接测量法是通过测量实际表面上若干个点的相对高度差或相对倾斜角，经数据处理后，求得其平面度的误差值。

常见的平面度误差测量方法有指示器测量法、水平仪测量法、平晶测量法和自准直仪及反射镜测量法等。

① 指示器测量法。如图 3-45（a）所示，被测零件支承在平板上，将被测平面上两对角线的角点分别调整等高或最远的三点调成与测量平板等高。按一定布点测量被测表面。指示器上最大与最小读数之差，即为该平面的平面度误差的近似值。该法因此又分别称为对角线法和三点法。

② 水平仪测量法。如图 3-45（b）所示，将水平仪通过桥板放在被测平面上，用水平仪按一定的布点和方向逐点测量。经计算得到平面度误差值。

③ 平晶测量法，又称光波干涉法。如图 3-45（c）所示，将平晶紧贴在被测平面上，由产生的干涉条纹，经过计算得到平面度误差值，此方法适用于高精度的小平面的测量。

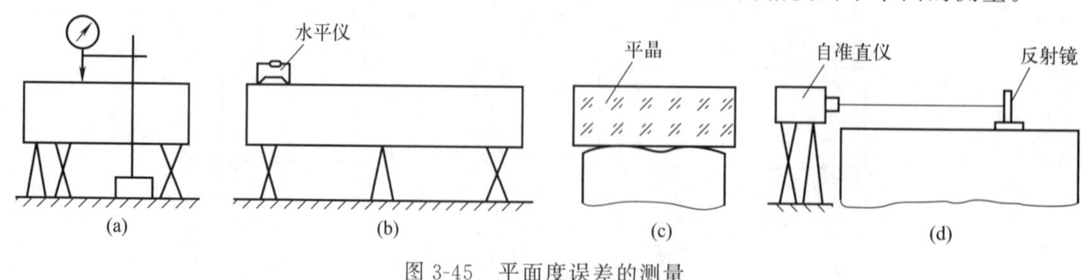

图 3-45 平面度误差的测量

④ 自准直仪及反射镜测量法。如图 3-45（d）所示，将自准直仪固定在平面外的一定位置，反射镜放在被测平面上，调整自准直仪，使其和被测表面平行，按一定布点和方向逐点测量，经计算得到平面度误差值。

⑤ 最小条件评定法。该法是将已测量的数据，通过基准面的变换，成为符合最小条件的平面度误差。

(3) 圆度误差的检测

圆度误差是指在回转体同一横截面内，被测实际圆对其理想圆的变动量。

圆度误差的测量方法有半径测量法（圆度仪测量）、直角坐标测量法（直角坐标装置）、特征参数测量法（用两点法和三点法组合测量）等。其中圆度仪测量圆度误差是一种高精度的测量法，符合第一检测原则。两点法和三点法组合测量圆度误差是采用第三检测原则，即特征参数检测原则。这是一种近似的测量法。因为该方法测量的直径差虽然在一定程度上反映了圆度的特征，但并不符合国家标准中有关圆度误差的概念。由于该法设备简单、测量方便，特别是一些精度要求不太高的零件，采用此方法要比圆度仪测量更为经济合理，故在实际生产中被广泛采用。

① 圆度仪测量法。如图 3-46（a）所示，圆度仪上回转轴带着传感器转动，使传感器上测量头沿着被测零件的表面回转一圈，测量头的径向位移由传感器转换成电信号，经放大器放大，推动记录笔在圆盘的纸上画出相应的位移，得到所测截面的轮廓图，如图 3-46（b）所示。这是以精密回转轴的回转轨迹模拟的理想圆与实际圆进行比较的方法。用一块刻有许多等距离同心圆的透明板，如图 3-46（c）所示，置于记录纸下面，与测得的轮廓圆比较，找到紧紧包容轮廓圆，而半径差又为最小的两个同心圆，如图 3-46（d）所示，其间距就是被测圆的圆度误差。值得注意的是，两同心圆包容被测要素的实际轮廓圆时，至少有四个实测点内外相间地分布在两个圆周上，称为交叉准则，如图 3-46（e）所示。

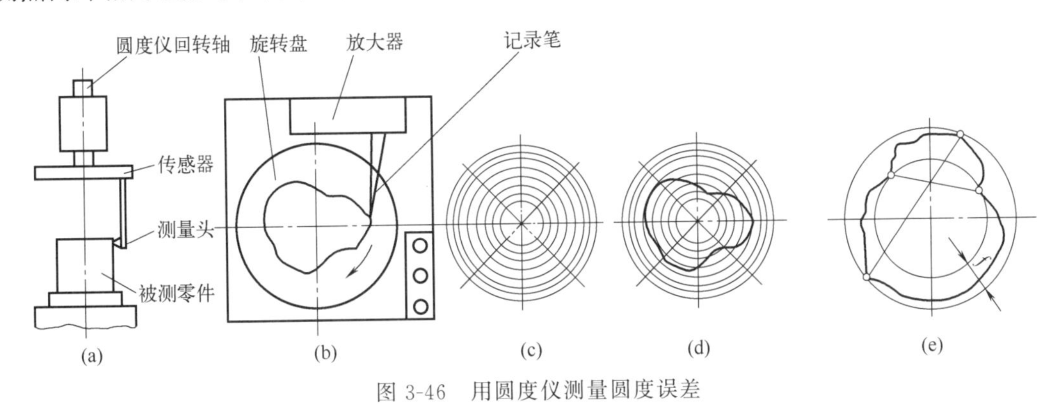

图 3-46　用圆度仪测量圆度误差

根据放大器的放大倍数不同，透明板上相邻两个同心圆之间的格值范围为 0.05～5μm，如果放大倍数为 5000 倍，规定格值为 0.2μm。如果圆度仪上配有计算器，可将传感器接收到的信号送入计算器，按预定的程序算出圆度误差值。圆度仪的测量精度虽然很高，但价格也很高，且使用条件苛刻。

② 直角坐标测量仪来测量圆度误差是测量圆上各点的直角坐标值，再算出圆度误差，这里不再详细阐述。

③ 特征参数测量法，如图 3-47 和图 3-48 所示。在图 3-47 中，将被测零件放在支承上，用指示器来测量实际圆的各点对固定点的变化量，被测零件轴线应垂直于测量截面，同时固

定轴向位置。在被测零件回转一周过程中，指示器上最大与最小读数的差值的一半作为单个截面的圆度误差值。按上述方法测量若干个截面，取其中最大的误差值作为该零件的圆度误差值。此方法适用于测量内、外表面的偶数棱形状误差。由于此检测方法的支承点只有一个，加上测量点，故称为两点法测量。通常也可以用卡尺测量。图 3-48 所示为三点法测量圆度误差。将被测零件放在 V 形块上，使其轴线垂直于测量截面，同时固定轴向位置。在被测零件回转一周过程中，指示器上最大与最小读数的差值的一半作为单个截面的圆度误差值。按上述方法测量若干个截面，取其中最大的误差值作为该零件的圆度误差值。三点法测量圆度误差，其结果的可靠性取决于截面形状误差和 V 形块夹角的综合效果。常以夹角 α 为 90°和 120°或夹角 α 为 72°和 108°的两块 V 形块分别测量。此方法适用于测量内、外表面的奇数棱形状误差。无论采用两点法还是三点法测量圆度误差，测量时可以转动零件，也可以转动量具。

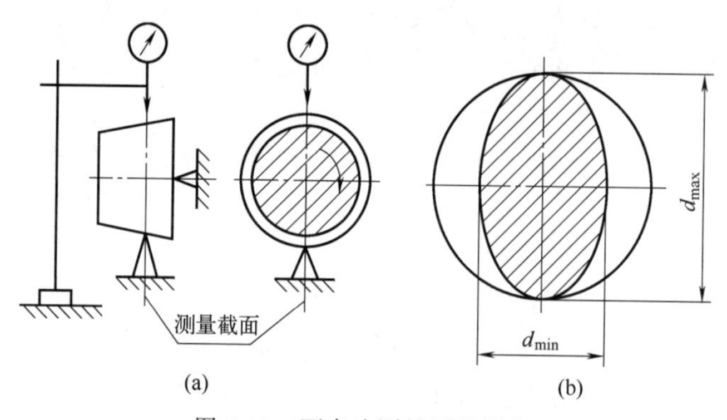

图 3-47　两点法测量圆度误差

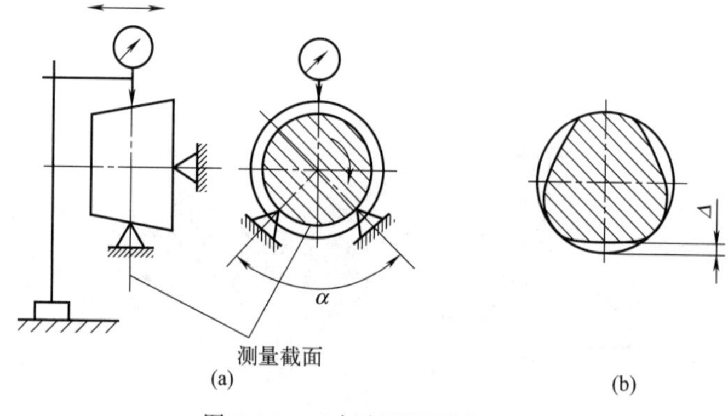

图 3-48　三点法测量圆度误差

(4) 圆柱度误差的检测

圆柱度误差是指实际圆柱面对理想圆柱面的变动量。它是控制圆柱体横截面和轴截面内的各项形状误差，是一个综合指标。如圆度、素线的直线度、轴线的直线度等。

圆柱度误差的检测可在圆度仪上测量若干个横截面的圆度误差，按最小条件确定圆柱度误差。如果圆度仪具有使测量头沿圆柱的轴向做精确移动的导轨，使测量头沿圆柱面做螺旋运动，则可以用电子计算机按最小条件确定圆柱度误差，也可用极坐标图近似求圆柱度误差。

在生产实际中测量圆柱度误差与测量圆度误差一样，多采用测量特征参数的方法。

图 3-49 所示为两点法测量圆柱度误差。将被测零件放在平板上，并紧靠直角座。在被测零件回转一周过程中，测量一个横截面，得到指示器上最大与最小的读数。按上述方法测量若干个横截面，取其各截面内所测得所有读数中最大与最小读数之差的一半，作为该零件的圆柱度误差值。此方法适用于测量外表面的偶数棱形状误差。图 3-50 所示为三点法测量圆柱度误差。将被测零件放在平板上的 V 形块内（V 形块的长度应大于被测零件的长度）。在被测零件回转一周过程中，测量一个横截面，得到指示器上最大与最小的读数。按上述方法连续测量若干个横截面，取其各截面内所测得所有读数中最大与最小读数之差的一半，作为该零件的圆柱度误差值。此方法适用于测量外表面的奇数棱形状误差。为了测量的准确性，通常采用夹角 $\alpha=90°$ 和 $\alpha=120°$ 的两个 V 形块分别测量。

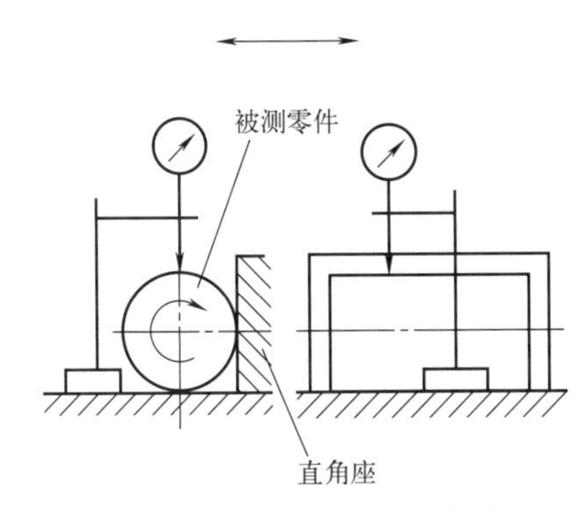

图 3-49　两点法测量圆柱度误差

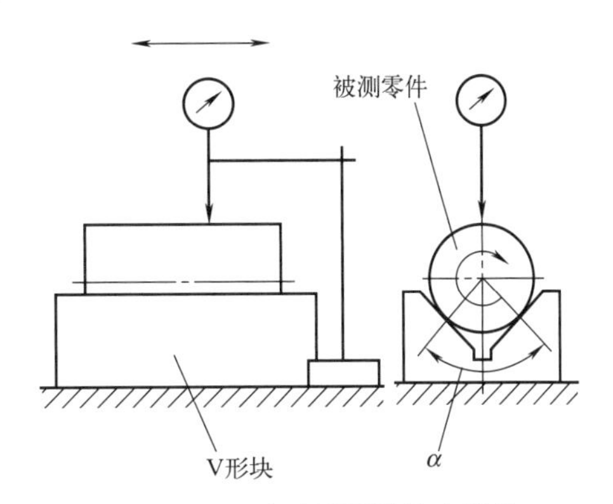

图 3-50　三点法测量圆柱度误差

圆度和圆柱度误差的相同之处是都用半径差来表示，不同之处在于圆度公差是控制横截面误差，圆柱度误差则是控制横截面和轴向截面的综合误差。

(5) 轮廓度误差的检测

轮廓度误差又分为线轮廓度误差和面轮廓度误差。

① 线轮廓度误差的检测。线轮廓度误差是指实际曲线对理想曲线的变动量，是对非圆曲线的几何精度的要求。

线轮廓度误差的检测是用轮廓样板模拟理想轮廓曲线，并与实际轮廓进行比较，如图 3-51 所示。将轮廓样板按规定的方向放置在被测零件上，根据光隙法估读间隙的大小，取最大间隙作为该零件的线轮廓度误差。

② 面轮廓度误差的检测。面轮廓度误差是指实际曲面对理想曲面的变动量，是对曲面的几何精度要求。

面轮廓度误差的检测是用坐标测量仪测量曲面上若干个点的坐标值，如图 3-52 所示。将

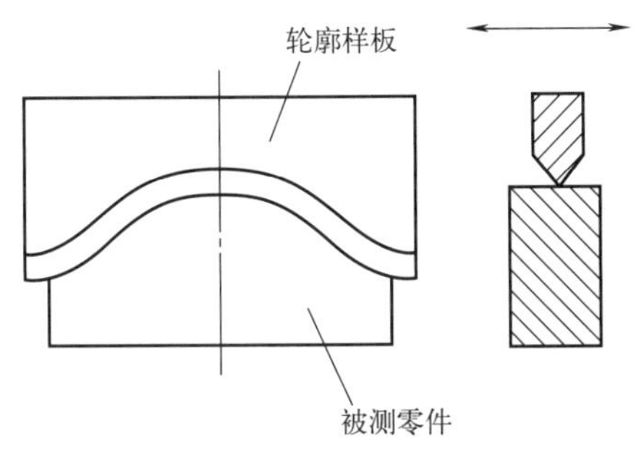

图 3-51　轮廓样板测量线轮廓度

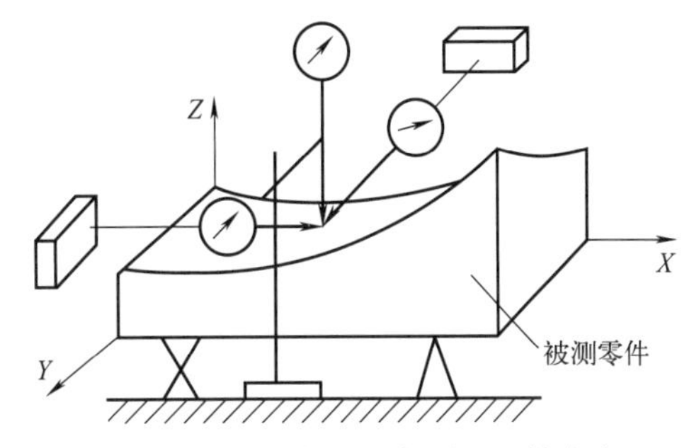

图 3-52　三坐标测量仪测量面轮廓度

被测零件放置在仪器的工作台上，并进行正确定位，测出实际曲面轮廓上若干个点的坐标值，并将测得的坐标值与理想轮廓的坐标值进行比较，取其最大差值的绝对值的2倍作为该零件的面轮廓度误差。

3.5.3 方向误差的检测

(1) 平行度误差的检测

平行度误差是指零件上被测要素（平面或直线）对理想的基准要素（平面或直线）的方向偏离0°的程度。

① 图3-53所示的平行度误差检测方法是将被测件直接置于平板上，在整个被测面上按规定测量线进行测量，取指示表最大读数差为平行度误差。

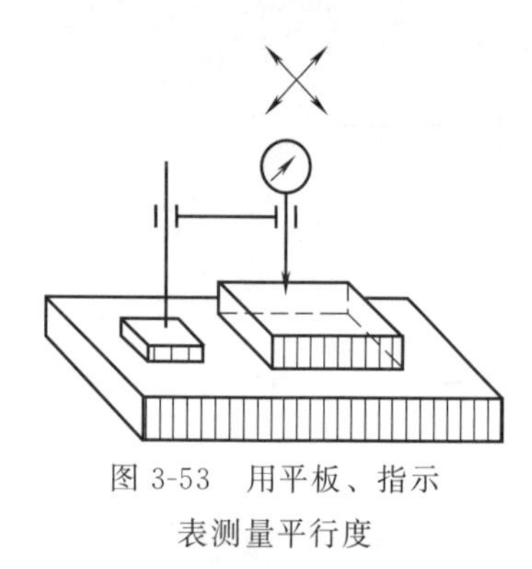

图3-53 用平板、指示表测量平行度

② 图3-54所示的平行度误差检测方法是用平板、心轴或V形块来模拟平面、孔或轴作基准，然后测量被测的线、面上各点到基准的距离之差，以最大相对差作为平行度误差。如图3-54（a）所示的零件，可以用图3-54（b）所示的方法测量。基准轴线由心轴模拟，将被测零件放在等高的支承上，调整（转动）该零件，使 $L_3=L_4$。然后测量整个被测表面并记录读数。取其整个测量过程中指示器上的最大与最小读数之差，作为该零件的平行度误差。测量时应选用可胀式（或与孔为无间隙配合的）心轴。

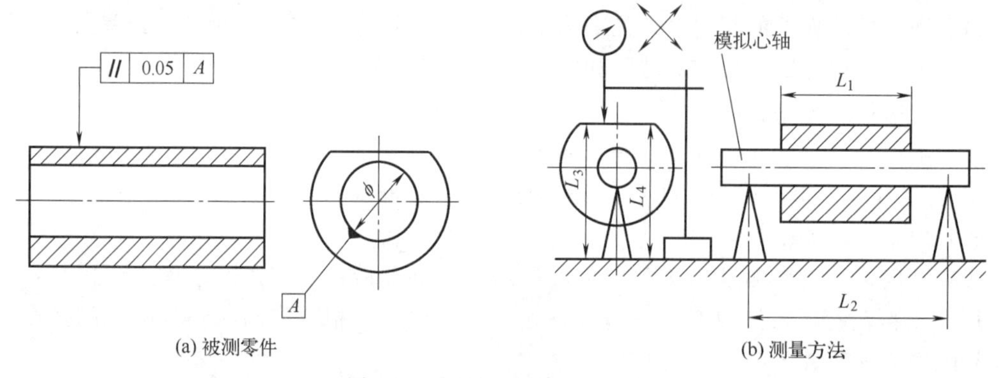

(a) 被测零件　(b) 测量方法

图3-54 测量面对线的平行度

③ 图3-55（a）所示的零件（连杆），可采用图3-55（b）所示的测量方法来测量连杆两孔轴线的平行度误差。基准轴线和被测轴线用心轴模拟。将被测零件放在等高的支承上，在测量距离为 L_2 的两个位置上测得的读数分别为 M_1 和 M_2。则平行度误差为 $f=L_1/L_2\left|M_1-M_2\right|$。在0°～180°范围内按上述方法测量若干个不同角度位置，取其各个测量位置所对应的 f 值中最大的值，作为该零件的平行度误差。测量时应选用可胀式（或与孔为无间隙配合的）心轴。

(2) 垂直度误差的检测

垂直度误差是指零件上被测要素（平面或直线）对理想的基准要素（平面或直线）的方向偏离90°的程度。

垂直度误差常采用转换平行度误差的方法进行检测。

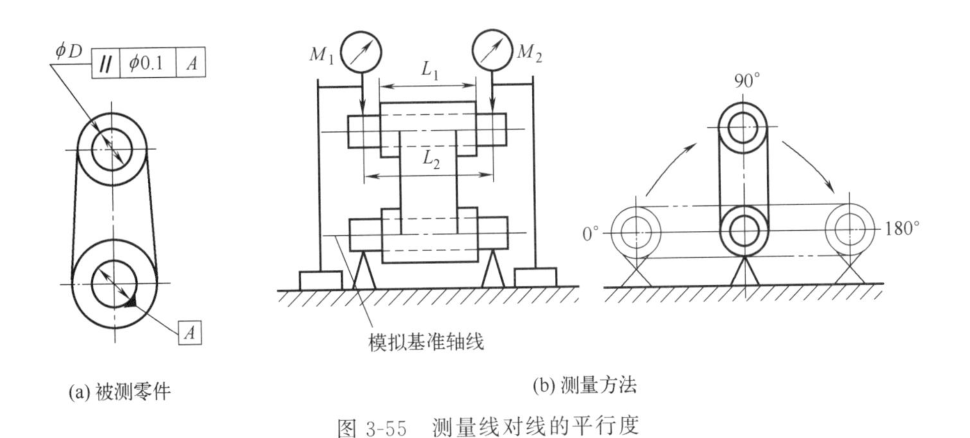

(a) 被测零件
(b) 测量方法

图 3-55 测量线对线的平行度

① 面对面垂直度误差的测量。如图 3-56 所示，用水平仪调整基准表面至水平。把水平仪分别放在基准表面和被测表面，分段逐步测量，记下读数，换算成线值。用图解法或计算法确定基准方位，再求出相对于基准的垂直度误差。

② 面对线垂直度误差的测量。如图 3-57 所示，将被测件置于导向块内，基准由导向块模拟。在整个被测面上测量，所得数值中的最大读数差即为垂直度误差。

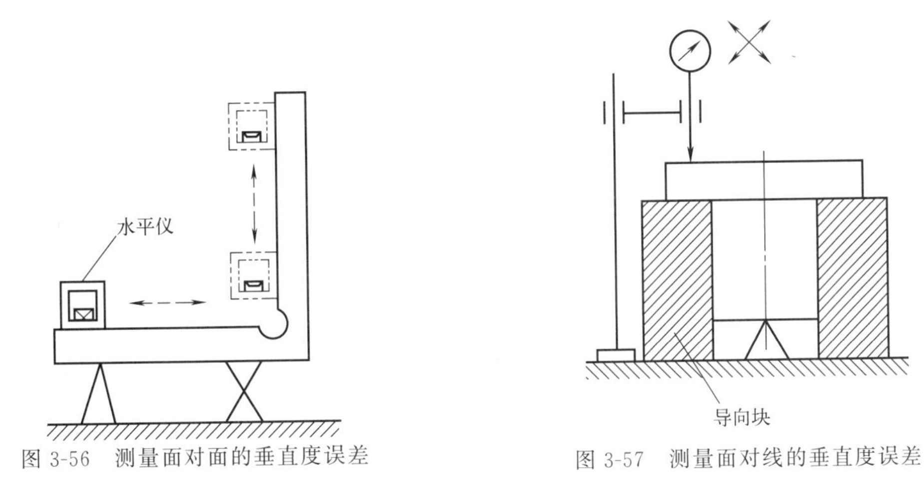

图 3-56 测量面对面的垂直度误差

图 3-57 测量面对线的垂直度误差

③ 线对线垂直度误差的测量。如图 3-58（a）所示的零件，可用图 3-58（b）所示的方

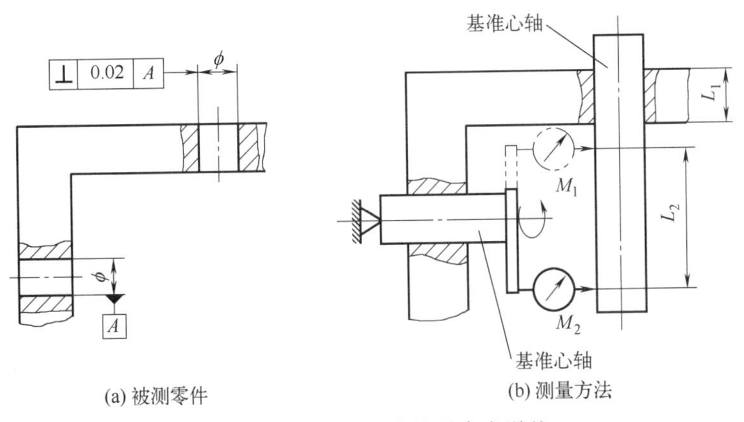

(a) 被测零件
(b) 测量方法

图 3-58 测量线对线的垂直度误差

法检测。基准轴线用一根相当标准的直角尺的心轴模拟，被测轴线用心轴模拟。转动基准心轴，在测量距离为 L_2 的两个位置上测得的数值分别为 M_1 和 M_2。则垂直度误差为 $L_1/L_2|M_1-M_2|$。测量时被测心轴应选用可胀式（或与孔为无间隙配合的）心轴，而基准心轴应选用可转动但配合间隙小的心轴。

（3）倾斜度误差的检测

倾斜度误差是指零件上被测要素（平面或直线）对理想的基准要素（平面或直线）的方向偏离某一给定角度（0°～90°）的程度。

倾斜度误差的检测也可转换成平行度误差的检测，只需要加一个定角座或定角套即可。

① 面对面倾斜度的测量。测量图 3-59（a）所示的零件，可用图 3-59（b）所示的方法检测。将被测零件放置在定角座上，调整被测零件，使整个被测零件表面的读数差为最小值。取指示器的最大与最小读数之差作为该零件的倾斜度误差。定角座可用精密转台来代替。

② 线对面倾斜度的测量。如图 3-60 所示，被测轴线由心轴模拟。调整被测件，使指示表的示值 M_1 为最大。在测量距离为 L_2 的两个位置上进行测量，读数值为 M_1 和 M_2，倾斜度误差为 $\Delta=L_1/L_2|M_1-M_2|$。

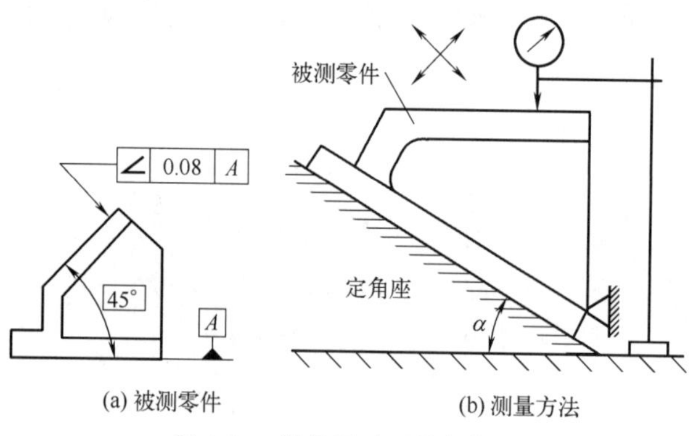

图 3-59 测量面对面的倾斜度

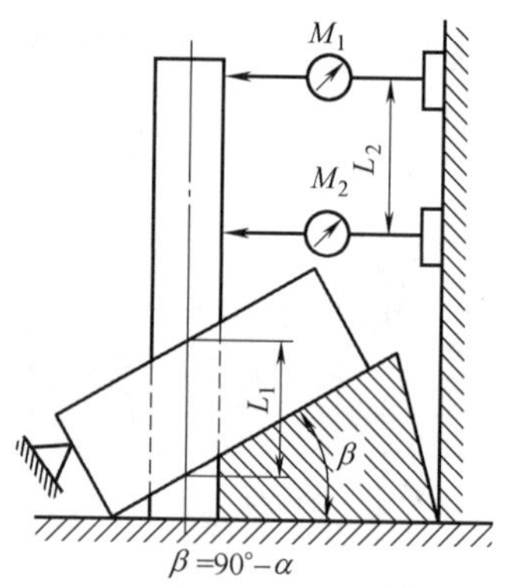

图 3-60 测量线对面的倾斜度

③ 线对线倾斜度的测量。如图 3-61（a）所示的零件，可用图 3-61（b）所示的方法检测。调整平板处于水平位置，并用心轴模拟被测轴线，调整被测零件，使心轴的右侧处于最高位置，用水平仪在心轴和平板上测得的数值分别为 A_1 和 A_2，则斜度误差为 $iL|A_1-A_2|$，其中 i 为水平仪的分值（线值），L 为被测孔的长度。测量时应选用可胀式（或与孔为无间隙配合的）心轴。

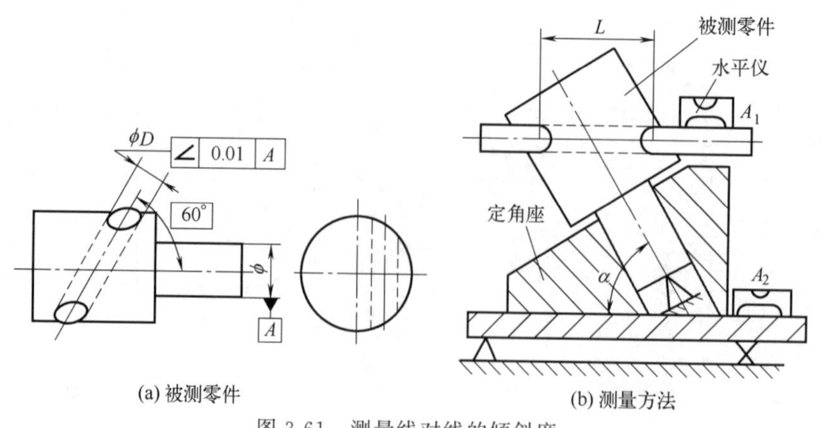

图 3-61 测量线对线的倾斜度

3.5.4　位置误差的检测

(1) 同轴度误差的检测

同轴度误差是指在理论上应同轴的被测轴线与理想基准轴线的不同轴程度。

同轴度误差的检测是要找出被测轴线偏离基准轴线的最大距离，以其 2 倍值定为同轴度误差。如图 3-62（a）所示的零件的同轴度要求，可用图 3-62（b）所示的方法来检测。以两基准圆柱面中部的中心点连线作为公共基准轴线。将零件放置在两个等高的刃口状的 V 形架上，将两指示器分别自铅垂轴截面调零。

① 在轴向测量。取指示器在垂直基准轴线的正截面上测得各对应点的读数之差的绝对值 $|M_1-M_2|$ 作为在该截面上的同轴度误差。

② 转动被测零件，按上述方法测量若干个截面，取各截面测得的读数差的最大值（绝对值）作为该零件的同轴度误差。

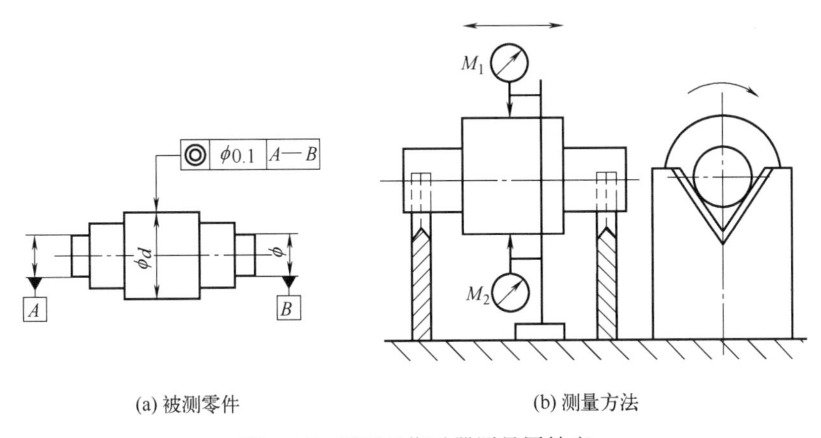

图 3-62　用两只指示器测量同轴度

(2) 对称度误差的检测

对称度误差是指要求共面的被测要素（中心平面、中心线或轴线）与理想的基准要素（中心平面、中心线或轴线）的不重合程度。

对称度误差的检测是要找出被测中心要素偏离基准中心要素的最大距离，以其两倍值定位对称度误差。通常是用测长量仪，测量对称的两平面或圆柱面的两边素线各自到基准平面或圆柱面的两边素线的距离之差。测量时用平板或定位块模拟基准滑块或槽面的中心平面。

① 面对面对称度误差的测量。测量图 3-63（a）所示的零件的对称度误差，可用图 3-63

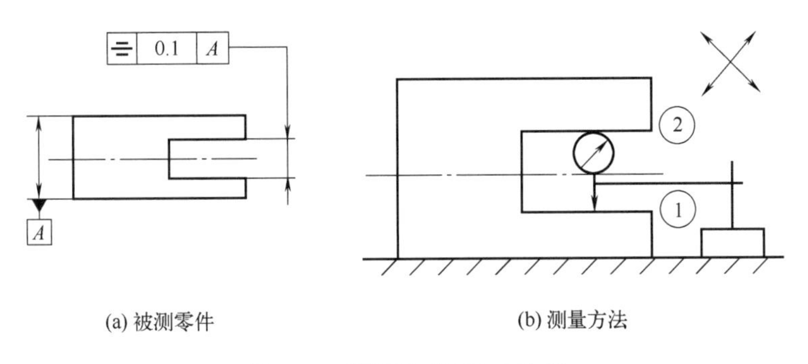

图 3-63　测量面对面的对称度

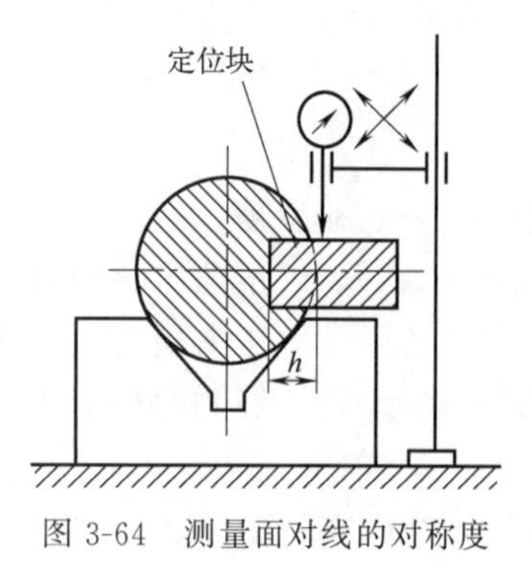

图 3-64 测量面对线的对称度

(b) 所示的方法来检测。将被测零件放置在平板上，测量被测表面与平板之间的距离。将被测零件翻转后，测量另一被测表面与平板之间的距离，取测量截面内对应两测量点的最大差值作为对称度误差。

② 面对线对称度误差的测量。如图 3-64 所示，基准轴线由 V 形架模拟，被测中心平面由定位块模拟。调整被测件，使定位块沿径向与平板平行。测量定位块与平板之间的距离。再将被测件翻转 180°后，在同一剖面上重复上述测量。该剖面上下两对应点的读数差的最大值为 a，则该剖面的对称度误差为

$$\Delta_{剖}=\left(a\ \frac{h}{2}\right)/\left(R-\frac{h}{2}\right)=ah/(d-h)$$

式中 R——轴的半径；

h——槽深；

d——轴的直径。

沿键槽长度方向测量，取长度方向两点的最大读数差为长度方向对称度误差 $\Delta_{长}=a_{高}-a_{低}$。取两个方向误差值最大者为该零件对称度误差。

(3) 位置度误差的检测

位置度误差是指被测实际要素对理想位置的变动量，其理想位置是由基准和理论正确尺寸确定的。理论正确尺寸是不附带公差的精确尺寸，用以表示被测理想要素到基准之间的距离，在图样上用加方框的数字表示，以便与未注公差的尺寸相区别。

位置度误差的检测方法通常应用以下两种。

① 用测长量仪测量要素的实际位置尺寸，与理论正确尺寸比较，以最大差的 2 倍作为位置度误差。如图 3-65 (a) 所示的多孔的板件，放在坐标测量仪上测量孔的坐标。测量前要调整零件，使其基准平面与仪器的坐标方向一致。为了给定基准，可调整最远两孔的实际中心连线与坐标方向一致，如图 3-65 (b) 所示。逐个测量孔边的坐标，定出孔的位置度误差。

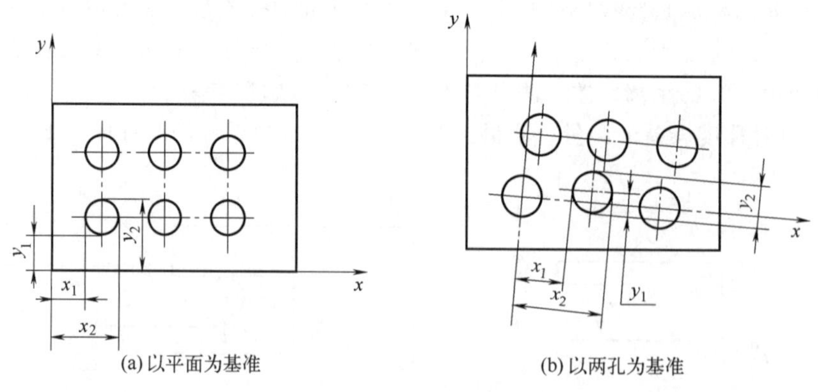

图 3-65 孔的坐标测量

② 用位置量规测量要素的合格性。如图 3-66 所示，要求在法兰盘上装螺钉用的 4 个孔有以中心孔为基准的位置度。将量规的基准测销和固定测销插入零件中，再将活动测销插入

其他孔中，如果都能插入零件和量规的对应孔中，即可判断被测零件是合格的。

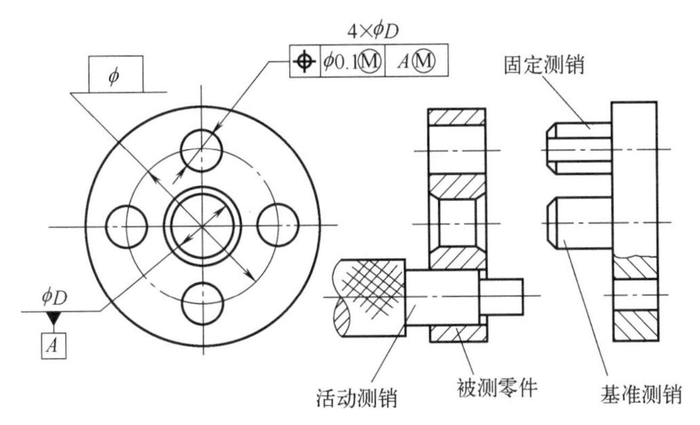

图 3-66　位置量规检测孔的位置度

(4) 跳动误差的检测

跳动误差是指被测实际要素绕基准轴线回转一周或连续回转时所允许的最大跳动量。跳动误差又分为圆跳动误差（包括径向圆跳动、轴向圆跳动和斜向圆跳动）和全跳动误差（径向全跳动和轴向全跳动）。

① 圆跳动误差的检测。

a. 径向圆跳动误差的检测。图 3-67（a）所示的零件，其径向圆跳动误差可用图 3-67（b）所示的方法来检测。基准轴线由 V 形块模拟，被测零件支承在 V 形块上，并在轴向定位。在被测零件回转一周的过程中，指示器上最大与最小读数的差值，即为单个测量平面上的径向跳动。按上述方法测量若干个截面，取各个截面上测得的跳动量中的最大值，作为该零件的径向跳动误差。该测量方法受 V 形块角度和其基准实际要素形状误差的综合影响。

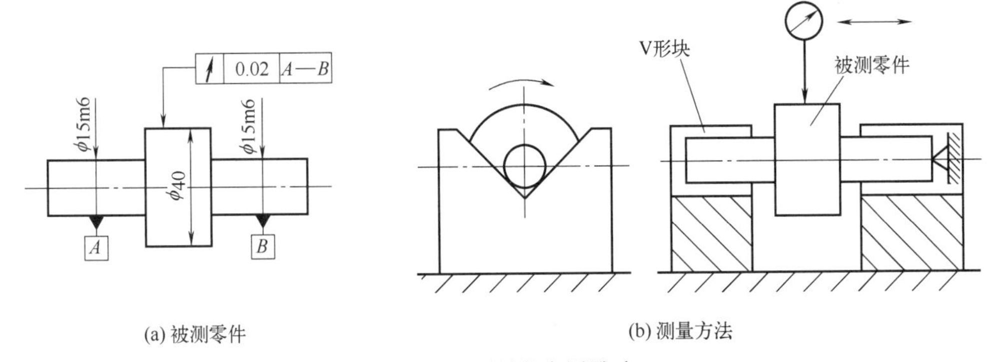

(a) 被测零件　　(b) 测量方法

图 3-67　测量径向圆跳动

b. 轴向圆跳动误差的检测。如图 3-68（a）所示的零件，其轴向圆跳动误差可用图 3-68（b）所示的方法来检测。将被测零件固定在 V 形块上，并轴向定位。在被测零件回转一周的过程中，指示器上最大与最小读数的差值，即为单个测量圆柱面上的轴向跳动。按上述方法测量若干个圆柱面，取各个测量圆柱面上测得的跳动量中的最大值，作为该零件的轴向跳动误差。该测量方法受 V 形块角度和其基准实际要素形状误差的综合影响。

c. 斜向圆跳动误差的检测。如图 3-69（a）所示的零件，其斜向圆跳动误差可用图 3-69（b）所示的方法来检测。将被测零件固定在导向套筒内，并轴向定位。在被测零件回转一周的过程中，指示器上最大与最小读数的差值，即为单个测量圆锥面上的斜向跳动。

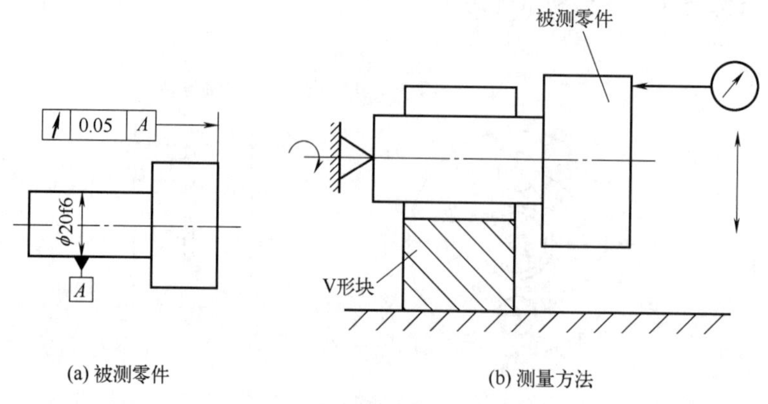

图 3-68 测量轴向圆跳动

按上述方法测量若干次，取各个测量圆锥面上测得的跳动量中的最大值，作为该零件的斜向跳动误差。当在机床或转动装置上直接进行测量时，具有一定直径的导向套筒不易获得（最小外接圆柱面），可用可调圆柱套（弹簧夹头）来代替导向套筒，但测量结果受夹头误差的影响。

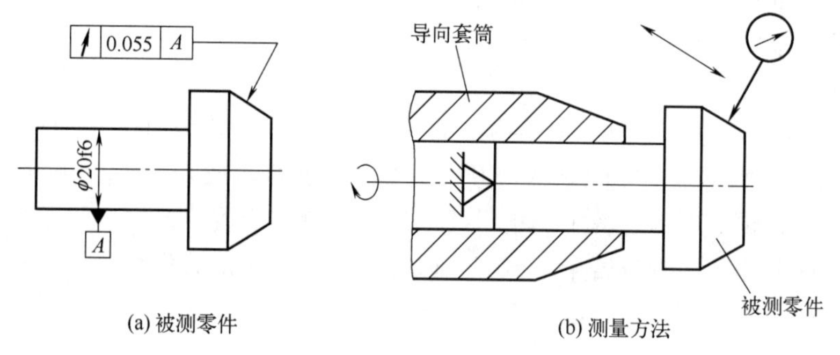

图 3-69 测量斜向圆跳动

② 全跳动误差的检测。

a. 径向全跳动的检测。如图 3-70（a）所示的零件，其径向全跳动误差可用图 3-70（b）所示的方法来检测。将被测零件固定在两个同轴的导向套筒内，同时在轴向固定，并调整该对套筒使其同轴和与平板平行。在被测零件连续回转的过程中，同时让指示器沿基准轴线方向做直线移动。在整个测量过程中，指示器上最大与最小读数的差值，即为该零件的径向全跳动误差。基准轴线也可以用一对 V 形块或一对顶尖的简单方法来实现。

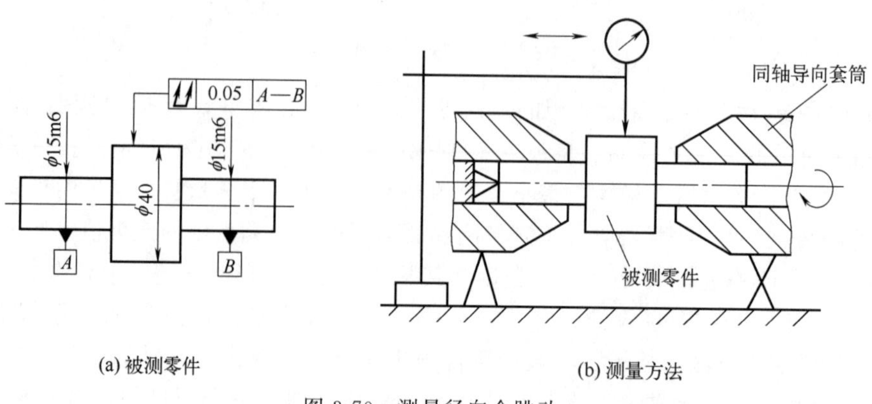

图 3-70 测量径向全跳动

b. 轴向全跳动误差的检测。如图 3-71（a）所示的零件，其轴向全跳动误差可用图 3-71（b）所示的方法来检测。将被测零件支承在导向套筒内，并在轴向固定。导向套筒的轴线应与平板垂直。在被测零件连续回转的过程中，指示器沿其径向做直线移动。在整个测量过程中，指示器上最大与最小读数的差值，即为该零件的轴向全跳动误差。基准轴线也可以用一对 V 形块等简单方法来实现。

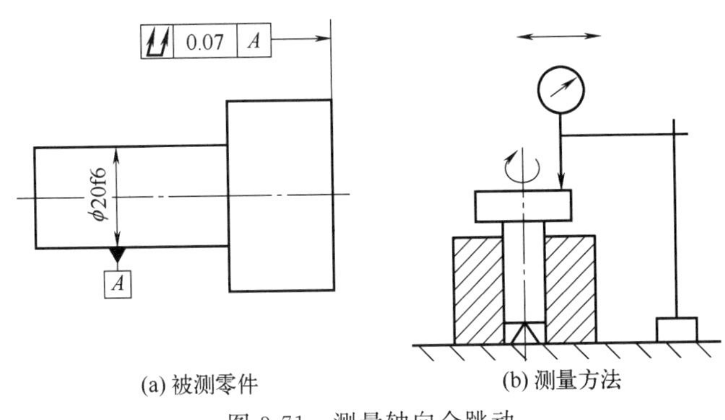

(a) 被测零件　(b) 测量方法

图 3-71　测量轴向全跳动

知识拓展：机床几何精度的检测

(1) 机床检验前的准备

① 必须将机床安置在适当的基础上调平，其目的是得到机床的静态稳定性，以方便其后的技术测量工作，特别是方便某些基础部件（如床身导轨）直线度有关的测量。

② 为了尽可能在润滑和温升都正常的工作状态下评定机床精度，在进行几何精度和工作精度检验时，应根据使用条件和制造厂的规定将机床空转后，使机床零部件达到恰当的温度。对于高精度机床和一些数控机床，温度波动对其精度有显著影响，甚至要求具备特殊的（恒温）环境。

(2) 机床几何精度的检验与测量

机床几何精度检验主要包括机床的直线度、平面度、垂直度、平行度、等距度、重合度、旋转等项目。现以卧式数控车床和车削中心为例，对其部分几何精度要求进行检测，见表 3-9。

表 3-9　几何精度（主参数：最大回转直径 250mm<D≤500mm）

序号	检验项目及允差/mm	检验工具	检验方法
G1	主轴箱主轴端部 ①定心轴径的径向跳动 0.008mm ②周期性轴向窜动 0.005mm ③主轴轴向跳动 0.010mm	指示器、带钢球检验棒	① 当表面为圆锥面时，指示器测头应垂直于圆锥表面 ②和③ 主轴箱应在最大直径上检测

续表

序号	检验项目及允差/mm	检验工具	检验方法
G2	主轴孔的径向跳动 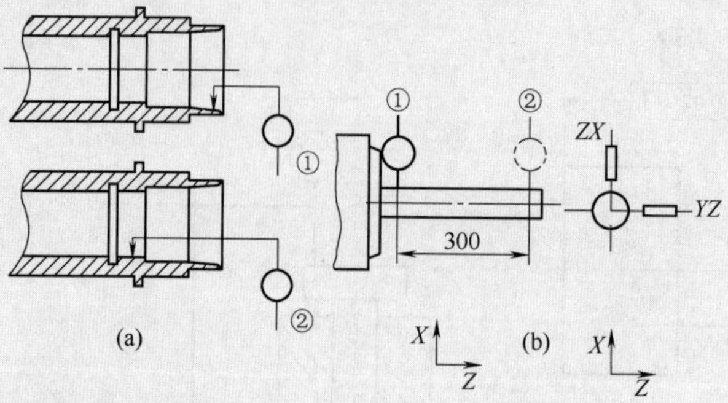 (1)指示器测头直接触及： ①、②前、后锥孔面 0.008mm (2)用检验棒检验： ①靠近主轴端面 0.015mm ②距主轴端面 300mm 处 0.020mm	指示器、检验棒	检验应在 ZX 和 YZ 平面内进行。主轴缓慢旋转，在每个检验位置至少转动两转进行检测 拔出检验棒，相对主轴旋转 90°重新插入，按复检 4 次的平均值计
G3	Z 轴(床鞍)运动对主轴轴线的平行度(在 300mm 内测量) ①在 ZX 平面内 0.015mm ②在 YZ 平面内 0.002mm 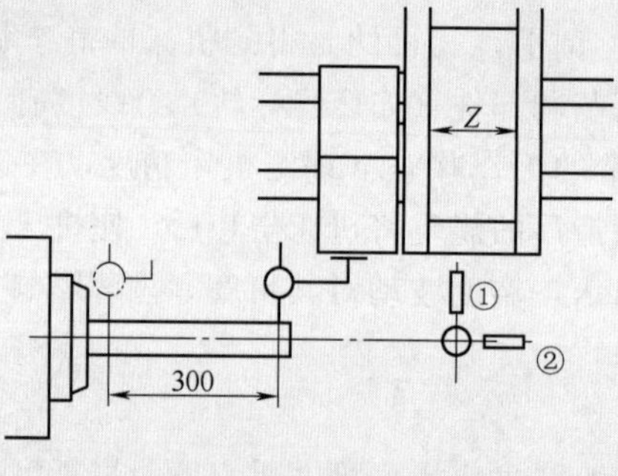 	指示器、检验棒	旋转主轴至径向跳动的平均位置，然后在 Z 轴方向上移动床鞍检验 每个主轴均应检验
G4	主轴(C 轴)轴线对： ①X 轴线在 ZX 平面内运动的垂直度 0.015mm ②Y 轴线在 YZ 平面内运动的垂直度 0.020mm (在 300mm 长度上或全行程上测量) 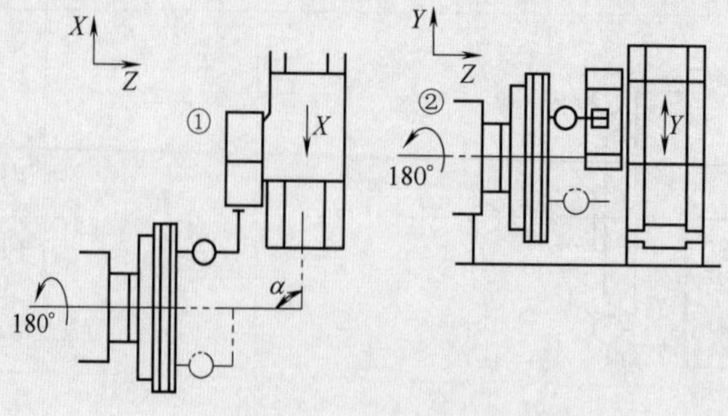 	指示器、花盘及平尺	指示器固定在转塔刀架上 将平尺固定在花盘上，花盘安装在主轴上

续表

序号	检验项目及允差/mm	检验工具	检验方法
G6	两主轴箱主轴的同轴度(仅用于相对布置的主轴,在 100mm 范围内) 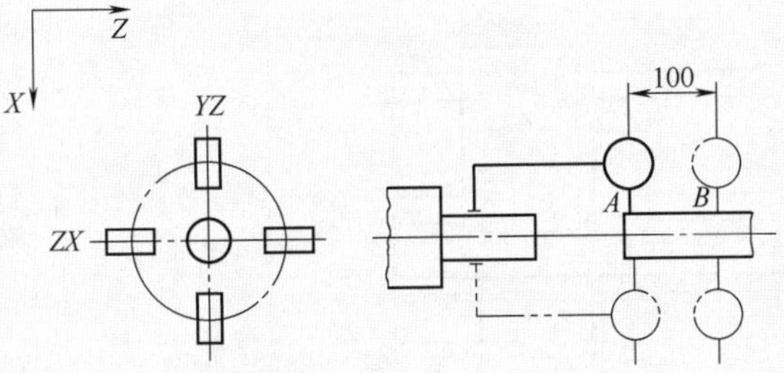 在 ZX 平面及 YZ 平面内皆为 0.010mm	指示器、检验棒	将指示器固定在第 1 个主轴上,检验棒插入第 2 个主轴内
G7	Z 轴运动(床鞍运动)的角度偏差 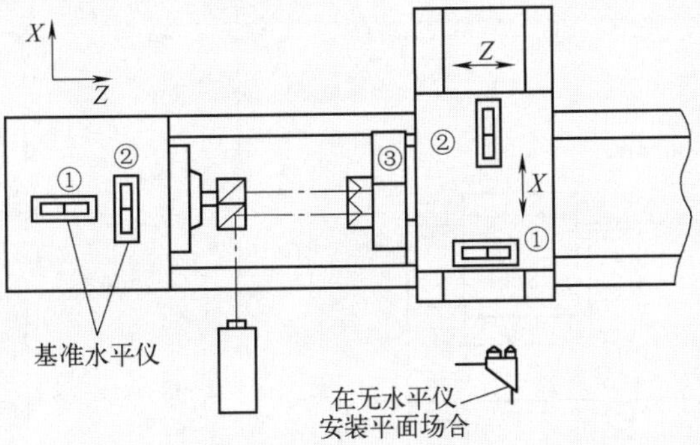 基准水平仪 在无水平仪安装平面场合 ①在 YZ 平面内(俯仰) ②在 XY 平面内(倾斜) ③在 ZX 平面内(偏摆) 当①、②、③在 $Z\leqslant500$mm 时皆为 0.040mm/1000mm(或 8″)	精密水平仪、直准直仪、反射器或激光仪器	应在往复两个运动方向上沿行程至少 5 个等距位置上检验。最大和最小读数之差即为角偏差 当用精密水平仪检验时,其每移动一个位置的读数都应与基准水平仪读数比对
G9	Y 轴运动(刀架运动)的角度偏差 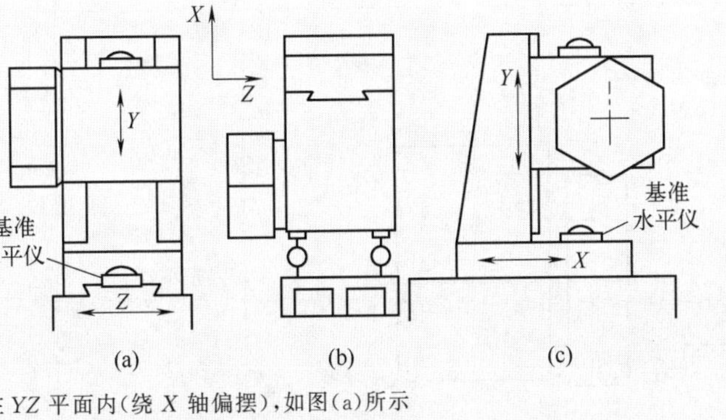 基准水平仪 (a)　(b)　(c) 在 YZ 平面内(绕 X 轴偏摆),如图(a)所示 在 ZX 平面内(倾斜),如图(b)所示 在 XY 平面内(绕 Z 轴仰俯),如图(c)所示 在 $Y\leqslant500$mm 时,皆为 0.040mm/1000mm(或 8″)	精密水平仪、直准直仪、反射器、激光仪平盘和指示器	应在往复两个运动方向上沿行程至少 5 个等距位置上检验。最大和最小读数之差即为角偏差 当用精密水平仪检验时,其每移动一个位置的读数都应与基准水平仪读数比对

续表

序号	检验项目及允差/mm	检验工具	检验方法
G10	尾座 R 轴运动对 Z 轴运动的平行度 $Z\leqslant1000$mm 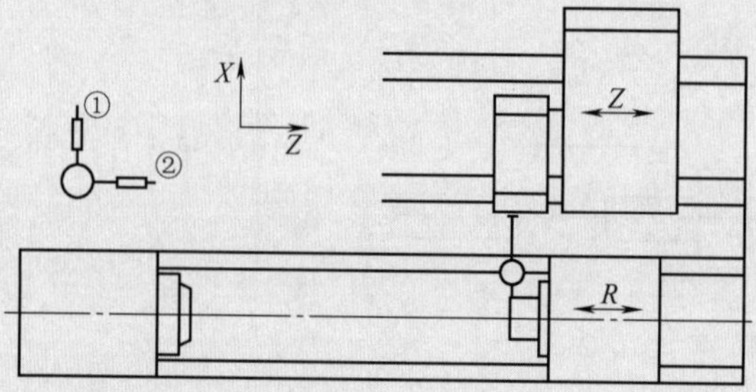 ①在 ZX 平面内 0.020mm ②在 YZ 平面内 0.030mm	指示器	将指示器固定在刀架上，使测头触及尾座及尾座套筒，同时移动床鞍 Z 轴和尾座 R 轴测示值 应在往复两个运动方向上至少 5 个等距位置上检测。最大与最小差读数差即为平行度偏差
G13	Z 轴运动对车削轴线的平行度（$L\leqslant500$mm） 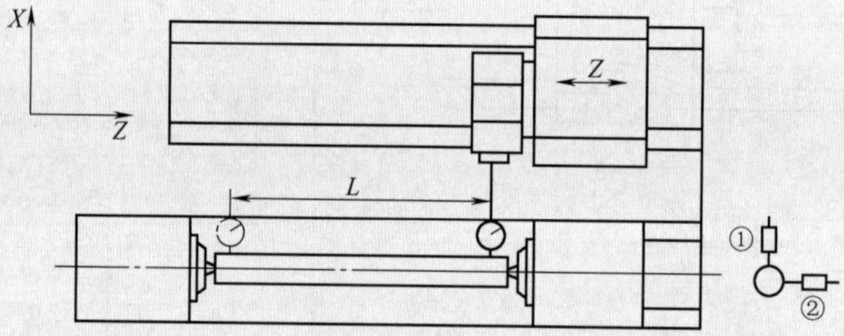 注：$L=75\%$两顶尖之间的距离；车削轴线即为两顶尖之间的距离 ①在 ZX 平面内 0.010mm ②在 YZ 平面内 0.020mm	指示器检验棒	在刀架上固定指示器，使其测头分别在 ZX 和 YZ 平面内触及检验棒
G14	刀架工具安装基面对主轴轴线的垂直度 此项适于工具安装基面与主轴轴线垂直的刀架 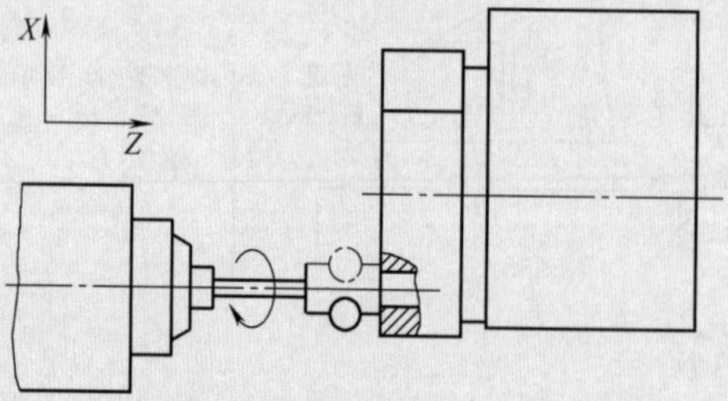 0.020mm/100mm（100mm 为测量直径）	指示器	每个工位均应检验

续表

序号	检验项目及允差/mm	检验工具	检验方法
G21	工件主轴轴线与刀具主轴轴线在 Y 方向的位置差 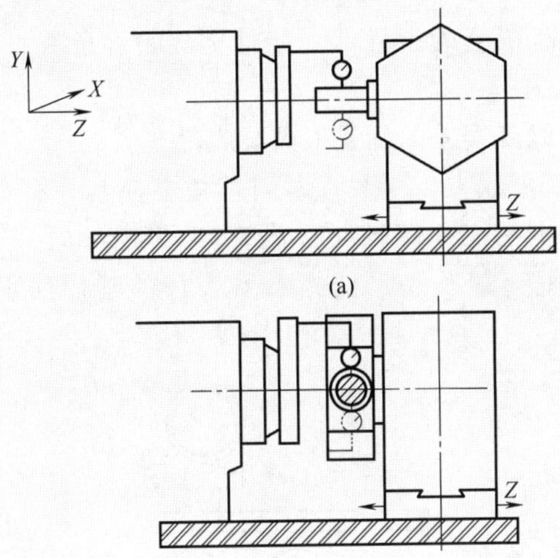 (a) (b) 两个主轴相互平行[图(a)]0.030mm 两个主轴相互垂直[图(b)]0.030mm	指示器、检验棒、支架	将指示器固定在工件主轴上，检验棒插入刀具主轴孔内。使刀具主轴与工件主轴在 YZ 平面内成一直线。使指示器测头触及检验棒，旋转主轴于0°和180°两个位置测取读数 位置差为0°和180°测量读数差值之半 每个工位均应检验
G22	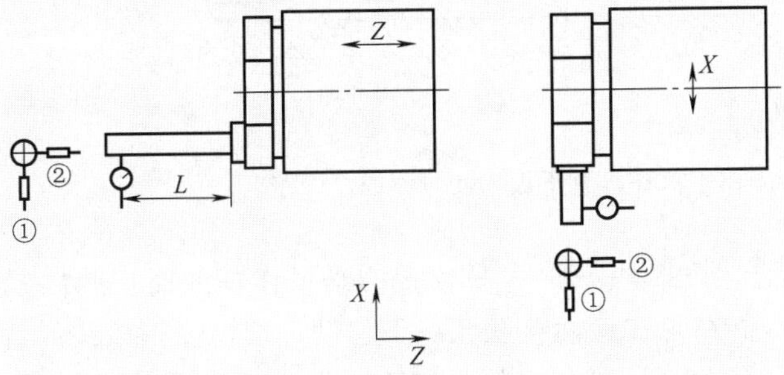 刀架转位的重复定位精度($L=100$mm) (a)　(b) ①在 YZ 平面内[图(a)]0.010mm ②在 ZX 平面内[图(b)]0.010mm	指示器和检验棒	刀架位于行程的中间位置。在距刀架端面或刀具安装面 L 处，固定指示器使其测头在0°和90°触及检验棒，记录刀架轴线位置和指示器的读数 应至少在刀架3个不同工位上进行检验。每次检验指示器读数都应复零
G23	刀架转位的定位精度 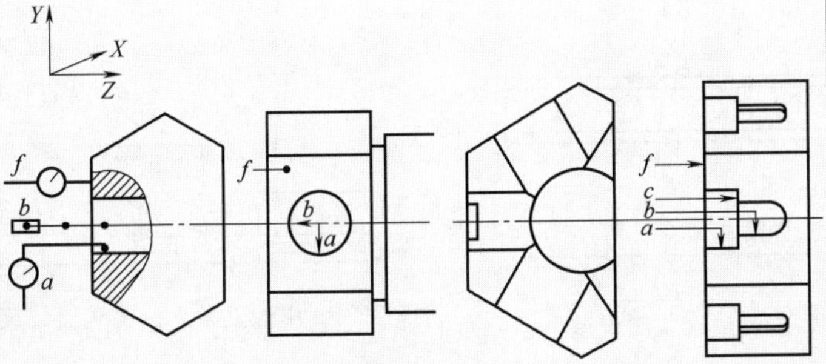 $L=50$mm 时允差为0.003mm	指示器	将指示器测头分别触及刀架工具孔或槽(a、b、c 位置)上，记录读数，移开刀架，指示器读数复零，将刀架转到下一工位，刀架轴线重新复位，记录指示器读数 每个工位重复3次检验，所有指示器测头的最大差值即为刀架转位的定位精度

测量几何精度时，应做到：

① 测量工具选择高精度测量工具，如平尺、角尺、检验棒、专用锥度检验棒、圆柱角尺等专用的工具。

② 量仪选择高精度的量仪，如高精度的指示器、杠杆千分表、量块、电子水平仪、光学准直仪、激光干涉仪等测量仪器。

(3) 机床几何精度测量举例：直线度误差的测量工具及测量方法

① 用平尺在垂直平面内测量直线度误差。平尺应尽可能放在使其具有最小重力挠度的两个等高的量块上。指示器安装在具有三个接触点的支座上，并沿导向平尺做直线移动进行测量，三个接触点之一应位于垂直触及平尺的指示器表杆的延伸线上，如图 3-72 所示。

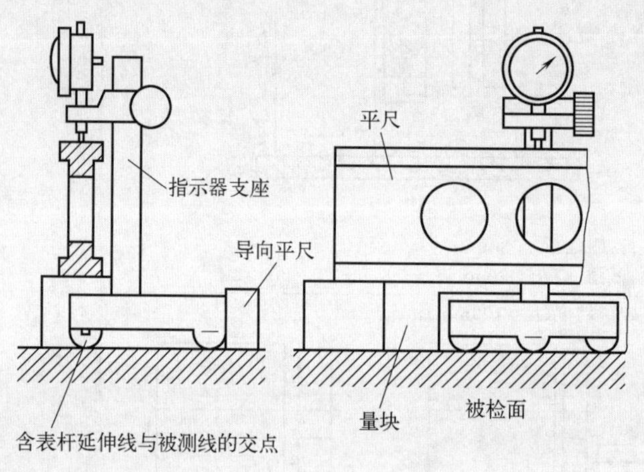

图 3-72 用平尺在垂直平面内测量直线度误差

② 用平尺在水平面内测量直线度。用一根水平放置的平尺作基准面，并放置平尺使其在线的两端读数相等。使指示器在与被检面接触状况下移动，即可测得该线的直线度偏差。然后使平尺绕其纵向轴线翻转 180°，所测得的为排除平尺直线度误差后的测量结果，如图 3-73 所示。

③ 用准直激光法测量直线度误差。测量基准为激光束。激光束对准沿光束轴线移动的四象限光电二极管传感器，传感器中心与光束的水平和垂直偏差被测定并传送到记录仪器中，如图 3-74 所示。

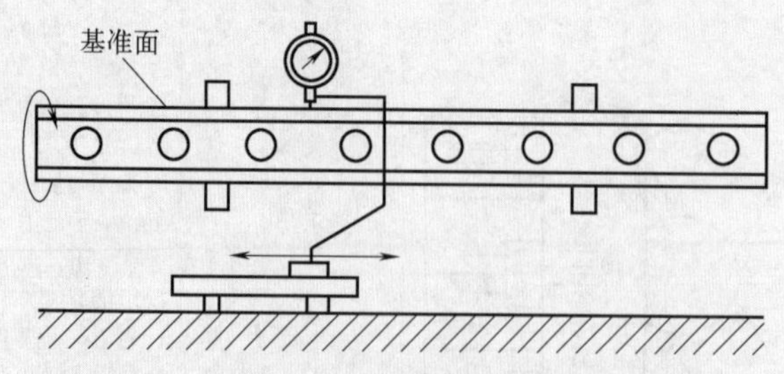

图 3-73 用平尺在水平面内测量直线度误差

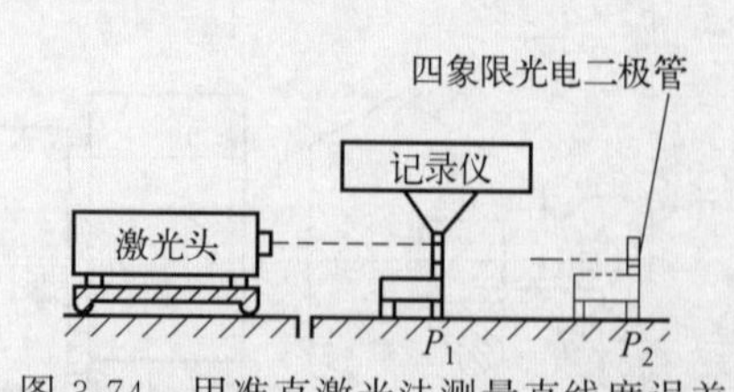

图 3-74 用准直激光法测量直线度误差

(4) 数控车床和车削中心检验条件

① 卧式车削中心的结构（参见图 3-75）。

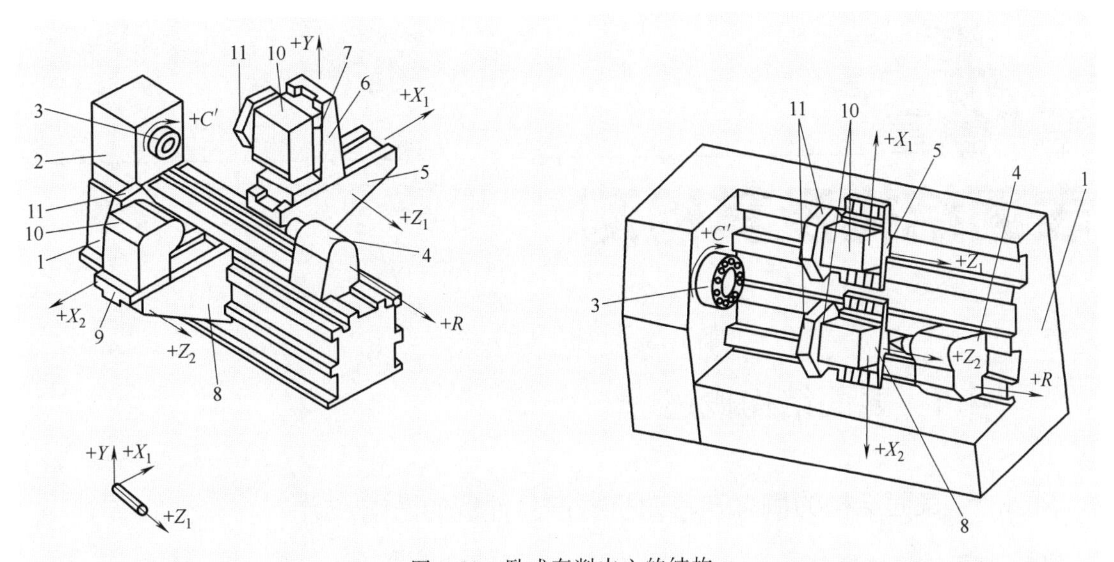

图 3-75　卧式车削中心的结构

1—床身；2—主轴箱；3—主轴，C'轴；4—尾座，R 轴；5—第 1 床鞍，Z 轴；6—第 1 刀架滑板，X 轴；7—垂直滑板，Y 轴；8—第 2 床鞍，Z_2 轴；9—第 2 刀架滑板，X_2 轴；10—第 1 刀架和第 2 刀架；11—第 1 刀架刀盘和第 2 刀架刀盘

② 卧式数控车床和车削中心的几何精度检验项目。机床几何精度检验项目是根据检验的目的、需要和结构特点确定的，并不是必须检验标准规定的所有内容。实际工作中，被检验机床的类型、参数、已使用年限、机床在使用中表现的特性等是已知的、确定的，从而确定对机床检验的目的和要求。为此，检验内容应从该机床的《产品合格证》中选取。

第4章 表面结构及其检测

4.1 表面结构概述

4.1.1 表面结构的概念及其对机械产品性能的影响

(1) 表面结构的概念

机械零件的表面是按所定特征和要求加工而形成的，看上去表面似乎十分光滑，但借助于放大装置一看，实际上却是凹凸不平的，如图4-1所示。零件表面的实际轮廓是由粗糙度轮廓（*R*轮廓）、波纹度轮廓（*W*轮廓）和原始轮廓（*P*轮廓）构成的。各种轮廓所具有的特性都与零件的表面功能密切相关。因此，零件的表面结构是表面粗糙度、表面波纹度和表面原始轮廓的统称。所以，表面结构是通过不同的测量与计算方法得出的一系列参数的表征，也是评定零件表面质量和保证表面功能的重要技术指标。

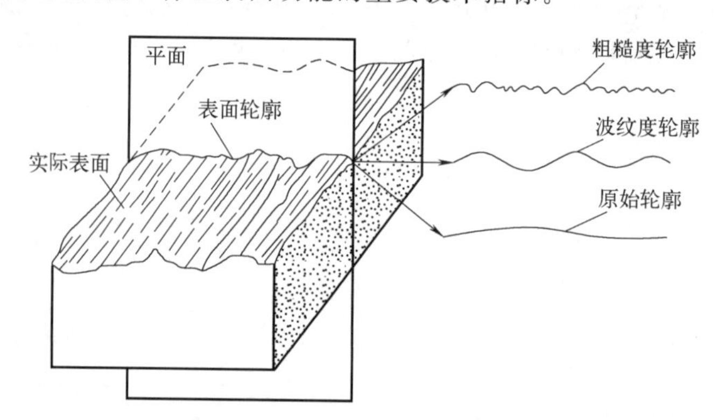

图4-1 零件的表面结构

(2) 表面结构对机械产品性能的影响

机械零件的表面结构不仅影响美观，而且对运动面的摩擦与磨损、贴合面的密封性、表面对流体流动的阻力等都有影响，而且还会影响到定位与定位精度、配合性质、疲劳强度、接触刚度、抗腐蚀性等。表面结构会直接影响机械零件的使用性能和寿命，特别是对在高温、高压和高速条件下工作的机械零件影响尤为严重，其影响主要有以下几个方面。

① 对摩擦和磨损的影响。当两个零件的表面相接触且具有相对运动时，峰顶之间的接触作用会产生摩擦阻力，而使零件磨损。因此，零件的表面越粗糙，摩擦阻力就越大，两个相对运动的表面间有效接触面积就越少，导致单位面积压力增大，零件运动的表面磨损就越快。

② 对配合性能的影响。表面结构会影响配合性质的稳定性，进而影响机器或仪器的工作精度和可靠性。对于有相对运动的间隙配合，表面粗糙度的峰尖在运转时会很快磨损，使

得间隙增大；对于过盈配合，粗糙表面轮廓的峰尖在装配时被挤平，使得实际有效过盈量减少，从而降低了连接强度。

③ 对疲劳强度的影响。零件的表面越粗糙，其表面的凹谷越深，波谷的曲率也就越小，应力集中就会越严重。当零件在承受交变载荷时，由于应力集中的影响，疲劳强度降低，零件疲劳损坏的可能性就越大，久而久之会导致零件表面产生裂纹而损坏。

④ 对接触刚度的影响。零件表面越粗糙，两个零件表面间的实际接触面积也就越小，单位面积受力也就越大，这就会使峰尖处的局部塑性变形加剧，接触刚度降低，影响机器的工作精度和抗振性。

⑤ 对耐蚀性的影响。零件表面越粗糙，表面积越大，凹谷越深，即粗糙的表面易使腐蚀性物质附着于表面的凹谷处，并渗入到金属内层，造成表面锈蚀加大（腐蚀加剧）。

因此，在零件进行几何精度设计时，提出表面结构要求是非常必要的。

4.1.2 我国现行有关表面结构的标准

我国现行的有关表面结构的标准如下。

GB/T 131—2006《产品几何技术规范（GPS） 技术产品文件中表面结构的表示法》。

GB/T 1031—2009《产品几何技术规范（GPS） 表面结构 轮廓法 表面粗糙度参数及其数值》。

GB/T 3505—2009《产品几何技术规范（GPS） 表面结构 轮廓法 术语、定义及表面结构参数》。

GB/T 10610—2009《产品几何技术规范（GPS） 表面结构 轮廓法 评定表面结构的规则和方法》。

GB/T 20308—2020《产品几何技术规范（GPS） 矩阵模型》。

GB/T 16747—2009《产品几何技术规范（GPS） 表面结构 轮廓法 表面波纹度词汇》。

GB/T 18618—2009《产品几何技术规范（GPS） 表面结构 轮廓法 图形参数》。

GB/T 7220—2004《产品几何量技术规范（GPS） 表面结构 轮廓法 表面粗糙度术语参数测量》。

GB/T 18778.3—2006《产品几何技术规范（GPS） 表面结构 轮廓法具有复合加工特征的表面》。

GB/Z 18620.4—2008《圆柱齿轮检验实施规范 第 4 部分：表面结构和轮齿接触斑点的检验》。

GB/T 18778.2—2003《产品几何量技术规范（GPS） 表面结构 轮廓法 具有复合加工特征的表面第 2 部分：用线性化的支承率曲线表征高度特性》。

4.2 表面粗糙度及其评定参数

4.2.1 表面粗糙度的概念

表面粗糙度是一种零件表面的缺陷。经机械加工的零件表面，总是存在着宏观和微观的几何形状误差。表面粗糙度是指零件在加工过程中，因不同的加工方法、机床与工具的精度、振动及磨损等因素在加工表面上所形成的具有较小间隔和较小峰谷的微观状况，它属微观几何误差。

4.2.2 表面粗糙度的评定参数

(1) 主要术语及定义

国家标准（GB/T 3505—2009）规定了用轮廓法确定表面结构（粗糙度、波纹度和原始轮廓）的术语、定义和参数。

① 表面轮廓。由一个指定平面与实际表面相交所得的轮廓，如图 4-2 所示。

② 轮廓滤波器。滤波器把表面轮廓分成长波和短波。它们的传输特性相同，截止波长不同。

a. λs 轮廓滤波器，即确定存在于表面上的粗糙度与比它更短的波的成分之间相交界限的滤波器，如图 4-3 所示。

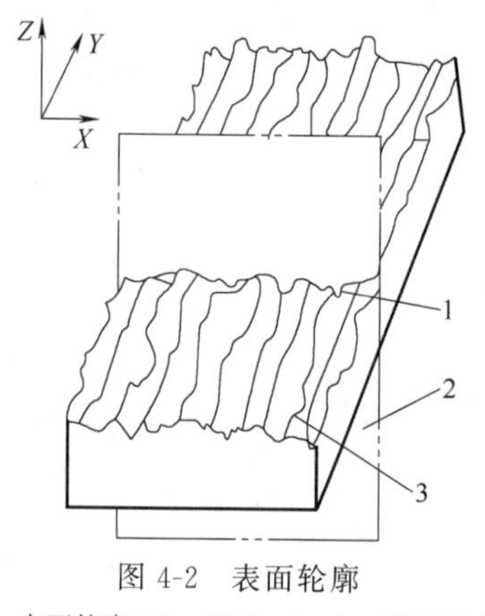

图 4-2 表面轮廓

1—表面轮廓；2—平面；3—加工纹理方向

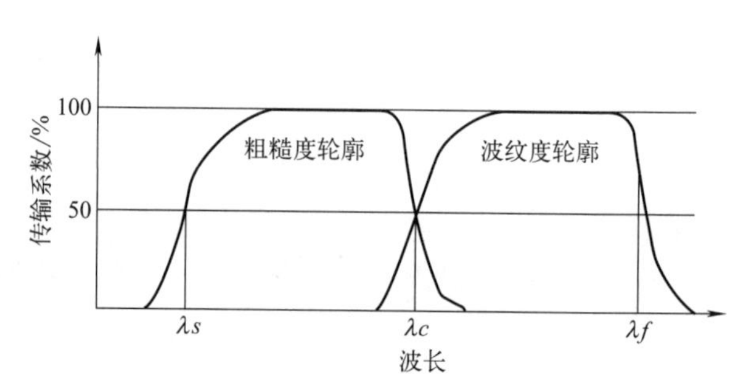

图 4-3 粗糙度和波纹度轮廓的传输特性

b. λc 轮廓滤波器，即确定粗糙度与波纹度成分之间相交界限的滤波器，如图 4-3 所示。

c. λf 轮廓滤波器，即确定存在于表面上的波纹度与比它更长的波的成分之间相交界限的滤波器，如图 4-3 所示。

③ 原始轮廓。它是在应用短波滤波器 λs 之后的总轮廓，是评定原始轮廓参数的基础。

④ 粗糙度轮廓。它是对原始轮廓采用 λc 滤波器抑制长波成分以后形成的轮廓，是评定粗糙度轮廓参数的基础，如图 4-3 所示。

⑤ 波纹度轮廓。它是对原始轮廓连续应用 λf 和 λc 两个滤波器后形成的轮廓。它是评定波纹度轮廓参数的基础，如图 4-3 所示。

⑥ 取样长度 lr。用于判别具有表面粗糙度特征的 X 轴方向上的一段基准线长度，称为取样长度，代号为 lr。规定取样长度是为了限制和减弱宏观几何形状误差，特别是波纹度对表面粗糙度测量结果的影响。为了得到较好的测量结果，取样长度应与表面粗糙度的要求相适应，过短不能反映粗糙度实际情况；过长则会把波纹度的成分也包括进去。长波滤波器上的截止波长值，就是取样长度 lr。另外，取样长度在轮廓总的走向上量取。表面越粗糙，取样长度应越大，这是因为表面越粗糙，波距越大。

⑦ 评定长度 ln。评定表面粗糙度所需的 X 轴方向上的一段长度称为评定长度，代号为

ln。规定评定长度是为了克服加工表面的不均匀性，较客观地反映表面粗糙度的真实情况，如图 4-4 所示。评定长度可包含一个或几个取样长度，一般取评定长度 $ln=5lr$。

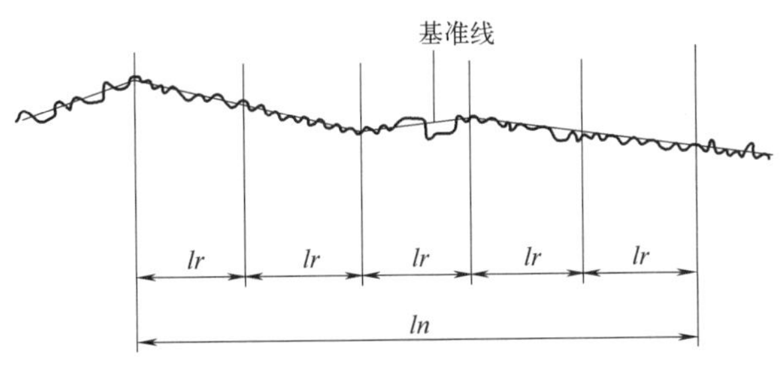

图 4-4 取样长度和评定长度

⑧ 中线 m。中线是具有几何轮廓形状并划分轮廓的基准线，如图 4-5 所示。

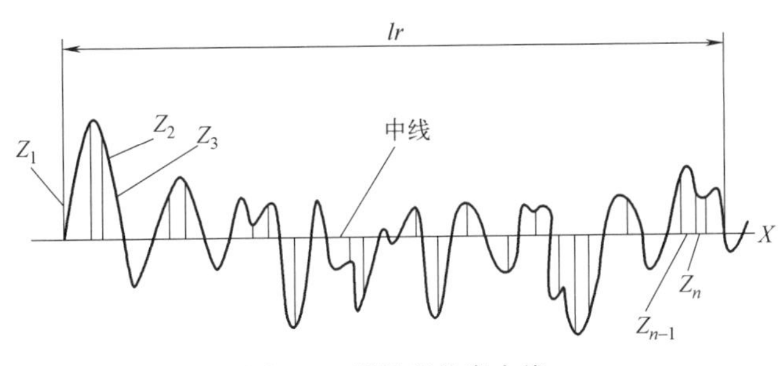

图 4-5 粗糙度轮廓中线

中线有下列两种确定方法。

a. 最小二乘法。在取样长度内使轮廓线上各点至该线的距离的二次方和最小，如图 4-6 所示，即 $\sum_{i=1}^{n} Z_i^2$ 为最小。

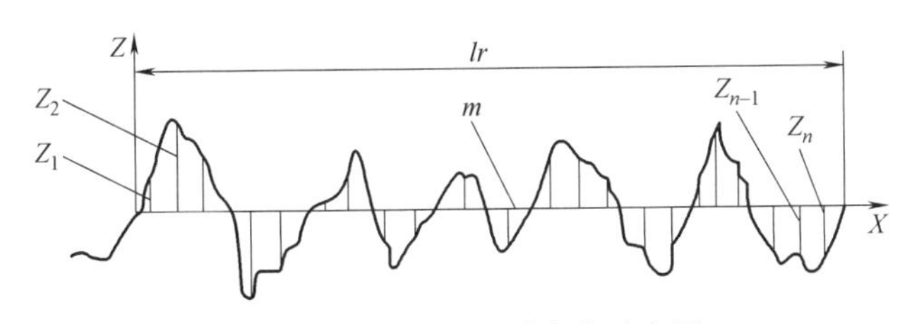

图 4-6 轮廓最小二乘中线示意图

b. 算术平均法。用该方法确定的中线具有几何轮廓形状，在取样长度内与轮廓走向一致。该线划分轮廓并使上下两部分的面积相等。如图 4-7 所示，中间直线 m 是算术平均中线，F_1、F_3、…、F_{2n-1} 代表中线上面部分的面积，F_2、F_4、…、F_{2n} 为中线下面部分的

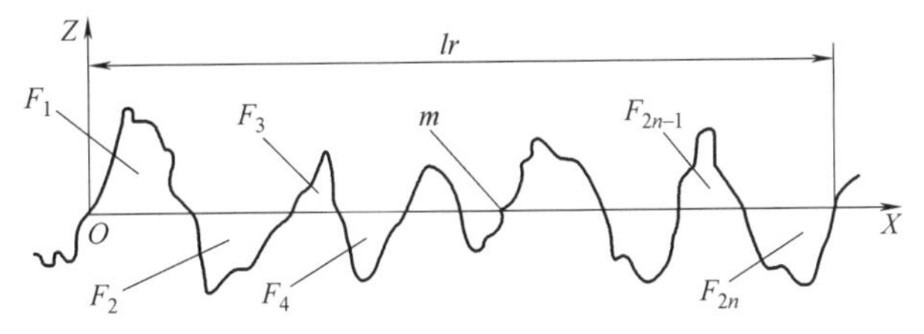

图 4-7 轮廓的算术平均中线示意图

面积，它使

$$F_1、F_3、\cdots、F_{2n-1}= F_2、F_4、\cdots、F_{2n}$$

用最小二乘法确定的中线是唯一的，但比较费事。用算术平均法确定中线是一种近似的图解法，较为简便，因而得到广泛的应用。

(2) 表面粗糙度的主要评定参数

国家标准（GB/T 3505—2009）规定表面粗糙度主要评定参数如下。

① 轮廓算术平均偏差 Ra。在一个取样长度 lr 范围内，纵坐标值 $Z(x)$ 绝对值的算术平均值，如图 4-8 所示。其数学表达式为

$$Ra=\frac{1}{lr}\int_0^{lr}|Z(x)|\,\mathrm{d}x$$

或近似为

$$Ra=\frac{1}{n}\sum_{i=1}^{n}|Z(x_i)|$$

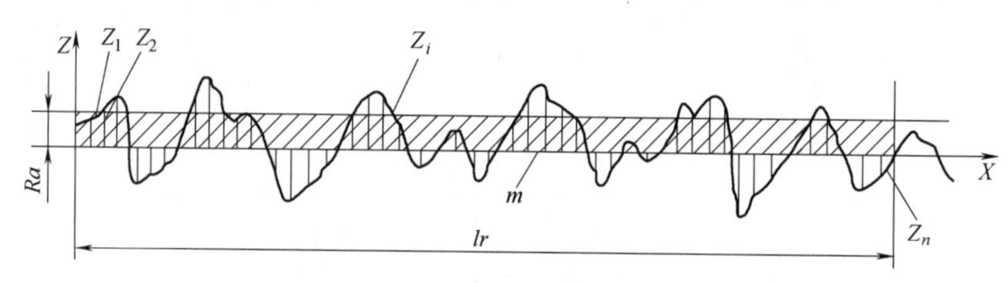

图 4-8 轮廓算术平均偏差 Ra

Ra 越大，表面越粗糙。Ra 值能客观地反映表面微观几何形状特性，一般用触针式轮廓仪测得，是普遍采用的参数，但不能用于太粗糙或太光滑的表面。

② 轮廓最大高度 Rz。在一个取样长度内，最大轮廓峰高与最大轮廓谷底线之间的距离，称为轮廓最大高度 Rz。图 4-9 所示的 Zp 为轮廓峰高，Zv 为轮廓谷深，则轮廓最大高度为

$$Rz=Zp_{\max}+Zv_{\max}$$

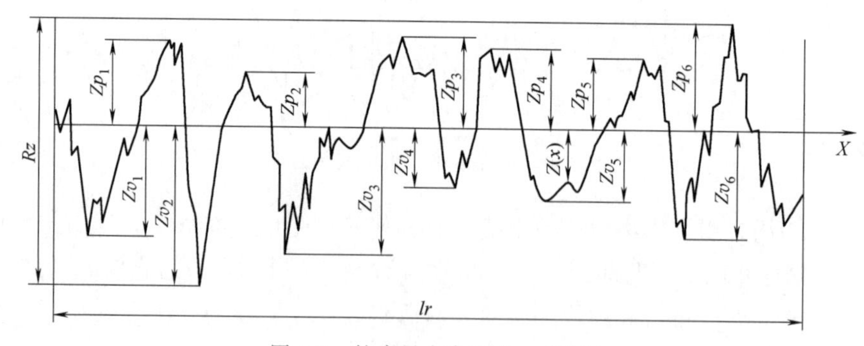

图 4-9 轮廓最大高度 Rz 示意图

Rz 常用于不允许有较深加工痕迹（如受交变应力）的表面，或因表面很小不宜采用 Ra 时用 Rz 评定的表面。Rz 只能反映表面轮廓的最大高度，不能反映微观几何形状特征。Rz 常与 Ra 联用。

(3) 一般规定

国家标准规定采用中线制轮廓法来评定表面粗糙度，粗糙度的评定参数一般从 Ra、Rz

中选取，参数值见表 4-1、表 4-2。表中的“系列值”应得到优先选用。

表 4-1　轮廓算术平均偏差（*Ra*）的数值（GB/T 1031—2009）　μm

系列值	补充系列	系列值	补充系列	系列值	补充系列	系列值	补充系列
	0.008						
	0.010						
0.012			0.125		1.25	12.5	
	0.016		0.160	1.6			16.0
	0.020	0.20			2.0		20
0.025			0.25		2.5	25	
	0.032		0.32	3.2			32
	0.040	0.40			4.0		40
0.050			0.50		5.0	50	
	0.063		0.63	6.3			63
	0.080	0.80			8.0		80
0.100			1.00		10.0	100	

表 4-2　微观不平度十点高度（*Ra*）的数值（GB/T 1031—2009）　μm

系列值	补充系列	系列值	补充系列	系列值	补充系列	系列值	补充系列	系列值	补充系列	系列值	补充系列
			0.125		1.25	12.5			125		1250
			0.160	1.60			16		160	1600	
		0.20			2.0		20	200			
0.025			0.25		2.5	25			250		
	0.032		0.32	3.2			32		320		
	0.040	0.40			4.0		40	400			
0.050			0.50		5.0	50			500		
	0.063		0.63	6.3			63		630		
	0.080	0.80			8.0		80	800			
0.100			1.00		10.0	100			1000		

在常用的参数值范围内（*Ra* 为 0.025～6.3μm，*Rz* 为 0.10～25μm），推荐优先选用 *Ra*。

国家标准 GB/T 3505—2009 虽然定义了 *R*、*W*、*P* 三种高度轮廓，但常用的是 *R* 轮廓。当零件表面有功能要求时，除选用高度参数 *Ra*、*Rz* 之外，还可选用附加的评定参数。如当要求表面具有良好的耐磨性时，可增加轮廓单元的平均宽度 *Rsm*、轮廓长度支承率指标 *Rmr*(*c*)。

国家标准 GB/T 1031—2009 给出了 *Ra*、*Rz* 的取样长度 *lr* 与评定长度 *ln* 的选用值，见表 4-3。

表 4-3　*Ra*、*Rz* 的取样长度 *lr* 与评定长度 *ln* 的选用值（GB/T 1031—2009）

Ra/μm	*Rz*/μm	*lr*/mm	*ln*(*ln*=5*lr*)/mm
≥0.008～0.02	≥0.025～0.10	0.08	0.4
>0.02～0.1	>0.10～0.50	0.25	1.25
>0.1～2.0	>0.50～10.0	0.8	4.0
>2.0～10.0	>10.0～50.0	2.5	12.5
>10.0～80.0	>50.0～320	8.0	40.0

4.3 表面结构的图形符号及标注

国家标准 GB/T 131—2006 对表面结构的图形符号、代号及标注都做了规定。表面结构

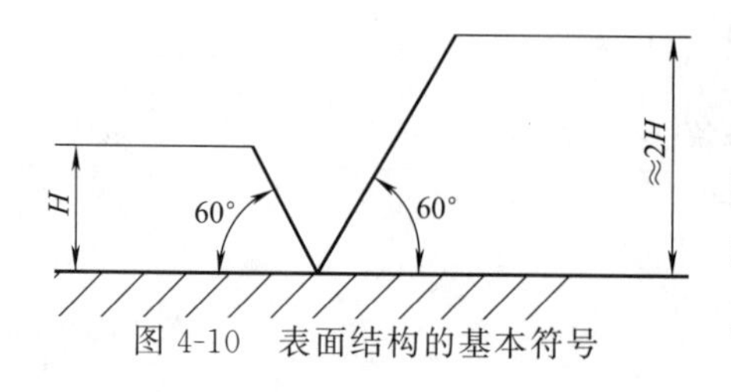

图 4-10 表面结构的基本符号

的基本符号如图 4-10 所示，在图样上用实线画出。

为了明确表面结构要求，除了标注结构参数和数值外，必要时应标注补充要求。补充要求包括传输带、取样长度、加工工艺、表面纹理及方向、加工余量等。

4.3.1 表面结构的图形符号及补充注释符号

(1) 表面结构的图形符号

表面结构完整图形符号如图 4-11 所示。表面结构完整图形符号包括如下内容。

① 基本图形符号：表示表面可用任何工艺方法获得，如图 4-11（a）所示。

② 扩展图形符号：在基本图形符号上加一短横，表示表面是用去除材料的方法获得，如图 4-11（b）所示。如车、铣、钻、磨、剪切、抛光、腐蚀、电火花加工、气割等。

③ 扩展图形符号：在基本图形符号上加一个圆圈，表示表面是用不去除材料的方法获得，如图 4-11（c）所示。如铸、锻、冲压变形、热轧、冷轧、粉末冶金等，也可用于保持上道工序形成的表面，不管这种状况是通过去除材料还是不去除材料形成的。

④ 完整图形符号：在上述三个符号的长边上均可加一横线，用于标注有关参数和说明，如图 4-11（d）所示。

(2) 带有补充注释的符号

补充注释符号与完整图形符号一起使用。

① 封闭轮廓各表面要求相同的图形符号：在完整图形符号上均可加一小圆圈，如图 4-11（e）所示。当在图样的某个视图上构成封闭轮廓的各表面有相同的表面结构要求时，标注在图样中零件的封闭轮廓线上。但如果标注会引起歧义，各表面还是应分别标注。

② 在完整图形符号的横向上方注写出加工方法：如图 4-11（f）所示的“铣”表示加工方法为铣削。

③ 在完整图形符号的右下方注写出表面纹理：如图 4-11（g）所示的“M”表示纹理呈多方向。

④ 在完整图形符号的左下方注写出加工余量：如图 4-11（h）所示的“3”表示加工量为 3mm。

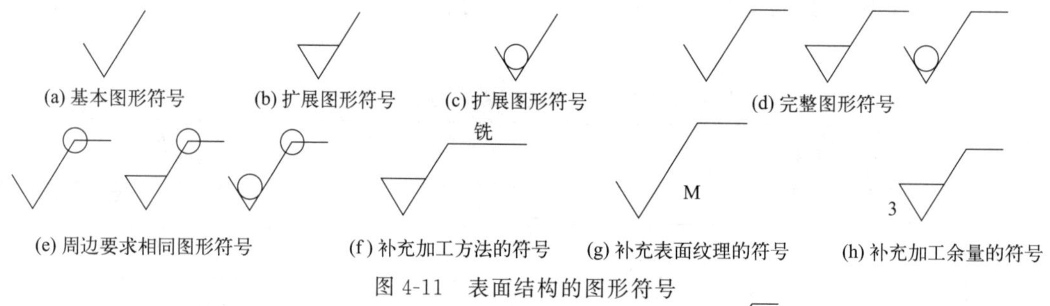

图 4-11 表面结构的图形符号

注：当要求标注结构特征的补充信息时，应在图形符号的长边上加一横线，如“√‾”用于标注有关参数和说明。

4.3.2 加工纹理方向符号

表面纹理及其方向（纹理方向是指表面纹理的主要方向，通常由加工工艺决定）用

表4-4中规定的符号并按照图4-12所示标注在完整符号中。

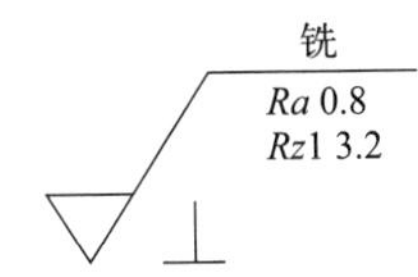

图4-12　垂直于视图所在投影面的表面纹理方向的标注

表4-4　表面纹理的标注

符号	示例	解释
=	纹理方向	纹理平行于视图所在的投影面
⊥	纹理方向	纹理垂直于视图所在的投影面
X	纹理方向	纹理呈两斜向交叉，且与视图所在的投影面相交
M	M	纹理呈多方向
C	C	纹理呈近似同心圆，且圆心与表面中心相关
R	R	纹理呈近似放射状，且与表面圆心相关
P	3	纹理呈微粒、凸起，无方向

注：1. 若表4-4中所列符号不能清楚地表明所要求的纹理方向，应在图样上用文字说明。

2. 若没有指定测量方向时，该方向垂直于被测表面加工纹理，即与 Ra、Rz 的最大值相一致。

3. 对无方向的表面，测量截面的方向可以是任意的。

必须指出，采用定义的符号标注表面纹理（如图 4-12 中的垂直符号）不适用于文本标注。表 4-4 中的符号包括了表面结构所要求的与图样平面相应的纹理及其方向。

4.3.3 表面结构要求的标注

(1) 表面结构补充要求的注写位置

表面结构补充要求的注写位置见表 4-5。

表 4-5 表面结构补充要求的注写位置

符号	位置	注写内容
c a b e d 表面结构完整图形符号	a	表面结构的单一要求，如 0.0025-0.8/*Rz* 6.3（传输带标注）；-0.8/*Rz* 6.3（取样长度要求）；0.008-0.5/16/*R* 10
	a 和 b	两个或多个表面结构要求
	c	加工方法，如车、磨、镀等加工表面
	d	要求的表面纹理和方向，如“=”“×”“M”
	e	加工余量数值，单位为 mm

(2) 控制表面功能的最少标注

控制表面功能的最少标注见图 4-13。

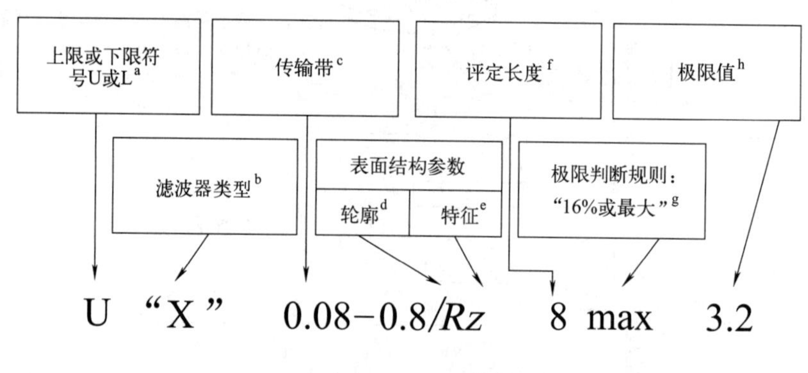

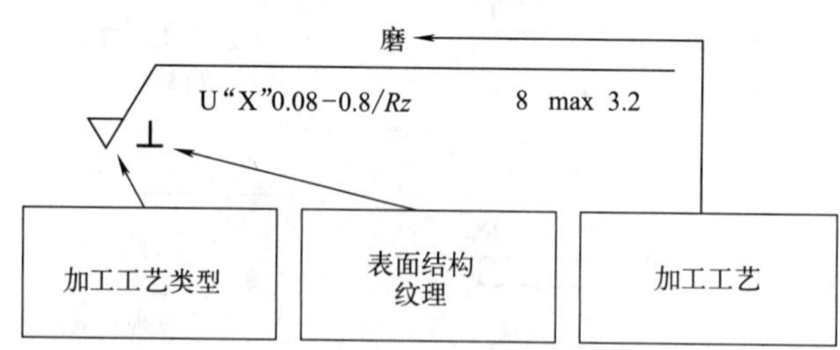

图 4-13 控制表面功能的最少标注

a—上限或下限符号 U 或 L；b—滤波器类型“X”，标准滤波器是高斯滤波器，代替了 2RC 滤波器；c—传输带标注为短波或长波滤波器；d—轮廓（*R*、*W* 或 *P*）；e—特征/参数，代号后无“max”用“16%”规则，否则按“最大规则”；f—评定长度包含若干个取样长度，默认评定长度 $ln=5lr$；g—极限判断规则（“16%规则”或“最大化规则”）；h—以微米为单位的极限值

(3) 表面结构要求的标注示例

表面结构要求的标注示例参见表 4-6。

表4-6 表面结构要求的标注示例

序号	要求	示例
1	表面粗糙度 双向极限值：上限值 $Ra=50\mu m$；下限值 $Ra=6.3\mu m$ 均为"16%规则"（默认） 两个传输带均为0.008-4mm（滤波器标注，短波在前，长波在后） 默认的评定长度 5×4mm=20mm 加工方法：铣 注：因不会引起争议，不必加U和L	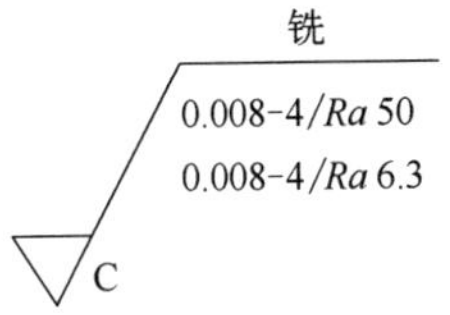 铣 0.008-4/Ra 50 0.008-4/Ra 6.3 C
2	除一个表面外，所有表面的粗糙度为 单向上限值 $Rz=6.3\mu m$；"16%规则"（默认） 默认传输带；默认评定长度 $5\times\lambda c$ 表面纹理无要求；去除材料的工艺 不同的表面，粗糙度为 单向上限值：$Ra=0.8\mu m$；"16%规则"（默认） 默认传输带；默认评定长度 $5\times\lambda c$ 表面纹理无要求；去除材料的工艺	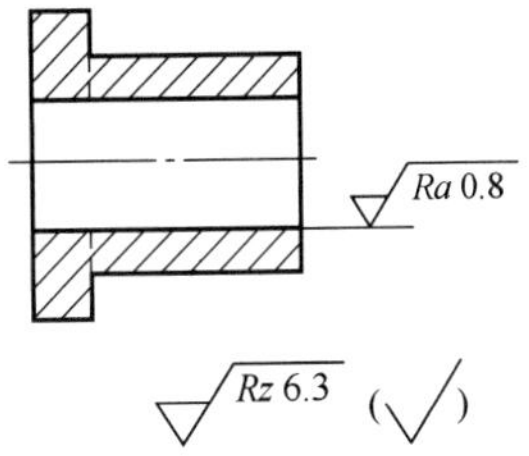 Ra 0.8 Rz 6.3 (√)
3	表面粗糙度 两个单向上限值： ①$Ra=1.6\mu m$ "16%规则"（默认）；默认传输带及评定长度 $5\times\lambda c$ ②$Rz\max=6.3\mu m$ "最大规则"；传输带 −2.5μm；默认评定长度 5×2.5mm=12.5mm 表面纹理垂直于视图的投影面 加工方法：磨削	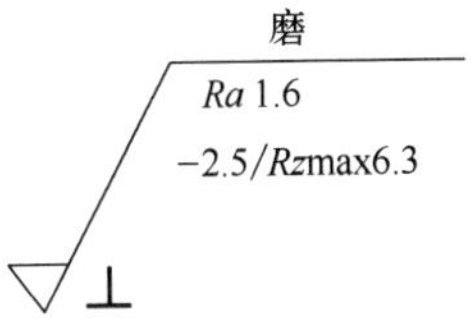 磨 Ra 1.6 −2.5/Rzmax6.3 ⊥
4	表面结构和尺寸可标注为： 一起标注在延长线上，或分别标注在轮廓线和尺寸界线上 示例中的三个表面粗糙度要求为： 单向上限值，分别为：$Ra=1.6\mu m$，$Ra=6.3\mu m$，$Rz=12.5\mu m$ "16%"规则（默认）；默认传输带；默认评定长度 $5\times\lambda c$ 表面纹理无要求 去除材料的工艺	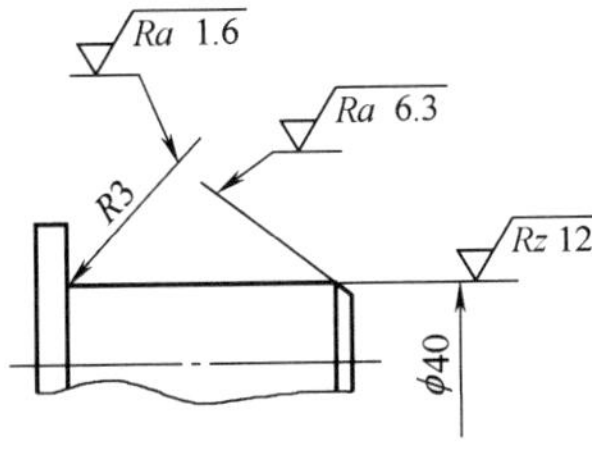 Ra 1.6 Ra 6.3 R3 Rz 12.5 φ40
5	表面粗糙度 单向上限值 $Rz=0.8\mu m$；"16%规则"（默认） 默认传输带；默认评定长度 $5\times\lambda c$ 表面纹理没有要求 表面处理：铜件，镀镍/铬（铜材；电镀光亮镍 5μm 以上；普通装饰铬 0.3μm 以上） 表面要求对封闭轮廓的所有表面有效	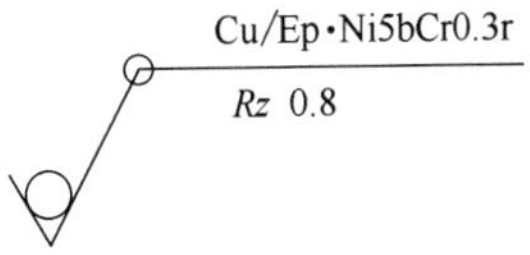 Cu/Ep·Ni5bCr0.3r Rz 0.8

续表

序号	要求	示例
6	表面粗糙度 一个单向上限值和一个双向极限值： ①单向 $Ra=1.6\mu m$ “16%规则”(默认) 传输带−0.8mm(λs 根据 GB/T 6062—2009 确定) 评定长度 5×0.8mm=4mm ②双向 Rz 上限值 $Rz=12.5\mu m$ 下限值 $Rz=3.2\mu m$ “16%规则”(默认) 上下极限传输带均为−2.5mm(“−”号表示长波滤波器标注)(λs 根据 GB/T 6062—2009 确定) 上下极限评定长度均为 5×2.5mm=12.5mm (即使不会引起争议，也可以标注 U 和 L 符号) 表面处理：钢件，镀镍/铬(钢材；电镀光亮镍 10μm 以上；普通装饰铬 0.3μm 以上)	Fe/Ep·Ni10bCr0.3r −0.8/*Ra* 1.6 U-2.5/*Rz* 12.5 L-2.5/*Rz* 3.2
7	表面结构和尺寸可以标注在同一尺寸线上 键槽侧壁的表面粗糙度 一个单向上限值 $Ra=6.3\mu m$ “16%规则”(默认) 默认评定长度 $5\times\lambda c$ 默认传输带 表面纹理没有要求 去除材料的工艺 倒角的表面粗糙度 一个单向上限值 $Ra=3.2\mu m$ “16%规则”(默认) 默认评定长度 $5\times\lambda c$ 默认传输带 表面纹理没有要求 去除材料的工艺	C2 *Ra* 3.2 A—A *Ra* 6.3 A A
8	表面结构、尺寸和表面处理的标注 示例是三个连续的加工工序 第一道工序：单向上限值，$Rz=1.6\mu m$；“16%规则”(默认)；默认传输带及评定长度 $5\times\lambda c$；表面纹理无要求；去除材料的工艺 第二道工序：镀铬，无其他表面结构要求 第三道工序：一个单向上限值，仅对长为 50mm 的圆柱表面有效；$Rz=6.3\mu m$；“16%规则”(默认)；默认传输带及评定长度 $5\times\lambda c$；表面纹理无要求；磨削加工工艺	Fe/Ep·Cr50 磨 *Rz* 6.3 *Rz* 1.6 50 ϕ29h7

续表

序号	要求	示例
9	齿轮、渐开线花键、螺纹等工作表面没有画出齿(牙)形时，表面粗糙度代号可按图例简化标注在节圆线上或螺纹大径上 中心孔工作表面的粗糙度应在指引线上标出	Ra 2.5　齿轮　Ra 2.5 Ra 2.5　2×B2/6.3 GB/T 4454.5　Ra 6.3　渐开线花键、中心孔 Ra 2.5　M8-6h　Ra 1.6　螺纹　Ra 1.6　M8-6H
10	表面结构要求标注在几何公差框格的上方 图例表示导轨工作面经刮削后，在 25mm×25mm 面积内接触点不小于 10 点，单一上限值 $Ra=1.6\mu m$；"16%规则"(默认)；默认传输带及评定长度 $5\times\lambda c$	两面/刮□25内10点　Ra 1.6　0.02　机床山形导轨

研习范例

【例 4-1】 阶梯轴的中心孔工作表面、键槽工作表面、圆角、倒角的表面粗糙度代号标注。

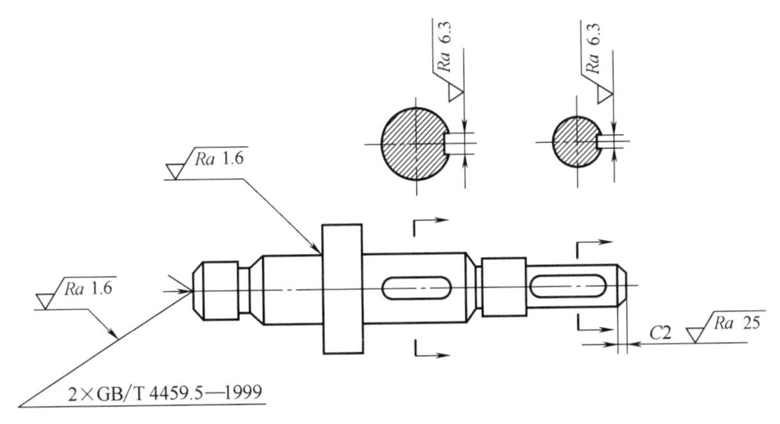

(4) 应用 GB/T 131—2006 标准的重要性及特点

国家标准 GB/T 131—2006《产品几何技术规范（GPS）技术产品文件中表面结构的表示法》(以下称新标准)，代替了 GB/T 131—1993《机械制图　表面粗糙度符号、代号及其注法》(以下称旧标准)。但由于生产实际中人们大多数还是采用 1993 年颁布的国家标准，因此，有必要将二者有关表面结构参数代号在图样上标注主要的不同点加以介绍。

GB/T 131—2006 标准的变化如下。

① 使用名称有变化。

a. 新标准中零件的表面光滑程度用表面结构来表示，而旧标准中用表面粗糙度来衡量零件表面的光滑程度。

b. 符号的名称不同。新标准中称：基本图形符号，扩展图形符号，完整图形符号。而旧标准中称：基本符号，加工符号，非加工符号。

② 元件和标注有变化。

a. 新数字高斯滤波器，取代了模数 2RC 滤波器，是本标准最重要的变化。

b. 除 R（粗糙度轮廓）外，还定义了两个新的高度轮廓 W（波纹度轮廓）和 P（原始轮廓）。

c. 参数标注为大小写斜体，如 Ra 和 Rz，旧标准中标注为下标的如 R_a 和 R_z 不再使用。新标准中 Rz 为原 Ry 的定义，原 Ry 的符号不再使用。

③ 新、旧标准中参数代号等内容的注写形式及位置有变化。

a. 新国标中表面结构图形代号中，其参数代号、有关规定在图形符号中注写的位置，如图 4-14 所示。

• 位置 a。注写表面结构的单一要求，其形式是传输带或取样长度值、表面结构参数代号、评定长度极限值。

• 位置 a 和 b。注写两个或多个表面结构要求，当注写多个表面结构要求时，图形符号应在垂直方向上扩大，以空出足够的空间进行标注。

• 位置 c。注写加工方法、表面处理、涂层或其他加工工艺要求等，如车、磨、镀等加工表面。

• 位置 d。注写表面加工纹理和方向的符号。表面纹理的标注见表 4-4；各种符号的纹理图见国家标准 GB/T 131—2006。

• 位置 e。注写加工余量（单位为 mm）。

b. 旧标准的表面粗糙度数值及其有关规定在符号中注写的位置，如图 4-15 所示。

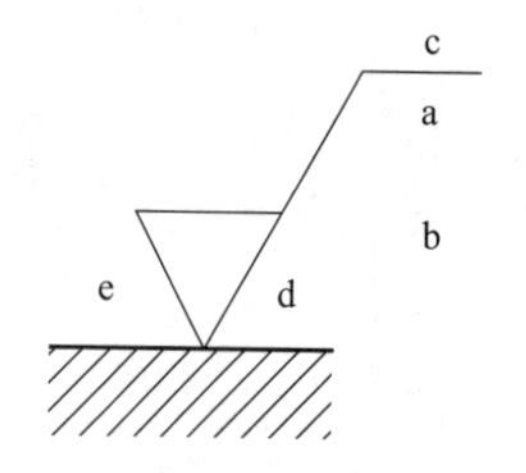

图 4-14 表面结构图形符号的位置（新标准）

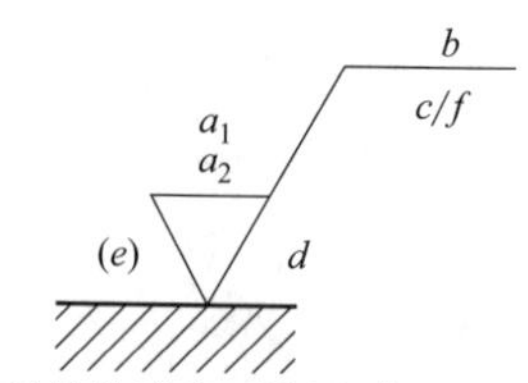

图 4-15 表面粗糙度各项规定符号及位置（旧标准）

其中：

a_1，a_2——粗糙度高度参数代号及其数值（单位为 μm）；

b——加工要求、镀覆、涂覆、表面处理或其他说明等；

c——取样长度（单位为 mm）或波纹度（单位为 μm）；

d——加工纹理方向符号；

e——加工余量（单位为 mm）；

f——粗糙度间距参数值（即 2006 年国家标准中的轮廓单元的平均宽度，单位为 mm）或轮廓支承长度率。

④ 新、旧标准有关表面参数代号在图样上标注的不同点。

a. 参数代号及数值的注写方式和位置不同。新标准中参数代号及数值注写在完整图形符号横线的下方或右方；而旧标准则是注写在符号横线的外侧。旧标准中，参数代号和数值之间无空格，轮廓算术平均偏差 Ra 值在代号中用数值表示（即参数值前不注写参数代号 Ra），但轮廓最大高度 Rz 值，参数值前需注出参数代号，如图 4-16 所示。

b. 参数代号中符号的注写方向不同。旧标准中规定了表面粗糙度代号中数值及符号的方向，如图 4-17 所示。

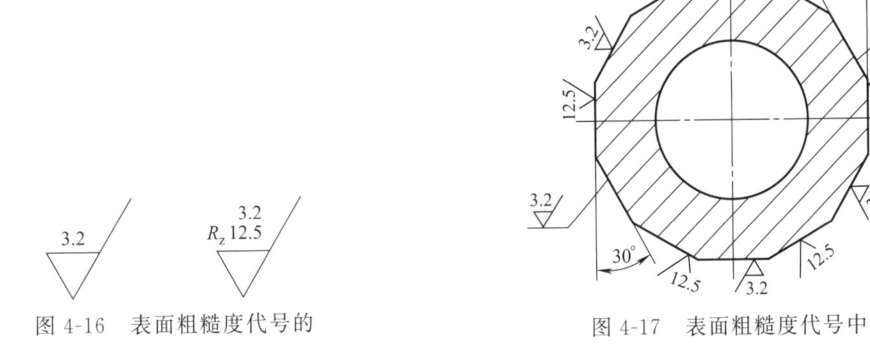

图 4-16　表面粗糙度代号的注写方法（旧标准）

图 4-17　表面粗糙度代号中数值及符号的方向（旧标准）

比较图 4-17 与图 4-18，不难看出新标准中规定符号的注写方向有两种，即水平注写和垂直注写。垂直注写是在水平注写的基础上逆时针旋转 90°；零件的右侧面、下底面倾斜表面，则必须采用带箭头的指引线水平注写。而旧标准中符号的注写方向是以零件表面为准注出，即符号的长画以零件表面为准右倾 60°画出，注写方向是在水平注写的基础上逆时针旋转至 360°，且 30°禁区必须采用不带箭头（或黑点）的指引线水平注写。新标准中规定当零件的上表面不方便注写符号时，也可采用带箭头（或黑点）的指引线水平注写［图 4-18（b）、(c)］。

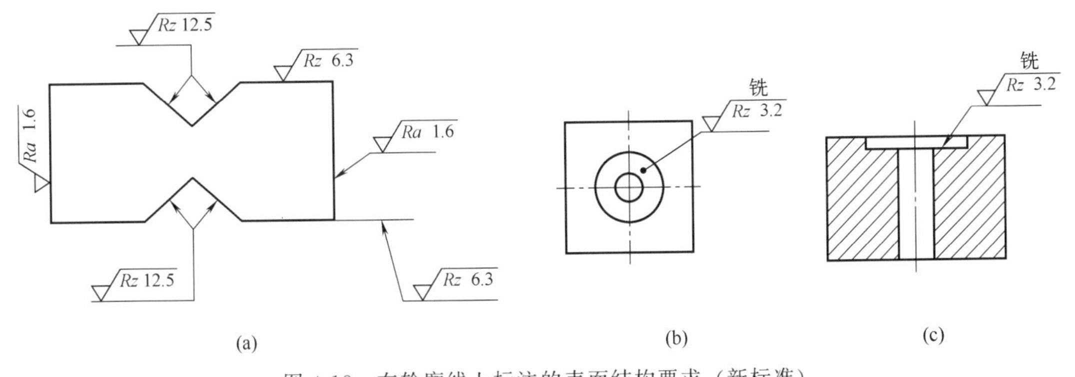

图 4-18　在轮廓线上标注的表面结构要求（新标准）

c. 参数代号应用情况不同。新标准对于棱柱的棱面表面粗糙度要求同样的只标注一个代号，如图 4-19 所示；而旧标准是只有连续的、重复的表面（如齿轮的齿面、手轮上连续的曲面等）才允许只标注一次，棱柱表面是不允许这样标注的。

d. 多数（或全部）表面有相同要求标注的不同。当零件多数表面具有相同的表面要求时，旧标准中规定，把多数一样的表面粗糙度代号统一注在图样的右上角，并加注“其余”

两字，如图 4-20 所示。当零件所有表面具有相同的表面粗糙度要求时，其代号可在图样的右上角统一标注，如图 4-21 所示。上述统一标注的代号和文字说明均应是图样上其他表面所注写代号和文字的 1.4 倍。而新标准是将多数（或全部）表面一样的表面结构要求注写在标题栏附近（图 4-22），且统一标注的代号与图样上其他代号一样大小。

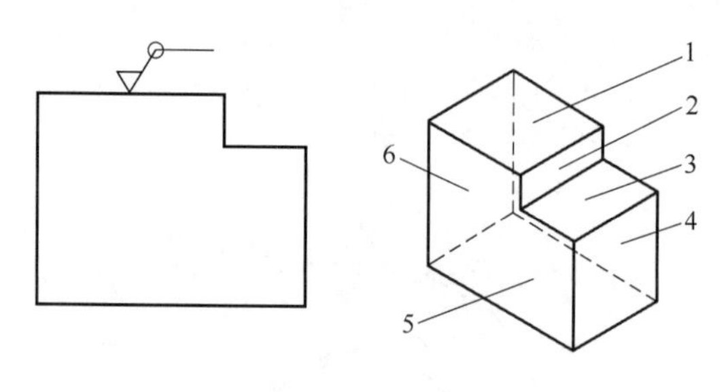

图 4-19　完整图形的应用（新标准）

注：图中的表面结构符号是指对图形中封闭轮廓的 1～6 个面有共同要求（不包括前后面）。

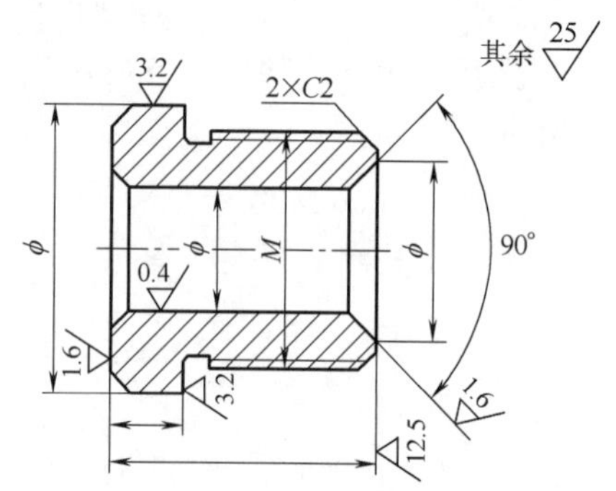

图 4-20　旧标准中多数表面要求一样粗糙度代号的标注

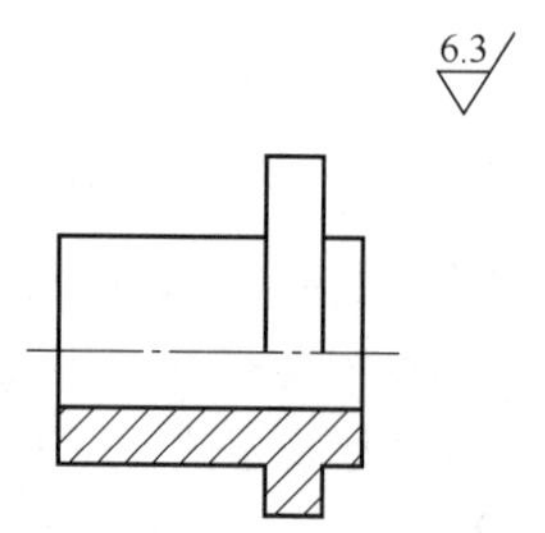

图 4-21　旧标准中全部表面要求一样粗糙度代号的标注

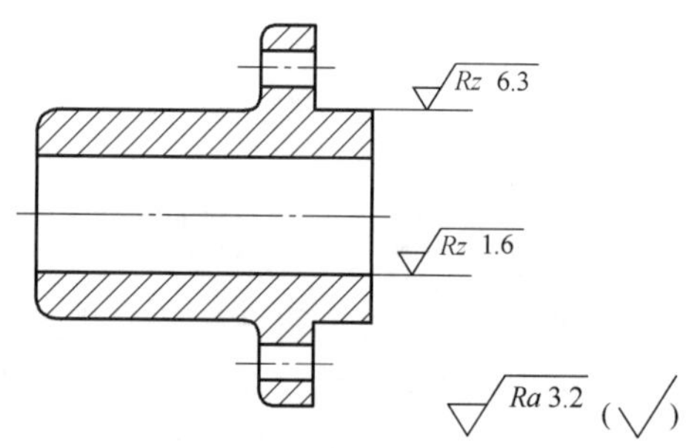

图 4-22　新标准中多数表面具有相同表面结构要求的简化标注

⑤ 重新定义了表面结构触针式测量仪器（GB/T 6062—2009），用于实际轮廓的评定。

鉴于当前企业旧的标准、仪器、图样处于替代与过渡中，国标指出旧图样仍可以按旧版本 GB/T 131—1993 解释，即新（旧）标准、图样、仪器应配套使用。

有关表面结构要求图样标注的演变（GB/T 131—2006）见表 4-7。

表 4-7　表面结构 GB/T 131—2006 图形标注的演变

GB/T 131		说明问题的示例	GB/T 131		说明问题的示例
1993 版	2006 版		1993 版	2006 版	
1.6　1.6	Ra 1.6	Ra 只采用“16%规则”	Ry 3.2　0.8	−0.8/Rz 6.3	除 Ra 外，其他参数及取样长度
Ry 3.2　Ry 3.2	Rz 3.2	除了 Ra“16%规则”的参数	Ry 3.2	Ra 1.6 Rz 6.3	Ra 及其他参数
1.6max	Ra max 1.6	“最大规则”	Ry 3.2	Rz3 6.3	评定长度中的取样长度个数如果不是 5
1.6　0.8	−0.8/Ra 1.6	Ra 加取样长度（0.8×5mm=4mm）	—	L Ra 1.6	下限值
—	0.025−0.8/Ra 1.6	传输带	3.2 1.6	U Ra 3.2 L Ra 1.6	上、下限值

(5) 16%规则、最大规则和传输带的含义

在国家标准 GB/T 10610—2009《产品几何技术规范（GPS）　表面结构　轮廓法评定表面结构的规则和方法》中，规定了 16%规则和最大规则。

① 16%规则：所谓“16%规则”是指当参数的规定值为上限值时，如果所选参数在同一评定长度上的全部实测值中，大于图样或技术产品文件中规定值的个数不超过实测值总数的 16%，则该表面合格。当参数的规定值为下限值时，如果所选参数在同一评定长度上的全部实测值中，小于图样或技术产品文件中规定值的个数不超过实测值总数的 16%，则该表面合格。

若被检表面粗糙度轮廓参数值遵循正态分布，将粗糙度轮廓参数 16%的测得值超过规定值作为极限条件，这个判定规则与由 $\mu+\sigma$ 值确定的极限条件一致。其中，μ 为粗糙度轮廓参数的算术平均值，σ 为这些数值的标准偏差。σ 值越大，粗糙度轮廓参数的平均值就偏离规定的上限值越远。

16%规则是所有表面结构要求标注的默认规则，当指明参数的上、下限值时，所用参数符号没有“max”标记。16%规则适用于轮廓参数和图形参数。

② 最大规则：所谓“最大规则”是指在被检的整个表面上，参数值一个也不能超过规定值。最大规则是指检验时，若参数的规定值为最大值，则在被检表面的全部区域内测得的数值一个也不应超过图样或技术产品文件中的规定值。如果最大规则应用于表面结构要求，则参数代号中在参数符号后面应加上“max”。最大规则只适用于轮廓参数而不适用于图形参数。

③ 传输带：所谓“传输带”是指两个定义的滤波器之间的波长范围。即被一个短波滤波器和另一个长波滤波器所限制。长波滤波器的截止波长值就是取样长度。传输带即是评定时的波长范围。使用传输带的优点是测量的不确定度大为减少。

4.4　表面粗糙度参数值及其选用

4.4.1　表面粗糙度的数值系列

表面粗糙度的数值系列如表 4-8～表 4-10 所示。

表 4-8　*Ra* 的数值

基本系列	补充系列	基本系列	补充系列	基本系列	补充系列	基本系列	补充系列
	0.008						
	0.010						
0.012			0.125		1.25	12.5	
	0.016		0.16	1.6			16
	0.02	0.2			2		20
0.025			0.25		2.5	25	
	0.032		0.32	3.2			32
	0.04	0.4			4		40
0.05			0.5		5	50	
	0.063		0.63	6.3			63
	0.08	0.8			8		80
0.1			1		10	100	

表 4-9　*Rz* 的数值

基本系列	补充系列	基本系列	补充系列	基本系列	补充系列	基本系列	补充系列	基本系列	补充系列	基本系列	补充系列
			0.125		1.25	12.5			125		1250
			0.16	1.6			16		160	1600	
		0.2			2		20	200			
0.025			0.25		2.5	25			250		
	0.032		0.32	3.2			32		320		
	0.04	0.4			4		40	400			
0.05			0.5		5	50			500		
	0.063		0.63	6.3			63		630		
	0.08	0.8			8		80	800			
0.1			1		10	100			1000		

表 4-10　*RSm* 的数值

基本系列	补充系列	基本系列	补充系列	基本系列	补充系列	基本系列	补充系列
	0.002	0.025			0.25		2.5
	0.003		0.032		0.32	3.2	
	0.004		0.04	0.4			4
	0.005	0.05			0.5		5
0.006			0.063		0.63	6.3	
	0.008		0.008	0.8			8
	0.01	0.1			1		10
0.0125			0.125		1.25	12.5	
	0.016		0.16	1.6			
	0.02	0.2			2		

4.4.2　表面粗糙度值的选用

(1) 表面粗糙度值选取的原则

表面粗糙度是一项重要的技术经济指标，表面粗糙度的评定参数值国家标准都已标准化。选取表面粗糙度的原则：应在满足零件功能要求的前提下，同时考虑工艺的可行性和经济性。一般来说，选择的表面粗糙度参数值越小，零件的使用性能越好。但选择的数值小，其加工工序就多，加工成本就高，经济性能不好。因此，只要能满足使用性能，应尽可能地选用较大的参数值[轮廓支承长度率 $Rmr(c)$ 除外]。确定零件表面粗糙度时，除有特殊要求的表面外，一般可参照一些已验证的实例，采用类比法选取。

表面粗糙度数值的选择，一般应作以下考虑。

① 同一零件上，工作表面应比非工作表面的粗糙度参数值小。

② 摩擦表面应比非摩擦表面的粗糙度参数值小；滚动摩擦表面应比滑动摩擦表面的粗糙度参数值小；运动速度高、单位面积压力大的表面，以及受交变载荷作用的零件的圆角和沟槽的表面粗糙度参数值要小。

③ 配合性质要求越稳定（要求高的结合面、配合间隙小的配合表面以及过盈配合的表面），其配合表面的粗糙度参数值应越小；配合性质相同的零件尺寸越小，其表面粗糙度参数值应越小；同一公差等级的小尺寸比大尺寸、轴比孔的表面粗糙度参数值要小。

④ 表面粗糙度参数值应与尺寸公差及几何公差协调一致。尺寸精度和几何精度高的表面，其表面粗糙度参数值也应小。

⑤ 对密封性、耐蚀性要求高，以及外表要求美观的表面，其表面粗糙度参数值应小。

⑥ 表面粗糙度与加工方法有密切关系，在确定表面粗糙度时，应考虑可能的加工方法。一般加工条件下的工艺水平能达到的，可以考虑选取适当大一点的粗糙度值。

⑦ 有关标准已对表面粗糙度要求作出规定的，应按相应标准确定表面粗糙度值。

(2) 常用零件表面粗糙度值的选用

常用零件表面的表面粗糙度推荐值见表4-11。

表4-11 常用零件表面的表面粗糙度推荐值

表面特征			Ra/μm不大于	
	公差等级	表面	公称尺寸/mm	
			<50	50～500
经常装拆零件的配合表面(如交换齿轮、滚刀等)	IT5	轴	0.2	0.4
		孔	0.4	0.8
	IT6	轴	0.4	0.8
		孔	0.4～0.8	0.8～1.6
	IT7	轴	0.4～0.8	0.8～1.6
		孔	0.8	1.6
	IT8	轴	0.8	1.6
		孔	0.8～1.6	1.6～3.2

表面特征	公差等级	表面	公称尺寸/mm		
			<50	50～120	120～500
过盈配合的配合表面，装配按机械压入法	IT5	轴	0.1～0.2	0.4	0.4
		孔	0.2～0.4	0.8	0.8
	IT6～IT7	轴	0.4	0.8	1.6
		孔	0.8	1.6	1.6
	IT8	轴	0.8	0.8～1.6	1.6～3.2
		孔	1.6	1.6～3.2	1.6～3.2
过盈配合的配合表面，装配按热装法	—	轴	1.6		
		孔	1.6～3.2		

表面特征	表面	径向跳动公差/μm					
精密定心用配合的零件表面		2.5	4	6	10	16	25
		Ra/μm 不大于					
	轴	0.05	0.1	0.1	0.2	0.4	0.8
	孔	0.1	0.2	0.2	0.4	0.8	1.6

表面特征	表面	标准公差等级		液体湿摩擦条件
滑动轴承的配合表面		IT6～9	IT10～12	
		Ra/μm 不大于		
	轴	0.4～0.8	0.8～3.2	0.1～0.4
	孔	0.8～1.6	1.6～3.2	0.2～0.8

表面特征		齿轮精度等级	4	5	6	7	8	9	10	11
齿轮传动	直齿、斜齿、人字齿轮		0.2～0.4		0.4～0.8		1.6	3.2	6.3	

表面微观特征、经济加工方法及应用举例见表4-12。

表4-12 表面微观特征、经济加工方法及应用举例

类型	表面微观特性	Ra/μm	Rz/μm	加工方法	应用举例
粗糙表面	微见刀痕	≤20	≤80	粗车、粗刨、粗铣、钻、毛锉、锯断	半成品粗加工过的表面，非配合的加工表面，如轴端面、倒角、钻孔、齿轮及皮带轮侧面、键槽底面、垫圈接触面等

续表

类型	表面微观特性	$Ra/\mu m$	$Rz/\mu m$	加工方法	应用举例
半光表面	微见加工痕迹	≤10	≤40	车、刨、铣、镗、钻、粗铰	轴上不安装轴承、齿轮处的非配合表面，紧固件的自由装配表面，轴和孔的退刀槽等
		≤5	≤20	车、刨、铣、镗、磨、拉、粗刮、滚压	半精加工表面，箱体、支架、盖面、套筒
	看不清加工痕迹	≤2.5	≤10	车、刨、铣、镗、磨、拉、刮、滚压、铣齿	接近于精加工表面，箱体上安装轴承的镗孔表面，齿轮的工作面
光表面	可辨加工痕迹方向	≤1.25	≤6.3	车、镗、磨、拉、刮、精铰、磨齿、滚压	圆柱销、圆锥销，与滚动轴承配合的表面，普通车床导轨面，内、外花键定心表面等
	微辨加工痕迹方向	≤0.63	≤3.2	精铰、精镗、磨、刮、滚压	要求配合性质稳定的配合表面，工作时受交变应力的重要零件，较高精度车床的导轨面
	不可辨加工痕迹方向	≤0.32	≤1.6	精磨、珩磨、研磨、超精加工	精密机床主轴锥孔、顶尖圆锥面，发动机曲轴、凸轮轴工作表面，高精度齿轮齿面
极光表面	暗光泽面	≤0.16	≤0.8	精磨、研磨、普通抛光	精密机床主轴颈表面，一般量规工作表面，汽缸套内表面，活塞表面等
	亮光泽面、镜状光泽面	≤0.08 ≤0.04	≤0.4 ≤0.2	超精磨、精抛光、镜面磨削	精密机床主轴颈表面，滚动轴承的滚珠，高压油泵中柱塞和柱塞套配合的表面
	镜面	≤0.01	≤0.05	镜面磨削、超精研	高精度量仪、量块的工作表面，光学仪器中的金属镜面

4.5 表面粗糙度的测量

4.5.1 表面粗糙度检测的简化程序

国家标准 GB/T 10610—2009 指出，表面粗糙度的检测可按表 4-13 所示的简化程序进行。

表 4-13 表面粗糙度检测的简化程序

序号	方法	步骤
1	目视法检查	对于那些明显没必要用更精确的方法来检验的工件表面，选择目视法检查。例如，因为实际表面粗糙度比规定的表面粗糙度明显好或明显不好，或者因为存在明显的影响表面功能的表面缺陷
2	比较法检查	如果目视检查不能作出判定，可采用与粗糙度比较样块进行触觉和视觉比较的方法
3	测量法检查	如果用比较法检查不能作出判定，应根据目视检查在表面上那个最有可能出现极值的部位进行测量 ①在所标注的参数符号后面没有注明“max”(最大值)的要求时，若出现下述情况，工件是合格的，并停止检测。否则，工件应判废 ——第 1 个测得值不超过图样上规定值的 70% ——最初的 3 个测得值不超过规定值 ——最初的 6 个测得值中共有 1 个值超过规定值 ——最初的 12 个测得值中只有 2 个值超过规定值 ②在标注的参数符号后面标有“max”时，一般在表面可能出现最大值处(如有明显可见的深槽处)至少应进行三次测量；如果表面呈均匀痕迹，则可在均匀分布的三个部位测量 ③利用测量仪器能获得可靠的粗糙度检验结果。因此，对于要求严格的零件，一开始就应直接使用测量仪器进行检验

4.5.2 表面粗糙度的检测方法

目前，表面粗糙度常用的检测方法有比较法、光切法、干涉法、针描法和印模法。

(1) 比较法

比较法就是将被测零件表面与已知参数值的表面粗糙度样块（图4-23），通过视觉、触觉等人的感官或其他方法（如借助放大镜）进行比较后，对被检表面的粗糙度作出评定的方法。比较时，所用表面粗糙度样块的材料、形状和加工方法应尽可能与被测表面相同。这样可以减少检测误差，提高判断的准确性。

用比较法评定表面粗糙度虽然不能精确地得出被检表面的粗糙度数值，但由于器具简单，使用方便，且能满足一般的生产要求，故常用于生产现场，包括车、磨、镗、铣、刨等机械加工用的表面粗糙度比较样块。

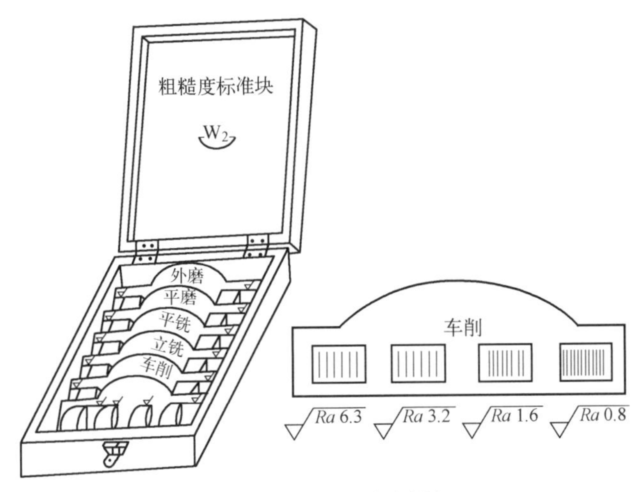

图4-23 表面粗糙度样板

(2) 光切法

光切法是利用“光切原理”来测量零件表面粗糙度的方法。常用光切显微镜来检测。

光切显微镜又称双管显微镜，其外形结构如图4-24所示。整个光学系统装在一个封闭的壳体9内，其上装有目镜7和可换物镜组11。可换物镜组有四组，可按被测表面粗糙度参数值的大小选用，并由手柄借助弹簧刀固紧。被测工件安放到工作台12上，要使其加工纹理方向与扁平光束垂直。松开锁紧旋手6，转动粗调螺母3，可使横臂5连同壳体9沿立柱2上下移动，进行显微镜的粗调焦。旋转微调手轮4，进行显微镜的精细调焦。随后，在目镜视场中可看到清晰的狭亮波状光带。转动目镜千分尺8，分划板上的十字线就会移动，就可测量影像高度h'。

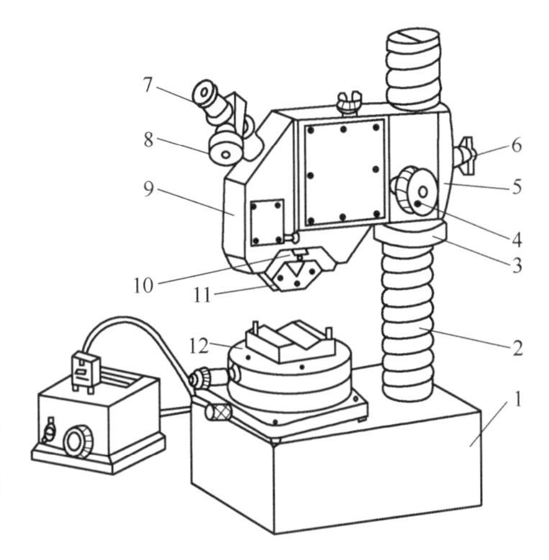

图4-24 光切显微镜外形结构

1—底座；2—立柱；3—粗调螺母；4—微调手轮；5—横臂；6—锁紧旋手；7—目镜；8—目镜千分尺；9—壳体；10—燕尾槽；11—可换物镜组；12—工作台

测量时，先调节目镜千分尺，使目镜中十字

线的水平线与光带平行，然后旋转目镜千分尺，使水平线与光带的最高点和最低点先后相切，记下两次读数差 a。由于读数是在测微目镜千分尺轴线（与十字线的水平线成45°）方向测得的，因此两次读数差 a 与目镜中影像高度 h' 的关系为

$$h'=a\cos45°$$

注意：测量 a 值时，应选择两条光带边缘中比较清晰的一条进行测量，不要把光带宽度测量进去。

光切显微镜适用于测量 Rz 值，测量范围一般为0.5～60μm。

(3) 干涉法

干涉法是利用光波干涉原理测量表面粗糙度的一种方法。采用光波干涉原理制成的量仪为干涉显微镜，其外形结构如图4-25所示。其外壳是方箱，箱内安装光学系统；箱后下部伸出光源部件；箱前上部伸出参考平镜及其调节的部件等；箱前上部伸出观察管，其上装测微器2；箱前下部窗口装照相机3；箱的两边有各种调整用的手轮；箱的上部是圆工作台15，它可水平移动、转动和上下移动。干涉显微镜通常用于测量极光滑表面的 Rz 值，其测量范围为0.025～0.8μm。

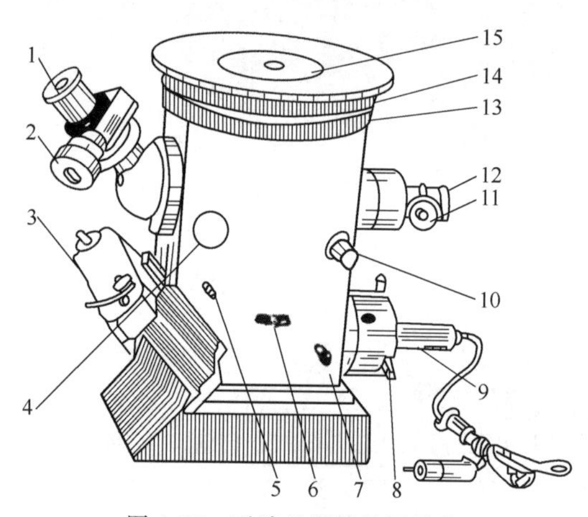

图4-25 干涉显微镜外形结构

1—目镜；2—测微器；3—照相机；4,6,10～12—手轮；5,7—手柄；8—螺钉；9—光源；13,14—滚花轮；15—圆工作台

对小工件，将被测表面向下放在圆工作台上测量；对大工件，可将仪器倒立放在工件的被测表面上进行测量。仪器备有反射率为0.6和0.04的两个参考平镜，不仅适用于测量高反射率的金属表面，也适用于测量低反射率的工件（如玻璃）表面。

(4) 针描法

针描法又称触针法，是一种接触测量表面粗糙度的方法。电动轮廓仪（又称表面粗糙度检查仪）就是利用针描法来测量表面粗糙度的。该仪器由传感器、驱动器、指示表、记录器和工作台等主要部件组成，如图4-26所示。传感器端部装有金刚石触针，如图4-27所示。

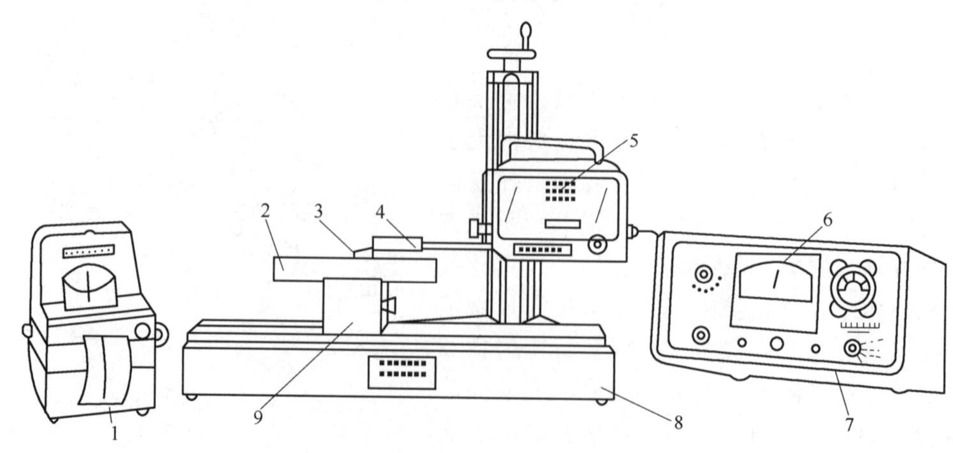

图4-26 电动轮廓仪

1—记录器；2—工件；3—触针；4—传感器；5—驱动器；6—指示表；7—电器箱；8—工作台；9—V形块

测量时，将触针搭在工件上，与被测表面垂直接触，利用驱动器以一定的速度拖动传感器。由于被测表面粗糙不平，因此迫使触针在垂直于被测表面的方向上产生上下移动。这种机械的上下移动通过传感器转换成电信号，再经电子装置将该电信号加以放大、相敏检波和功率放大后，推动自动记录装置，直接描绘出被测轮廓的放大图形，按此图形进行数据处理，即可得到 Rz 值或 Ra 值；或者把信号进行滤波和积分计算后，由指示表直接读出 Ra 值。这种仪器适用于测量 0.025～5μm 的 Ra 值。有些型号的仪器还配有各种附件，以适应平面、内外圆柱面、圆锥面、球面、曲面以及小孔、沟槽等工件的表面测量。

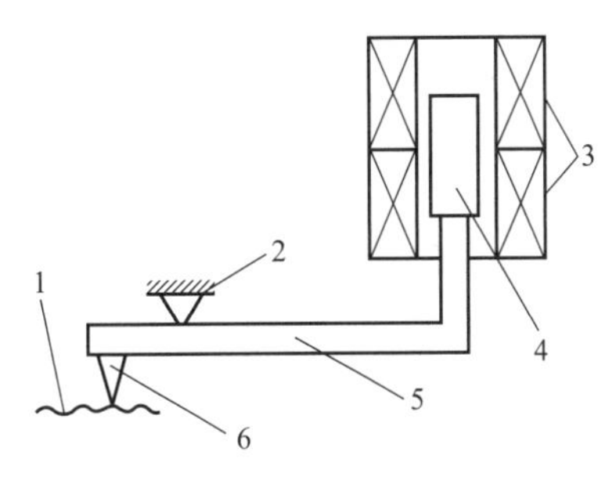

图 4-27　传感器

1—被测表面；2—支点；3—电感线圈；4—铁芯；5—测杆；6—触针

针描法测量迅速方便，测量精度高，并能直接读出参数值，故获得广泛应用。用光切法与光波干涉法测量表面粗糙度，虽有不接触零件表面的优点，但一般只能测量 Rz 值，测量过程比较烦琐，测量误差也大。针描法操作方便，测量结果可靠，但触针与被测工件表面接触时会留下划痕，这对一些重要的表面（如光栅刻画面等）是不允许的。此外，因受触针圆弧半径大小的限制，不能测量粗糙度值要求很小的表面，否则会产生大的测量误差。随着激光技术的发展，近年来，很多国家都在研究利用激光测量表面粗糙度，如激光光斑法等。

(5) 印模法

印模法是一种非接触式间接测量表面粗糙度的方法。其原理是利用某些塑性材料做成块状印模贴在零件表面上，将零件表面轮廓印制在印模上，然后对印模进行测量，得出粗糙度参数值。

印模法适用于大型笨重零件和难以用仪器直接测量或样板比较的表面（如深孔、盲孔、凹槽、内螺纹等）的粗糙度测量。由于印模材料不能完全充满被测表面微小不平度的谷底，所以测得印模的表面粗糙度参数值比零件实际参数值要小。因此，对印模所得出的表面粗糙度测量结果需要进行修正。修正时也只能凭经验。

第5章 极限量规

极限量规是一种无刻度的专用检验工具。它只能确定工件是否在允许的极限尺寸范围内，不能测量出工件的实际尺寸。在机械制造的成批、大量生产中，大多采用极限量规对零件进行检验。常用的极限量规有光滑极限量规、螺纹极限量规、圆锥极限量规和花键极限量规等。

5.1 光滑极限量规

5.1.1 概述

(1) 光滑极限量规的概念

现行国家标准 GB/T 1957—2006《光滑极限量规 技术条件》给予光滑极限量规的定义是：光滑极限量规是具有孔或轴的最大极限尺寸和最小极限尺寸为公称尺寸的标准测量面，能反映控制被检孔或轴边界条件的无刻线长度的测量器具。

光滑极限量规（图 5-1）用于对圆柱形工件按极限尺寸判断原则（即泰勒原则）进行检验，能控制工件极限尺寸（最大实体尺寸与最小实体尺寸）。检验孔径的光滑极限量规称为塞规，其测量面为外圆柱面。塞规的通端（孔用通规）按被测孔的最小极限尺寸（即孔的最大实体尺寸）制造；塞规的止端（孔用止规）按被测孔的最大极限尺寸（即孔的最小实体尺寸）制造。检验轴径的光滑极限量规称为环规或卡规，其测量面为内圆环面。通端（轴用通规）按被检轴的最大极限尺寸（即轴的最大实体尺寸）制造；止端（轴用止规）按被检轴的最小极限尺寸（即轴的最小实体尺寸）制造。

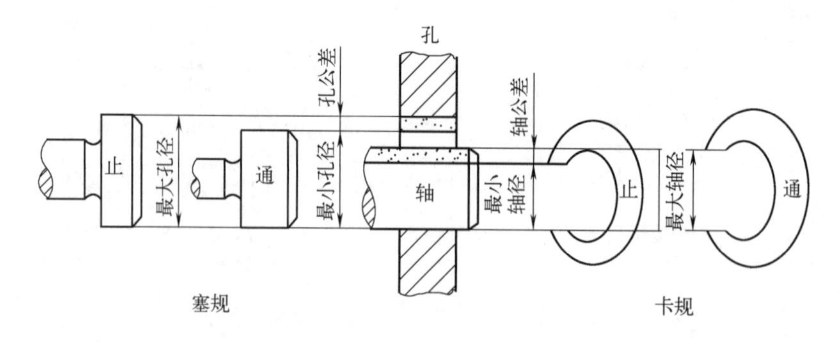

图 5-1 光滑极限量规

国家标准 GB/T 1957—2006 规定了孔与轴基本尺寸至 500mm、公差等级 IT6 级至 IT16 级的光滑极限量规。当单一要素的尺寸公差和形状公差采用包容要求标注时，则应使用量规来检验。

(2) 光滑极限量规的分类

根据量规的不同用途，光滑量规分为工作量规、验收量规和校对量规。

① 工作量规。工作量规是工件制造过程中操作者检验工件用的量规，它的通规和止规分别用代号“T”和“Z”表示。

② 验收量规。验收量规量是检验部门或用户验收工件时使用的量规。标准对工作量规的公差带作了规定，但没有规定验收量规的公差，而是规定了工作量规与验收量规的使用顺序。制造厂对零件进行检验时，操作者应该使用新的或者磨损较少的通规，检验部门应该使用与操作者相同型式的且已磨损较多的通规。用户在用量规验收工件时，通规应接近工件的最大实体尺寸，止规应接近工件的最小实体尺寸。

③ 校对量规。校对量规是校对轴用工作量规的量规，以检验其是否符合制造公差和在使用中是否达到磨损极限。

轴用工作量规在制造或使用过程中常会发生碰撞变形，且通规经常通过零件易磨损，所以要定期校对。

孔用工作量规虽也需定期校对，但它便于用量仪检测，故不规定专用的校对量规。

校对量规可分为三大类：

a. “校通-通”塞规 TT，是检验轴用工作量规中的通规的校对量规。校对时应通过，否则所校对轴用通规不合格。

b. “校止-通”塞规 ZT，是检验轴用工作量规中的止规的校对量规。校对时应通过，否则所校对轴用止规不合格。

c. “校通-损”塞规 TS，是检验轴用工作量规中的通规是否达到磨损极限的校对量规。校对时不通过轴，否则说明该轴用通规已达到或超过磨损极限，不应再使用。

5.1.2 光滑极限量规的设计

(1) 光滑极限量规的设计原则

从检验角度出发，在国家标准《极限与配合》中规定了极限尺寸判断原则（泰勒原则），它是光滑极限量规设计的重要依据。

泰勒原则是指单一尺寸要素的孔和轴遵守包容要求时，要求其被测要素的实体处处不得超越最大实体边界，而实际要素局部实际尺寸不得超越最小实体尺寸。

孔或轴的体外作用尺寸不允许超过最大实体尺寸，即对于孔，其体外作用尺寸应不小于最小极限尺寸；对于轴，其体外作用尺寸不大于最大极限尺寸。任何位置上的实际尺寸不允许超过最小实体尺寸，即对于孔，其实际尺寸不大于最大极限尺寸；对于轴，其实际尺寸不小于最小极限尺寸。

显而易见，作用尺寸由最大实体尺寸控制，而实际尺寸由最小实体尺寸控制，光滑极限量规的设计应遵循这一原则。

(2) 光滑极限量规的公差

① 光滑极限量规的公差带。

a. 量规的制造公差。量规的制造精度比被检验零件的精度要求更高，但在制造过程中也不可避免地会产生误差，因此对量规规定了制造公差。通规在检验零件时要经常通过零件，其工作面会逐渐磨损以至报废。为了使通规具有一个合理的使用寿命，应当留出适当的磨损量。止规由于不经常通过零件，磨损极少，所以只规定了制造公差。

b. 工作量规的公差带。国家标准 GB/T 1957—2006 规定量规的公差带不得超越工件的公差带。通规尺寸公差带的中心到零件最大实体尺寸之间的距离 Z_1（位置要素）体现了通规的平均使用寿命。通规在使用过程中会逐渐磨损，所以在设计时应留出适当的磨损储量，其允许磨损量以工件的最大实体尺寸为极限。止规的制造公差带是从工件的最小实体尺寸算起，分布在尺寸公差带之内。制造公差 T 和通端位置要素 Z_1 是综合考虑了量规的制造工艺水平和一定的使用寿命，按工件的基本尺寸、公差等级给出的。由图 5-2 可知，量规公差 T 和位置要素 Z_1 的数值大，对工件的验收不利；T 值小则量规制造困难；Z_1 值小则量规使用寿命短。因此应根据我国目前量规制造的工艺水平合理规定量规公差。

光滑极限量规是控制工件的极限尺寸。国家标准规定的光滑极限量规公差带图如图 5-2 所示。

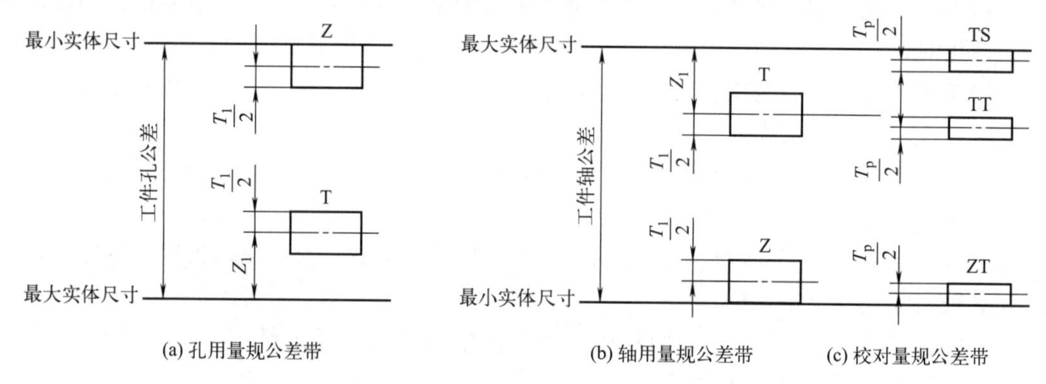

图 5-2 光滑极限量规公差带图

T_1—工作量规尺寸公差；Z_1—通端工作量规尺寸公差带的中心线至工件最大实体尺寸之间的距离（位置要素）；T_p—校对量规尺寸公差

工作量规通规的尺寸公差带对称于位置要素 Z_1 值。止规的尺寸公差带是从工件的最小实体尺寸起，向工件的公差带内分布。

c. 校对量规的公差带。如前所述，只有轴用量规才有校对量规。校对塞规尺寸公差为被校对轴用工作量规尺寸公差的 1/2，校对塞规的尺寸公差中包含形状误差，如图 5-2（c）所示。

“校通-通（TT）”量规的作用是防止通规尺寸过小（制造时超差或使用中由于损伤、自然时效等变小）。校验时应通过被校对的轴用量规通规。

“校止-通（ZT）”量规的作用是防止止规尺寸过小，检验时应通过被校对的轴用量规通规。

“校通-损（TS）”量规的作用是防止通规超出磨损极限尺寸，检验时，若通过了，说明被校对的量规已用到磨损极限，不能再用。

国家标准没有规定验收量规标准，但标准做了如下规定：

制造厂对工件进行检验时，操作者应该使用新的或者磨损较小的工作量规通规；检验部门应该使用与操作者相同型式，且已磨损较多的通规（GB/T 1957—2006 附录 C. 3）。

用户代表在用量规验收工件时，通规应接近工件的最大实体尺寸，止规应接近工件的最小实体尺寸。

② 光滑极限量规的尺寸公差值和位置要素值。IT6～IT16级工作量规尺寸公差 T_1 和位置要素 Z_1 的数值可查阅相关标准（GB/T 1957—2006）。表5-1仅列举常用的IT6～IT8级工作量规的尺寸公差值 T_1 及位置要素值 Z_1。

表5-1 IT6～IT8级工作量规的尺寸公差值 T_1 及位置要素值 Z_1（摘自GB/T 1957—2006）

工件孔或轴的基本尺寸/mm		工件孔或轴的公差等级								
		IT6			IT7			IT8		
		孔或轴的公差值	T_1	Z_1	孔或轴的公差值	T_1	Z_1	孔或轴的公差值	T_1	Z_1
大于	至	μm								
—	3	6	1.0	1.0	10	1.2	1.6	14	1.6	2.0
3	6	8	1.2	1.4	12	1.4	2.0	18	2.0	2.6
6	10	9	1.4	1.6	15	1.8	2.4	22	2.4	3.2
10	18	11	1.6	2.0	18	2.0	2.8	27	2.8	4.0
18	30	13	2.0	2.4	21	2.4	3.4	33	3.4	5.0
30	50	16	2.4	2.8	25	3.0	4.0	39	4.0	6.0
50	80	19	2.8	3.4	30	3.6	4.6	46	4.6	7.0
80	120	22	3.2	3.8	35	4.2	5.4	54	5.4	8.0
120	180	25	3.8	4.4	40	4.8	6.0	63	6.0	9.0
180	250	29	4.4	5.0	46	5.4	7.0	72	7.0	10.0
250	315	32	4.8	5.6	52	6.0	8.0	81	8.0	11.0
315	400	36	5.4	6.2	57	7.0	9.0	89	9.0	12.0
400	500	40	6.0	7.0	63	8.0	10.0	97	10.0	14.0

国家标准规定的光滑极限量规公差有如下特点。

a. 对同一公差等级，不同尺寸的工件，其量规公差占工件公差的比例大致相同。

b. 量规公差表格简化。同一公差等级，同一基本尺寸的孔、轴公差相等，所以孔、轴用量规可使用同一表格。

③ 量规的形状和位置公差。国家标准规定工作量规的形状和位置误差应在其尺寸公差带内，其公差为量规尺寸公差的50%。当量规尺寸公差小于或等于0.002mm时，其形状和位置公差为0.001mm。

校对量规的尺寸公差为被校对轴用量规尺寸公差的50%，校对量规的尺寸公差中包含形状误差。

(3) 光滑极限量规的技术要求

① 量规的测量面不应有锈蚀、毛刺、黑斑、划痕等明显影响外观使用质量的缺陷，其他表面不应有锈蚀和裂纹。

② 塞规的测头与手柄的连接应牢固可靠，在使用过程中不应松动。

③ 量规宜采用合金工具钢、碳素工具钢、渗碳钢及其他耐磨材料制造。

④ 钢制量规测量面的硬度不应小于700HV（或60HRC）。

⑤ 量规测量面的表面粗糙度 Ra 值不应大于表5-2的规定。

表 5-2 光滑极限量规测量表面的表面粗糙度

工作量规	工作量规的基本尺寸/mm		
	小于或等于 120	大于 120、小于或等于 315	大于 315、小于或等于 500
	工作量规测量面的表面粗糙度 Ra 值/μm		
IT6 级孔用工作塞规	0.05	0.10	0.20
IT7 级～IT9 级孔用工作塞规	0.10	0.20	0.40
IT10 级～IT12 级孔用工作塞规	0.20	0.40	0.80
IT13 级～IT16 级孔用工作塞规	0.40	0.80	
IT6 级～IT9 级轴用工作环规	0.10	0.20	0.40
IT10 级～IT12 级轴用工作环规	0.20	0.40	0.80
IT13 级～IT16 级轴用工作环规	0.40	0.80	

⑥ 量规应经过稳定性处理。

(4) 光滑极限量规型式的选择

进行量规设计时，应根据极限尺寸判断原则（泰勒原则），合理选择量规的结构型式。检验圆柱形工件的光滑极限量规的型式很多，合理的选择和使用对正确判断测量结果影响很大。按 GB/T 1957—2006 的推荐，可用下列型式的量规（见图 5-3）：全形塞规、不全形塞规、片形塞规、球端杆规。

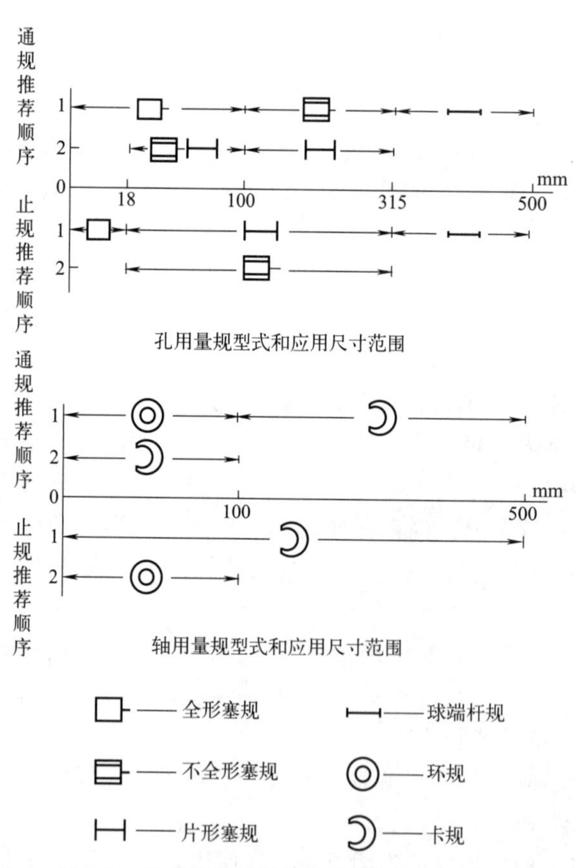

图 5-3 光滑极限量规的型式和应用尺寸范围

一般通规设计成全形的，即其测量面应具有与被测孔或轴相应的完整表面，其尺寸应等于被测孔或轴的最大实体尺寸，其长度应与被测孔或轴的配合长度一致。止规设计成两点式的，其尺寸应等于被测孔或轴的最小实体尺寸。

但在实际应用中，极限量规有时也偏离上述原则。例如：为了用已标准化的量规，允许通规的长度小于结合面的全长；对于尺寸大于 100mm 的孔，用全形塞规通规很笨重，不便使用，允许用不全形塞规；环规通规不能检验正在顶尖上加工的零件及曲轴，允许用卡规代替；检验小孔的塞规止规，为了便于制造常用全形塞规。量规的形状对检验结果的影响如图 5-4 所示。

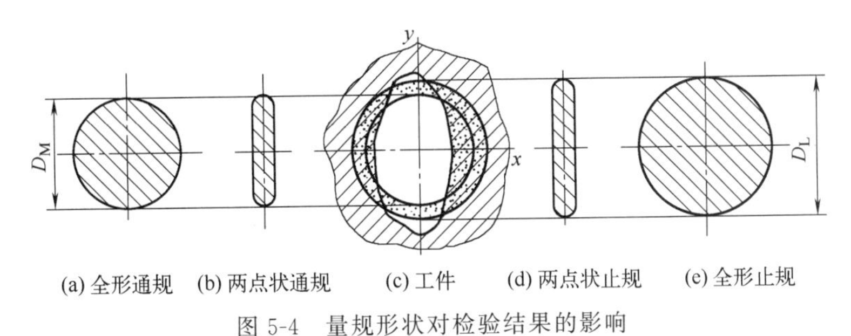

(a) 全形通规　(b) 两点状通规　(c) 工件　(d) 两点状止规　(e) 全形止规

图 5-4　量规形状对检验结果的影响

必须指出，只有在保证被检验零件的形状误差不致影响配合性质的前提下，才允许使用偏离极限尺寸判断原则的量规。

检验光滑零件的光滑极限量规型式很多，表 5-3 中推荐了不同尺寸范围的不同量规型式，表中“1”“2”表示推荐顺序，推荐优先用“1”行。

表 5-3　光滑极限量规的型式及尺寸范围（GB/T 1957—2006）

<table>
<tr><th rowspan="2">用途</th><th rowspan="2">推荐顺序</th><th colspan="4">量规的工作尺寸/mm</th></tr>
<tr><th>≤18</th><th>>18,≤100</th><th>>100,≤315</th><th>>315,≤500</th></tr>
<tr><td rowspan="2">工件孔用的通端量规型式</td><td>1</td><td colspan="2">全形塞规</td><td>不全形塞规</td><td>球端杆规</td></tr>
<tr><td>2</td><td>—</td><td>不全形塞规或片形塞规</td><td>片形塞规</td><td>—</td></tr>
<tr><td rowspan="2">工件孔用的止端量规型式</td><td>1</td><td>全形塞规</td><td colspan="2">全形或片形塞规</td><td>球端杆规</td></tr>
<tr><td>2</td><td>—</td><td colspan="2">不全形塞规</td><td>—</td></tr>
<tr><td rowspan="2">工件轴用的通端量规型式</td><td>1</td><td colspan="2">环规</td><td colspan="2">卡规</td></tr>
<tr><td>2</td><td colspan="2">卡规</td><td colspan="2">—</td></tr>
<tr><td rowspan="2">工件轴用的止端量规型式</td><td>1</td><td colspan="4">卡规</td></tr>
<tr><td>2</td><td>环规</td><td colspan="3">—</td></tr>
</table>

(5) 量规极限偏差的计算

量规极限偏差的计算公式见表 5-4。

表 5-4　量规极限偏差的计算公式

极限偏差	检验孔的量规	检验轴的量规
通端上偏差	$\mathrm{EI}+Z_1+T_1/2$	$\mathrm{es}-Z_1+T_1/2$
通端下偏差	$\mathrm{EI}+Z_1-T_1/2$	$\mathrm{es}-Z_1-T_1/2$
止端上偏差	ES	$\mathrm{ei}+T_1$
止端下偏差	$\mathrm{ES}-T_1$	ei

研习范例：工作量规设计举例

【例 5-1】 设计检验 $\phi30\mathrm{H8}$Ⓔ和 $\phi30\mathrm{f7}$Ⓔ的工作量规。

【解】 ① 选择量规的结构型式分别为锥柄双头圆柱塞规和单头双极限圆形片状卡规，如图 5-5 所示。

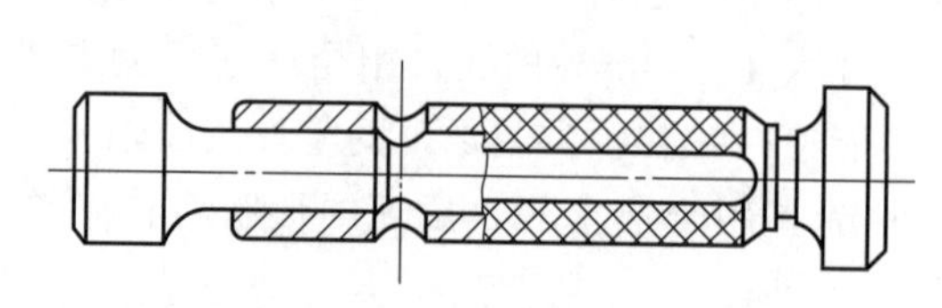

(a) 锥柄双头圆柱塞规

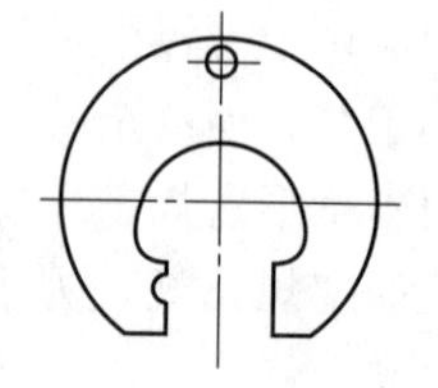

(b) 单头双极限圆形片状卡规

图 5-5 量规结构型式

② 确定被测孔、轴的极限偏差。查极限与配合标准：

ϕ30H8 的上偏差 ES=+0.033mm，下偏差 EI=0

ϕ30f7 的上偏差 es=−0.020mm，下偏差 ei=−0.041mm

③ 确定工作量规制造公差 T_1 和位置要素 Z_1，可由表 5-1 查得：

塞规：T_1=0.0034mm，Z_1=0.005mm

卡规：T_1=0.0024mm，Z_1=0.0034mm

④ 画出工作量规的公差带图，如图 5-6 所示。

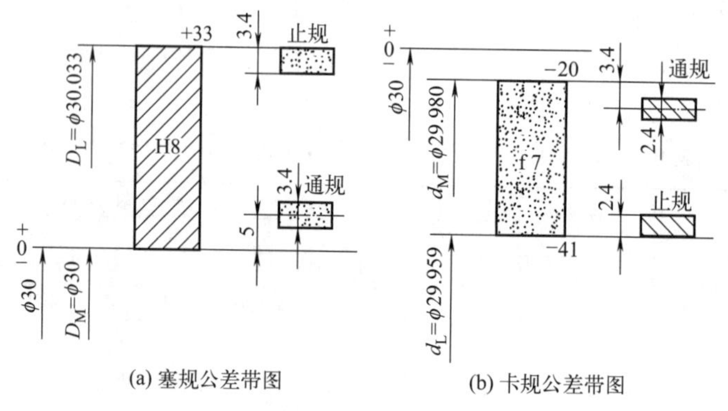

(a) 塞规公差带图　　(b) 卡规公差带图

图 5-6 工件和工作量规公差带图

⑤ 计算量规的极限偏差

a. 塞规通端

上偏差=EI+Z_1+T_1/2=0+0.005+0.0017=+0.0067mm

下偏差=EI+Z_1−T_1/2=0+0.005−0.0017=+0.0033mm

所以，塞规通端尺寸为 $\phi30^{+0.0067}_{+0.0033}$mm，也可按工艺尺寸标注为 $\phi30.0067^{\ 0}_{-0.0034}$mm，通规的磨损极限尺寸为 ϕ30mm。

b. 塞规止端

上偏差=ES=+0.033mm

下偏差=ES−T_1=0.033−0.0034=+0.0296mm

所以，止规的尺寸为 $\phi30^{+0.0330}_{+0.0296}$mm，也可按工艺尺寸标注为 $\phi30.033^{\ 0}_{-0.0034}$mm。

c. 卡规通端

上偏差=es−Z_1+T_1/2=−0.020−0.0034+0.0012=−0.0222mm

下偏差=es−Z_1−T_1/2=−0.020−0.0034−0.0012=−0.0246mm

所以，卡规通端尺寸为 $\phi30^{-0.0222}_{-0.0246}$mm，也可按工艺尺寸标注为 $\phi29.9754^{+0.0024}_{\ 0}$mm，其磨损极限尺寸为 29.980mm。

d. 卡规止端

上偏差$=ei+T_1=-0.041+0.0024=-0.0386$mm

下偏差$=ei=-0.041$mm

所以，卡规止端尺寸 $\phi30^{-0.0386}_{-0.0410}$mm，也可按工艺尺寸标注为 $\phi29.959^{+0.0024}_{0}$mm。

⑥ 绘制量规工作简图，如图 5-7 所示。

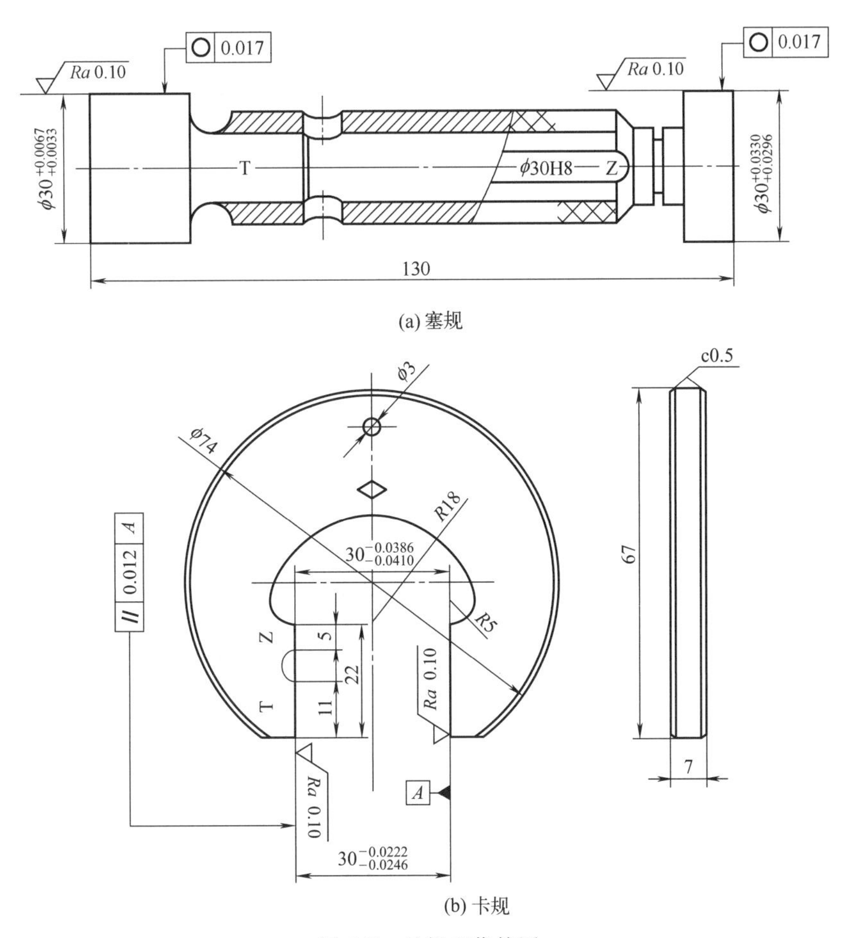

图 5-7　量规工作简图

(6) 量规的验收与检验

① 验收。量规的尺寸规定值均以标准的测量条件为准，即温度为 20℃，测量力为零。

环规的检验应以校对量规为准。若发生争议时，应按 GB/T 1957—2006 标准中附录 C 中的 C.3 处理。

② 检验。量规各参数采用直接检测法检验，其主要检测参数和检测器具见表 5-5。

③ 工件合格与不合格的判定。由于形状误差的存在，工件尺寸即使处于极限尺寸范围内也有可能装配困难，而且工件上各处的实际尺寸往往不相等，故用量规检验时，为了正确地评定被测工件是否合格，是否能装配，光滑极限量规应按泰勒原则来设计。

符合极限尺寸判断原则（即泰勒原则）的量规如下：

通规的测量面应是与孔或轴形状相对应的完整表面（通常称为全形量规），其尺寸等于工件的最大实体尺寸，且长度等于配合长度。

表 5-5 光滑极限量规的检测参数和检测器具

主要检测参数	检测器具
表面粗糙度	轮廓仪、表面粗糙度比较样块
全形塞规的圆度、环规的圆度	圆度仪
母线直线度	轮廓仪、0 级刀口尺
卡规测量面的平面度	刀口尺、平晶
卡规测量面的平行度	光学计、测长仪
硬度	威氏硬度计(或洛氏硬度计)

止规的测量面应是点状的，两测量面之间的尺寸等于工件的最小实体尺寸。

符合泰勒原则的量规，如在某些场合下应用不方便或有困难时，可在保证被检验工件的形状误差不致影响配合性质的条件下，使用偏离泰勒原则的量规。

用符合 GB/T 1957—2006 标准的量规检验工件，若通规能通过，止规不能通过，则该工件应为合格品。

用符合 GB/T 1957—2006 标准的量规检验工件，若判断有争议，应该使用下述尺寸的量规解决：通规应等于或接近工件的最大实体尺寸；止规应等于或接近工件的最小实体尺寸。

5.1.3 光滑极限量规的使用

(1) 量规的使用规则

国家标准规定量规的代号和使用规则如表 5-6 所示。

表 5-6 量规代号和使用规则（GB/T 1957—2006）

名称	代号	使用规则
通端工作环规	T	通端工作环规应通过轴的全长
“校通-通”塞规	TT	“校通-通”塞规的整个长度都应进入新制的通端工作环规孔内，而且应在孔的全长上进行检验
“校通-损”塞规	TS	“校通-损”塞规不应进入完全磨损的校对工作环规孔内，如有可能，应在孔的两端进行检验
止端工作环规	Z	沿着和环绕不少于四个位置上进行检验
“校止-通”塞规	ZT	“校止-通”塞规的整个长度都应进入制造的通端工作环规孔内，而且应在孔的全长上进行检验
通端工作塞规	T	通端工作塞规的整个长度都应进入孔内，而且应在孔的全长上进行检验
止端工作塞规	Z	止端工作塞规不能通过孔内，如有可能，应在孔的两端进行检验

(2) 使用量规的注意事项

光滑极限量规是专用的没有示值的量具，所以使用量规进行检验要特别注意按下列规定的程序进行。

① 在使用前要注意的事项。

a. 检查量规上的标记是否与被检验工件图样上标注的尺寸相符。如果两者的标记不相符，则不要用该量规。

b. 量规是实行定期检定的量具，经检定合格发给检定合格证书或在量规上做标志。因此在使用量规前，应该检查是否有检定合格证书或标志等证明文件，并且能证明该量规是在检定期内才可使用，否则不能使用该量规检验工件。

c. 量规是成对使用的，即通规和止规配对使用。有的量规把通端（T）与止端（Z）制成一体，有的是制成单头的。对于单头量规，使用前要检查所选取的量规是不是一对，是一对才能使用。从外观看，通端的长度一般比止端长 1/3～1/2。

d. 检查外观质量。量规的工作面不得有锈迹、毛刺和划痕等缺陷。

② 使用中要注意的事项。

a. 量规的使用条件：温度为 20℃，测量力为 0。在生产现场中使用量规很难符合这些要求，因此，为减少由于测量条件不符合规定要求而引起的测量误差，必须注意使量规与被测量的零件放在一起平衡温度，使两者的温度相同后再进行测量。这样可减少温差造成的测量误差。

b. 注意操作方法，减少测量力的影响。对于环规来说，当被测件的轴心线是水平状态时，基本尺寸小于 100mm 的环规，其测量力等于环规的自重（当环规从上垂直向下卡时）；基本尺寸大于 100mm 的环规，其测量力是环规自重的一部分，所以在使用大于 100mm 的环规时，应想办法抵消环规本身的一部分重力的影响。为抵消这部分重力的影响所需施加的力应标注在环规上。而现在在实际生产中很少这样做，所以要凭经验操作。图 5-8 是正确或错误使用环规的示意图。

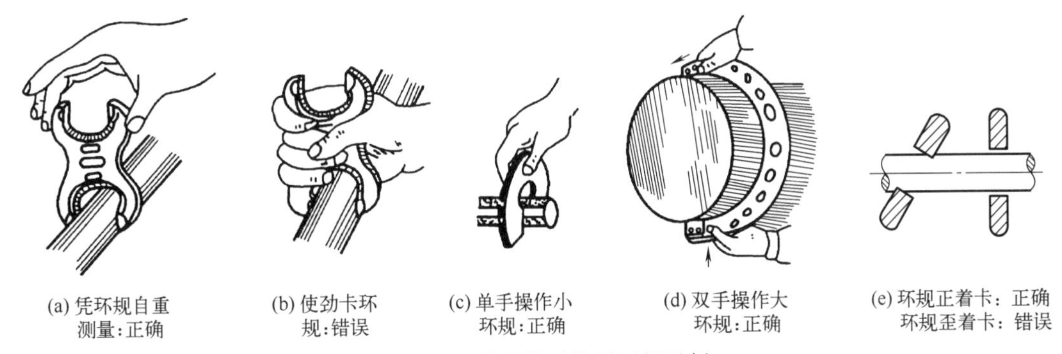

(a) 凭环规自重测量：正确　(b) 使劲卡环规：错误　(c) 单手操作小环规：正确　(d) 双手操作大环规：正确　(e) 环规正着卡：正确　环规歪着卡：错误

图 5-8　正确或错误使用环规示例

c. 检验孔时，如果孔的轴心线是水平的，将塞规对准孔后，用手稍推塞规即可，不得用大力推塞规。如果孔的轴心线是垂直于水平面的，对通规而言，当塞规对准孔后，用手轻轻扶住塞规，凭塞规的自重进行检验，不得用手使劲推塞规；对止规而言，当塞规对准孔后，松开手，凭塞规的自重进行检验。图 5-9 是使用塞规的示意图。

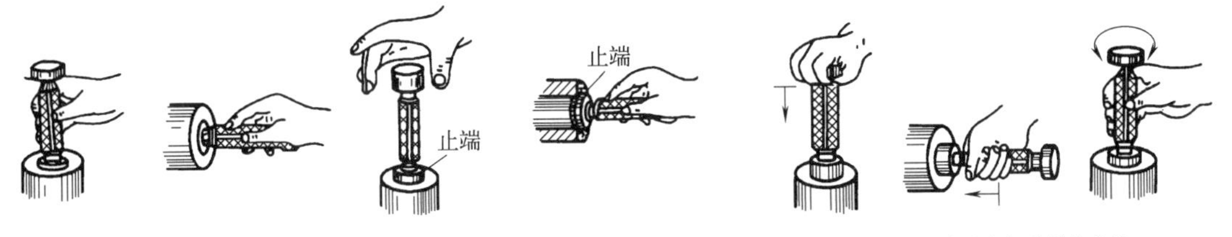

(a) 正确使用塞规通端的方法　(b) 正确使用塞规止端的方法　(c) 错误使用塞规通端的方法

图 5-9　正确或错误使用塞规示例

正确操作量规不仅能获得正确的检验结果，而且能保证量规不受损伤。塞规的通端要在孔的整个长度上检验，而且应在 2～3 个轴向截面检验；止端要尽可能在孔的两头（对通孔而言）进行检验。环规的通端和止端，都要围绕轴心的 3～4 个横截面进行测量。量规要成对使用，不能只用一端检验就匆忙下结论。使用前，将量规的工作表面擦净后，可以在工作表面上涂一层薄薄的润滑油。

5.2 圆锥极限量规

5.2.1 概述

(1) 圆锥的国家标准和圆锥量规的种类与代号

① 圆锥的国家标准。圆锥公差与配合的国家标准 GB/T 11334—2005《产品几何量技术规范（GPS） 圆锥公差》，其测量与检验制现行国家标准是：

GB/T 11852—2003《圆锥量规公差与技术条件》

GB/T 11853—2003《莫氏与公制圆锥量规》

GB/T 11854—2016《7∶24 工具圆锥量规 检验》

GB/T 11855—2003《钻夹圆锥量规》

② 圆锥量规的种类、代号与用途。根据量规不同用途，分为工作量规和校对塞规两类。

工作量规是在加工过程中检验工件圆锥时使用的圆锥量规，分为圆锥工作塞规与圆锥工作环规；

校对塞规是用来检验圆锥工作环规的圆锥尺寸和锥角的圆锥量规。

圆锥量规的名称、代号与用途列于表 5-7。

表 5-7 圆锥量规的名称、代号与用途（GB/T 11852—2003）

量规名称	代号	型式	用途
圆锥工作量规	G	外锥或内锥	检验工件的圆锥尺寸和锥角
	GD	外锥或内锥	检验工件的圆锥尺寸
	GR	外锥或内锥	检验工件的圆锥锥角
圆锥塞规	—	外锥	检验工件的内锥
圆锥环规	—	内锥	检验工件的外锥
圆锥校对塞规	J	外锥	检验工作环规的圆锥尺寸和锥角

(2) 圆锥量规的公差

① 圆锥量规的公差项目。

圆锥量规的公差项目列于表 5-8。

表 5-8 圆锥量规公差项目（GB/T 11852—2003）

项目	代号
直径公差	T_D
锥角公差(用角度值或线值给定)	AT(AT_α 或 AT_D)
形状公差(包括素线直线度和圆度公差)	T_F

② 圆锥量规公差等级。

国家标准规定的圆锥量规公差等级列于表 5-9～表 5-13。

表 5-9 圆锥量规圆锥直径公差（GB/T 11852—2003）

代号	圆锥量规圆锥直径公差	公差等级
T_D	最大圆锥直径 D 或最小圆锥直径 d 为基本尺寸	按 GB/T 1800.2—2020 规定的标准公差选取
	圆锥工作量规的圆锥直径公差	应小于被检圆锥工件直径公差的 1/3
	圆锥工作环规用的校对塞规的圆锥直径公差	应小于圆锥工作量规圆锥直径公差的 1/2

注：T_D 确定后，圆锥量规的 AT 与 T_F 均应分布在由 T_D 所确定的圆锥公差带内。

表 5-10 圆锥量规锥角公差（GB/T 11852—2003）

代号		换算关系	单位	公差等级
AT	AT_α	$AT_D = AT_\alpha \times L \times 10^{-3}$ 式中 L——圆锥长度，mm	μrad	对 AT3～AT8 工件的圆锥量规共分 3 个公差等级，用 1，2，3 表示
	AT_D		μm	

表 5-11 圆锥量规形状公差（GB/T 11852—2003）

代号	圆锥量规形状公差	公差等级
T_F	T_F 包括任一轴向截面内素线直线度公差和任一径向截面内的圆度公差	推荐按 GB/T 1184—1996 附录 A“图样注出公差值的规定”选取
	圆锥工作量规及校对量规的 T_F 应小于圆锥工作量规 AT_D 的 1/2，并不大于研合检验所采用的涂色层厚度 δ。当 $T_F < 0.3\mu m$ 时，按 0.3μm 计	

表 5-12 圆锥量规测量表面粗糙度 *Ra* 值（GB/T 11852—2003） μm

量规种类	圆锥工作量规的锥角公差等级			检验工件圆锥直径的量规	校对塞规
	1 级	2 级	3 级		
圆锥塞规	0.025	0.05	0.1	0.1	0.025
圆锥环规	0.05	0.05	0.1	0.2	—

表 5-13 圆锥量规精度等级与工件公差等级的关系（GB/T 11852—2003）

圆锥工作塞规的锥角公差等级	被测工件锥角公差等级	圆锥工作塞规的锥角公差等级	被测工件锥角公差等级
1	AT3	3	AT7
	AT4		
2	AT5		AT8
	AT6		

注：检验时用涂色研合法。

③ 圆锥量规的公差值。

a. 锥角公差 AT_α 值。对检验工作圆锥尺寸的圆锥量规或检验工件锥角公差没有特殊要求的圆锥量规，其锥角公差 AT 由圆锥量规的圆锥直径公差 T_D 来确定。

取圆锥长度 $L=100$mm，T_D 所对应的圆锥锥角公差 AT_α 值列于表 5-14。

表 5-14 圆锥工作量规锥角公差 AT_α 值（GB/T 11852—2003）

直径尺寸 公差等级	圆锥直径/mm												
	≤3	>3～6	>6～10	>10～18	>18～30	>30～50	>50～80	>80～120	>120～180	>180～250	>250～315	>315～400	>400～500
	锥角公差 AT_α/μrad												
IT01	3	4	4	5	6	6	8	10	12	20	25	30	40
IT0	5	6	6	8	10	10	12	15	20	30	40	50	60
IT1	8	10	10	12	15	15	20	25	35	45	60	70	80
IT2	12	15	15	20	25	25	30	40	50	70	80	90	100
IT3	20	25	25	30	40	40	50	60	80	100	120	130	150
IT4	30	40	40	50	60	70	80	100	120	140	160	180	200
IT5	40	50	60	80	90	110	130	150	180	200	230	250	270
IT6	60	80	90	110	130	160	190	220	250	290	320	360	400
IT7	100	120	150	180	210	250	300	350	400	460	520	570	630
IT8	140	180	220	270	330	390	460	540	630	720	810	890	970
IT9	250	300	360	430	520	620	740	870	1000	1150	1300	1400	1550
IT10	400	480	580	700	840	1000	1200	1400	1600	1850	2100	2300	2500
IT11	600	750	900	1100	1300	1600	1900	2200	2500	2900	3200	3600	4000
IT12	1000	1200	1500	1800	2100	2500	3000	3500	4000	4600	5200	5700	6300

注：当 $L>100$mm 或 $L<100$mm 时，将表中对应值乘以 $100/L$。

b. 圆锥工作量规锥角公差等级。圆锥量规的圆锥工作量规锥角公差等级列于表 5-15。

表 5-15 圆锥工作量规锥角公差等级（GB/T 11852—2003）

圆锥长度 L/mm		圆锥工作量规的锥角公差等级								
		1			2			3		
		AT_α		AT_D	AT_α		AT_D	AT_α		AT_D
大于	至	μrad	(″)	μm	μrad	(″)	μm	μrad	(″)	μm
6	10	50	10	＞3.0～0.5	125	26	＞0.8～1.3	315	65	＞2.0～3.2
10	16	40	8	＞0.4～0.6	100	21	＞1.0～1.6	250	52	＞2.5～4.0
16	25	31.5	6	＞0.5～0.8	80	16	＞1.3～2.0	200	41	＞3.2～5.0
25	40	25	5	＞0.6～1.0	63	13	＞1.6～2.5	160	33	＞4.0～6.3
40	63	20	4	＞0.8～1.3	50	10	＞2.0～3.2	125	26	＞5.0～8.0
63	100	16	3	＞1.0～1.6	40	8	＞2.5～4.0	100	21	＞6.3～10.0
100	160	12.5	2.5	＞1.3～2.0	31.5	6	＞3.2～5.0	80	16	＞8.0～12.5
160	250	10	2	＞1.6～2.5	25	5	＞4.0～6.3	63	13	＞10.0～16.0
250	400	8.0	1.5	＞2.0～3.2	20	4	＞5.0～8.0	50	10	＞12.5～20.0
400	630	6.3	1	＞2.5～4.0	16	3	＞6.3～10.0	40	8	＞16.0～25.0

当圆锥工作量规锥角公差用 AT_D 表示时，应标明其可行的测量长度 L_P，并换算出相应的 AT_{DP}，即

$$AT_{DP}=AT_D\times L_P/L=AT_\alpha\times L_P\times 10^{-3}$$

④ 圆锥量规的公差带。

圆锥锥角公差带分布见表 5-16。

表 5-16 圆锥量规的圆锥锥角公差带分布（GB/T 11852—2003）

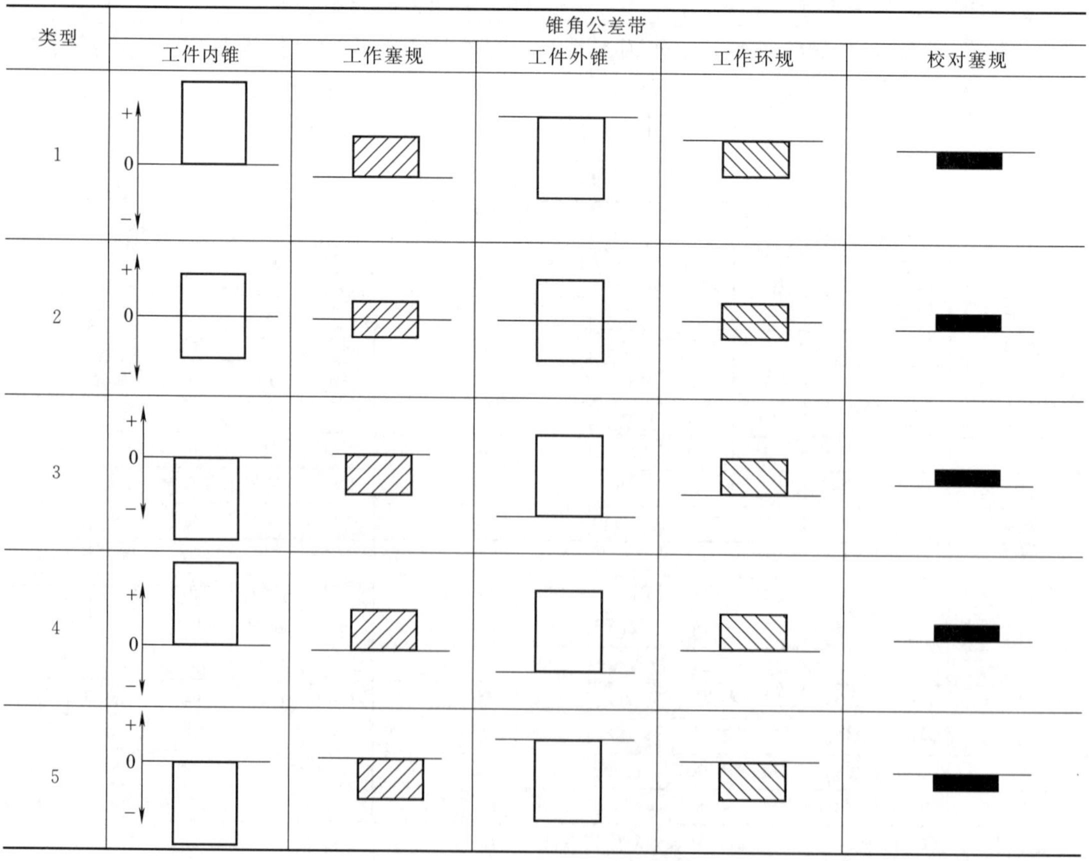

类型	锥角公差带				
	工件内锥	工作塞规	工件外锥	工作环规	校对塞规
1	+ 0 −				
2	+ 0 −				
3	+ 0 −				
4	+ 0 −				
5	+ 0 −				

圆锥量规的圆锥直径公差带分布如图 5-10 所示。

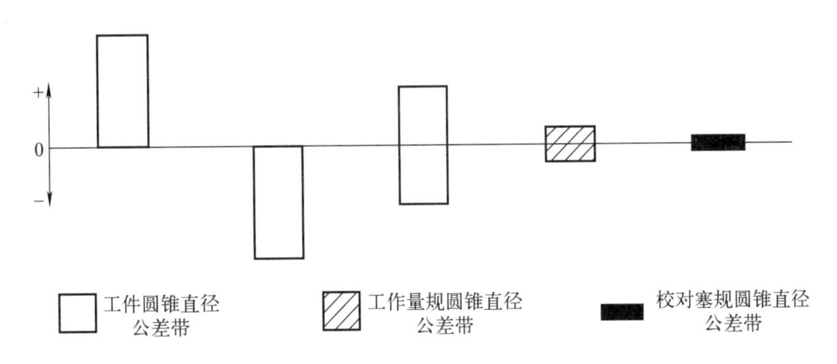

图 5-10　圆锥量规的圆锥直径公差带

5.2.2　圆锥量规的设计

(1) 莫氏与公制圆锥量规的设计

① 型式与尺寸。

a. 莫氏与公制圆锥量规用于检查机床和精密仪器等的工具圆锥孔和圆锥柄的锥度和尺寸。莫氏量规有 A 型（不带扁尾的）和 B 型（带扁尾的）两种型式，精度等级分为 1、2、3 级，如图 5-11、图 5-12 所示。具体结构由设计者确定。B 型圆锥量规仅用于检验工件的圆锥尺寸，不检验工件的锥角。

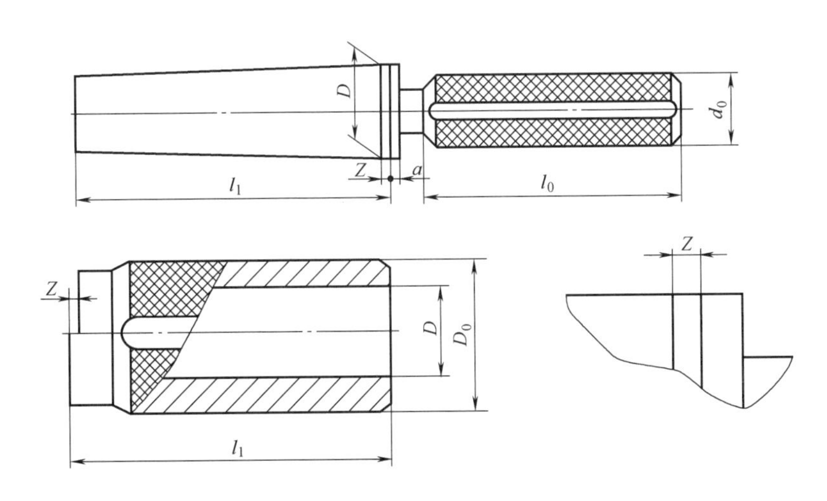

图 5-11　A 型莫氏与公制圆锥量规

b. 莫氏与公制圆锥塞规的尺寸和环规的尺寸可查阅相关手册 GB/T 11853—2003 中的内容，标准所列的基本尺寸是必须遵守的。

② 公差等级和极限偏差值。

a. 用于检验圆锥锥角和尺寸的莫氏与公制 A 型圆锥量规有三个公差等级，符合 GB/T 11852—2003 的规定。

圆锥工作塞规的锥角极限偏差值列于表 5-17。

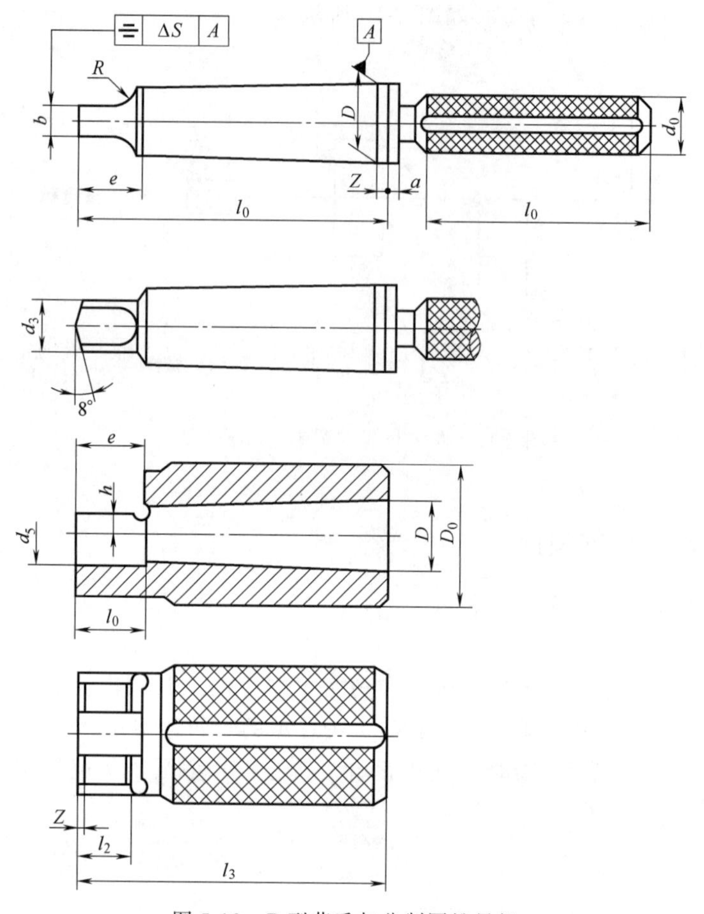

图 5-12 B 型莫氏与公制圆锥量规

表 5-17 莫氏与公制圆锥工作塞规的锥角极限偏差值（GB/T 11853—2003）

圆锥规格		测量长度 L_P	圆锥工作塞规的公差等级								
			1			2			3		
			圆锥工作塞规的锥角极限偏差								
			AT_α		AT_{DP}	AT_α		AT_{DP}	AT_α		AT_{DP}
		mm	μrad	(″)	μm	μrad	(″)	μm	μrad	(″)	μm
公制圆锥	4	19	—	—	—	±40	±8	±0.8	−200	−41	−4
	6	26	—	—	—	±31.5	±6	±0.8	−160	−33	−4
莫氏圆锥	0	43	±10	±2	±0.5	±25	±5	±1.0	−125	−26	−5
	1	45	±10	±2	±0.5	±25	±5	±1.1	−125	−26	−6
	2	54	±8	±1.5	±0.5	±20	±4	±1.1	−100	−21	−5
	3	69	±8	±1.5	±0.6	±20	±4	±1.4	−100	−21	−7
	4	87	±6.3	±1.3	±0.6	±16	±3	±1.4	−80	−16	−7
	5	114	±6.3	±1.3	±0.8	±16	±3	±1.8	−80	−16	−9
	6	162	±5	±1	±0.8	±12.5	±2.5	±2.0	−63	−13	−10
公制圆锥	80	164	±5	±1	±0.8	±12.5	±2.5	±2.0	−63	−13	−10
	100	192	±5	±1	±1.0	±12.5	±2.5	±2.4	−63	−13	−12
	120	220	±4	±0.8	±0.9	±10	±2.0	±2.2	−50	−10	−11
	160	276	±4	±0.8	±1.1	±10	±2.0	±2.8	−50	−10	−14
	200	332	±3.2	±0.5	±1.1	±8	±1.5	±2.7	−40	−8	−13

圆锥工作环规的锥角极限偏差值列于表 5-18。

表 5-18 莫氏与公制圆锥工作环规的锥角极限偏差值（GB/T 11853—2003）

圆锥规格		测量长度 L_P	圆锥工作环规的公差等级								
			1			2			3		
			圆锥工作环规的锥角极限偏差								
			AT_α		AT_{DP}	AT_α		AT_{DP}	AT_α		AT_{DP}
		mm	μrad	(″)	μm	μrad	(″)	μm	μrad	(″)	μm
公制圆锥	4	19	—	—	—	±40	±8	±0.8	+200	+41	+4
	6	26	—	—	—	±31.5	±6	±0.8	+160	+33	+4
莫氏圆锥	0	43	±10	±2	±0.5	±25	±5	±1.0	+125	+26	+5
	1	45	±10	±2	±0.5	±25	±5	±1.1	+125	+26	+6
	2	54	±8	±1.5	±0.5	±20	±4	±1.1	+100	+21	+5
	3	69	±8	±1.5	±0.6	±20	±4	±1.4	+100	+21	+7
	4	87	±6.3	±1.3	±0.6	±16	±3	±1.4	+80	+16	+7
	5	114	±6.3	±1.3	±0.8	±16	±3	±1.8	+80	+16	+9
	6	162	±5	±1	±0.8	±12.5	±2.5	±2.0	+63	+13	+10
公制圆锥	80	164	±5	±1	±0.8	±12.5	±2.5	±2.0	+63	+13	+10
	100	192	±5	±1	±1.0	±12.5	±2.5	±2.4	+63	+13	+12
	120	220	±4	±0.8	±0.9	±10	±2.0	±2.2	+50	+10	+11
	160	276	±4	±0.8	±1.1	±10	±2.0	±2.8	+50	+10	+14
	200	332	±3.2	±0.5	±1.1	±8	±1.5	±2.7	+40	+8	+13

校对塞规的锥角极限偏差值列于表 5-19。

表 5-19 莫氏与公制圆锥校对塞规的锥角极限偏差值（GB/T 11853—2003）

圆锥规格		测量长度 L_P	圆锥工作塞规的锥角公差等级								
			1			2			3		
			校对塞规的锥角极限偏差								
			AT_α		AT_{DP}	AT_α		AT_{DP}	AT_α		AT_{DP}
		mm	μrad	(″)	μm	μrad	(″)	μm	μrad	(″)	μm
公制圆锥	4	19	—	—	—	+40	+8	+0.8	+100	+21.0	+2.0
	6	26	—	—	—	+31.5	+6	+0.8	+80	+17.0	+2.0
莫氏圆锥	0	43	+10	+2	+0.5	+25	+5	+1.0	+63	+13.0	+2.5
	1	45	+10	+2	+0.5	+25	+5	+1.1	+63	+13.0	+3.0
	2	54	+8	+1.5	+0.5	+20	+4	+1.1	+50	+11.0	+2.5
	3	69	+8	+1.5	+0.6	+20	+4	+1.4	+50	+11.0	+3.5
	4	87	+6.3	+1.3	+0.6	+16	+3	+1.4	+40	+8.0	+3.5
	5	114	+6.3	+1.3	+0.8	+16	+3	+1.8	+40	+8.0	+4.5
	6	162	+5	+1	+0.8	+12.5	+2.5	+2.0	+31.5	+6.0	+5.0
公制圆锥	80	164	+5	+1	+0.8	+12.5	+2.5	+2.0	+31.5	+6.0	+5.0
	100	192	+5	+1	+1.0	+12.5	+2.5	+2.4	+31.5	+6.0	+6.0
	120	220	+4	+0.8	+0.9	+10	+2.0	+2.2	+25	+5.0	+5.5
	160	276	+4	+0.8	+1.1	+10	+2.0	+2.8	+25	+5.0	+7.0
	200	332	+3.2	+0.5	+1.1	+8	+1.5	+2.7	+40	+4.0	+6.5

锥角极限偏差 AT_{DP} 的数值是根据测量长度 L_P 给定的，即

$$AT_{DP}=AT_D\times L_P\times 10^{-3}$$

式中 L_P——测量长度，$L_P=l_3-a-e_{max}$，见图 5-13，mm；

AT_{DP}——对应于 L_P 上用线值表示的锥角极限偏差，μm；

AT_D——用角度值表示的锥角极限偏差，μrad。

莫氏与公制 B 型圆锥量规的锥角极限偏差，限制在其圆锥直径公差 T_D 所确定的圆锥直径公差空间之内，不再单独规定。

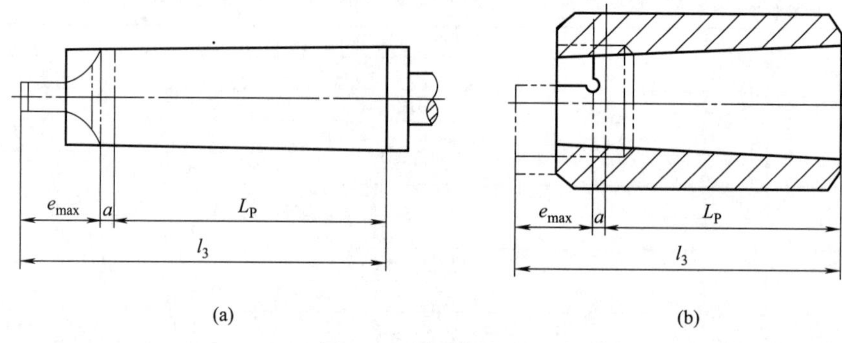

图 5-13 测量长度 L_P

b. 各公差等级的莫氏与公制 A 型圆锥工作量规的形状公差 T_F 值列于表 5-20。

表 5-20 莫氏与公制 A 型圆锥工作量规的形状公差 T_F 值（GB/T 11853—2003）

<table>
<tr><th colspan="2" rowspan="3">圆锥规格</th><th colspan="3">圆锥量规公差等级</th><th colspan="2" rowspan="3">圆锥规格</th><th colspan="3">圆锥量规公差等级</th></tr>
<tr><th>1</th><th>2</th><th>3</th><th>1</th><th>2</th><th>3</th></tr>
<tr><th colspan="3">圆锥工作量规形状公差值 $T_F/\mu m$</th><th colspan="3">圆锥工作量规形状公差值 $T_F/\mu m$</th></tr>
<tr><td rowspan="2">公制圆锥</td><td>4</td><td rowspan="2">—</td><td rowspan="2">0.5</td><td rowspan="2">1.3</td><td rowspan="2">莫氏圆锥</td><td>5</td><td rowspan="3">0.5</td><td rowspan="3">1.3</td><td rowspan="3">3.0</td></tr>
<tr><td>6</td><td>6</td></tr>
<tr><td rowspan="5">莫氏圆锥</td><td>0</td><td rowspan="5">0.5</td><td rowspan="3">0.7</td><td rowspan="3">1.6</td><td rowspan="5">公制圆锥</td><td>80</td></tr>
<tr><td>1</td><td>100</td><td rowspan="3">1.0</td><td rowspan="2">1.6</td><td rowspan="2">3.6</td></tr>
<tr><td>2</td><td>120</td></tr>
<tr><td>3</td><td rowspan="2">0.9</td><td rowspan="2">2.3</td><td>160</td><td rowspan="2">1.7</td><td rowspan="2">4.3</td></tr>
<tr><td>4</td><td>200</td></tr>
</table>

③ 莫氏与公制圆锥量规的检验。

a. 各公差等级的莫氏与公制圆锥工作环规，用圆锥校对塞规检验时，其研合接触率应达到 90%以上。如果采用圆锥工作塞规配对研合，研合的接触率应达到 98%以上。涂色层厚度按 GB/T 11852—2003 中 4.3.2 的规定。

b. 用圆锥校对塞规或圆锥工作塞规检验圆锥工作环规的直径时，圆锥工作环规的圆锥大端端面应与圆锥塞规的大端直径 D 平面标尺标记的前边缘重合，允许有不大于 $0.1Z$ 的差距。当这个端面超越了塞规的大端直径 D 平面标尺标记的后边缘时，则认为圆锥工作环规已达磨损极限（见图 5-14）。

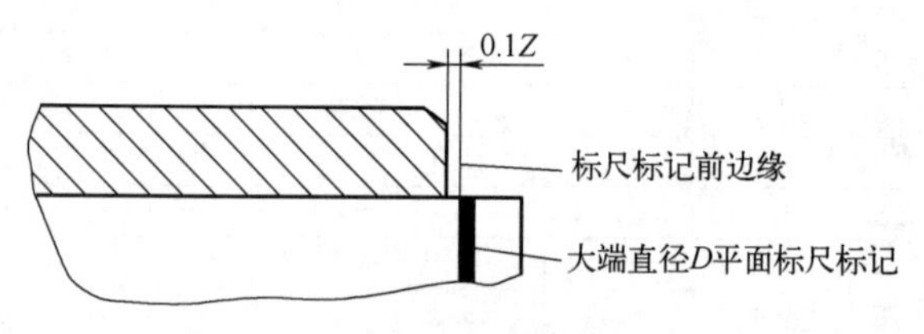

图 5-14 圆锥工作环规磨损极限

④ 莫氏与公制圆锥量规的标记。莫氏圆锥代号为 MS，公制圆锥代号为 MT。

标记示例：A 型莫氏 5 号 1 级精度的工作量规标记为 MS 5 A-1-GR

B 型公制 80 号 3 级的圆锥环规的校对塞规标记为 MT 80 B-3-J

(2) 7∶24 工具圆锥量规的设计

7∶24 圆锥量规主要用于工具圆锥的精确性检查和各种数控机床与精密仪器主轴与孔的锥度检查。现行国家标准为 GB/T 11854—2016《7∶24 工具圆锥量规 检验》，用“公差等级”代替了“精度等级”，用“锥角极限偏差”代替了“锥角公差”等。

① 型式和尺寸。

a. 7∶24 工具圆锥量规有 A 型和 C 型两种型式，如图 5-15、图 5-16 所示。具体结构由设计者确定。

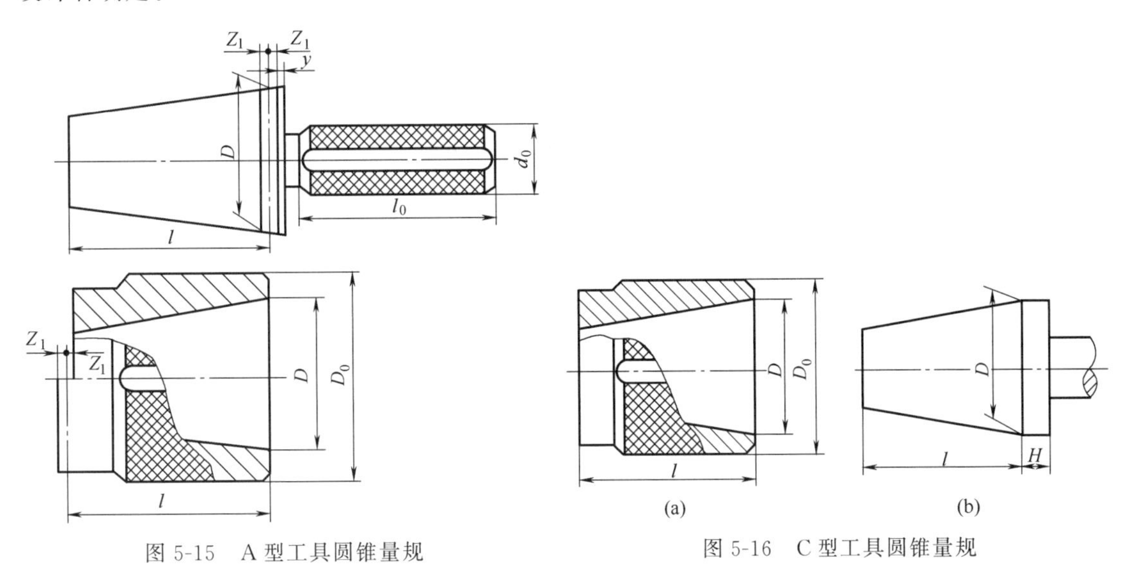

图 5-15　A 型工具圆锥量规

图 5-16　C 型工具圆锥量规

b. 7∶24 工具圆锥塞规的尺寸列于表 5-21，环规的尺寸列于表 5-22。

表 5-21　7∶24 工具圆锥塞规的尺寸（GB/T 11854—2016）　　mm

圆锥规格	锥度 C	锥角 α	基本尺寸		参考尺寸				
			D ±IT5/2	l ±IT11/2	y	z_1 ±0.05	H	d_0	l_0
30	1∶3.428571=0.291667	16°35′39.4″	31.750	48.4	1.6	0.4	10	25	90
40			44.450	65.4	1.6			32	100
45			57.150	82.8	3.2			32	100
50			69.850	101.8	3.2			35	110
55			88.900	126.8	3.2			40	115
60			107.950	161.8	3.2			40	115
65			133.350	202.0	4			40	115
70			165.100	252.0	4			40	115
75			203.200	307.0	5			45	120
80			254.000	394.0	6			50	120

表 5-22　7∶24 工具圆锥环规的尺寸（GB/T 11854—2016）　　mm

圆锥规格	锥度 C	锥角 α	基本尺寸			参考尺寸
			D ±IT5/2	l ±IT11/2	z_1 ±0.05	D_0
30	1∶3.428571=0.291667	16°35′39.4″	31.750	48.4	0.4	58
40			44.450	65.4		64
45			57.150	82.8		80
50			69.850	101.8		95
55			88.900	126.8		118
60			107.950	161.8		140
65			133.350	202.0		168
70			165.100	252.0		204
75			203.200	307.0		245
80			254.000	394.0		300

② 锥角公差等级和极限偏差值。

a. 公差等级。用于检验圆锥锥角和尺寸的 7∶24 工具圆锥量规有 1 级、2 级和 3 级三个公差等级。

b. 公差值。7∶24 工具圆锥工作量规锥角极限偏差值列于表 5-23，校对塞规锥角极限偏差值列于表 5-24。

表 5-23　7∶24 工具圆锥工作量规锥角极限偏差值（GB/T 11854—2016）

圆锥规格	测量长度 L_P	圆锥工作量规的锥角公差等级								
		1			2			3		
		7∶24 工具圆锥量规的锥角极限偏差								
		AT_α		AT_{DP}	AT_α		AT_{DP}	AT_α		AT_{DP}
	mm	μrad	(″)	μm	μrad	(″)	μm	μrad	(″)	μm
30	44	±10	±2.0	±0.5	±25	±5.0	±1.2	±63	±13.0	±3.0
40	61	±8	±1.5	±0.5	±20	±4.0	±1.3	±50	±11.0	±3.0
45	76	±8	±1.5	±0.6	±20	±4.0	±1.6	±50	±11.0	±4.0
50	95	±6.3	±1.3	±0.6	±16	±3.0	±1.6	±40	±8.0	±4.0
55	120	±6.3	±1.3	±0.8	±16	±3.0	±2.0	±40	±8.0	±5.0
60	155	±5	±1.0	±0.8	±13	±2.5	±2.0	±31.5	±6.5	±5.0
65	193	±5	±1.0	±1.0	±13	±2.5	±2.6	±31.5	±6.5	±6.0
70	243	±4	±0.8	±1.0	±10	±2.0	±2.5	±25	±5.0	±6.0
75	296	±4	±0.8	±1.2	±10	±2.0	±3.0	±25	±5.0	±8.0
80	381	±4	±0.8	±1.5	±10	±2.0	±3.9	±25	±5.0	±10.0

表 5-24　7∶24 工具圆锥校对塞规锥角极限偏差值（GB/T 11854—2016）

圆锥规格	测量长度 L_P	圆锥工作量规的锥角公差等级								
		1			2			3		
		校对塞规的锥角极限偏差								
		AT_α		AT_{DP}	AT_α		AT_{DP}	AT_α		AT_{DP}
	mm	μrad	(″)	μm	μrad	(″)	μm	μrad	(″)	μm
30	44	+10	+2.0	+0.5	+25	+5.0	+1.2	+63	+13.0	+3.0
40	61	+8	+1.5	+0.5	+20	+4.0	+1.3	+50	+11.0	+3.0
45	76	+8	+1.5	+0.6	+20	+4.0	+1.6	+50	+11.0	+4.0
50	95	+6.3	+1.3	+0.6	+16	+3.0	+1.6	+40	+8.0	+4.0
55	120	+6.3	+1.3	+0.8	+16	+3.0	+2.0	+40	+8.0	+5.0
60	155	+5	+1.0	+0.8	+13	+2.5	+2.0	+31.5	+6.5	+5.0
65	193	+5	+1.0	+1.0	+13	+2.5	+2.6	+31.5	+6.5	+6.0
70	243	+4	+0.8	+1.0	+10	+2.0	+2.5	+25	+5.0	+6.0
75	296	+4	+0.8	+1.2	+10	+2.0	+3.0	+25	+5.0	+8.0
80	381	+4	+0.8	+1.5	+10	+2.0	+3.9	+25	+5.0	+10.0

表中锥角极限偏差 AT_{DP} 的数值是根据测量长度 L_P 给定的，即

$$AT_{DP}=AT_\alpha \times L_P \times 10^{-3}$$

式中　L_P——测量长度，$L_P=l-2(y+Z_1)$，图 5-17，mm；

AT_{DP}——对应于 L_P 上用线值表示的锥角极限偏差，μm；

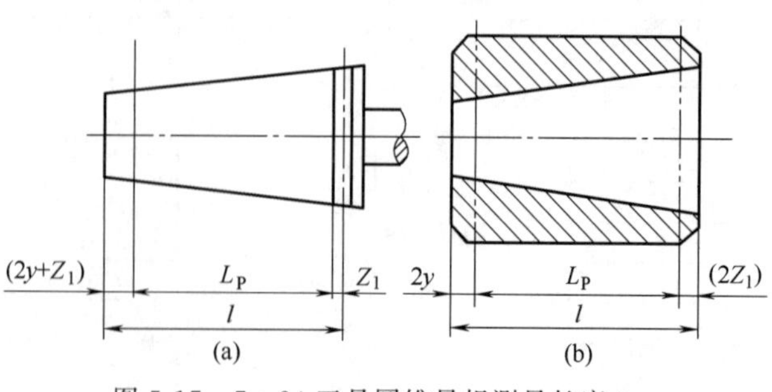

图 5-17　7∶24 工具圆锥量规测量长度 L_P

AT_α——用角度值表示的锥角极限偏差，μrad。

7∶24 工具圆锥量规形状公差 T_F 值列于表 5-25。

表 5-25 7∶24 工具圆锥量规形状公差 T_F 值（GB/T 11854—2016）

圆锥规格	圆锥工作量规公差等级		
	1 级	2 级	3 级
	圆锥量规形状公差 T_F/μm		
30	0.5	0.8	2.0
40			
45	0.5	1.1	2.7
50			
55	0.8	1.3	3.3
60			
65	1.0	1.7	4.0
70			
75	1.2	2.0	5.3
80	1.5	2.6	6.7

③ 7∶24 工具圆锥量规的检验。

a. 各等级 7∶24 工具圆锥工作环规，用圆锥校对塞规检验时，其研合的接触率应达到 90%以上。如采用与圆锥工作塞规配对研合时，研合的接触率应达到 98%以上。

b. 用圆锥校对塞规检验 7∶24 工具圆锥工作环规的直径时，圆锥工作环规的圆锥大端端面应与校对塞规的大端直径 D 平面标尺标记的前边缘重合，允许有不大于 0.3Z 的差距。若用圆锥工作塞规检验，则圆锥工作环规的圆锥大端端面，与第二条 Z 标尺标记的前边缘的距离不应小于 Z，允许有不大于 1.3Z 的距离。当这个端面超越了圆锥校对塞规的大端直径 D 平面标尺标记的后边缘或距离工作塞规第二条 Z 标尺标记前边缘为 0.8Z 时，表示圆锥工作环规已达到磨损极限，如图 5-18 所示。

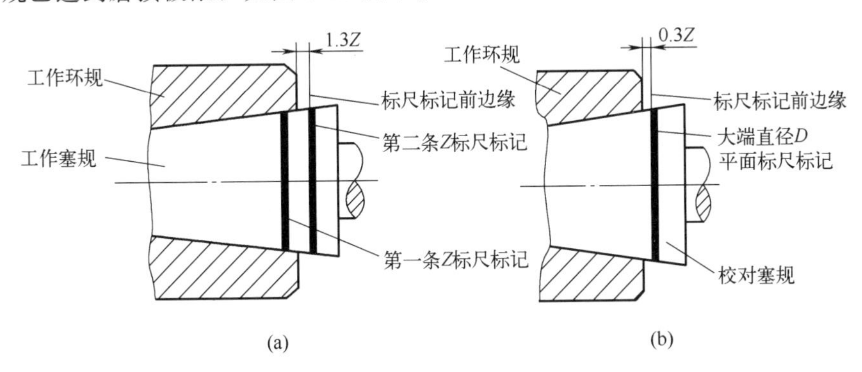

图 5-18 7∶24 工具圆锥工作环规的直径检验

④ 7∶24 工具圆锥量规的标记。

标记示例：C 型，规格为 45 号的 1 级 7∶24 工具圆锥工作量规，标记为 7∶24 45C-1-GR

A 型，规格为 35 号的 3 级 7∶24 工具圆锥校对塞规，标记为 7∶24 35A-3-J

(3) 钻夹圆锥量规的设计

现行国家标准 GB/T 11855—2003《钻夹圆锥量规》在 GB/T 11855—1989 的基础上进行了修订，统一了名词术语：用“公差等级”代替了“精度等级”，用“锥角极限偏差”代替了“锥角公差”等。

① 型式与尺寸。

a. 钻夹圆锥量规型式如图 5-19 所示。

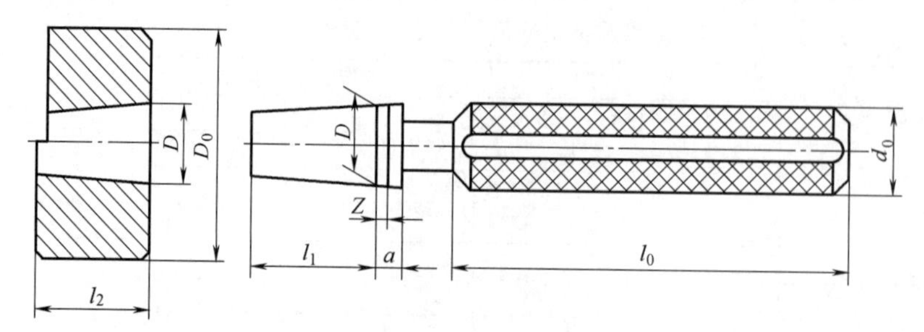

图 5-19 钻夹圆锥量规型式

b. 钻夹圆锥量规尺寸列于表 5-26。

表 5-26 钻夹圆锥量规尺寸（GB/T 11855—2003）

圆锥规格		锥度 C	锥角 α	基本尺寸/mm					参考尺寸/mm		
				D ±IT5/2	l_1 ±IT8/2	l_2 ±IT8/2	a 不小于	Z ±0.05	D_0	d_0	l_0
莫氏短锥	B10	0.59858∶12= 1∶20.047=0.04988	2°51′26.7″	10.094	16	14.5	3.5	1	25	12	65
	B12			12.065	20	18.5					
	B16	0.59941∶12= 1∶20.020=0.04995	2°51′41.0″	15.733	26	24	5	1	35	16	70
	B18			17.78	34	32					
	B22	0.60235∶12= 1∶19.922=0.05020	2°52′31.5″	21.793	42.5	40.5	5	1	40	20	80
	B24			23.825	52.5	50.5					
贾格圆锥	0	1∶20.288=0.04929	2°49′24.7″	6.350	11.5	11.1	3	0.5	16	7	60
	1	1∶12.912=0.07709	4°24′53.1″	9.754	17.0	16.7	3.5	0.5	25	12	65
	2	1∶12.262=0.08155	4°40′11.6″	14.199	22.5	22.2	3.5	0.5	35	12	65
	33	1∶15.748=0.06350	3°38′13.4″	15.850	25.7	25.4	5	0.5	35	16	70
	6	1∶19.264=0.05191	2°58′24.8″	17.170	25.7	25.4	5	1	35	16	70
	3	1∶18.779=0.05325	3°3′1.0″	20.599	31.3	31	5	1	40	20	80

② 锥角公差等级和极限偏差值。用于检验圆锥锥角和尺寸的钻夹圆锥量规有 2 级和 3 级两种精度等级。钻夹圆锥工作量规的锥角极限偏差 AT 与圆锥形状公差 T_F 列于表 5-27。

表 5-27 钻夹圆锥工作量规的锥角极限偏差和圆锥形状公差（GB/T 11855—2003）

圆锥规格		测量长度 L_P/mm	圆锥量规的锥角公差等级							
			2			3			2	3
			圆锥锥角极限偏差						圆锥形状公差	
			AT_α		AT_{DP}	AT_α		AT_{DP}	T_F	
			μrad	(″)	μm	μrad	(″)	μm	μm	
莫氏短锥	B10	12.5	±50	±10.0	±0.6	±125	±26	±1.6	0.5	1.0
	B12	16.5	±40	±8.0	±0.7	±100	±20	±1.7		
	B16	21	±31.5	±6.5	±0.7	±80	±16	±1.7		
	B18	29	±31.5	±6.5	±0.9	±80	±16	±2.3		
	B22	37.5	±25	±5.0	±0.9	±63	±13	±2.4	1.0	1.5
	B24	47.5	±25	±5.0	±1.2	±63	±13	±3.0		
贾格圆锥	0	8.5	±50	±10.0	±0.4	±125	±26	±1.0	0.5	1.0
	1	13.5	±40	±8.0	±0.5	±100	±20	±1.4		
	2	19	±40	±8.0	±0.8	±100	±20	±1.9		
	33	20.7	±31.5	±6.5	±0.7	±80	±16	±1.7		
	6	20.7	±31.5	±6.5	±0.7	±80	±16	±1.7		
	3	26.3	±31.5	±6.5	±0.8	±80	±16	±2.1		

钻夹圆锥校对塞规锥角极限偏差AT列于表5-28。

表5-28 钻夹圆锥校对塞规锥角极限偏差（GB/T 11855—2003）

圆锥规格		测量长度 L_P	圆锥工作量规的锥角公差等级					
			2			3		
			校对塞规的锥角极限偏差					
			AT_α		AT_{DP}	AT_α		AT_{DP}
		mm	μrad	(″)	μm	μrad	(″)	μm
莫氏短锥	B10	12.5	+50	+10.0	+0.6	+125	+26	+1.6
	B12	16.5	+40	+8.0	+0.7	+100	+20	+1.7
	B16	21	+31.5	+6.5	+0.7	+80	+16	+1.7
	B18	29	+31.5	+6.5	+0.9	+80	+16	+2.3
	B22	37.5	+25	+5.0	+0.9	+63	+13	+2.4
	B24	47.5	+25	+5.0	+1.2	+63	+13	+3.0
贾格圆锥	0	8.5	+50	+10.0	+0.4	+125	+26	+1.0
	1	13.5	+40	+8.0	+0.5	+100	+20	+1.4
	2	19	+40	+8.0	+0.8	+100	+20	+1.9
	33	20.7	+31.5	+6.5	+0.7	+80	+16	+1.7
	6	20.7	+31.5	+6.5	+0.7	+80	+16	+1.7
	3	26.3	+31.5	+6.5	+0.8	+80	+16	+2.1

表中锥角公差 AT_{DP} 的数是根据测量长度 L_P 给定的，即

$$AT_{DP}=AT_\alpha \times L_P \times 10^{-3}$$

式中 L_P——测量长度，$L_P=l_1-a$，图5-20，mm；

AT_{DP}——对应于测量长度 L_P 用线值表示的锥角极限偏差，μm；

AT_α——用角度值表示的锥角极限偏差，μrad。

③ 钻夹圆锥量规的检验。

a. 钻夹圆锥工作环规。用圆锥校对塞规检验时，其研合的接触率应达到90%以上。如果采用与圆锥工作塞规配对研合，则研合接触率应达到98%以上。

b. 用圆锥校对塞规或圆锥工作塞规检验钻夹圆锥工作环规的圆锥直径时，圆锥工作环规的圆锥大端端面应与圆锥塞规的大端直径 D 平面标尺标记的前边缘重合，允许有不大于 $0.2Z$ 的差距。当这个端面超越了圆锥塞规大端直径 D 平面标尺标记的后边缘时，即认为圆锥工作环规已达到磨损极限，如图5-21所示。

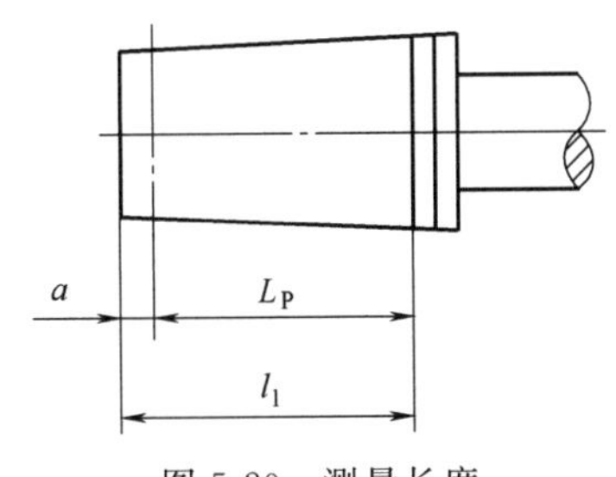

图5-20 测量长度

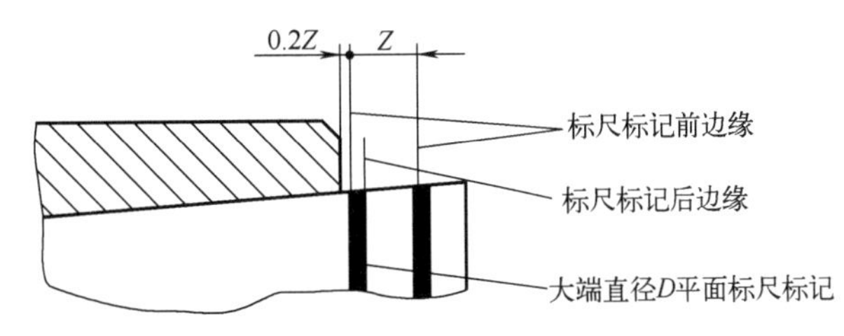

图5-21 钻夹圆锥工作环规的直径检验

④ 钻夹圆锥量规的标记。

莫氏短锥代号为B，贾格圆锥代号为J。

标记示例：10号莫氏短锥的3级钻夹圆锥工作量规，标记为 B 10-3-G

0号贾格圆锥的2级钻夹圆锥环规的校对塞规，标记为 J 0-2-J

(4) 1/4 圆锥量规的设计

① 型式与尺寸。

a. 1/4 圆锥量规的型式。2 号 1/4 圆锥校对量规的型式如图 5-22 所示。

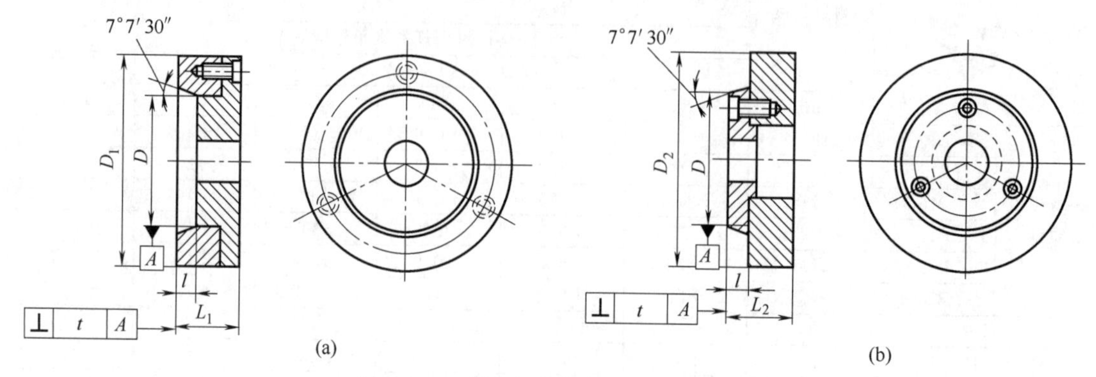

图 5-22　2 号 1/4 圆锥校对量规的型式

3 至 28 号 1/4 圆锥校对量规的型式如图 5-23 所示。

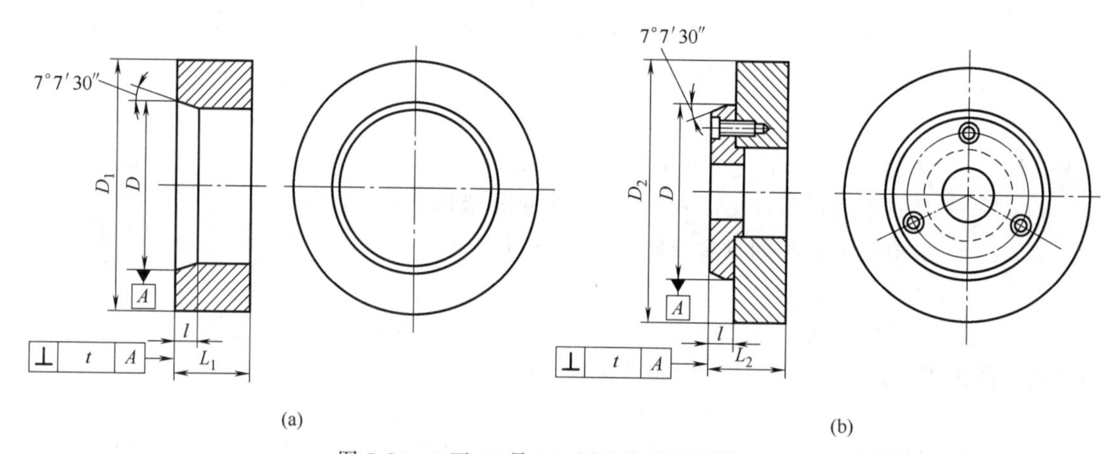

图 5-23　3 至 28 号 1/4 圆锥校对量规的型式

2 号 1/4 圆锥工作量规的型式如图 5-24 所示。

3 至 28 号 1/4 圆锥工作量规（固定式）的型式如图 5-25 所示。

5 至 28 号 1/4 圆锥工作量规（指针式）的型式如图 5-26 所示。

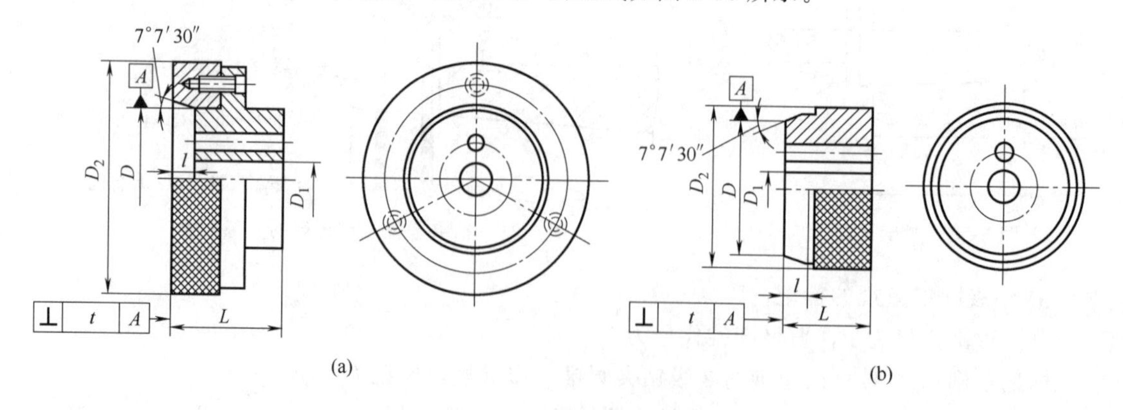

图 5-24　2 号 1/4 圆锥工作量规的型式

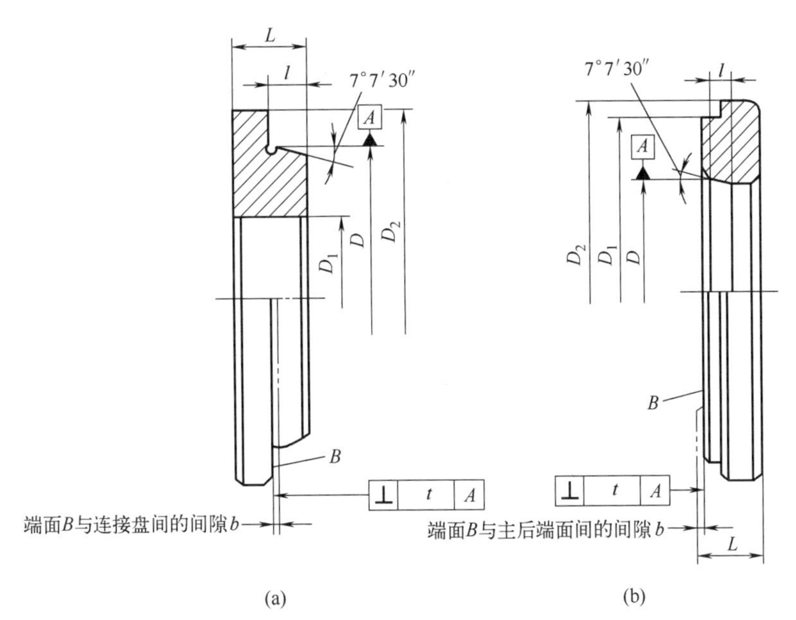

图 5-25　3 至 28 号 1/4 圆锥工作量规（固定式）的型式

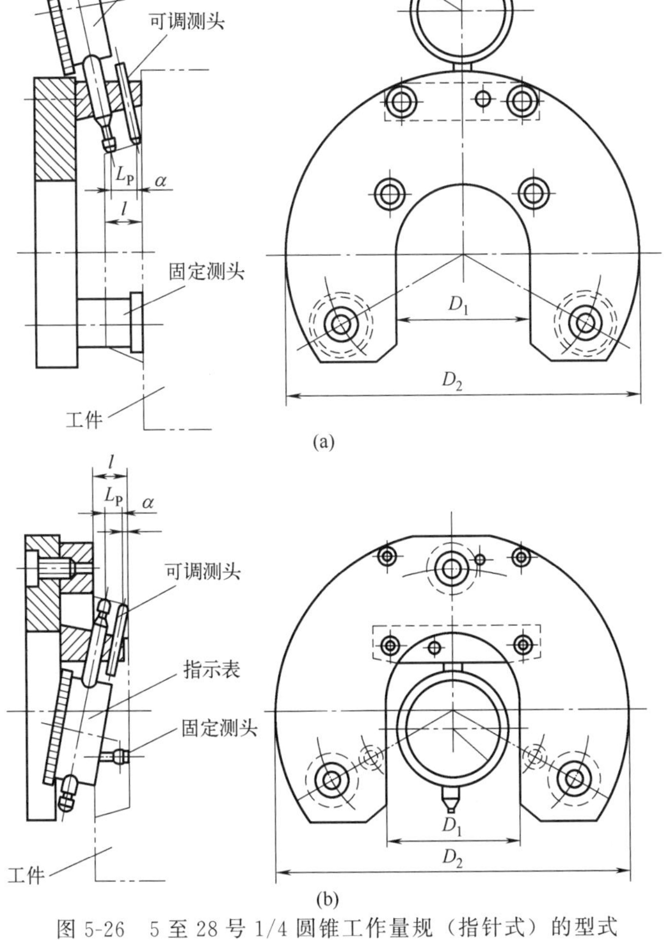

图 5-26　5 至 28 号 1/4 圆锥工作量规（指针式）的型式

b. 1/4 圆锥量规的尺寸。1/4 圆锥校对量规的尺寸列于表 5-29。

表 5-29 1/4 圆锥校对量规的尺寸

μm

校对量规代号	被检车床主轴端部规格代号	校对量规基本直径 D		l	参考尺寸			
		尺寸	极限偏差	不小于	D_1	D_2	L_1	L_2
2	$A_0$2,D2	64.292	±0.0008	9.5	100	100	30	30
3	$A_2$3,C3,D3	53.975	±0.0010	11	85	72	20	20
4	$A_2$4,C4,D4	63.513	±0.0010	11	100	82	20	20
5	$A_1$5,$A_2$5,C5,D5	82.563	±0.0010	13	125	105	22	25
6	$A_1$6,$A_2$6,C6,D6	106.375	±0.0010	14	155	135	25	30
8	$A_1$8,$A_2$8,C8,D8	139.719	±0.0013	16	195	172	30	35
11	$A_1$11,$A_2$11,C11,D11	196.869	±0.0013	18	165	235	35	40
15	$A_1$15,$A_2$15,C15,D15	285.775	±0.0013	19	360	330	45	45
20	$A_1$20,$A_2$20,C20,D20	412.775	±0.0015	21	500	465	55	50
28	$A_1$28,$A_2$28	584.225	±0.0015	24	690	650	70	55

2 至 28 号 1/4 圆锥工作量规（不含指针式）的尺寸列于表 5-30、表 5-31。

表 5-30 1/4 圆锥工作塞规（不含指针式）的尺寸

mm

工作塞规代号	被检车床主轴端部规格代号	工作塞规基本直径 D		l	b		参考尺寸		
		尺寸	极限偏差	不小于	用于 A、D 型	用于 C 型	D_1	D_2	L
2	$A_0$2,D2	64.292	+0.0315 +0.0185	9.5	—	—	16	72	38
3	$A_2$3,C3,D3	53.975	+0.022 +0.018	11	0.068～ 0.10	0.048～ 0.08	25	72	20
4	$A_2$4,C4,D4	63.513	+0.022 +0.018	11	0.068～ 0.10	0.048～ 0.08	35	82	20
5	$A_1$5,$A_2$5,C5,D5	82.563	+0.024 +0.020	14	0.072～ 0.112	0.048～ 0.088	50	105	25
6	$A_1$6,$A_2$6,C6,D6	106.375	+0.024 +0.020	15	0.072～ 0.112	0.048～ 0.088	65	135	30
8	$A_1$8,$A_2$8,C8,D8	139.719	+0.0265 +0.0215	17	0.08～ 0.128	0.048～ 0.096	80	172	35
11	$A_1$11,$A_2$11,C11,D11	196.869	+0.0285 +0.0235	19	0.088～ 0.144	0.048～ 0.104	100	235	40
15	$A_1$15,$A_2$15,C15,D15	285.775	+0.0305 +0.0255	20	0.096～ 0.16	0.048～ 0.112	150	330	45
20	$A_1$20,$A_2$20,C20,D20	412.775	+0.035 +0.020	22	0.108～ 0.188	0.048～ 0.128	250	465	50
28	$A_1$28,$A_2$28	584.225	+0.038 +0.032	25	0.116～ 0.208	—	400	650	55

表 5-31 1/4 圆锥工作环规（不含指针式）的尺寸

mm

工作环规代号	被检车床主轴端部规格代号	工作环规基本直径 D		l	b	参考尺寸		
		尺寸	极限偏差	不小于		D_1	D_2	L
2	$A_0$2,D2	64.292	−0.0215 −0.0185	9.5	—	16	104	50
3	$A_2$3,C3,D3	53.975	−0.010 −0.014	11	0.048～ 0.08	72	85	20
4	$A_2$4,C4,D4	63.513	−0.010 −0.014	11	0.048～ 0.08	82	100	20
5	$A_1$5,$A_2$5,C5,D5	82.563	−0.010 −0.014	14	0.048～ 0.088	105	125	22

续表

工作环规代号	被检车床主轴端部规格代号	工作环规基本直径 D		l 不小于	b	参考尺寸		
		尺寸	极限偏差			D_1	D_2	L
6	$A_1$6,$A_2$6,C6,D6	106.375	−0.010 −0.014	15	0.048～ 0.088	135	155	25
8	$A_1$8,$A_2$8,C8,D8	139.719	−0.0095 −0.0145	17	−0.048～ 0.096	172	195	30
11	$A_1$11,$A_2$11,C11,D11	196.869	−0.0095 −0.0145	19	0.048～ 0.104	235	260	35
15	$A_1$15,$A_2$15,C15,D15	285.775	−0.0095 −0.0145	20	0.048～ 0.112	330	360	45
20	$A_1$20,$A_2$20,C20,D20	412.775	−0.009 −0.015	22	0.048～ 0.128	465	500	55
28	$A_1$28,$A_2$28	584.225	−0.009 −0.015	25	0.048～ 0.140	650	690	70

5 至 28 号 1/4 圆锥工作量规（指针式）的尺寸列于表 5-32。

表 5-32　1/4 圆锥工作量规（指针式）的尺寸　mm

被检车床主轴端部规格代号	L_P	a	D_1 不小于	D_2 不小于
$A_1$5,$A_2$5,C5,D5	7	4	45	105
$A_1$6,$A_2$6,C6,D6	8	4	65	135
$A_1$8,$A_2$8,C8,D8	10	4	100	172
$A_1$11,$A_2$11,C11,D11	11	5	160	235
$A_1$15,$A_2$15,C15,D15	12	5	200	330
$A_1$20,$A_2$20,C20,D20	14	5	200	465
$A_1$28,$A_2$28	16	6	200	650

② 锥角极限偏差、形状和位置公差。

a. 1/4 圆锥校对量规的锥角极限偏差、形状和位置公差列于表 5-33。

表 5-33　1/4 圆锥校对量规的锥角极限偏差、形状和位置公差　mm

校对量规代号	被检车床主轴端部规格代号	锥角极限偏差			圆锥形状公差 T_F/mm	垂直度 t/mm	测量长度 L_P/mm	a/mm
		角度值		线值 /mm				
		μrad	(″)					
2	$A_0$2,D2	+125	+26	+0.0007	0.0006	0.0008	5.5	2
3	$A_2$3,C3,D3	+100	+21	+0.0006	0.0005	0.0008	6	3
4	$A_2$4,C4,D4	+100	+21	+0.0006	0.0005	0.0008	6	3
5	$A_1$5,$A_2$5,C5,D5	+100	+21	+0.0007	0.0006	0.0010	7	4
6	$A_1$6,$A_2$6,C6,D6	+100	+21	+0.0008	0.0007	0.0010	8	4
8	$A_1$8,$A_2$8,C8,D8	+80	+16	+0.0008	0.0007	0.0013	10	4
11	$A_1$11,$A_2$11,C11,D11	+80	+16	+0.0009	0.0008	0.0013	11	5
15	$A_1$15,$A_2$15,C15,D15	+80	+16	+0.0010	0.0009	0.0016	12	5
20	$A_1$20,$A_2$20,C20,D20	+80	+16	+0.0011	0.0010	0.0020	14	5
28	$A_1$28,$A_2$28	+80	+16	+0.0013	0.0012	0.0026	16	6

表中测量长度 L_P 按下式计算（图 5-27）：

$$L_P = l - (2 + a)$$

b. 1/4 圆锥工作量规（不含指针式）的锥角极限偏差、形状和位置公差列于表 5-34。

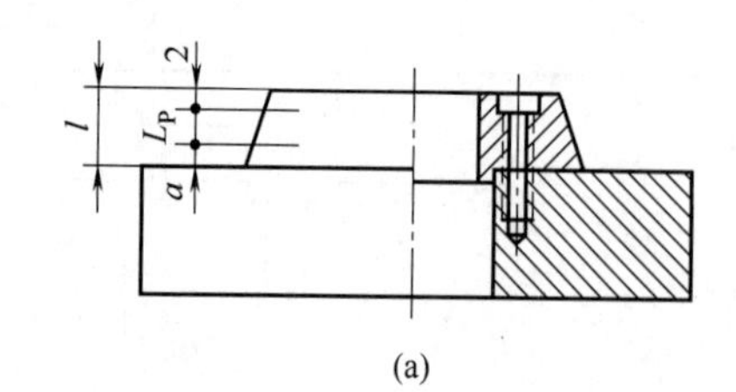

(a)

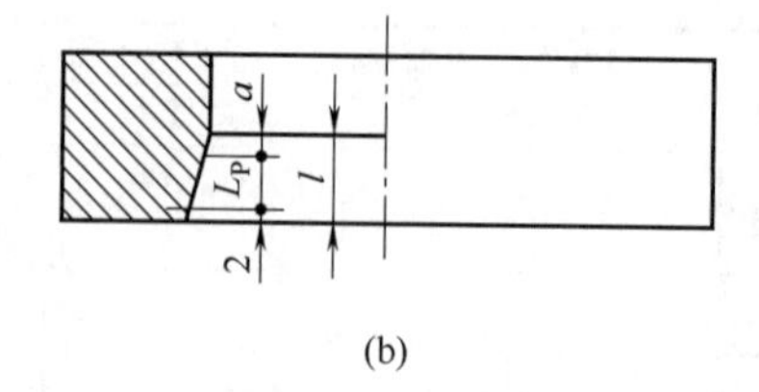

(b)

图 5-27 测量长度 L_P

表 5-34 1/4 圆锥工作量规（不含指针式）的锥角极限偏差、形状和位置公差

圆锥工作量规代号	被检车床主轴端部规格代号	锥角极限偏差			圆锥形状公差 T_F/mm	垂直度公差 t/mm	测量长度 L_P/mm	a/mm
		角度值		线值/mm				
		μrad	(″)					
2	$A_0$2,D2	±157.5	±32.5	±0.0009	0.0013	0.0013	5.5	2
3	$A_2$3,C3,D3	±125	±26	±0.0008	0.0013	0.0013	6	3
4	$A_2$4,C4,D4	±125	±26	±0.0008	0.0013	0.0013	6	3
5	$A_1$5,$A_2$5,C5,D5	±125	±26	±0.0010	0.0015	0.0015	8	4
6	$A_1$6,$A_2$6,C6,D6	±125	±26	±0.0011	0.0015	0.0015	9	4
8	$A_1$8,$A_2$8,C8,D8	±100	±20.5	±0.0011	0.0018	0.0020	11	4
11	$A_1$11,$A_2$11,C11,D11	±100	±20.5	±0.0012	0.0020	0.0020	12	5
15	$A_1$15,$A_2$15,C15,D15	±100	±20.5	±0.0013	0.0023	0.0025	13	5
20	$A_1$20,$A_2$20,C20,D20	±100	±20.5	±0.0015	0.0027	0.0030	15	5
28	$A_1$28,$A_2$28	±100	±20.5	±0.0017	0.0030	0.0040	17	6

表中测量长度 L_P 按下式计算（图 5-27）：

$$L_P = l-(2+a)$$

③ 1/4 圆锥量规的检验。检验方法符合 GB/T 11852—2003《圆锥量规公差与技术条件》中圆锥量规检验的规定。

④ 5 至 28 号 1/4 圆锥工作量规（指针式）的校对和使用方法。

a. 5 至 28 号 1/4 圆锥工作量规（指针式）的校对：取下指示表和可调测头，将工作量规平放在校对量规上，使一个固定测头与校对量规的工作面接触，而另一个固定测头与校对量规的工作面有一个不太大的间隙（大于待加工工件的圆锥部位的加工余量），然后装上可调测头和指示表测头与校对量规的工作面相接触［图 5-28（a）］，调节指示表指针旋转一圈左右，紧固指示表并记下此时的读数（A），然后移动校对量规，使两个固定测头同时与校对量规的工作面相接触，如图 5-28（b）所示，再记下此时指示表的读数（B），此时工作量规校对完毕。

b. 5 至 28 号 1/4 圆锥工作量规（指针式）的使用方法：将工作量规平放在工件上，使可调测头、指示表测头（校对时使用的）同时与工件的圆锥表面相接触，如图 5-29（a），在指示表上读出数值并与校对时的读数（A）相比较，得出工件圆锥半角的偏差。然后使工作量规的两个固定测头与工件的圆锥表面相接触，如图 5-29（b），并在指示表上读出数值并

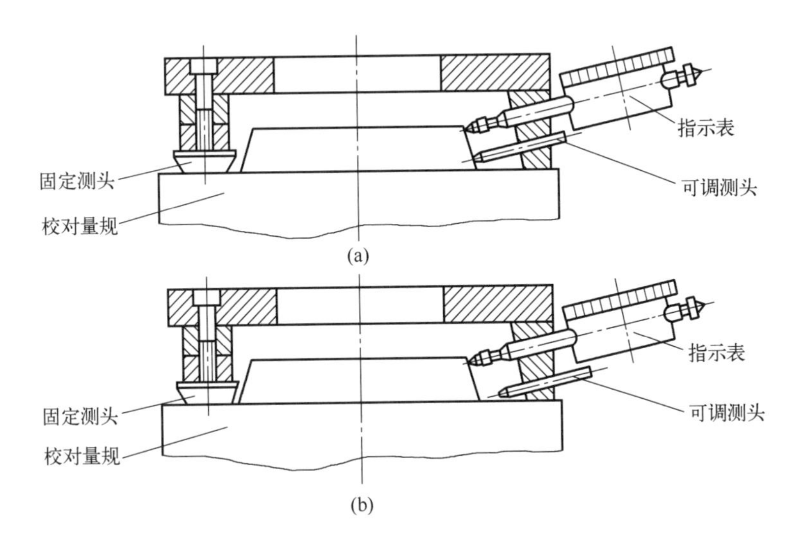

图 5-28 5至28号1/4圆锥工作量规（指针式）的校对

注：固定测头是按旋转剖视表示的。

与校对时的读数（B）相比较，得出工件圆锥直径的偏差。

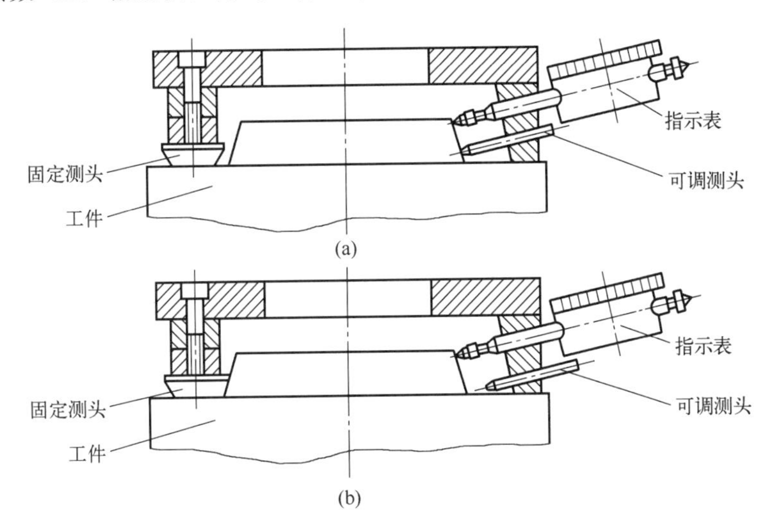

图 5-29 5至28号1/4圆锥工作量规（指针式）的使用方法

注：固定测头是按旋转剖视表示的。

用这种结构的工作量规（指针式）测量工件的圆锥直径偏差时，在指示表上所读出的直径数值，大约是工件的圆锥直径偏差值的1.5倍。因此，在测量时应按工件圆锥直径公差的1.5倍来确定指示上的正确读数值。

⑤ 1/4圆锥量规的技术要求。

a. 1/4圆锥量规的测量面可用优质碳素工具钢、合金工具钢、轴承钢等，或具有与这些材料性能同等以上材料制造。

b. 1/4圆锥量规测量面的硬度应不低于713HV（或60HRC）。

c. 1/4圆锥量规测量面的表面粗糙度按轮廓算术平均偏差 Ra 值应不大于0.1μm。

d. 5 至 28 号 1/4 圆锥工作量规（指针式）的示值变动量应不超过校对量规的直径公差值。

5.2.3 圆锥量规的检验与使用

(1) 圆锥量规的检验

① 圆锥量规公差的检验一般采用数值测量方法。对于圆锥工作环规允许采用校对塞规进行研合检验。当圆锥工作环规与圆锥工作塞规的公差带相同时，也可用圆锥工作塞规进行配对研合，但对涂色层厚度及接触率的指标，应比用校对塞规进行检验有更高的要求。

② 用圆锥校对塞规研合检验圆锥工作环规。

a. 用圆锥校对塞规研合检验圆锥工作环规时，涂色层厚度 δ 及接触率 ψ 列于表 5-35。

表 5-35 用圆锥校对塞规研合检验圆锥工作环规的涂色层厚度 δ 与接触率 ψ（GB/T 11852—2003）

工作量规的代号	圆锥工作环规等级	圆锥长度 L/mm					接触率 ψ /%
		>6～16	>16～40	>40～100	>100～250	>250～630	
		涂色层厚度 δ/μm 不大于					
G 和 GR	1	—	—	—	0.5	0.5	>90
	2	—	0.5	0.5	1.0	1.5	
	3	0.5	1.0	1.5	2.0	3.0	

b. 用圆锥校对塞规检验圆锥工作环规的圆锥直径公差时，圆锥工作环规圆锥大端直径端面应与校对塞规的圆锥大端直径 D 的平面标志重合，允许向外有不大于 ΔZ 的轴向差距，如图 5-30 所示。

$$\Delta Z=1.5\mathrm{T_D}/2C\times10^{-3}$$

式中 $\mathrm{T_D}$——圆锥工作环规的圆锥直径公差，μm；

C——圆锥工作环规的圆锥锥度，μm；

ΔZ——允许的轴向差距，mm。

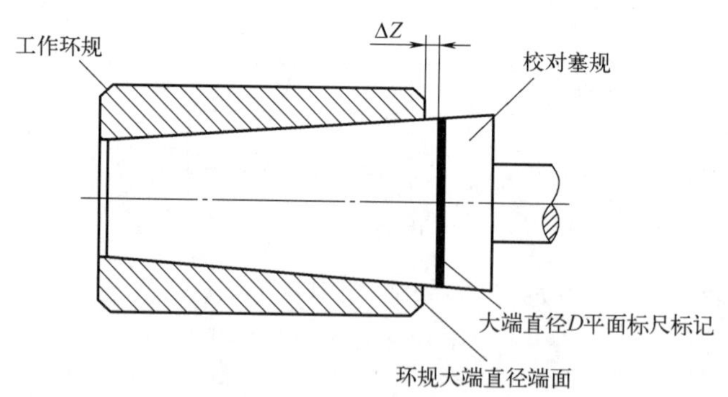

图 5-30 用圆锥校对塞规检验圆锥工作环规的圆锥直径公差

(2) 圆锥量规的使用规则

① 用工作量规检验工件圆锥直径时，工件的大端直径 D（或小端直径 d）的平面应处于 Z 标尺标记之内。Z 标尺标记是根据工件圆锥直径公差按其锥度计算出允许的轴向位移量，即

$$Z=\mathrm{T_{D工件}}/C\times10^{-3}$$

式中 $\mathrm{T_{D工件}}$——工件圆锥直径公差，μm；

C——工件的圆锥锥度；

Z——允许的轴向位移量，mm。

Z 值的界限用标尺标记时，塞规计量位置为标尺标记的前边缘，环规计量位置为标尺标记的后边缘（图 5-31）。

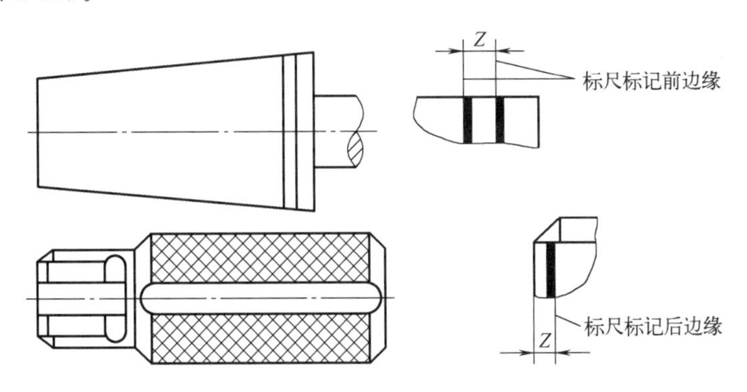

图 5-31 圆锥量规的 Z 值的界限标志

② 圆锥量规用涂色研合法检验工件时采用的涂色层厚度 δ 及接触率 ψ 列于表 5-36。

表 5-36 涂色研合时的 δ 和 ψ 值（GB/T 11852—2003）

圆锥工作塞规锥角公差等级	工件锥角公差等级	圆锥长度 L/mm					接触率 ψ /% 大于
		>6～16	>16～40	>40～100	>100～250	>250～630	
		涂色层厚度 δ/μm 不大于					
1	AT3	—	—	—	0.5	1.0	85
	AT4	—	—	0.5	1.0	1.5	80
2	AT5	—	—	0.5	1.0	1.5	75
	AT6	—	0.5	1.0	1.5	2.5	70
3	AT7	—	0.5	1.0	1.5	2.5	65
	AT8	0.5	1.0	1.5	3.0	5.0	60

注：1. 应考虑工件公差带的分布位置。对单向分布的公差带应规定相应的接触方位，并将涂色层厚度乘以 2。
2. 检验工件研合时的轴向测力应控制在 100N 以下。
3. 被测工件的粗糙度：AT3～AT6 级工件，表面粗糙度 $Ra<0.4\mu m$；AT7～AT8 级工件，表面粗糙度 $Ra<1.6\mu m$。

5.3 花键极限量规

5.3.1 矩形花键量规

(1) 矩形花键量规概述

用符合新国标规定的矩形花键量规检验花键合格时，应判定该花键合格。为防止误判，量规使用者应尽量采用通端矩形花键量规的尺寸接近工件花键的最大实体尺寸，非全形止端矩形花键量规的尺寸接近工件花键的最小实体尺寸。采用通端矩形花键量规对花键进行检验，在判定花键不合格，且不能确定是由哪项参数造成时，若需判定影响花键不合格的各项参数，应明确规定采用非全形矩形花键量规对花键的最大实体状态下的极限尺寸分别进行补充检验。

(2) 矩形花键量规的种类与代号

矩形花键量规的种类、代号、功能、特征与使用规则列于表 5-37。

表 5-37 量规的名称、功能、特征与使用规则（GB/T 10919—2021）

工件	量规名称	功能	特征	使用规则
外花键	通端花键环规	同时检验外花键的最大实体状态下的极限尺寸（小径、大径和键宽）及形位误差（小径和大径的同轴度、键的角度位置以及键相对于轴线的位置和方向）	键槽数与工件花键的键齿数相同	应在其自重或一个不引起尺寸变形的力的作用下，无阻碍地顺利通过被检花键的全长。检验至少应在花键均匀分布的三个角度位置上进行
	非全形止端量规	分别检验外花键的最小实体状态下的极限尺寸（小径、大径和键宽）	小径采用卡规进行检验（必要时，用相应的专用测头）；大径采用卡规或光滑环规进行检验；键宽采用卡规进行检验（必要时，用相应外形的卡规）	应在其自重或一个不引起尺寸变形的力的作用下，不能通过被检花键。检验应在花键的所有角度位置上进行
内花键	通端花键塞规	同时检验内花键的最大实体状态下的极限尺寸（小径、大径和键宽）及形位误差（小径和大径的同轴度、键槽的角度位置以及键槽相对于轴线的位置和方向）	键齿数与工件花键的键槽数相同	应在其自重或一个不引起尺寸变形的力的作用下，无阻碍地顺利通过被检花键的全长。检验至少应在花键均匀分布的三个角度位置上进行
	非全形止端量规	分别检验内花键的最小实体状态下的极限尺寸（小径、大径和键槽宽）	小径采用光滑圆柱塞规进行检验；大径采用具有相应测量面（圆柱面）的板形塞规进行检验；键槽宽采用键槽塞规进行检验	应在其自重或一个不引起尺寸变形的力的作用下，不能通过被检花键。检验应在花键的所有角度位置上进行

注：1. 键相对于轴线的位置和方向，只是在没有通端花键环规时方需进行检验。
2. 键槽相对于轴线的位置和方向，只是在没有通端花键塞规时方需进行检验。

（3）矩形花键量规的设计原则

① 矩形花键通端量规。

a. 矩形花键通端量规小径 d 的量规零线与花键最大实体状态下的极限尺寸相重合，其尺寸公差及其相对位置、允许的磨损极限和形状公差见表 5-38、图 5-32。

表 5-38 矩形花键通端量规小径和工件小径用止端量规公差值和位置要素值（GB/T 10919—2021）

工件内花键小径公差带代号	小径尺寸 d/mm														
	$10<d\leqslant18$			$18<d\leqslant30$			$30<d\leqslant50$			$50<d\leqslant80$			$80<d\leqslant120$		
	内花键用量规公差值及其位置要素值/μm														
	H	Z	Y	H	Z	Y	H	Z	Y	H	Z	Y	H	Z	Y
H7	3.0	2.5	2.0	4.0	3.0	3.0	4.0	3.5	3.0	5.0	4.0	3.0	6.0	5.0	4.0
H6、H5	2.0	2.0	1.5	2.5	2.0	1.5	2.5	2.5	2.0	3.0	2.5	2.0	4.0	3.0	3.0
工件外花键小径公差带代号	外花键用量规公差值及其位置要素值/μm														
	H_1	Z_1	Y_1	H_1	Z_1	Y_1	H_1	Z_1	Y_1	H_1	Z_1	Y_1	H_1	Z_1	Y_1
h7、h6	3.0	2.5	2.0	4.0	3.0	3.0	4.0	3.5	3.0	5.0	4.0	3.0	6.0	5.0	4.0
h5	2.0	2.0	1.5	2.5	2.0	1.5	2.5	2.5	2.0	3.0	2.5	2.0	4.0	3.0	3.0
g7、g6	3.0	2.5	2.0	4.0	3.0	3.0	4.0	3.5	3.0	5.0	4.0	3.0	6.0	5.0	4.0
g5	2.0	2.0	1.5	2.5	2.0	1.5	2.5	2.5	2.0	3.0	2.5	2.0	4.0	3.0	3.0
f7、f6	3.0	2.5	2.0	4.0	3.0	3.0	4.0	3.5	3.0	5.0	4.0	3.0	6.0	5.0	4.0
f5	2.0	2.0	1.5	2.5	2.0	1.5	2.5	2.5	2.0	3.0	2.5	2.0	4.0	3.0	3.0

注：1. H 值相当于 IT3（H7）和 IT2（H6、H5）的数值。
2. H_1 值相当于 IT3（h7、h6、g7、g6、f7、f6）和 IT2（h5、g5、f5）的数值。

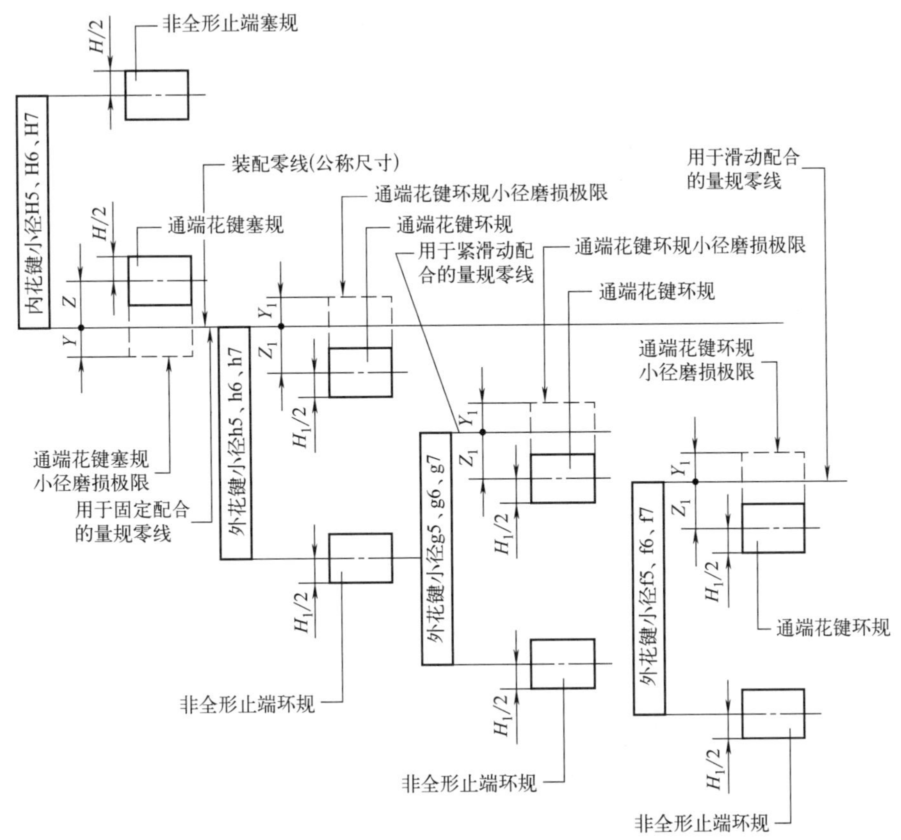

图 5-32　矩形花键通端量规和非全形止端量规小径 d 公差带

b. 矩形花键通端量规大径 D 的量规零线位于内、外花键的最大实体状态下的极限尺寸之间的中间位置，其尺寸公差及其相对位置、允许的磨损极限见图 5-33、表 3-39。

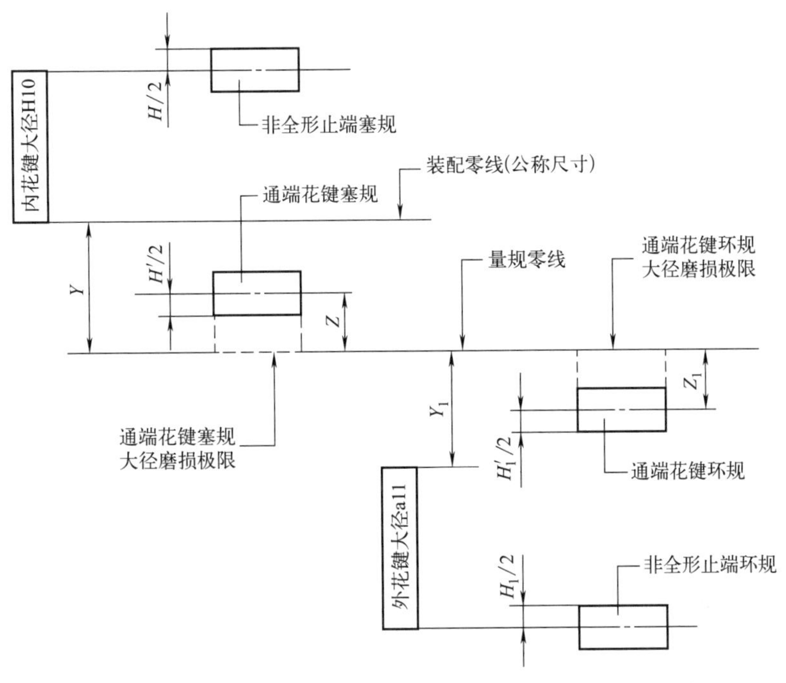

图 5-33　矩形花键通端量规和非全形止端量规大径 D 公差带

表 5-39 矩形花键通端量规的大径和工件大径用止端量规的公差值和位置要素值（GB/T 10919—2021）

花键大径尺寸 D/mm	工件内花键大径公差带代号 H10				工件外花键大径公差带代号 a11			
	内花键用量规公差值及其位置要素值				外花键用量规公差值及其位置要素值			
	/μm							
	H	H'	Z	Y	H_1	H_1'	Z_1	Y_1
$10<D\leqslant18$	3.0	11.0	10.5	145	8.0	11.0	10.5	145
$18<D\leqslant30$	4.0	13.0	12.5	150	9.0	13.0	12.5	150
$30<D\leqslant40$		16.0	15.0	155	11.0	16.0	15.0	155
$40<D\leqslant50$				160				160
$50<D\leqslant65$	5.0	19.0	17.5	170	13.0	19.0	17.5	170
$65<D\leqslant80$				180				180
$80<D\leqslant100$	6.0	22.0	21.0	190	15.0	22.0	21.0	190
$100<D\leqslant120$				205				205
$120<D\leqslant125$	8.0	25.0	24.5	230	18.0	25.0	24.5	230

注：1. H 值相当于 IT3 的数值。
2. H' 和 H_1' 值相当于 IT6 的数值。
3. H_1 值相当于 IT5 的数值。

c. 矩形花键通端量规键宽/键槽宽 B 的量规零线按花键的配合形式来确定：

- 滑动配合（H7、H9、H11/d8、d10）。

量规零线位于内、外花键的最大实体状态下的极限尺寸之间的中间位置。

- 紧滑动配合（H7、H9、H11/f7、f9）。

内花键用矩形花键塞规的量规零线与检验滑动配合的矩形花键量规相同。

外花键用矩形花键环规的量规零线与花键装配零线（公称尺寸）相重合。

- 固定配合（H7、H9、H11/h8、h10）。

内花键用矩形花键塞规的量规零线与检验滑动配合和紧滑动配合的矩形花键量规相同。

外花键用矩形花键环规的量规零线位于外花键的最大实体状态下的极限尺寸之上一个距离，该距离等于滑动配合中量规零线与外花键的最大实体状态下的极限尺寸之间的距离，即外花键齿厚上偏差的 1/2。

d. 矩形花键通端量规大径 D 和键宽/键槽宽 B 的尺寸公差值相当 IT6 级的数值，且该值包括其形状公差（如同轴度、对称度、角度公差、螺旋线、直线度等）。量规零线与矩形花键通端量规的最小实体状态下的极限尺寸的距离相当于 IT4 的数值。量规的磨损极限与量规零线重合。

e. 量规零线是用来表示矩形花键通端量规位置的理论线，它与花键装配零线（公称尺寸）相似，其位置按花键的最大实体状态下的极限尺寸来确定。量规零线有时与花键装配零线（公称尺寸）相重合。

② 矩形花键止端量规。非全形矩形花键止端量规的尺寸公差及其位置要素见表 5-40、图 5-34。

(4) 矩形花键量规的公差

① 矩形花键通端量规键宽/键槽宽 B 的对称度公差和矩形花键通端塞规大径 D 相对于小径 d 的圆跳动公差，以及矩形花键量规小径 d 的形位公差见表 5-41。

表 5-40　矩形花键通端量规小径和工件小径用止端量规公差值和位置要素值（GB/T 10919—2021）

工件内花键小径公差带代号	小径尺寸 d/mm														
	$10<d\leqslant18$			$18<d\leqslant30$			$30<d\leqslant50$			$50<d\leqslant80$			$80<d\leqslant120$		
	内花键用量规公差值及其位置要素值/μm														
	H	Z	Y	H	Z	Y	H	Z	Y	H	Z	Y	H	Z	Y
H7	3.0	2.5	2.0	4.0	3.0	3.0	4.0	3.5	3.0	5.0	4.0	3.0	6.0	5.0	4.0
H6、H5	2.0	2.0	1.5	2.5	2.0	1.5	2.5	2.5	2.0	3.0	2.5	2.0	4.0	3.0	3.0
工件外花键小径公差带代号	外花键用量规公差值及其位置要素值/μm														
	H_1	Z_1	Y_1	H_1	Z_1	Y_1	H_1	Z_1	Y_1	H_1	Z_1	Y_1	H_1	Z_1	Y_1
h7、h6	3.0	2.5	2.0	4.0	3.0	3.0	4.0	3.5	3.0	5.0	4.0	3.0	6.0	5.0	4.0
h5	2.0	2.0	1.5	2.5	2.0	1.5	2.5	2.5	2.0	3.0	2.5	2.0	4.0	3.0	3.0
g7、g6	3.0	2.5	2.0	4.0	3.0	3.0	4.0	3.5	3.0	5.0	4.0	3.0	6.0	5.0	4.0
g5	2.0	2.0	1.5	2.5	2.0	1.5	2.5	2.5	2.0	3.0	2.5	2.0	4.0	3.0	3.0
f7、f6	3.0	2.5	2.0	4.0	3.0	3.0	4.0	3.5	3.0	5.0	4.0	3.0	6.0	5.0	4.0
f5	2.0	2.0	1.5	2.5	2.0	1.5	2.5	2.5	2.0	3.0	2.5	2.0	4.0	3.0	3.0

注：1. H 值相当于 IT3（H7）和 IT2（H6、H5）的数值。

2. H_1 值相当于 IT3（h7、h6、g7、g6、f7、f6）和 IT2（h5、g5、f5）的数值。

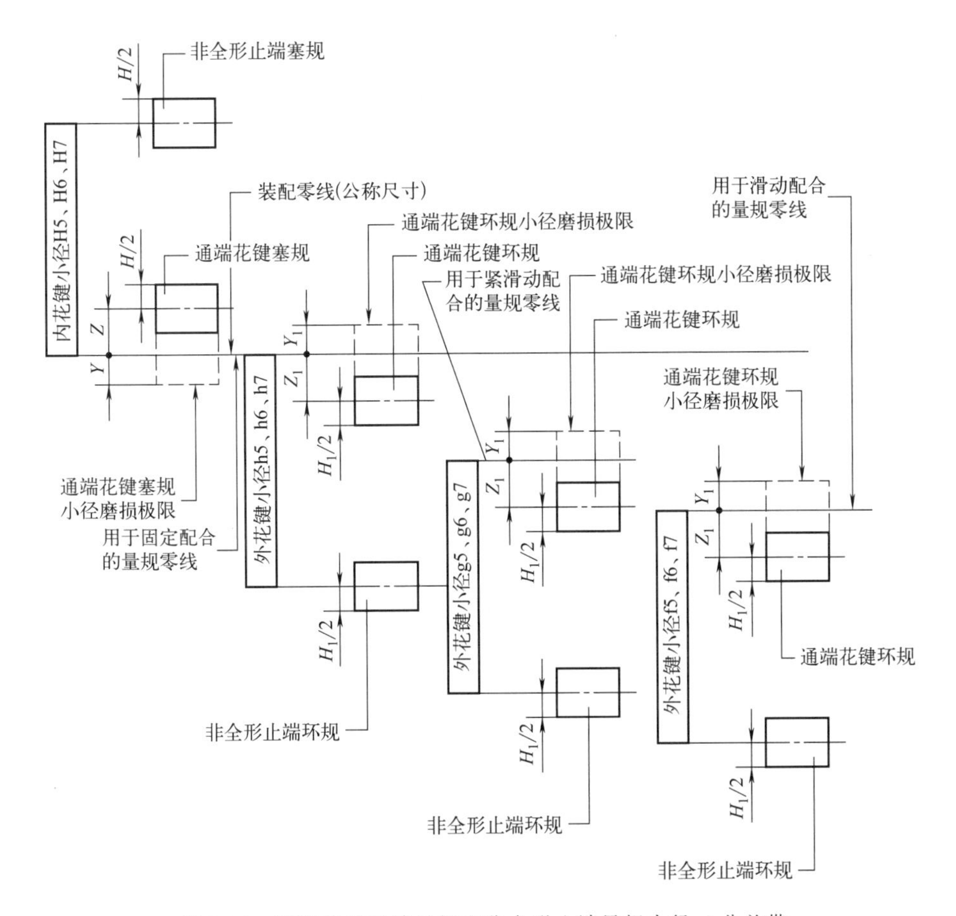

图 5-34　矩形花键通端量规和非全形止端量规小径 d 公差带

表 5-41 矩形花键通端量规形位公差（GB/T 10919—2021）

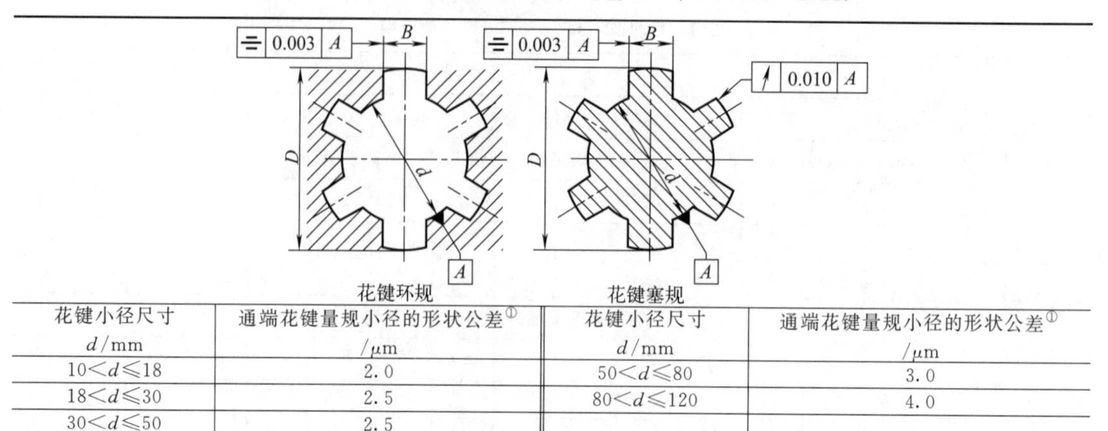

花键小径尺寸 d/mm	通端花键量规小径的形状公差[①] /μm	花键小径尺寸 d/mm	通端花键量规小径的形状公差[①] /μm
$10<d\leqslant18$	2.0	$50<d\leqslant80$	3.0
$18<d\leqslant30$	2.5	$80<d\leqslant120$	4.0
$30<d\leqslant50$	2.5		

① 通端花键量规小径的形状公差应包括在其尺寸公差内。

② 矩形花键通端量规和非全形止端量规小径 d 的尺寸公差及其位置要素值见图 5-32 和表 5-38。

③ 矩形花键通端量规和非全形止端量规大径 D 的尺寸公差带及其位置要素值见图 5-33 和表 5-39。

④ 矩形花键通端量规和非全形止端量规键宽/键槽宽 B 的尺寸公差带及其位置要素值见图 5-35 和表 5-42。

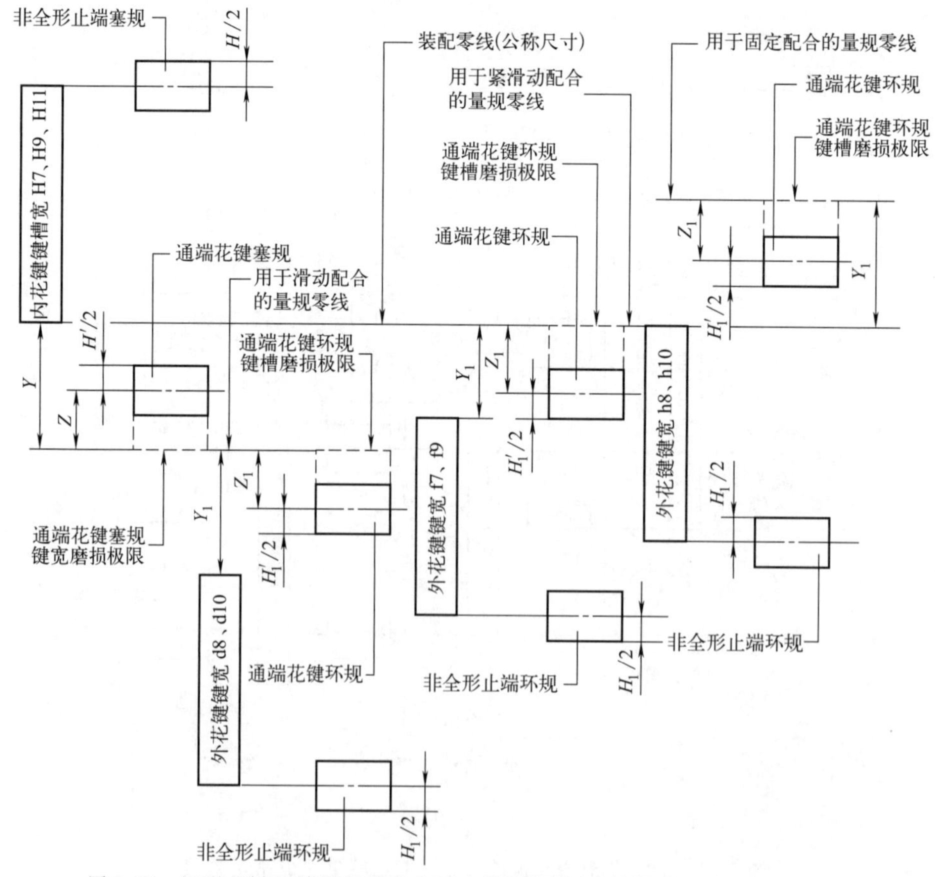

图 5-35 矩形花键通端量规和非全形止端量规键宽/键槽宽 B 的尺寸公差带

表 5-42　矩形花键通端量规和止端量规键宽/键槽宽 B 的公差值和位置要素值（GB/T 10919—2021）

工件内花键键槽宽公差带代号	花键键宽/键槽宽尺寸 B/mm															
	$B\leqslant3$				$3<B\leqslant6$				$6<B\leqslant10$				$10<B\leqslant18$			
	内花键用量规公差值及其位置要素值/μm															
	H	H'	Z	Y	H	H'	Z	Y	H	H'	Z	Y	H	H'	Z	Y
H11	4.0	6.0	6.0	10.0	5.0	8.0	8.0	15.0	6.0	9.0	8.5	20.0	8.0	11.0	10.5	25.0
H9、H7	2.0				2.5				2.5				3.0			
工件外花键键宽公差带代号	外花键用量规公差值及其位置要素值/μm															
	H_1	H_1'	Z_1	Y_1	H_1	H_1'	Z_1	Y_1	H_1	H_1'	Z_1	Y_1	H_1	H_1'	Z_1	Y_1
h10、h8	2.0	6.0	6.0	10.0	2.5	8.0	8.0	15.0	2.5	9.0	8.5	20.0	3.0	11.0	10.5	25.0
f9、f7				6.0				10.0				13.0				16.0
d10、d8				10.0				15.0				20.0				25.0

注：1. H 值相当于 IT5（H11）和 IT3（H9、H7）的数值。
2. H'和 H_1'值相当于 IT6 的数值。
3. H_1 值相当于 IT3 的数值。

(5) 矩形花键量规的测量长度

矩形花键通端量规测量部分的最小长度列于表 5-43。

矩形花键止端量规测量部分的推荐长度列于表 5-44。

表 5-43　矩形花键通端量规测量部分的最小长度（GB/T 10919—2021）　mm

花键大径尺寸 D	通端花键塞规①	通端花键环规	
	最小测量长度		
	带花键键齿部分的长度	全长	带花键键槽部分的长度
14、16	20	20	10
20、22	25	20	10
25、26、28、30	31.5	25	12.5
32、34	40	28	14
36、38、40、42	45	35.5	18
46、48	50	45	22.4
50、54、58、60、62、65	50	50	25
68、72、78、82	50	56	28
88、92、98、102、108	50	63	31.5
112、120、125	56	71	35.5

① 通端花键塞规允许有一段（或两段）光滑圆柱面，以便量规易于导入被检内花键。

表 5-44　矩形花键止端量规测量部分的推荐长度（GB/T 10919—2021）　mm

花键大径尺寸 D	测量长度	花键大径尺寸 D	测量长度
14、16	10	42、46、48、50、54、58、60、62、65	18
20、22	12	68、72、78、82、88、92、98、102、108	25
25、26、28、30	14	112、120、125	25
32、34、36、38、40	15		

(6) 矩形花键量规的技术要求

① 量规的校验应以标准的测量条件为准，即温度 20℃，测量力为零。当偏离 20℃时，用量规测量花键应分别考虑两者的线胀系数，并对其测量结果进行修正。若量规测量花键时的测量力不为零，则应对其测量结果进行修正；但若量规和花键的制造材料和表面质量相同，则允许不对其测量结果进行修正。

② 量规的测量面不应有锈迹、毛刺、黑斑和划痕等明显影响使用性能的外观缺陷。

③ 量规宜用合金工具钢或碳素工具钢等耐磨材料制造。

④ 量规测量面的硬度应为 664～866HV（或 58～65HRC）。

⑤ 量规测量面的表面粗糙度 Ra 值不应大于 0.2μm。

⑥ 塞规上应有 45°倒角，倒角宽度最大值不应大于被检内、外花键之间的间隙。

⑦ 塞规手柄宜按 GB/T 10920—2008 中规定的手柄进行设计。

⑧ 矩形花键量规应经稳定性处理。

5.3.2 圆柱直齿渐开线花键量规

(1) 圆柱直齿渐开线花键量规的种类与代号

圆柱直齿渐开线花键量规的名称、代号、功能、特征与使用规则列于表 5-45。

表 5-45 圆柱直齿渐开线花键量规的名称、代号、功能、特征与使用规则（GB/T 5106—2012）

量规名称	代号	功能	特征	使用规则
综合通端环规	T_h	控制工件外花键的作用齿厚最大值 S_{vmax} 和渐开线起始圆直径最大值 D_{Fsmax}	齿槽数与工件花键的键齿数相同	完全通过整个被测花键
综合通端环规用校对塞规	J_T	检验综合通端环规的齿槽宽最小值和最大值、磨损极限以及渐开线终止圆直径最小值	键齿数与综合通端环规的键齿数相同，键齿两侧面沿齿长方向有不小于 0.02%的锥度	
非全齿通端环规	T_{Fh}	控制工件外花键的实际齿厚最大值 S_{vmax} 和渐开线起始圆最大直径 D_{Fsmax}	在相对 180°的两个扇形面上有齿槽	完全通过整个被测花键
非全齿通端环规用校对塞规	J_{TF}	检验非全齿通端环规的实际齿槽宽最大值和最小值、磨损极限以及渐开线终止圆直径最小值	在相对 180°的两个扇形面上有键齿，键齿数与非全齿通端环规键齿数相同，键齿两侧面沿齿长方向有不小于 0.02%的锥度	
综合止端环规	Z_h	控制工件外花键的作用齿厚最小值 S_{vmin}	齿槽数与工件外花键的键齿数相同	不应进入被测花键
综合止端环规用校对塞规	J_Z	检验综合止端环规的齿槽宽最小值和最大值、磨损极限，以及渐开线终止圆直径最小值	键齿数与综合止端环规的键齿数相同，键齿两侧面沿齿长方向有不小于 0.02%的锥度	
非全齿止端环规	Z_{Fh}	控制工件外花键的作用齿厚最小值 S_{vmin}	在相对 180°的两个扇形面上有齿槽	不应进入被测花键
非全齿止端环规用校对塞规	J_{ZF}	检验非全齿止端环规的齿槽宽最小值和最大值、磨损极限以及渐开线终止圆直径最小值	在相对 180°的两个扇形面上有键槽，键齿数与非全齿通端环规键齿数相同，键齿两侧面沿齿长方向有不小于 0.02%的锥度	
综合通端塞规	T_s	控制工件内花键的作用齿槽宽最小值 E_{vmin} 和渐开线终止圆直径最小值 D_{Fimin}	齿槽数与工件内花键的键齿数相同	完全通过整个被测花键
非全齿通端塞规	T_{Fs}	控制工件内花键的实际齿槽宽最小值 E_{Fvmin} 和渐开线终止圆直径最小值 D_{Fimin}	在相对 180°的两个扇形面上有键槽	完全通过整个被测花键
综合止端塞规	Z_s	控制工件内花键的作用齿槽宽最大值 E_{vmax}	齿槽数与工件内花键的键齿数相同	不应进入被测花键
非全齿止端塞规	Z_{Fs}	控制工件内花键的实际齿槽宽最大值 E_{Fvmax}	在相对 180°的两个扇形面上有键槽	不应进入被测花键

(2) 圆柱直齿渐开线花键量规的公差

① 圆柱直齿渐开线花键量规齿厚或齿槽宽公差带的位置如表 5-46 所示。

表 5-46　圆柱直齿渐开线花键量规齿厚或齿槽宽公差带的位置

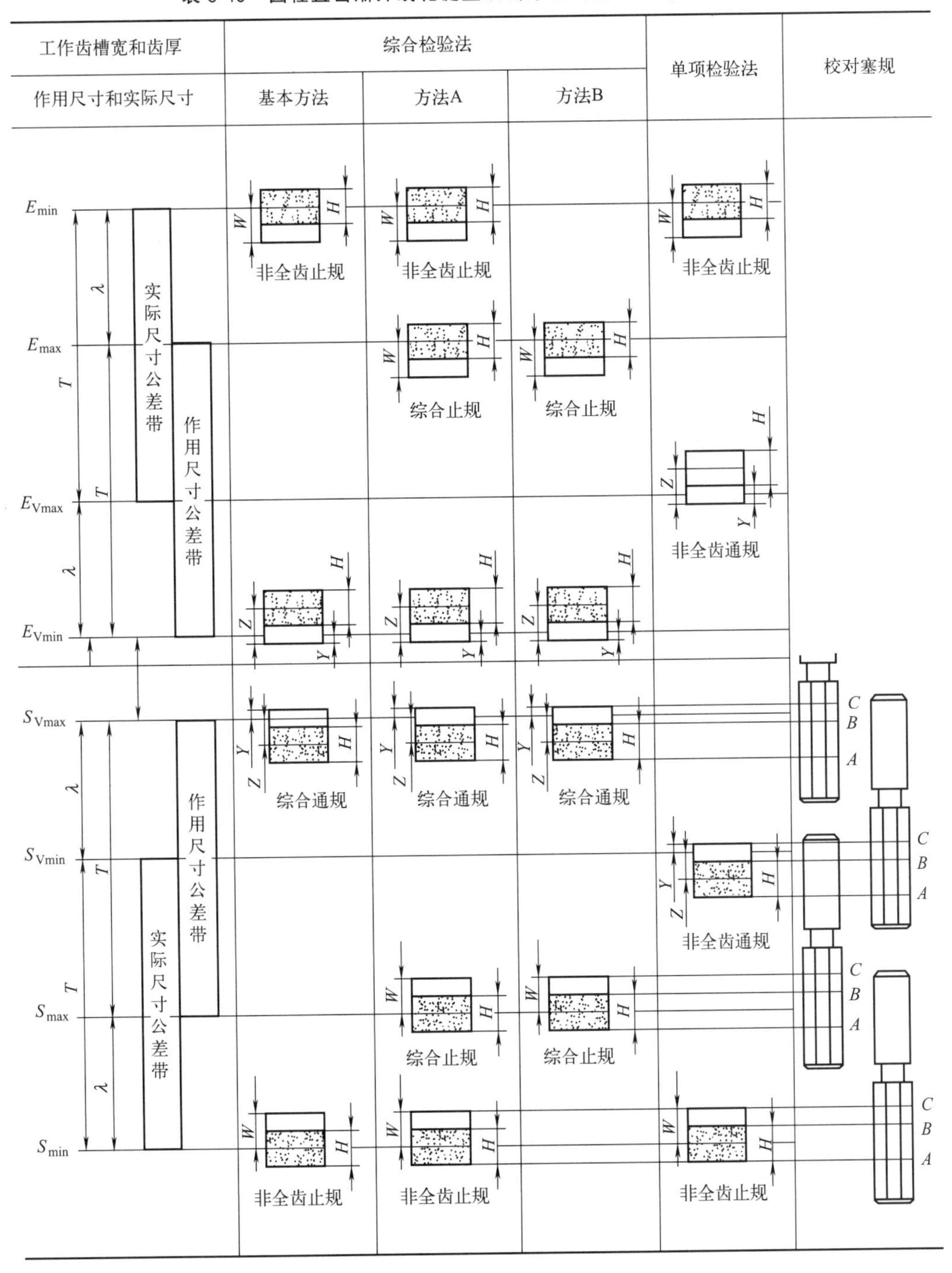

在实际应用中，不必按表 5-46 来设计全部的花键量规，使用者可以在 GB/T 3478—2008《圆柱直齿渐开线花键（米制模数　齿侧配合）》规定的检验方法中，按所选定检验方法的需要来设计量规。

② 4、5、6 和 7 级工件圆柱直齿渐开线花键所用花键量规的制造公差 H、H_1 形状和位

置综合公差 E、E_1 以及位置要素 Z、Z_1、Y、Y_1 列于表 5-47。

表 5-47　4、5、6 和 7 级工件圆柱直齿渐开线花键所用花键量规的制造公差、形状和位置综合公差与位置要素（GB/T 5106—2012）

工件分度圆直径 D	花键塞规						花键环规					
	齿厚尺寸制造公差、综合公差和位置要素		工件基本齿槽宽/mm				齿槽宽尺寸制造公差、综合公差和位置要素		工件基本齿厚/mm			
mm			~3	>3~6	>6~10	>10~18			~3	>3~6	>6~10	>10~18
1~3	H	μm	2				H_1	μm	3			
	E		4				E_1		4			
	Z		4				Z_1		4			
	Y		1				Y_1		1.5			
>3~6	H		2.5				H_1		4			
	E		4				E_1		4			
	Z		4				Z_1		4			
	Y		1.25				Y_1		2			
>6~10	H		2.5				H_1		4			
	E		4				E_1		4			
	Z		4				Z_1		4			
	Y		1.25				Y_1		2			
>10~18	H		3	3			H_1		5	5		
	E		4	5			E_1		4	5		
	Z		4	5			Z_1		4	5		
	Y		1.5	1.5			Y_1		2.5	2.5		
>18~30	H		4	4	4		H_1		6	6	6	
	E		4	5	6		E_1		4	5	6	
	Z		4	5	6		Z_1		4	5	6	
	Y		2	2	2		Y_1		3	3	3	
>30~50	H		4	4	4	4	H_1		7	7	7	7
	E		4	5	6	8	E_1		4	5	6	8
	Z		4	5	6	8	Z_1		4	5	6	8
	Y		2	2	2	2	Y_1		3.5	3.5	3.5	3.5
>50~80	H		5	5	5	5	H_1		8	8	8	8
	E		4	5	6	8	E_1		4	5	6	8
	Z		4	5	6	8	Z_1		4	5	6	8
	Y		2.5	2.5	2.5	2.5	Y_1		4	4	4	4
>80~120	H		6	6	6	6	H_1		10	10	10	10
	E		4	5	6	8	E_1		4	5	6	8
	Z		4	5	6	8	Z_1		4	5	6	8
	Y		3	3	3	3	Y_1		5	5	5	5
>120~180	H		8	8	8	8	H_1		12	12	12	12
	E		4	5	6	8	E_1		4	5	6	8
	Z		4	5	6	8	Z_1		4	5	6	8
	Y		4	4	4	4	Y_1		6	6	6	6

③ 4、5 级工件花键所用相应等级花键量规制造公差、形状和位置综合公差以及位置要素列于表 5-48。

表 5-48 圆柱直齿渐开线花键量规制造公差、形状和位置综合公差以及位置要素（GB/T 5106—2012）

工件分度圆直径 D	花键塞规											花键环规					
	齿厚尺寸制造公差、综合公差和位置要素		工件基本齿槽宽/mm								齿槽宽尺寸制造公差、综合公差和位置要素		工件基本齿厚/mm			
			～3		>3～6		>6～10		>10～18				～3	>3～6	>6～10	>10～18
			精度等级										精度等级			
mm			4 级	5 级	4 级	5 级	4 级	5 级	4 级	5 级			4,5 级	4,5 级	4,5 级	4,5 级
1～3	H	μm	1.2	2							H_1	μm	2			
	E		2	2							E_1		3			
	Z		2	2							Z_1		3			
	Y		0.6	1							Y_1		1			
>3～6	H		1.5	2.5							H_1		2.5			
	E		2	2							E_1		3			
	Z		2	2							Z_1		3			
	Y		0.75	1.25							Y_1		1.25			
>6～10	H		1.5	2.5							H_1		2.5			
	E		2	2							E_1		3			
	Z		2	2							Z_1		3			
	Y		0.75	1.25							Y_1		1.25			
>10～18	H		2	3	2	3					H_1		3	3		
	E		2	2	2.5	2.5					E_1		3	4		
	Z		2	2	2.5	2.5					Z_1		3	4		
	Y		1	1.5	1	1.5					Y_1		1.5	1.5		
>18～30	H		2.5	4	2.5	4	2.5	4			H_1		4	4	4	
	E		2	2	2.5	2.5	2.5	2.5			E_1		3	4	4	
	Z		2	2	2.5	2.5	2.5	2.5			Z_1		3	4	4	
	Y		1.25	2	1.25	2	1.25	2			Y		2	2	2	
>30～50	H		2.5	4	2.5	4	2.5	4	2.5	4	H_1		4	4	4	4
	E		2	2	2.5	2.5	2.5	2.5	3	3	E_1		3	4	4	5
	Z		2	2	2.5	2.5	2.5	2.5	3	3	Z_1		3	4	4	5
	Y		1.25	2	1.25	2	1.25	2	1.25	2	Y		2	2	2	2
>50～80	H		3	5	3	5	3	5	3	5	H_1		5	5	5	5
	E		2	2	2.5	2.5	2.5	2.5	3	3	E_1		3	4	4	5
	Z		2	2	2.5	2.5	2.5	2.5	3	3	Z_1		3	4	4	5
	Y		1.5	2.5	1.5	2.5	1.5	2.5	1.5	2.5	Y_1		2.5	2.5	2.5	2.5
>80～120	H		4	6	4	6	4	6	4	6	H_1		6	6	6	6
	E		2	2	2.5	2.5	2.5	2.5	3	3	E_1		3	4	4	5
	Z		2	2	2.5	2.5	2.5	2.5	3	3	Z_1		3	4	4	5
	Y		2	3	2	3	2	3	2	3	Y_1		3	3	3	3
>120～180	H		5	8	5	8	5	8	5	8	H_1		8	8	8	8
	E		2	2	2.5	2.5	2.5	2.5	3	3	E_1		3	4	4	5
	Z		2	2	2.5	2.5	2.5	2.5	3	3	Z_1		3	4	4	5
	Y		2.5	4	2.5	4	2.5	4	2.5	4	Y_1		4	4	4	4

注：为增大 4、5 级工件花键的生产公差，用户与制造厂经协商后，可按表规定的 H、H_1、E、E_1、Z、Z_1、Y、Y_1 来制造相应等级的圆柱直齿渐开线花键量规。

④ 圆柱直齿渐开线花键量规的形状和位置公差列于表 5-49。

表 5-49 圆柱直齿渐开线花键量规形状和位置公差（GB/T 5106—2012） μm

工件分度圆直径 D/mm	齿形公差	分度公差	齿向公差		径向跳动	
			量规测量部分长度≤25mm	量规测量部分长度＞25mm	环规	塞规
～100	5	5	3	5	10	7
＞100～150	5	8	3	5	15	10
＞150～180	5	10	—	5	15	10

⑤ 圆柱直齿渐开线花键量规大径、花键塞规齿形起始圆直径、花键环规齿形终止圆直径和小径的计算公式列于表 5-50。花键环规齿槽宽和花键塞规齿厚的计算公式列于表 5-51。

表 5-50 圆柱直齿渐开线花键量规大径、花键塞规齿形起始圆直径、花键环规齿形终止圆直径和小径的计算公式（GB/T 5106—2012）

量规名称	大径		花键塞规齿形起始圆直径	花键环规齿形终止圆直径	小径	
	计算公式	极限偏差	计算公式		计算公式	极限偏差
综合通端花键环规	最小尺寸＝$D_{ee\max}+2C_F+0.1m$			最小尺寸＝$D_{ee\max}+2C_F$	$D_{Fe\max}$	k7
综合通端花键环规用的校对塞规	$D_{ee\max}+2C_F$	h8	最大尺寸＝$D_{Fe\max}-0.1m$		最大尺寸＝$D_{Fe\max}-0.2m$	
综合止端花键环规	最小尺寸＝$D_{ee\max}+2C_F+0.1m$			最小尺寸＝$D_{ee\max}+2C_F$	$\frac{D+2D_{Fe\max}}{3}$	js8
综合止端花键环规用的校对塞规	$D_{ee\max}+2C_F$	h8	最大尺寸＝$\frac{D+2D_{Fe\max}}{3}-0.1m$		最大尺寸＝$\frac{D+2D_{Fe\max}}{3}-0.2m$	
非全齿止端花键环规	最小尺寸＝$D_{ee\max}+2C_F+0.1m$			最小尺寸＝$D_{ee\max}+2C_F$	$\frac{D+2D_{Fe\max}}{3}$	js8
非全齿止端花键环规用的校对塞规	$D_{ee\max}+2C_F$	h8	最大尺寸＝$\frac{D+2D_{Fe\max}}{3}-0.1m$		最大尺寸＝$\frac{D+2D_{Fe\max}}{3}-0.2m$	
综合通端花键塞规	$D_{Fi\min}$	k7	最大尺寸＝$D_{ii\min}-2C_F$		最大尺寸＝$D_{ii\min}-2C_F-0.1m$	
综合止端花键塞规	$\frac{D+2D_{Fi\min}}{3}$	js8	最大尺寸＝$D_{ii\min}-2C_F$		最大尺寸＝$D_{ii\min}-2C_F-0.1m$	
非全齿止端花键塞规	$\frac{D+2D_{Fi\min}}{3}$	js8	最大尺寸＝$D_{ii\min}-2C_F$		最大尺寸＝$D_{ii\min}-2C_F-0.1m$	

D——分度圆直径
m——模数
C_F——齿形裕度，$C_F=0.1m$
$D_{Fe\max}$——工件外花键齿形起始圆直径最大值
$D_{Fi\min}$——工件内花键齿形终止圆直径最小值
$D_{ii\min}$——工件内花键小径的最小尺寸
$D_{ee\max}$——工件外花键大径的最大尺寸

表 5-51 圆柱直齿渐开线花键环规齿槽宽和花键塞规齿厚的计算公式（GB/T 5106—2012）

量规名称	花键环规齿槽宽			花键塞规和校对塞规齿厚		
	计算公式	偏差	磨损极限	计算公式	偏差	磨损极限
综合通端花键环规	$S_{V\max}$ ① $-Z_1$ 或 $S+eS_V-Z_1$	$\pm\frac{H_1}{2}$	$S_{V\max}+Y_1$			
综合通端花键环规用的校对塞规				上极限刻线位置 $S_{V\max}-Z_1+\frac{H_1}{2}$ 下极限刻线位置 $S_{V\max}-Z_1-\frac{H_1}{2}$ 磨损极限刻线位置 $S_{V\max}+Y_1$		
综合止端花键环规	$S_{V\min}$ 或 $S_{\min}+\lambda$	$\pm\frac{H_1}{2}$				
综合止端花键环规用的校对塞规				上极限刻线位置 $S_{V\min}+\frac{H_1}{2}$ 下极限刻线位置 $S_{V\min}-\frac{H_1}{2}$		
非全齿止端花键环规	$S_{\min}$ 或 $S_{V\max}-(T+\lambda)$	$\pm\frac{H_1}{2}$				
非全齿止端花键环规用的校对塞规				上极限刻线位置 $S_{\min}+\frac{H_1}{2}$ 下极限刻线位置 $S_{\min}+\frac{H_1}{2}$		
综合通端花键塞规				$E_{V\min}+Z$	$\pm\frac{H}{2}$	$E_{V\min}-Y$
综合止端花键塞规				$E_{V\max}$ 或 $E_{\max}-\lambda$	$\pm\frac{H}{2}$	
非全齿止端花键塞规				$E_{\max}$ 或 $E_{V\min}+(T+\lambda)$	$\pm\frac{H}{2}$	

① $S_{V\max}=S+eS_V$，S 为基本齿厚，eS_V 为作用齿厚 S_V 的上偏差。

(3) 圆柱直齿渐开线花键量规的技术要求

① 圆柱直齿渐开线花键量规测量面不应有黑斑、划痕等明显影响外观和使用质量的缺陷，其他表面不应有锈迹、裂纹和毛刺。

② 花键塞规的测头与手柄的连接应牢固可靠，在使用过程中不应松动脱落。

③ 圆柱直齿渐开线花键量规应用合金工具钢或其他耐磨材料制造。

④ 花键量规测量面的硬度应为 664～825HV（58～64HRC）。

⑤ 花键量规测量面的表面粗糙度 Ra 值应不大于 0.32μm。

⑥ 圆柱直齿渐开线花键量规应经稳定性处理。

⑦ 圆柱直齿渐开线花键量规代号按表 5-45 标记。

5.4 螺纹极限量规

5.4.1 普通螺纹量规

(1) 普通螺纹量规概述

螺纹的测量方法可分为综合测量和单项测量。用螺纹量规检验螺纹属于综合测量。在成批生产中，普通螺纹均采用综合测量。

螺纹极限量规分为通规和止规。检验时，通规能顺利与工件旋合，止规不能旋合或不完全旋合，则螺纹为合格。反之，通规不能旋合通过，螺纹应退修；若止规与工件能旋合，则螺纹是废品。

图 5-36 所示为用普通螺纹量规检验外螺纹。图 5-37 所示为用普通螺纹量规检验内螺纹。

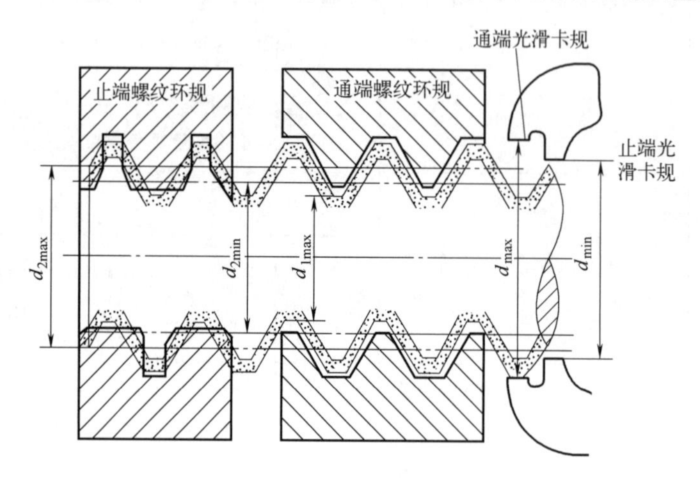

图 5-36　用普通螺纹量规检验外螺纹

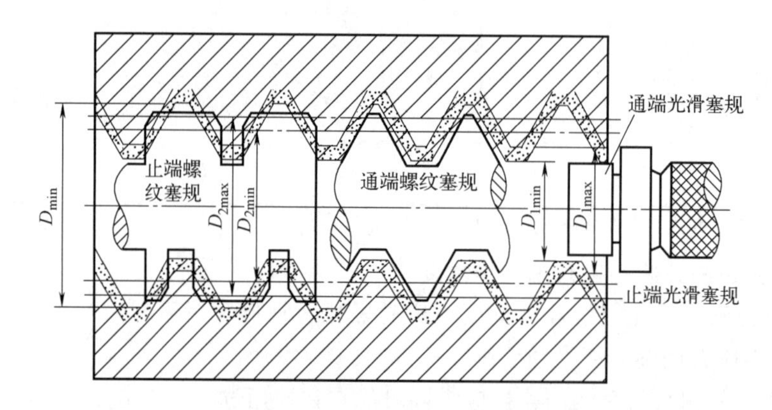

图 5-37　用普通螺纹量规检验内螺纹

现行国家标准 GB/T 3934—2003《普通螺纹量规技术条件》适用于牙型角为 60°，公称直径为 1～355mm，螺距为 0.2～8mm 的普通螺纹量规。

(2) 普通螺纹量规的种类和代号

根据螺纹量规的不同用途，分为工作螺纹量规、校对螺纹量规。

工作螺纹量规是在加工工件螺纹过程中所用的螺纹量规。

校对螺纹量规是用来检验工作螺纹量规在制造中是否符合制造公差，在使用中是否已达到磨损极限时所用的量规。

螺纹量规的名称、代号、用途、特征和使用规则列于表 5-52。

(3) 普通螺纹量规的使用

① 螺纹合格与否的判断方法。

a. 对工件外螺纹，在用国标规定的通端螺纹环规和止端螺纹环规检验时符合表 5-52 中

表5-52 普通螺纹量规的名称、代号、用途、特征和使用规则（GB/T 3934—2003）

量规名称	代号	用途	特征	使用规则
通端螺纹塞规	T	检查工件内螺纹的作用中径和大径	完整的外螺纹牙型	应与工件内螺纹旋合通过
止端螺纹塞规	Z	检查工件内螺纹的单一中径	截短的外螺纹牙型	允许与工件内螺纹两端的螺纹部分旋合，旋合量应不超过两个螺距（退出量规时测定）；对于三个或少于三个螺距的工件内螺纹，不应完全旋合通过
通端螺纹环规	T	检查工件外螺纹的作用中径和小径	完整的内螺纹牙型	应与工件外螺纹旋合通过
止端螺纹环规	Z	检查工件外螺纹的单一中径	截短的内螺纹牙型	允许与工件外螺纹两端的螺纹部分旋合，旋合量应不超过两个螺距（退出量规时测定）；对于三个或少于三个螺距的工件外螺纹，不应完全旋合通过
“校通-通”螺纹塞规	TT	检查新的通端螺纹环规的作用中径	完整的外螺纹牙型	应与通端螺纹环规旋合通过
“校通-止”螺纹塞规	TZ	检查新的通端螺纹环规的单一中径	截短的外螺纹牙型	允许与通端螺纹环规两端的螺纹部分旋合，旋合量应不超过一个螺距（退出量规时测定）
“校通-损”螺纹塞规	TS	检查使用中通端螺纹环规的单一中径	截短的外螺纹牙型	允许与通端螺纹环规两端的螺纹部分旋合，但旋合量应不超过一个螺距（退出量规时测定）
“校止-通”螺纹塞规	ZT	检查新的止端螺纹环规的单一中径	完整的外螺纹牙型	应与止端螺纹环规旋合通过
“校止-止”螺纹塞规	ZZ	检查新的止端螺纹环规的单一中径	完整的外螺纹牙型	允许与止端螺纹环规两端的螺纹部分旋合，旋合量应不超过一个螺距（退出量规时测定）
“校止-损”螺纹塞规	ZS	检查使用中止端螺纹环规的单一中径	完整的外螺纹牙型	允许与止端螺纹环规两端的螺纹部分旋合，旋合量应不超过一个螺距（退出量规时测定）

相应的使用规则，并用检验外螺纹大径用的通端光滑环规（或卡规）和止端光滑卡规（或环规）检验时符合表5-52中相应的使用规则，则判定外螺纹为合格。对工件内螺纹，在用国标规定的通端螺纹塞规和止端螺纹塞规检验时符合表5-52中相应的使用规则，并用检验内螺纹小径用的通端光滑塞规和止端光滑塞规检验时符合表5-52中相应的使用规则，则判定内螺纹为合格。

b. 为了减少检验中的争议，操作者在制造工件螺纹过程中，应使用新的或者磨损较少的通端螺纹量规和磨损较多或者接近磨损极限的止端螺纹量规。检验部门或用户代表在检验工件螺纹时应使用磨损较多或者接近磨损极限的通端螺纹量规和新的或者磨损较少的止端螺纹量规。

c. 当检验中发生争议时，若判断工件螺纹为合格的螺纹量规是符合标准规定的，则该工件应作为合格处理。

② 判断工件螺纹中径合格性的准则。中径公差是衡量螺纹互换性的主要指标。判断螺纹中径合格性的准则应符合泰勒原则，即实际螺纹的作用中径不能超出最大实体牙型的中径，实际螺纹上任何部位的单一中径不能超出最小实体牙型的中径。

对外螺纹，作用中径不大于中径最大极限尺寸，单一中径不小于中径最小极限尺寸。

对内螺纹，作用中径不小于中径最小极限尺寸，单一中径不大于中径最大极限尺寸。

螺纹量规用的代号及说明列于表 5-53。

表 5-53 普通螺纹量规用的代号（GB/T 3934—2003）

代号	说明
D、d	工件内、外螺纹的大径
D_2、d_2	工件内、外螺纹的中径
D_1	工件内螺纹的小径
es	工件外螺纹中径的上偏差
EI	工件内螺纹中径的下偏差
H	工件内、外螺纹的原始三角形高度
T_{d_2}	工件外螺纹中径的中径公差
T_{D_2}	工件内螺纹中径的中径公差
P	工件内、外螺纹的螺距
T_R	通端螺纹环规、止端螺纹环规的中径公差
T_{PL}	通端螺纹塞规、止端螺纹塞规的中径公差
T_{CP}	校对螺纹塞规的中径公差
T_P	螺纹量规的螺距公差
Z_R	由通端螺纹环规中径公差带的中心线至工件外螺纹中径上偏差之间的距离
Z_{PL}	由通端螺纹塞规中径公差带的中心线至工件内螺纹中径下偏差之间的距离
W_{GO}	由通端螺纹塞规(或环规)中径公差带的中心线至其磨损极限之间的距离
W_{NG}	由止端螺纹塞规(或环规)中径公差带的中心线至其磨损极限之间的距离
m	由螺纹环规中径公差带的中心线至“校通-通”(或“校止-通”)螺纹塞规中径公差带的中心线之间的距离
$T_{\alpha_1/2}$	完整螺纹牙型的半角极限偏差
$T_{\alpha_2/2}$	截短螺纹牙型的半角极限偏差
S	截短螺纹牙型的间隙槽中心线相对于螺纹牙型中心线的允许偏移量
F_1	在截短螺纹牙型的轴向剖面内，由中径线至牙侧直线部分顶端(向牙顶一侧)之间的径向距离
F_2	在截短螺纹牙型的轴向剖面内，由中径线至牙侧直线部分末端(向牙底一侧)之间的径向距离
b_1	内螺纹完整牙型大径处的间隙槽宽度
b_2	外螺纹完整牙型小径处的间隙槽宽度
b_3	内螺纹截短牙型大径处的间隙槽宽度和外螺纹截短牙型小径处的间隙槽宽度

(4) 普通螺纹量规的设计

① 普通螺纹量规公差。

a. 量规公差带。检验工件外螺纹用的螺纹环规和检验螺纹环规用的校对螺纹塞规的螺纹中径公差带图如图 5-38 所示。

检验工件内螺纹用螺纹塞规中径公差带图如图 5-39 所示。

b. 螺纹量规的公差值和位置要素值。

螺纹量规的中径公差值和位置要素值列于表 5-54。

螺纹量规的牙型半角极限偏差值列于表 5-55。

螺纹量规的螺距公差值列于表 5-56。

表 5-54 螺纹量规的中径公差值和位置要素值（GB/T 3934—2003） 0.001mm

工件内、外螺纹的中径公差 T_{D_2}、T_{d_2}/mm	T_R	T_{PL}	T_{CP}	m	Z_R	Z_{PL}	W_{GO}		W_{NG}	
							通端螺纹环规	通端螺纹塞规	止端螺纹环规	止端螺纹塞规
$24 \leqslant T_{D_2}$、$T_{d_2} < 50$	8	6	6	10	−4	0	10	8	7	6
$50 \leqslant T_{D_2}$、$T_{d_2} < 80$	10	7	7	12	−2	2	12	9.5	9	7.5
$80 \leqslant T_{D_2}$、$T_{d_2} < 125$	14	9	8	15	2	6	16	12.5	12	9.5

续表

工件内、外螺纹的中径公差 T_{D_2}、T_{d_2}/mm	T_R	T_{PL}	T_{CP}	m	Z_R	Z_{PL}	W_{GO}		W_{NG}	
							通端螺纹环规	通端螺纹塞规	止端螺纹环规	止端螺纹塞规
$125 \leqslant T_{D_2}、T_{d_2} < 200$	18	11	9	18	8	12	21	17.5	15	11.5
$200 \leqslant T_{D_2}、T_{d_2} < 315$	23	14	12	22	12	16	25.5	21	19.5	15
$315 \leqslant T_{D_2}、T_{d_2} < 500$	30	18	15	27	20	24	33	27	25	19
$500 \leqslant T_{D_2}、T_{d_2} < 670$	38	22	18	33	28	32	41	33	31	23

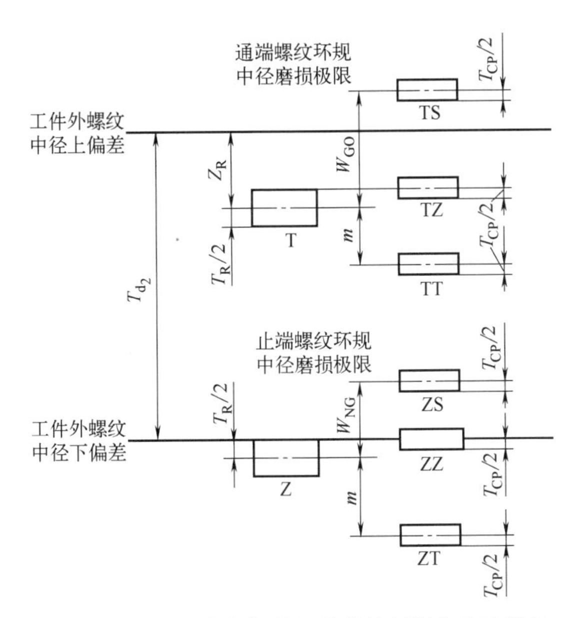

图 5-38 检验工件外螺纹用的螺纹环规和检验螺纹环规用的校对螺纹塞规的螺纹中径公差带图

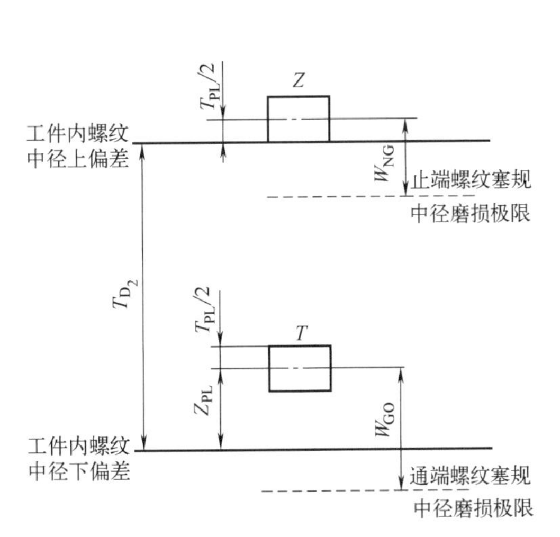

图 5-39 检验工件内螺纹用的螺纹塞规中径公差带图

表 5-55 螺纹量规的牙型半角极限偏差值（GB/T 3934—2003）

螺距 P/mm	0.2	0.25	0.3	0.35	0.4	0.45	0.5	0.6	0.7	0.75	0.8	1	1.25	1.5	1.75	2 2.5	3	3.5	4 4.5 5	5.5 6 8
完整螺纹牙型的牙型半角极限偏差 $T_{a_1/2}$/(′) ±	60	48	40	35	31	26	25	21	18	17	16	15	13	12	11	10	9	9	8	8
截短螺纹牙型的牙型半角极限偏差 $T_{a_2/2}$/(′) ±												16	16	16	16	14	13	12	11	10

注：1. 螺纹牙型半角的实际偏差可以是正的或负的。

2. 牙型面有效长度内的直线度误差应不超过螺纹牙型半角公差所限制的范围。但其最大值对于公称直径小于和等于100mm 的应不大于 2μm；对于公称直径大于 100mm 的应不大于 3μm。

表 5-56 螺纹量规的螺距公差值（GB/T 3934—2003） μm

螺纹量规螺纹部分长度 l	小于或等于 14	大于 14 至 32	大于 32 至 50	大于 50 至 80
螺距公差 T_P	0.004	0.005	0.006	0.007

注：螺距公差 T_P 适用于螺纹量规螺纹长度内任意牙数，实际偏差可以是正的或负的。

② 普通螺纹量规的螺纹牙型。

a. 完整的螺纹牙型（图 5-40、图 5-41）。图 5-40 所示的螺纹牙型用于：通端螺纹塞规；“校通-通”螺纹塞规；“校止-通”螺纹塞规；“校止-止”螺纹塞规；“校止-损”螺纹塞规。

图 5-41 的螺纹牙型用于通端螺纹环规。

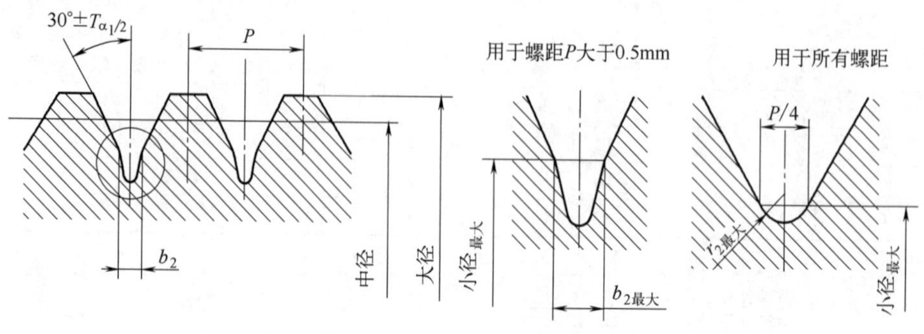

图 5-40　普通螺纹量规完整的外螺纹牙型

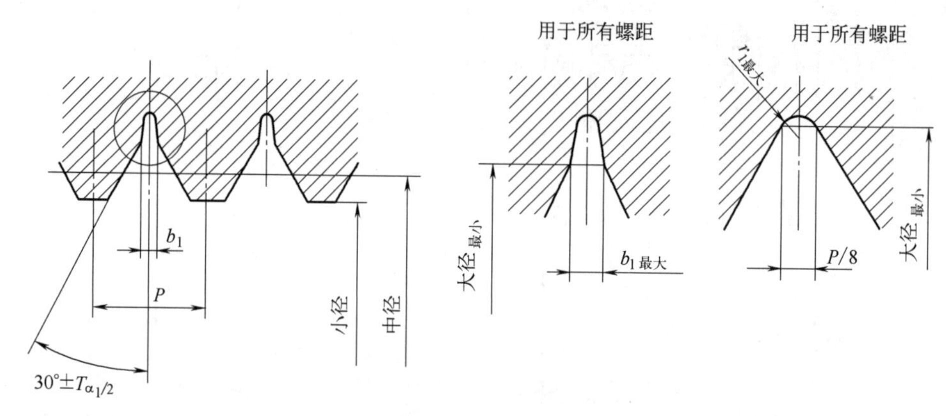

图 5-41　普通螺纹量规完整的内螺纹牙型

国家标准对间隙槽和牙底的形状不作规定，图 5-40 和图 5-41 中有关要素的数值列于表 5-57。

表 5-57　普通螺纹量规完整的螺纹牙型要素值（GB/T 3934—2003）　　mm

P	$b_{1最大}$	$b_{2最大}$	$r_{1最大}$	$r_{2最大}$	P	$b_{1最大}$	$b_{2最大}$	$r_{1最大}$	$r_{2最大}$
0.2	0.025	用曲率半径 r_2 连接	0.014	0.029	1.5	0.190	0.37	0.108	0.210
0.25	0.031		0.018	0.036	1.75	0.220	0.44	0.126	0.250
0.3	0.038		0.022	0.043	2	0.250	0.50	0.144	0.290
0.35	0.044		0.025	0.050	2.5	0.320	0.61	0.180	0.360
0.4	0.050		0.029	0.058	3	0.400	0.75	0.217	0.430
0.45	0.056		0.032	0.065	3.5	0.480	0.88	0.253	0.500
0.5	0.063		0.036	0.072	4	0.500	1.00	0.288	0.580
0.6	0.075	0.15	0.043	0.086	4.5	0.550	1.10	0.325	0.650
0.7	0.088	0.17	0.050	0.100	5	0.600	1.25	0.361	0.720
0.75	0.094	0.19	0.054	0.110	5.5	0.700	1.40	0.397	0.790
0.8	0.100	0.20	0.058	0.110	6	0.800	1.50	0.433	0.860
1	0.125	0.25	0.072	0.140	8	1.000	2.00	0.576	1.152
1.25	0.150	0.31	0.090	0.180					

注：$b_{1最大}=P/8$；$b_{2最大}=P/4$；$r_{1最大}=0.072P=H/12$；$r_{2最大}=0.144P$。

b. 截短的螺纹牙型（图 5-42 和图 5-43）。图 5-42 所示的螺纹牙型用于：止端螺纹塞规；“校通-止”螺纹塞规；“校通-损”螺纹塞规。图 5-43 所示的螺纹牙型用于止端螺纹环规。

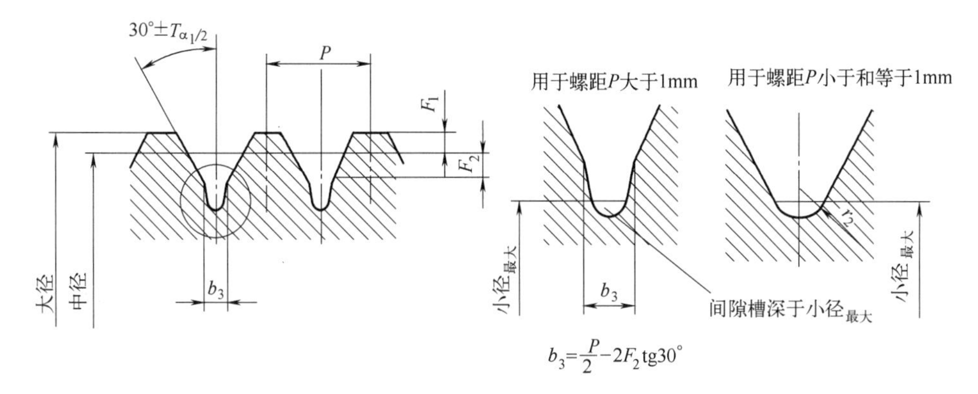

图 5-42　普通螺纹量规截短的外螺纹牙型

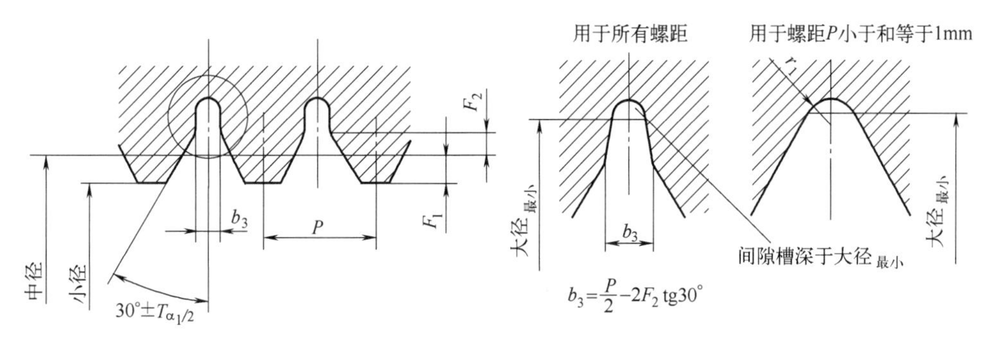

图 5-43　普通螺纹量规截短的内螺纹牙型

国家标准对间隙槽和牙底的形状不做规定，图 5-42 和图 5-43 中有关要素的数值列于表 5-58。

表 5-58　普通螺纹量规截短的螺纹牙型要素值（GB/T 3934—2003）　mm

P	b_3		$F_1=0.1P$	F_2		
	尺寸	偏差		$0.1P$	$0.15P$	$0.2P$
0.2	止端螺纹环规推荐采用 r_1 连接		0.020	—	—	—
0.25			0.025			
0.3			0.030			
0.35			0.035			
0.4			0.040			
0.45			0.045			
0.5			0.050			
0.6			0.060			
0.7			0.070			
0.75			0.075			
0.8			0.080			
1			0.100			
1.25	0.3	±0.04	0.125			0.25
1.5	0.4		0.150			0.30
1.75	0.45	±0.05	0.175			0.35
2	0.5		0.200			0.40
2.5	0.8		0.250		0.375	—
3	1.0	±0.08	0.300		0.450	
3.5	1.1		0.350		0.525	

续表

P	b_3		$F_1=0.1P$	F_2		
	尺寸	偏差		0.1P	0.15P	0.2P
4	1.3	±0.10	0.400	—	0.600	—
4.5	1.7		0.450	0.45	—	
5	1.9		0.500	0.50		
5.5	2.1		0.550	0.55		
6	2.3		0.600	0.60		
8	3.1		0.800	0.80		

c. 间隙槽相对于螺纹牙型的偏移量。如表 5-59 插图所示，间隙槽相对于螺纹牙型允许有一个偏移量 S，其值列于表 5-59。当实际偏移量 S'小于允许的偏移量 S 时，则 b_3 的偏差可以增大，其增大值等于允许偏移量 S 与实际偏移量 S'之差的 2 倍。

表 5-59 螺纹量规间隙槽的偏移量 S（GB/T 3934—2003）

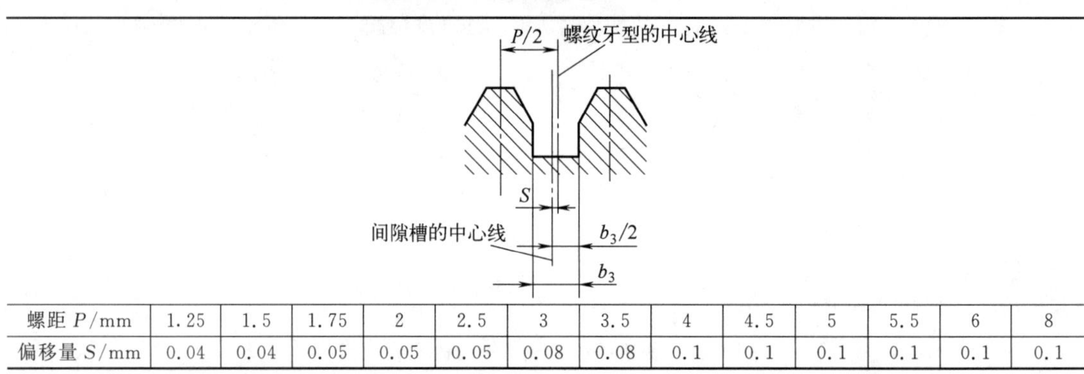

螺距 P/mm	1.25	1.5	1.75	2	2.5	3	3.5	4	4.5	5	5.5	6	8
偏移量 S/mm	0.04	0.04	0.05	0.05	0.05	0.08	0.08	0.1	0.1	0.1	0.1	0.1	0.1

d. 止端螺纹环规牙型高度。止端螺纹环规牙型高度的基本数值 h_3 及其偏差和同一齿槽两牙侧面牙型高度 h_3 的最大差值列于表 5-60，以供生产中参考使用。

表 5-60 止端螺纹环规牙型高度 h_3（GB/T 3934—2003） mm

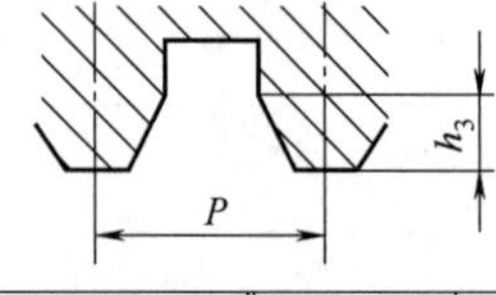

螺距 P	止端螺纹环规牙型高度基本数值 h_3	极限偏差	同一齿槽两牙侧面牙型高度的最大差值
1.25	0.41	±0.104	0.14
1.5	0.45		
1.75	0.54	±0.13	0.17
2	0.63		
2.5	0.64		
3	0.73	±0.208	0.28
3.5	0.91		

螺距 P	止端螺纹环规牙型高度基本数值 h_3	极限偏差	同一齿槽两牙侧面牙型高度的最大差值
4	1.01	±0.26	0.35
4.5	0.93		
5	1.02		
5.5	1.11		
6	1.21		
8	1.58		

③ 量规的计算公式。螺纹量规的计算公式列于表 5-61。

④ 量规的技术要求。

a. 螺纹量规测量面可用合金工具钢、碳素工具钢、渗碳钢和硬质合金等材料制造，并应进行稳定性处理，也可在测量面上进行镀铬、渗氮等增强耐磨性。

表 5-61 螺纹量规的计算公式

量规名称	大径		中径			小径	
	尺寸	极限偏差	尺寸	极限偏差	磨损偏差	尺寸	极限偏差
通端螺纹塞规 T	$D+\mathrm{EI}+Z_{\mathrm{PL}}$	$\pm T_{\mathrm{PL}}$	$D_2+\mathrm{EI}+Z_{\mathrm{PL}}$	$\pm\frac{T_{\mathrm{PL}}}{2}$	$-W_{\mathrm{GO}}$	$\leqslant D_1+\mathrm{EI}$ 具有间隙槽 b_2 或圆弧半径	
止端螺纹塞规 Z	$D_2+\mathrm{EI}+TD_2+\frac{T_{\mathrm{PL}}}{2}+2F_1$	$\pm T_{\mathrm{PL}}$	$D_2+\mathrm{EI}+TD_2+\frac{T_{\mathrm{PL}}}{2}$	$\pm\frac{T_{\mathrm{PL}}}{2}$	$-W_{\mathrm{NG}}$	$\leqslant D_1+\mathrm{EI}$ 具有间隙槽 b_3 或圆弧半径	
通端螺纹环规 T	$\geqslant d+\mathrm{es}+T_{\mathrm{PL}}$ 具有间隙槽 b_1 或圆弧半径		$d_2+\mathrm{es}-Z_{\mathrm{R}}^{②}$	$\pm\frac{T_{\mathrm{R}}^{②}}{2}$	$+W_{\mathrm{GO}}$	$D_1+\mathrm{es}$	$\pm\frac{T_{\mathrm{R}}}{2}$
"校通-通"螺纹塞规 TT	$d+\mathrm{es}$	$\pm T_{\mathrm{PL}}^{①}$	$d_2+\mathrm{es}-Z_{\mathrm{R}}-m$	$\pm\frac{T_{\mathrm{CP}}}{2}$		$\leqslant D_1+\mathrm{es}-Z_{\mathrm{R}}-m$ 具有间隙槽 b_2 或圆弧半径	
"校通-止"螺纹塞规 TZ	$d_2+\mathrm{es}-Z_{\mathrm{R}}+\frac{T_{\mathrm{R}}}{2}+2F_1$	$\pm\frac{T_{\mathrm{PL}}}{2}$	$d_2+\mathrm{es}-Z_{\mathrm{R}}+\frac{T_{\mathrm{R}}}{2}$	$\pm\frac{T_{\mathrm{CP}}}{2}$		$\leqslant D_1+\mathrm{es}-\frac{T_{\mathrm{R}}}{2}$ 具有间隙槽 b_3 或圆弧半径	
"校通-损"螺纹塞规 TS	$d_2+\mathrm{es}-Z_{\mathrm{R}}+W_{\mathrm{GO}}+2F_1$	$\pm\frac{T_{\mathrm{PL}}}{2}$	$d_2+\mathrm{es}-Z_{\mathrm{R}}+W_{\mathrm{GO}}$	$\pm\frac{T_{\mathrm{CP}}}{2}$		$\leqslant D_1+\mathrm{es}-\frac{T_{\mathrm{R}}}{2}$ 具有间隙槽 b_3 或圆弧半径	
止端螺纹环规 Z	$\geqslant d+\mathrm{es}+T_{\mathrm{PL}}$ 具有间隙槽 b_3 或圆弧半径		$d_2+\mathrm{es}-Td_2-\frac{T_{\mathrm{R}}^{②}}{2}$	$\pm\frac{T_{\mathrm{R}}^{②}}{2}$	$+W_{\mathrm{NG}}$	$d_3+\mathrm{es}-Td_2-\frac{T_{\mathrm{R}}}{2}-2F_1$	$\pm T_{\mathrm{R}}$
"校止-通"螺纹塞规 ZT	$d+\mathrm{es}$	$\pm T_{\mathrm{PL}}^{①}$	$d_2+\mathrm{es}-Td_2-\frac{T_{\mathrm{R}}}{2}-m$	$\pm\frac{T_{\mathrm{CP}}}{2}$		$\leqslant D_1+\mathrm{es}-Td_2-\frac{T_{\mathrm{R}}}{2}-m$ 具有间隙槽 b_2 或圆弧半径	
"校止-止"螺纹塞规 ZZ	$d+\mathrm{es}-Td_2$	$\pm T_{\mathrm{PL}}$	$d_2+\mathrm{es}-Td_2$	$\pm\frac{T_{\mathrm{CP}}}{2}$		$\leqslant D_1+\mathrm{es}-Td_2$ 具有间隙槽 b_2 或圆弧半径	
"校止-损"螺纹塞规 ZS	$d+\mathrm{es}-Td_2-\frac{T_{\mathrm{R}}}{2}+W_{\mathrm{NG}}$	$\pm T_{\mathrm{PL}}$	$d_2+\mathrm{es}-Td_2-\frac{T_{\mathrm{R}}}{2}+W_{\mathrm{NG}}$	$\pm\frac{T_{\mathrm{CP}}}{2}$		$\leqslant D_1+\mathrm{es}-Td_2$ 具有间隙槽 b_2 或圆弧半径	

① 如果螺纹牙型的大径部分是尖的，则可以稍稍削平，在这种情况下，大径尺寸允许小于该下偏差。

② 螺纹环规的验收应以校对螺纹塞规为准。有争议时，若判断工件螺纹为合格的螺纹量规是符合国标规定的，则该工件应作为合格处理。

b. 螺纹量规测量面的硬度应为 664～856HV 或 58～65HRC。对于公称直径等于和小于 3mm 的螺纹塞规，测量面硬度应为 561～713HV 或 53～60HRC。

c. 螺纹量规的表面粗糙度。牙侧表面的 Ra 值不大于 0.2μm；通端螺纹塞规大径、通端螺纹环规小径、校对螺纹塞规大径的 Ra 值不大于 0.4μm；止端螺纹塞规大径以及止端螺纹环规小径的 Ra 值不大于 0.8μm。

⑤ 检验工件螺纹用的光滑极限量规。检验工件螺纹用的光滑极限量规主要用于检验外螺纹大径和内螺纹小径，其名称、代号、用途、特征和使用规则列于表 5-62。

检验外螺纹大径用的光滑极限量规公差带图如图 5-44 所示。

检验内螺纹小径用的光滑极限量规公差带图如图 5-45 所示。

表 5-62 检验工件螺纹用的光滑极限量规的名称、代号、用途、特征和使用规则（GB/T 3934—2003）

量规名称	代号	用途	特征	使用规则
通端光滑塞规	T	检验内螺纹小径	外圆柱面	应通过工件内螺纹小径
止端光滑塞规	Z	检验内螺纹小径	外圆柱面	可以进入工件内螺纹小径的两端，但进入量不应超过一个螺距
通端光滑环规或卡规	T	检验外螺纹大径	内圆柱面或平行的两个平面	应通过工件外螺纹大径
止端光滑卡规或环规	Z	检验外螺纹大径	平行的两个平面或内圆柱面	不应通过工件外螺纹大径

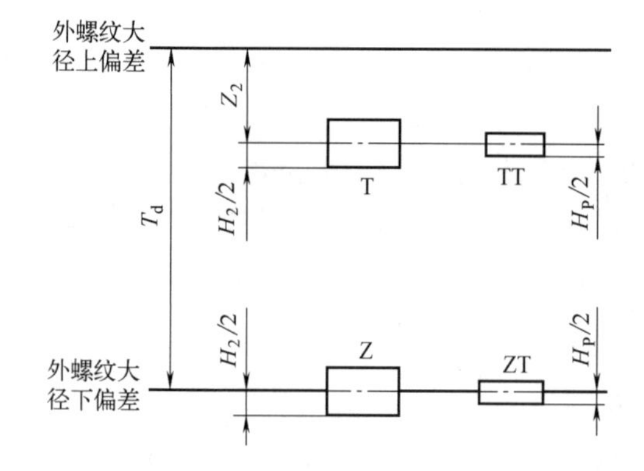

图 5-44 检验外螺纹大径用的光滑极限量规公差带图

T_d—外螺纹的大径公差；H_2—光滑环规或卡规的尺寸公差；H_P—检验光滑环规或卡规用的校对塞规尺寸公差；Z_2—通端光滑环规或卡规的尺寸公差带中心线到工件外螺纹大径上偏差之间的距离

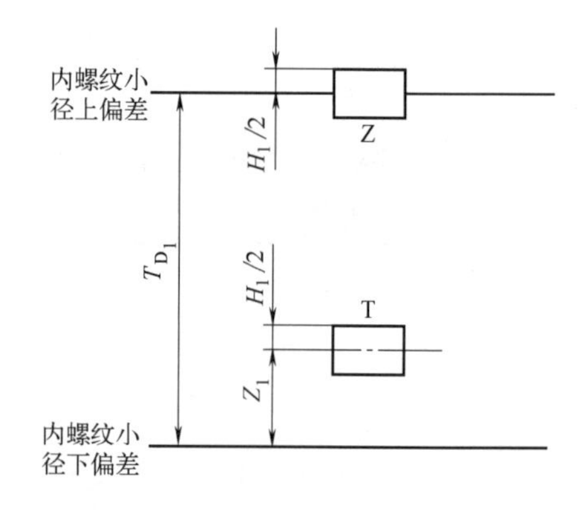

图 5-45 检验内螺纹小径用的光滑极限量规公差带图

T_{D_1}—内螺纹的小径公差；H_1—检验内螺纹小径用的光滑塞规尺寸公差；Z_1—通端光滑塞规尺寸公差带中心线到内螺纹小径下偏差之间的距离

光滑极限量规的制造公差和有关的位置要素值列于表 5-63 和表 5-64。

光滑极限量规极限偏差计算公式列于表 5-65。

表 5-63 检验外螺纹大径用的光滑极限量规尺寸公差和有关位置要素值（GB/T 3934—2003）

0.001mm

螺纹大径公差 T_d	H_2	H_P	Z_2	螺纹大径公差 T_d	H_2	H_P	Z_2
$36 \leqslant T_d < 85$	8	2	8	$335 \leqslant T_d < 850$	30	6	54
$85 \leqslant T_d < 140$	10	3	20	$850 \leqslant T_d < 950$	42	8	60
$140 \leqslant T_d < 335$	16	4	38				

注：通端光滑极限量规的磨损极限是工件螺纹大径的最大极限尺寸。

表 5-64 检验内螺纹小径用的光滑极限量规尺寸公差和有关位置要素值（GB/T 3934—2003）

0.001mm

螺纹小径公差 T_{D_1}	H_1	Z_1	螺纹小径公差 T_{D_1}	H_1	Z_1
$38 \leqslant T_{D_1} < 100$	8	9	$375 \leqslant T_{D_1} < 710$	26	52
$100 \leqslant T_{D_1} < 180$	10	22	$710 \leqslant T_{D_1} < 1250$	46	65
$180 \leqslant T_{D_1} < 375$	16	38			

注：通端光滑极限量规的磨损极限是工件螺纹小径的最小极限尺寸。

表 5-65 检验工件螺纹用的光滑极限量规极限偏差计算公式

量规名称		尺寸	极限偏差
通端	塞规	$D_1+\mathrm{EI}+Z_1$	$\pm\frac{H_1}{2}$
止端		$D_1+\mathrm{EI}+T_{D1}$	
通端	环规或卡规	$d+\mathrm{es}-Z_2$	$\pm\frac{H_2}{2}$
止端		$d+\mathrm{es}-T_d$	

5.4.2 梯形螺纹量规

(1) 梯形螺纹量规的种类和代号

梯形螺纹量规按使用性能分为工作螺纹量规和校对螺纹量规。

工作螺纹量规是在制造工件螺纹过程中所用的梯形螺纹量规。

校对螺纹量规是制造工作螺纹环规或检验使用中的工作螺纹环规是否已磨损所用的梯形螺纹量规。

梯形螺纹量规的名称、代号、用途、特征和使用规则列于表 5-66。

表 5-66 梯形螺纹量规的名称、代号、用途、特征和使用规则（GB/T 8124—2004）

量规名称	代号	用途	特征	使用规则
通端螺纹塞规	T	检查工件内螺纹的作用中径和大径	完整的外螺纹牙型	应与工件内螺纹旋合通过
止端螺纹塞规	Z	检查工件内螺纹的单一中径	截短的外螺纹牙型	允许与工件内螺纹两端的螺纹部分旋合，旋合量应不超过二个螺距（退出量规时测定）。若工件内螺纹的螺距少于或等于三个，不应完全旋合通过
通端螺纹环规	T	检查工件外螺纹的作用中径和小径	完整的内螺纹牙型	应与工件外螺纹旋合通过
止端螺纹环规	Z	检查工件外螺纹的单一中径	截短的内螺纹牙型	允许与工件外螺纹两端的螺纹部分旋合，旋合量应不超过二个螺距（退出量规时测定）。若工件内螺纹的螺距少于或等于三个，不应完全旋合通过
“校通-通”螺纹塞规	TT	检查新的通端螺纹环规的作用中径	完整的外螺纹牙型	应与通端螺纹环规旋合通过
“校通-止”螺纹塞规	TZ	检查新的通端螺纹环规的单一中径	截短的外螺纹牙型	允许与通端螺纹环规两端的螺纹部分旋合，旋合量应不超过一个螺距（退出量规时测定）
“校通-损”螺纹塞规	TS	检查使用中通端螺纹环规的单一中径	截短的外螺纹牙型	
“校止-通”螺纹塞规	ZT	检查新的止端螺纹环规的单一中径	完整的外螺纹牙型	应与止端螺纹环规旋合通过
“校止-止”螺纹塞规	ZZ	检查新的止端螺纹环规的单一中径	完整的外螺纹牙型	允许与止端螺纹环规两端的螺纹部分旋合，旋合量应不超过一个螺距（退出量规时测定）
“校止-损”螺纹塞规	ZS	检查使用中止端螺纹环规的单一中径	完整的外螺纹牙型	

梯形螺纹量规用的代号及说明见表 5-67。

表 5-67 梯形螺纹量规用的代号 (GB/T 8124—2004)

符号	说明
d	工件外螺纹的大径
d_2	工件外螺纹的中径
d_3	工件外螺纹最大实体牙型上的小径
D_1	工件内螺纹的小径
D_2	工件内螺纹的中径
D_4	工件内螺纹最大实体牙型上的大径
es	工件外螺纹中径的上偏差
P	工件内、外螺纹的螺距
T_{d2}	工件外螺纹中径的中径公差
T_{D2}	工件内螺纹中径的中径公差
T_R	通端螺纹环规、止端螺纹环规的中径公差
T_{PL}	通端螺纹塞规、止端螺纹塞规的中径公差
T_{CP}	校对螺纹塞规的中径公差
T_P	螺纹量规的螺距偏差
Z_R	由通端螺纹环规中径公差带的中心线至工件外螺纹中径上偏差之间的距离
Z_{PL}	由通端螺纹塞规中径公差带的中心线至工件内螺纹中径下偏差之间的距离
W_{GO}	由通端螺纹塞规(或环规)中径公差带的中心线至其磨损极限之间的距离
W_{NG}	由止端螺纹塞规(或环规)中径公差带的中心线至其磨损极限之间的距离
m	由螺纹环规中径公差带的中心线至“校通-通”(或“校止-通”)螺纹塞规中径公差带的中心线之间的距离
$T_{\alpha_1/2}$	完整螺纹牙型的半角偏差
$T_{\alpha_2/2}$	截短螺纹牙型的半角偏差
b	截短螺纹牙型的间隙槽宽度
S	截短螺纹牙型的间隙槽的对称度公差
F_1	在截短螺纹牙型的轴向剖面内,由中径线和牙侧直线部分顶端(向牙顶一侧)之间的径向距离
F_2	在截短螺纹牙型的轴向剖面内,由中径线和牙侧直线部分末端(向牙底一侧)之间的径向距离

(2) 梯形螺纹量规的设计

① 梯形螺纹量规的螺纹牙型。

a. 完整的螺纹牙型(图 5-46、图 5-47)。图 5-46 所示的螺纹牙型用于:通端梯形螺纹塞规;“校通-通”梯形螺纹塞规;“校止-通”梯形螺纹塞规;“校止-止”梯形螺纹塞规;“校止-损”梯形螺纹塞规。

图 5-47 的螺纹牙型用于通端螺纹环规。

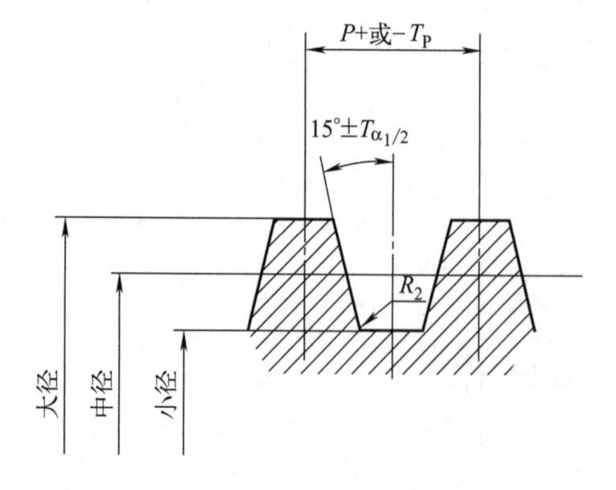

图 5-46 梯形螺纹量规完整的外螺纹牙型

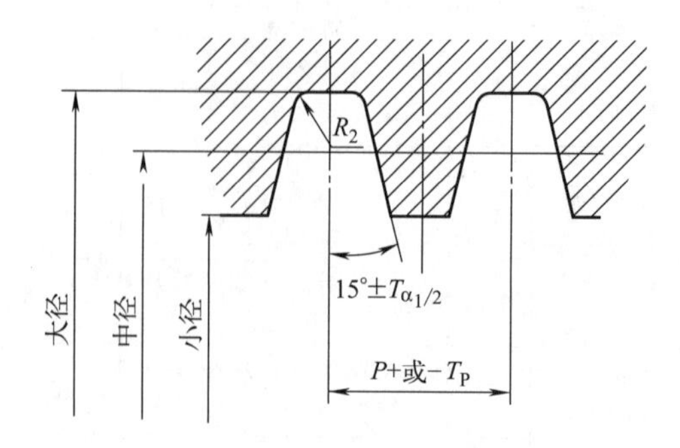

图 5-47 梯形螺纹量规完整的内螺纹牙型

国家标准对螺纹牙型槽底的形状不作规定，图 5-46 和图 5-47 中有关要素的数值列于表 5-68。

表 5-68 梯形螺纹量规完整螺纹牙型要素值（GB/T 8124—2004） mm

P	R
1.5	0.15
2、3、4、5	0.25
6、7、8、9、10、12	0.50
14、16、18、20、22、24、28、32、36、40、44	1.00

b. 截短的螺纹牙型（图 5-48、图 5-49）。图 5-48 所示的螺纹牙型用于：止端梯形螺纹塞规；“校通-止”梯形螺纹塞规；“校通-损”梯形螺纹塞规。图 5-49 所示的螺纹牙型用于止端梯形螺纹环规。

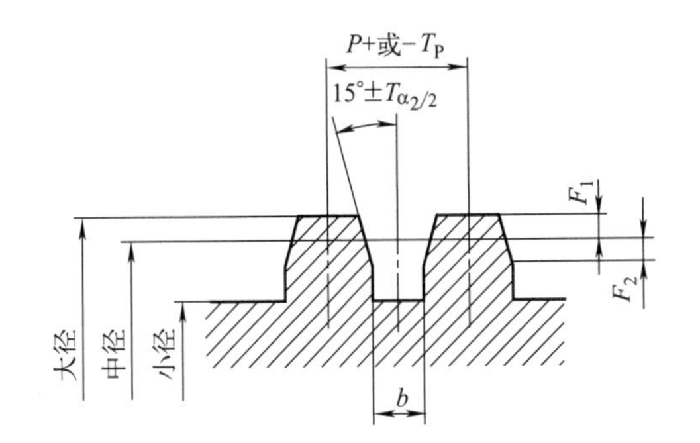

图 5-48 梯形螺纹量规截短的外螺纹牙型

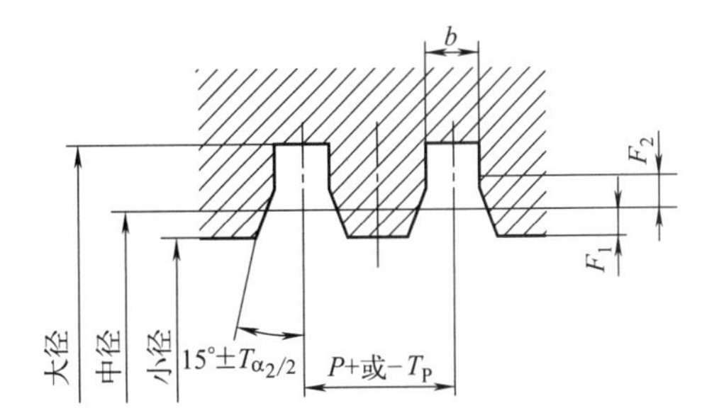

图 5-49 梯形螺纹量规截短的内螺纹牙型

图 5-48 和图 5-49 中有关要素的数值列于表 5-69。国家标准对螺纹牙型和槽底形状不作规定。

表 5-69 梯形螺纹量规截短螺纹牙型要素值（GB/T 8124—2004） mm

P	b		S	F_1	F_2	
	公称尺寸	极限偏差			最大值	最小值
1.5	0.60	±0.04	0.04	0.15	0.429	0.131
2	0.85	±0.05	0.05	0.20	0.448	0.075
3	1.25	±0.08	0.08	0.30	0.784	0.187
4	1.70	±0.10	0.10	0.40	0.933	
5	2.20			0.50		
6	2.65			0.60	1.045	0.298
7	3.10			0.70	1.082	0.373
8	3.60			0.80	1.120	
9	4.05	±0.10	0.10	0.90	1.232	0.485
10	4.50			1.00	1.306	0.560
12	5.40			1.20	1.493	0.746
14	6.35	±0.15	0.15	1.40	1.418	0.672
16	7.25			1.60	1.941	0.821
18	8.20			1.80	2.053	0.933
20	9.15			2.00	2.164	1.045
22	10.10			2.20	2.239	1.120
24	11.05			2.40	2.314	1.194
28	12.90			2.80	2.612	1.493
32	14.90	±0.20	0.20	3.20	2.799	1.306
36	16.85			3.60	2.911	1.418
40	18.70			4.00	3.172	1.679
44	20.60			4.40	3.359	1.866

c. 螺纹牙型间隙宽度 b 和对称度公差 S 如图 5-50 所示，其值列于表 5-69。

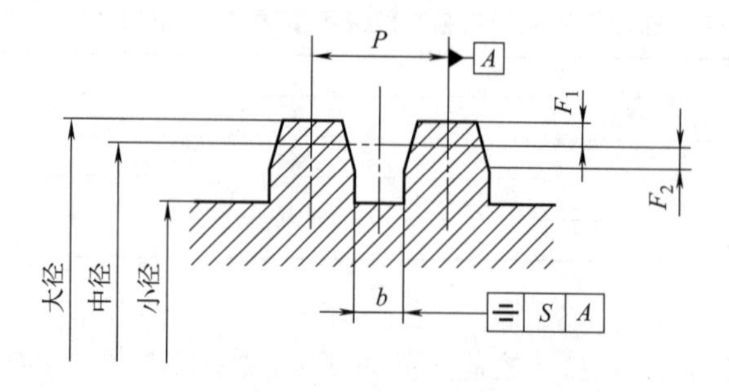

图 5-50 螺纹牙型间隙槽对称度

d. 止端梯形螺纹环规的牙型高度如表 5-70 插图所示，其值列于表 5-70。

如实际对称度误差小于对称度公差 S，且近似等于 S 与实际对称度误差值的 2 倍，则间隙槽宽度 b 的偏差允许超出。国家标准对螺纹牙型间隙槽和槽底形状未作规定。

表 5-70 止端梯形螺纹环规的牙型高度（GB/T 8124—2004） mm

P	h_3		P	h_3	
	最大值	最小值		最大值	最小值
1.5	0.579	0.281	14	2.818	2.072
2	0.648	0.275	16	3.541	2.421
3	1.084	0.487	18	3.853	2.733
4	1.333	0.587	20	4.164	3.045
5	1.433	0.687	22	4.439	3.320
6	1.645	0.898	24	4.714	3.594
7	1.782	1.073	28	5.412	4.293
8	1.920	1.173	32	5.999	4.506
9	2.132	1.385	36	6.511	5.018
10	2.306	1.560	40	7.172	5.679
12	2.693	1.946	44	7.759	6.266

注：$h_{3最大值}$按（$F_1+F_{2最大值}$）计算；$h_{3最小值}$按（$F_1+F_{2最小值}$）计算。

② 梯形螺纹量规公差。

a. 量规公差带。检验工件外螺纹用的螺纹环规和检验螺纹环规用的校对螺纹塞规的螺纹中径公差带如图 5-51 所示。

检验工件内螺纹用梯形螺纹塞规的螺纹中径公差带如图 5-52 所示。

b. 梯形螺纹量规的螺纹中径公差值和位置要素值列于表 5-71。梯形螺纹量规的牙型半角偏差值列于表 5-72。

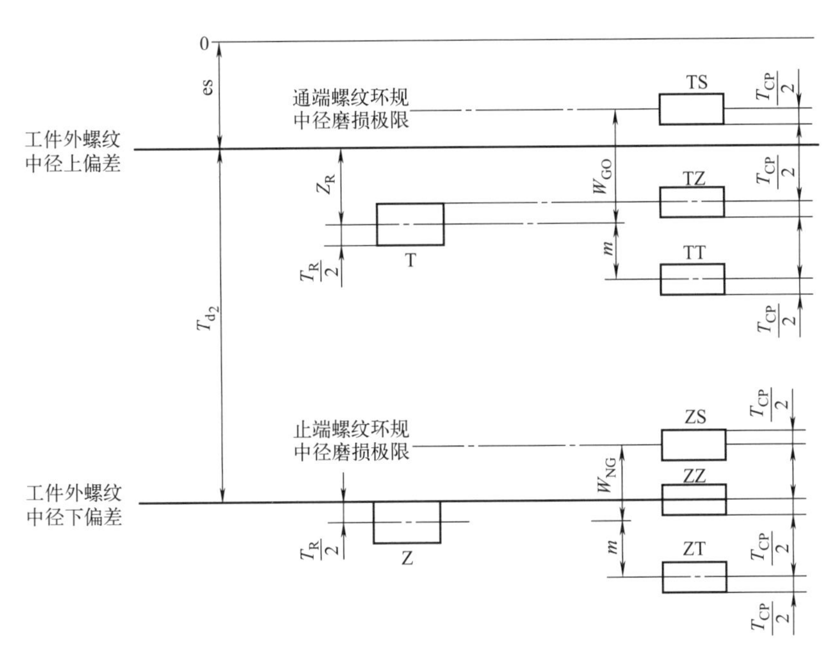

图 5-51　梯形螺纹环规和校对梯形螺纹塞规的螺纹中径公差带图

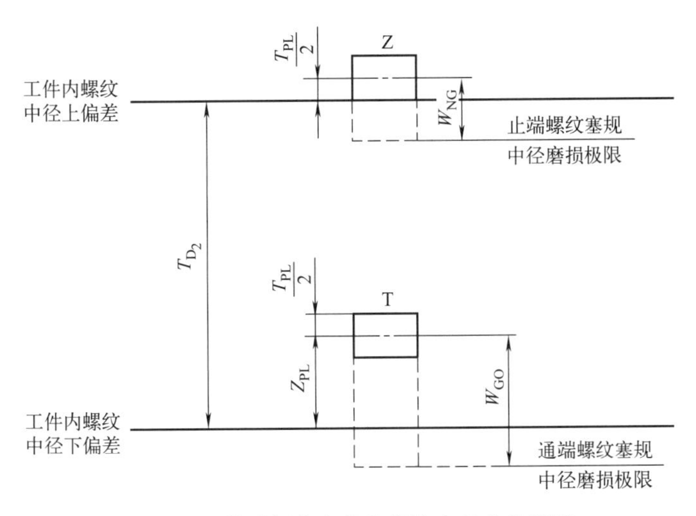

图 5-52　梯形螺纹塞规的螺纹中径公差带图

表 5-71　梯形螺纹量规的螺纹中径公差值和位置要素值（GB/T 8124—2004）　mm

T_{d_2}、T_{D_2}	T_R	T_{PL}	T_{CP}	m	Z_R		Z_{PL}	螺纹环规		螺纹塞规	
					es<0	es=0		W_{GO}	W_{NG}	W_{GO}	W_{NG}
$80<T_{d_2}$、$T_{D_2}\leqslant125$	20	13	12	19	3	38.0	9	23	17	18	14
$125<T_{d_2}$、$T_{D_2}\leqslant200$	26	16	13	22	12	44.5	17	30	22	25	17
$200<T_{d_2}$、$T_{D_2}\leqslant315$	33	20	17	28	17	52.5	23	37	28	30	22
$315<T_{d_2}$、$T_{D_2}\leqslant500$	42	26	22	35	29	63.0	35	48	36	39	28
$500<T_{d_2}$、$T_{D_2}\leqslant800$	54	32	26	43	40	75.0	46	60	45	48	33
$800<T_{d_2}$、$T_{D_2}\leqslant1180$	66	38	30	51	48	90.0	54	72	54	57	39
$1180<T_{d_2}$、$T_{D_2}\leqslant1700$	80	48	38	62	58	117.0	64	90	68	72	49
$1700<T_{d_2}$、$T_{D_2}\leqslant2400$	96	58	46	74	70	142.0	76	108	81	87	60

注：m 按（$T_R/2+T_{CP}/2+3$）计算。

表 5-72　梯形螺纹量规的牙型半角偏差值（GB/T 8124—2004）

P/mm	完整螺纹牙型的牙型半角偏差 $T_{\alpha_1/2}$/(′)	截短螺纹牙型的牙型半角偏差 $T_{\alpha_2/2}$/(′)
1.5	±12	±16
2	±10	±14
3	±9	±13
4、5、6、7、8、9	±8	±11
10、12、14、16、18、20	±7	±9
22、24、28、32、36、40、44	±6	±8

梯形螺纹量规的螺距偏差值列于表 5-73。

表 5-73　梯形螺纹量规的螺距偏差值（GB/T 8124—2004）　mm

螺纹量规的螺纹长度 l	$l\leqslant32$	$32<l\leqslant50$	$50<l\leqslant80$	$80<l\leqslant120$	$l>120$
螺距偏差 T_P	±0.005	±0.006	±0.007	±0.008	±0.010

③ 梯形螺纹量规的计算公式。梯形螺纹量规的计算公式列于表 5-74。

表 5-74　梯形螺纹量规的计算公式（GB/T 8124—2004）

量规名称	大径		中径			小径	
	公称尺寸	极限偏差	公称尺寸	极限偏差	磨损偏差	公称尺寸	极限偏差
通端螺纹塞规 T	$d+Z_{PL}$	$\pm T_{PL}$	D_2+Z_{PL}	$\pm T_{PL}/2$	$-W_{GO}$	最大尺寸$=d_3$	
止端螺纹塞规 Z	$D_2+T_{D_2}+T_{PL}/2+2F_1$	$\pm T_{PL}$	$D_2+T_{D_2}+T_{PL}/2$		$-W_{NG}$	最大尺寸$=d_3$	
通端螺纹环规 T	最小尺寸$=D_4$		$d_2-\lvert es\rvert-Z_R$	$\pm T_R/2$	$+W_{GO}$	D_1	$\pm T_R/2$
止端螺纹环规 Z	最小尺寸$=D_4$		$d_2-\lvert es\rvert-T_{d_2}-T_R/2$	$\pm T_R/2$	$+W_{GO}$	$d_2-es-T_{d_2}-T_R/2-2F_1$	
“校通-通”螺纹塞规 TT	d	$\pm T_{PL}$	$d_2-\lvert es\rvert-Z_R-m$	$\pm T_{CP}/2$		最大尺寸$=d_3$	
“校通-止”螺纹塞规 TZ	$d_2-\lvert es\rvert-Z_R+T_R/2+2F_1$	$\pm T_{PL}/2$	$d_2-\lvert es\rvert-Z_R+T_R/2$	$\pm T_{CP}/2$		最大尺寸$=d_3$	
“校通-损”螺纹塞规 TS	$d_2-\lvert es\rvert-Z_R+W_{GO}+2F_1$	$\pm T_{PL}/2$	$d_2-\lvert es\rvert-Z_R+W_{GO}$	$\pm T_{CP}/2$		最大尺寸$=d_3$	
“校止-通”螺纹塞规 ZT	d	$\pm T_{PL}$	$d_2-\lvert es\rvert-T_{d_2}-T_R/2-m$	$\pm T_{CP}/2$		最大尺寸$=d_3-T_{d_2}$	
“校止-止”螺纹塞规 ZZ	$d-T_{d_2}$	$\pm T_{PL}$	$d_2-\lvert es\rvert-T_{d_2}$	$\pm T_{CP}/2$		最大尺寸$=d_3-T_{d_2}$	
“校止-损”螺纹塞规 ZS	$d-T_{d_2}-T_R/2+W_{NG}$	$\pm T_{PL}$	$d_2-\lvert es\rvert-T_{d_2}-T_R/2+W_{NG}$	$\pm T_{CP}/2$		最大尺寸$=d_3-T_{d_2}$	

注：若螺纹量规两端的牙型不完整，应将牙型修整为完整牙型。

④ 梯形螺纹量规检验。

a. 测量条件：温度为 20℃、测量力为零。

b. 检测参数和检测器具。

螺纹塞规各参数采用直接检测法进行检验，其主要检测参数和检测器具列于表 5-75。

表 5-75 梯形螺纹塞规主要检测参数和检测器具（GB/T 8124—2004）

主要检测参数	检测器具	主要检测参数	检测器具
单一中径	测长仪、量针	螺距	万能工具显微镜、螺距仪
小径	万能工具显微镜	牙型半角	万能工具显微镜

螺纹环规的检验应以校对螺纹塞规为准。若发生争议时，应按 GB/T 8124—2004 标准规定的工件螺纹合格与不合格的判定方法进行判定。若用户和制造商双方一致同意采用其他测量方法，则螺纹环规的单一中径的尺寸和偏差是有效的。螺纹环规的小径采用光滑极限塞规进行检验。

⑤ 梯形螺纹量规的技术要求。

a. 梯形螺纹量规测量面可用合金具钢、碳素工具钢、渗碳钢和硬质合金等材料制造，并应进行稳定性处理。也可在测量面上进行镀铬或渗氮处理等来增强耐磨性。

b. 螺纹量规测量面的硬度应为 664～856HV（或 58～65HRC）范围内。对于公称直径小于或等于 3mm 的螺纹塞规，其测量面的硬度应在 561～713HV（或 53～60HRC）范围内。

c. 螺纹量规牙侧表面的表面粗糙度 Ra 值不大于 0.2μm。通端螺纹塞规大径、校对螺纹塞规大径、通端螺纹环规小径表面粗糙度 Ra 值不大于 0.4μm。止端螺纹塞规大径、止端螺纹环规小径表面粗糙度 Ra 值不大于 0.8μm。

⑥ 检验工件螺纹用的光滑极限量规。检验工件螺纹用的光滑极限量规主要用于检验外螺纹大径和内螺纹小径，其名称、代号、用途、特征和使用规则列于表 5-76。

表 5-76 检验工件螺纹用的光滑极限量规的名称、代号、用途、特征和使用规则（GB/T 8124—2004）

量规名称	代号	用途	特征	使用规则
通端光滑塞规	T	检验内螺纹小径	外圆柱面	应通过工件内螺纹的小径
止端光滑塞规	Z	检验内螺纹小径	外圆柱面	允许进入工件内螺纹小径的两端，进入量应不超过一个螺距
通端光滑环规或卡规	T	检验外螺纹大径	内圆柱面或平行的两个平面	应通过工件外螺纹的大径
止端光滑卡规或环规	Z	检验外螺纹大径	平行的两个平面或内圆柱面	不应通过工件外螺纹的大径

检验工件外螺纹大径用的光滑极限量规尺寸公差带如图 5-53 所示。

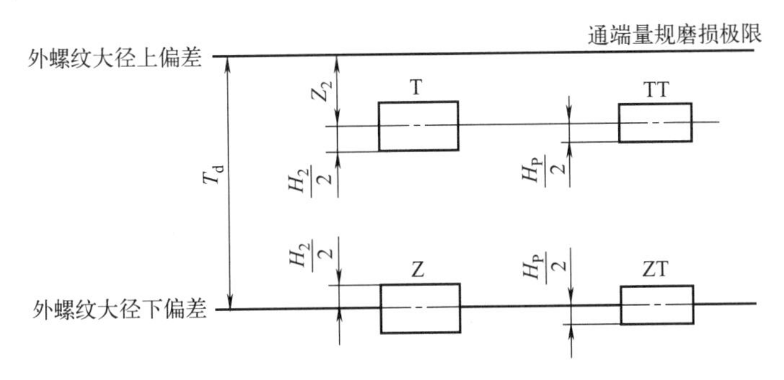

图 5-53 检验工件外螺纹大径用的光滑极限量规尺寸公差带

T_d—工件外螺纹的大径公差；H_2—检验工件外螺纹大径用的光滑环规的尺寸公差；H_P—检验光滑环规或卡规用的校对塞规的尺寸公差；Z_2—由通端光滑环规或卡规的尺寸公差带中心线至工件外螺纹大径上偏差之间的距离

检验工件内螺纹小径用的光滑极限量规尺寸公差带如图 5-54 所示。

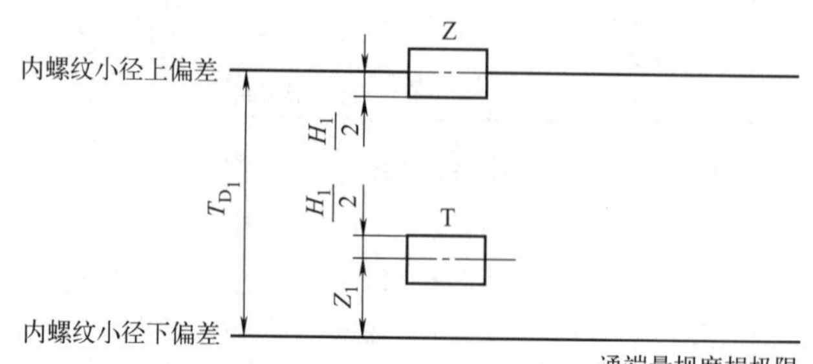

图 5-54 检验工件内螺纹小径用的光滑极限量规尺寸公差带图

T_{D_1}—工件内螺纹的小径公差；H_1—检验工件内螺纹小径用的光滑塞规的尺寸公差；

Z_1—由通端光滑塞规的尺寸公差带中心线至工件内螺纹小径下偏差之间的距离

光滑极限量规的尺寸公差和有关位置要素值列于表 5-77 和表 5-78。

表 5-77 检验外螺纹大径用的光滑环规或卡规的尺寸公差和有关的位置要素值（GB/T 8124—2004）

0.001mm

T_d	$H_2/2$	Z_2	$H_P/2$	T_d	$H_2/2$	Z_2	$H_P/2$
$140<T_d\leqslant335$	8	38	2	$950<T_d\leqslant1120$	23	80	5
$335<T_d\leqslant850$	15	54	3	$1120<T_d\leqslant1400$	26	90	6
$850<T_d\leqslant950$	21	60	4				

注：通端光滑环规或卡规的磨损极限应为工件外螺纹大径的最大极限尺寸。

表 5-78 检验内螺纹小径用的光滑塞规的尺寸公差和有关的位置要素值（GB/T 8124—2004）

0.001mm

T_{D_1}	$H_1/2$	Z_1	T_{D_1}	$H_1/2$	Z_1
$180<T_{D_1}\leqslant375$	8	38	$1250<T_{D_1}\leqslant1600$	29	80
$375<T_{D_1}\leqslant710$	13	52	$1600<T_{D_1}\leqslant2000$	32	90
$710<T_{D_1}\leqslant1250$	23	65			

注：通端光滑塞规的磨损极限应为工件内螺纹小径的最小极限尺寸。

光滑极限量规的尺寸与偏差计算公式列于表 5-79。

表 5-79 检验工件螺纹用的光滑极限量规的尺寸与偏差的计算公式（GB/T 8124—2004）

名称	尺寸	偏差	名称	尺寸	偏差
通端光滑塞规	D_1+Z_1	$\pm H_1/2$	通端光滑环规或卡规	$d-Z_2$	$\pm H_2/2$
止端光滑塞规	$D_1+T_{D_1}$		止端光滑环规或卡规	$d-T_d$	

(3) 工件螺纹合格与否的判定

采用经检定符合本标准要求的螺纹工作量规对工件内螺纹或工件外螺纹进行检验，若符合表 5-66 中相应规定的使用规则，则应判定该工件内螺纹或工件外螺纹为合格。

为减少检验或验收时发生争议，制造者和检验者或验收者应使用同一合格的量规。若使用同一合格的量规困难，则操作者宜使用较新的（或磨损较少的）通端螺纹量规和磨损较多的（或接近磨损极限值的）止端螺纹量规；检验者或验收者宜使用磨损较多的（或接近磨损极限值的）通端螺纹量规和较新的（或磨损较少的）止端螺纹量规。

当检验中发生争议时，若判定该工作量规为合格的螺纹工作量规，经检定符合本标准要求，则该工件内螺纹或工件外螺纹应按合格处理。

下 篇

应用篇

第6章 螺纹的公差配合与测量

6.1 概述

6.1.1 螺纹的功用及分类

(1) 螺纹的功用及使用要求

① 螺纹的功用。螺纹是机电产品中应用最为广泛的结构，通过内、外螺纹相互旋合及牙侧面的接触作用来实现零部件间的连接、紧固和相对位移等功能。作为各种机械的连接构件，螺纹紧固件如螺钉、螺栓、螺柱及螺母等应用极多，常用作传递运动和力。机床螺纹丝杠与螺母副就是既传递运动又传递力的最好的典型。

② 螺纹的使用要求。用于紧固和连接零件的又称紧固螺纹。其牙型为三角形，对它的使用要求是可旋合性和连接的可靠性。

用于传递动力和位移的螺纹。其牙型有梯形、三角形、锯齿形和矩形等，对其使用要求是传递动力的可靠性，传动比要稳定，有一定的保证间隙，以便传动和储存润滑油。

用于密封的螺纹，如连接管道用的螺纹。对其使用要求是结合紧密，不漏水、气或油。

(2) 螺纹的分类

螺纹的分类方法很多，根据螺纹的结构特点和应用，分为以下几种类型。

a. 按度量单位制分：有英寸制（英制）螺纹和米制（公制）螺纹。

b. 按牙型分：有三角形螺纹、梯形螺纹、锯齿形螺纹、矩形螺纹、圆形螺纹、60°牙型（公制）螺纹和55°牙型（英制）螺纹等。

c. 按螺旋线方向分：可分为左旋螺纹和右旋螺纹，一般用右旋螺纹。

d. 按螺旋线数目分：可分为单线、双线和多线螺纹，最常用的是单线螺纹。

e. 按螺纹直径或螺距的相对尺寸分：有粗牙螺纹、细牙螺纹、超细牙螺纹和小螺纹等。

f. 按螺纹用途分：有紧固螺纹、传动螺纹、密封螺纹、管螺纹以及普通型螺纹和专用型螺纹等。

g. 按配合性质分：有过渡螺纹、过盈螺纹、大间隙螺纹以及锥形与柱形两两组合的配合螺纹等。

虽然上述分类方法各有其特点，但实际上它们之间又相互交叉，往往是几种方法结合起来使用。值得特别指出的是，各种螺纹最主要的区别在于它们的牙型、尺寸系列（直径与螺距的组合和线数）以及公差与配合的不同，由此决定它们的使用场合和使用性能。现将螺纹的种类、特点及应用按螺纹牙型的不同列于表6-1。

表6-1　螺纹的种类、特点和应用

种类		牙型图	特点	应用
普通螺纹			牙型角 $\alpha=60°$，螺纹副的内径处有间隙，外螺纹牙根允许有较大的圆角，以减小应力集中 同一直径，按螺距大小分为粗牙和细牙。细牙的自锁性能较好，螺纹零件的强度削弱少，但易滑扣	应用最广。一般连接多用粗牙，细牙用于薄壁或用粗牙对强度有较大影响的零件，也常用于受冲击、振动或变载的连接，还可用于微调机构的调整
小螺纹			公称直径范围为0.3～1.4mm的一般用途的小螺纹	用于钟表及精密仪表连接件、紧固件等
管螺纹	管连接用细牙普通螺纹	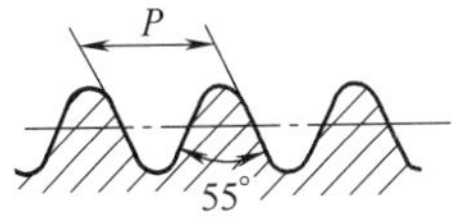	不需专用量刃具，制造经济；靠零件端面和密封圈密封	液压系统
	55°圆柱管螺纹		牙型角 $\alpha=55°$，公称直径近似为管子内径。内、外螺纹公称牙型间没有间隙，密封简单	多用于压力为1.568MPa（$16kgf/cm^2$）以下的水、煤气管路、润滑和电线管路系统
	55°圆锥管螺纹		牙型角 $\alpha=55°$，公称直径近似为管子内径，螺纹分布在1∶16的圆锥管壁上。内、外螺纹公称牙型间没有间隙，不用填料而依靠螺纹牙的变形就可以保证连接的紧密性。当与55°圆柱管螺纹配用（内螺纹为圆柱管螺纹）时，在1MPa（$10kgf/cm^2$）压力下足够紧密	用于高温、高压系统和润滑系统
	60°圆锥螺纹		与55°圆锥管螺纹相似，但牙型角 $\alpha=60°$	用于汽车、拖拉机、航空机械、机床的燃料、油、水、气输送系统的管连接
	米制锥螺纹			用于气体、液体管路系统依靠螺纹密封的连接
矩形螺纹			牙型为正方形，牙厚为螺距的一半，传动效率高。但精确制造困难（为便于加工，可给出10°的牙型角），螺纹副磨损后的间隙难以补偿或修复，对中精度低，牙根强度弱	用于传力或传导螺纹
梯形螺纹			牙型角 $\alpha=30°$，螺纹副的内径和外径处有相等的间隙。与矩形螺纹相比，效率略低，但工艺性好，牙根强度高，螺纹副对中性好，可以调整间隙（用剖分螺母时）	
锯齿形螺纹			工作面的牙型斜角为3°，非工作面的牙型斜角为30°，综合了矩形螺纹效率高和梯形螺纹牙根强度高的特点。外螺纹的牙根有相当大的圆角，以减小应力集中。螺纹副的外径处无间隙，便于对中	用于单向受力的传力螺纹

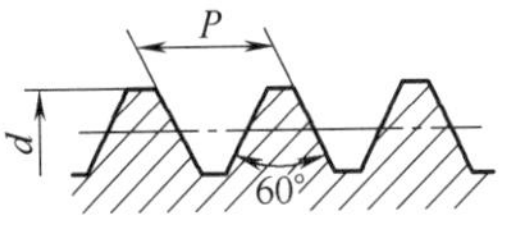

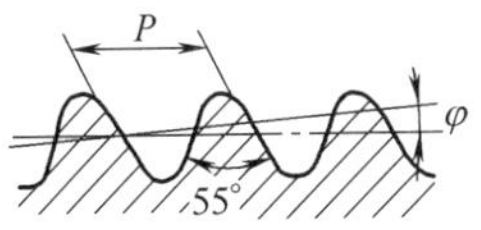

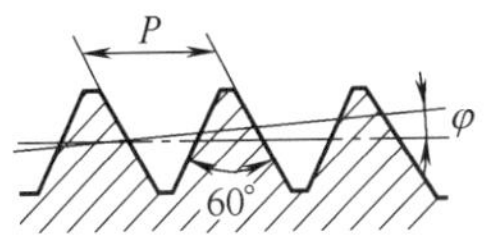

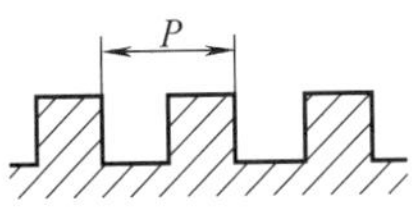

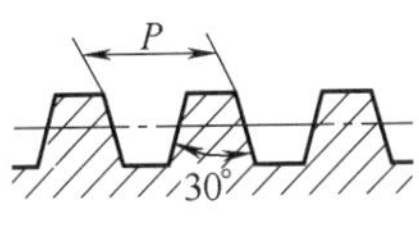

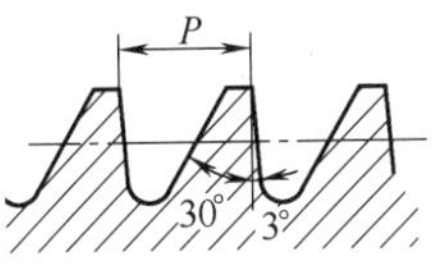

6.1.2　螺纹几何参数及其对互换性的影响

(1) 螺纹几何参数

螺纹的几何参数有螺纹的大径、中径、小径、螺距、牙型半角以及螺纹升角等。在加工制造过程中，这些参数不可避免地会产生误差，从而影响螺纹的互换性。但是，对于不同的螺纹，起主要作用的几何参数是不同的，例如对于普通螺纹，直接影响其配合质量的主要是螺距、牙型半角、螺纹中径三个参数的误差；对于传动螺纹，为保证传动的稳定性和准确性，主要要求其位移精度，而影响其位移精度的是螺距和螺距的最大累积误差。

① 螺距误差和螺距误差中径当量值。螺距误差包括单个螺距误差和螺距累积误差，前者与旋合长度无关，后者与旋合长度有关。如图 6-1 所示，假设内螺纹具有理想牙型，外螺纹的中径及牙型半角均无误差，仅存在螺距误差，并假设在旋合长度内，外螺纹的螺距累积误差为 ΔP_{Σ}。为了保证它们具有互换性，必须用在螺纹旋合长度内所允许的螺距最大累积误差 ΔP_{Σ} 加以控制。由于 ΔP_{Σ} 的存在，必然会影响内、外螺纹的正常旋合。为了使之能够顺利旋合，要么把外螺纹的中径缩小，或者把内螺纹的中径增大。假设螺距误差折合成中径当量值为 f_P，即螺纹中径的缩小量或增大量，可按下式进行计算：

$$f_P = \cot\frac{\alpha}{2}|\Delta P_{\Sigma}| \tag{6-1}$$

式中 f_P——螺距误差中径当量值，μm；

α——牙型角，(°)；

ΔP_{Σ}——螺距最大累积误差，μm。

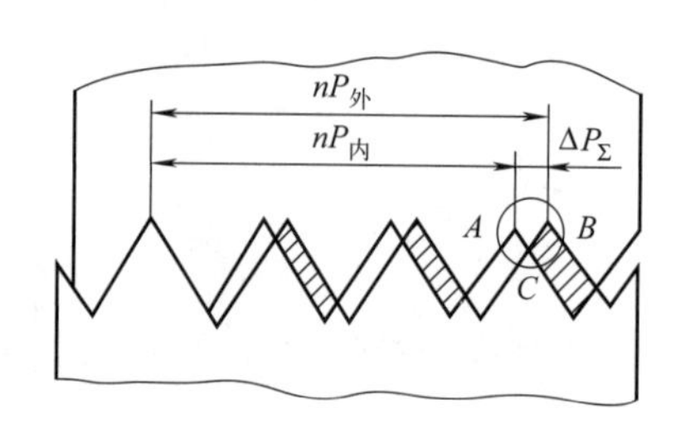

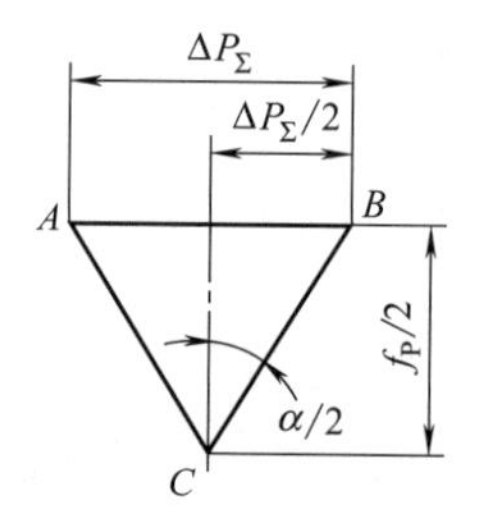

图 6-1 螺距误差对互换性的影响

对于普通螺纹，因 $\alpha=60°$，所以

$$f_P = 1.732|\Delta P_{\Sigma}|$$

在国家标准中，未规定普通螺纹的螺距公差，而是折算成中径公差的一部分，通过检测中径来控制螺距误差。

② 牙型半角误差及其中径当量值。

牙型半角误差是指实际牙型半角与理论牙型半角之差，是由牙型角度值不准确或牙型角与螺纹轴线的相对位置不正确造成的。它对螺纹的旋合性和连接强度均有影响。牙型半角误差可能是螺纹的左、右牙型半角不相等，即 $\left(\frac{\alpha}{2}\right)_{左} \neq \left(\frac{\alpha}{2}\right)_{右}$，或螺纹的左、右牙型半角相等但牙型角不准确（即 $\alpha \neq 60°$），也可能是两者综合作用。

为了便于分析，假设螺距和中径均无误差，而牙型半角有误差 $\Delta\frac{\alpha}{2}$时，外螺纹和内螺纹就不能旋合。如图 6-2（a）所示，外螺纹的 $\Delta\frac{\alpha}{2}=\frac{\alpha}{2}_{外}-30°<0$，则其牙顶 3H/8 处的牙侧发生干涉现象（图中阴影部分）。如图 6-2（b）所示，外螺纹的 $\Delta\frac{\alpha}{2}=\frac{\alpha}{2}_{外}-30°>0$，则其牙根 H/4 处的牙侧发生干涉现象（图中阴影部分）。为了保证旋合性，就必须将外螺纹的中径减小或将内螺纹的中径增大。该中径因牙型半角误差而减小或增大的值 $f_{\frac{\alpha}{2}}$，称为牙型半角误差中径当量值，对于普通螺纹，分以下几种情况进行计算。

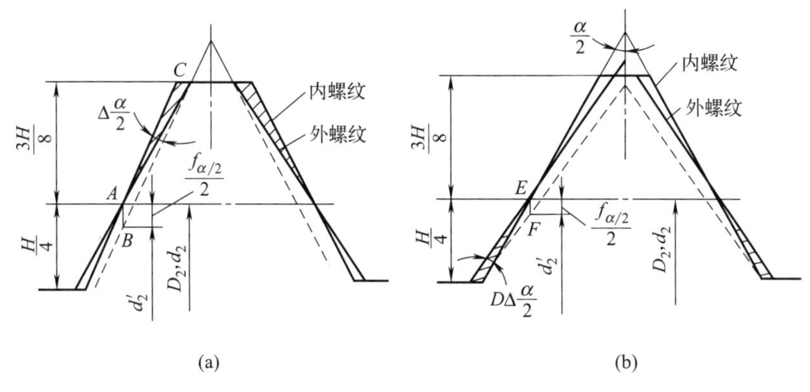

图 6-2　牙型半角误差对互换性的影响

当 $\left(\frac{\alpha}{2}\right)_{外} > \left(\frac{\alpha}{2}\right)_{内}$ 时

$$f_{\frac{\alpha}{2}} = 0.291P\Delta\frac{\alpha}{2} \tag{6-2}$$

当 $\left(\frac{\alpha}{2}\right)_{外} < \left(\frac{\alpha}{2}\right)_{内}$ 时

$$f_{\frac{\alpha}{2}} = 0.437P\Delta\frac{\alpha}{2} \tag{6-3}$$

式中　$f_{\frac{\alpha}{2}}$——牙型半角误差中径当量值，μm；

P——螺距，mm；

$\Delta\frac{\alpha}{2}$——牙型半角误差，(′)。

当牙型角一边为 $\left(\frac{\alpha}{2}\right)_{外} > \left(\frac{\alpha}{2}\right)_{内}$，而另一边为 $\left(\frac{\alpha}{2}\right)_{外} < \left(\frac{\alpha}{2}\right)_{内}$ 时，$f_{\frac{\alpha}{2}} = 0.36P\Delta\frac{\alpha}{2}$，即其中径当量为上述两种情况的平均值。

当左、右牙型半角 $\left(\frac{\alpha}{2}\right)_{左}$ 和 $\left(\frac{\alpha}{2}\right)_{右}$ 不相等，即左、右牙型半角误差 $\left(\Delta\frac{\alpha}{2}\right)_{左}$ 和 $\left(\Delta\frac{\alpha}{2}\right)_{右}$ 不相等时，$\Delta\frac{\alpha}{2}$ 按下式计算：

$$\Delta\frac{\alpha}{2} = \frac{\left|\left(\frac{\alpha}{2}\right)_{左}\right| + \left|\left(\frac{\alpha}{2}\right)_{右}\right|}{2} \tag{6-4}$$

在国家标准中没有规定普通螺纹的牙型半角公差，而是折算成中径公差的一部分，通过检测中径来控制牙型半角误差。根据试验，当 $\Delta\frac{\alpha}{2} = \pm 2.5°$ 时，连接强度要降低 20%，所以牙型半角误差一般控制在 1°以内。

(2) 螺纹几何参数对互换性的影响

螺纹几何参数对互换性的影响主要考虑中径误差对互换性的影响。

在加工过程中，螺纹中径本身也不可避免地会出现误差，进而也会直接影响螺纹连接强度和配合质量，因此必须加以控制。

假设中径误差为 Δd_2（ΔD_2），上面已经说到，由螺距误差 ΔP 折算成中径当量 f_P，由牙型半角误差 $\Delta\frac{\alpha}{2}$ 折算成中径当量 $f_{\frac{\alpha}{2}}$，所以螺纹中径的总公差（中径的最大极限尺寸和中径的最小极限尺寸之差）b 应满足下列关系式：

$$b \geqslant \Delta d_2 + f_P + f_{\frac{\alpha}{2}} \tag{6-5}$$

对于内螺纹

$$b \geqslant \Delta D_2 + f_P + f_{\frac{\alpha}{2}} \tag{6-6}$$

假定以 $d_{2实}$、$d_{2\max}$、$d_{2\min}$ 和 $D_{2实}$、$D_{2\max}$、$D_{2\min}$ 分别代表外螺纹和内螺纹中径的实际尺寸、最大极限尺寸和最小极限尺寸，则合格的外螺纹应满足下列关系式：

$$d_{2实} + (f_P + f_{\frac{\alpha}{2}}) \leqslant d_{2\max} \tag{6-7}$$

对于内螺纹

$$D_{2实} - (f_P + f_{\frac{\alpha}{2}}) \leqslant D_{2\min} \tag{6-8}$$

式中，$d_{2实}+(f_P+f_{\frac{\alpha}{2}})$ 和 $D_{2实}-(f_P+f_{\frac{\alpha}{2}})$ 分别称为外螺纹和内螺纹的作用半径（又称折算中径），分别用 $d_{2作}$ 和 $D_{2作}$ 表示，即

$$d_{2作} = d_{2实} + (f_P + f_{\frac{\alpha}{2}}) \tag{6-9}$$

$$D_{2作} = D_{2实} - (f_P + f_{\frac{\alpha}{2}}) \tag{6-10}$$

综合上式，可得以下关系式：

对于外螺纹

$$d_{2\max} \geqslant d_{2作}$$

$$d_{2\min} \leqslant d_{2实}$$

对于内螺纹

$$D_{2\max} \geqslant D_{2实}$$

$$D_{2\min} \leqslant D_{2作}$$

结论：用外螺纹中径最小极限尺寸和内螺纹中径最大极限尺寸来控制实际中径；用外螺纹中径最大极限尺寸和内螺纹中径最小极限尺寸来控制作用中径。

6.2 普通螺纹

6.2.1 普通螺纹的标准及几何参数

(1) 普通螺纹的标准

在螺纹中，普通螺纹构成的构件品类多、数量大，应用最为广泛。为了满足客观需要，世界各国对普通螺纹都在不断进行研究，逐步完善其标准。现行普通螺纹国家标准与旧标准及对应的ISO标准列于表6-2。

表 6-2 普通螺纹标准对照

标准名称	现行标准号	旧标准号	等效国际标准号
普通螺纹 基本牙型	GB/T 192—2003	GB/T 192—1981	ISO 68-1:1998
普通螺纹 直径与螺距系列	GB/T 193—2003	GB/T 193—1981	ISO 261:1998

续表

标准名称	现行标准号	旧标准号	等效国际标准号
普通螺纹　基本尺寸	GB/T 196—2003	GB/T 196—1991	ISO 724:1993
普通螺纹　公差	GB/T 197—2018	GB/T 197—1981	ISO 965-1:1998
普通螺纹　极限偏差	GB/T 2516—2003		ISO 965-3:1988
普通螺纹　优选系列	GB/T 9144—2003		ISO 262:1998
普通螺纹　中等精度、优选系列的极限尺寸	GB/T 9145—2003		ISO 965-2:1998
普通螺纹　粗糙精度、优选系列的极限尺寸	GB/T 9146—2003		
普通螺纹　极限尺寸	GB/T 15756—2008	GB/T 15756—1995	
过渡配合螺纹	GB/T 1167—1996	GB/T 1167—1974	
过盈配合螺纹	GB/T 1181—1998	GB/T 1181—1974	

(2) 普通螺纹的基本牙型和主要几何参数

按照国家标准 GB/T 192—2003《普通螺纹　基本牙型》规定，普通螺纹（一般用途米制螺纹）的基本牙型如图 6-3 所示，它是将高为 H 的等边三角形（原始三角形）截去其顶部和底部而形成的。

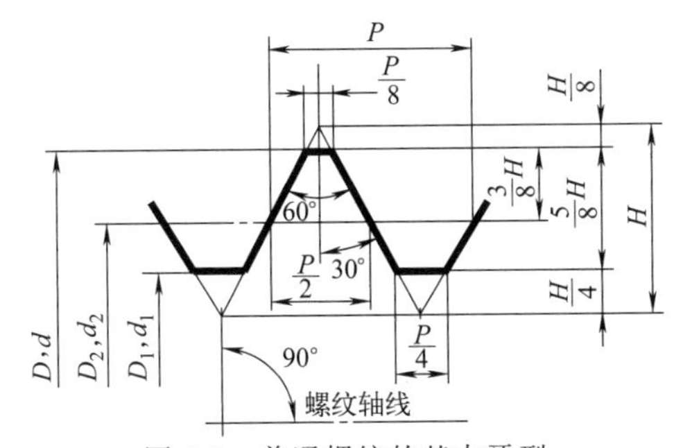

图 6-3　普通螺纹的基本牙型

D—内螺纹的基本大径；d—外螺纹的基本大径；D_2—内螺纹的基本中径；

D_1—内螺纹的基本小径；d_1—外螺纹的基本小径；d_2—外螺纹的基本中径；

P—螺距；H—原始三角形高度

$$D_2=D-2\times\frac{3}{8}H=D-0.6495P \quad d_2=d-2\times\frac{3}{8}H=d-0.6495P$$

$$D_1=D-2\times\frac{5}{8}H=D-1.0825P \quad d_1=d-2\times\frac{5}{8}H=d-1.0825P$$

工程实际中习惯将外螺纹的大径 d 或内螺纹的小径 D_1 称为顶径。将外螺纹的小径 d_1 或内螺纹的大径 D 称为底径。

① 中径 D_2、d_2。中径是一个假想圆柱的直径，该圆柱的母线通过牙型上沟槽和凸起宽度相等的地方。D_2 表示内螺纹的中径，d_2 表示外螺纹的中径。中径的大小决定了螺纹牙侧相对于轴线的径向位置。因此，中径是螺纹公差与配合中的主要参数之一。

注意：普通螺纹的中径不是大径和小径的平均值。在同螺纹配合中，内、外螺纹的中径、大径和小径的基本尺寸对应相同。

② 单一中径是个假想圆柱的直径，该圆柱的母线通过牙型上沟槽宽度等于基本螺距一半 $P/2$ 的地方，如图 6-4 所示。当螺距无误差时，中径就是单一中径；当螺距有误差时，则两者不相等。

③ 螺距 P 和导程 Ph。螺距是指相邻两牙在中径线上对应两点间的轴向距离。导程是指

同条螺旋线上的相邻两牙在中径线上对应两点间的轴向距离。对单线螺纹，导程等于螺距；对多线螺纹，导程等于螺距与螺纹线数 n 的乘积，$Ph=nP$。

螺距应按国家标准规定的系列选用，普通螺纹的螺距分粗牙和细牙两种。

④ 牙型角 α 和牙型半角 $\alpha/2$。牙型角指在螺纹牙型上，相邻两牙侧间的夹角。普通螺纹的理论牙型角 $\alpha=60°$。牙型半角即牙型角的一半，普通螺纹的理论牙型半角 $\alpha/2=30°$。

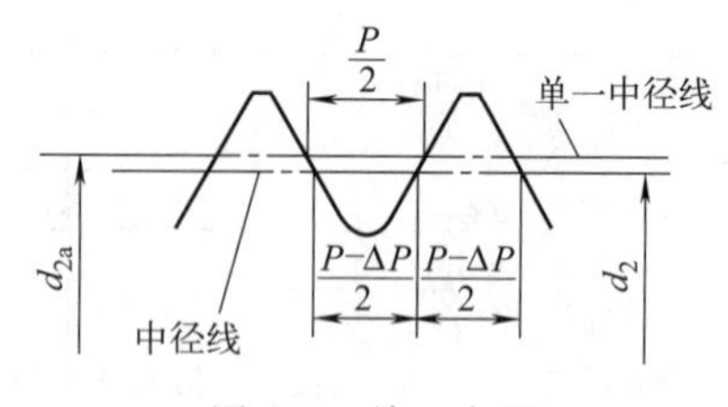

图 6-4 单一中径

P—基本螺距；ΔP—螺距误差

牙型半角的大小和倾斜方向会影响螺纹的旋合性和接触面积，故牙型半角 $\alpha/2$ 也是螺纹公差与配合的主参数之一。

⑤ 螺纹旋合长度 L。螺纹旋合长度指两个相互配合的螺纹沿螺纹轴线方向相互旋合部分的长度。

6.2.2 普通螺纹的公差带及极限尺寸

(1) 普通螺纹的公差带

螺纹公差带与尺寸公差带一样，也是由其大小（公差等级）和相对于基本牙型的位置（基本偏差）所组成。国家标准 GB/T 197—2018 规定了螺纹的公差带和基本偏差。

① 公差等级。螺纹公差带的大小由公差值确定，公差等级划分见表 6-3，其中，6 级是基本级，3 级精度最高，9 级精度最低。部分内、外螺纹的顶径和中径的各级公差值见表 6-4～表 6-7。

表 6-3 螺纹的公差等级

螺纹直径	公差等级	螺纹直径	公差等级
内螺纹小径 D_1	4、5、6、7、8	外螺纹大径 d	4、6、8
内螺纹中径 D_2	4、5、6、7、8	外螺纹中径 d_2	3、4、5、6、7、8、9

表 6-4 内螺纹的小径公差（摘自 GB/T 197—2018） μm

螺距 P/mm	公差等级				
	4	5	6	7	8
0.75	118	150	190	236	—
0.8	125	160	200	250	315
1	150	190	236	300	375

表 6-5 外螺纹的大径公差（摘自 GB/T 197—2018） μm

螺距 P/mm	公差等级		
	4	6	8
0.75	90	140	—
0.8	95	150	236
1	112	180	280

表 6-6 内螺纹的中径公差（摘自 GB/T 197—2018） μm

基本大径 D/mm		螺距 P/mm	公差等级				
>	≤		4	5	6	7	8
5.6	11.2	0.75	85	106	132	170	—
		1	95	118	150	190	236
		1.25	100	125	160	200	250
		1.5	112	140	180	224	280

续表

基本大径 D/mm		螺距 P/mm	公差等级				
>	≤		4	5	6	7	8
11.2	22.4	1	100	125	160	200	250
		1.25	112	140	180	224	280
		1.5	118	150	190	236	300
		1.75	125	160	200	250	315
		2	132	170	212	265	335
		2.5	140	180	224	280	355

表 6-7　外螺纹的中径公差（摘自 GB/T 197—2018）　μm

基本大径 d/mm		螺距 P/mm	公差等级						
>	≤		3	4	5	6	7	8	9
5.6	11.2	0.75	50	63	80	100	125	—	—
		1	56	71	90	112	140	180	224
		1.25	60	75	95	118	150	190	236
		1.5	67	85	106	132	170	212	265
11.2	22.4	1	60	75	95	118	150	190	236
		1.25	67	85	106	132	170	212	265
		1.5	71	90	112	140	180	224	280
		1.75	75	95	118	150	190	236	300
		2	80	100	125	160	200	250	315
		2.5	85	106	132	170	212	265	335

从前面的表中可以发现，因为内螺纹加工较困难，所以在同一公差等级中，内螺纹中径公差比外螺纹中径公差大 32%左右。

国家标准对内螺纹的大径和外螺纹的小径均不规定具体公差值，而只规定内、外螺纹牙底实际轮廓不能超越按基本偏差确定的最大实体牙型，即保证旋合时不发生干涉。

② 基本偏差。基本偏差是指公差带中靠近零线的那个极限偏差。它确定了公差带相对于基本牙型的位置。内螺纹的基本偏差是下偏差（EI），外螺纹的基本偏差是上偏差（es）。

国家标准规定内螺纹的中径和小径采用 G、H 两种公差带位置，如图 6-5（a）、（b）所示。

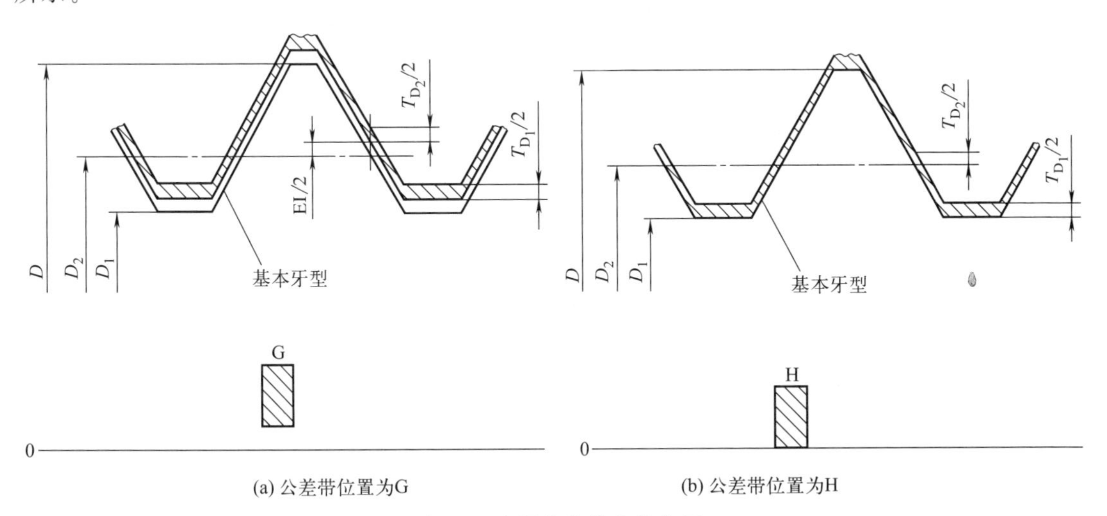

(a) 公差带位置为G　(b) 公差带位置为H

图 6-5　内螺纹的公差带位置

国家标准规定外螺纹的中径和大径采用 e、f、g、h 四种公差带。对小径只规定了最大极限尺寸，如图 6-6（a）、（b）所示。

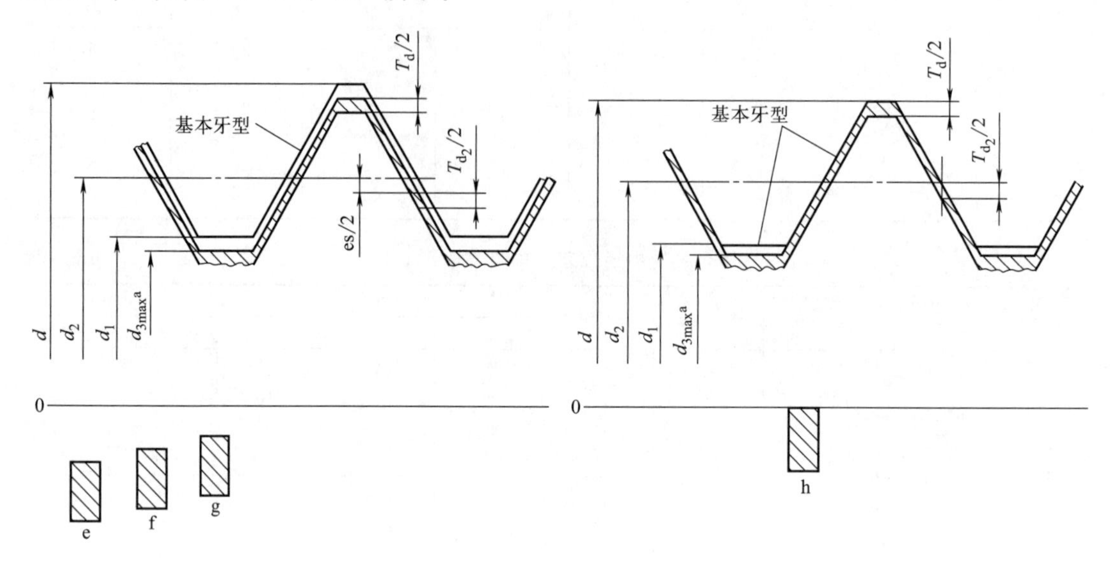

(a) 公差带位置为e、f、g　　(b) 公差带位置为h

图 6-6　外螺纹的公差带位置

选择基本偏差主要依据螺纹表面涂镀层的厚度及螺纹件的装配间隙，螺距 $P=0.5\sim1$mm。内外螺纹的基本偏差数值见表 6-8。

表 6-8　内外螺纹的基本偏差（摘自 GB/T 197—2018）　μm

螺距 P/mm	基本偏差					
	内螺纹		外螺纹			
	G EI	H EI	e es	f es	g es	h es
0.5	+20	0	−50	−36	−20	0
0.6	+21	0	−53	−36	−21	0
0.7	+22	0	−56	−38	−22	0
0.75	+22	0	−56	−38	−22	0
0.8	+24	0	−60	−38	−24	0
1	+26	0	−60	−40	−26	0

③ 螺纹的旋合长度与公差精度。GB/T 197—2018 规定螺纹的旋合长度分为三组，分别为短旋合长度组（S）、中等旋合长度组（N）和长旋合长度组（L）。各组长度范围的部分数值见表 6-9。

表 6-9　螺纹的旋合长度（摘自 GB/T 197—2018）　μm

基本大径 D、d		螺距 P	旋合长度			
			S	N		L
>	≤		≤	>	≤	>
5.6	11.2	0.75	2.4	2.4	7.1	7.1
		1	3	3	9	9
		1.25	4	4	12	12
		1.5	5	5	15	15

续表

基本大径 D、d		螺距 P	旋合长度			
			S	N		L
>	≤		≤	>	≤	>
11.2	22.4	1 1.25 1.5 1.75 2 2.5	3.8 4.5 5.6 6 8 10	3.8 4.5 5.6 6 8 10	11 13 16 18 24 30	11 13 16 18 24 30

设计时一般选用中等旋合长度 N，只有当结构或强度需要时，才选用短旋合长度 S 或长旋合长度 L。

根据使用场合，螺纹的公差精度分为下面三级：

a. 精密：用于精密螺纹；

b. 中等：用于一般用途螺纹；

c. 粗糙：用于制造螺纹有困难的场合，例如在热轧棒料上和深盲孔内加工螺纹。

④ 推荐螺纹公差带及其选用原则。在选用螺纹的公差与配合时，根据使用要求，将螺纹的公差等级和基本偏差相结合，可得到各种不同的螺纹公差带。在生产中，为了减少螺纹刀具和螺纹量规的规格和数量，国家标准 GB/T 197—2018 规定了优先按表 6-10 和表 6-11 选取螺纹公差带。除特殊情况外，表 6-10 和表 6-11 以外的其他公差带不宜选用。

表 6-10　内螺纹的推荐公差带（摘自 GB/T 197—2018）

公差精度	公差带位置为 G			公差带位置为 H		
	S	N	L	S	N	L
精密	—	—	—	4H	5H	6H
中等	(5G)	**6G**	(7G)	**5H**	**6H**	**7H**
粗糙	—	(7G)	(8G)	—	7H	8H

表 6-11　外螺纹的推荐公差带（摘自 GB/T 197—2018）

公差精度	公差带位置为 e			公差带位置为 f			公差带位置为 g			公差带位置为 h		
	S	N	L	S	N	L	S	N	L	S	N	L
精密	—	—	—	—	—	—	—	(4g)	(5g4g)	(3h4h)	**4h**	(5h4h)
中等	—	**6e**	(7e6e)		**6f**	—	(5g6g)	**6g**	(7g6g)	(5h6h)	6h	(7h6h)
粗糙	—	(8e)	(9e8e)	—	—	—		8g	(9g8g)	—	—	—

如果不知道螺纹旋合长度的实际值（例如标准螺栓），推荐按中等旋合长度（N）选取螺纹公差带。

公差带优先选用顺序为：粗字体公差带、一般字体公差带、括号内公差带。带方框的粗字体公差带用于大量生产的紧固件螺纹。

表 6-10 的内螺纹公差带能与表 6-11 的外螺纹公差带形成任意组合。但是，为了保证内、外螺纹间有足够的螺纹接触高度，推荐螺纹零件优先组成 H/g、H/h 或 G/h 配合。对公称直径小于和等于 1.4mm 的螺纹，应选用 5H/6h、4H/6h 或更精密的配合。

对于涂镀螺纹的公差带，如无其他特殊说明，推荐公差带适用于涂镀前螺纹。涂镀后螺纹实际轮廓上的任何点不应超越按公差位置 H 或 h 所确定的最大实体牙型。对于镀层较厚的螺纹，可选 H/f、H/e 等配合。

(2) 普通螺纹的极限尺寸

GB/T 15756—2008《普通螺纹　极限尺寸》，是依据 GB/T 193—2003《普通螺纹　直径与螺距系列》和 GB/T 197—2018《普通螺纹　公差》，规定了普通螺纹的极限尺寸，其基本牙型符合 GB/T 192—2003《普通螺纹　基本牙型》的规定。GB/T 15756—2008 适用于公称直径 1～300mm、公差带为 4H、5H、6H、7H、6G、4h、6h、6g、6f 和 6e 的常用普通螺纹。

① 内螺纹的极限尺寸。内螺纹公差带及其各直径位置见图 6-7。

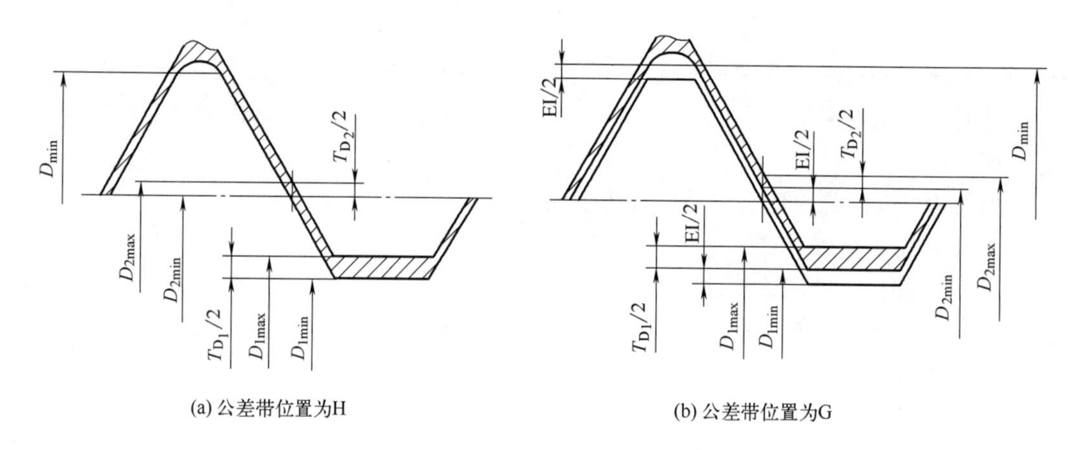

图 6-7　内螺纹公差带及其各直径位置

D_{min}—内螺纹大径的最小值；D_{2max}—内螺纹中径的最大值；D_{2min}—内螺纹中径的最小值；D_{1max}—内螺纹小径的最大值；D_{1min}—内螺纹小径的最大值；T_{D_2}—内螺纹中径公差；T_{D_1}—内螺纹小径公差；EI—内螺纹基本偏差

内螺纹极限尺寸计算式如下：

$$D_{min}=D+EI \tag{6-11}$$

式中，D 为直牙侧消失的螺纹大径。

$$\left.\begin{aligned}D_{2min}&=D_{min}-3H/4=D_{min}-3/4\times0.866025404P\\D_{2max}&=D_{2min}+T_{D2}\\D_{1min}&=D_{min}-5H/4=D_{min}-5/4\times0.866025404P\\D_{1max}&=D_{1min}+T_{D2}\end{aligned}\right\} \tag{6-12}$$

② 外螺纹的极限尺寸。外螺纹公差带及其各直径位置见图 6-8。

外螺纹极限尺寸计算式如下：

$$\left.\begin{aligned}d_{max}&=d+es\\d_{min}&=d_{max}-T_d\\d_{2max}&=d_{max}-3H/4=d_{max}-3/4\times0.866025404P\\d_{2min}&=d_{2max}-T_{d2}\\d_{3max}&=d_{max}-1.226869P\end{aligned}\right\} \tag{6-13}$$

式中，d_{3max} 为削平高度等于 $H/6$ 处的小径。

③ 普通螺纹的极限偏差。GB/T 2516—2003《普通螺纹　极限偏差》规定了普通螺纹中径和顶径的极限偏差值。标准规定，内、外螺纹牙底轮廓上的任何点不应超越按基本牙型和公差带位置所确定的最大实体牙型。如果没有其他特殊说明，公差带适用于涂镀前的螺

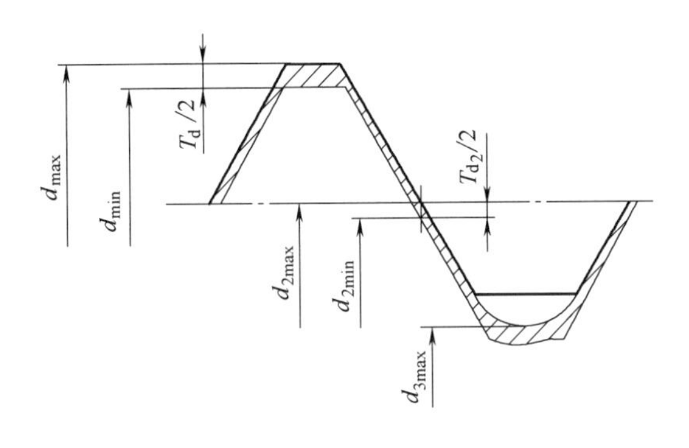

(a) 公差带位置为h

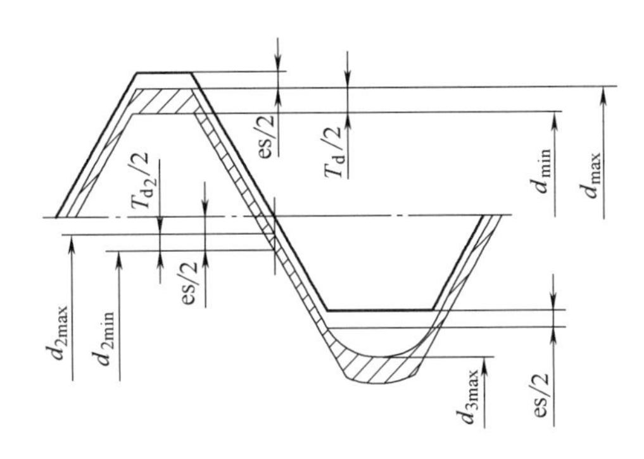

(b) 公差带位置为g、f和e

图 6-8 外螺纹公差带及其各直径位置

d_{max}—外螺纹大径的最大值；d_{min}—外螺纹大径的最小值；d_{2max}—外螺纹中径的最大值；d_{2min}—外螺纹中径的最小值；d_{3max}—外螺纹小径的最大值；T_d—外螺纹大径公差；T_{d_2}—外螺纹中径公差；es—外螺纹基本偏差

纹。涂镀后，螺纹轮廓上的任何点不应超越按公差带位置 H 或 h 所确定的最大实体牙型（公差带仅适用于薄涂镀层的螺纹，如电镀螺纹）。

(3) 普通螺纹的优选系列

普通螺纹包括三个有关优选系列的标准：

GB/T 9144—2003《普通螺纹　优选系列》；

GB/T 9145—2003《普通螺纹　中等精度、优选系列的极限尺寸》；

GB/T 9146—2003《普通螺纹　粗糙精度、优选系列的极限尺寸》。

① 普通螺纹优选系列。GB/T 9144—2003《普通螺纹　优选系列》规定了普通螺纹的优选系列，其公称直径范围为1～64mm。本标准适用于螺钉、螺栓和螺母及一般工程所选用的普通螺纹优选系列。

② 普通螺纹中等精度、优选系列的极限尺寸。GB/T 9145—2003《普通螺纹　中等精度、优选系列的极限尺寸》规定了中等精度、优选系列普通螺纹粗牙和细牙内、外螺纹中径和顶径的极限尺寸，适用于一般用途的机械紧固螺纹连接，其螺纹本身不具备密封功能。

标准对粗牙普通内螺纹的规定如下。

公差精度：中等。旋合长度：中等。

公差带：5H　公称直径≤1.4mm；6H　公称直径＞1.4mm。

标准对粗牙普通外螺纹的规定如下。

公差精度：中等。旋合长度：中等。

公差带：6h　公称直径≤1.4mm；6g　公称直径＞1.4mm。

标准对普通细牙内螺纹的规定如下。

公差精度：中等。旋合长度：中等。

公差带：6H。

标准对细牙普通外螺纹的规定如下。

公差精度：中等。旋合长度：中等。

公差带：6g。

③ 普通螺纹粗糙精度、优选系列的极限尺寸。GB/T 9146—2003《普通螺纹　粗糙精

度、优选系列的极限尺寸》规定了粗糙精度、优选系列、粗牙普通螺纹中径和顶径的极限尺寸，适用于一般用途的机械紧固螺纹连接，其螺纹本身不具有密封功能。标准还指出，其内、外螺纹的极限尺寸符合 GB/T 2516—2003《普通螺纹　极限偏差》标准的有关规定。

标准对粗牙普通内螺纹的规定如下。

公差精度：粗糙。旋合长度：中等。

公差带：7H。

标准对粗牙普通外螺纹的规定如下。

公差精度：粗糙。旋合长度：中等。

公差带：8g。

6.2.3 普通螺纹的标记

(1) 螺纹特征代号和尺寸代号的标记

完整的螺纹标记由螺纹特征代号、尺寸代号、公差带代号及其他有必要做进一步说明的个别信息组成。

① 螺纹特征代号用字母“M”表示，单线螺纹的尺寸代号为“公称直径×螺距”，公称直径和螺距数值的单位为 mm。对粗牙螺纹，可以省略标注其螺距项。

示例一：

公称直径为 8mm、螺距为 1mm 的单线细牙螺纹：M8×1

公称直径为 8mm、螺距为 1.25mm 的单线粗牙螺纹：M8

② 多线螺纹的尺寸代号为“公称直径×*Ph*（导程）*P*（螺距）”，公称直径、导程和螺距数值的单位为 mm。如果要进一步表明螺纹的线数，可在后面增加括号说明（使用英语进行说明，例如双线为 two starts；三线为 three starts；四线为 four starts）。

示例二：

公称直径为 16mm、螺距为 1.5mm、导程为 3mm 的双线螺纹：

M16×*Ph*3*P*1.5 或 M16×*Ph*3*P*1.5（two starts）

(2) 螺纹公差带代号的标记

① 公差带代号包含中径公差带代号和顶径公差带代号。中径公差带代号在前，顶径公差带代号在后。各直径的公差带代号由表示公差等级的数值和表示公差带位置的字母（内螺纹用大写字母，外螺纹用小写字母）组成。如果中径公差带代号与顶径公差带代号相同，则应只标注一个公差带代号。螺纹尺寸代号与公差带间用“-”号分开。

示例一：

中径公差带为 5g、顶径公差带为 6g 的外螺纹：M10×1-5g6g

中径公差带和顶径公差带为 6g 的粗牙外螺纹：M10-6g

中径公差带为 5H、顶径公差带为 6H 的内螺纹：M10×1-5H6H

中径公差带和顶径公差带为 6H 的粗牙内螺纹：M10-6H

② 在下列情况下，中等公差精度螺纹不标注其公差带代号。

内螺纹：5H 公称直径≤1.4mm 时；

　　　　6H 公称直径≥1.6mm 时。

注：对螺距为 0.2mm 的螺纹，其公差等级为 4 级。

外螺纹：6h 公称直径≤1.4mm 时；

6g 公称直径≥1.6mm 时。

示例二：

中径公差带和顶径公差带为 6g、中等公差精度的粗牙外螺纹：M10

中径公差带和顶径公差带为 6H、中等公差精度的粗牙内螺纹：M10

(3) 内、外螺纹配合的标记

表示内、外螺纹配合时，内螺纹公差带代号在前，外螺纹公差带代号在后，中间用斜线分开。

公差带为 6H 的内螺纹与公差带为 5g6g 的外螺纹组成配合：M20×2-6H/5g6g

公差带为 6H 的内螺纹与公差带为 6g 的外螺纹组成配合（中等公差精度、粗牙）：M6

(4) 螺纹的旋合长度和旋向的标记

① 对短旋合长度组和长旋合长度组的螺纹，宜在公差带代号后分别标注“s”和“L”代号。旋合长度代号与公差带间用“-”号分开．中等旋合长度组螺纹不标注旋合长度代号（N）。

示例一：

短旋合长度的内螺纹：M20×2-5H-s

长旋合长度的内、外螺纹：M6-7H/7g6g-L

中等旋合长度的外螺纹（粗牙、中等精度的 6g 公差带）：M6

② 对左旋螺纹，应在旋合长度代号之后标注“LH”代号。旋合长度代号与旋向代号间用“-”号分开。右旋螺纹不标注旋向代号。

示例二：

左旋螺纹：M8×1-LH（公差带代号和旋合长度代号被省略）

M6×0.75-5h6h-s-LH

M14×*Ph*6*P*2-7H-L-LH 或 M14×*Ph*6*P*2（three starts)-7H-L-LH

右旋螺纹：M6（螺距、公差带代号、旋合长度代号和旋向代号被省略）

6.2.4 连接螺纹的公差配合

(1) 过渡配合螺纹的公差配合

过渡配合螺纹是指内、外螺纹配合后在中径上具有过渡配合性质的螺纹。这种螺纹能牢固地将螺栓固定于螺孔中。适用于钢制双头螺柱或其他螺纹连接，与其配合的内螺纹机体材料可以为铸铁、钢和铝合金等。当采用标准所规定的螺纹时，要注意必须使用其他辅助的锁紧结构。

GB/T 1167—1996《过渡配合螺纹》规定了中径为过渡配合螺纹的牙型、直径与螺距系列、基本尺寸、公差及其标记；引入了横跨基本尺寸线的螺纹公差带 4kj；公差数值有较大的变化。

① GB/T 1167—1996 所引用标准。过渡配合螺纹的基本牙型符合 GB/T 192—2003《普通螺纹　基本牙型》的规定，但在外螺纹的牙型设计时，推荐采用 GB/T 197—1981 中规定的圆弧状牙底。标准中所使用的螺纹术语，均符合 GB/T 14791—2013《螺纹术语》的规定。

② 过渡配合螺纹的直径、螺距系列与基本尺寸。过渡配合螺纹的直径、螺距系列与基本尺寸可查阅相关手册。过渡配合螺纹的直径、螺距系列应优先选用第一系列。

③ 过渡配合螺纹的公差带。过渡配合螺纹的内螺纹中径公差带为 3H、4H 或 5H，小径

公差带为 5H。过渡配合螺纹的外螺纹中径公差带为 3k、2km 或 4kj，大径公差带为 6h。外螺纹公差带分布见图 6-9。内、外螺纹公差带值可查阅相关手册。

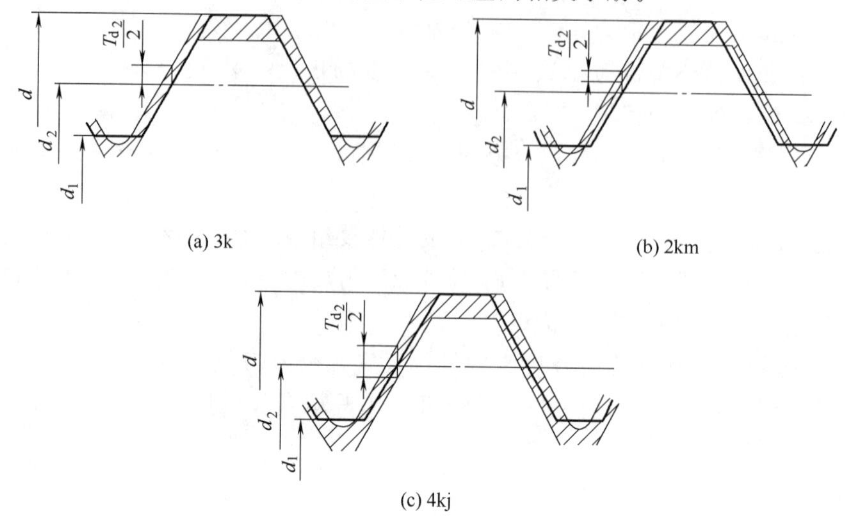

(a) 3k　(b) 2km　(c) 4kj

图 6-9　过渡配合螺纹外螺纹公差带

④ 过渡配合螺纹优选配合公差带的规定。过渡配合螺纹的使用场合有以下两种：

第一种：精密级，即要求内、外螺纹配合较紧，配合性质变化较小的重要部件；

第二种：一般级，即内、外螺纹配合要求一般的螺纹件。

过渡配合内、外螺纹优选公差带列于表 6-12。使用时，优先选用不带括号的配合公差带。

表 6-12　过渡配合内、外螺纹优选公差带（GB/T 1167—1996）

使用场合	内螺纹公差带/外螺纹公差带
精密	4H/2km,(3H/3k)
一般	4H/4kj,(4H/3k),(5H/3k)

⑤ 过渡配合螺纹的标记。过渡配合螺纹的标记由螺纹特征代号、尺寸代号、中径公差带代号组成。对于左旋螺纹，要在螺纹尺寸代号之后加注左旋代号“LH”。粗牙螺纹在螺纹尺寸代号中不注螺距值。

标记示例

内螺纹：M16-4H

外螺纹：M16LH-4kj

螺纹副：M10×1，25-4I-I/4kj

⑥ 过渡配合螺纹用的辅助锁紧结构采用 GB/T 1167—1996 标准所规定的过渡配合螺纹时，螺纹副不能提供足够的配合过盈量，因此不能保证螺柱紧固于机体材料之中。为解决这一问题，标准推荐了辅助的锁紧结构，作为提示的附录列于标准附录 A，设计者可在螺柱有效螺纹之外采用。辅助锁紧结构列于表 6-13。

(2) 过盈配合螺纹的公差配合

① 过盈配合螺纹的适用范围。GB/T 1181—1998《过盈配合螺纹》的规定，包括过盈配合螺纹的牙型、直径与螺距系列公差、旋合长度、技术要求、装配力矩及标记等。适用于螺纹中径具有过盈配合的钢制双头螺柱，与其配合的内螺纹机体材料为铝合金、镁合金、钛合金和钢材。

② 过盈配合螺纹的基本牙型。过盈配合螺纹的基本牙型符合 GB/T 192 的规定，其外螺纹设计牙型的牙底为圆滑连接的曲线，牙底圆弧的最小半径不得小于 0.125P。

表 6-13 过渡配合螺纹用的辅助锁紧结构

辅助锁紧型式	机体材料	备注	辅助锁紧型式	机体材料	备注
螺纹收尾	钢、铸铁和铝合金等	最常用的锁紧型式 用于通孔和盲孔 不适用于动载荷较大的场合 螺尾的最大轴向长度为 2.5P	端面顶尖	钢、铸铁和铝合金等	用于盲孔 顶尖的光滑圆柱直径应小于内螺纹的小径。顶尖的圆锥角应与麻花钻钻头的刃倾角重合
平凸台	铝合金等	用于通孔和盲孔 凸台端面应与螺纹轴线垂直，凸台直径应不小于 1.5d	使用厌氧型螺纹锁固密封剂	钢、铸铁和铝合金等	涂于螺纹表面，具有锁固和密封功能。与前三种辅助锁紧型式结合使用，可使螺柱的承载能力进一步提高

③ 过盈配合螺纹的直径、螺距系列与基本尺寸。过盈配合螺纹的直径、螺距系列与过盈配合螺纹的大径、中径、小径和螺距基本尺寸可查阅相关手册。其直径应优先选用第一系列。对于公称直径为 8mm 和 10mm 的螺纹，应优先选用粗牙螺距。

④ 过盈配合螺纹的公差带。

a. 过盈配合螺纹内螺纹公差带。过盈配合螺纹内螺纹中径公差带为 2H；小径公差带为 4D 或 5D（螺距 $P=1.5$mm 时，小径公差带为 4C 或 5C）。内螺纹公差带分布如图 6-10 所示。

当机体材料为铝合金或镁合金时，小径公差等级取 5 级；当机体材料为钢或钛合金时，小径公差等级取 4 级。

b. 过盈配合螺纹外螺纹公差带。过盈配合螺纹外螺纹中径公差带为 3p、3n 或 3m，大径公差带为 6e（螺距 $P=1.5$mm 时，大径公差带为 6c）。外螺纹公差带分布如图 6-11 所示。

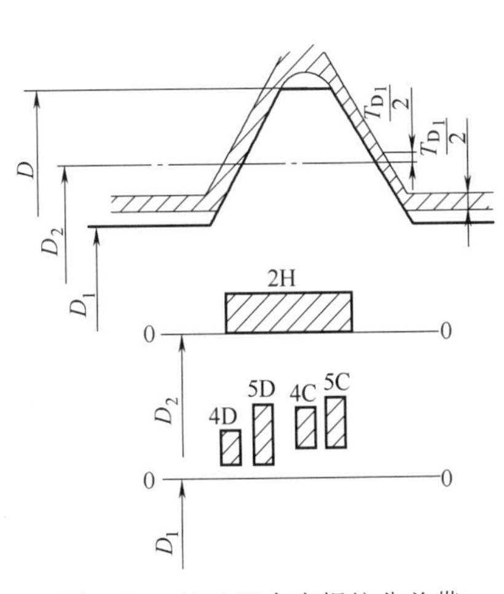

图 6-10 过盈配合内螺纹公差带

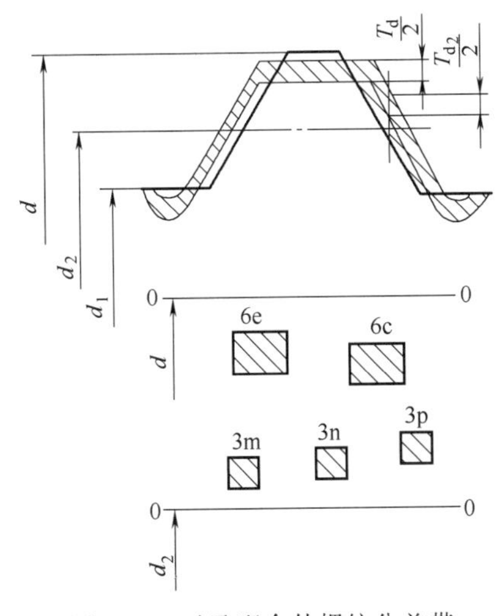

图 6-11 过盈配合外螺纹公差带

三种不同机体材料的螺纹中径公差带的选取，见表 6-14。

表 6-14 过盈配合螺纹中径公差带及其分组数（GB/T 1181—1998）

内螺纹材料/外螺纹材料	内螺纹公差带/外螺纹公差带
铝合金或镁合金/钢	2H/3p
钢/钢	2H/3n
钛合金/钢	2H/3m

⑤ 过盈配合螺纹要素的偏差和公差。过盈配合螺纹的螺距累积公差和牙侧角误差的极限偏差见表 6-15。

表 6-15 过盈配合螺纹的螺距累积公差和牙侧角误差的极限偏差（GB/T 1181—1998）

螺距 P/mm	极限偏差	
	螺距/μm	牙侧角/(′)
0.8 1 1.25	±12	±40
1.5	±16	±30

螺纹的作用中径与单一中径之间的综合形位误差不得大于其中径公差的 1/4。从螺纹的旋入端向螺尾方向，螺纹的中径尺寸应逐渐增大或保持不变，不应出现中径尺寸逐渐减小现象。

⑥ 过盈配合螺纹的旋合长度。GB/T 1181—1998 所规定的螺纹公差适用的旋合长度如下：

对于内螺纹机体材料为钢和钛合金，其旋合长度为 $1d \sim 1.25d$；

对于内螺纹机体材料为铝合金、镁合金，其旋合长度为 $1.5d \sim 2d$；

对于旋合长度过长或过短的过盈配合螺纹，为了满足国标规定的装配扭矩要求，需要适当调整螺纹公差。

⑦ 过盈配合螺纹的标记。过盈配合螺纹的标记由螺纹特征代号（M）、尺寸代号（公称直径×螺距）、中径公差带代号及其分组数组成。对粗牙螺纹，在尺寸代号中可不注出螺距值。对左旋螺纹，要在尺寸代号之后加注左旋代号“LH”。表示螺纹副时，要先注出内螺纹公差带代号，再注出外螺纹公差带代号，中间用斜线（/）将其分开，其标记形式如下：

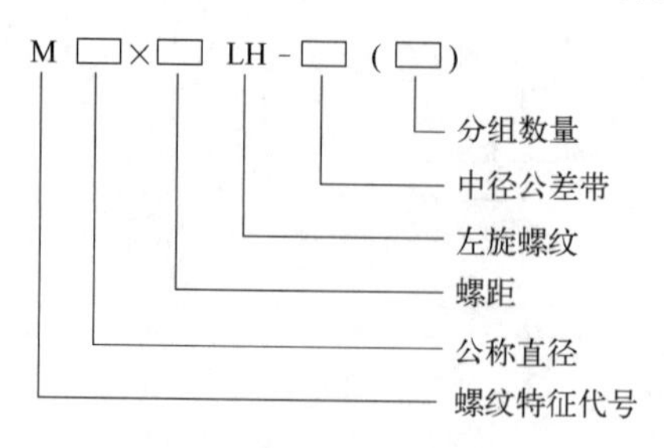

标记示例

内螺纹：M8×1-2H（3）

外螺纹：M8-3m（4）

螺纹副：M8-2H/3n（4）

6.3 小螺纹

6.3.1 概述

(1) 小螺纹的定义及相关标准

小螺纹是适用于公称直径范围为 0.3～1.4mm 的螺纹。小螺纹的现行标准中的术语和定义与普通螺纹相同，均符合 GB/T 14791—1993《螺纹术语》。

现行小螺纹标准与被代替的旧标准列于表 6-16。

表 6-16　小螺纹标准对照

标准名称	现行标准号	旧标准号
《小螺纹　第 1 部分:牙型、系列和基本尺寸》 《小螺纹　第 2 部分:公差和极限尺寸》	GB/T 15054.1—2018 GB/T 15054.2—2018	GB/T 15054.1—1994 GB/T 15054.2—1994 GB/T 15054.3—1994 GB/T 15054.4—1994 GB/T 15054.5—1994

(2) 小螺纹的牙型

GB/T 15054.1—2018《小螺纹　第 1 部分：牙型、系列和基本尺寸》规定了小螺纹的基本牙型、基本牙型尺寸和设计牙型、设计牙型尺寸。

① 小螺纹的基本牙型和基本牙型尺寸。小螺纹与普通螺纹的基本牙型都是由牙型角为 60°的原始三角形构成的，它们的根本不同是小螺纹基本小径（内、外螺纹小径）的削平高度相对加大，从而引起若干尺寸关系的变化。

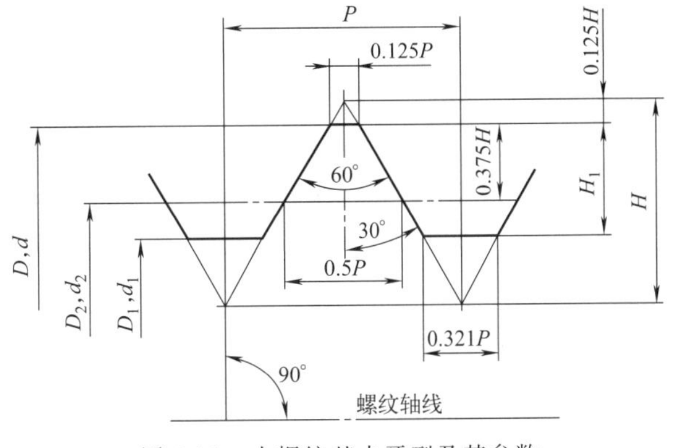

图 6-12　小螺纹基本牙型及其参数

例如，基本牙型高，小螺纹为$H_1=0.48P$，普通螺纹为 $H_1=\frac{5\sqrt{3}}{16}P=0.541P$；牙底宽，小螺纹为 0.321$P$，普通螺纹为 0.25$P$。小螺纹的基本牙型及其参数见图 6-12，小螺纹的基本牙型尺寸见表 6-17。

表 6-17　小螺纹的牙型尺寸（GB/T 15054.1—2018）　mm

螺距 P	H 0.866025P	H_1 0.48P	0.375H 0.324760P	h_3 0.56P	a_c 0.08P
0.08	0.069282	0.038400	0.025981	0.044800	0.006
0.09	0.077942	0.043200	0.029228	0.050400	0.007
0.1	0.086603	0.048000	0.032476	0.056000	0.008
0.125	0.108253	0.060000	0.040595	0.070000	0.010
0.15	0.129904	0.072000	0.048714	0.084000	0.012

续表

螺距 P	H $0.866025P$	H_1 $0.48P$	$0.375H$ $0.324760P$	h_3 $0.56P$	a_c $0.08P$
0.175	0.151554	0.084000	0.056833	0.098000	0.014
0.2	0.173205	0.096000	0.064952	0.112000	0.016
0.225	0.194856	0.108000	0.073071	0.126000	0.018
0.25	0.216506	0.120000	0.081190	0.140000	0.020
0.3	0.259808	0.144000	0.097428	0.168000	0.024

② 小螺纹的设计牙型。小螺纹的设计牙型及其参数见图 6-13。

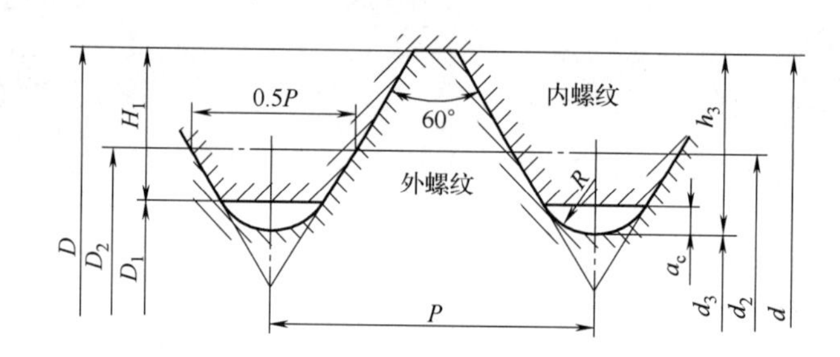

图 6-13 小螺纹的设计牙型及其参数

小螺纹设计牙型的尺寸计算关系式见表 6-18，设计牙型尺寸见表 6-17。

表 6-18 小螺纹尺寸的名称、代号及关系式

名称	代号	关系式	名称	代号	关系式
外螺纹基本大径	d		外螺纹基本中径	d_2	$d_2=d-0.75H=d-0.64952P$
内螺纹基本大径	D	$D=d$	内螺纹基本中径	D_2	$D_2=d_2$
螺距	P		外螺纹牙底小径	d_3	$d_3=d-2h_3=d-1.12P$
小径间隙	a_c	$a_c=0.08P$	内螺纹基本小径	D_1	$D_1=d-2H_1=d-0.96P$
基本牙型高度	H_1	$H_1=0.48P$	牙底圆弧半径	R	$R_{max}=0.2P$
外螺纹牙高	h_3	$h_3=H_1+a_c=0.56P$			

6.3.2 小螺纹的尺寸公差

(1) 小螺纹的基本尺寸

① 小螺纹的直径与螺距系列。GB/T 15054.1—2018 规定了公称直径范围为 0.3～1.4mm 的小螺纹直径与螺距系列。

a. 小螺纹的直径与螺距。小螺纹的直径与螺距系列列于表 6-19。标准规定，应优先选用第一系列的直径。

b. 小螺纹的代号与标记符合 GB/T 15054.2—2018 标准的小螺纹的标记，由小螺纹代号“S”、公称直径及左旋螺纹代号“LH”（右旋螺纹不标注）组成。

表 6-19　小螺纹的直径与螺距系列（GB/T 15054.2—2018）　mm

公称直径		螺距 P	公称直径		螺距 P
第一系列	第二系列		第一系列	第二系列	
0.3		0.08		0.7	0.175
	0.35	0.09	0.8		0.2
0.4		0.1		0.9	0.225
	0.45	0.1	1		0.25
0.5		0.125		1.1	0.25
	0.55	0.125	1.2		0.25
0.6		0.15		1.4	0.3

标记示例

公称直径为 0.8mm 的左旋小螺纹，标记为：S0.8LH

② 小螺纹的基本尺寸。GB/T 15054.1—2018 规定了公称直径范围为 0.3～1.4mm 小螺纹各尺寸的名称、代号、关系式及基本尺寸。

各尺寸的名称、代号、关系式列于表 6-18，尺寸见图 6-13。

各直径的基本尺寸列于表 6-20。

表 6-20　小螺纹的基本尺寸（GB/T 15054.1—2018）　mm

公称直径		螺距 P	外、内螺纹中径 $d_2=D_2$	外螺纹小径 d_3	内螺纹小径 D_1
第一系列	第二系列				
0.3		0.08	0.248	0.210	0.223
	0.35	0.09	0.292	0.249	0.264
0.4		0.1	0.335	0.288	0.304
	0.45	0.1	0.385	0.338	0.354
0.5		0.125	0.419	0.360	0.380
	0.55	0.125	0.469	0.410	0.430
0.6		0.15	0.503	0.432	0.456
	0.7	0.175	0.586	0.504	0.532
0.8		0.2	0.670	0.576	0.608
	0.9	0.225	0.754	0.648	0.684
1		0.25	0.838	0.720	0.760
	1.1	0.25	0.938	0.820	0.860
1.2		0.25	1.038	0.920	0.960
	1.4	0.3	1.205	1.064	1.112

(2) 小螺纹的公差

① 小螺纹的公差带及其位置。GB/T 15054.2—2018 规定了公称直径范围为 0.3～1.4mm 的小螺纹公差（包括公差带、公差带位置及公差等级等）和标记方法。

a. 小螺纹公差带。内、外螺纹公差带分别见图 6-14 和图 6-15。

b. 小螺纹公差带位置。公差带的位置由基本偏差确定。外螺纹的基本偏差为上偏差 es，内螺纹的基本偏差为下偏差 EI。

从图 6-14 可知，内螺纹小径 D_1 的公差带位置为 H。中径 D_2 有两种公差带位置：图 6-14（a）中的 H，基本偏差为零；图 6-14（b）中的 G，基本偏差为正值。内螺纹大径 D 的公差带位置与其相应中径 D_2 的公差带位置相同。

从图 6-15 可知，外螺纹的大径 d、中径 d_2 和小径 d_3 的公差带位置均为 h，基本偏差为零。

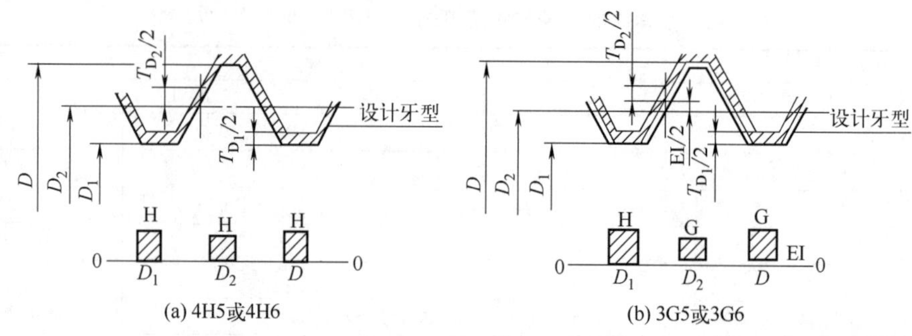

图 6-14 内螺纹公差带

D—内螺纹大径；D_2—内螺纹中径；D_1—内螺纹小径；T_{D_2}—内螺纹中径公差；

T_{D_1}—内螺纹小径公差；EI—大径和中径基本偏差

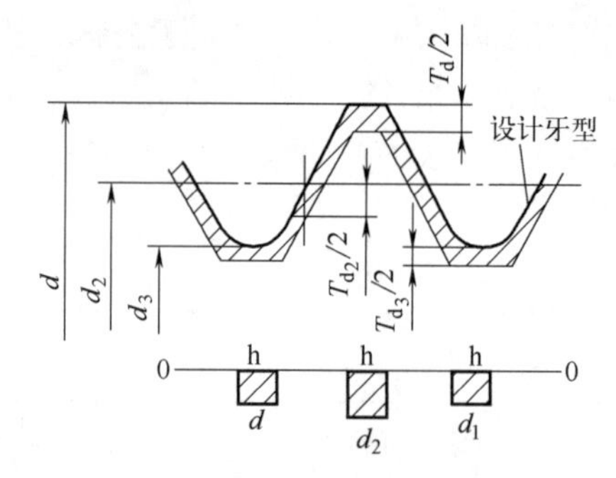

图 6-15 外螺纹公差带 5h3 或 5h5

d—外螺纹大径；d_2—外螺纹中径；d_3—外螺纹小径；T_d—外螺纹大径公差；

T_{d2}—外螺纹中径公差；T_{d3}—外螺纹小径公差

内螺纹大径和中径的基本偏差列于表 6-21。

表 6-21 内螺纹大径和中径的基本偏差（GB/T 15054.2—2018）

螺距 P/mm	大径 D 和中径 D_2	
	H EI/μm	G EI/μm
0.08	0	+6
0.09	0	+6
0.1	0	+6
0.125	0	+8
0.15	0	+8
0.175	0	+10
0.2	0	+10
0.225	0	+10
0.25	0	+12
0.3	0	+12

② 小螺纹公差等级。标准对于内、外螺纹各直径公差等级规定如表 6-22 所示。

表 6-22 内、外螺纹各直径公差等级（GB/T 15054.2—2018）

直径	公差等级	直径	公差等级
内螺纹中径 D_2	3、4	外螺纹大径 d	3
内螺纹小径 D_1	5、6	外螺纹中径 d_2	5
内螺纹大径 D	—	外螺纹小径 d_3	4

小螺纹各尺寸的公差分别列于表6-23～表6-25。

表6-23 小螺纹内、外螺纹的顶径公差

(GB/T 15054.2—2018) μm

螺距 P/mm	内螺纹小径 D_1 公差等级		外螺纹大径 d 公差等级
	5	6	3
0.08	17		16
0.09	22		18
0.1	26	38	20
0.125	35	55	20
0.15	46	66	25
0.175	53	73	25
0.2	57	77	30
0.225	61	81	30
0.25	65	85	35
0.3	73	93	40

表6-24 小螺纹内、外螺纹的中径公差

(GB/T 15054.2—2018) μm

螺距 P/mm	内螺纹中径 D_2 公差等级		外螺纹中径 d_2 公差等级
	3	4	5
0.08	14	20	20
0.09	16	22	22
0.1	18	24	24
0.125	18	26	26
0.15	20	28	28
0.175	22	32	32
0.2	26	36	36
0.225	30	40	40
0.25	32	44	44
0.3	38	50	50

表6-25 小螺纹外螺纹的小径公差 (GB/T 15054.2—2018) μm

螺距 P/mm	公差等级 4	螺距 P/mm	公差等级 4
0.08	20	0.2	40
0.09	22	0.225	44
0.1	24	0.25	48
0.125	28	0.3	56
0.15	32		
0.175	36		

标准规定，内螺纹中径公差带只有4H和3G两种。

对于需要涂镀保护层的螺纹，如无特殊规定，涂镀后螺纹的实际轮廓的任何点不应超出按H、h确定的最大实体牙型。

③ 小螺纹的优选公差带。标准规定，在一般情况下，对内螺纹应优先选择4H5，对外螺纹应优先选择5h3。

6.3.3 小螺纹的标记

(1) 小螺纹标记的构成

小螺纹标记由下列几部分构成。

① 在GB/T 15054.2—2018标准中规定的小螺纹代号，如S0.8、S0.8LH（左旋螺纹）。

② 由中径公差带代号和顶径公差等级代号组成的小螺纹公差带代号，公差带代号由表示其大小的公差等级和表示其位置的字母组成。

③ 对螺纹副的公差带，要分别注出内、外螺纹的公差带代号，前者为内螺纹公差带代号，后者为外螺纹公差带代号，中间用斜线分开。

(2) 小螺纹标记示例

标记示例

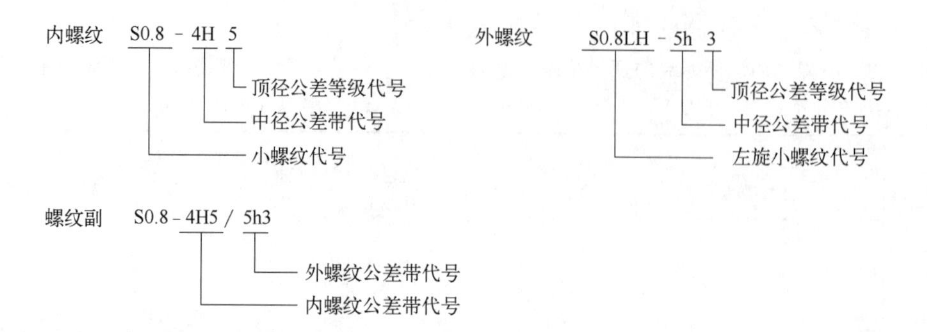

6.3.4 小螺纹的极限尺寸

GB/T 15054.2—2018 规定了公称直径范围为 0.3～1.4mm 的小螺纹极限尺寸，包括极限尺寸的计算式及计算数值。

内、外螺纹的极限尺寸数值分别列于表 6-26 和表 6-27。

表 6-26 公差带为 4H5 和 4H6 的内螺纹极限尺寸 mm

公称直径 D	螺距 P	大径 D		4H		5H		6H	
				中径 D_2		小径 D_1			
		最大	最小	最大	最小	最大	最小	最大	最小
0.3	0.08	没有规定	0.300	0.268	0.248	0.240	0.223	—	—
0.35	0.09		0.350	0.314	0.292	0.286	0.264	—	—
0.4	0.1		0.400	0.359	0.335	0.330	0.304	0.342	0.304
0.45	0.1		0.450	0.409	0.385	0.380	0.354	0.392	0.354
0.5	0.125		0.500	0.445	0.419	0.415	0.380	0.435	0.380
0.55	0.125		0.550	0.495	0.469	0.465	0.430	0.485	0.430
0.6	0.15		0.600	0.531	0.503	0.502	0.456	0.522	0.456
0.7	0.175		0.700	0.618	0.586	0.585	0.532	0.605	0.532
0.8	0.2		0.800	0.706	0.670	0.665	0.608	0.685	0.608
0.9	0.225		0.900	0.794	0.754	0.745	0.684	0.765	0.684

表 6-27 公差带为 5h3 的外螺纹极限尺寸 mm

公称直径 d	螺距 P	3h		5h		4h	
		大径 d		中径 d_2		小径 d_3	
		最大	最小	最大	最小	最大	最小
0.3	0.08	0.300	0.284	0.248	0.228	0.210	0.190
0.35	0.09	0.350	0.332	0.292	0.270	0.249	0.227
0.4	0.1	0.400	0.380	0.335	0.311	0.288	0.264
0.45	0.1	0.450	0.430	0.385	0.361	0.338	0.314
0.5	0.125	0.500	0.480	0.419	0.393	0.360	0.332
0.55	0.125	0.550	0.530	0.469	0.443	0.410	0.382
0.6	0.15	0.600	0.575	0.503	0.475	0.432	0.400
0.7	0.175	0.700	0.675	0.586	0.554	0.504	0.468
0.8	0.2	0.800	0.770	0.670	0.634	0.576	0.536
0.9	0.225	0.900	0.870	0.754	0.714	0.648	0.604

注：通常不检验外螺纹小径（d_3）的实际尺寸。

6.4 梯形螺纹

6.4.1 概述

(1) 梯形螺纹及其应用

梯形螺纹在机械传动装置中的应用非常广泛，具有传动平稳、可靠，制造与装拆方便等优点，主要用于将旋转运动转换成直线运动。它不仅用来传递一般的运动和动力，而且还能精确地传递位移。

梯形螺纹有两种，国家标准规定梯形螺纹牙型角为30°，英制梯形螺纹的牙型角为29°（我国很少用）。现行梯形螺纹标准与旧标准及等效国际标准号见表6-28。

表6-28 梯形螺纹标准对照

标准名称	现行标准号	旧标准号	修改采用国际标准号
《梯形螺纹 第1部分：牙型》	GB/T 5796.1—2005	GB/T 5796.1—1986	ISO 2901:1993
《梯形螺纹 第2部分：直径与螺距系列》	GB/T 5796.2—2005	GB/T 5796.2—1986	ISO 2902:1977
《梯形螺纹 第3部分：基本尺寸》	GB/T 5796.3—2005	GB/T 5796.3—1986	ISO 2904:1977
《梯形螺纹 第4部分：公差》	GB/T 5796.4—2005	GB/T 5796.4—1986	ISO 2903:1993
《梯形螺纹 极限尺寸》	GB/T 12359—2008	GB/T 12359—1990	

(2) 梯形螺纹的牙型

① 术语和代号。国家标准GB/T 5769.1—2005《梯形螺纹 第1部分：牙型》对梯形螺纹牙型的术语和代号的规定如下：

D——基本牙型上的内螺纹大径；

D_4——设计牙型上的内螺纹大径；

d——基本牙型和设计牙型上的外螺纹大径（公称直径）；

D_2——基本牙型和设计牙型上的内螺纹中径；

d_2——基本牙型和设计牙型上的外螺纹中径；

D_1——基本牙型和设计牙型上的内螺纹小径；

d_1——基本牙型上的外螺纹小径；

d_3——设计牙型上的外螺纹小径；

P——螺距；

H——原始三角形高度；

H_1——基本牙型的牙高度；

H_4——设计牙型上的内螺纹牙高度；

h_3——设计牙型上的外螺纹牙高度；

a_c——牙顶间隙；

R_1——外螺纹牙顶倒角圆弧半径；

R_2——螺纹牙底倒角圆弧半径。

② 基本牙型尺寸。梯形螺纹的基本牙型如图6-16所示，基本牙型尺寸列于表6-29。

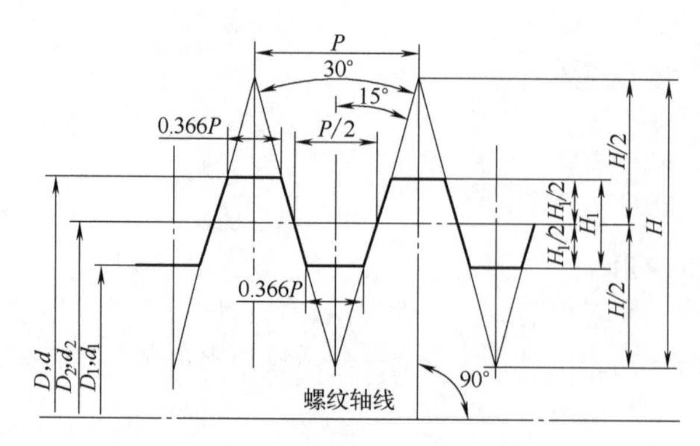

图 6-16 梯形螺纹的基本牙型

表 6-29 梯形螺纹的基本牙型尺寸（GB/T 5796.1—2005） mm

螺距 P	H $1.866P$	$H/2$ $0.933P$	H_1 $0.5P$	$0.366P$	螺距 P	H $1.866P$	$H/2$ $0.933P$	H_1 $0.5P$	$0.366P$
1.5	2.799	1.400	0.75	0.549	14	26.124	13.062	7	5.124
2	3.732	1.866	1	0.732	16	29.856	14.928	8	5.856
3	5.598	2.799	1.5	1.098	18	33.588	16.794	9	6.588
4	7.464	3.732	2	1.464	20	37.320	18.660	10	7.320
5	9.330	4.665	2.5	1.830	22	41.052	20.526	11	8.052
6	11.196	5.598	3	2.196	24	44.784	22.392	12	8.784
7	13.062	6.531	3.5	2.562	28	52.248	26.124	14	10.248
8	14.928	7.464	4	2.928	32	59.712	29.856	16	11.712
9	16.794	8.397	4.5	3.294	36	67.176	33.588	18	13.176
10	18.660	9.330	5	3.660	40	74.640	37.320	20	14.640
12	22.392	11.196	6	4.392	44	82.104	41.052	22	16.104

③ 设计牙型及尺寸。梯形螺纹的设计牙型如图 6-17 所示，设计牙型尺寸列于表 6-30。

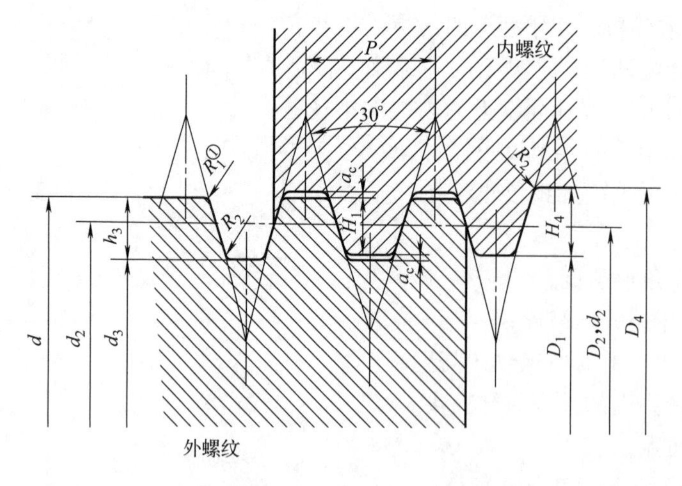

图 6-17 梯形螺纹的设计牙型

① 在外螺纹大径上，推荐采用等于或小于 $0.5a_c$ 的倒圆或倒角。对螺距为 2～12mm 的滚压螺纹，在大径上推荐采用等于或小于 $0.6a_c$ 的倒圆或倒角。

表 6-30　梯形螺纹的设计牙型尺寸（GB/T 5796.1—2005）　mm

螺距 P	a_c	$H_4=h_3$	R_{1max}	R_{2max}	螺距 P	a_c	$H_4=h_3$	R_{1max}	R_{2max}
1.5	0.15	0.9	0.075	0.15	14	1	8	0.5	1
2	0.25	1.25	0.125	0.25	16	1	9	0.5	1
3	0.25	1.75	0.125	0.25	18	1	10	0.5	1
4	0.25	2.25	0.125	0.25	20	1	11	0.5	1
5	0.25	2.75	0.125	0.25	22	1	12	0.5	1
6	0.5	3.5	0.25	0.5	24	1	13	0.5	1
7	0.5	4	0.25	0.5	28	1	15	0.5	1
8	0.5	4.5	0.25	0.5	32	1	17	0.5	1
9	0.5	5	0.25	0.5	36	1	19	0.5	1
10	0.5	5.5	0.25	0.5	40	1	21	0.5	1
12	0.5	6.5	0.25	0.5	44	1	23	0.5	1

注：$H_4=h_3=H_1+a_c=0.5P+a_c$，$R_{1max}=0.5a_c$，$R_{2max}=a_c$。

6.4.2 梯形螺纹的尺寸公差

(1) 梯形螺纹的基本尺寸

① 梯形螺纹的直径与螺距系列。国家标准 GB/T 5796.2—2005《梯形螺纹　第 2 部分：直径与螺距系列》规定了公称直径 8～300mm 直径与螺距的组合系列。标准规定：

a. 应选择国标所列梯形螺纹的直径与螺距系列表中与直径处于同一行的螺距；

b. 优先选用第一系列直径，其次选用第二系列直径；

c. 在新产品设计中，不宜选第三系列直径；

d. 优先选用粗黑框内的螺距；

e. 如果需要使用表中规定以外的螺距，则选用表中邻近直径所对应的螺距。

② 梯形螺纹的基本尺寸。

a. 基本尺寸。国家标准 GB/T 5796.3—2005《梯形螺纹　第 3 部分：基本尺寸》规定，各直径在设计牙型上所处的位置见图 6-16，其基本尺寸应符合国标的规定。梯形螺纹的基本尺寸（GB/T 5796.3—2005）可查阅相关手册。它们之间的关系式为

$$\left.\begin{aligned} D_1&=d-2H_1=d-P \\ D_4&=d+2a_c \\ d_3&=d-2h_3=d-P-2a_c \\ d_2&=D_2=d-H_1=d-0.5P \end{aligned}\right\} \tag{6-14}$$

b. 旋合长度。梯形螺纹的旋合长度分为中等旋合长度组和长旋合长度组，分别用“N”和“L”表示。

(2) 梯形螺纹的公差

GB/T 5796.4—2005《梯形螺纹　第 4 部分：公差》规定了梯形螺纹的公差带位置、基本偏差、公差等级、公差值、公差带及其选用以及螺纹标记等。

① 公差带位置与基本偏差。

a. 内螺纹大径 D_4、中径 D_2、小径 D_1 的公差带位置为 H，其基本偏差 EI 为零，见图 6-18。

b. 外螺纹中径 d_2 的公差带位置为 e 和 c，其基本偏差 es 为负值；外螺纹大径 d、小径 d_3 的公差带位置为 h。其基本偏差 es 为零，见图 6-19。

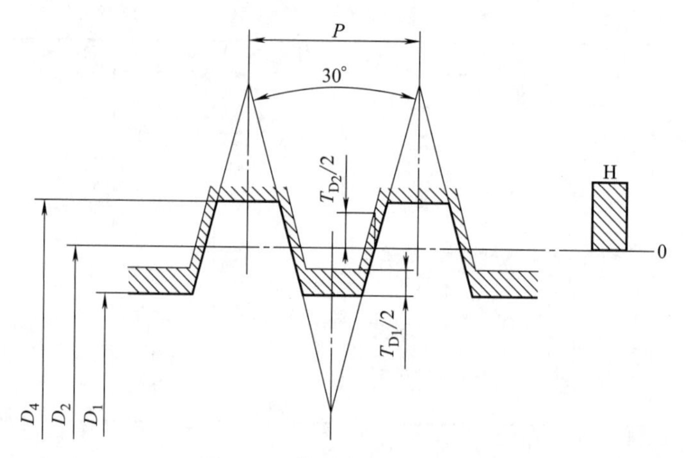

图 6-18 梯形内螺纹公差带

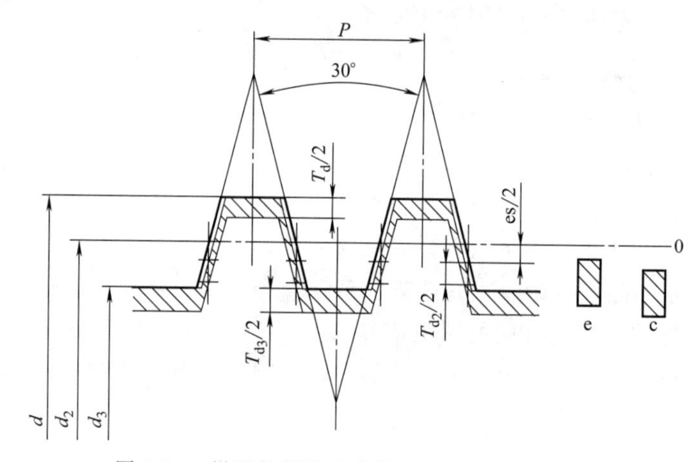

图 6-19 梯形外螺纹公差带

c. 外螺纹大径 d 和小径 d_3 的公差带基本偏差 es 为零，与中径 d_2 公差带位置无关。

d. 梯形螺纹中径基本偏差列于表 6-31。

表 6-31 梯形螺纹中径的基本偏差（GB/T 5796.4—2005） μm

螺距 P/mm	内螺纹	外螺纹		螺距 P/mm	内螺纹	外螺纹	
	D_2	d_2			D_2	d_2	
	H EI	c es	e es		H EI	c es	e es
1.5	0	−140	−67	16	0	−375	−190
2	0	−150	−71	18	0	−400	−200
3	0	−170	−85	20	0	−425	−212
4	0	−190	−95	22	0	−450	−224
5	0	−212	−106	24	0	−475	−236
6	0	−236	−118	28	0	−500	−250
7	0	−250	−125	32	0	−530	−265
8	0	−265	−132	36	0	−560	−280
9	0	−280	−140	40	0	−600	−300
10	0	−300	−150	44	0	−630	−315
12	0	−335	−160				
14	0	−355	−180				

② 公差等级与公差值。梯形螺纹各直径的公差等级列于表 6-32。

表 6-32 梯形螺纹各直径的公差等级（GB/T 5796.4—2005）

直径	公差等级	直径	公差等级
内螺纹小径 D_1	4	外螺纹中径 d_2	7、8、9
外螺纹大径 d	4	外螺纹小径 d_3	7、8、9
内螺纹中径 D_2	7、8、9		

③ 多线梯形螺纹的公差。国家标准规定，多线梯形螺纹的顶径公差和底径公差与具有相同螺距的单线梯形螺纹的顶径和底径公差相等。多线梯形螺纹的中径公差等于具有相同螺距的单线梯形螺纹的中径公差乘以修正系数。各种不同线数所对应的修正系数列于表 6-33。

表 6-33 多线梯形螺纹中径公差修正系数（GB/T 5796.4—2005）

线数	2	3	4	≥5
修正系数	1.12	1.25	1.4	1.6

④ 梯形螺纹公差带及其选用。由于新标准对梯形内螺纹小径 D_1 和梯形外螺纹大径 d 只规定了一种公差带（分别为 4H 和 4h），同时还规定了梯形外螺纹小径 d_3 的公差位置只能为 h，且公差等级与中径公差等级相同，因此梯形螺纹公差带仅选择和标记中径公差带，用其代表梯形螺纹公差带。内、外螺纹中径推荐公差带列于表 6-34。应优先按表 6-34 的规定选取螺纹公差带。

表 6-34 内外螺纹中径推荐公差带（GB/T 5796.4—2005）

公差精度	内螺纹中径公差带		外螺纹中径公差带	
	N	L	N	L
中等	7H	8H	7e	8e
粗糙	8H	9H	8c	9c

标准对梯形螺纹规定了两个公差精度等级：中等精度和粗糙精度。中等精度用于一般用途螺纹，粗糙精度用于制造螺纹有困难的场合。

如果不能确定螺纹旋合长度的实际值，推荐按中等旋合长度选取螺纹公差带。

6.4.3 梯形螺纹的标记

(1) 梯形螺纹标记的构成

梯形螺纹的标记按以下规则构成。

① 完整的梯形螺纹的标记应由螺纹特征代号、尺寸代号、公差带代号和旋合长度组成，尺寸代号与公差带代号间用“-”分开。

② 符合 GB/T 5796.1—2005 标准的梯形螺纹的标记，应由螺纹特征代号“Tr”，公称直径和导程的毫米值、螺距代号“P”和螺距毫米值组成。

③ 梯形螺纹的公差带代号只标注中径公差带代号，公差带代号由公差等级数字和公差带位置字母（内螺纹用大写字母，外螺纹用小写字母）组成。对于螺纹副，内螺纹公差带代号在前，外螺纹公差带代号在后，中间用斜线分开。

④ 单线螺纹用“公称直径×螺距”的毫米值表示，多线螺纹用“公称直径×导程（P

螺距)”的毫米值表示。

⑤ 当螺纹为左旋时，需要在尺寸规格后加注“LH”，右旋螺纹不标注旋向代号。

⑥ 对长旋合长度组的螺纹，应在公差带代号后标注代号 L，旋合长度代号 L 与公差带代号用“-”分开。中等旋合长度组的螺纹不标注旋合长度代号 N。

(2) 梯形螺纹标记示例

内螺纹：Tr40×7-7H

外螺纹：Tr40×7-7e

旋合长度为 L 组的左旋外螺纹：Tr40×7LH-8e-L

螺纹副：Tr40×7-7H/7e

公称直径为 40mm、螺距为 7mm 的单线右旋梯形螺纹，标记为：Tr40×7

公称直径为 40mm、导程为 14mm、螺距为 7mm 的多线左旋梯形螺纹，标记为：Tr40×14（P7）LH

6.4.4 梯形螺纹的极限尺寸

GB/T 12359—2008《梯形螺纹 极限尺寸》规定了梯形螺纹的内、外螺纹的公差带及其各直径位置，内、外螺纹的极限尺寸。该标准适用于公称直径 8～300mm，公差带为 7H、8H、9H（内螺纹）和 7e、8e、8c、9c（外螺纹）的常用梯形螺纹。

(1) 梯形螺纹内螺纹的极限尺寸

内螺纹的公差带及其各直径位置见图 6-20。

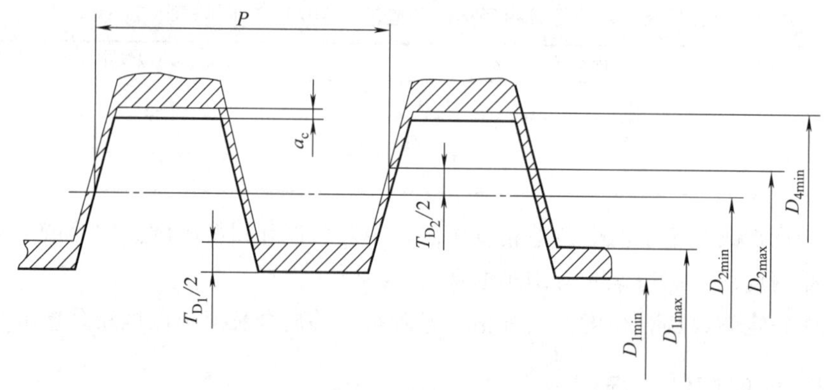

图 6-20 内螺纹公差带及其各直径位置

D_{4min}—内螺纹大径的最小值；D_{2max}—内螺纹中径的最大值；D_{2min}—内螺纹中径的最小值；D_{1max}—内螺纹小径的最大值；D_{1min}—内螺纹小径的最小值；P—螺距；T_{D_2}—内螺纹中径公差；T_{D_1}—内螺纹小径公差；a_c—牙顶间隙

内螺纹的极限尺寸计算式如下：

$$\left.\begin{aligned} D_{4min} &= D + 2a_c \\ D_{2min} &= D - 0.5P \\ D_{2max} &= D_{2min} + T_{D_2} \\ D_{1min} &= D - P \\ D_{1max} &= D_{1min} + T_{D_1} \end{aligned}\right\} \tag{6-15}$$

(2) 梯形螺纹外螺纹的极限尺寸

外螺纹的公差带及其各直径位置见图6-21。

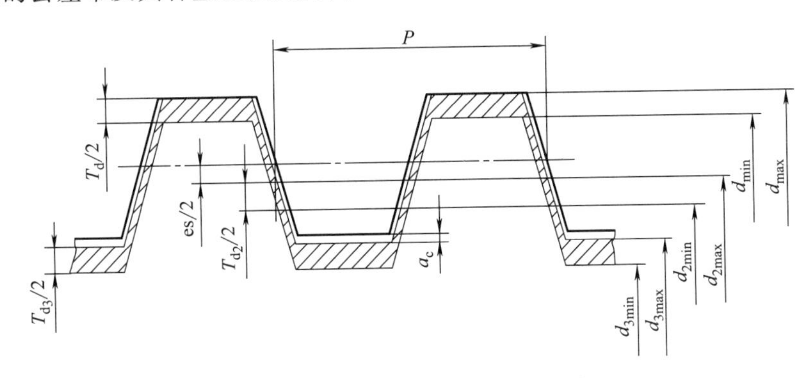

图6-21　外螺纹公差带及其各直径位置

d_{max}—外螺纹大径的最大值；d_{min}—外螺纹大径的最小值；d_{2max}—外螺纹中径的最大值；d_{2min}—外螺纹中径的最小值；d_{3max}—外螺纹小径的最大值；d_{3min}—外螺纹小径的最小值；T_d—外螺纹大径公差；T_{d_2}—外螺纹中径公差；T_{d_3}—外螺纹小径公差；a_c—牙顶间隙；es—外螺纹中径基本偏差；P—螺距

外螺纹的极限尺寸计算式如下：

$$\left.\begin{aligned}
d_{max} &= d \\
d_{min} &= d_{max} - T_d \\
d_{2max} &= d - 0.5P + es \\
d_{2min} &= d_{2max} - T_{d2} \\
d_{3max} &= d - P - 2a_c \\
d_{3min} &= d_{3max} - T_{d3}
\end{aligned}\right\} \tag{6-16}$$

6.4.5 机床梯形丝杠与螺母

(1) 概述

在机床制造业中，梯形螺纹丝杠和螺母是用于机床定位和传动的必不可少的组件，其精度对机床质量至关重要，所以一般的梯形螺纹的标准就不能满足精度要求。这种机床用的梯形螺纹丝杠和螺母，与一般梯形螺纹的大、中、小径的基本尺寸相同，有关精度要求在机械行业标准JB 2886—2008《机床梯形丝杠、螺母　技术条件》中给出了详细规定。

梯形丝杠与螺母的牙型角符合GB/T 5796.1，螺距与直径符合GB/T 5796.2的单线梯形丝杠、螺母。其他非标准牙型角的梯形丝杠、螺母亦可参照执行。

(2) 丝杠及螺母螺纹的精度

① 术语与定义。

a. 螺旋线轴向误差。

定义：螺旋线轴向误差是实际螺旋线相对于理论螺旋线在轴向偏离的最大代数差值。

检测方法：在丝杠螺纹的任意2πrad、任意25mm、100mm、300mm螺纹长度内及螺纹有效长度内考核。分别用$\Delta L_{2\pi}$、ΔL_{25}、ΔL_{100}、ΔL_{300}、ΔL_{Lu}表示（图6-22），在螺纹中径线上测量。

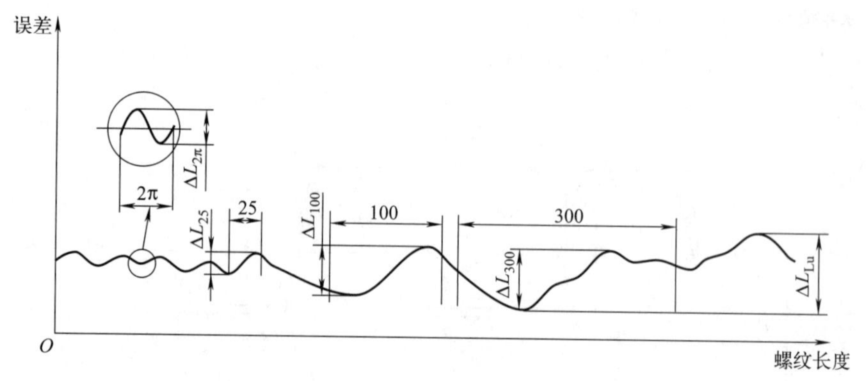

图 6-22 螺旋线轴向误差曲线示例

b. 螺旋线轴向公差。

定义：螺旋线轴向实际测量值相对于理论值允许的变动量。包括任意 2πrad 内螺旋线轴向公差（以 $\delta L_{2\pi}$ 表示）；任意 25mm、100mm、300mm 螺纹长度内的螺旋线轴向公差和螺纹有效长度内的螺旋线轴向公差，分别以 δ_{L25}、δ_{L100}、δ_{L300}、δ_{Lu} 表示。

c. 螺距误差。

定义：螺距的实际尺寸相对于公称尺寸的最大代数差值，以 ΔP 表示（图 6-23）。

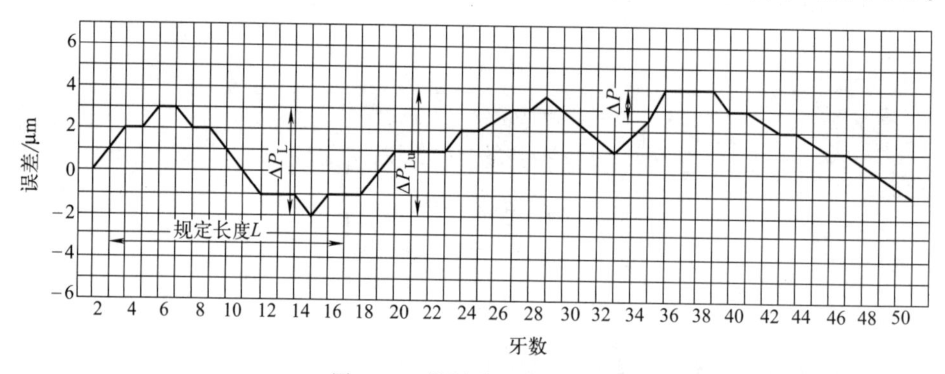

图 6-23 螺距误差曲线示例

d. 螺距累积误差。

定义：在规定的螺纹长度内，螺纹牙型任意两同侧表面间的轴向实际尺寸相对于公称尺寸的最大代数差值。

检测方法：在丝杠螺纹的任意 60mm、300mm 螺纹长度内及螺纹有效长度内考核，分别用 ΔP_L、ΔP_{Lu} 表示，见图 6-23，图中 ΔP_L 指 ΔP_{60}、ΔP_{300}，在螺纹中径线上测量。

e. 螺距公差。

定义：螺距的实际尺寸相对于公称尺寸允许的变动量，以 δ_P 表示。

f. 螺距累积公差。

定义：在规定的螺纹长度内，螺纹牙型任意两同侧表面间的轴向实际尺寸相对于公称尺寸允许的变动量。包括任意 60mm、300mm 螺纹长度内的螺距累积公差及螺纹有效长度内的螺距累积公差，分别用 δ_{P60}、δ_{P300}、δ_{PLu} 表示。

g. 螺纹有效长度 L_u 及余程 L_e。

定义：螺纹有效长度是指有精度要求的丝杠螺纹的长度，以 L_u 表示；余程是指在丝杠螺纹的两端没有精度要求的丝杠螺纹的长度，以 L_e 表示。由此可知，丝杠螺纹长度（以 L 表示）包括有效长度和余程两部分，其计算公式如下（图 6-24）：

$$L_u=L-L_e \tag{6-17}$$

式中　L_u——丝杠螺纹有效长度，mm；

L——丝杠螺纹长度，mm；

L_e——余程，mm。

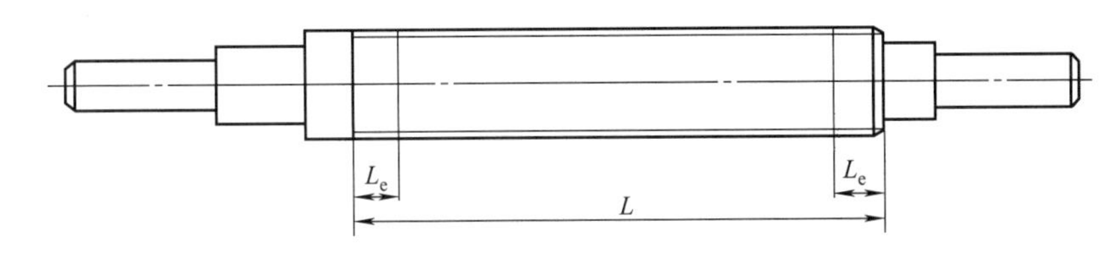

图 6-24　丝杠螺纹有效长度和余程

余程 L_e 与螺距 P 的关系见表 6-35。

表 6-35　丝杠螺纹的余程与螺距的关系

螺距 P/mm	2	3	4	5	6	8	10	12	16	20
余程 L_e/mm	10	12	16	20	24	32	40	45	50	60

② 丝杠及螺母螺纹的精度。机床丝杠及螺母根据用途及使用要求分为 7 个等级，即 3、4、5、6、7、8、9 级，3 级精度最高，依次逐渐降低。各级精度主要应用的情况如下。

3 级、4 级主要用于超高精度的坐标镗床和坐标磨床的传动定位丝杠和螺母。

5 级、6 级用于高精度坐标镗床、高精度丝杠车床、螺纹磨床、齿轮磨床的传动丝杠，不带校正装置的分度机构和计量仪器上的测微丝杠。

7 级用于精密螺纹车床、齿轮机床、镗床、外圆磨床和平面磨床的精确传动丝杠和螺母。

8 级用于一般的传动，如普通车床、普通铣床、螺纹铣床用的丝杠。

9 级用于低精度的地方，如普通机床进给机构用的丝杠。

为保证螺母的精度，对螺母规定了大径、中径和小径的极限偏差，并用中径公差综合控制螺距偏差和牙型半角偏差。螺母螺纹大径和小径的公差带位置为 H，其基本偏差 EI 为零。高精度的螺母通常按先加工好的丝杠来配作，配作螺母螺纹中径的极限尺寸以丝杠螺纹中径的实际尺寸为基数，按 JB/T 2886 规定的螺母与丝杠配作的中径径向间隙来确定。

机床丝杠及螺母所规定的公差（或极限偏差）项目，除螺距公差、牙型半角极限偏差、大径和中径以及小径公差外，还增加了丝杠螺旋线公差（只用于 4 级、5 级和 6 级的高精度丝杠）、丝杠全长上中径尺寸变动量公差和丝杠中径跳动公差。

③ 丝杠及螺母螺纹的精度要求与精度检测。

在使用本标准时应参照 GB/T 17421.1 中相应的检验方法和检验工具的推荐精度。8 级精度以上的丝杠所配螺母的精度，允许比丝杠低一个精度等级。

a. 丝杠螺纹的螺旋线轴向公差见表 6-36。3 级、4 级、5 级、6 级精度的丝杠检测螺旋线轴向误差。螺旋线轴向误差应用动态测量方法检测。

表 6-36 丝杠螺纹的螺旋线轴向公差（JB/T 2886—2008） μm

精度等级	$\delta_{L2\pi}$	δ_{L25}	δ_{L100}	δ_{L300}	在下列螺纹有效长度内的 δ_{Lu}				
					≤1000mm	>1000～2000mm	>2000～3000mm	>3000～4000mm	>4000～5000mm
3	0.9	1.2	1.8	2.5	4	—	—	—	—
4	1.5	2	3	4	6	8	12	—	—
5	2.5	3.5	4.5	6.5	10	14	19	—	—
6	4	7	8	11	16	21	27	33	39

b. 丝杠螺纹的螺距公差和螺距累积公差见表 6-37。7 级、8 级、9 级精度的丝杠检测螺距误差和螺距累积误差。螺距误差的检测方法不予规定。

表 6-37 丝杠螺纹的螺距公差和螺距累积公差（JB/T 2886—2008） μm

精度等级	δ_P	δ_{P60}	δ_{P300}	在下列螺纹有效长度内的 δ_{PLu}					
				≤1000mm	>1000～2000mm	>2000～3000mm	>3000～4000mm	>4000～5000mm	>5000mm，长度每增加 1000mm，δ_{PLu} 增加
7	6	10	18	28	36	44	52	60	8
8	12	20	35	55	65	75	85	95	10
9	25	40	70	110	130	150	170	190	20

c. 丝杠螺纹有效长度上中径尺寸的一致性公差见表 6-38。其检测方法是用公法线千分尺和量针在丝杠螺纹有效长度内的同一轴向截面内测量。

表 6-38 丝杠螺纹有效长度上中径尺寸的一致性公差（JB/T 2886—2008） μm

精度等级	螺纹有效长度					
	≤1000mm	>1000～2000mm	>2000～3000mm	>3000～4000mm	>4000～5000mm	>5000mm，长度每增加 1000mm，一致性公差应增加
3	5	—	—	—	—	—
4	6	11	17	—	—	—
5	8	15	22	30	38	—
6	10	20	30	40	50	5
7	12	26	40	53	65	10
8	16	36	53	70	90	20
9	21	48	70	90	116	30

d. 丝杠螺纹的大径对螺纹轴线的径向圆跳动公差见表 6-39。径向圆跳动用千分表和顶尖进行检测（图 6-25）。

表 6-39 径向圆跳动公差（JB/T 2886—2008） μm

长径比	精度等级						
	3	4	5	6	7	8	9
≤10	2	3	5	8	16	32	63
>10～15	2.5	4	6	10	20	40	80
>15～20	3	5	8	12	25	50	100
>20～25	4	6	10	16	40	63	125
>25～30	5	8	12	20	50	80	160
>30～35	6	10	16	25	60	100	200
>35～40	—	12	20	32	80	125	250

续表

长径比	精度等级						
	3	4	5	6	7	8	9
>40～45	—	16	25	40	100	160	315
>45～50	—	20	32	50	120	200	400
>50～60	—	—	—	63	150	250	500
>60～70	—	—	—	80	180	315	630
>70～80	—	—	—	100	220	400	800
>80～90	—	—	—	—	280	500	—

注：长径比是指丝杠全长与螺纹公称直径之比。

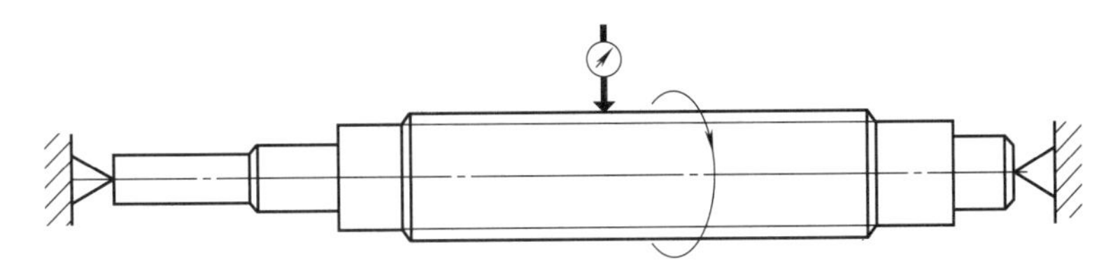

图 6-25　丝杠螺纹的大径对螺纹轴线的径向圆跳动检测示意图

e. 丝杠螺纹牙型半角的极限偏差见表 6-40。

表 6-40　丝杠螺纹牙型半角的极限偏差（JB/T 2886—2008）　μm

螺距 P /mm	精度等级						
	3	4	5	6	7	8	9
	牙型半角极限偏差/(′)						
2～5	±8	±10	±12	±15	±20	±30	±30
6～10	±6	±8	±10	±12	±18	±25	±28
12～20	±5	±6	±8	±10	±15	±20	±25

f. 6 级以上配制螺母的丝杠中径公差，按规定的公差带宽相对于公称尺寸的零线两侧对称分布。

g. 配作螺母螺纹中径的极限偏差，需要根据螺母与丝杠配作的径向间隙进行控制。螺母与丝杠配作的径向间隙见表 6-41。

表 6-41　螺母与丝杠配作的径向间隙（JB/T 2886—2008）

精度等级	螺纹有效长度/mm					
	≤1000	>1000～2000	>2000～3000	>3000～4000	>4000～5000	>5000，长度每增加1000，径向间隙应增加
	螺母与丝杠配作的径向间隙/μm					
3	15～30	—	—	—	—	—
4	20～40	20～50	30～60	—	—	—
5	30～60	30～70	30～80	40～100	—	—
6	60～100	60～100	70～120	70～140	80～150	—
7	100～150	100～160	100～180	120～200	120～220	10
8	120～180	120～200	120～210	140～230	160～250	20
9	160～240	160～240	160～260	180～280	200～300	30

注：本表不适用有消除间隙结构或整体螺母的丝杠、螺母副。

h. 非配作螺母螺纹中径的极限偏差见表 6-42。

表 6-42 非配作螺母螺纹中径的极限偏差（JB/T 2886—2008） μm

螺距 P/mm	精度等级			
	6	7	8	9
2～5	+55 0	+65 0	+85 0	+100 0
6～10	+65 0	+75 0	+100 0	+120 0
12～20	+75 0	+85 0	+120 0	+150 0

i. 丝杠和螺母的螺纹表面粗糙度 Ra 值见表 6-43。丝杠和螺母的牙型侧面不应有明显的波纹。

表 6-43 丝杠和螺母的螺纹表面粗糙度 Ra 值 μm

精度等级	螺纹大径		牙型侧面		螺纹小径	
	丝杠	螺母	丝杠	螺母	丝杠	螺母
3	0.2	3.2	0.2	0.4	0.8	0.8
4	0.4	3.2	0.4	0.8	0.8	0.8
5	0.4	3.2	0.4	0.8	0.8	0.8
6	0.4	3.2	0.4	0.8	1.6	0.8
7	0.8	6.3	0.8	1.6	3.2	1.6
8	0.8	6.3	1.6	1.6	6.3	1.6
9	1.6	6.3	1.6	1.6	6.3	1.6

(3) 机床丝杠和螺母产品及其标识

① 产品的标识。符合本标准的机床丝杠和螺母的标识是由产品代号（用字母“T”表示）、公称直径（单位为 mm）、螺距（单位为 mm）、螺纹旋向（右旋不标，左旋标“LH”）及螺纹精度等级组成。

具体形式如下：

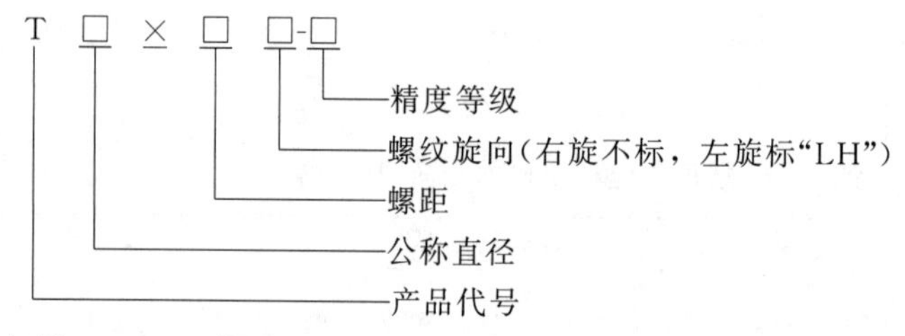

示例 1：公称直径 55mm，螺距 12mm，精度 6 级的右旋螺纹，其标注为：

T55×12-6

示例 2：公称直径 55mm，螺距 12mm，精度 6 级的左旋螺纹，其标注为：

T55×12LH-6

② 外观质量。对于机床梯形丝杠和螺母的外观质量作如下规定。

a. 机床梯形丝杠的各表面不应有毛刺、锈蚀、磕碰、划伤等缺陷，所有安装螺孔，不应有锈蚀和堵塞物。

b. 除设计要求外，丝杠两端中心孔必须保留，不得破坏和去除。

c. 在丝杠和螺母的非工作表面上，应刻印永久性清晰标志，该标志内容包括商标、产品型号和出厂序号。

③ 产品的防护。机床丝杠和螺母产品加工成合格成品后，还要经过储藏、运输一系列过程，往往经过很长的周期才可安装使用。为此，必须对产品采取防护措施，特作如下规定。

a. 防锈。机床梯形丝杠和螺母的防锈应符合 GB/T 4879 的规定；经过防锈处理的产品，其防锈期不应少于两年。

b. 包装与运输。

• 经过防锈处理的产品，必须进行内包装。内包装后的产品用支承块固定在包装箱内，每套机床梯形丝杠、螺母副定位的支承块数量每米不少于两个。在运输中不允许丝杠有窜动、移动或弯曲变形。

• 机床梯形丝杠、螺母产品的外包装箱，要求防潮、防振、安全牢固、方便运输，并符合 JB/T 8356.1 的规定。

• 包装箱内有用塑料袋装的合格证书和装箱单；包装箱的外部图示标志应符合 GB/T 191 的规定，包装箱的外部质量和尺寸应符合运输部门的有关规定。

• 出口的机床梯形丝杠、螺母产品的包装箱，应符合 JB/T 8356.2 的规定。

6.4.6 滚珠丝杠副

(1) 概述

① 滚珠丝杠副定义及其国家标准。

滚珠丝杠副是一种新型螺旋传动机构，主要用来将旋转运动变换为直线运动或将直线运动变为旋转运动，在机器人中常用作主动移动副。滚珠丝杠副如图 6-26 所示，由于放入滚珠，当丝杠转动时，带动滚珠沿螺纹滚道滚动。为防止滚珠从滚道端面掉出，螺母的螺旋槽两端设有滚珠回程引导装置，构成滚珠的循环返回通道，从而形成滚珠流动的闭合通道。故当丝杠相对螺母转动时，滚珠则在螺旋滚道内既自转又循环转动，迫使丝杠螺母之间产生轴向相对运动，于是将丝杠的旋转运动变为螺母的直线运动或将螺母的旋转运动变为丝杠的直线运动。

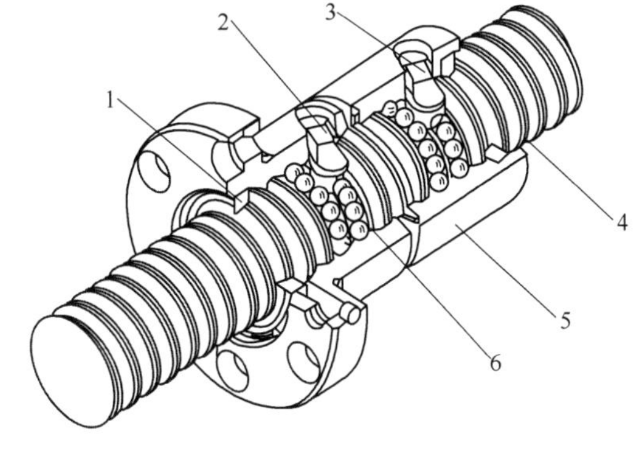

图 6-26　滚珠丝杠副

1—密封环；2，3—回珠器；4—丝杠；5—螺母；6—滚珠

滚珠丝杠副应符合国家标准 GB/T 17587《滚珠丝杠副》。

② 滚珠丝杠副的构成及其类型。滚珠丝杠副如图 6-26 所示，组成如下。

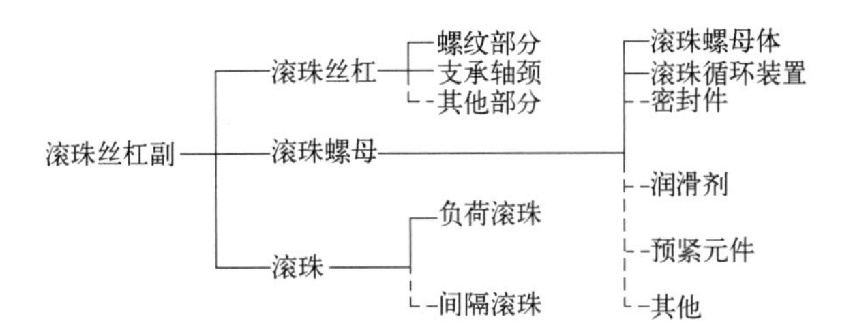

a. 滚珠丝杠副的类型及相关要求。

根据用途的不同，滚珠丝杠副可以设计成有间隙和无间隙（预紧）两种形式，为了满足

各种需要，滚珠丝杠副采用 7 个标准公差等级，即 1、2、3、4、5、7 和 10，一般情况下，标准公差等级 1～5 的滚珠丝杠副采用预紧型式，7 和 10 采用非预紧型式。

根据用途的不同，滚珠丝杠副分为定位滚珠丝杠副（P 型）和传动滚珠丝杠副（T 型）两种类型。

P 型用于精确定位，并可根据旋转角度和导程间接测量轴向行程的滚珠丝杠副，是无间隙的（又称预紧）滚珠丝杠副。

T 型用于传递动力的滚珠丝杠副。其轴向行程的测量由与其旋转角度和导程无关的测量装置来完成。通常采用标准公差等级 7 和 10。在特殊应用中，如要求转矩变化小、旋转平稳时，也可以采用标准公差等级 1～5。

b. 滚珠丝杠副构件。

• 滚珠丝杠：在其上加工有一条或多条螺纹滚道的圆柱轴。

单线滚珠丝杠副：导程和螺距相等的滚珠丝杠副。

多线滚珠丝杠副：一个导程包含多个螺距的滚珠丝杠副。

• 滚珠螺母：由滚珠螺母体、循环螺母（也有不带者）、密封件和滚珠循环装置所组成的组件。

滚珠螺母体：去掉滚珠、循环装置及螺母附件的滚珠螺母的本体。

循环螺母：具有一条或多条连续的供滚珠循环的封闭通道组成的滚珠螺母。

滚珠循环装置：构成一条或多条连续的供滚珠循环的封闭通道的装置。

密封件：附在滚珠螺母体上与滚珠丝杠接触的密封零件，其作用是阻止外物进入滚珠副母体以及使滚珠丝杠副内润滑剂不外泄。

• 滚珠：滚珠丝杠副中的转动体。

负荷滚珠：承受载荷的滚珠。

间隔滚珠：不承受载荷，仅起间隔作用的滚珠，其直径比负荷滚珠小。

(2) 滚珠丝杠副的几何参数

与滚珠丝杠副尺寸有关的几何参数符号见图 6-27。

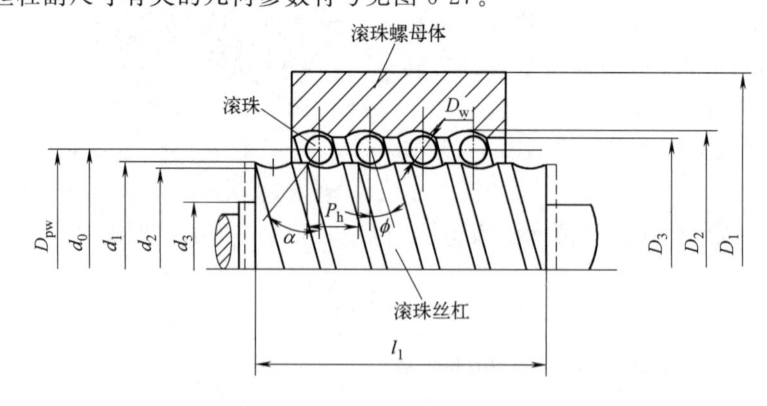

图 6-27 滚珠丝杠副的尺寸

d_0—公称直径；d_1—滚珠丝杠螺纹外径；d_2—滚珠丝杠螺纹底径；d_3—轴颈直径；D_1—滚珠螺母体外径；D_2—滚珠螺母体螺纹底径；D_3—滚珠螺母体螺纹内径；D_{pw}—节圆直径；D_w—滚珠直径；l_1—螺纹全长；α—公差接触角；P_h—导程；ϕ—导程角

① 公称直径 d_0。用于标识的尺寸值（无公差）。

② 节圆直径 D_{PW}。滚珠与滚珠螺母体及滚珠丝杠位于理论接触点时滚珠球心包络的圆柱直径。节圆直径通常都与滚珠丝杠的公称直径相等。

③ 滚道。在滚珠螺母体或滚珠丝杠上设计的供滚珠运动的螺旋槽。滚珠丝杠副是通过滚道内的滚珠在滚珠螺母和滚珠丝杠间传递负荷力。滚道型面见图 6-28。

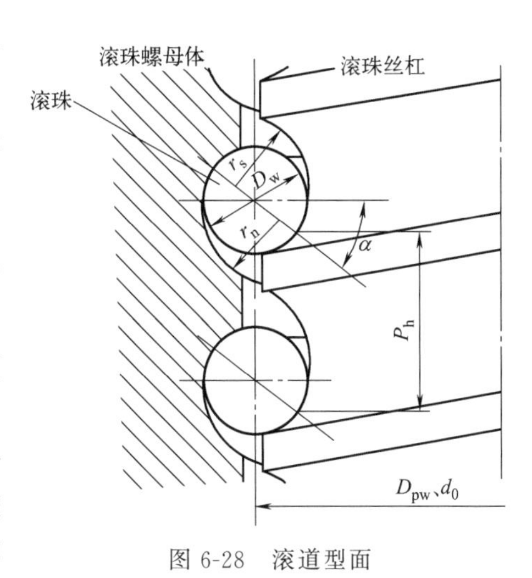

图 6-28　滚道型面

a. 滚道法向截形。在节圆柱面上，导程为公称导程，且通过滚珠中心的螺旋线的法平面与滚道表面的交线。常用的滚道法向截形有两种，即双圆弧形和单圆弧形（图 6-29）。

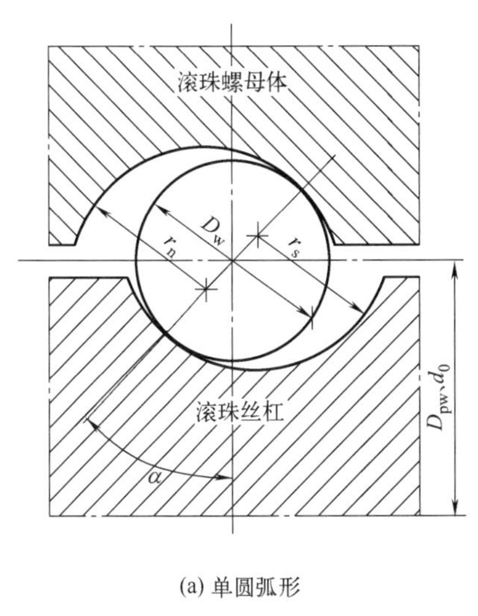

(a) 单圆弧形

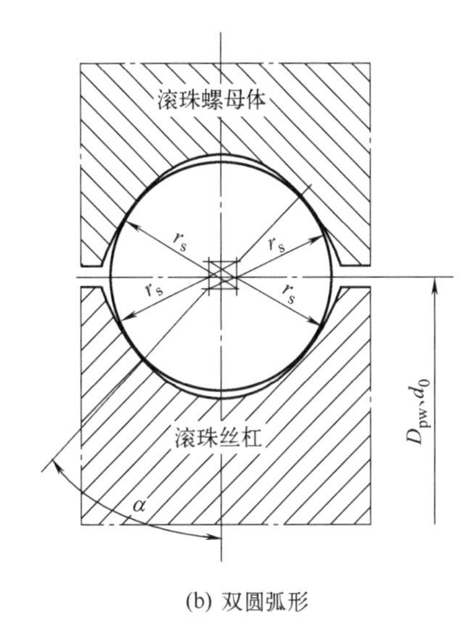

(b) 双圆弧形

图 6-29　滚道法向截形

b. 适应度。滚珠丝杠的滚道半径 r_s 或滚珠螺母体的滚道半径 r_n 与滚珠直径 D_w 的比值（图 6-28），即

$$f_{rs}=\frac{r_s}{D_w} \text{或} f_{rn}=\frac{r_n}{D_w} \tag{6-18}$$

c. 公称接触角 α。滚道与滚珠间所传递的负荷矢量与滚珠丝杠轴线的垂直面之间的夹角（图 6-27）。理想接触角 α 等于 45°。

d. 轴向间隙 s_a。滚珠丝杠与滚珠螺母体之间没有相对转动时，两者之间总的相对轴向位移量。

e. 径向间隙 s_r。滚珠丝杠与滚珠螺母体之间总的相对径向位移量。

④ 行程 l。转动滚珠丝杠或滚珠螺母时的轴向位移量。

a. 导程 P_h。滚珠螺母相对滚珠丝杠旋转 2πrad（一转）时的行程。

b. 公称导程 P_{h0}。通常用作尺寸标识的导程值（无公差）。

c. 目标导程 P_{hs}。根据实际使用需要提出的具有方向目标要求的导程。在一般情况下，目标导程值比公称导程值稍小一点，用以补偿丝杠在工作时由于温度上升和载荷引起的伸长量。

d. 公称行程 l_0。公称导程与旋转圈数的乘积（图 6-30）。

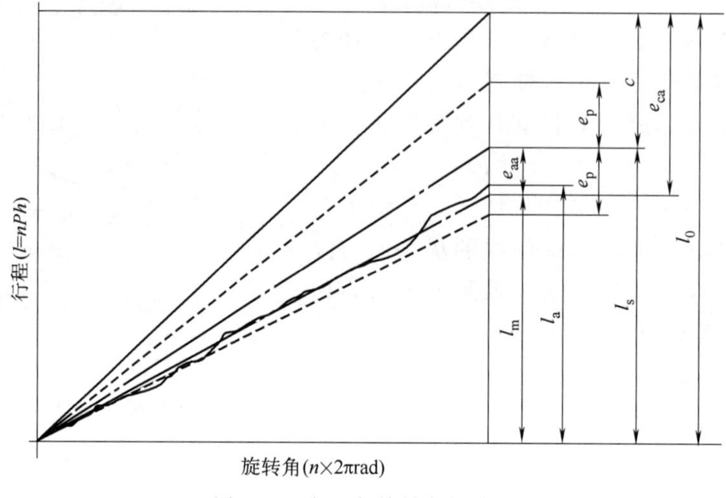

图 6-30　行程与旋转角的关系

e. 目标行程 l_s。目标导程与旋转圈数的乘积。有时目标行程可由公称行程和行程补偿值表示。

f. 实际行程 l_a。在给定旋转圈数的情况下，滚珠螺母与滚珠丝杠两者之间的实际轴向位移量。

g. 实际平均行程 l_m。对实际行程具有最小直线度误差的直线。

h. 有效行程 l_u。有指定精度要求的行程部分，即行程加上滚珠螺母的长度。

i. 余程 l_e。没有指定精度要求的行程部分。

⑤ 行程补偿值 c 和行程偏差 e。

a. 行程补偿值 c。在有效行程内，目标行程与公称行程之差（图 6-30 和图 6-31）。

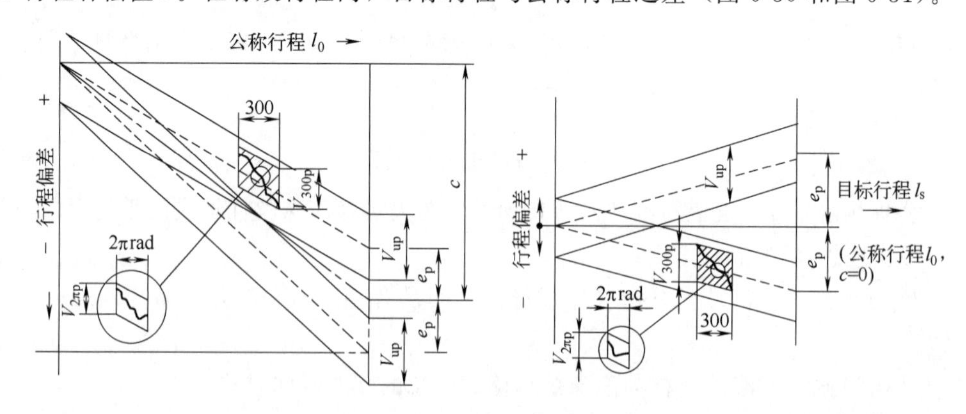

图 6-31　允许行程偏差和行程变动量

b. 目标行程公差 e_p。允许的实际平均行程最大与最小值之差 $2e_p$ 的一半（图 6-30 和图 6-31）。

c. 实际行程偏差 e_{oa} 或 e_{sa}。在有效行程内，实际平均行程 l_m 与公称行程 l_0 之差，或者实际平均行程 l_m 与目标行程 l_s 之差（图 6-30）。

⑥ 行程变动量 V。平行于实际平均行程 l_m 且包容实际行程曲线的带宽值。已经规定的行程变动量有：2πrad 行程与带宽值 $V_{2\pi}$ 相对应；300mm 行程与带宽值 V_{300} 相对应；有效行程与带宽值 V_u 相对应（图 6-31）。例如：300mm 长度内行程允许带宽为 V_{300P}；有效行程内的实际带宽为 V_{ua}。

(3) 滚珠丝杠副的性能指标

① 寿命 L_0。在一套滚珠丝杠副中，丝杠、螺母或滚珠材料出现首次疲劳现象之前，丝杠和螺母之间所能达到的相对转数。

② 额定寿命 L_{10}。一套滚珠丝杠副或一组中 90% 的滚珠丝杠副不发生疲劳现象能达到的规定转数。

③ 轴向额定动载荷 C_a。在额定寿命为 10^6 转的条件下，滚珠丝杠副理论上所能承受的恒定轴向载荷。

④ 轴向额定静载荷 C_{oa}。使滚珠与滚道面间承受最大的接触应力点处产生 0.0001 倍滚珠直径的永久变形时，所施加的静态轴向载荷。

⑤ 等效载荷 F_m。使滚珠丝杠副寿命与变化载荷作用下的寿命相同的平均载荷。

⑥ 预加载荷 F_{Pr}。为了消除间隙和提高刚度，施加于一组滚珠和滚道上的载荷，这可以通过使一组滚珠与滚道相对另一组滚珠与滚道发生相对轴向位移来获得。

⑦ 动态预紧转矩 T_P。有预加载荷的滚珠丝杠副，在无外部载荷作用下，不计密封件的摩擦力矩，使滚珠螺母相对滚珠丝杠转动所需要的转矩。

⑧ 总动态转矩 T_t。有预加载荷的滚珠丝杠副，在无外部载荷作用下，仅有密封件的摩擦力矩作用时，使滚珠螺母相对滚珠丝杠转动所需要的转矩。

⑨ 滚珠丝杠副强度 F_c。作用于滚珠丝杠副的最大轴向压力，但此力不能使其产生永久结构变形。

⑩ 轴向刚度 k。抵抗轴向变形的能力，亦是单位变形量所需的载荷。

⑪ 临界速度 V_{cr}。使滚珠丝杠副产生共振的丝杠或螺母的旋转速度。

⑫ 逆转动。在滚珠丝杠副中，对丝杠（或螺母）当中的一个施加轴向推力，另一个就能旋转。

(4) 滚珠丝杠副的标识符号

滚珠丝杠副的标识如下：

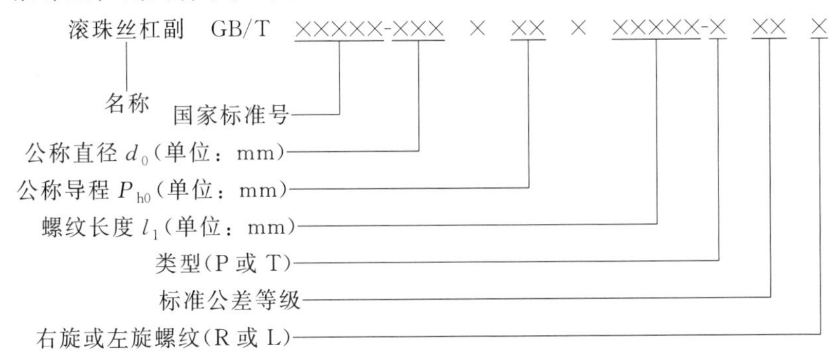

(5) 滚珠丝杠副的公差

① 公称直径和公称导程系列。GB/T 17587.2—1998 规定了滚珠丝杠副的公称直径和公称导程的公制系列，并提出公称直径和公称导程的优先组合与一般组合。该标准适用于机械产品的公称直径在 6～200mm、公称导程在 1～40mm 范围的公称滚珠丝杠副。

a. 公称直径。GB/T 17587.2—1998 使用下列公称直径系列：

6、8、10、12、16、20、25、32、40、50、63、80、100、125、160、200（mm）。

b. 公称导程。GB/T 17587.2—1998 使用下列公称导程系列：

1、2、2.5、3、4、5、6、8、10、12、16、20、25、32、40（mm）。优先系列为 2.5、5、10、20、40（mm）。

c. 公称直径和公称导程的组合。优先组合见表 6-44，一般组合见表 6-45。

表 6-44 优先组合

mm

公称直径	公称导程				
6	2.5				
8	2.5				
10	2.5	5			
12	2.5	5	10		
16	2.5	5	10		
20		5	10	20	
25		5	10	20	
32		5	10	20	
40		5	10	20	40
50		5	10	20	40
63		5	10	20	40
80			10	20	40
100			10	20	40
125			10	20	40
160				20	40
200				20	40

表 6-45 一般组合

mm

公称直径	公称导程														
6	1	2	2.5												
8	1	2	2.5	3											
10	1	2	2.5	3	4	5	6								
12		2	2.5	3	4	5	6	8	10	12					
16		2	2.5	3	4	5	6	8	10	12	16				
20				3	4	5	6	8	10	12	16	20			
25					4	5	6	8	10	12	16	20	25		
32					4	5	6	8	10	12	16	20	25	32	
40						5	6	8	10	12	16	20	25	32	40
50						5	6	8	10	12	16	20	25	32	40
63						5	6	8	10	12	16	20	25	32	40
80							6	8	10	12	16	20	25	32	40
100									10	12	16	20	25	32	40
125									10	12	16	20	25	32	40
160										12	16	20	25	32	40
200										12	16	20	25	32	40

注：表中划横线的公称导程值为优先组合值，当优先组合不够用时，可选用表中没有划横线的公称导程与公称直径构成的一般组合。

② 公差等级。滚珠丝杠副的检验，依照 GB/T 1800.1—2009 分为 8 个标准公差等级，其中，标准公差等级 2 和标准公差等级 4 为不优先采用的标准公差等级。

6.5 管螺纹

6.5.1 概述

(1) 管螺纹及其应用

管螺纹主要用于各种管件的连接。日常生活中的水和煤气管道，机床、汽车、飞机、冶金、石油化工、纺织等行业中的各种管路，都必须采用管螺纹连接。

目前，世界上使用最多的管螺纹有以下三种：第一种是牙型角为 55°的英制管螺纹，源于英国，牙型代号为 W，是目前应用最为广泛的一种管螺纹，有国际标准；第二种是牙型角为 60°的圆锥管螺纹（亦称美制），源于美国，有美国标准而无国际标准，但在世界上影响甚大，被许多国家采用或参照制定本国标准；第三种是米制（亦称公制）锥螺纹，其牙型角为 60°，尺寸系列为整齐的米制，是使用米制普通螺纹的国家提出来的，因为在管件上加工和使用这种制式比较方便，可与普通细牙螺纹搭配，从性能上可代替英制管螺纹，但由于使用时间较短，目前使用不够普遍。

我国根据实际需要，并参照国际有关标准，对管螺纹进行了系统研究，修订和颁布了我国的管螺纹标准。现行管螺纹标准见表 6-46。

表 6-46　管螺纹标准对照

标准名称	现行标准号	旧标准号	等效国际标准编号
55°密封管螺纹　第 1 部分：圆柱内螺纹与圆锥外螺纹	GB/T 7306.1—2000	GB/T 7306—1987	ISO 7-1:1994
55°密封管螺纹　第 2 部分：圆锥内螺纹与圆锥外螺纹	GB/T 7306.2—2000	GB/T 7306—1987	ISO 7-1:1994
55°非密封管螺纹	GB/T 7307—2001	GB/T 7307—1987	ISO 228-1:1994
60°密封管螺纹	GB/T 12716—2011	GB/T 12716—2002	(美)ASME B1.20.1:1983(1992)
米制锥螺纹	GB/T 1415—2008	GB/T 1415—1992	(德)DIN158
普通螺纹　管路系列	GB/T 1414—2003	GB/T 1414—1978	

(2) 管螺纹的相关术语和定义

国家标准规定的有关管螺纹的术语和定义见表 6-47 和图 6-32。

表 6-47　管螺纹术语和定义

序号	术语	定义
1	基准直径	内螺纹或外螺纹的基本大径
2	基准平面（简称平面）	垂直于轴线，具有基准直径的平面 在理论上，内螺纹的基准平面是大端平面；外螺纹的基准平面是到小端的距离等于基准距离的平面
3	基准距离（简称基距）	从基准平面到外螺纹小端的距离
4	完整螺纹	牙顶和牙底均具有完整形状的螺纹 当螺纹的始端倒角长度不超过一个螺距时，它包括在完整螺纹的长度内
5	不完整螺纹	牙底完整而牙顶不完整的螺纹
6	螺尾	牙底不完整的螺纹

续表

序号	术语	定义
7	有效螺纹	由完整螺纹和不完整螺纹组成，不包括螺尾
8	装配余量	在外螺纹基准平面之后的有效螺纹长度，它提供了与最小实体状态下的内螺纹相配合时的余量
9	旋紧余量	内、外螺纹用手旋合后的有效螺纹长度，它提供了最小实体状态下的内螺纹用手旋合后的旋紧量
10	参照平面	内螺纹的大端面或外螺纹的小端面
11	容纳长度	从内螺纹大端面到妨碍外螺纹旋入的第一个障碍物间的轴向距离

注：除序号 10、11 为 GB/T 7306—2000 的术语外，其余术语与定义均符合 GB/T 14791—1993 的规定。

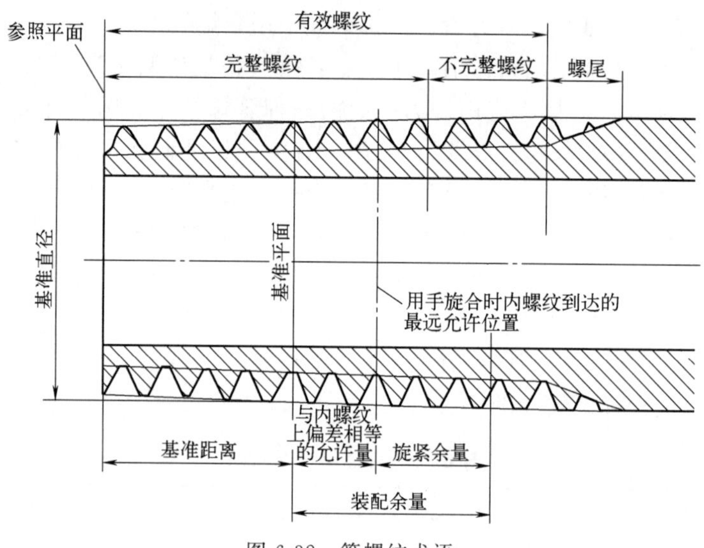

图 6-32　管螺纹术语

6.5.2　55°密封管螺纹

(1) 55°密封管螺纹的国家标准

55°密封管螺纹的国家标准包括 GB/T 7306.1—2000《55°密封管螺纹　第 1 部分：圆柱内螺纹与圆锥外螺纹》和 GB/T 7306.2—2000《55°密封管螺纹　第 2 部分：圆锥内螺纹与圆锥外螺纹》两部分标准。标准规定了牙型角为 55°、螺纹副本身具有密封性的圆柱内螺纹、圆锥外螺纹、圆锥内螺纹的牙型、尺寸、公差和标记，适用于管子、阀门、管接头、旋塞及其他管路附件的螺纹连接，允许在螺纹副内添加合适的密封介质，例如在螺纹表面缠上胶带或涂密封胶等。

(2) 55°密封管螺纹的设计牙型

圆柱内螺纹的设计牙型如图 6-33 所示，其左、右两牙侧的牙侧角相等。

圆锥外螺纹和圆锥内螺纹的设计牙型如图 6-34 所示，其左、右两牙侧的牙侧角相等，螺纹锥度为 1∶16。

(3) 基本尺寸及其公差

① 基本尺寸。55°密封管螺纹的螺纹中径和小径的基本尺寸按下式计算：

$$\left.\begin{aligned} D_2=d_2=d-h=d-0.640327P \\ D_1=d_1=d-2h=d-1.280654P \end{aligned}\right\} \tag{6-19}$$

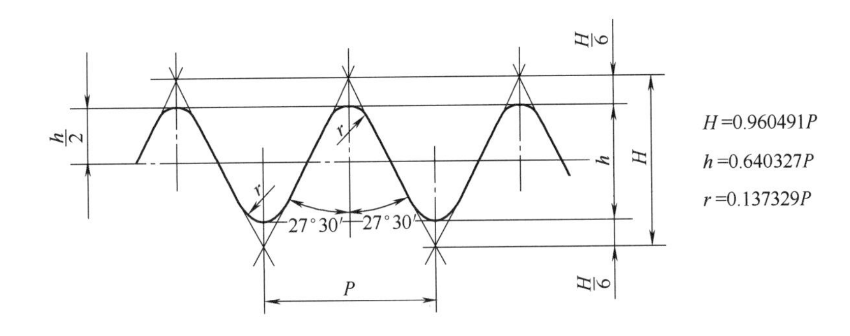

图 6-33 圆柱内螺纹的设计牙型

P—螺距；H—原始三角形高度；h—牙型高度；r—圆弧半径

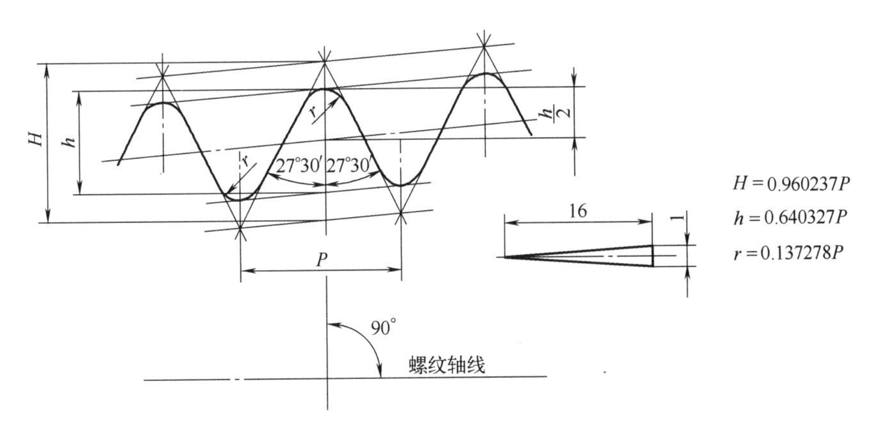

图 6-34 圆锥内、外螺纹的设计牙型

② 配合公差。

a. 圆锥外螺纹和圆柱内螺纹各主要尺寸的分布位置分别如图 6-35 和图 6-36 所示。其基本尺寸应符合表 6-48 的规定。圆锥外螺纹小端面和圆柱内螺纹外端面的倒角轴向长度不得大于 1P。

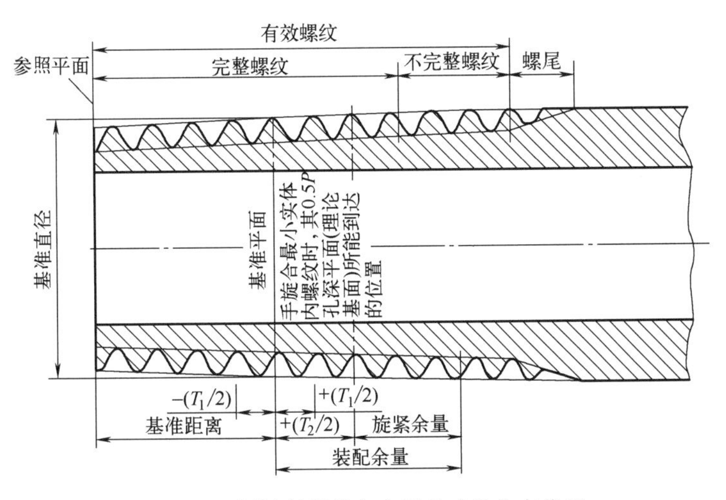

图 6-35 圆锥外螺纹各主要尺寸的分布位置

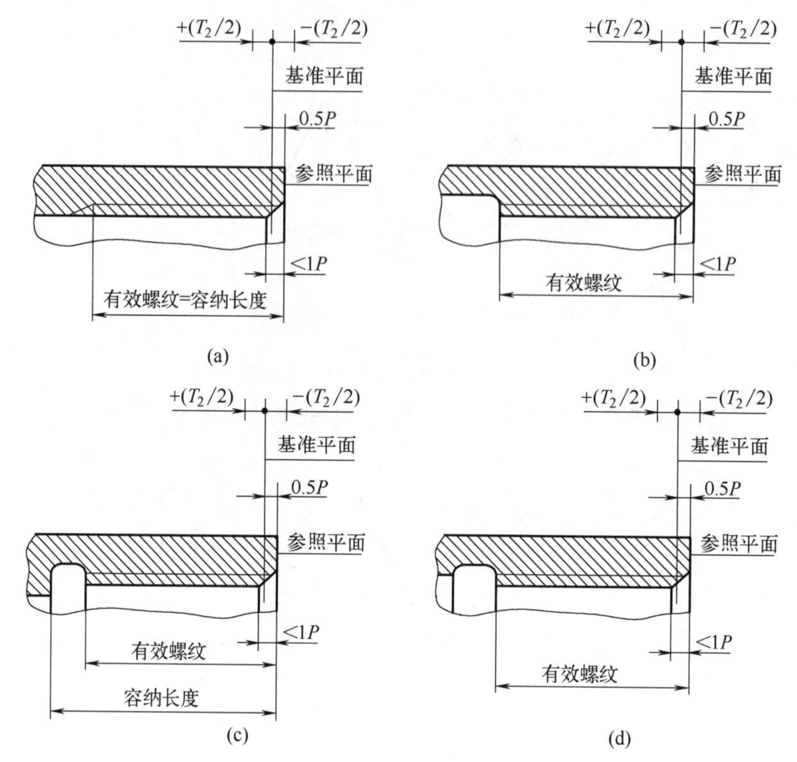

图 6-36 圆柱内螺纹各主要尺寸的分布位置

圆柱内螺纹与圆锥外螺纹配合的公差见表 6-48，此处仅列举一部分，其余请查阅相关手册。

表 6-48 螺纹的基本尺寸及其公差（部分）（GB/T 7306.1—2000）

1	2	3	4	5	6	7	8	9	10	11	12	13	14	15	16	17	18	19
尺寸代号	每25.4mm内所包含的牙数 n	螺距 P	牙高 h	基准平面内的基本直径			基准距离					装配余量		外螺纹的有效螺纹不小于			圆柱内螺纹直径的极限偏差 $\pm T_2/2$	
				大径（基准直径）$d=D$	中径 $d_2=D_2$	小径 $d_1=D_1$	基本	极限偏差 $\pm T_1/2$		最大	最小			基准距离分别为				
														基本	最大	最小	径向	轴向
		mm	mm	mm	mm	mm	mm	mm	圈数	mm	mm	mm	圈数	mm	mm	mm	mm	圈数
1/16	28	0.907	0.581	7.723	7.142	6.561	4	0.9	1	4.9	3.1	2.5	2¾	6.5	7.4	5.6	0.071	1¼
1/8	28	0.907	0.581	9.728	9.147	8.566	4	0.9	1	4.9	3.1	2.5	2¾	6.5	7.4	5.6	0.071	1¼
1/4	19	1.337	0.856	13.157	12.301	11.445	6	1.3	1	7.3	4.7	3.7	2¾	9.7	11	8.4	0.104	1¼
3/8	19	1.337	0.856	16.662	15.806	14.950	6.4	1.3	1	7.7	5.1	3.7	2¾	10.1	11.4	8.8	0.104	1¼
1/2	14	1.814	1.162	20.955	19.793	18.631	8.2	1.8	1	10.0	6.4	5.0	2¾	13.2	15	11.4	0.142	1¼
3/4	14	1.814	1.162	26.441	25.279	24.117	9.5	1.8	1	11.3	7.7	5.0	2¾	14.5	16.3	12.7	0.142	1¼
1	11	2.309	1.479	33.249	31.770	30.291	10.4	2.3	1	12.7	8.1	6.4	2¾	16.8	19.1	14.5	0.180	1¼
1¼	11	2.309	1.479	41.910	40.431	38.952	12.7	2.3	1	15.0	10.4	6.4	2¾	19.1	21.4	16.8	0.180	1¼
1½	11	2.309	1.479	47.803	46.324	44.845	12.7	2.3	1	15.0	10.4	6.4	2¾	19.1	21.4	16.8	0.180	1¼

注：尺寸代号单位为英寸（in），1in=25.4mm。

b. 圆锥外螺纹和圆锥内螺纹各主要尺寸的分布位置分别如图 6-35 和图 6-37 所示。其基本尺寸应符合表 6-49 的规定。圆锥外螺纹小端面和圆锥内螺纹大端面的倒角轴向长度不得大于 $1P$。

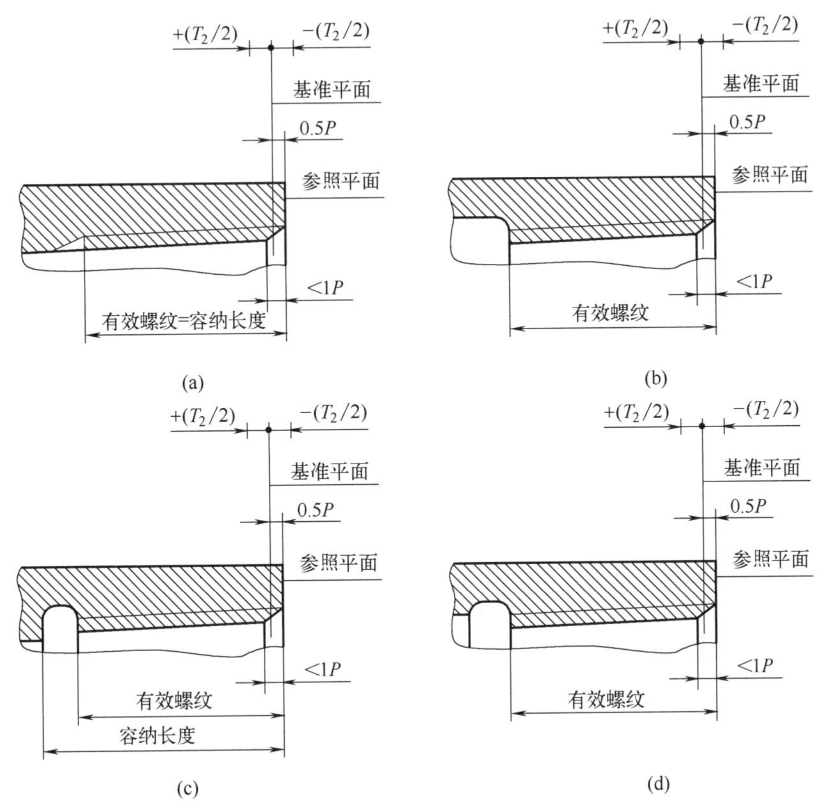

图 6-37　圆锥内螺纹各主要尺寸的分布位置

圆锥内螺纹与圆锥外螺纹配合的公差见表 6-49，此处仅列举一部分，其余请查阅相关手册。

表 6-49　螺纹的基本尺寸及其公差（部分）（GB/T 7306.2—2000）

1	2	3	4	5	6	7	8	9	10	11	12	13	14	15	16	17	18	19
尺寸代号	每 25.4mm 内所包含的牙数 n	螺距 P	牙高 h	基准平面内的基本直径			基准距离					装配余量		外螺纹的有效螺纹不小于			圆柱内螺纹基准平面轴向位置的极限偏差 $\pm T_2/2$	
				大径（基准直径）$d=D$	中径 $d_2=D_2$	小径 $d_1=D_1$	基本	极限偏差 $\pm T_1/2$		最大	最小			基准距离分别为				
														基本	最大	最小		
		mm	mm	mm	mm	mm	mm	mm	圈数	mm	mm	mm	圈数	mm	mm	mm	mm	圈数
1/16	28	0.907	0.581	7.723	7.142	6.561	4	0.9	1	4.9	3.1	2.5	2¾	6.5	7.4	5.6	1.1	1¼
1/8	28	0.907	0.581	9.728	9.147	8.566	4	0.9	1	4.9	3.1	2.5	2¾	6.5	7.4	5.6	1.1	1¼
1/4	19	1.337	0.856	13.157	12.301	11.445	6	1.3	1	7.3	4.7	3.7	2¾	9.7	11	8.4	1.7	1¼
3/8	19	1.337	0.856	16.662	15.806	14.950	6.4	1.3	1	7.7	5.1	3.7	2¾	10.1	11.4	8.8	1.7	1¼
1/2	14	1.814	1.162	20.955	19.793	18.631	8.2	1.8	1	10.0	6.4	5.0	2¾	13.2	15	11.4	2.3	1¼
3/4	14	1.814	1.162	26.441	25.279	24.117	9.5	1.8	1	11.3	7.7	5.0	2¾	14.5	16.3	12.7	2.3	1¼
1	11	2.309	1.479	33.249	31.770	30.291	10.4	2.3	1	12.7	8.1	6.4	2¾	16.8	19.1	14.5	2.9	1¼
1¼	11	2.309	1.479	41.910	40.431	38.952	12.7	2.3	1	15.0	10.4	6.4	2¾	19.1	21.4	16.8	2.9	1¼
1½	11	2.309	1.479	47.803	46.324	44.845	12.7	2.3	1	15.0	10.4	6.4	2¾	19.1	21.4	16.8	2.9	1¼

注：尺寸代号单位为英寸（in），1in=25.4mm。

③ 极限偏差。

a. 圆锥外螺纹基准距离的极限偏差（$\pm T_1/2$）应符合表 6-48 和表 6-49 第 9、10 栏的规定。

b. 圆柱内螺纹各直径的极限偏差（$\pm T_2/2$）应符合表 6-48 第 18、19 栏的规定。

c. 圆锥内螺纹基准平面位置的极限偏差（$\pm T_2/2$）应符合表 6-49 第 18、19 栏的规定。

④ 螺纹长度。

a. 圆锥外螺纹的有效螺纹长度不应小于其基准距离的实际值与装配余量之和。对应基准距离为最大、基本和最小尺寸的三种条件，表 6-48 第 16、15 和 17 栏分别给出了相应情况所需的最小有效螺纹长度。

b. 当圆柱内螺纹的尾部未采用退刀结构时，其最小有效螺纹长度应能容纳具有表 6-48 第 16 栏长度的圆锥外螺纹；当圆柱内螺纹的尾部采用退刀结构时，其容纳长度应能容纳具有表 6-48 第 16 栏长度的圆锥外螺纹，其最小有效螺纹长度应不小于表 6-48 第 17 栏规定长度的 80%（图 6-36）。

c. 当圆锥内螺纹的尾部未采用退刀结构时，其最小有效螺纹长度应能容纳具有表 6-49 第 16 栏长度的圆锥外螺纹；当圆锥内螺纹的尾部采用退刀结构时，其容纳长度应能容纳具有表 6-49 第 16 栏长度的圆锥外螺纹，其最小有效螺纹长度应小于表 6-49 第 17 栏规定长度的 80%（图 6-37）。

(4) 管螺纹的标记

管螺纹的标记由螺纹特征代号和尺寸代号组成。

螺纹特征代号：R_p——表示圆柱内螺纹；

R_1——表示与圆柱内螺纹相配合的圆锥外螺纹；

R_c——表示圆锥内螺纹；

R_2——表示与圆锥内螺纹相配合的圆锥外螺纹。

螺纹尺寸代号为表 6-48 和表 6-49 第 1 栏所规定的分数或整数（单位为 in）。

标记示例

尺寸代号为 3/4 的右旋圆柱内螺纹，标记为：$R_p3/4$。

尺寸代号为 3 的右旋与圆柱内螺纹相配合的圆锥外螺纹，标记为：$R_1 3$

尺寸代号为 3/4 的右旋圆锥内螺纹，标记为：$R_c3/4$

尺寸代号为 3 的右旋与圆锥内螺纹相配合的圆锥外螺纹，标记为：$R_2 3$

当螺纹为左旋时，则在尺寸代号后加注“LH”。右旋螺纹不标注。

标记示例

尺寸代号为 3/4 的左旋圆锥内螺纹，标记为：$R_c3/4LH$

螺纹副的标记：表示螺纹副时（如螺纹特征代号为 R_p/R_1 或 R_c/R_2），前面为内螺纹的特征代号，后面为外螺纹的特征代号，中间用斜线分开。

标记示例

由尺寸代号为 3 的右旋圆锥外螺纹与圆柱内螺纹所组成的螺纹副，标记为：$R_p/R_1 3$

6.5.3 55°非密封管螺纹

(1) 55°非密封管螺纹的国家标准

国家标准 GB/T 7307—2001《55°非密封管螺纹》规定了牙型角为 55°、螺纹副本身不具有密封性的圆柱管螺纹的牙型、尺寸、公差和标记。若要求该连接具有密封性，必须在螺纹以外设计圆锥角、平端面等密封面结构，或在密封面内添加合适的密封介质，利用螺纹将密封面锁紧密封。该标准适用于管子、管接头、阀门、旋塞以及其他管路附件的螺纹连接。

(2) 55°非密封管螺纹的设计牙型

圆柱管螺纹的设计牙型如图6-38所示，其左、右两牙侧的牙侧角相等。

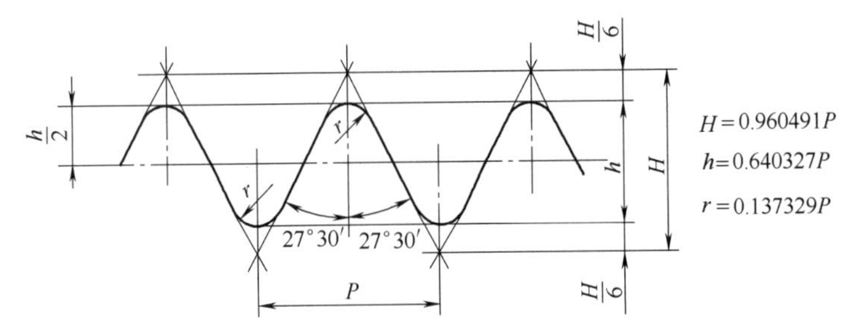

图6-38 55°非密封圆柱管螺纹的设计牙型

(3) 55°非密封管螺纹的尺寸与公差

55°非密封管螺纹的各直径尺寸及其公差带分布如图6-39所示。

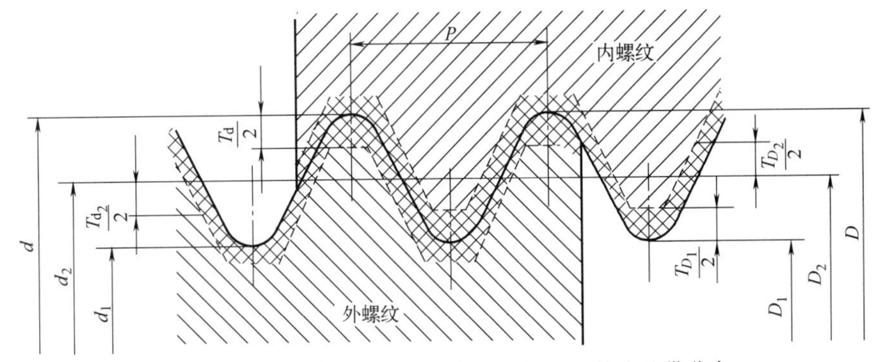

图6-39 55°非密封管螺纹的各直径尺寸及其公差带分布

螺纹大径、中径和小径的基本尺寸，按下式计算：

$$\left.\begin{aligned} D&=d\\ D_2=d_2&=d-h=d-0.640327P\\ D_1=d_1&=d-2h=d-1.280654P \end{aligned}\right\} \tag{6-20}$$

① 内螺纹的下偏差（EI）和外螺纹的上偏差（es）为基本偏差，其值为零。

② 对内螺纹中径和小径，规定一种公差等级；对外螺纹中径，规定了A级和B级两种公差等级；对外螺纹大径，规定一种公差等级。

③ 对内、外螺纹的底径，未规定公差等级。

④ 在顶径公差带范围内，允许将螺纹圆弧牙顶削平。

55°非密封圆柱管螺纹的基本尺寸及其公差见GB/T 7307—2001，此处从略。

(4) 55°非密封管螺纹的标记

圆柱管螺纹的标记由螺纹特征代号、尺寸代号和公差等级代号组成。

① 螺纹特征代号用字母“G”表示。

② 螺纹尺寸代号国家标准所规定的分数和整数，如1/16、1/8、1/4、3/8、1/2、5/8、3/4、7/8、1、$1\frac{1}{8}$、$1\frac{1}{4}$、$1\frac{3}{8}$、$1\frac{3}{4}$、2、$2\frac{1}{4}$、$2\frac{1}{2}$、$2\frac{3}{4}$、3…。[注：尺寸代号单位为

英寸（in），1in=25.4mm。]

③ 螺纹公差等级代号：对外螺纹，分A、B两级标记；对内螺纹，不标记公差等级代号。

标记示例

尺寸代号为1/2的右旋圆柱内螺纹标记为：G1/2

尺寸代号为3的A级右旋圆柱外螺纹标记为：G3A

尺寸代号为4的B级右旋圆柱外螺纹标记为：G4B

当螺纹为左旋时，应在外螺纹的公差等级代号之后或内螺纹的尺寸代号之后，加注“LH”。标记示例：如果上例螺纹为左旋者，则标记分别为：G1/2LH、G3A-LH、G4B-LH。

表示螺纹副时，仅需标注外螺纹的标记代号。

6.5.4 60°密封管螺纹

(1) 60°密封管螺纹的国家标准

国家标准GB/T 12716—2011《60°密封管螺纹》规定了牙型角为60°、螺纹副本身具有密封性的管螺纹（NPT和NPSC）的牙型、基本尺寸、公差、标记和量规。该标准适用于管子、阀门、管接头、旋塞及其他管路附件的密封螺纹连接。

60°密封管螺纹的内螺纹有圆锥和圆柱两种螺纹，外螺纹仅有一种圆锥螺纹。内、外螺纹可组成两种密封配合形式：圆锥内螺纹与圆锥外螺纹组成的“锥/锥”配合；圆柱内螺纹与圆锥外螺纹组成的“柱/锥”配合。为确保螺纹连接密封的可靠性，应在螺纹副内添加合适的密封介质，例如在螺纹表面缠上胶带或涂上密封胶等。

GB/T 14791界定的术语和定义适用于GB/T 12716—2011。

① 牙型。60°密封管螺纹的设计牙型分别为圆柱内螺纹（NPSC）牙型和圆锥螺纹（NPT）牙型两种，见图6-40和图6-41。

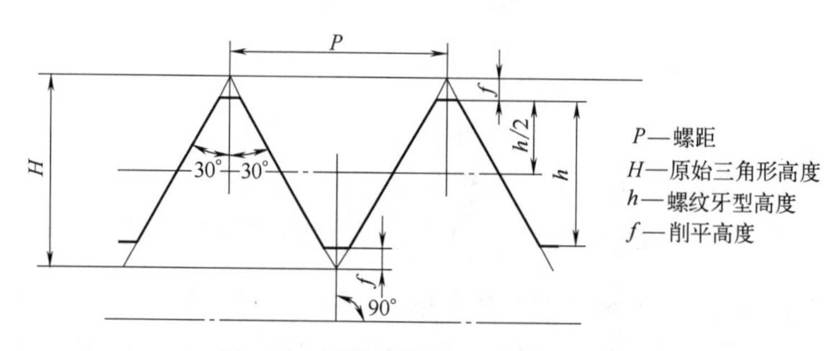

图6-40 圆柱内螺纹（NPSC）牙型

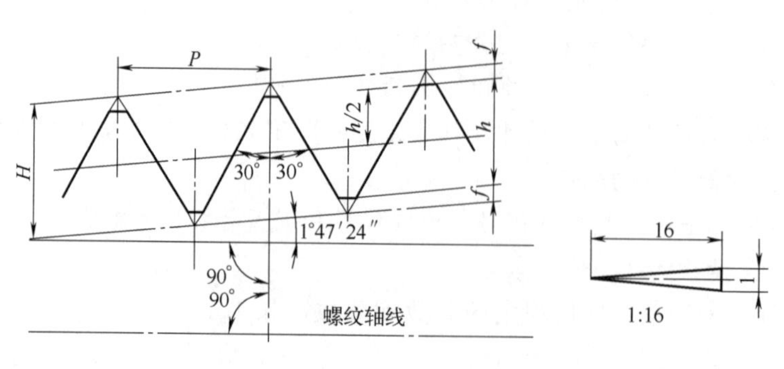

图6-41 圆锥螺纹（NPT）牙型

螺纹牙型的左、右牙侧角相等，牙型角的角平分线垂直于螺纹轴线。圆锥螺纹的锥度为 1∶16。

牙型尺寸按下列公式计算：

$$\left.\begin{aligned} P&=25.4/n \\ H&=0.866025P \\ h&=0.800000P \\ f&=0.033P \end{aligned}\right\} \quad (6\text{-}21)$$

式中，n 为在 25.4mm 轴向长度内所包含的牙数。

② 牙高公差。螺纹牙顶高和牙底高尺寸一般是由控制刀具尺寸来保证。为确保螺纹的密封性能，设计者可以单独提出对螺纹牙高进行检验的技术要求。

螺纹牙顶高和牙底高的公差带分布位置见图 6-42，其公差数值应符合表 6-50 的规定。

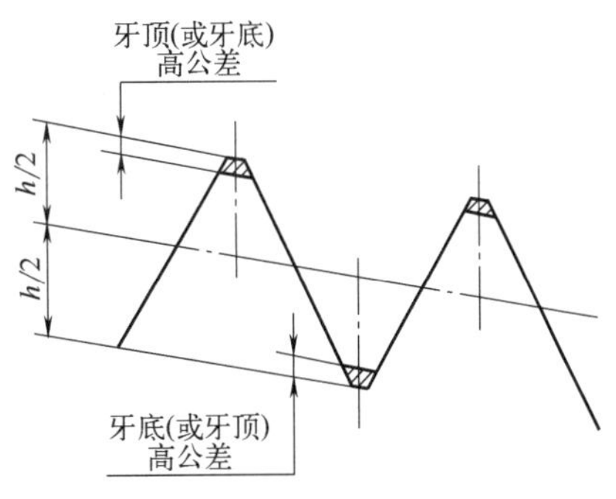

图 6-42　螺纹牙顶高和牙底高的公差带分布位置

表 6-50　牙顶高和牙底高公差（GB/T 12716—2011）

牙数 n	牙顶高和牙底高公差/mm	牙数 n	牙顶高和牙底高公差/mm
27	0.061	11.5	0.086
18	0.079	8	0.094
14	0.081		

(2) 圆锥管螺纹（NPT）的基本尺寸及其公差

圆锥管螺纹各主要尺寸的分布位置见图 6-43，其基本尺寸应符合表 6-51 的规定，此处仅列举一部分。

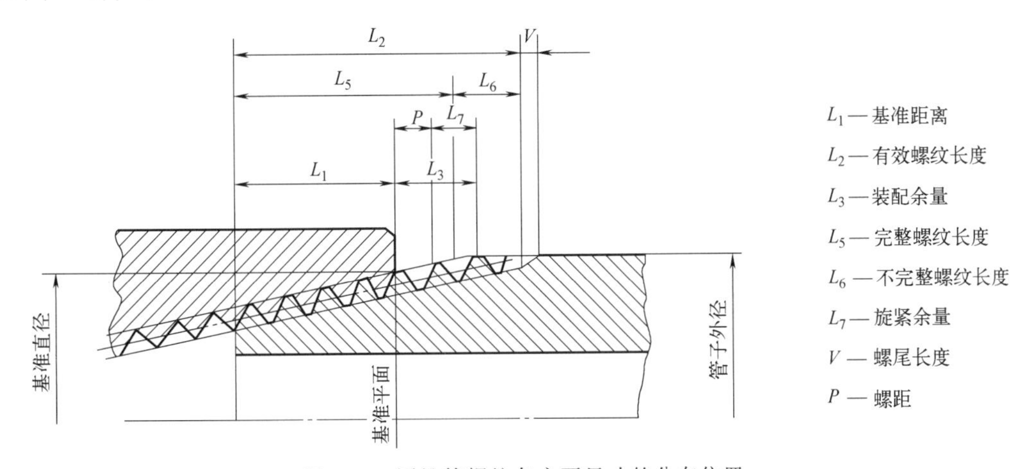

图 6-43　圆锥管螺纹各主要尺寸的分布位置

表 6-51　圆锥管螺纹（NPT）**基本尺寸**（部分）（GB/T 12716—2011）

1	2	3	4	5	6	7	8	9	10	11	12
螺纹尺寸代号	牙数 n	螺距 P/mm	牙型高度 h/mm	基准平面内的基本直径/mm			基准距离 L_1		装配余量 L_3		外螺纹小端面内的基本小径/mm
				大径 D、d	中径 D_2、d_2	小径 D_1、d_1	mm	圈数	mm	圈数	
1/16	27	0.941	0.753	7.895	7.142	6.389	4.064	4.32	2.822	3	6.137
1/8	27	0.941	0.753	10.242	9.489	8.756	4.102	4.36	2.822	3	8.481

续表

1	2	3	4	5	6	7	8	9	10	11	12
螺纹尺寸代号	牙数 n	螺距 P/mm	牙型高度 h/mm	基准平面内的基本直径/mm			基准距离 L_1		装配余量 L_3		外螺纹小端面内的基本小径/mm
				大径 D、d	中径 D_2、d_2	小径 D_1、d_1	mm	圈数	mm	圈数	
1/4	18	1.411	1.129	13.616	12.487	11.358	5.786	4.10	4.234	3	10.996
3/8	18	1.411	1.129	17.055	15.926	14.797	6.096	4.32	4.234	3	14.417
1/2	14	1.814	1.451	21.223	19.772	18.321	8.128	4.48	5.443	3	17.813
3/4	14	1.814	1.451	26.568	25.117	23.666	8.611	4.75	5.443	3	23.127
1	11.5	2.209	1.767	33.228	31.461	29.694	10.160	4.60	6.627	3	29.060
1¼	11.5	2.209	1.767	41.985	40.218	38.451	10.668	4.83	6.627	3	37.785
1½	11.5	2.209	1.767	48.054	46.287	44.520	10.668	4.83	6.627	3	43.853
2	11.5	2.209	1.767	60.092	58.325	56.558	11.074	5.01	6.627	3	55.867

注：尺寸代号单位为英寸（in），1in＝25.4mm。

对于圆锥管螺纹的基准平面位置规定如下。

圆锥外螺纹基准平面的理论位置位于垂直于螺纹轴线、与小端面（参照平面）相距一个基准距离的平面内。圆锥内螺纹基准平面的理论位置位于垂直于螺纹轴线的端面（参照平面）内，见图 6-44。

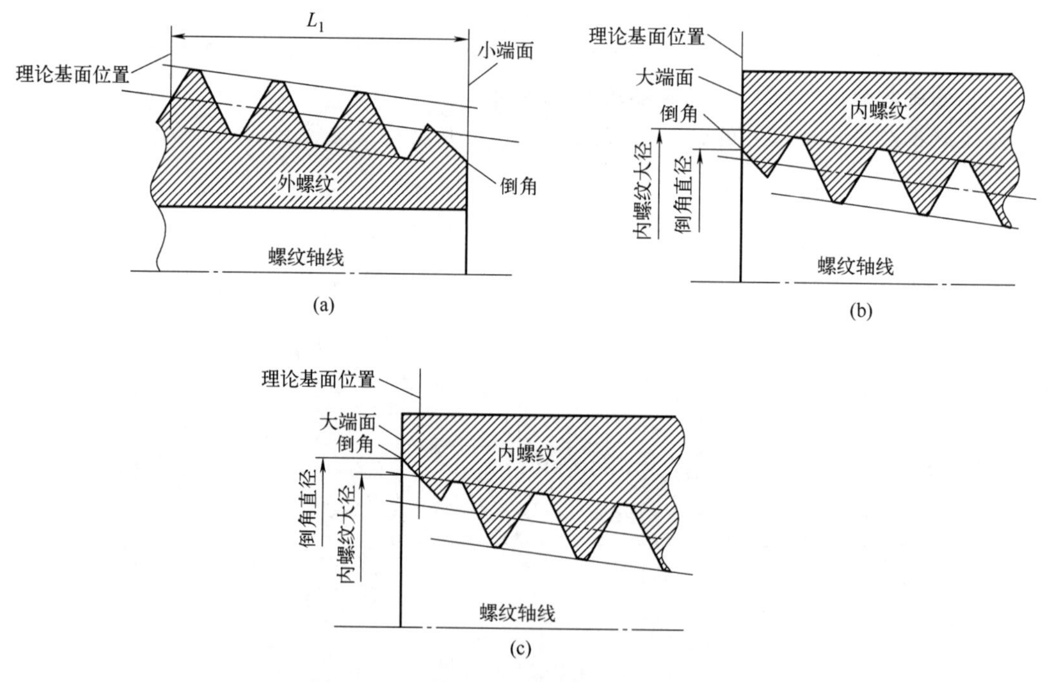

图 6-44 倒角对基准平面理论位置的影响

对于圆锥管螺纹（NPT）基准平面的综合位置公差，规定了其轴向位置极限偏差为$\pm 1P$。

对于大径和小径公差的规定如下。

在同一轴向位置平面内，螺纹的大径和小径尺寸应随其中径尺寸的变化而变化，以保证螺纹牙顶高和牙底高尺寸在图 6-42 所规定的公差范围之内。

圆锥管螺纹（NPT）的锥度、导程和牙侧角极限偏差应符合表 6-52 的规定，此处仅列举一部分。

表6-52 圆锥管螺纹（NPT）单项要素极限偏差（部分）（GB/T 12716—2011）

牙数 n	中径线锥度(1/16)的极限偏差	有效螺纹的导程累积偏差/mm	牙侧角极限偏差/(°)
27	+1/96 −1/192	±0.076	±1.25
18、14			±1
11.5、8			±0.75

注：对有效螺纹长度大于25.4mm的螺纹，导程累积误差的最大测量跨度为25.4mm。

螺纹的锥度、导程和牙侧角误差一般由控制刀具尺寸来保证。为确保螺纹的密封性能，设计者可以单独提出进行检验的技术要求。

(3) 圆柱内螺纹（NPSC）的基本尺寸及其公差

圆柱内螺纹的大径、中径和小径的基本尺寸应分别与圆锥螺纹在基准平面内的大径、中径和小径的基本尺寸值相等，具体尺寸见表6-51。

圆柱内螺纹基准平面的理论位置位于垂直于螺纹轴线的端面（参照平面）内。

对于综合位置公差规定如下：

圆柱内螺纹基准平面的轴向位置极限偏差为±1.5P；螺纹中径在径向所对应的极限尺寸应符合表6-53的规定。

表6-53 圆柱内螺纹（NPSC）的极限尺寸（GB/T 12716—2011）

螺纹尺寸代号	牙数 n	中径/mm		小径/mm
		max	min	min
1/8	27	9.578	9.401	8.636
1/4	18	12.619	12.355	11.227
3/8	18	16.058	15.794	14.656
1/2	14	19.942	19.601	18.161
3/4	14	25.288	24.948	23.495
1	11.5	31.669	31.255	29.489
1¼	11.5	40.424	40.010	38.252
1½	11.5	46.495	46.081	44.323
2	11.5	58.532	58.118	56.363

注：尺寸代号单位为英寸（in），1in=25.4mm。

对于大径和小径公差规定如下：

在同一轴向位置平面内，螺纹的大径和小径尺寸应随其中径尺寸的变化而变化，以保证螺纹牙顶高和牙底高尺寸在表6-50所规定的公差范围之内。

(4) 60°密封管螺纹的其他规定

① 有效螺纹长度。

a. 外螺纹有效螺纹长度不应小于其基准距离的实际尺寸与装配余量之和。

b. 内螺纹有效螺纹长度不应小于其基准平面位置的实际偏差、基准距离的基本尺寸与装配余量之和。

② 倒角与基准平面的理论位置。

a. 外螺纹小端面倒角，其基准平面的理论位置不变，见图6-44（a）。

b. 内螺纹大端面倒角，如果倒角直径小于或等于大端面上内螺纹的大径，其基准平面的轴向理论位置不变，见图6-44（b）；如果倒角直径大于大端面上内螺纹的大径，其基准平面的理论位置位于内螺纹大径圆锥或圆柱与倒角圆锥相交的轴向位置处，见图6-44（c）。

③ 标记。60°密封管螺纹的标记由螺纹特征代号、螺纹尺寸代号和螺纹牙数组成：

螺纹特征代号：NPT——圆锥管螺纹

NPSC——圆柱内螺纹

螺纹尺寸代号：见表 6-51 和表 6-53 的第 1 列。

对于标准螺纹，允许省略标记内的螺纹牙数项。

对于左旋螺纹，应在尺寸代号后加注“-LH”。

标记示例

尺寸代号为 3/4、14 牙的右旋圆柱内螺纹，标记为：NPSC3/4-14 或 NPSC3/4

尺寸代号为 6 的右旋圆锥内螺纹或圆锥外螺纹，标记为：NPT6

尺寸代号为 14 的左旋圆锥内螺纹或圆锥外螺纹，标记为：NPT14-LH

(5) 60°密封管螺纹的测量

① 螺纹检验。60°密封管螺纹尺寸用螺纹量规进行检验。螺纹量规应符合 GB/T 12716—2011 附录 A 的规定。

② 螺纹工作量规。60°密封管螺纹工作量规包括用于检验内螺纹的工作塞规和用于检验外螺纹的工作环规，其作用、牙型和使用规则应符合表 6-54 的规定，其尺寸分布位置见图 6-45。

表 6-54 60°密封管螺纹工作量规的种类及其作用、牙型和使用规则 (GB/T 12716—2011)

名称	作用	牙型	使用规则
螺纹圆锥工作塞规	检验基准距离 L_1 长度范围内工件内螺纹的中径	截短牙型	将塞规旋入工件圆锥内螺纹(NPT)，内螺纹件的大端面(参照平面)应处在与塞规台阶(基准平面)相距一个螺距范围之内 将塞规旋入工件圆柱内螺纹(NPSC)，内螺纹件的大端面(参照平面)应处在与塞规台阶(基准平面)相距 1.5 倍螺距范围之内
螺纹圆锥工作环规	检验基准距离 L_2 长度范围内工件外螺纹的中径		将环规旋入工件外螺纹，外螺纹件的小端面(参照平面)应处在与环规小端面相距一个螺距范围之内

螺纹工作量规的螺纹牙型见图 6-46。其牙顶削平高度计算式见表 6-55。其牙底应让开宽度为 0.0381P 的工件螺纹牙顶，螺纹牙底间隙槽的宽度为 0.116P。

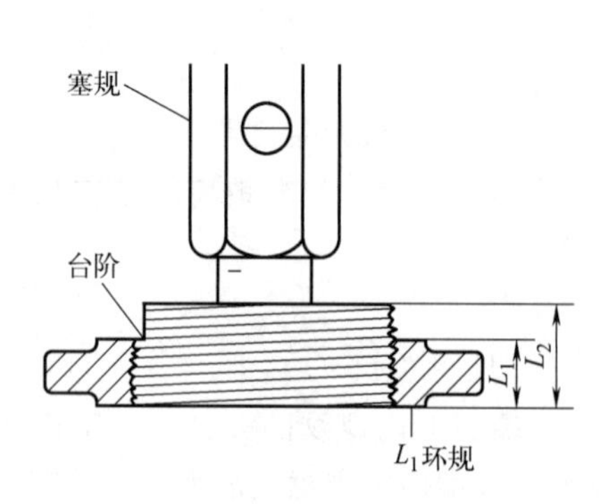

图 6-45 螺纹工作塞规和环规的尺寸分布位置

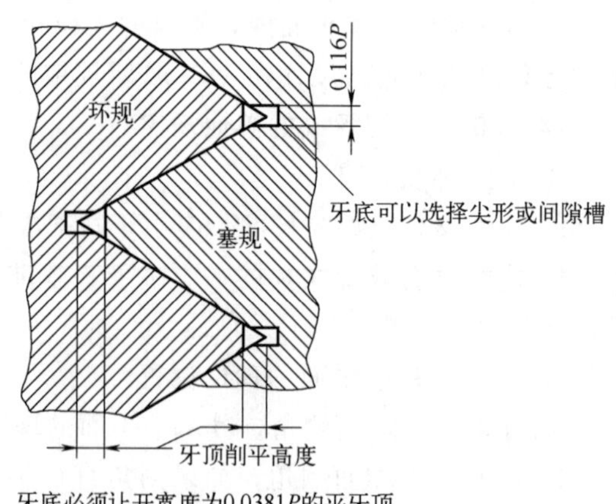

图 6-46 螺纹工作量规的螺纹牙型

表 6-55 螺纹工作量规的螺纹牙顶削平高度计算式（GB/T 12716—2011）

牙数 n	牙顶削平高度	牙数 n	牙顶削平高度
27	0.140P	14、11.5、8	0.100P
18	0.109P		

螺纹工作量规的基本尺寸、制造公差以及轴向长度极限偏差应符合 GB/T 12716—2011 的相关规定。相对于新量规尺寸，螺纹工作塞规和环规的轴向允许磨损为 0.25P。

螺纹工作量规标记与其所要检验的工件螺纹的标记相同。

6.5.5 米制密封螺纹

(1) 米制密封螺纹的国家标准

国家标准 GB/T 1415—2008《米制密封螺纹》规定了牙型角为 60°的米制密封螺纹的牙型、基本尺寸、公差和标记。其内螺纹有圆锥内螺纹和圆柱内螺纹两种，外螺纹仅有圆锥外螺纹一种。内、外螺纹可以组成两种密封配合形式：圆锥内螺纹与圆锥外螺纹组成“锥/锥”配合；圆柱内螺纹与圆锥外螺纹组成“柱/锥”配合。该标准适用于管子、阀门、管接头、旋塞等产品的一般密封螺纹连接。装配时，推荐在螺纹副内添加合适的密封介质，例如密封胶带、密封胶等。

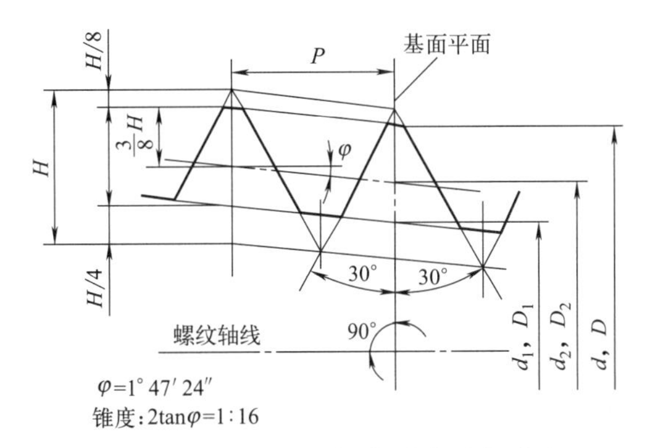

图 6-47 米制密封圆锥螺纹的基本牙型

① 基本牙型。米制密封圆锥螺纹的基本牙型应符合图 6-47 的规定；米制密封圆柱内螺纹的基本牙型应符合 GB/T 192 的规定。

米制锥螺纹的基本牙型由顶角为 60°的原始三角形，大径削去 $H/8$，小径削去 $H/4$ 所构成，牙顶和牙底都是平的。

② 基本尺寸。螺纹中径和小径基本尺寸按下列公式进行计算：

$$\left.\begin{aligned} D_2=d_2=d-0.6495P \\ D_1=d_1=d-1.0825P \end{aligned}\right\} \quad (6\text{-}22)$$

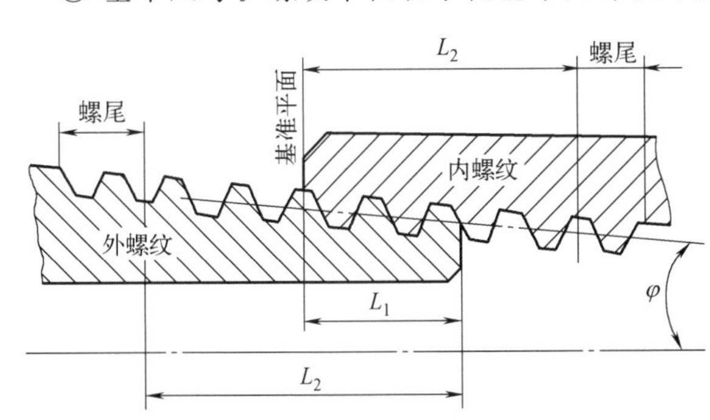

图 6-48 米制密封螺纹上各主要尺寸的分布位置

圆锥外螺纹基准平面的理论位置位于垂直于螺纹轴线、与小端面相距一个基准距离的平面；内螺纹基准平面的理论位置位于垂直于螺纹轴线的端面。

米制密封螺纹上各主要尺寸的分布位置见图 6-48，基本尺寸应符合表 6-56 的规定。

表 6-56 米制密封螺纹的基本尺寸（部分）（GB/T 1415—2008） mm

公称直径 D,d	螺距 P	基准平面内的直径①			基准距离②		最小有效螺纹长度②	
		大径 D,d	中径 D_2,d_2	小径 D_1,d_1	标准型 L_1	短型 $L_{1短}$	标准型 L_2	短型 $L_{2短}$
8	1	8.000	7.350	6.917	5.500	2.500	8.000	5.500
10	1	10.000	9.350	8.917	5.500	2.500	8.000	5.500

续表

公称直径 D,d	螺距 P	基准平面内的直径①			基准距离②		最小有效螺纹长度②	
		大径 D,d	中径 D_2,d_2	小径 D_1,d_1	标准型 L_1	短型 $L_{1短}$	标准型 L_2	短型 $L_{2短}$
12	1	12.000	11.350	10.917	5.500	2.500	8.000	5.500
14	1.5	14.000	13.026	12.376	7.500	3.500	11.000	8.500
16	1	16.000	15.350	14.917	5.500	2.500	8.000	5.500
	1.5	16.000	15.026	14.376	7.500	3.500	11.000	8.500
20	1.5	20.000	19.026	18.376	7.500	3.500	11.000	8.500
27	2	27.000	25.701	24.835	11.000	5.000	16.000	12.000
33	2	33.000	31.701	30.835	11.000	5.000	16.000	12.000
42	2	42.000	40.701	39.835	11.000	5.000	16.000	12.000
48	2	48.000	46.701	45.835	11.000	5.000	16.000	12.000
60	2	60.000	58.701	57.835	11.000	5.000	16.000	12.000

① 对圆锥螺纹，不同轴向位置平面内的螺纹直径数值是不同的。要注意各直径的轴向位置。

② 基准距离有两种型式：标准型和短型。两种基准距离分别对应两种型式的最小有效螺纹长度。标准型基准距离 L_1 和标准型最小有效螺纹长度 L_2 适用于由圆锥内螺纹与圆锥外螺纹组成的“锥/锥”配合螺纹；短型基准距离 $L_{1短}$ 和短型最小有效螺纹长度 $L_{2短}$ 适用于由圆柱内螺纹与圆锥外螺纹组成的“柱/锥”配合螺纹。选择时要注意两种配合形式对应两组不同的基准距离和最小有效螺纹长度，避免选择错误。

米制锥螺纹基本尺寸中，除给定大径、中径、小径在基准平面上的基本尺寸外，还规定了标准型基距和短型基距两种基准距离以及标准型有效螺纹长度和短型有效螺纹长度两种有效螺纹长度。

(2) 米制密封螺纹的公差与检验

① 圆锥螺纹公差。圆锥螺纹基准平面位置的极限偏差见表 6-57。

表 6-57 圆锥螺纹基准平面位置的极限偏差（GB/T 1415—2008） mm

螺距 P	圆锥外螺纹基准平面的极限偏差($\pm T_1/2$)	圆锥内螺纹基准平面的极限偏差($\pm T_2/2$)	螺距 P	圆锥外螺纹基准平面的极限偏差($\pm T_1/2$)	圆锥内螺纹基准平面的极限偏差($\pm T_2/2$)
1	±0.7	±1.2	2	±1.4	±1.8
1.5	±1	±1.5	3	±2	±3

螺纹牙顶高和牙底高的极限偏差见表 6-58。

表 6-58 螺纹牙顶高和牙底高的极限偏差（GB/T 1415—2008） mm

螺距 P	外螺纹极限偏差		内螺纹极限偏差		螺距 P	外螺纹极限偏差		内螺纹极限偏差	
	牙顶高	牙底高	牙顶高	牙底高		牙顶高	牙底高	牙顶高	牙底高
1	0 −0.032	−0.015 −0.050	±0.030	±0.030	2	0 −0.050	−0.025 −0.075	±0.045	±0.045
1.5	0 −0.048	−0.020 −0.065	±0.040	±0.040	3	0 −0.055	−0.030 −0.085	±0.050	±0.050

圆锥螺纹的牙侧角、螺距和中径锥角极限偏差见表 6-59。

表 6-59 螺纹其他单项要素的极限偏差（GB/T 1415—2008） mm

螺距 P/mm	牙侧角/(′)	螺距累积极限偏差/mm		中径锥角①/(′)	
		在 L_1 范围内	在 L_2 范围内	外螺纹	内螺纹
1	±45	±0.04	±0.07	+24 −12	+12 −24
1.5					
2					
3					

① 测量中径锥角的测量跨度为 L_1。

② 圆柱内螺纹公差。

a. 中径公差。圆柱内螺纹中径公差带为 5H，其公差值按 GB/T 197 的规定。

b. 牙顶高和牙底高的极限偏差。圆柱内螺纹牙顶高和牙底高的极限偏差见表 6-58。

③ 检验。两种配合螺纹所使用的量规不同。用圆锥螺纹塞规和环规以及圆锥光滑塞规和环规综合检验“锥/锥”配合密封螺纹；用圆锥螺纹塞规和圆柱螺纹环规综合检验“柱/锥”配合密封螺纹。

(3) 米制密封螺纹的标记

① 基本标记。米制密封螺纹标记由螺纹特征代号、尺寸代号和基准距离组别代号组成。

圆锥螺纹的特征代号为“Mc”；圆柱内螺纹的特征代号为“Mp”。

螺纹尺寸代号为“公称直径×螺距”，公称直径和螺距数值的单位为 mm。

当采用标准型基准距离时，可以省略基准距离组别代号（N）；短型基准距离的组别代号为“-S”。

标记示例

公称直径为 12mm、螺距为 1mm、标准型基准距离、右旋的圆锥螺纹，标记为：Mc12×1；

公称直径为 20mm、螺距为 1.5mm、短型基准距离、右旋的圆锥外螺纹，标记为：Mc20×1.5-S；

公称直径为 42mm、螺距为 2mm、短型基准距离、右旋的圆柱内螺纹，标记为：Mp42×2-S。

② 左旋螺纹。

对左旋螺纹，应在基准距离组别代号之后标注“LH”。右旋螺纹不标注旋向代号。

标记示例

公称直径为 12mm、螺距为 1mm、标准型基准距离、左旋的圆锥螺纹，标记为：Mc12×1-LH。

③ 螺纹副。

对“锥/锥”配合螺纹（标准型），其内螺纹、外螺纹和螺纹副三者的标注方法相同，没有差异。

对“柱/锥”配合螺纹（短型），螺纹副的特征代号为“Mp/Mc”。前面为内螺纹的特征代号，后面为外螺纹的特征代号，中间用斜线分开。

标记示例

公称直径为 12mm、螺距为 1mm、标准型基准距离、右旋的圆锥螺纹副，标记为：Mc12×1；

公称直径为 20mm、螺距为 1.5mm、短型基准距离、右旋的圆柱内螺纹与圆锥外螺纹副，标记为：Mp/Mc20×1.5-S。

6.5.6 普通螺纹的管路系列

国家标准 GB/T 1414—2013《普通螺纹　管路系列》规定了普通螺纹的管路系列，该系列是从 GB/T 193—2003《普通螺纹直径与螺距系列》标准中挑选出来的，其公称直径范围为 8～170mm。该标准适用于一般用途的管路系统，其螺纹本身不具有密封功能。

普通螺纹的管路系列数值见表 6-60。

表 6-60 普通螺纹的管路系列数值（GB/T 1414—2013） mm

公称直径 D、d		螺距 P	公称直径 D、d		螺距 P
第 1 选择	第 2 选择		第 1 选择	第 2 选择	
8		1		60	2
10		1	64		2
	14	1.5	72		3
16		1.5		76	2
	18	1.5	80		2
20		1.5		85	2
	22	2,1.5	90		3,2
24		2	100		3,2
	27	2		115	3,2
30		2	125		2
	33	2	140		3,2
	39	2		150	2
42		2	160		2
48		2		170	3
	56	2			

6.6 锯齿螺纹

6.6.1 概述

(1) 锯齿螺纹的功用及特性

锯齿形螺纹主要用于一般用途的机械传动和传力的构件，例如冲床连杆上的调节螺纹。

锯齿形螺纹是一种非对称牙型传动螺纹，其牙侧角分别为 3°和 30°。锯齿形螺纹的特殊牙型有以下特性。

① 牙侧角为 3°的一侧为承载牙侧，可传递较大的轴向力，其传动性能大大优于梯形螺纹，该牙侧始终承受一个方向的力，内、外螺纹的承载牙侧总是接触的。

② 牙侧角为 30°的非承载牙侧不受力，因此内、外螺纹不承载牙侧是永远互相脱开的。

③ 由于承载牙侧角太小，其中径定心功能几乎全无，致使外螺纹在内螺纹里的位置是随机变化的。

④ 在工作过程中，内、外螺纹的轴线既不重合，也不平行，从而内、外螺纹承载牙侧面的接触配合往往是点接触，而非面接触，因此在承受较大的轴向载荷时，很容易出现断牙、卡死或传动不平稳现象，为此，在标准中引入了大径定心公差值。

(2) 锯齿螺纹的相关国家标准

锯齿形螺纹国家标准如下：

GB/T 13576.1—2008《锯齿形（3°、30°）螺纹 第 1 部分：牙型》

GB/T 13576.2—2008《锯齿形（3°、30°）螺纹 第 2 部分：直径与螺距系列》

GB/T 13576.3—2008《锯齿形（3°、30°）螺纹 第 3 部分：基本尺寸》

GB/T 13576.4—2008《锯齿形（3°、30°）螺纹 第 4 部分：公差》

(3) 锯齿形螺纹的牙型

① 基本牙型。锯齿形螺纹的基本牙型如图 6-49 所示。

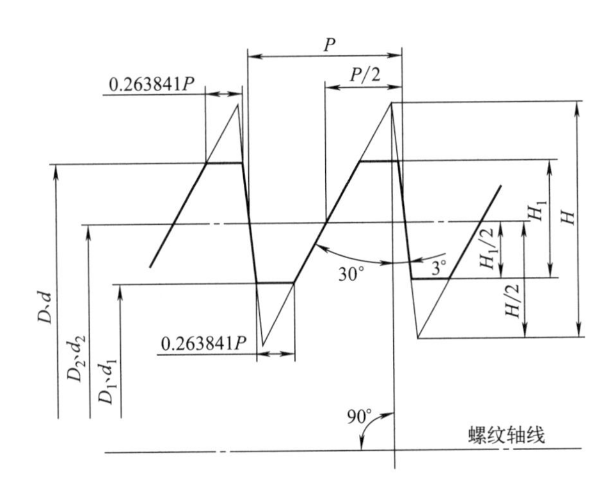

图 6-49 锯齿形螺纹基本牙型

D—内螺纹大径；d—外螺纹大径；D_1—内螺纹小径；d_1—外螺纹小径；D_2—内螺纹中径；d_2—外螺纹中径；P—螺距；H—原始三角形高度；H_1—基本牙型高度

锯齿形螺纹的基本牙型尺寸列于表 6-61。

表 6-61 锯齿形螺纹基本牙型尺寸 (GB/T 13576.1—2008) mm

螺距 P	H 1.587911P	$H/2$ 0.793956P	H_1 0.75P	牙顶和牙底宽 0.263841P
2	3.176	1.588	1.50	0.528
3	4.764	2.382	2.25	0.792
4	6.352	3.176	3.00	1.055
5	7.940	3.970	3.75	1.319
6	9.527	4.764	4.50	1.583
7	11.115	5.558	5.25	1.847
8	12.703	6.352	6.00	2.111
9	14.291	7.146	6.75	2.375
10	15.879	7.940	7.50	2.638
12	19.055	9.527	9.00	3.166
14	22.231	11.115	10.50	3.694
16	25.407	12.703	12.00	4.221
18	28.582	14.291	13.50	4.749
20	31.758	15.879	15.00	5.277
22	34.934	17.467	16.50	5.804
24	38.110	19.055	18.00	6.332
28	44.462	22.231	21.00	7.388
32	50.813	25.407	24.00	8.443
36	57.165	28.582	27.00	9.498
40	63.516	31.758	30.00	10.554
44	69.868	34.934	33.00	11.609

② 设计牙型。

锯齿形螺纹的设计牙型如图 6-50 所示。

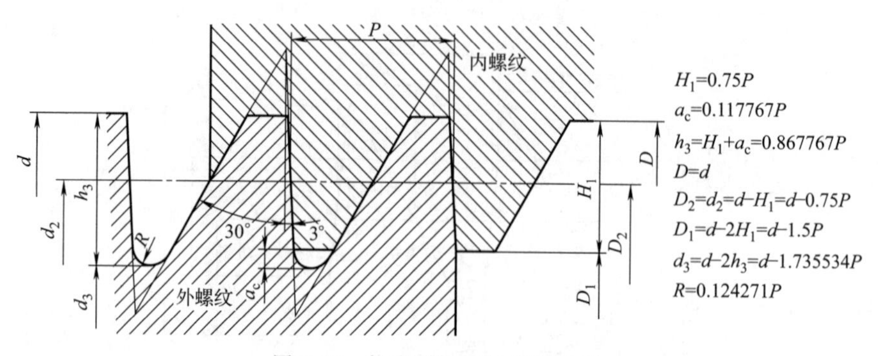

图 6-50　锯齿形螺纹的设计牙型

锯齿形螺纹设计牙型的尺寸列于表 6-62。

表 6-62　锯齿形螺纹设计牙型尺寸（GB/T 13576.1—2008）　mm

螺距 P	a_c 0.117767P	h_3 0.867767P	R 0.124271P	螺距 P	a_c 0.117767P	h_3 0.867767P	R 0.124271P
2	0.236	1.736	0.249	18	2.120	15.620	2.237
3	0.353	2.603	0.373	20	2.355	17.355	2.485
4	0.471	3.471	0.497	22	2.591	19.091	2.734
5	0.589	4.339	0.621	24	2.826	20.826	2.983
6	0.707	5.207	0.746	28	3.297	24.297	3.480
7	0.824	6.074	0.870	32	3.769	27.769	3.977
8	0.942	6.942	0.994	36	4.240	31.240	4.474
9	1.060	7.810	1.118	40	4.711	34.711	4.971
10	1.178	8.678	1.243	44	5.182	38.182	5.468
12	1.413	10.413	1.491				
14	1.649	12.149	1.740				
16	1.884	13.884	1.988				

6.6.2　锯齿螺纹的尺寸与公差

(1) 锯齿形螺纹的直径与螺距系列

① 系列值选用。锯齿形螺纹的直径与螺距标准组合系列可查阅相关手册。使用时，应优先选用 GB/T 13576.2—2008《锯齿形（3°、30°）　第 2 部分：直径与螺距系列》中的第一系列直径，其次选用第二系列直径。新产品设计中不宜选用表中的第三系列直径。并且应选用与直径处于同一行内的螺距，优先选用手册所列表中粗黑框内的螺距。如果需要使用表中规定以外的螺距，则选用表中邻近直径所对应的螺距。

② 螺纹标记。国家标准规定锯齿形螺纹的标记应由螺纹特征代号“B”、公称直径和导程的毫米值、螺距代号“P”和螺距毫米值组成。公称直径与导程之间用“×”号分开；螺距代号“P”和螺距值用圆括号括上。对单线锯齿形螺纹，其标记应省略圆括号部分（螺距代号“P”和螺距值）。

对标准左旋锯齿形螺纹，其标记内应添加左旋代号“LH”。右旋锯齿形螺纹不标注其旋向代号。

标记示例

公称直径为 40mm，导程和螺距为 7mm 的右旋单线锯齿形螺纹标记为：B40×7；

公称直径为 40mm，导程为 14mm、螺距为 7mm 的右旋双线锯齿形螺纹标记为：B40×

14（P7）；

公称直径为 40mm，导程和螺距为 7mm 的左旋单线锯齿形螺纹标记为：B40×7 LH。

(2) 锯齿形螺纹的基本尺寸

各直径在设计牙型上的所处位置见图 6-50。有关设计牙型的尺寸规定见表 6-62。

锯齿形螺纹的基本尺寸值应符合 GB/T 13576.3—2008《锯齿形（3°、30°）螺纹 第 3 部分：基本尺寸》的规定。

(3) 锯齿形螺纹的公差

GB/T 13576.4—2008《锯齿形（3°、30°）螺纹 第 4 部分：公差》规定：在螺纹标记内，不允许标注旋合长度具体数值。

① 代号。

D——设计牙型上的内螺纹基本大径；

D_2——设计牙型上的内螺纹基本中径；

D_1——设计牙型上的内螺纹基本小径；

d——设计牙型上的外螺纹基本大径（公称直径）；

d_2——设计牙型上的外螺纹基本中径；

d_3——设计牙型上的外螺纹小径；

P——螺距；

Ph——导程；

N——中等旋合长度组；

L——长旋合长度组；

l_N——中等旋合长度；

T——公差；

T_D——内螺纹大径公差；

T_{D_2}——内螺纹中径公差；

T_{D_1}——内螺纹小径公差；

T_d——外螺纹大径公差；

T_{d_2}——外螺纹中径公差；

T_{d_3}——外螺纹小径公差；

EI、ei——下偏差；

ES、es——上偏差。

② 公差带的位置。

公差带是由公差带位置和公差带大小组成的。公差带的位置由基本偏差确定。标准规定外螺纹的上偏差 es 和内螺纹的下偏差 EI 为基本偏差，按下面规定选取锯齿形螺纹的公差带位置。

a. 内螺纹大径 D、中径 D_2 和小径 D_1 的公差带位置为 H，其基本偏差 EI 为零，见图 6-51。

b. 外螺纹大径 d 和小径 d_3 的公差带位置为 h，其基本偏差 es 为零；外螺纹中径 d_2 的公差带位置为 e 和 c，其基本偏差 es 为负值，见图 6-52。

c. 外螺纹大径和小径的公差带基本偏差总为零，与中径公差带位置无关。

d. 锯齿形螺纹中径的基本偏差见表 6-63。

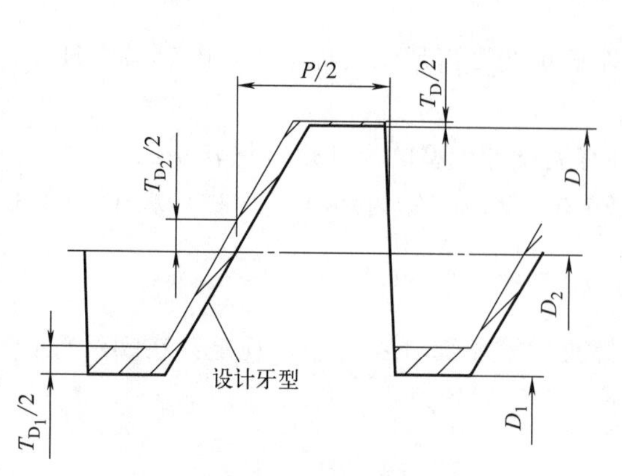

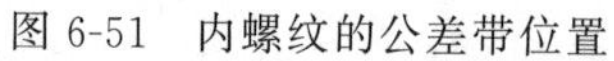
图 6-51 内螺纹的公差带位置

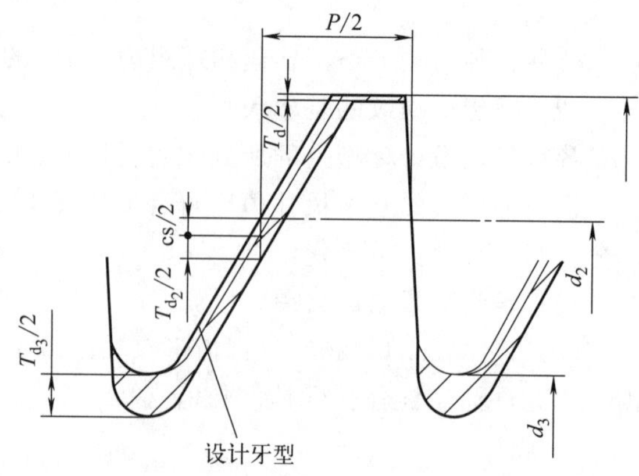

图 6-52 外螺纹的公差带位置

表 6-63 锯齿形螺纹中径的基本偏差（GB/T 13576.4—2008） μm

螺距 P/mm	内螺纹 D_2	外螺纹 d_2		螺距 P/mm	内螺纹 D_2	外螺纹 d_2	
	H EI	c es	e es		H EI	c es	e es
2	0	−150	−71	18	0	−400	−200
3	0	−170	−85	20	0	−425	−212
4	0	−190	−95	22	0	−450	−224
5	0	−212	−106	24	0	−475	−236
6	0	−236	−118	28	0	−500	−250
7	0	−250	−125	32	0	−530	−265
8	0	−265	−132	36	0	−560	−280
9	0	−280	−140	40	0	−600	−300
10	0	−300	−150	44	0	−630	−315
12	0	−335	−160				
14	0	−355	−180				
16	0	−375	−190				

③ 公差等级和公差值。锯齿形螺纹中径和小径的公差等级见表 6-64。锯齿形内螺纹大径和外螺纹大径的公差等级分别为 GB/T 1800.3—1998 所规定的 IT10 和 IT9。

表 6-64 锯齿形螺纹各直径的公差等级（GB/T 13576.4—2008）

直径	公差等级	直径	公差等级
内螺纹中径 D_2	7、8、9	外螺纹小径 d_3	7、8、9
外螺纹中径 d_2	7、8、9	内螺纹小径 D_1	4

注：外螺纹小径 d_3 所选取的公差等级必须与其中径 d_2 的公差等级相同。

内螺纹小径 D_1 的公差值见表 6-65。

表 6-65 内螺纹小径公差值（GB/T 13576.4—2008） μm

螺距 P/mm	4 级公差	螺距 P/mm	4 级公差
2	236	8	630
3	315	9	670
4	375	10	710
5	450	12	800
6	500	14	900
7	560	16	1000

续表

螺距 P/mm	4 级公差	螺距 P/mm	4 级公差
18 20 22	1120 1180 1250	36 40 44	1800 1900 2000
24 28 32	1320 1500 1600		

内螺纹大径 D 和外螺纹大径 d 的公差值见表 6-66。

表 6-66　内、外螺纹大径公差　μm

公称直径 d/mm		内螺纹大径公差 T_D	外螺纹大径公差 T_d	公称直径 d/mm		内螺纹大径公差 T_D	外螺纹大径公差 T_d
>	≤	H10	h9	>	≤	H10	h9
6 10 18	10 18 30	58 70 84	36 43 52	120 180 250	180 250 315	160 185 210	100 115 130
30 50 80	50 80 120	100 120 140	62 74 87	315 400 500	400 500 630	230 250 280	140 155 175
				630	800	320	200

多线螺纹的顶径和底径公差与具有相同螺距单线螺纹的顶径和底径公差相等。

多线螺纹的中径公差等于具有相同螺距单线螺纹的中径公差乘以修正系数。修正系数见表 6-67。

表 6-67　多线螺纹的中径公差修正系数

线数	2	3	4	≥5
修正系数	1.12	1.25	1.4	1.6

④ 推荐公差带。

a. 应优先按表 6-68 和表 6-69 的规定选取螺纹公差带。

表 6-68　内螺纹推荐公差带

精度等级	中径公差带	
	N	L
中等	7H	8H
粗糙	8H	9H

表 6-69　外螺纹推荐公差带

精度等级	中径公差带	
	N	L
中等	7e	8e
粗糙	8c	9c

b. 根据使用场合，选择锯齿形螺纹的精度等级：

中等：用于一般用途螺纹；

粗糙：用于制造螺纹有困难的场合。

如果不能确定螺纹旋合长度的实际值，推荐按中等旋合长度组 N 选取螺纹公差带。

6.6.3　锯齿螺纹的标记

① 完整的锯齿形螺纹标记。完整的锯齿形（3°、30°）螺纹标记应包括螺纹特征代号、尺寸代号、公差带代号和旋合长度代号。

螺纹特征代号和尺寸代号的标注方法见 GB/T 13576.2 的规定。

锯齿形螺纹的公差带代号仅包含中径公差带代号。公差带代号由公差等级数字和公差带位置字母（内螺纹用大写字母；外螺纹用小写字母）组成。螺纹尺寸代号与公差带代号间用“-”分开。

标记示例

中径公差带为7H的内螺纹：B40×7-7H；

中径公差带为7e的外螺纹：B40 ×7-7e；

中径公差带为7e的双线、左旋外螺纹：B40×14（P7）LH-7e。

② 内、外螺纹配合的标记。表示内、外螺纹配合时，内螺纹公差带代号在前，外螺纹公差带代号在后，中间用“/”号分开。

标记示例

公差带为7H的内螺纹与公差带为7e的外螺纹组成配合：B40×7-7H/7e；

公差带为7H的双线内螺纹与公差带为7e的双线外螺纹组成配合：B40×14（P7）-7H/7e。

③ 长旋合长度组的标记。对长旋合长度组的螺纹，应在公差带代号后标注代号“L”。旋合长度代号与公差带间用“-”分开。中等旋合长度组螺纹不标注旋合长度代号“N”。

标记示例

长旋合长度的配合螺纹：B40×7-8H/8e-L；

中等旋合长度的外螺纹：B40×7-7e。

6.7 螺纹测量简述

6.7.1 综合检测

螺纹的综合检验，可以用投影仪或螺纹量规进行。生产中主要用螺纹量规来控制螺纹的极限轮廓，适用于成批生产。螺纹量规分为塞规和环规（或卡规），塞规用于测量内螺纹，环规（或卡规）用于测量外螺纹。通端螺纹量规模拟被测螺纹的最大实体牙型具有完整的牙型，其螺纹长度等于被测螺纹的旋合长度，用于测量螺纹的作用中径（含底径），检验螺纹的旋合性。止端螺纹量规模拟螺纹的最小实体牙型，为了消除螺距误差和牙型半角误差的影响，其牙型做成截短的不完整的牙型，且螺纹长度只有2～3.5牙，用于测量螺纹的实际中径，控制螺纹连接的可靠性。

(1) 外螺纹的测量

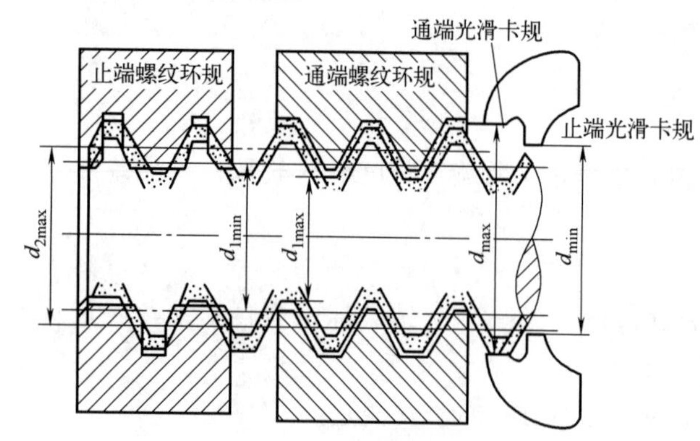

图6-53 环规检测外螺纹

外螺纹的测量如图6-53所示，先用光滑极限卡规检测外螺纹的大径尺寸，通端光滑卡规应通过被测外螺纹的大径，止端光滑卡规应不通过被测外螺纹的大径。接着用螺纹环规测量，若通端能在旋合长度内与被测螺纹旋合，则说明外螺纹的作用中径合格，且外螺纹的小径没有超出其最大极限尺寸；若止端不能通过被测螺纹（最多允许旋进2～3牙），则说明被测螺纹的单一中径合格。

(2) 内螺纹的测量

内螺纹的测量如图 6-54 所示，先用光滑极限塞规测量内螺纹的大径，通端光滑塞规应通过被测内螺纹小径，止端光滑塞规应不通过被测内螺纹的小径。接着用螺纹塞规测量，若通端能在旋合长度内与被测螺纹旋合，则说明内螺纹的作用中径合格，且小径不小于其最小极限尺寸；若止端不能通过被测螺纹（最多允许旋进 2～3 牙），则说明被测螺纹的单一中径合格。

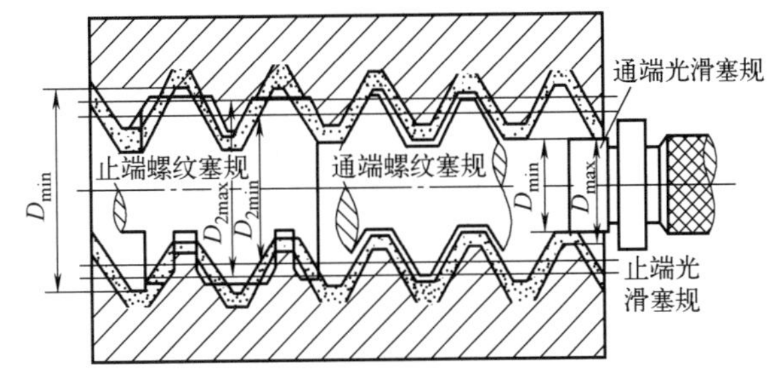

图 6-54　塞规测量内螺纹

6.7.2 单项测量

螺纹的单项测量是指分别测量螺纹的各项几何参数，主要是中径、螺距和牙型半角。螺纹量规、螺纹刀具等高精度螺纹和丝杠螺纹均采用单项测量方法，对普通螺纹做工艺分析时也常进行单项测量。

(1) 螺纹千分尺测量外螺纹单一中径

① 螺纹千分尺测量外螺纹。螺纹千分尺是测量低精度外螺纹实际中径的一种常用测量器具，其构造与外径千分尺相似，如图 6-55 所示。螺纹千分尺的测量头做成与螺纹牙型相吻合的形状，即一个为 V 形测量头，与螺纹牙型凸起部分相吻合，另一个为锥形测量头，与螺纹牙型沟槽相吻合。螺纹千分尺有一套可换测量头，每对测量头只能用来测量一定螺距范围的螺纹。

使用螺纹千分尺测量螺纹中径，将一对 V 形和锥形测量头分别插入架砧和测杆孔中。测量时螺纹千分尺放平，使两个测量头卡入被测螺纹的两个牙槽中，且测量头的中心线和被测螺纹的中心线垂直，V 形测头与被测螺纹的齿廓凸起部分相接触，锥形测头与被测螺纹直径方向上相邻齿廓凹槽部分相接触，如图 6-56 所示。测量头和螺纹接触好后，即可用螺纹千分尺测出一个牙同对边一个牙槽沿螺纹轴线垂直方向的距离。

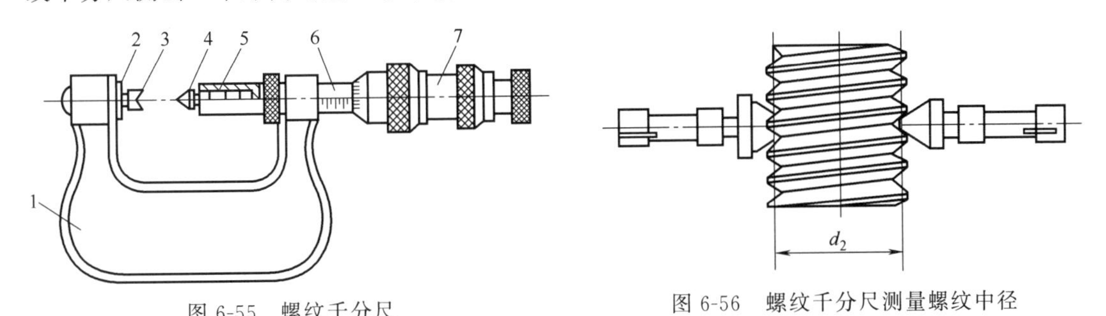

图 6-55　螺纹千分尺

1—弓架；2—架砧；3— V 形测头；4—锥形测头；5—测杆；6—固定套筒；7—微分筒

图 6-56　螺纹千分尺测量螺纹中径

② 使用螺纹千分尺的注意事项。螺纹千分尺的使用注意事项与外径千分尺类似，但螺纹千分尺有如下特殊注意事项。

a. 测量前，先根据螺距选择合适的测头。

b. 安装螺纹测量头时一定要注意：锥形测头安装在活动量砧上，V 形测头安装在固定量砧上，不能装反了。

c. 测量时，两量砧连线一定要与工件轴线垂直，且找到最大直径处才能读数。

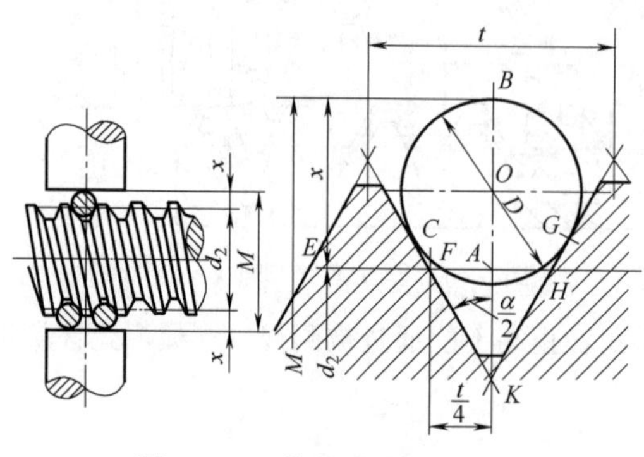

图 6-57 三针法测量螺纹中径

d. 测量完毕后，需复查螺纹千分尺零位，误差不能超过±0.005mm。

(2) 三针法测量螺纹单一中径

三针法主要用于测量精密外螺纹的单一中径（如螺纹塞规、丝杠螺纹等）。测量时，将三根直径相同的精密量针分别放在被测螺纹的沟槽中，然后用光学或机械量仪测出针距 M，如图 6-57 所示。根据被测螺纹已知的螺距 P、牙型半角 $\alpha/2$ 和量针直径 d_0，按下式算出被测螺纹的单一中径 d_2。

$$d_2=M-d_0\left(1+\frac{1}{\sin\frac{\alpha}{2}}\right)+\frac{P}{2}\cot\frac{\alpha}{2} \tag{6-23}$$

式中，螺距 P、牙型半角 $\alpha/2$ 和量针直径 d_0 的值均按照理论值。

三针法的测量精度，除与所选量仪的示值误差和量针本身的误差有关，还与被测螺纹的螺距误差和牙型半角误差有关。为了消除牙型半角误差对测量结果的影响，应选择最佳直径的量针，使量针在中径线上与牙侧接触，量针与被测螺纹沟槽接触的两个切点间的轴向距离等于 $P/2$，量针最佳直径为：

$$d_{0最佳}=\frac{P}{2\cos\frac{\alpha}{2}} \tag{6-24}$$

若对每一种螺距给以相应的最佳量针的直径，这样，量针的种类将达到很多，为了适应各种类型的螺纹，对量针直径进行合并减少规格。标准化的量针直径可参考 JB/T 3326—1999。

量针分为Ⅰ、Ⅱ、Ⅲ3 种型号，量针的精度分成 0 级和 1 级两种，0 级量针用于测量中径公差为 4～8μm 的螺纹塞规或螺纹工件，1 级量针用于测量中径公差大于 8μm 的螺纹工件。

三针法的测量精度比目前常用的其他方法的测量精度要高，而且在生产条件下，应用也较方便。

(3) 影像法测量螺纹

影像法测量螺纹是用工具显微镜将被测螺纹的牙型轮廓放大成像，按被测螺纹的影像测量其螺距、牙型半角和中径。各种精密螺纹（如螺纹量规、丝杠等），均可在工具显微镜上测量。

第7章 轴承的公差配合与测量

轴承是当代机械设备中一种重要的零部件。它的主要功能是支承机械旋转体，降低其动力传递过程中的摩擦因数，保持轴中心位置固定并保证其回转精度。

按运动元件摩擦性质的不同，轴承可分为滚动轴承和滑动轴承两大类。其中，滚动轴承已经标准化、系列化，但与滑动轴承相比，它的径向尺寸较大，机械振动和机械噪声也较大，价格也较高。

7.1 滚动轴承的公差与配合

7.1.1 概述

(1) 滚动轴承的应用

滚动轴承是机器、仪器、仪表中用来支承旋转部分、应用极为广泛的一种组件，其工作精度直接影响机器、仪器、仪表中转动部分的运动精度、旋转平稳性与灵活性。由于滚动轴承广泛应用于各种机械产品，为保证互换性，其结构、尺寸、材料、制造精度与技术条件已标准化。

(2) 滚动轴承的结构

滚动轴承一般由外圈、内圈、滚动体和保持架四部分组成。由深沟球轴承结构可知，内圈与传动轴的轴颈配合，外圈与轴承座孔配合，属于典型的光滑圆柱配合。滚动轴承的工作性能和使用寿命，不仅取决于本身的制造精度，也与其配合件即轴承座孔、传动轴的配合性质，以及轴承座、传动轴轴颈的尺寸精度、形位公差和表面粗糙度等因素有关。

(3) 滚动轴承的类型及其代号

按滚动体的形状，滚动轴承分为球轴承和滚子轴承两大类。滚动轴承的主要类型与代号列于表 7-1 中。

表 7-1 滚动轴承的主要类型与代号（GB/T 272—2017）

类型代号	轴承名称 简图标准号	尺寸系列代号	轴承性能和特点
6	深沟球轴承 GB/T 276	17 37 18 19 (1)0 (0)2 (0)3 (0)4	结构简单。主要承受径向载荷，也可承受一定的双向轴向载荷。高速装置中可代替推力轴承。摩擦因数小，极限转速高，价廉。应用范围最广
16		(0)0	

续表

类型代号	轴承名称 简图标准号	尺寸系列代号	轴承性能和特点
7	角接触球轴承 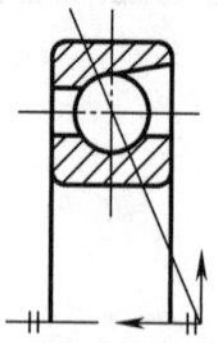 GB/T 292	18 19 (1)0 (0)2 (0)3 (0)4	能同时承受径向载荷和单向轴向载荷。接触角 α 有 15°、25°和 40°三种，轴向承载能力随接触角增大而提高，需成对使用
QJ	四点接触球轴承 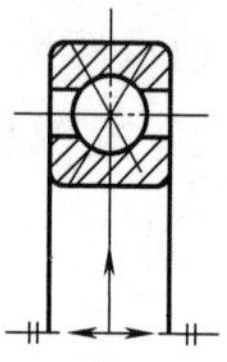 GB/T 294	(0)2 (0)3 10	具有双半内圈，内、外圈可分离。两侧接触角均为 35°，可承受径向载荷和双向轴向载荷。旋转精度较高
UC	外球面球轴承 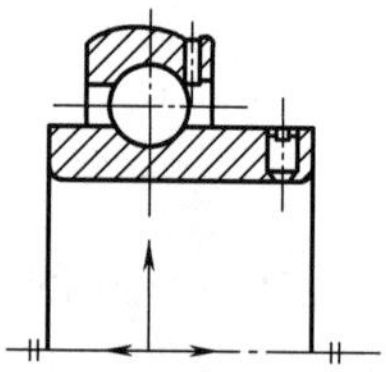 GB/T 3882	2 3	轴承内部结构同深沟球轴承，两面密封，外圈外表面为球面，与轴承座的凹球面相配，具有一定的自动调心作用。内圈用紧定套或紧定螺钉固定在轴上，装拆方便，结构紧凑
N	圆柱滚子轴承 (外圈无挡边) 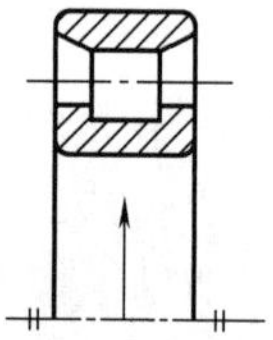 GB/T 283	10 (0)2 22 (0)3 23 (0)4	用以承受较大的径向载荷。内、外圈间可作自由轴向移动，不能受轴向载荷。滚子与套圈间是线接触，只允许有很小的角位移
3	圆锥滚子轴承 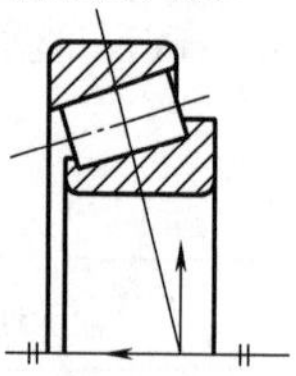 GB/T 297	02 03 13 20 22 23 29 30 31 32	能同时承受径向和单向轴向载荷，承载能力大。内、外圈可分离，安装时可调整游隙。成对使用。允许角偏斜较小
5	推力球轴承 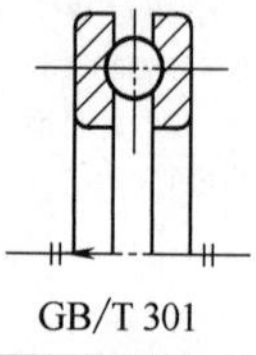 GB/T 301	11 12 13 14	只能承受单向轴向载荷。回转时，因钢球离心力与保持架摩擦发热，故极限转速较低。套圈可分离

续表

类型代号	轴承名称 简图标准号	尺寸系列代号	轴承性能和特点
8	推力圆柱滚子轴承 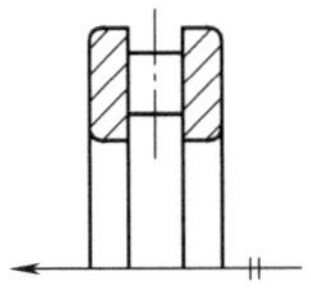 GB/T 4663	11 12	能承受较大单向轴向载荷,轴向刚度高。极限转速低,不允许轴与外圈轴线有倾斜
2	推力调心滚子轴承 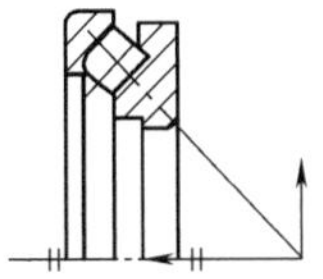 GB/T 5859	92 93 94	外圈滚道是球面,调心性能好。能承受轴向载荷为主的径向、轴向联合载荷
5	双向推力球轴承 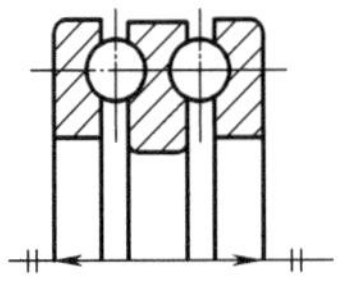 GB/T 301	22 23 24	能承受双向的轴向载荷。其他同推力球轴承
(0)	双列角接触球轴承 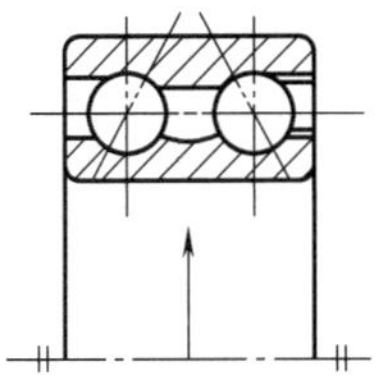 GB/T 296	32 33	能同时承受径向和双向轴向载荷。相当于成对安装、背对背的角接触球轴承(接触角30°)
1(1)	调心球轴承 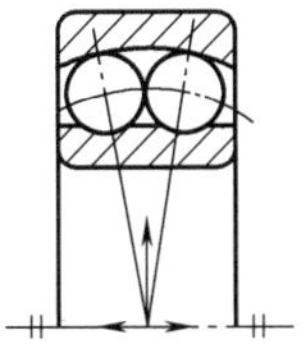 GB/T 281	39 (1)0 30 (0)2 22 (0)3 23	双排钢球,外圈滚道为内球面形,具有自动调心性能。主要承受径向载荷
2	调心滚子轴承 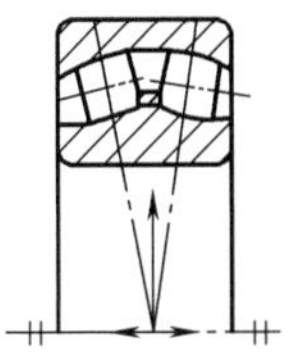 GB/T 288	38 48 13 22 23 03 30 31 32 40 41 39 49	与调心球轴承相似。双排滚子,有较高承载能力。允许角偏斜小于调心球轴承

续表

类型代号	轴承名称 简图标准号	尺寸系列代号	轴承性能和特点
4	双列深沟球轴承	(2)2 (2)3	能同时承受径向和轴向载荷。径向刚度和轴向刚度均大于深沟球轴承

注：表中括号内的数字表示在组合代号中省略。

7.1.2 滚动轴承的公差

(1) 滚动轴承相关的国家标准

滚动轴承品种繁多，对标准化的要求高，因此相应的国家标准也比较多。与公差配合有关的有下列标准。

GB/T 4199—2003《滚动轴承　公差　定义》。

GB/T 307.1—2017《滚动轴承　向心轴承　产品几何技术规范（GPS）和公差》。

GB/T 307.4—2017《滚动轴承　推力轴承　产品几何技术规范（GPS）和公差》。

GB/T 5800.1—2012《滚动轴承　仪器用精密轴承　第1部分：公制系列轴承的外形尺寸、公差和特性》。

GB/T 5800.2—2012《滚动轴承　仪器用精密轴承　第2部分：英制系列轴承的外形尺寸、公差和特性》。

GB/T 5801—2006《滚动轴承　48、49和69尺寸系列滚针轴承　外形尺寸和公差》。

GB/T 6445—2007《滚动轴承　滚轮滚针轴承　外形尺寸和公差》。

GB/T 275—2015《滚动轴承　配合》。

GB/T 307.3—2017《滚动轴承　通用技术规则》。

(2) 滚动轴承的基本尺寸

滚动轴承的基本尺寸有轴承的内径 d、外径 D 与宽度 B（内圈）或 C（外圈）、推力轴承中的高度 T，如图 7-1 所示。

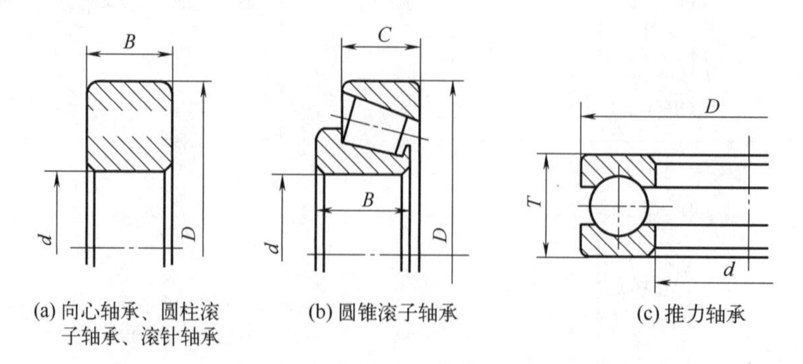

(a) 向心轴承、圆柱滚子轴承、滚针轴承　(b) 圆锥滚子轴承　(c) 推力轴承

图 7-1　滚动轴承的基本尺寸

(3) 滚动轴承的公差等级及其应用

国家标准 GB/T 307.3—2017《滚动轴承　通用技术规则》规定轴承按尺寸公差与旋转

精度分级。尺寸公差指成套轴承的内、外径和宽度的尺寸公差；旋转精度指轴承内、外圈的径向跳动，端面对滚道的跳动以及端面对内孔的跳动。

轴承公差等级依次由低至高排列，向心轴承（圆锥滚子轴承除外）分为普通、6、5、4、2 五级，圆锥滚子轴承分为普通、6X、5、4 四级，推力轴承分为普通、6、5、4 四级。

普通级轴承应用最广，属普通级轴承，常用于旋转精度要求不高的一般机构。例如，卧式车床变速箱和进给箱、汽车和拖拉机的变速箱、普通电机、水泵、压缩机和涡轮机等。

6 级轴承用于转速较高、旋转精度要求较高的机构。例如，普通机床的主轴后轴承，精密机床变速箱的轴承。

5 级、4 级轴承用于高速以及旋转精度要求高的机构。例如，精密机床的主轴轴承，精密仪器仪表的主要轴承。

2 级轴承用于转速和旋转精度要求特别高的机构。例如，齿轮磨床、精密坐标镗床的主轴轴承，高精密仪器仪表的主要轴承。

在生产中滚动轴承的精度等级参见表 7-2；高精度滚动轴承在金属切削机床主轴上的应用参见表 7-3。

表 7-2　在生产中滚动轴承的精度等级

轴承类型	轴承结构		轴承系列代号	轴承精度			
				E	D	C	B
向心球轴承	单列		1000800,1000900,7000100,100,200,300	△	△	△	△
			400	△	△		
	单列带防尘盖		所有系列	△	△		
向心球面球轴承	双列		内径≤80mm	△	△		
			内径>80mm	△			
向心短圆柱滚子轴承	单列		2100,2200,2500,2300,2600	△	△	△	
			2400	△	△		
			32100,32200,32300,32500,32600	△	△	△	
			32400,42200,42300 42500,42600,42400	△	△		
	双列		3282100,3182100	△	△	△	△
向心推力球轴承	单列	分离型(6000 型)	所有系列	△	△	△	
		不可分离型	36100,46100,36200,46200,36300,46300	△	△	△	△
			66300,46400,66400	△	△	△	
		锁口在内圈上	136100,146100,136200,146200	△	△	△	
			136300,146300	△	△	△	
		双半内圈和双半外圈（四点接触）	1176900,1116900,176100,116100 1176700,1116700,176200,116200	△	△	△	
			176300,116300	△	△		
	成对双联		接触角 12°和 26°的特轻(1),轻(0)窄系列	△	△	△	△
			中(3)窄系列和重(4)窄系列	△	△	△	△
	双列		所有系列	△			
圆锥滚子轴承	单列		2007100,7200,7500,7300,7600	△	△	△	△
推力球轴承	单向		8100,8200	△	△	△	
			单向所有系列、双向 38200	△	△		

表 7-3　高精度滚动轴承在金属切削机床主轴上的应用

轴承型号	精度等级	应用举例
200	C	高精度磨床,丝锥磨床,齿轮磨床
300	B	插齿刀磨床

续表

轴承型号	精度等级	应用举例
36000 46000	D	精密镗床,内圆磨床,齿轮加工机床
	E	普通车床,铣床
3182100	C	精密丝杠车床,高精度车床,高精度外圆磨床
	D	精密车床,精密铣床,镗床,普通外圆磨床,多轴车床,六角车床
	E	普通车床,自动车床,铣床,立式车床
2000 3000	E	精密车床和铣床的主轴后轴承
7000	B	坐标镗床
	C	磨齿机床
	D	精密车床,精密铣床,精密六角车床,镗床,滚齿机
	E	车床,铣床
8000	E	一般精度机床

7.1.3 滚动轴承的配合

(1) 配合面及端面的几何公差

轴颈和轴承座孔表面的圆柱度公差以及轴肩及轴承座孔肩的轴向圆跳动如表 7-4 所示。

表 7-4 配合面——轴和轴承座孔的几何公差（GB/T 275—2015）

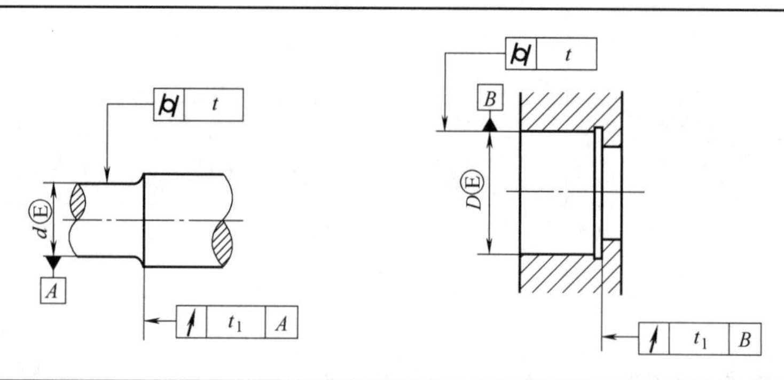

基本尺寸/mm		圆柱度 t				轴向圆跳动 t_1			
		轴颈		轴承座孔		轴肩		轴承座孔肩	
		轴承公差等级							
		0	6(6X)	0	6(6X)	0	6(6X)	0	6(6X)
>	≤	公差值/μm							
	6	2.5	1.5	4	2.5	5	3	8	5
6	10	2.5	1.5	4	2.5	6	4	10	6
10	18	3.0	2.0	5	3.0	8	5	12	8
18	30	4.0	2.5	6	4.0	10	6	15	10
30	50	4.0	2.5	7	4.0	12	8	20	12
50	80	5.0	3.0	8	5.0	15	10	25	15
80	120	6.0	4.0	10	6.0	15	10	25	15
120	180	8.0	5.0	12	8.0	20	12	30	20
180	250	10.0	7.0	14	10.0	20	12	30	20
250	315	12.0	8.0	16	12.0	25	15	40	25
315	400	13.0	9.0	18	13.0	25	15	40	25
400	500	15.0	10.0	20	15.0	25	15	40	25

(2) 配合面的表面粗糙度

轴颈和轴承座孔的配合面的表面粗糙度列于表 7-5。

表 7-5 配合面的表面粗糙度

轴或轴承座直径/mm		轴或外壳配合表面直径公差等级								
		IT7			IT6			IT5		
		表面粗糙度								
超过	到	*Rz*	*Ra*		*Rz*	*Ra*		*Rz*	*Ra*	
			磨	车		磨	车		磨	车
	80	10	1.6	3.2	6.3	0.8	1.6	4	0.4	0.8
80	500	16	1.6	3.2	10	1.6	3.2	6.3	0.8	1.6
端面		25	3.2	6.3	25	3.2	6.3	10	1.6	3.2

(3) 滚动轴承的配合

① 滚动轴承的配合及其特点。滚动轴承的配合是指内圈与轴颈及外圈与轴承座孔的配合。轴承的内、外圈是薄壁零件，在制造、使用过程中极易产生变形，但当轴承内圈与轴颈以及外圈与轴承座孔装配后，这种少量的变形比较容易得到一定程度的纠正。因此，国家标准 GB/T 4199—2003《滚动轴承　公差　定义》对轴承内径 d 与外径 D，不仅规定了直径公差，还规定了轴承套圈单一平面平均内径、平均外径（d_m、D_m）的公差。其目的是控制轴承的变形程度及轴承与轴颈和轴承座孔的配合尺寸精度。

国家标准 GB/T 307.1—2017 规定了 0、6、5、4、2 各公差等级的轴承的内径 d_{mp} 和外径 D_{mp} 的公差带均为单向制，如图 7-2 所示。

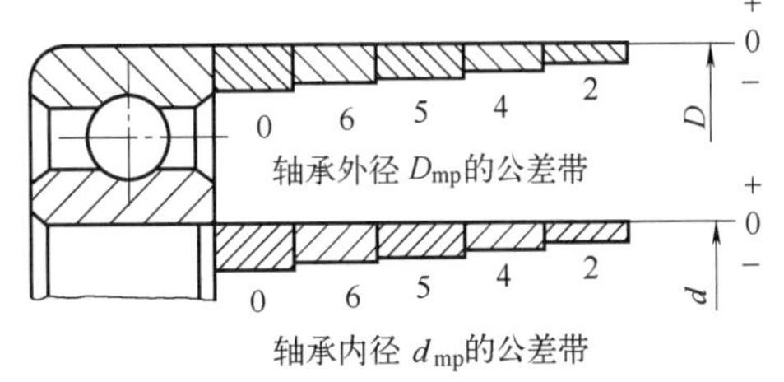

图 7-2 轴承内、外径公差带

滚动轴承是标准件，为保证轴承的互换性，轴承内圈与轴的配合采用基孔制。轴承内圈的公差带位置却和一般的基准孔相反，从图 7-2 中可以看出公差带都位于零线以下，即上偏差为零，下偏差为负值。这样分布主要是考虑配合的特殊需要。通常情况轴承内圈与轴一起旋转，为防止内圈和轴之间的配合产生相对滑动而导致结合面磨损，影响轴承的工作性能，要求两者的配合应具有一定的过盈，但由于内圈是薄壁零件，容易弹性变形胀大，并且为了便于拆换，故过盈量不能太大。如果仍用国家标准基孔制的过渡配合，有可能出现间隙，不能保证具有一定的过盈；若采用非标准配合，则又违反了标准化和互换性原则。故规定轴承内圈公差带位于零线以下。

滚动轴承的内圈公差带与轴公差带构成配合时，一般基孔制中原属过渡配合的将变为过盈配合；在一般基孔制中原属间隙配合的成为过渡配合。也就是说，滚动轴承内圈与轴的配合比 GB/T 1801—2009 中基孔制的同名配合要偏紧些，从而满足了轴承内圈与轴的配合要求，同时又可按标准偏差来加工轴。

滚动轴承的外径与轴承座孔的配合采用基轴制，轴承外圈安装在轴承座孔中，通常不旋转。考虑到工作时温度升高会使轴热膨胀，两端轴承中有一端应是游动支承，可使外圈与轴承座孔的配合稍微松一点，使之能补偿轴的热胀伸长量；否则，轴可能会弯曲，轴承内部有可能卡死。因此，滚动轴承的外径公差带仍遵循一般基准轴的规定，与基本偏差为 h 的公差带相类似，但公差值不同。

② 滚动轴承的配合公差带。国家标准 GB/T 275—2015《滚动轴承 配合》所规定的轴承与轴和轴承座孔配合的常用公差带参见图 7-3 和图 7-4。该公差带仅适用于以下场合：

a. 轴承外形尺寸符合 GB/T 273.1—2011、GB/T 273.2—2006、GB/T 273.3—2015，

且公称内径 $d \leqslant 500$mm；

b. 轴承公差符合 GB/T 307.1—2005 中的 0、6（6X）级；

c. 轴承游隙符合 GB/T 4604.1—2012 的 N 组；

d. 轴为实心或厚壁钢制轴；

e. 轴承座为铸钢或铸铁。

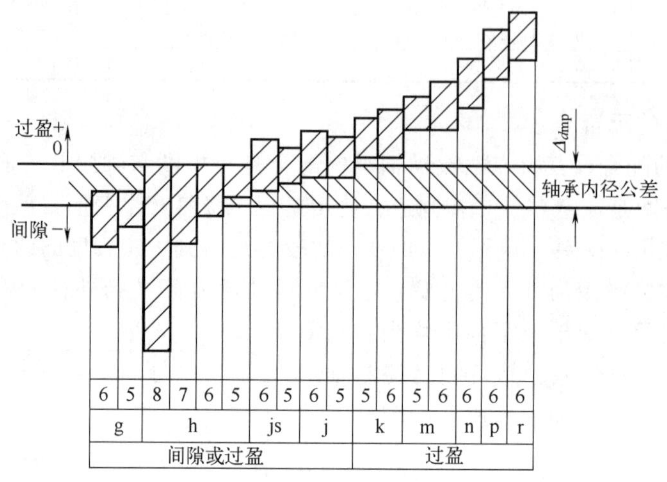

图 7-3　轴承与轴配合的常用公差带关系图

Δ_{dmp}—轴承内圈单一平面平均内径的偏差

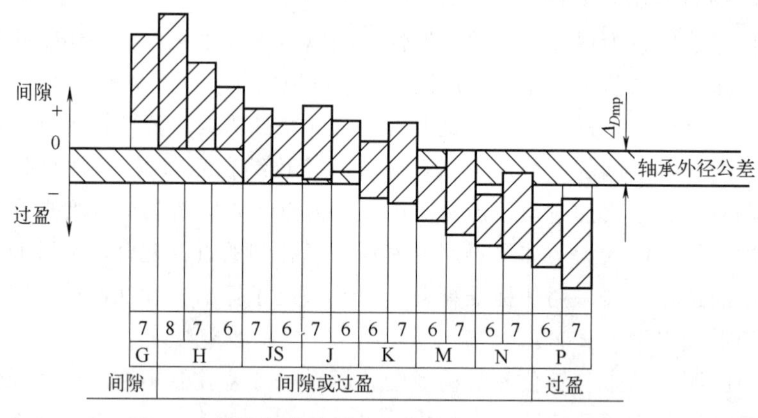

图 7-4　轴承与轴承座孔配合的常用公差带关系图

Δ_{Dmp}—轴承外圈单一平面平均外径的偏差

滚动轴承的配合可以由图中清楚地看出，如它的基准面（内圈内径、外圈外径）公差带以及与轴或轴承座孔尺寸偏差的相对关系。显然轴承内圈与轴的配合比基孔制同名配合紧一些。对轴承内圈与轴的配合而言，光滑圆柱公差标准中的许多间隙配合在这里实际已变成过渡配合，如常用配合中，g5、g6、h5、h6 的配合已变成过渡配合；而有的过渡配合在这里实际已成为过盈配合，如常用配合中，k5、k6、m5、m6 的配合已变成过盈配合，其余配合也都有所变紧。而轴承外圈与轴承座孔的配合与基轴制同名配合相比较，虽然尺寸公差值有所不同，但配合性质基本一致，只是由于轴承外径的公差值较小，因而配合也稍紧，如 H6、H7、H8 已成为过渡配合。

③ 滚动轴承配合选择的基本原则。轴承的正确运转很大程度上取决于轴承与轴、孔的配合质量。正确选择轴承的配合，与保证机器正常运转、提高轴承使用寿命、充分发挥其承载能力关系很大，选择时主要考虑下列因素。

a. 运转条件。作用在轴承上的径向载荷，可以是静止载荷（如带轮的拉力或齿轮的作用力），或是静止载荷和旋转载荷（如机件的转动离心力）的合成载荷，如图 7-5 所示。它的作用方向与轴承套圈（内圈或外圈）存在着以下 3 种关系。

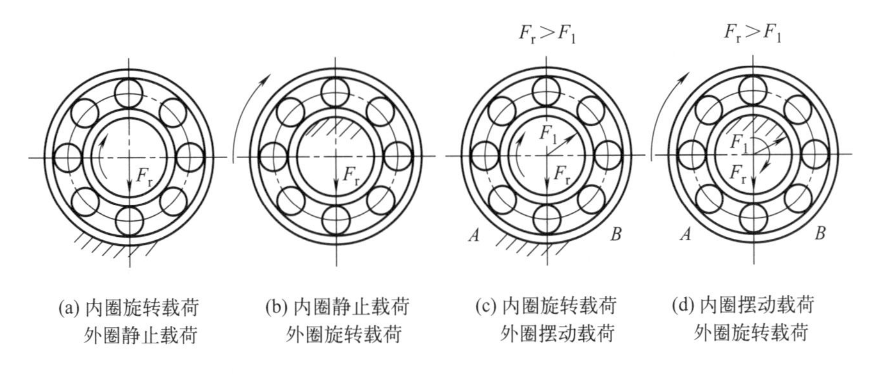

(a) 内圈旋转载荷 外圈静止载荷　(b) 内圈静止载荷 外圈旋转载荷　(c) 内圈旋转载荷 外圈摆动载荷　(d) 内圈摆动载荷 外圈旋转载荷

图 7-5 轴承套圈承受的载荷类型

• 套圈相对于载荷方向固定。径向载荷始终作用在套圈滚道的局部区域上，如图 7-5（a）所示静止的外圈和图 7-5（b）所示静止的内圈，受到方向始终不变的载荷 F_r 的作用。此时套圈相对于载荷方向静止的受力特点是载荷作用集中，套圈滚道局部区域容易产生磨损。

• 套圈相对于载荷方向旋转。径向载荷与套圈相对旋转，如图 7-5（a）所示旋转的内圈和图 7-5（b）所示旋转的外圈，受到方向旋转变化的载荷 F_r 的作用。此时套圈相对于载荷方向旋转的受力特点是载荷呈周期作用，套圈滚道产生均匀磨损。

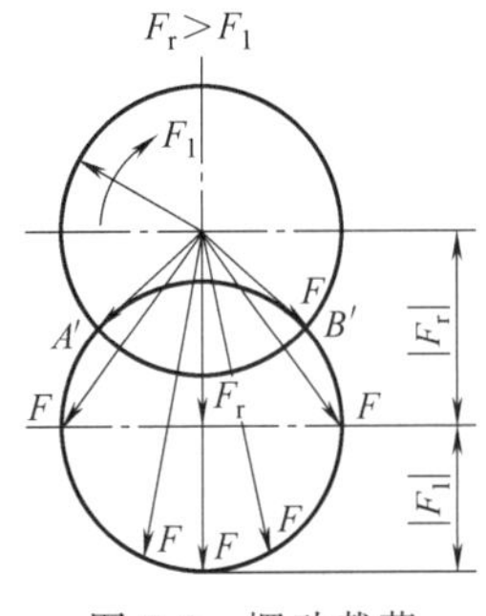

图 7-6 摆动载荷

• 套圈相对于载荷方向摆动。按一定规律变化的径向载荷往复作用在套圈滚道的局部圆周上，套圈在一定区域内相对摆动，如图 7-5（c）和图 7-5（d）所示，轴承套圈受到静止载荷 F_r 和旋转载荷 F_1 的同时作用。两者合成的载荷大小将由小到大，再由大到小周期性地变化。由图 7-6 得知，当 $F_r>F_1$ 时，F_r 与 F_1 的合成载荷就在 $A'B'$ 区域内摆动。此时静止套圈相对于合成载荷方向摆动，而旋转套圈相对于合成载荷方向旋转。

套圈相对于载荷方向旋转或摆动时，应选择过盈配合；套圈相对于载荷方向固定时，可选择间隙配合，见表 7-6。载荷方向难以确定时，宜选择过盈配合。

表 7-6 套圈运转及承载情况

套圈运转情况	典型示例	示意图	套圈承载情况	推荐的配合
内圈旋转 外圈静止 载荷方向恒定	皮带驱动轴		内圈承受旋转载荷 外圈承受静止载荷	内圈过盈配合 外圈间隙配合
内圈静止 外圈旋转 载荷方向恒定	传送带托辊 汽车轮毂轴承		内圈承受静止载荷 外圈承受旋转载荷	内圈间隙配合 外圈过盈配合

续表

套圈运转情况	典型示例	示意图	套圈承载情况	推荐的配合
内圈旋转 外圈静止 载荷随内圈旋转	离心机、振动筛、振动机械		内圈承受静止载荷 外圈承受旋转载荷	内圈间隙配合 外圈过盈配合
内圈静止 外圈旋转 载荷随外圈旋转	回转式破碎机		内圈承受旋转载荷 外圈承受静止载荷	内圈过盈配合 外圈间隙配合

b. 载荷大小。滚动轴承套圈与轴和轴承座孔的配合，与轴承套圈所承受的载荷大小有关。国家标准 GB/T 275—2015 根据当量径向动载荷 P_r 与额定动载荷 C_r 的比值，将当量径向动载荷 P_r 分为轻载荷、正常载荷和重载荷三种类型，见表 7-7。轴承在重载荷和冲击载荷的作用下，套圈容易产生变形，使配合面受力不均匀，引起配合松动。因此，载荷越大，选择的配合过盈量应越大。当承受冲击载荷或重载荷时，一般应选择比正常载荷、轻载荷时更紧的配合。

表 7-7　向心轴承载荷大小

载荷大小	P_r/C_r
轻载荷	≤0.06
正常载荷	>0.06～0.12
重载荷	>0.12

c. 轴承尺寸大小。随着轴承尺寸的增大，选择过盈配合的过盈量应越大，间隙配合的间隙量应越大。

d. 轴承游隙。采用过盈配合会导致轴承游隙减小，应检验安装后轴承的游隙是否满足使用要求，以便正确选择配合及轴承游隙。

e. 其他因素。在选择配合时，还应考虑以下因素：

• 轴和轴承座的材料、强度和导热性能。

• 从外部进入支承的以及轴承中产生的热。

• 必须考虑轴承工作温度（或温差）的影响。特别是在高温（高于 100℃）条件下工作的轴承。轴承工作时因摩擦发热及其他热源的影响，套圈的温度会高于相配件的温度，内圈的热膨胀使之与轴的配合变松，而外圈的热膨胀则使之与轴承座孔的配合变紧。因此，选择配合时，必须考虑轴承工作温度的影响，考虑与轴承相关联的零部件的导热途径和热量。

• 轴承的旋转精度要求越高、转速越高，选择的配合应越紧。

• 为了方便轴承的安装与拆卸，应考虑采用较松的配合。如要求装拆方便但又要紧配合时，可采用分离型轴承，或内圈带锥孔、紧定套和退卸套的轴承。

综上所述，影响滚动轴承配合的因素很多，表 7-8 所示为不同工作条件与环境对选择配合的影响。轴承的配合通常难以用计算法确定，所以实际生产中可采用类比法来选择。类比法确定轴颈和轴承座孔的公差带时，参考表 7-9～表 7-12 中所列情况进行选择。

表 7-8　不同工作条件与环境对选择配合的影响

工作条件或环境			配合选择	作用与影响
类型	情况			
工作负荷	负荷大小	空载或接近无负荷	预先加载小过盈	用特别形状的套圈或套圈的弹性变形使滚动体预先承载以免产生打滑和爬行

续表

工作条件或环境			配合选择	作用与影响
类型	情况			
工作负荷	负荷大小	轻负荷 正常负荷	过渡配合	有利定心，避免套圈过大的弹性变形与内应力
		重负荷	适当增加过盈量	有利承载，避免配合件相对运动
	负荷性质	局部负荷	小间隙配合	允许套圈缓慢的相对运动以减轻套圈局部磨损
		循环负荷	小过盈配合	避免配合件相对运动
		摆动、振动与冲击负荷	适当增加过盈量	
切线速度	高切线速度		无间隙或小过盈配合	提高定位精度，减少转子静态位移量
环境温度	高环境温度		适当增加配合间隙	避免套圈变形影响轴承内部游隙
相配件材料	非钢铁零件，不锈钢，合金零件		根据温升计算配合变化	线胀系数不同，有温升时配合性质改变
结构型式	薄壁壳体		适当加大配合过盈量	保证有足够的配合支承表面
	空心轴			
	对开式壳体		小间隙配合	避免低精度的轴承座孔形状误差影响外圈
工作要求	定位精度高		小过盈配合	提高定位准确度，减少转子静态位移量
	旋转精度高			
	允许轴承工作中轴向位移		小间隙配合	用以提供转子热膨胀时自由伸长的可能，多用于外圈与轴承座孔配合
装配方便	经常拆卸处		小间隙配合	需要采用过盈配合时可用分离型轴承，带圆锥内孔的轴承或带紧定套的轴承
	重型机械大型零件			

表 7-9 向心轴承和轴承座孔的配合——孔公差带（GB/T 275—2015）

载荷情况		举例	其他状况	公差带①	
				球轴承	滚子轴承
外圈承受固定载荷	轻、正常、重	一般机械、铁路机车车辆轴箱	轴向易移动，可采用剖分式轴承座	H7、G7②	
	冲击		轴向能移动，可采用整体或剖分式轴承座	J7、JS7	
方向不定载荷	轻、正常	电机、泵、曲轴主轴承			
	正常、重		轴向不移动，采用整体式轴承座	K7	
	重、冲击	牵引电机		M7	
外圈承受旋转载荷	轻	带张紧轮		J7	K7
	正常	轮毂轴承		M7	N7
	重			—	N7、P7

① 并列公差带随尺寸的增大从左至右选择。对旋转精度有较高要求时，可相应提高一个公差等级。

② 不适用于剖分式轴承座。

表 7-10 向心轴承和轴的配合——轴公差带（GB/T 275—2015）

圆柱孔轴承						
载荷情况		举例	深沟球轴承、调心球轴承和角接触球轴承	圆柱滚子轴承和圆锥滚子轴承	调心滚子轴承	公差带
			轴承公称内径/mm			
内圈承受旋转载荷或方向不定载荷	轻载荷	输送机、轻载齿轮箱	≤18 >18～100 >100～200 —	— ≤40 >40～140 >140～200	— ≤40 >40～100 >100～200	h5 j6① k6① m6①
	正常载荷	一般通用机械、电动机、泵、内燃机、正齿轮传动装置	≤18 >18～100 >100～140 >140～200 >200～280 — —	— ≤40 >40～100 >100～140 >140～200 >200～400 —	— ≤40 >40～65 >65～100 >100～140 >140～280 >280～500	j5 js5 k5② m5② m6 n6 p6 r6

续表

圆柱孔轴承							
载荷情况			举例	深沟球轴承、调心球轴承和角接触球轴承	圆柱滚子轴承和圆锥滚子轴承	调心滚子轴承	公差带
				轴承公称内径/mm			
内圈承受旋转载荷或方向不定载荷	重载荷		铁路机车车辆轴箱、牵引电机、破碎机等	—	＞50～140 ＞140～200 ＞200 —	＞50～100 ＞100～140 ＞140～200 ＞200	n6③ p6③ r6③ r7③
内圈承受固定载荷	所有载荷	内圈需在轴向易移动	非旋转轴上的各种轮子	所有尺寸			f6 g6
		内圈不需在轴向易移动	张紧轮、绳轮				h6 j6
仅有轴向载荷			所有尺寸				j6、js6

圆锥孔轴承				
所有载荷	铁路机车车辆轴箱	装在退卸套上	所有尺寸	h8(IT6)④,⑤
	一般机械传动	装在紧定套上	所有尺寸	h9(IT7)④,⑤

① 凡精度要求较高的场合，应用 j5、k5、m5 代替 j6、k6、m6。
② 圆锥滚子轴承、角接触球轴承配合对游隙影响不大，可用 k6、m6 代替 k5、m5。
③ 重载荷下轴承游隙应选大于 N 组。
④ 凡精度要求较高或转速要求较高的场合，应选用 h7（IT5）代替 h8（IT6）等。
⑤ IT6、IT7 表示圆柱度公差数值。

表 7-11 推力轴承和轴配合——轴公差带（GB/T 275—2015）

载荷情况		轴承类型	轴承公称内径/mm	公差带
仅有轴向载荷		推力球和推力圆柱滚子轴承	所有尺寸	j6、js6
径向和轴向联合载荷	轴圈承受固定载荷	推力调心滚子轴承、推力角接触球轴承、推力圆锥滚子轴承	≤250 ＞250	j6 js6
	轴圈承受旋转载荷或方向不定载荷		≤200 ＞200～400 ＞400	k6① m6 n6

① 要求较小过盈时，可分别用 j6、k6、m6 代替 k6、m6、n6。

表 7-12 推力轴承和轴承座孔配合——孔公差带（GB/T 275—2015）

载荷情况		轴承类型	公差带
仅有轴向载荷		推力球轴承	H8
		推力圆柱、圆锥滚子轴承	H7
		推力调心滚子轴承	—①
径向和轴向联合载荷	座圈承受固定载荷	推力角接触球轴承、推力调心滚子轴承、推力圆锥滚子轴承	H7
	座圈承受旋转载荷或方向不定载荷		K7② M7③

① 轴承座孔与座圈间间隙为 0.001D（D 为轴承公称外径）。
② 一般工作条件。
③ 有较大径向载荷时。

(4) 滚动轴承配合的标注

① 轴承配合表面的技术要求。除尺寸公差外，GB/T 275—2015 还规定了轴颈和轴承座孔表面的圆柱度公差、轴肩及轴承座孔肩的轴向圆跳动，如图 7-7 和图 7-8 所示。

② 滚动轴承在装配图上的标注。滚动轴承是标准件，在装配图上只需标出轴和轴承座孔的公差带代号，标注示例如图 7-9 所示。

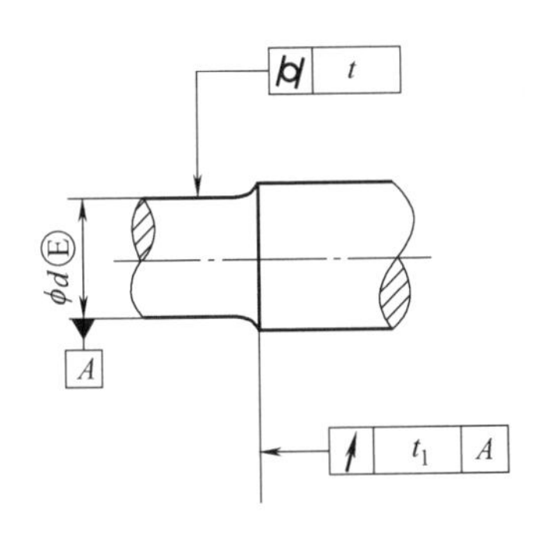

图 7-7 轴颈的圆柱度公差和轴肩的轴向圆跳动

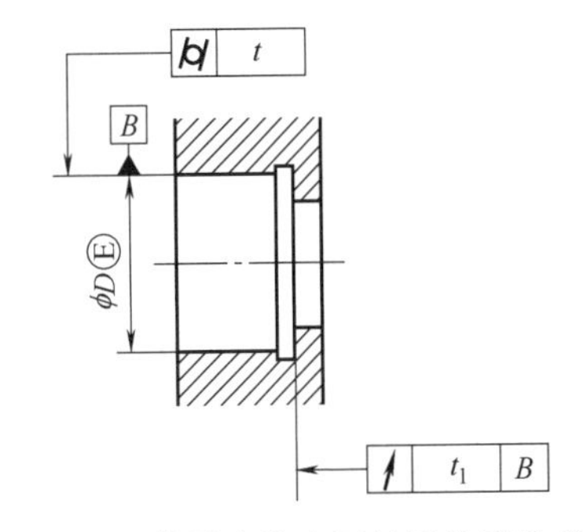

图 7-8 轴承座孔表面的圆柱度公差和孔肩的轴向圆跳动

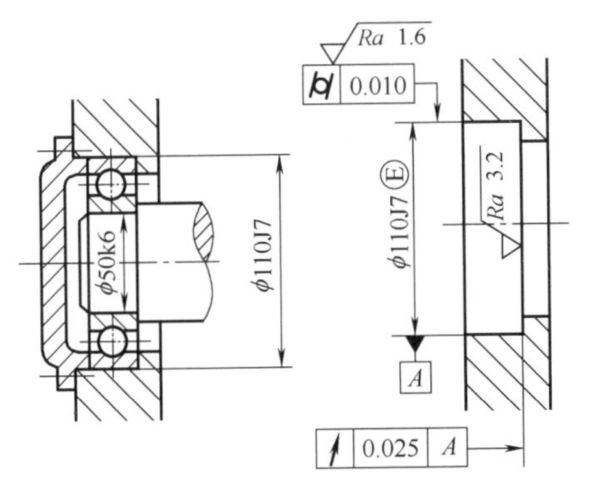

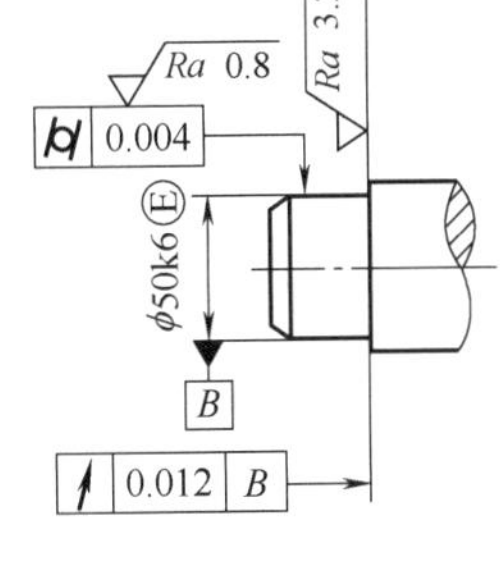

图 7-9 滚动轴承的标注示例

7.2 滑动轴承的精度与配合

7.2.1 概述

(1) 滑动轴承及其应用场合

滑动轴承是旋转部件的支承组件，其支承表面与旋转组件的轴颈间的相对运动是滑动。滑动轴承支承表面与轴颈相配合表面的制造精度和间隙，对滑动轴承的工作质量与可靠性影响很大。滑动轴承结构简单，制造方便，主要使用在下列场合：

① 结构空间受限制，无法采用滚动轴承的支承；

② 某些高转速、高精度的支承；

③ 大型重载支承；

④ 只有偶然转动或经常低速工作的支承。

关节轴承的支承表面间的相对运动也是滑动，但由于它能适应于多自由度的相对运动，通常将它们单独归类以区别于一般支承旋转组合件的滑动轴承。

(2) 滑动轴承的类型及其应用

① 滑动轴承的类型。见图 7-10。

常见的滑动轴承有：铜合金轴套、卷制轴套、粉末冶金轴承、剖分式无翻边薄壁轴承、剖分式带翻边薄壁轴瓦、轧机油膜轴承等。

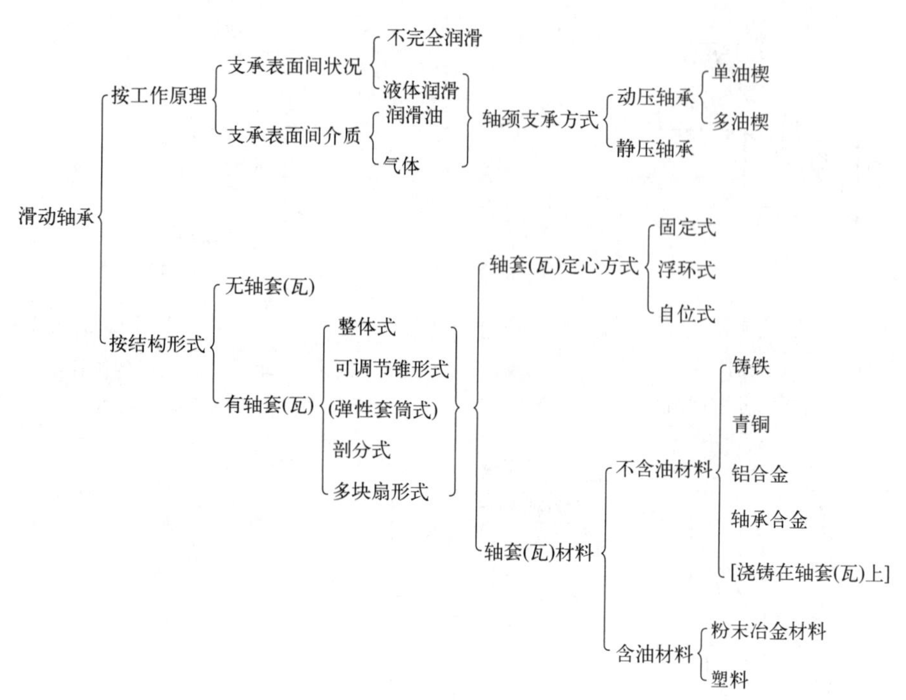

图 7-10 滑动轴承的类型

② 滑动轴承的应用。

滑动轴承的结构、特点、支承表面与轴颈间的状况、润滑情况、用途与典型应用列于表 7-13。

表 7-13 滑动轴承的结构特点与应用

类型名称	一般结构型式	支承表面与轴颈间的状况				润滑方式	应用	
		工作介质	介质压力大小	介质压力形成	相配表面状况		使用场合	典型应用
不完全润滑轴承	轴套（瓦）轴承座	润滑油	不足以使接触表面完全分离		有直接接触的局部滑动摩擦	油环油脂	低速，不经常转动，旋转精度不高处	起重运输机械，铸、锻机械，滚筒，轴枢等
单油楔径向滑动轴承	薄壁轴套、轴瓦	润滑油	压力使接触表面完全分离	轴颈转动，在介质膜内产生动压	完全被介质膜隔开，无相对局部滑动摩擦	油泵供入压力油润滑	中速中载的各种常用机械	机床传动轴，曲轴-连杆机构
多油楔径向滑动轴承	多段扇形段轴瓦						高速中载高旋转精度场合	磨床主轴，精密机床主轴
气体动压轴承	一般为整体式轴套	空气，氢，氦，水蒸气，二氧化碳				气体冷却	高速轻载场合	陀螺马达轴承，电子计算机磁鼓轴承
气体静压轴承				由外界以泵供给介质压力				
液体静压轴承		润滑油				压力油润滑	高速中、轻载场合	精密机床主轴，小型机床主轴
含油轴承	粉末冶金整体轴套		不足以使接触表面完全分离		有局部滑动摩擦	润滑油含在多孔材料或塑料内	低速，轻载，密封或不易加油润滑场合	纺织机械
	塑料整体轴套							

(3) 滑动轴承的相关国家标准

GB/T 2889.1—2020《滑动轴承 术语、定义、分类和符号 第1部分：设计、轴承材料及其性能》。

GB/T 18324—2001《滑动轴承 铜合金轴套》。

GB/T 12613.1—2011《滑动轴承 卷制轴套 第1部分：尺寸》。

GB/T 2688—2012《滑动轴承 粉末冶金轴承技术条件》。

GB/T 7308—2008《滑动轴承 有法兰或无法兰薄壁轴瓦 公差、结构要素和检验方法》。

GB/T 10446—2008《滑动轴承 整圆止推垫圈 尺寸和公差》。

GB/T 10447—2008《滑动轴承 半圆止推垫圈 要素和公差》。

7.2.2 滑动轴承的公差与配合

(1) 滑动轴承的配合与间隙

滑动轴承的配合与间隙是影响工作质量的重要因素，与轴承的类型、转速、载荷、工作精度、温度、轴瓦材料以及润滑剂的种类和供给方式等众多的因素有关。滑动轴承的配合通常要参照现有的设计、标准与数据，用经验公式计算或用类比法选择。重要轴承的间隙要经试验、修正后才能确定。

滑动轴承的配合尚无国家标准规定。一般可参考下列配合选择滑动轴承轴套或轴瓦与轴颈的配合：

① 一般配合：H8/f8、H9/i9；

② 高旋转速度：H8/e8；

③ 高精度：H7/e8；

④ 高精度、低旋转速度：H7/g6。

采用经验公式计算时，通常以相对间隙 ψ 表示，即

$$\psi=\frac{d'-d}{d} \tag{7-1}$$

式中 d'——轴承孔的内径；

d——轴颈直径。

通常，$d=100\sim500$mm，取 $\psi=0.001\sim0.002$；500mm$<d\leqslant$2000mm，取 $\psi=0.0003\sim0.0015$。

相对间隙 ψ 大时，需要润滑油的流量较大，轴承的温升比较低，但承载能力降低。因此，一般旋转切线速度越高，ψ 值应越大。反之，当切线速度低，载荷较大时，ψ 值应取小值。精度高的轴承，如气体动压、静压轴承，ψ 值也较小。

塑料轴承的塑料轴套热导率低，且受环境湿度影响，易膨胀，因此配合间隙比金属轴套的要大。其相对间隙可取 $\psi=0.005\sim0.006$，亦可按温升与线胀系数计算如下：

$$\delta=0.004d+6S(\varepsilon_e+\alpha\Delta t) \tag{7-2}$$

式中 δ——轴与衬套内孔的直径间隙，mm；

d——轴颈公称直径，mm；

S——塑料套筒厚度，mm；

ε_e——湿度影响间隙的系数，一般取 $\varepsilon_e=0.003$；

α——塑料线胀系数，一般取 $\alpha = 7 \times 10^{-5}/℃$；

Δt——塑料套筒的温升，℃。

采用塑料轴承时的间隙通常均比金属轴承的大。例如，对于拖拉机的支重轮，当采用青铜衬套的滑动轴承时，其径向间隙为 0.16～0.30mm，而采用塑料轴承时，其径向间隙增大至 0.8～1.0mm。

(2) 滑动轴承公差与配合的应用

滑动轴承公差与配合的应用举例如下。

① 金属制轴套、轴瓦的滑动轴承。在内燃机曲轴与连杆中这类滑动轴承应用较多，如重型轨道车、挖掘机、拖拉机、推土机等低速重载机械中都采用这类滑动轴承。

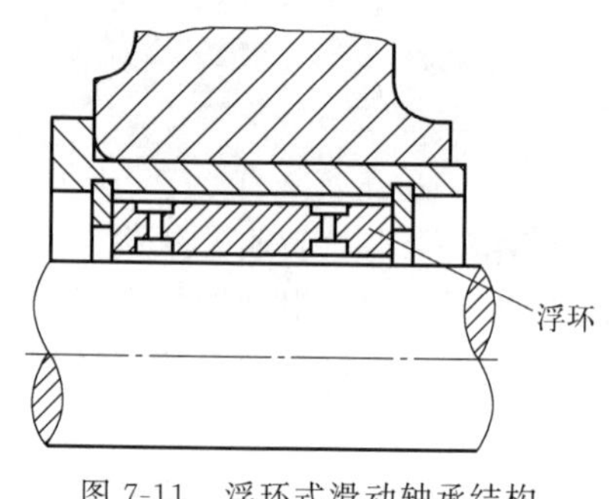

图 7-11　浮环式滑动轴承结构

② 浮环式滑动轴承。浮环式滑动轴承结构如图 7-11 所示。它有良好的自位能力，但需要较大的润滑油流量。因此其工作时温升比较小，适用于高切线速度、轻载荷的场合。国产柴油机的废气涡轮增压器的主轴均采用此种结构。

③ 多油楔径向滑动轴承。多油楔径向滑动轴承是由在圆周上分为若干扇形段的轴瓦形成，有三段、四段、五段或多段之分。扇形轴瓦通常用 20 钢制造基底，在配合表面浇铸 30 铅青铜 ZCuPb30（旧牌号 ZQPb30）。也可以用铸铁或 45 钢制造基底，浇铸铅基合金如 15-10 铅锑轴承合金（3 号铅基轴合金）ZChPbSb15-10、16-16-2 铅锑轴承合金（1 号铅基轴承合金）ZChPbSb16-16-2 做轴衬。轴瓦内表面是圆柱面或型面，表面加工尺寸公差为 H7。装配后的工作间隙通过螺钉调整来保证，因而使轴承结构复杂，加工装配较困难。但由于用多油楔油膜来承载，可以使轴颈保持很高的旋转精度，避免轴颈的位置随径向载荷而变化，因此轴的稳定性好。

当扇形轴瓦内表面为型面时，型面有小曲率偏心圆弧、大曲率偏心圆弧和阿基米德螺线三种。表 7-14 列出了几种多油楔型面轴承的径向间隙。其中包括将轴套制成内圆为圆柱面，外圆为锥面弹性衬套型式的轴套，利用弹性变形来调整配合的径向间隙，可以达到很高的精度。

表 7-14　多油楔型面轴承的径向间隙

部件	机床种类	型别	轴承结构			轴颈直径/mm	径向间隙/mm
			轴套型式	型面数目	型面形式		
车床主轴前支点	车床	P22	外圆内锥	3	偏心圆弧	104	0.015～0.02
	精密车床	CQM6132			大曲率偏心圆弧	74,25	0.015～0.025
		C6150					0.015～0.025
		CK6150					
磨床砂轮轴前支点	万能外圆磨床	MG1420B	外圆内锥刚性轴套	5	阿基米德螺线	54,56	0.004～0.006
		MG1420				62,42	
		MG1432				77,25	0.006～0.008
		M1450				104	0.008～0.015
	精密半自动外圆磨床	MMB1320				62,42	0.004～0.006
		MGB1412	内圆外锥弹性轴套				≤0.004
	平面磨床	M7350		3			0.002～0.003
	螺纹磨床	Y7250W					
	万能外圆磨床	MBG1432				60	≤0.007

多油楔滑动轴承亦可制成自动调位式的轴承。图 7-12 所示为内圆表面为圆柱面的短三瓦自动调位式滑动轴承，通常用于磨床主轴的轴承。表 7-15 列出了用螺钉调整所得到的几种磨床用短三瓦自动调位轴承的径向间隙。

表 7-15　磨床用短三瓦自动调位轴承的径向间隙　mm

磨床型号	轴颈直径	径向间隙	磨床型号	轴颈直径	径向间隙
M7120A	55	0.008～0.01	M131W	65	0.005～0.008
MM7125		0.008～0.01	MMB1320		0.004～0.006
M1420		0.005～0.01	MB1332A	80	0.01～0.02
MM7132	60	0.008～0.01	M7150A	100	0.01～0.02
M1432A	65	0.01～0.02	MC150		0.005～0.015
MQ1320		≤0.02			

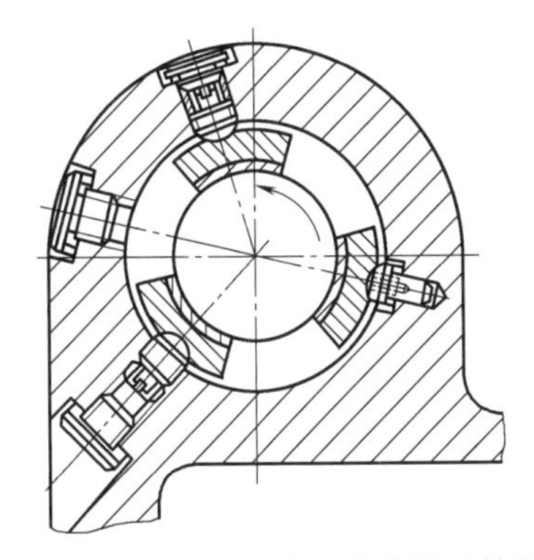

图 7-12　短三瓦自动调位式滑动轴承

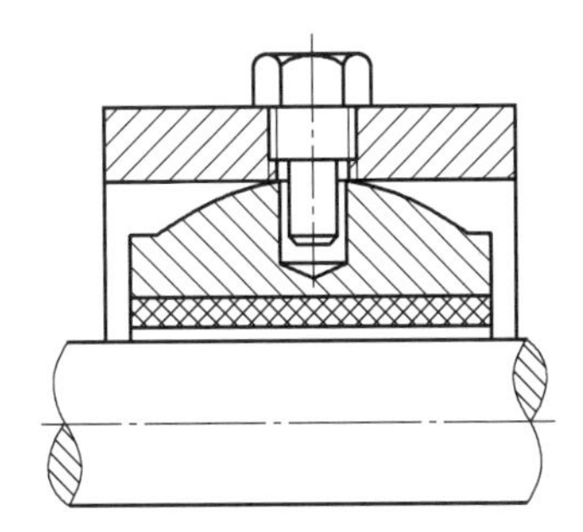

图 7-13　尼龙 1010 轴衬自位式塑料滑动轴承

④ 塑料滑动轴承。尼龙 1010 轴衬自位式塑料滑动轴承结构如图 7-13 所示。内径的极限偏差列于表 7-16，孔的锥度误差不大于 0.001mm。与轴承相配合的轴颈直径公差取 f9。

表 7-16　尼龙轴衬自位式滑动轴承内径的极限偏差　mm

内径	20	25	30	35	40	45
极限偏差	+0.465 +0.42	+0.52 +0.47	+0.55 +0.50	+0.60 +0.54	+0.63 +0.58	+0.74 +0.70

⑤ 含油轴瓦。表 7-17 列出了 3t 手摇绞车齿轮轴和卷筒轴与含油轴瓦的配合间隙。

表 7-17　3t 手摇绞车含油轴瓦与轴的配合间隙　mm

相配零件	公称尺寸	极限偏差	配合间隙	相配零件	公称尺寸	极限偏差	配合间隙
含油上轴瓦	$\phi45$	+0.152 +0.032	+0.107 +0.312	含油下轴瓦	$\phi60$	+0.152 +0.032	+0.127 +0.347
齿轮轴		−0.075 −0.160		卷筒轴		−0.095 −0.195	

7.3 关节轴承的公差与配合

7.3.1 概述

(1) 关节轴承的相关国家标准

GB/T 304.1—2017《关节轴承　分类》。

GB/T 304.2—2015《关节轴承　代号方法》。

GB/T 304.3—2002《关节轴承　配合》。

GB/T 9161—2001《关节轴承　杆端关节轴承》。

GB/T 9162—2001《关节轴承　推力关节轴承》。

GB/T 9163—2001《关节轴承　向心关节轴承》。

GB/T 9164—2001《关节轴承　角接触关节轴承》。

(2) 关节轴承的种类

① 推力关节轴承。GB/T 9162—2001《关节轴承　推力关节轴承》规定了推力关节轴承的外形尺寸、公差和技术要求，适用于不同滑动材料组合的推力关节轴承，以供制造厂生产、检验和用户验收，但不适用于飞机机架用推力关节轴承。

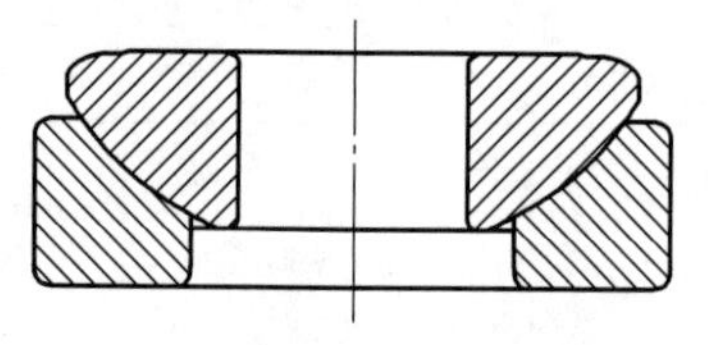

图 7-14　推力关节轴承的结构

推力关节轴承的结构如图 7-14 所示。推力关节轴承的技术要求按 JB/T 8879—2001 规定。

② 向心关节轴承。GB/T 9163—2001《关节轴承　向心关节轴承》规定了向心关节轴承的外形尺寸、公差、径向间隙和技术要求，适用于不同滑动材料组合的向心关节轴承，以供制造厂生产、检验和用户验收，但不适用于飞机机架用向心关节轴承。

向心关节轴承的外形构造分为 E、G、C、K、H 系列向心关节轴承和 W 系列带再润滑装置的宽内圈向心关节轴承，分别见图 7-15 和图 7-16。向心关节轴承的技术要求按 JB/T 8879—2001 的规定。

③ 角接触关节轴承。GB/T 9164—2001《关节轴承　角接触关节轴承》规定了角接触关节轴承的外形尺寸、公差和技术要求。适用于不同滑动材料组合的角接触关节轴承，以供制造厂生产、检验和用户验收，但不适用于飞机机架用角接触关节轴承。

角接触关节轴承的结构如图 7-17 所示。角接触关节轴承的技术要求按 JB/T 8879—2001 的规定。

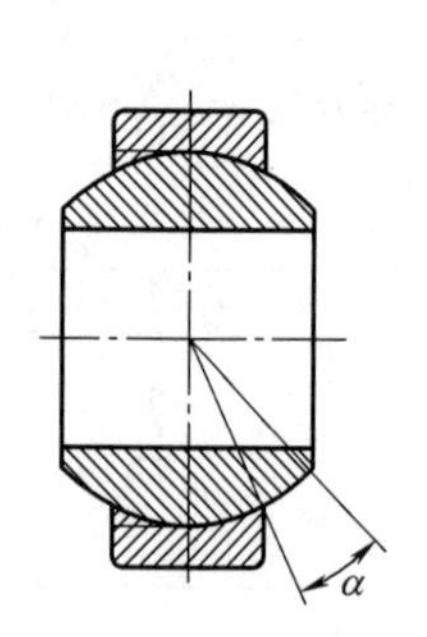

图 7-15　E、G、C、K、H 系列向心关节轴承

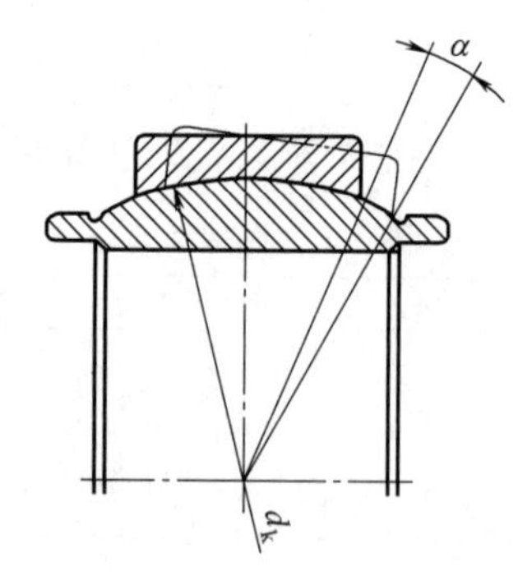

图 7-16　W 系列带再润滑装置的宽内圈向心关节轴承

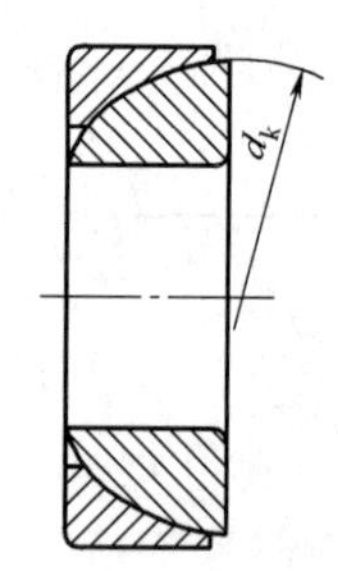

图 7-17　角接触关节轴承的结构

④ 杆端关节轴承。GB/T 9161—2001《关节轴承　杆端关节轴承》规定了 E、EH、G、GH 和 K 系列杆端关节轴承的外形尺寸、公差、径向游隙和技术条件，适用于不同滑动材料组合的杆端关节轴承，以供制造厂生产、检验和用户验收，但不适用于飞机机架用杆端关节轴承，也不适用于直接连接在液压缸上的专用杆端关节轴承。

根据不同的使用要求，杆端关节轴承有多种结构型式，如图 7-18 所示。

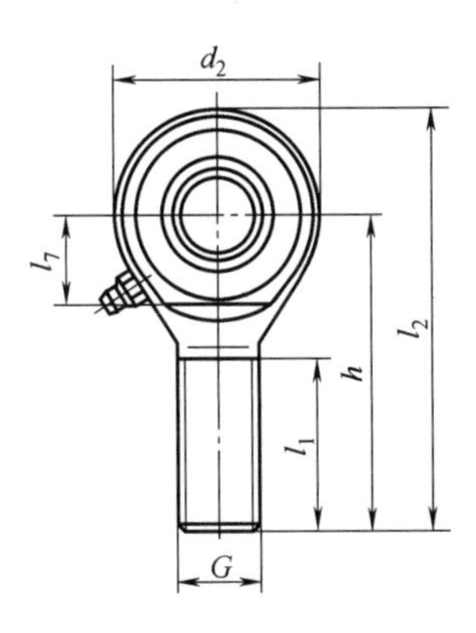

(a) M型外螺纹杆端关节轴承

注：根据杆端关节轴承的尺寸大小，润滑接口的位置可以有所不同，制造厂可自行确定润滑接口的类型和结构。

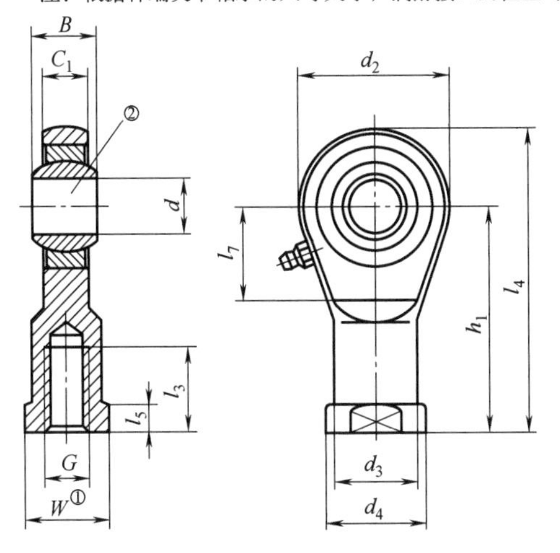

(b) F型内螺纹杆端关节轴承

注：同图(a)注，F型润滑接口可以设置在柄部。

①未规定对边宽度尺寸。

②见图(f)。

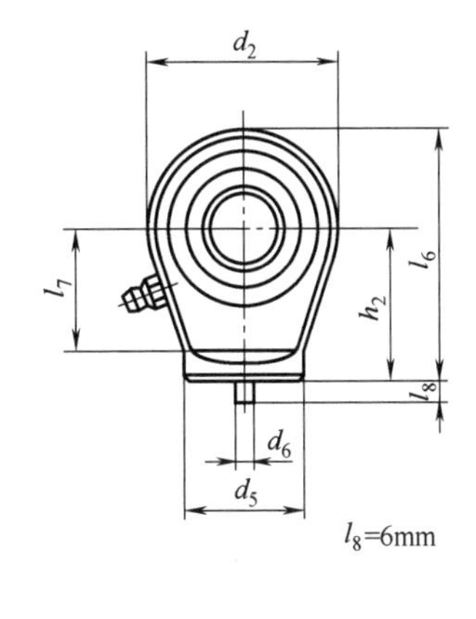

(c) S型焊接柄杆端关节轴承

注：同图(a)注。

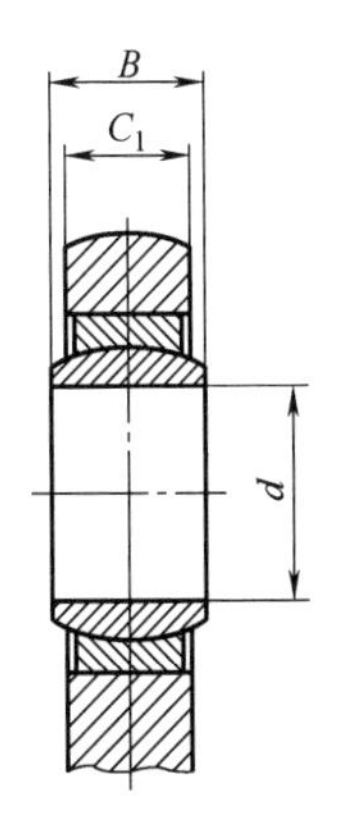

(d) 装有向心关节轴承的杆端关节轴承(组装结构)

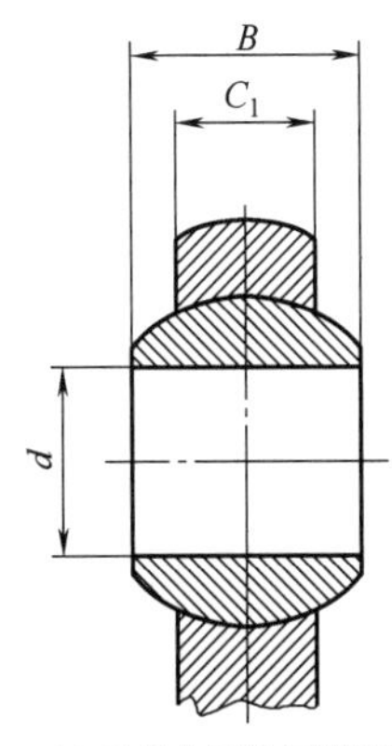

(e) 只带内圈的杆端关节轴承(整体结构)

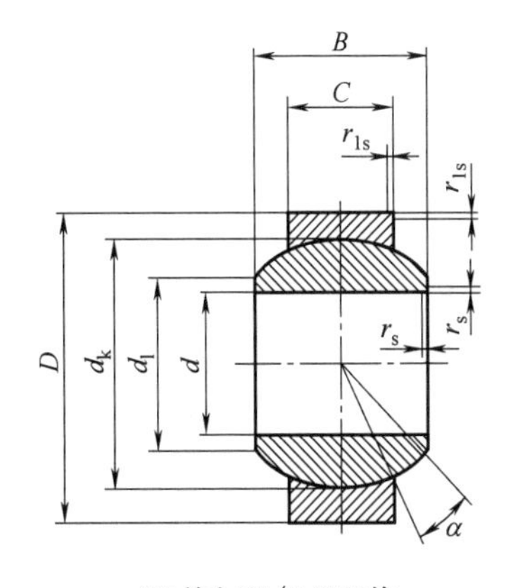

(f) 符合GB/T 9163的向心关节轴承

图 7-18　杆端关节轴承的结构型式

GB/T 9161—2001的符号和定义采用GB/T 3944和GB/T 4199的定义。除另有规定外，该标准所示代号（公差代号除外）均表示公称尺寸。

杆端关节轴承分为尺寸系列E和G；尺寸系列K两个基本尺寸系列。尺寸系列E和G适用于杆端眼圆柱形内孔装有E或G系列向心关节轴承的杆端关节轴承。在该系列中，根据柄部结构不同，还可以分为外螺纹或内螺纹、普通型或加强型或焊接型杆端关节轴承。尺寸系列K适用于杆端眼圆柱形内孔装有K系列向心关节轴承的杆端关节轴承。在该系列中，根据柄部结构不同，还可以分为外螺纹或内螺纹杆端关节轴承。对于只带内圈的杆端关节轴承（两件式、整体结构），可以选择一种滑动材料组合。

杆端关节轴承的技术要求按JB/T 8879—2001的规定。

7.3.2 关节轴承的公差与配合

(1) 关节轴承的配合

GB/T 304.3—2002《关节轴承　配合》这一国家标准适用于以下情况。

外形尺寸符合GB/T 9161—2001（K系列除外）、GB/T 9162—2001、GB/T 9163—2001（K、W系列除外）、GB/T 9164—2001，且轴承公称内径≤800mm、公称外径≤1000mm的关节轴承；游隙符合N组的关节轴承；实心轴或厚壁空心轴；工作温度不超过100℃的关节轴承。

① 关节轴承的配合及轴、孔公差带。

a. 轴颈直径的极限偏差。根据轴承内圈（或轴圈）与轴配合的特性在基孔制配合中选择。

过盈配合：p6、n6、m6、k6。

过渡配合：h6、h7、g6。

轴公差带与轴承内径公差的相对位置如图7-19所示。

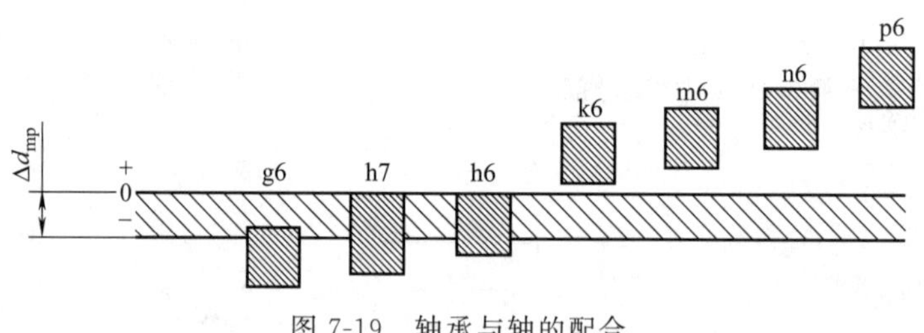

图7-19　轴承与轴的配合

b. 外壳孔直径的极限偏差。根据轴承外圈（或座圈）与外壳孔配合的特性在基轴制配合中选择。

过渡配合：N7、M7、K7、J7。

间隙配合：H6、H7、H11。

外壳孔公差带与轴承外径公差的相对位置如图7-20所示。

② 关节轴承配合的选用。

a. 关节轴承配合选用应考虑的因素有：轴承的类型、尺寸大小、公差、游隙，轴承的工作条件，作用在轴承上载荷的大小、方向和性质，轴和外壳孔的材料以及装拆的方便性。

b. 为使轴承在载荷下工作时，套圈在轴和外壳孔的配合表面不产生磨损和相对转动现象，轴承的摆动套圈宜采用过盈配合。

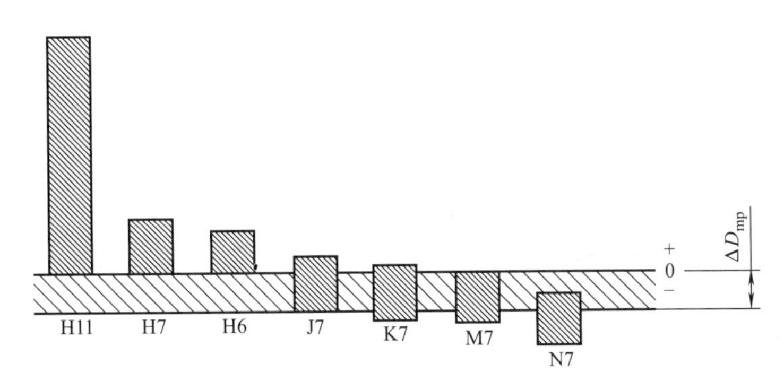

图 7-20 轴承与外壳孔的配合

c. 为防止内圈与轴之间的滑动或爬行，内圈与轴应优先采用过盈配合；如果为装拆方便或由于采用浮动支承，而选用间隙配合时，轴颈表面应淬硬。

d. 选用过盈配合时，应考虑过盈量对径向游隙的影响。对于必须使用较大过盈量的场合，应选用原始游隙大于基本组游隙值的轴承。

(2) 关节轴承的配合表面的表面粗糙度和形位公差

① 表面粗糙度。轴颈和外壳孔与轴承配合表面及端面的表面粗糙度应符合相关规定，可查阅相关手册。

② 形状公差。轴颈和外壳孔表面的形状公差之间应遵守包容要求。轴颈和外壳孔表面的形位公差（图 7-21 和图 7-22）应符合相关规定，可查阅相关手册。

③ 位置公差。轴肩和外壳孔肩的形位公差（图 7-21 和图 7-22）以及垫圈两端面平行度公差（图 7-23）应符合相关规定，可查阅相关手册。

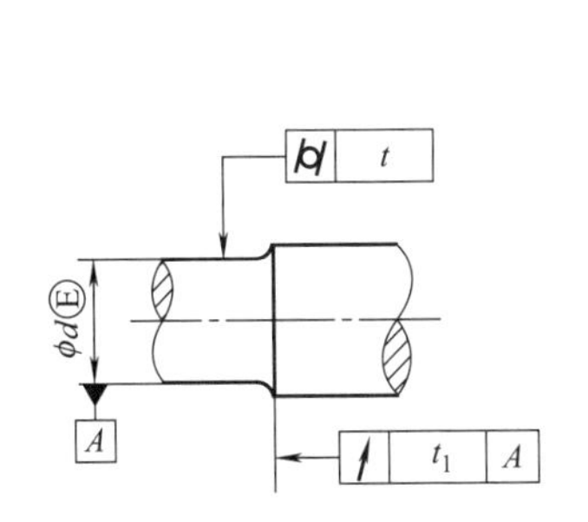

图 7-21 轴颈表面的形位公差

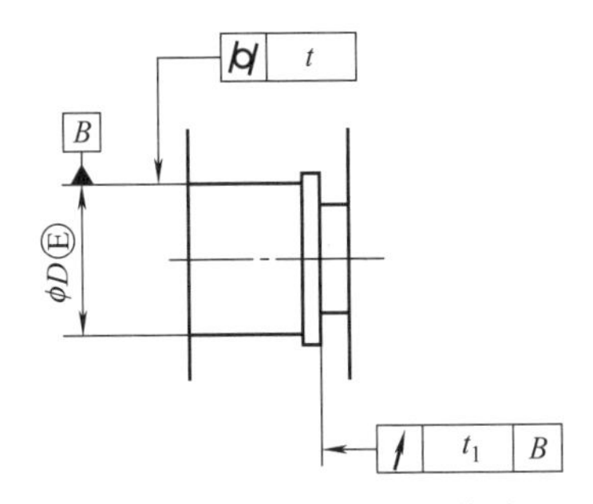

图 7-22 外壳孔表面的形位公差

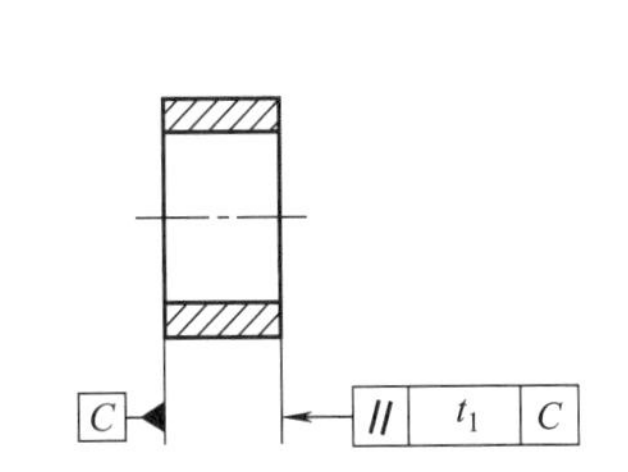

图 7-23 垫圈两端面平行度公差

第8章 齿轮和蜗杆传动的公差与测量

8.1 圆柱齿轮传动

8.1.1 概述

(1) 齿轮的类型

根据使用要求的不同，齿轮可分为低速动力齿轮、高速动力齿轮和读数分度齿轮（表8-1）。

表8-1 齿轮传动的分类

分类	使用场合	特点	要求
低速动力齿轮	矿山机械、起重机械等	传递动力大、转速低	接触精度高，侧隙较大
高速动力齿轮	汽轮机、减速器等	传递动力大、转速高	传动平稳，接触精度高
读数分度齿轮	测量仪器、分度机构等	传递动力小、转速低	运动要求准确，侧隙小

(2) 对齿轮的使用要求

齿轮常用来传递运动和动力，一般对齿轮及其传动有以下四个方面的要求。

① 传递运动的准确性（运动精度）。要求从动轮与主动轮运动协调，限制齿轮在一转范围内传动比保持恒定，即最大转角误差要限制在一定范围内。

② 传递运动平稳性（工作平稳性）。齿轮传动比的小周期变化将引起齿轮传动产生冲击、振动和噪声等现象，影响平稳传动的质量，必须加以制止。因此，齿轮在一齿或瞬时内传动比的变化幅度必须限制在一定范围内。

③ 载荷分布的均匀性（接触精度）。要求齿轮在啮合时齿面接触良好，在全齿宽上承载均匀，避免应力集中，避免载荷集中于局部区域引起过早磨损，以提高齿轮的使用寿命。

④ 合理的传动侧隙。要求齿轮在啮合时非工作面间有一定间隙，用以补偿齿轮的制造误差、安装误差和热变形，防止齿轮传动发生卡死现象；侧隙还用于储存润滑油，以保持良好的润滑。但对工作时有正反转的齿轮副，侧隙会引起回程误差和冲击。

上述前3项要求是对齿轮本身的精度要求，第4项是对齿轮副的要求。不同用途和不同工作条件下的齿轮，对上述四项要求的侧重点是不同的。

① 对于机械制造业中常用的齿轮，如机床、通用减速器、汽车、拖拉机、内燃机车等行业用的齿轮，通常对上述3项精度要求的高低程度都是差不多的，对齿轮精度评定各项目可要求同样精度等级，这种情况在工程实践中是占大多数的。而有的齿轮，可能对上述3项精度中的某一项有特殊功能要求，因此可对某项提出更高的要求。

② 读数装置和分度机构的齿轮，主要要求传递运动的准确性，而对接触均匀性的要求

往往是次要的。如果需要正反转，应要求较小的侧隙。

③ 对于低速重载齿轮（如起重机械、重型机械），载荷分布均匀性要求较高，而对传递运动准确性则要求不高。

④ 对于高速重载下工作的齿轮（如汽车减速齿轮、高速发动机齿轮），则对运动准确性、传动平稳性和载荷分布均匀性的要求都很高，而且要求有较大的侧隙以满足润滑需要。

一般汽车、拖拉机及机床的变速齿轮主要保证传动平稳性要求，以减小振动和噪声。

(3) 齿轮加工和安装误差分析

① 运动误差。

a. 运动偏心。在滚切加工中，铣床分度蜗轮对主轴有偏心，引起齿坯运动不均，呈周期性变化。

b. 几何偏心。在加工中，齿坯与机床主轴有间隙，或端面有跳动，或使用中齿轮与传动轴有间隙，都会造成偏心。

上述两项偏心引起的误差以齿轮一转为周期，称为长周期误差，主要影响为：引起切向误差，使轮齿在齿圈上分布不均，表现为公法线长度变动，齿距累积误差等；引起径向误差，表现为齿距不均、齿槽宽度不均、齿圈径向跳动等，因而在传动中侧隙发生周期性变化。

② 平稳性误差。

a. 机床传动链误差。在加工中，机床分度蜗杆存在几何偏心和轴向窜动。

b. 滚刀制造误差。滚刀本身的齿距、齿形、基节等制造误差，会复映到被加工齿轮的每一齿上，从而使齿轮基圆半径发生变化，产生基节偏差和齿形误差。

c. 滚刀安装误差。齿轮加工中，滚刀的径向跳动使得齿轮相对滚刀的径向距离发生变动，引起齿轮径向误差。滚刀刀架导轨或齿坯轴线相对于工作台旋转轴向的倾斜和轴向窜动，引起被加工齿面沿齿长方向（轴向）的齿向误差。

上述三项产生的误差，在齿轮一转中，多次重复出现，称为短周期误差，即在一转中多次重复出现的高频误差。这些误差导致齿轮瞬时传动比产生变化，从而使齿轮在运转中产生冲击、噪声和振动，表现为基圆齿距偏差、齿距偏差、一齿切向综合偏差、一齿径向综合偏差、齿廓总偏差（齿形误差）等。

③ 载荷分布不均。该项误差是齿轮加工和安装中产生的。它使齿轮不能每瞬间都沿全齿宽接触，表现为齿向误差、轴向齿距偏差等。

④ 齿轮副安装误差。该项误差是由齿轮副安装不正确，如轴线不平行等引起。它会引起齿轮接触不良，载荷不均，表现为轴线不平行、接触斑点不足。

(4) 齿轮的国家标准

GB/T 10095—2001 《渐开线圆柱齿轮精度》。

GB/T 10095—2008《圆柱齿轮　精度制》。

GB/Z 18620—2008《圆柱齿轮　检验实施规范》。

8.1.2 圆柱齿轮的精度等级和偏差

国家标准有关偏差符号书写和数值的规定：单项要素所用的偏差符号，用小写字母（如 f）加上相应的下标组成，而表示若干单项要素偏差组合的“累积”或“总”偏差所用的符号，采用大写字母（如 F）加上相应的下标组成。有些偏差量需要用代数符号表示，当尺寸大于最佳值时，偏差是正值；反之，是负值。

(1) 轮齿同侧齿面偏差的允许值

a. 参数范围。

分度圆直径 d（mm）：5/20/50/125/280/560/1000/1600/2500/4000/6000/8000/10000

模数（法向模数）m（mm）：0.5/2/3.5/6/10/16/25/40/70

齿宽 b（mm）：4/10/20/40/80/160/250/400/650/1000

b. 精度等级规定了 13 个精度等级，0 级最高，12 级最低。

c. 5 级精度的齿轮偏差允许值的计算公式，见表 8-2。

表 8-2 5 级精度的齿轮偏差允许值计算公式

项目代号	允许值计算公式	项目代号	允许值计算公式
单个齿距偏差 f_{pt}	$f_{pt}=0.3(m+0.4\sqrt{d})+4$	齿廓总偏差 F_{α}	$F_{\alpha}=3.2\sqrt{m}+0.22\sqrt{d}+0.7$
齿距累积偏差 F_{pk}	$F_{pk}=f_{pt}+1.6\sqrt{(k-1)m}$	螺旋线总偏差 F_{β}	$F_{\beta}=0.1\sqrt{d}+0.63+\sqrt{b}+4.2$
齿距累积总偏差 F_p	$F_p=0.3m+1.25\sqrt{d}+7$		

式中的参数 m、d 和 b，取各分段界限值的几何平均值，而不是用实际值代入。

轮齿同侧齿面偏差允许值是用上述计算式乘以级间公比计算出来并圆整后得到的，可查阅 GB/T 10095.1—2008。两相邻精度等级的级间公比等于$\sqrt{2}$，本级数值乘以（或除以）$\sqrt{2}$即可得到相邻较高（或较低）等级的数值。5 级精度的未圆整计算值乘以 $2^{0.5(Q-5)}$，即可得到任一精度的待求值，式中 Q 是待求值的精度等级。

d. 有效性。当所要求的齿轮精度为某一等级时，上述计算式中各项偏差的允许值均依照该精度等级。对齿轮工作齿面和非工作面可规定不同的精度等级；对不同偏差项目，可规定不同的精度等级；也可以仅对工作齿面规定精度等级。

一般均在接近齿高中部和（或）齿宽中部进行测量，当公差值很小，尤其是公差值小于 5μm 时，要求测量仪器有足够的精度。

齿廓偏差与螺旋线偏差应至少测三个齿的两侧齿面，该三个齿应取在沿齿轮圆周近似三等分处。单个齿距偏差 f_{pt} 则需对每个轮齿的两侧都进行测量。

e. 轮齿同侧齿面偏差的允许值可查阅 GB/T 10095.1—2008。

f. 切向综合偏差的公差。切向综合偏差的测量不是强制性的。因此，这些偏差的公差列入了标准 GB/T 10095.1—2008 附录 A。一齿切向综合偏差 f'_i的公差值可查阅 GB/T 10095.1—2008 给出的 f'_i/K 的比值乘以系数 K 求得。亦可用下列 5 级精度公差计算公式求得：

$$f'_i=K(4.3+f_{pt}+F_{\alpha})；f'_i=K(9+0.3m+3.2\sqrt{m}+0.34\sqrt{d})$$

式中，当 $\varepsilon_{\gamma}<4$ 时，$K=0.2\left(\frac{\varepsilon_{\gamma}+4}{\varepsilon_{\gamma}}\right)$；当 $\varepsilon_{\gamma}\geqslant 4$ 时，$K=0.4$。

当产品齿轮和测量齿轮的齿宽不同时按较小齿宽进行总重合度 ε_{γ} 的计算。

切向综合总公差为：

$$F'_i=F_p+f'_i$$

g. 齿廓与螺旋线形状偏差和倾斜偏差。该偏差不是强制性的单项检验项目，但对齿轮的性能有重要影响，有关数值列于标准 GB/T 10095.1—2008 附录 B。5 级精度的偏差允许值计算公式见表 8-3。

表 8-3　5 级精度的偏差允许值计算公式

项目代号	允许值计算公式	项目代号	允许值计算公式
齿廓形状偏差 $f_{f\alpha}$	$f_{f\alpha}=2.5\sqrt{m}+0.17\sqrt{d}+0.5$	螺旋线形状偏差 $f_{f\beta}$	$f_{f\beta}=0.07\sqrt{d}+0.45\sqrt{b}+3$
齿廓倾斜偏差 $f_{H\alpha}$	$f_{H\alpha}=2\sqrt{m}+0.14\sqrt{d}+0.5$	螺旋线倾斜偏差 $f_{H\beta}$	$f_{H\beta}=0.07\sqrt{d}+0.45\sqrt{b}+3$

齿廓与螺旋线形状偏差和倾斜偏差的数值可查阅 GB/T 10095.1—2008。

(2) 径向综合偏差与径向跳动的允许值

① 径向综合偏差

a. 参数范围（推荐值）

分度圆直径 d（mm）：5/20/50/125/280/560/1000

法向模数 m_n（mm）：0.2/0.5/0.8/1.0/1.5/2.5/4/6/10

b. 精度等级分为 9 级，4 级最高，12 级最低。

c. 5 级精度公差计算式如下：

径向综合总偏差 F_i''　　$F_i''=3.2m_n+1.01\sqrt{d}+6.4$

一齿径向综合偏差 f_i''　　$f_i''=2.96m_n+0.01\sqrt{d}+0.8$

式中的 m_n、d 使用实际值。

两相邻等级间的级间公比等于$\sqrt{2}$，本级数值乘以（或除以）$\sqrt{2}$即可得相邻较高（或较低）等级的数值。5 级精度未圆整的计算值乘以 $2^{0.5(Q-5)}$，即可得任一精度等级的待求值，式中 Q 为待求的精度等级。

对径向综合偏差测量结果所确定的精度等级，并不意味着将与 GB/T 10095.1 中的要素偏差（如齿距、齿廓、螺旋线等）遵守相同的等级。

径向综合偏差的公差仅适用于产品齿轮与测量齿轮的啮合检验，不适合用于两个产品齿轮的啮合检验。

d. 有效性。当所要求的齿轮精度等级为某一等级时，则所有要素的偏差均指该精度等级。当公差值较小，尤其当公差值小于 5μm 时，要求测量齿轮、测量仪器应有足够高的精度，以确保测量数值有必要的重复精度。

径向综合总偏差的允许值、一齿径向综合偏差的允许值可查阅 GB/T 10095.2—2008。

② 径向跳动

a. 参数范围（推荐值）

分度圆直径 d（mm）：5/20/50/125/280/360/1000/1600/2500/4000/8000/10000

法向模数 m_n（mm）：0.5/2.0/3.5/6/10/16/25/40/70

b. 精度等级分为 13 级，0 级为最高，12 级最低。

c. 5 级精度，径向跳动公差 F_r 的推荐计算式：

$$F_r=0.8F_p=0.24m_n+1.0\sqrt{d}+5.6$$

式中的参数 m_n、d 以实际值代入。

公差值是用计算式计算的数值经圆整后得出的。

d. 有效性。当确定齿轮精度为某一等级后，径向跳动的公差也应按该精度等级，也可由供需双方共同规定径向跳动公差值。

当公差数值很小，尤其是公差值小于 5μm 时，测量仪器必须具有足够高的精度，以确保测量值能达到要求的精度和重复性。

径向跳动公差值可查阅 GB/T 10095.2—2008。

(3) 圆柱齿轮的精度等级和检验项目的选择

① 精度等级的选择。

齿轮精度等级的选择取决于齿轮的用途、技术要求和工作条件，如齿轮传递功率的大小、速度的高低、工作时间的长短以及振动和噪声情况等，一般可以用计算和类比两种方法进行选择。

a. 计算法。考虑齿轮传动的主要技术要求，计算确定某一公差项目的精度等级（见表 8-4），如以运动精度为主要要求时，可按传动链允许的最大转矩误差计算某一齿轮的回转误差，确定 F_p（或 F_{pk}、F_i'、F_i''、F_r）的精度等级；若振动、噪声为主要要求时，可按传递的动力计算；对低速重载的传动，可按承载能力和寿命计算。然后再按其他方面的要求，适当加以协调，确定其他偏差项目的精度等级。允许其他各项偏差均按这一精度等级。按协议工作面和非工作面可规定不同的精度等级，不同偏差项目也可以规定不同的精度等级。

表 8-4 各项偏差对传动性能的影响

偏差项目	偏差特性	对传动性能的影响
F_i'、F_p、F_{pk}、F_i''、F_r	以齿轮一转为周期的偏差	传递运动的准确性
f_i'、f_i''、F_α、f_{pt}	在齿轮一转内多次重复出现的偏差	传动的平稳性(振动、噪声)
F_β	齿线的偏差	载荷分布的均匀性

b. 类比法。对新设计的齿轮传动，可参照同类的或相似的并已被使用证明性能较好的传动，来确定齿轮传动的精度等级。

② 检验项目的确定。

在 GB/T 10095.1—2008 和 GB/T 10095.2—2008 中共有 14 项偏差项目，即

与齿距有关的是：f_{pt}、F_{pk}、F_p；

与齿廓有关的是：F_α、$f_{f\alpha}$、$f_{H\alpha}$；

有关螺旋线的是：F_β、$f_{f\beta}$、$f_{H\beta}$；

有关切向综合的是：F_i''、f_i''；

有关径向综合的是：F_i''、f_i''、F_r。

其中，$f_{f\alpha}$、$f_{H\alpha}$、$f_{f\beta}$、$f_{H\beta}$ 和 F_i'、f_i'不是必检项目，而 F_i'、f_i'可以代替 f_{pt}，F_i''、f_i''可以代替 F_r。

选择检验项目时，应兼顾满足齿轮运动的准确性、平稳性和载荷分布均匀性的要求（见表 8-4），建议参照表 8-5 选择检验项目。

表 8-5 检验项目的选择

类型	偏差项目	备注
综合	F_i''、f_i''	一般用于大量生产时
	F_i'、f_i'	协议有要求时
单项	f_{pt}、F_p、F_α、F_β、F_r	
	f_{pt}、F_{pk}、F_p、F_β、F_α、F_r	
	f_{pt}、F_r	用于 10～12 级精度

(4) 图样标注

① 标准规定，在技术文件需叙述齿轮精度等级时，应注明 GB/T 10095.1 或 GB/T 10095.2。

② 齿轮的各检验项目同为某一精度等级时，建议标注精度等级和标准号，如齿轮各检验项目同为 6 级，则可标注为：

6GB/T 10095.1—2008　或　6GB/T 10095.2—2008

③ 齿轮各检验项目的精度等级不同时，如 F_α 为 7 级，f_{pt}、F_β 和 F_p 为 8 级，则可标注为：

7(F_α)、8(f_{pt}、F_β、F_p)　GB/T 10095.1—2008

如 F_α、f_{pt}、F_β、F_p 均为 7 级，而 F_r 为 8 级，则可标注为：

7(F_α、f_{pt}、F_β、F_p)　GB/T 10095.1—2008　8 GB/T 10095.2—2008

图 8-1 为图样标注示例。

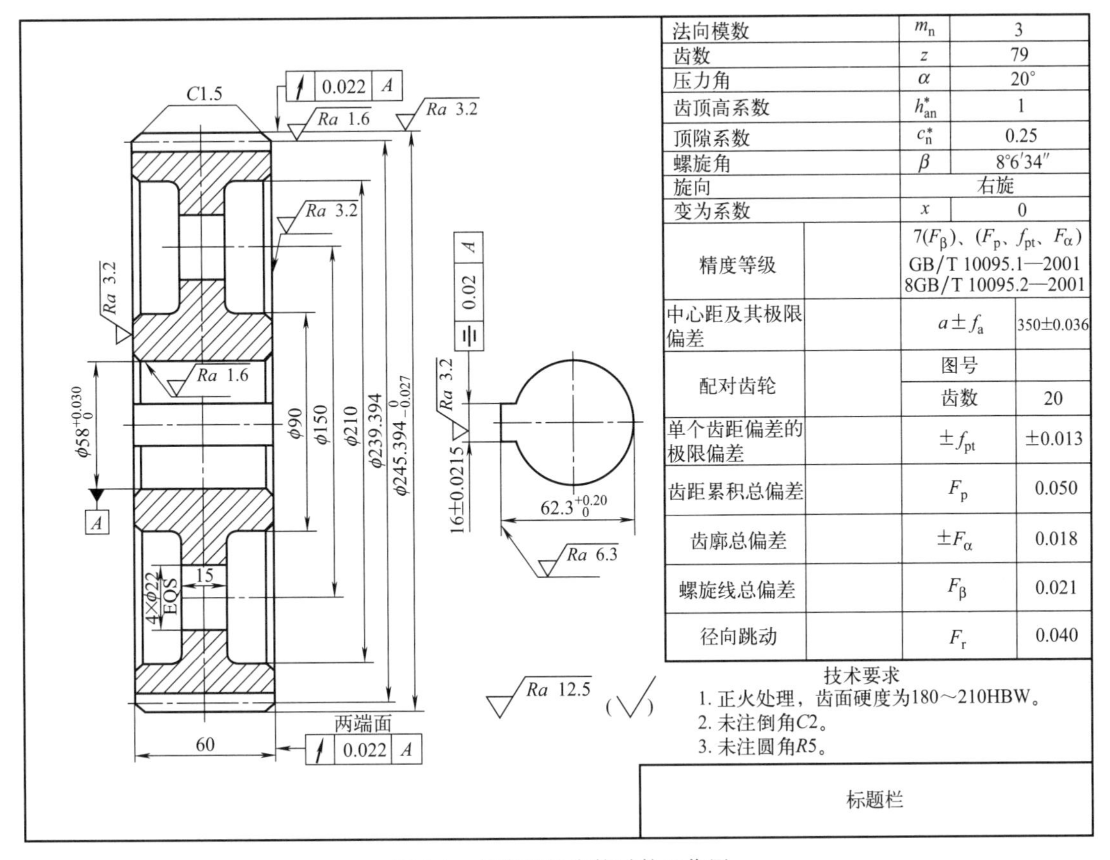

图 8-1　斜齿圆柱齿轮零件工作图

8.1.3 圆柱齿轮的检测

各种轮齿要素的检测，当涉及齿轮旋转时，首先必须保证齿轮实际工作的轴线与测量过程中旋转轴线相重合。

在检测中，检测全部齿轮要素的偏差，既无必要也不经济，因为有些要素对于特定齿轮的功能并没有明显的影响。有些检测项目可以代替另一些项目，如切向综合偏差检验能代替齿距偏差检验，径向综合偏差检验能代替径向跳动检验。实际工作中对于检测项目的减少与否，必须由供需双方协定。

在检测中，必须阐明轮齿被检面的位置。选定齿轮的一面作为基准面Ⅰ，另一个为非基准面Ⅱ。对着基准面观察，看到齿和齿顶，则右齿面在右边、左齿面在左边（图 8-2、图 8-3），右齿面和左齿面分别用字母“R”和“L”表示。当齿轮轴竖立于观察者前方，看见轮齿向右（左）上方倾斜者为右（左）旋齿轮。齿面编号时对着齿轮的基准面看，以顺时针方向顺序地数齿数。单个齿距的编号和下个齿距的编号有关，第 N 齿距介于第 $N-1$ 齿和第 N 齿的同侧齿面之间。

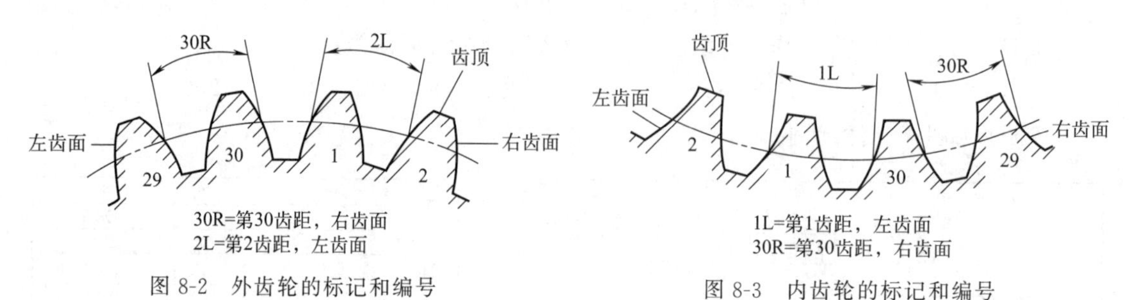

图 8-2 外齿轮的标记和编号

图 8-3 内齿轮的标记和编号

齿轮检测的规定如下。

通常，测量应在邻近齿高的中部和（或）齿宽的中部进行，如果齿宽大于 250mm，则应增加两个齿廓测量部位，即在距齿宽每侧约 15%的齿宽处测量。齿廓偏差和螺旋线偏差应在 3 个以上均布位置的同侧齿面上测量。

为了保证测量精度，检测仪器应定期采用经认可的标准进行校准。

(1) 轮齿同侧齿面偏差及检测

GB/T 10095.1—2008 对单个齿轮同侧齿面在齿距偏差、齿廓偏差、切向综合偏差和螺旋线偏差等内容中规定了 11 项偏差。

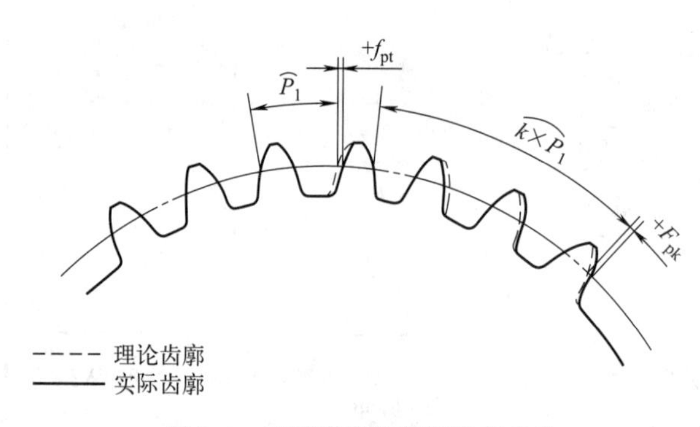

图 8-4 齿距偏差与齿距累积偏差

① 齿距偏差。

a. 单个齿距偏差 f_{pt}：在端平面上，接近齿高中部的一个与齿轮轴线同心的圆上，实际齿距与理论齿距的代数差，如图 8-4 所示。它主要影响运动平稳性。

b. 齿距累积偏差 F_{pk}：任意 k 个齿距的实际弧长与理论弧长的代数差，如图 8-4 所示。理论上它等于这 k 个齿距的各单个齿距偏差的代数和。k 一般为 2 到小于 $z/8$ 的整数（z 为齿轮齿数）。如果在较小的齿距数上的齿距累积偏差过大，则在实际工作中将产生很大的加速度，形成很大的动载荷，影响平稳性，尤其在高速齿轮传动中更应重视。

c. 齿距累积总偏差 F_p：齿轮同侧齿面任意圆弧段（$k=1$ 至 $k=z$）内的最大齿距累积偏差。它表现为齿距累积偏差曲线的总幅值。它等于齿距累积偏差的最大偏差 $+\Delta P_{max}$ 与最小偏差 $-\Delta P_{max}$ 的代数差，如图 8-5 所示。

齿距累积总偏差在测量中是以被测齿轮的轴线为基准，沿分度圆上每齿测量一点，所取点数有限且不连续，但因它可以反映几何偏心和运动偏心造成的综合误差，所以能较全面地评定齿轮传动的准确性。

② 齿距偏差的测量。测量齿距偏差的设备常用的有万能测齿仪、便携式齿轮齿距测量仪（齿距仪）、齿轮测量中心、三坐标测量机、角度分度仪等。

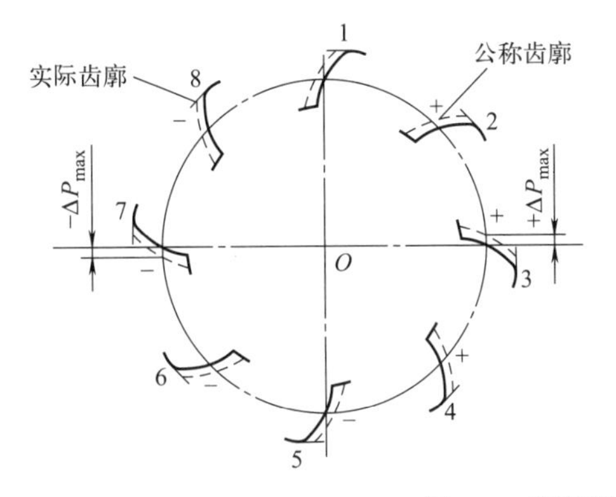

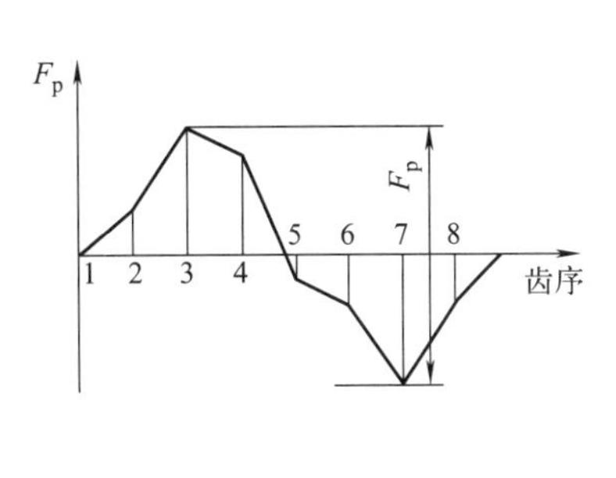

图 8-5　齿距累积总偏差

齿距偏差的测量方法有绝对测量法和相对测量法（也称比较测量法）两种，较为常用的是相对测量法。

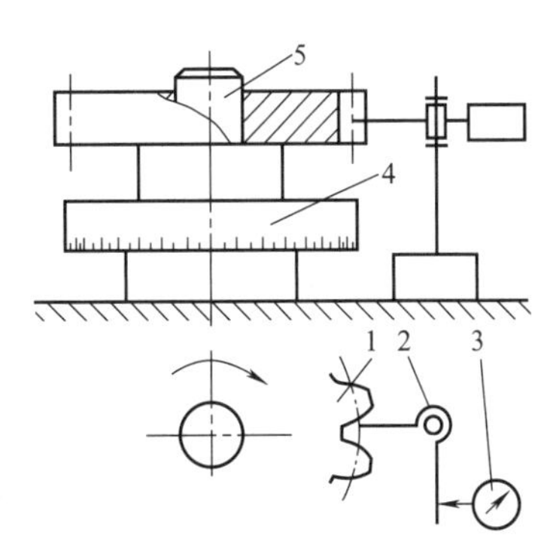

图 8-6　绝对测量法测量齿距偏差

1—被测齿轮；2—测量杠杆；3—指示表；4—角度器；5—心轴

绝对测量法是使用精密的角度器和指示表，直接测量其实际齿距角，或者由指示表直接显示出实际齿距变化量，以确定齿距偏差和齿距累积偏差的方法。其测量原理如图8-6所示，被测齿轮和精密角度器同轴安装，定位测头在分度圆附近接触，并始终以与该测头相连的指示表上的同一数值定位。在角度器上读取角度值后退出指示测头，转动被测齿轮，推入指示测头至固定径向位置，待测头被齿面压缩至原指示值时，再读取转过后的角度值，这样依次测满一整周，计算齿距累积角和齿距偏差角。这种测量方法所得结果是角度值，还必须把角度值换算为线性值：

$$f_{pt}=R\times\Delta\gamma/206.3\ (\mu m) \tag{8-1}$$

式中　R——被测齿轮分度圆半径，mm；

$\Delta\gamma$——齿距累积角或齿距偏差角。

齿距的绝对测量法可以利用光学分度头、多齿分度台等配合定位装置进行测量，也可以利用万能工具显微镜、三坐标测量机或齿轮测量中心进行测量。

相对测量法测量时使用两个测量头，选定任意一齿在分度圆附近的两个同侧齿廓接触，以该处实际齿距（弦长）为标准值。然后依次测量其他的齿距，并与这个标准值比较，再经过计算确定齿距的变化量。

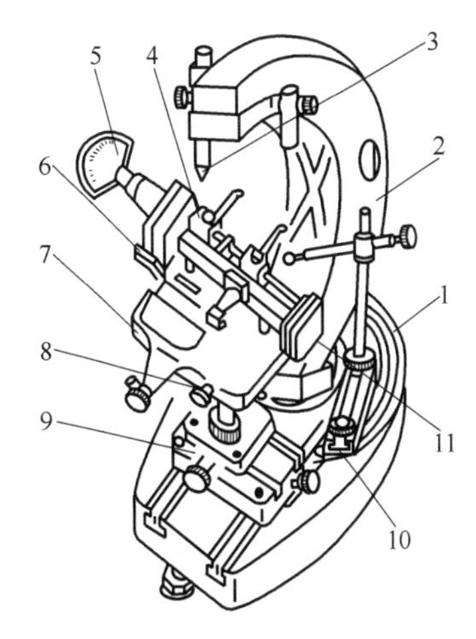

图 8-7　万能测齿仪的结构

1—底座；2—弓形架；3—上顶尖；4—测头座；5—指示表；6—操作拨板；7—测量工作台；8—限位手柄；9—支座；10—定位装置；11—重锤

万能测齿仪为纯机械式的手动测量仪器，可测量齿轮和蜗轮的齿距、公法线和齿圈径向跳动。万能测齿仪的结构如图8-7所示。

带顶尖的弓形架，通过转动手轮以带动内部的圆锥齿轮和蜗轮副，使支架绕水平轴回转，并可与弧形支座一起沿底座的环形T形槽回转，且可用螺钉紧固在任一位置上。

测量工作台上装有特制的单列向心球轴承组成纵、横方向导轨，使工作台纵、横方向的运动精密而灵活，保证测头能顺利地进入测位。测量工作台通过液压阻尼器，使工作台前后方向的运动保持恒速，且快慢可以调整。除齿圈径向跳动外，其他 4 项参数的测量都是在测量工作台上通过更换各种不同的测头来进行测量。图 8-8 是测量工作台和测量滑座的结构示意图。

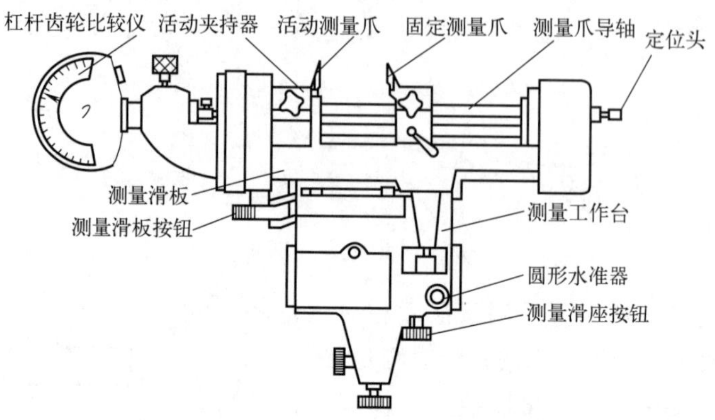

图 8-8　测量工作台和测量滑座的结构示意图

升降立柱：用于支承测量工作台。旋转与其相配合的大螺母，可使测量工作台上升和下降，并能锁紧于任一位置。整个支承轴和测量台又可通过转动手柄，使其沿着纵、横方向 T 形槽移动，并紧固在任一位置。

测量齿圈径向跳动的附件：专门用于测量齿圈径向跳动误差，其测量心轴可在向心球轴承所组成的导轨上灵活地移动，测量齿圈径向跳动的可换球形测头就紧固在测量心轴轴端的支臂上。

定位装置：定位杆可前后拖动，以便逐齿分度。

因为很难得到半径距离的精确数值，所以万能测齿仪很少用于绝对测量法测齿距的真实的数值。这种仪器最合适的用途是用作相对测量。

使用万能测齿仪的注意事项：

• 万能测齿仪及其测量用附件的工作面不应有碰伤、锈蚀，非工作面应有防护涂层、镀层或其他防护处理。

• 各紧固部分牢固可靠，各移动部分灵活平稳，不允许有卡滞和松动现象。

• 油压阻尼器调到最大阻尼位置时，测量滑座在全行程范围内的运动时间应大于 4s。

• 万能测齿仪的测力应为 2～2.5N。

• 顶尖锥面、球形侧头工作部位和刀口形测量爪工作刃的硬度应不低于 713HV。

• 球形测头工作面、测量爪工作刃以及顶尖锥面的表面粗糙度 Ra 值为：球形测头工作面为 0.16μm；测量爪工作刃为 0.08μm；顶尖锥面为 0.32μm。

• 同一对刀口测量爪及带钢球测量头的伸出长度和高度应一致，其差值应不大于 0.3mm。

在万能测齿仪上测量时，首先应将被测齿轮套入锥度为（1∶5000）～（1∶7000）的心轴上，并置于上、下顶尖之间。为了减少安装偏心所引起的测量误差，心轴的径向圆跳动应小于 3μm，两顶尖孔要经仔细研磨。

万能测齿仪测齿距偏差如图 8-9 所示，活动量爪 1 与指示表 4 相连，被测齿轮在重锤 3 的作用下靠在固定量爪 2 上，将固定量爪 2 和活动量爪 1 在齿高的中部分度圆附近与齿面接触，以齿轮上的任意一个齿距为基准齿距，将仪器指示表 4 上的指针调整为零，然后依次测量各轮齿对基准齿的相对齿距偏差，最后通过数据处理求出齿距累积总偏差和齿距累积偏差。

图 8-10 是便携式齿轮齿距测量仪（也称为齿距仪）的结构，固定量爪 8 可按照被测齿轮模数进行调整，活动量爪 7 通过杠杆将位移传递给指示表 4，定位支脚可以根据情况选择用齿顶圆、齿根圆、装配孔进行定位，如图 8-11 所示。

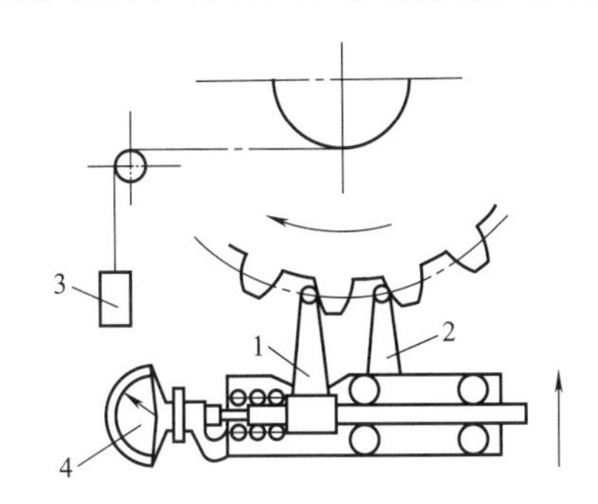

图 8-9　万能测齿仪测齿距偏差

1—活动量爪；2—固定量爪；3—重锤；4—指示表

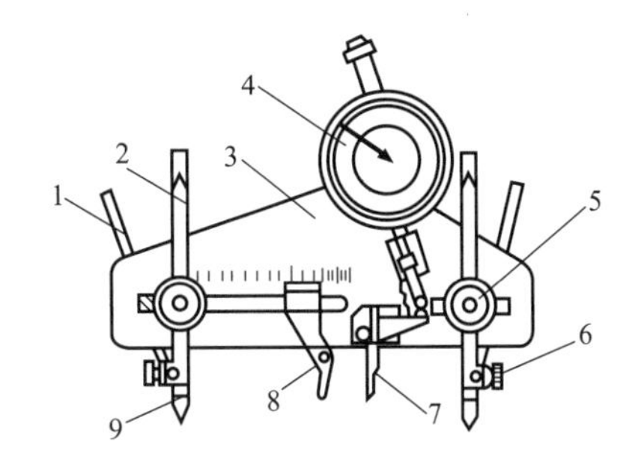

图 8-10　齿距仪的结构

1—支架；2—定位支脚；3—主体；4—指示表；5—固定螺母；6—固定螺钉；7—活动量爪；8—固定量爪；9—定位支脚

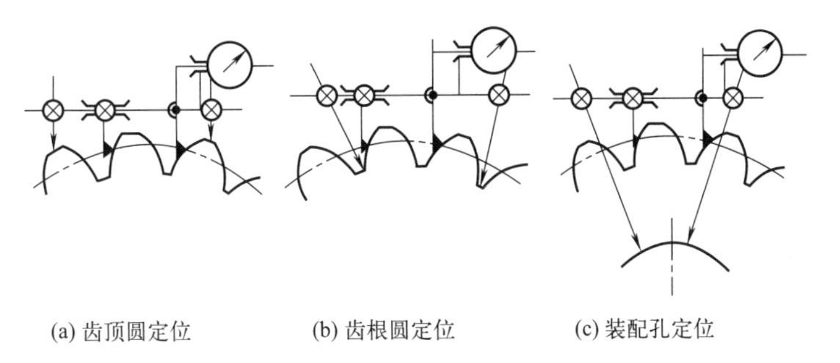

(a) 齿顶圆定位　(b) 齿根圆定位　(c) 装配孔定位

图 8-11　齿距仪测量示意图

齿距仪可以测量较大的齿轮，因为很难得到半径距离的精确数值，所以齿距仪很少用于绝对测量法测齿距的真实的数值，最合适的用途是用作相对测量。

使用齿距仪的注意事项：

- 齿距仪上不得有影响使用性能的外部缺陷。
- 各活动部分工作时应平稳、灵活，无卡滞现象。
- 各紧固件应紧固可靠，不应有松动现象。
- 齿距仪所采用的千分表应符合 GB/T 6309 的规定。
- 测量头及定位支承所采用的钢球，其精度、硬度及表面粗糙度应符合 GB/T 308 的规定。钢球所采用的精度等级为 G40。
- 固定量爪上的指示刻线与标尺上的刻线，其宽度为 0.15～0.25mm。
- 标尺上的刻线宽度相对于固定量爪上的指示刻线的线宽差应不大于 0.05mm。
- 固定量爪上的指示刻线与标尺上的刻线对实际值的偏离应不大于 0.3mm。
- 测力为 1.5～2.5N，测力变化应不大于 0.5N。

此外，还可用角度转位法（一个触头）检测单个齿距。测量头在被测齿面上径向来回移

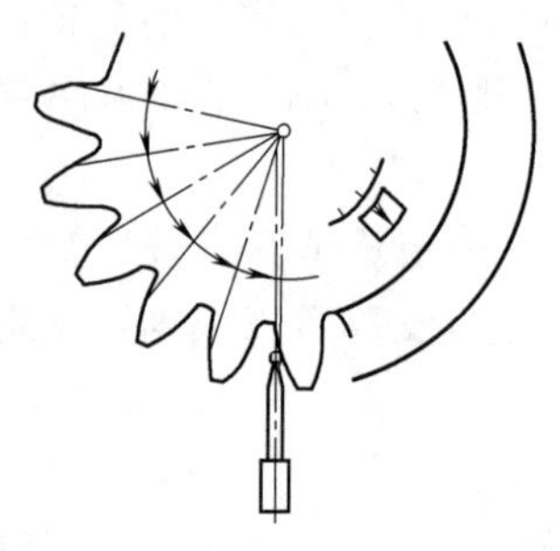

图 8-12 用角度转位法检验齿距

动，即可测得偏离理论位置的位置偏差（图 8-12)。相对于选定的基准齿面或零齿面，测得的数据就代表了相关齿面的位置偏差，记录的数据曲线显示出齿轮在圆周上的齿距累积偏差 F_{pk}。两相邻齿面的位置偏差相减，则为单个齿距偏差（注意标出＋、－）。

③ 齿廓偏差。齿廓偏差是指实际轮廓偏离设计轮廓的量。该量在端平面内且垂直于渐开线齿廓的方向计值。

为了更好理解齿廓偏差的相关内容，下面介绍一些基本概念。

a. 可用长度 L_{AF}：两条端面基圆切线长度之差。其中一条是从基圆延伸到可用齿廓的外界限点，另一条是从基圆到可用齿廓的内界限点。依据设计，可用长度被齿顶、齿顶倒棱或齿顶倒圆的起始点（A 点）限定，对于齿根，可用长度被齿根圆角或挖根的起始点（F 点）所限定，如图 8-13 所示。

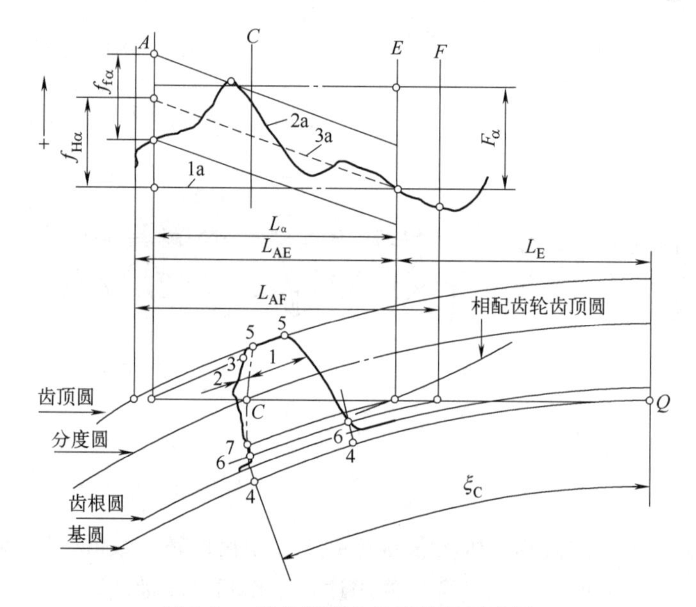

图 8-13 齿轮齿廓和齿廓偏差示意图

1—设计齿廓；2—实际齿廓；3—平均齿廓；1a—设计齿廓迹线；2a—实际齿廓迹线；3a—平均齿廓迹线；4—渐开线起始点；5—齿顶点；5-6—可用齿廓；5-7—有效齿廓；C-Q—C 点基圆切线；ξ_C—C 点渐开线展开角；Q—滚动的起点（端面基圆切线的切点）；A—轮齿齿顶或倒角的起点；C—设计齿廓在分度圆上的一点；E—有效齿廓起始点；F—可用齿廓起始点；L_{AF}—可用长度；L_{AE}—有效长度；L_α—齿廓计值范围

b. 有效长度 L_{AE}：可用长度对应于有效齿廓的那部分。对于齿顶，有效长度的界限点与可用长度的界限点（A 点）相同。对于齿根，有效长度延伸到与之配对齿轮有效啮合的终点 E（即有效齿廓的起始点）。如果不知道配对齿轮，则 E 点为与基本齿条相啮合的有效齿廓的起始点。

c. 齿廓计值范围 L_α：可用长度中的一部分，在 L_α 内应遵照规定精度等级的公差，除另有规定外，其长度等于从 E 点开始的有效长度 L_{AE} 的 92%。

d. 设计齿廓：符合设计规定的齿廓，当无其他限定时，是指端面齿廓。

齿廓迹线是指齿轮齿廓检查仪画出的齿廓偏差曲线，在齿廓曲线图中未经修形的渐开线齿廓迹线一般为直线。

e. 被测齿面的平均齿廓：平均齿廓是用来确定齿廓形状偏差 $f_{f\alpha}$ 和齿廓倾斜偏差 $f_{H\alpha}$ 的一条辅助齿廓迹线。设计齿廓迹线的纵坐标减去一条斜直线的相应纵坐标后得到的一条迹线，使得在计值范围内，实际齿廓迹线偏离平均齿廓迹线之偏差的平方和最小。因此，平均齿廓迹线的位置和倾斜度可以用“最小二乘法”确定。

f. 齿廓总偏差 F_α：在计算范围 L_α 内，包容实际齿廓线的两条设计齿廓线间的距离，如图 8-14（a）所示。齿廓总偏差会破坏齿轮副的正常啮合，使啮合点偏离啮合线，从而引起瞬时传动比的变化，导致传动不平稳，所以它是反映一对轮齿在啮合过程中平稳性的指标。

g. 齿廓形状偏差 $f_{f\alpha}$：在计算范围 L_α 内，包容实际齿廓迹线的，与平均齿廓迹线完全相同的两条迹线间的距离，且两条曲线与平均齿廓迹线的距离为常数，如图 8-14（b）所示。

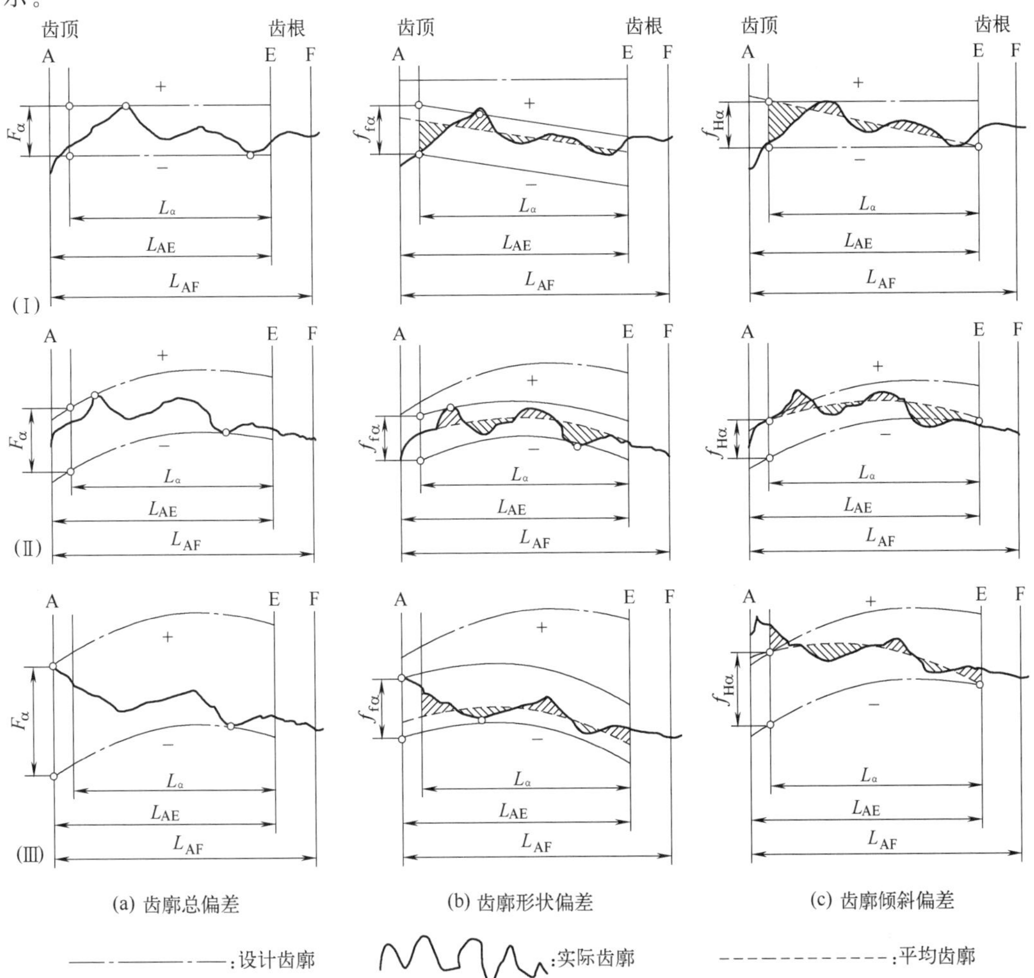

图 8-14　齿廓偏差

h. 齿廓倾斜偏差 $f_{H\alpha}$：在计算范围 L_{α} 内，两端与平均齿廓迹线相交的两条设计齿廓迹线间的距离如图 8-14（c）所示。

④ 齿廓偏差的测量。齿廓偏差的测量方法有展成法、坐标法和啮合法。

展成法测量依据渐开线形成原理。展成法测量的仪器有单圆盘式渐开线检查仪、万能渐开线检查仪和渐开线螺旋线检查仪等。

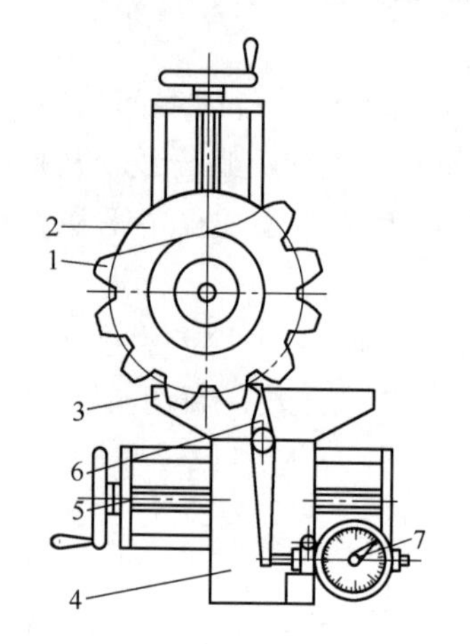

图 8-15 单圆盘式渐开线检查仪
1—被测齿轮；2—基圆盘；3—直尺；4—测量滑板；5—手轮；6—杠杆测头；7—指示表

单圆盘式渐开线检查仪对每种规格的被测齿轮需要一个专用的基圆盘，适用于成批生产。如图 8-15 所示，被测齿轮 1 和基圆盘 2 装在同一心轴上，基圆盘的直径等于被测齿轮的基圆直径。基圆盘在弹簧产生的压力作用下紧靠直尺 3，直尺固定安装在测量滑板 4 上，并且直尺的工作面与测量滑板的运动方向平行。当转动手轮 5 时，测量滑板与直尺一起做直线运动。在摩擦力的作用下，基圆盘被直尺带着转动，相对直尺做无滑动的纯滚动。杠杆测头 6 和指示表 7 装在测量滑板上，并与其一起移动。使用专用附件将测头尖端调整在直尺与基圆盘相切的平面内，则测头端点相对于基圆盘 2 的运动轨迹即为一条渐开线，也是被测齿轮齿面的理论渐开线。杠杆测头在测量力作用下与被测齿面接触时，实际形状相对于理论渐开线的偏差就使测头产生相对运动，通过指示表或记录器即可将此齿廓偏差显示出来。

坐标法测量又分为极坐标法测量和直角坐标法测量两种。

极坐标法测量是以被测齿轮回转轴线为基准，通过测角装置（如圆光栅、分度盘）和测长装置（如长光栅、激光）测量被测齿轮的角位移和渐开线展开长度。通过数据处理系统，将被测齿形线的实际坐标位置和理论坐标位置进行比较，画出齿形误差曲线，在该曲线上按定义评定得到齿廓偏差。

直角坐标法测量原理如图 8-16 所示，也是以被测齿轮回转轴线为基准（如仪器不具备回转工作台，也可用齿顶圆或轴颈外圆代替）。测量时被测齿轮固定不动，测头在垂直于回转轴线的平面内对齿形线上的被测点进行测量，得到被测点的直角坐标值，再将测得的坐标值与理论坐标值进行比较，将各点的差值绘成齿形误差曲线，在该曲线上按定义评定得到齿廓偏差。

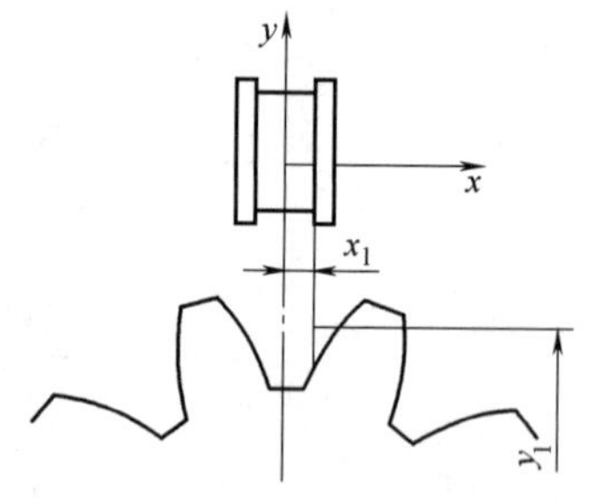

图 8-16 直角坐标法测量原理

坐标法测量的仪器有渐开线检查仪、万能齿轮测量仪、齿轮测量中心及三坐标测量机等。

啮合法是指用单面啮合整体误差测量仪进行齿廓偏差的测量。测量时让被测齿轮与测量齿轮（或测量蜗杆）作单面啮合传动，将此传动与标准传动相比较，通过误差处理系统测量出被测齿轮的实际回转角与理论回转角的差值，并由同步记录器将其记录成整体误差曲线，然后按照齿廓偏差的定义在误差曲线上取值即可。

⑤ 螺旋线偏差及检测。螺旋线偏差是在端面基圆切线方向上测得的实际螺旋线偏离设计螺旋线的量。

a. 螺旋线总偏差 F_{β}。螺旋线总偏差 F_{β} 是在计值范围 L_{β} 内，包容实际螺旋线迹线的两条设计螺旋线迹线间的距离，如图 8-17（a）所示。

螺旋线总偏差的测量方法有展成法和坐标法。用于展成法测量的仪器有单盘式渐开线螺旋检查仪、分级圆盘式渐开线螺旋检查仪、杠杆圆盘式通用渐开线螺旋检查仪以及导程仪等；用于坐标法测量的仪器有螺旋线样板检查仪、齿轮测量中心和三坐标测量机等。

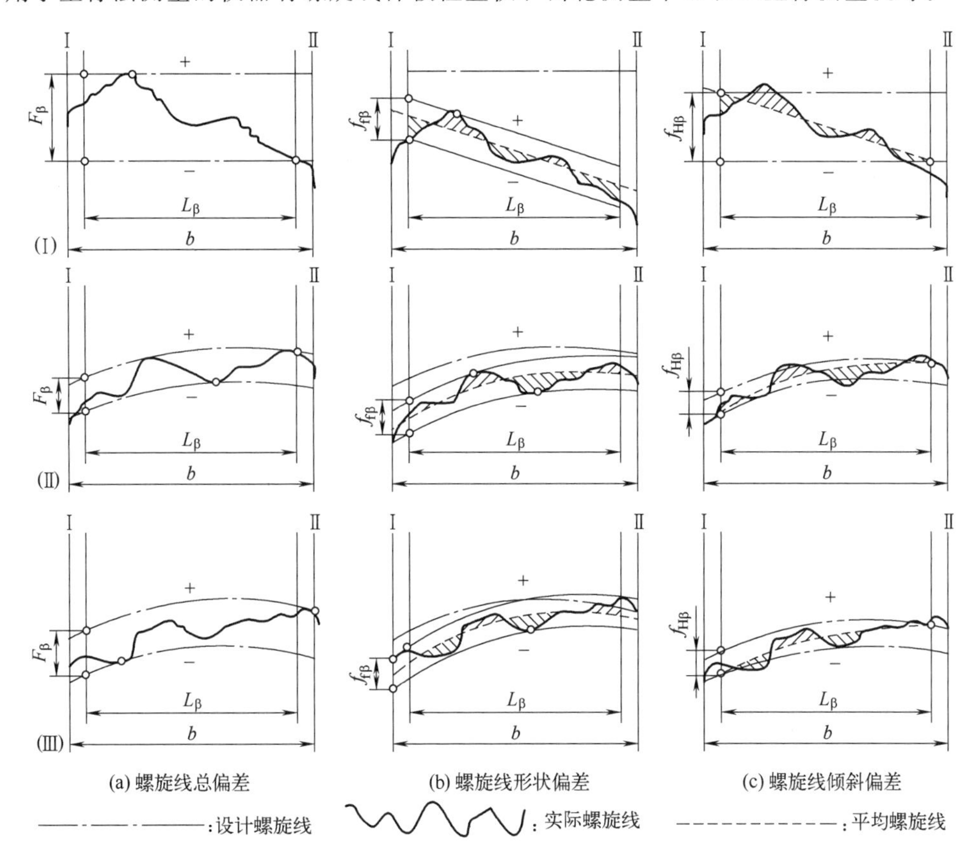

图 8-17　螺旋线偏差

展成法测量圆柱直齿螺旋线偏差如图 8-18 所示，齿轮连同测量心轴安装在具有前后顶尖的仪器上，将测量棒分别放入齿轮相隔 90°的 1、2 位置的齿之间，在测量棒两端打表，测得的两次示值差就可近似地作为 F_{β}。

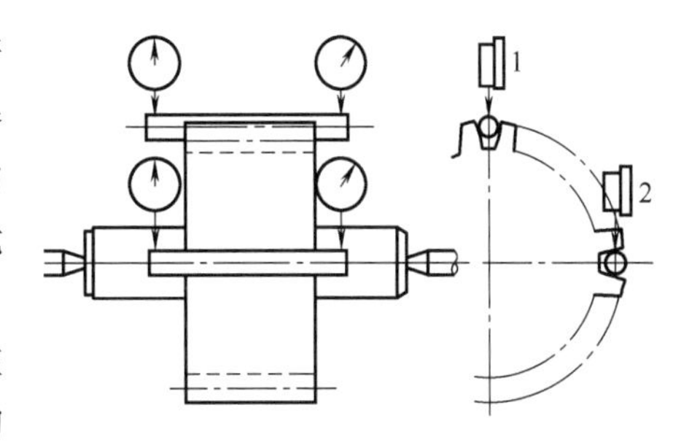

图 8-18　螺旋线总偏差检测

b. 螺旋线形状偏差 $f_{f\beta}$。螺旋线形状偏差是在计值范围 L_{β} 内，包容实际螺旋线迹线的，与平均螺旋线迹线完全相同的两条曲线间的距离，且两条曲线与平均螺旋线迹线的距离为常数，如图 8-17（b）所示。

c. 螺旋线倾斜偏差 $f_{H\beta}$。螺旋线倾斜偏差是在计值范围 L_{β} 的两端，与平均螺旋线迹线

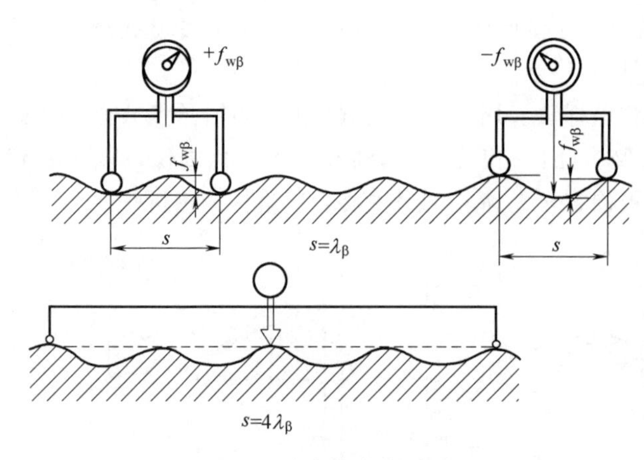

图 8-19 波度曲线检测原理

相交的两条设计螺旋线迹线间的距离，如图 8-17（c）所示。

d. 波度。波度是螺旋线的形状偏差，具有不变的波长和基本不变的高度，成因是切齿机床传动链元件的扰动，特别是刀架进给丝杠的扰动和分度蜗轮传动中蜗杆的扰动。

图 8-19 说明了在螺旋线检测仪器上装置波度测量附件测波度的方法。检测以上两原因造成的波度曲线时，计算出相关的波长，把附件的球形定位脚放在奇数个波长的间距上，使定位脚沿螺旋线滑动，波度的数值由位于定位脚中间的测头显示出来。当测头接触波峰后又接触波谷时，测头的位移等于 2 倍波高。

⑥ 切向综合偏差及检测。

a. 切向综合总偏差 F_i'。切向综合总偏差是被测齿轮与测量齿轮单面啮合时，在被测齿轮一转内，齿轮分度圆上实际圆周位移与理论圆周位移的最大差值，如图 8-20 所示。

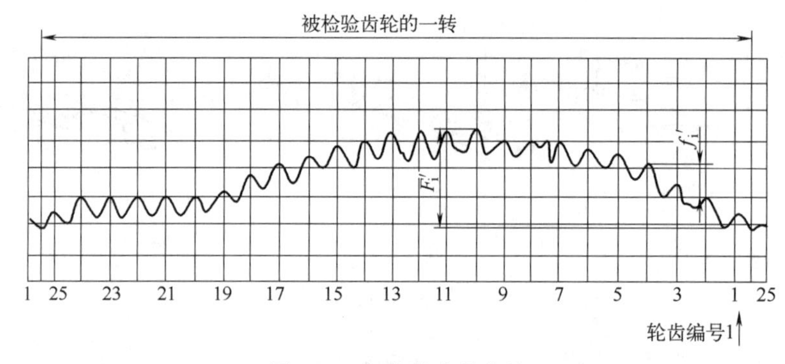

图 8-20 切向综合总偏差

齿轮的切向综合总偏差是在接近齿轮的工作状态下测量出来的，是几何偏心、运动偏心和基节偏差、齿廓偏差的综合测量结果，是评定齿轮传动准确性最为完善的指标。

切向综合总偏差用单啮仪测量，如图 8-21 所示为目前应用较多的光栅式单啮仪的工作原理图。被测齿轮与标准测量齿轮（可以是标准蜗杆、齿条等）做单面啮合，被测齿轮的转角误差将变为两路信号的相位差。两者的角位移信号经比相器比较，由记录仪记下被测齿轮的切向综合总偏差。

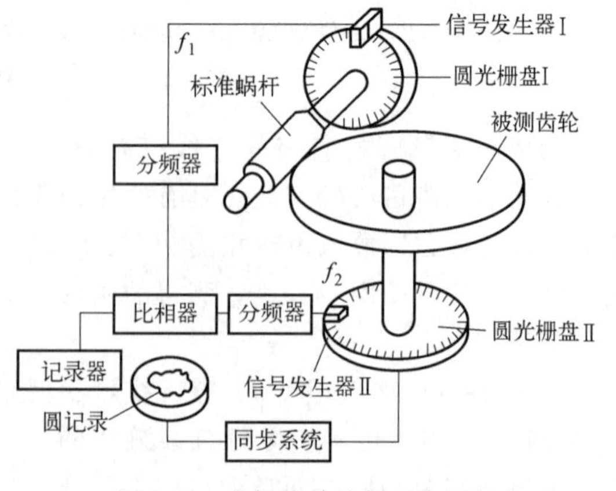

图 8-21 光栅式单啮仪工作原理

b. 一齿切向综合偏差 f_i'。一齿切向综合偏差是在一个齿距内的切向综合偏差，可用单啮仪测量，它是切向综合偏差曲线图（见图 8-20）上小波纹中幅度最大的那一段所代表的偏差。

f_i'综合反映了齿轮的基节、齿形等方面的误差，它是评价齿轮传动平稳性的一个较好的综合指标。

切向综合总偏差和一齿切向综合偏差分别影响运动的准确性和平稳性，是齿距、齿廓等偏差的综合反映。虽然 F_i'和 f_i'是评定轮齿运动的准确性和平稳性的最佳综合指标，但标准 GB/T 10095.1—2008 规定，切向综合总偏差和一齿切向综合偏差不是必检项目。

(2) 径向综合偏差综合与径向跳动及检测

① 径向综合偏差及检测。径向综合偏差的测量值受到测量齿轮的精度和产品齿轮与测量齿轮的总重合度的影响（参考 GB/Z 18620.2）。

a. 径向综合总偏差 F_i''。径向综合总偏差是在径向（双面）综合检验时，产品齿轮的左、右齿面同时与测量的齿轮接触，并转过一整圈时出现的中心距最大值和最小值之差，如图 8-22 所示。径向综合总偏差主要反映几何偏心造成的径向长周期误差和齿廓偏差、基节偏差等短周期误差。

b. 一齿径向综合偏差 f_i''。一齿径向综合偏差是当产品齿轮啮合一整圈时，对应一个齿距（360°/z）的径向综合偏差值，即一个齿距内双啮中心距的最大变动量。产品齿轮所有轮齿的 f_i''最大值不应该超过规定的允许值，如图 8-22 所示。它是在测量 F_i''的同时测出的，反映齿轮的小周期径向的误差，主要影响运动平稳性。

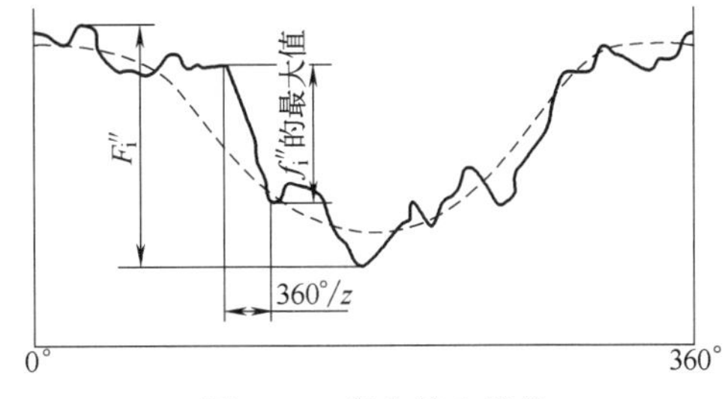

图 8-22　径向综合偏差

径向综合偏差可用齿轮双面啮合检查仪进行测量，如图 8-23 所示。齿轮双面啮合检查仪上安放一对齿轮，其中产品齿轮装在固定的轴上，测量齿轮则装在带有滑道的轴上，该滑道带一弹簧装置，从而使两个齿轮在径向能紧密地啮合。当齿轮啮合传动时，由指示表读出两齿轮中心距的变动。如果需要的话，可将中心距变动曲线图展现出来。

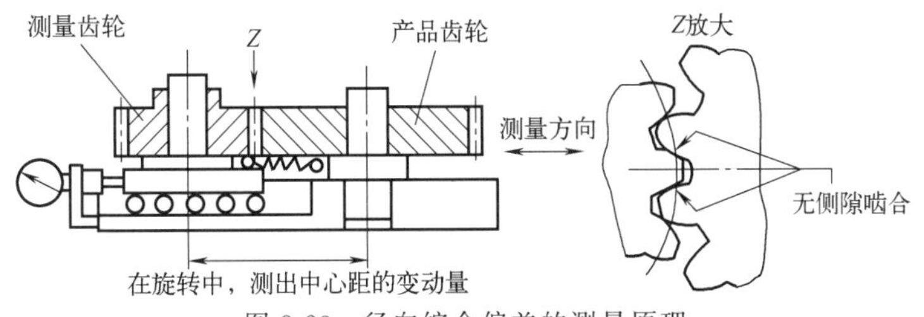

图 8-23　径向综合偏差的测量原理

径向综合总偏差是在径向（双面）综合检验时，被测齿轮的左右齿面同时与测量的齿轮接触，并转过一整圈时出现的中心距最大值和最小值之差。径向综合总偏差间接地综合性反映几何偏心造成的径向长周期误差和齿廓偏差、基节偏差等短周期误差。用双面啮合仪测量啮合齿轮中心距的变动量，所反映的齿廓双面误差与齿轮实际工作状态不符，测量结果同时受左右两齿廓误差的影响，因此不能全面地反映运动的准确性，也不是很客观。但其测量过程与切齿时的啮合过程相似，且仪器结构简单，造价低，测量效率高，操作方便，如能预先控制切向误差分量，双啮仪可在大批量生产检验中检验 6 以下中等精度的齿轮。

② 齿轮的径向跳动 F_r。齿轮径向跳动 F_r 是指将测头（球形、圆柱形、砧形）相继置于每个齿槽内时，从测头到齿轮轴线的最大和最小径向距离之差。一个 16 齿的齿轮径向跳动测量如图 8-24 所示。齿圈的径向跳动主要反映几何偏心引起的齿轮径向长周期误差。

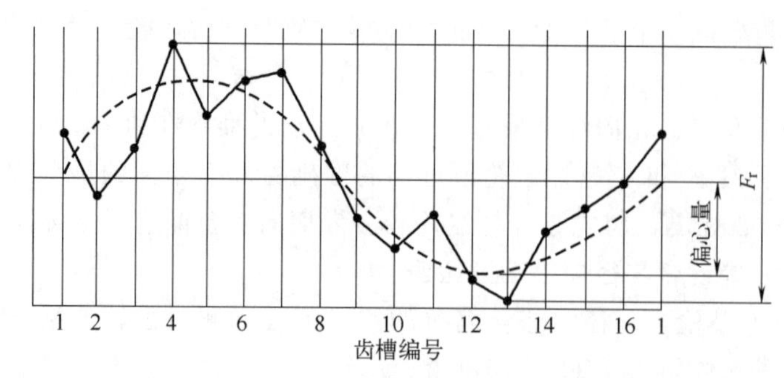

图 8-24　一个齿轮（16 齿）的径向跳动

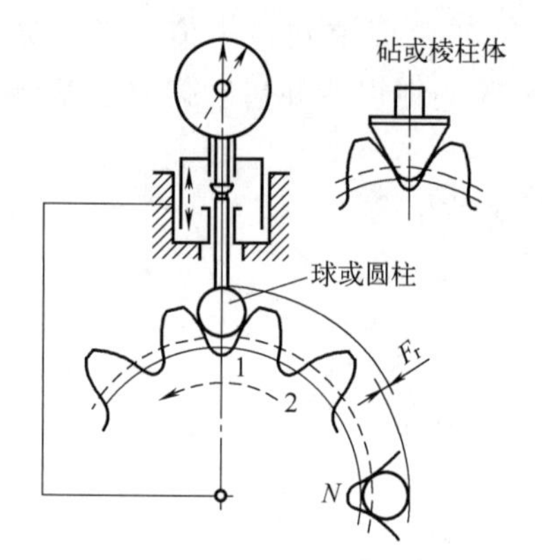

图 8-25　齿轮的径向跳动测量原理

齿轮径向跳动 F_r 的测量原理如图 8-25 所示。

齿轮的径向跳动的测量可以在齿轮径向跳动测量仪或偏摆检测仪上进行，图 8-26 是齿轮径向跳动测量仪的结构。测量时应使测头与齿轮在齿槽中部的分度圆附近的位置接触。对于球形测头其直径计算如下：

$$d=1.68m_n \tag{8-2}$$

式中　d——测头直径；

m_n——齿轮的法向模数。

齿轮径向跳动测量的具体过程如下。

a. 根据被测齿轮模数的大小，按 $d=1.68m_n$ 选择相应直径的指示表测头。

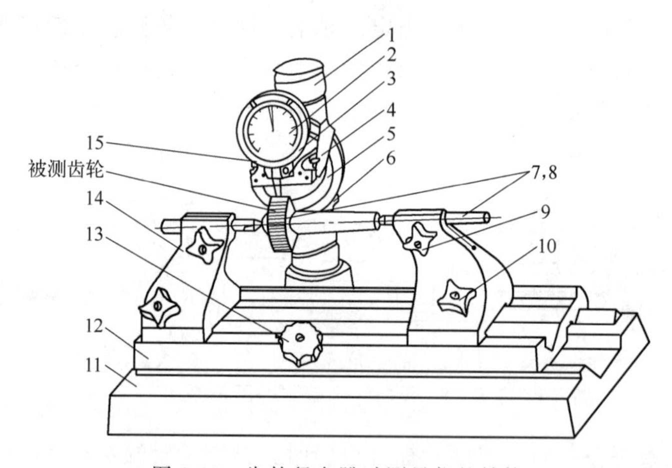

图 8-26　齿轮径向跳动测量仪的结构

1—立柱；2—指示表；3—微调手轮；4—指示表扳手；5—指示表支架；
6—调节螺母；7,8—预针；9—预针锁紧螺钉；10—预针架锁紧螺钉；
11—底座；12—预针架滑板；13—移动滑板旋钮；14—预针架；15—提升小旋钮

b. 调整好指示表支架 5 的位置，同时按被测齿轮的直径大小转动调节螺母 6，使支架上下移动，并固定在某一适当位置，以指示表测头与被测齿轮在齿槽接触，并且指示表指针大致在零刻度为准。

c. 测量时应上翻指示表扳手 4，提起指示表测头后才可将齿轮转过一齿，再将扳手轻轻放下，使测头与齿面接触，指示表测头调零（旋动微调手轮 3）开始逐齿测取读数，直至测完全部齿槽为止。最后当指示表测头回到调零的那个齿槽时，表上读数应仍然为零，若偏差超过一个格值应检查原因，并重新测量。

d. 在记录的全部读数中，取其最大值与最小值之差，即为被测齿轮的径向跳动。

径向跳动也是反映齿轮一转范围内在径向方向起作用的误差，与径向综合总偏差的性质相似。径向综合总偏差检测比径向跳动检测效率高，且能得到一条连续的误差曲线，所以，如果检测了径向综合总偏差，就不用再检测径向跳动。

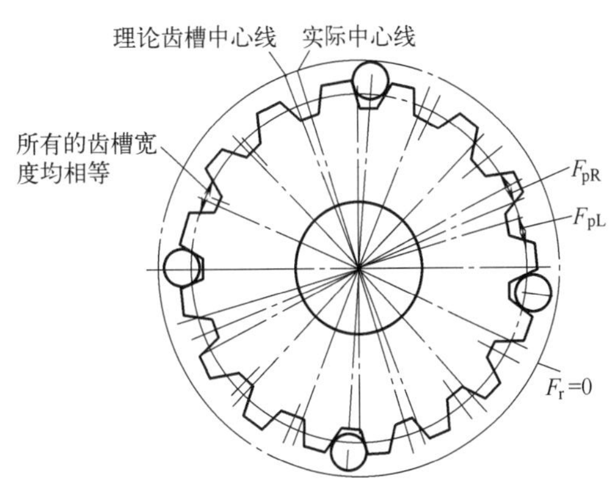

图 8-27　齿轮无径向跳动，但有明显的齿距偏差和齿距累积偏差（所有的齿槽宽相等）

有时，测量出的径向跳动很小或没有径向跳动，这并不能说明不存在齿距偏差。切齿加工时，如果采用单齿分度，很可能切出如图 8-27 所示的齿轮，该齿轮的所有齿槽宽均相等，从而没有径向跳动，但却存在着很明显的齿距偏差和齿距累积偏差。图 8-28 用曲线表示此情况。图 8-28 表示一个实际齿轮，只有很小的径向跳动，却有相当大的齿距累积偏差。

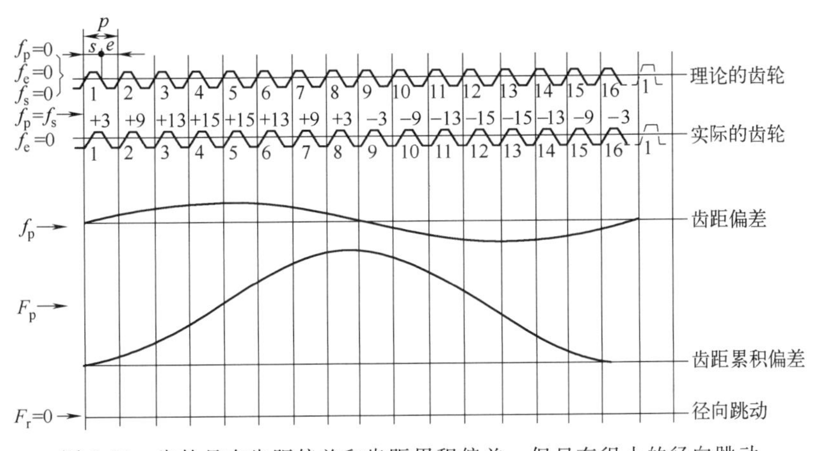

图 8-28　齿轮具有齿距偏差和齿距累积偏差，但只有很小的径向跳动

这种情况发生于双面加工法，例如成形磨削或展成磨削（这两种方法都在磨削齿槽时采用单齿分度），磨削时齿轮的轴孔与机床工作台的轴是相重合的，而分度机构产生一个正弦形齿距累积偏差，这个齿距累积偏差的根源可能是机床分度蜗轮的偏心。

为了揭示这种情况，可采用一种改进的径向跳动检测法，如图 8-29 所示，应用一个“骑架”作为测头。这种检测法能发现齿距偏差产生的原因，是因为齿距偏差导致齿厚偏差，故当“骑架”接触两侧齿面检测时指示出径向位置的变化。

(3) 齿轮副的偏差及检测

齿轮副的检验项目有齿轮副的切向综合偏差 F'_{iC}、接触斑点、侧隙（圆周侧隙 j_t、法向侧隙 j_n）和安装精度（中心距偏差 f_a、轴线平行度偏差）。

① 齿轮副的切向综合偏差 F'_{iC}。齿轮副的切向综合偏差 F'_{iC} 指装配后的齿轮副，在啮合转动足够多的转数内，一个齿轮相对于另一个齿轮的实际转角与公称转角之差的总幅度值。

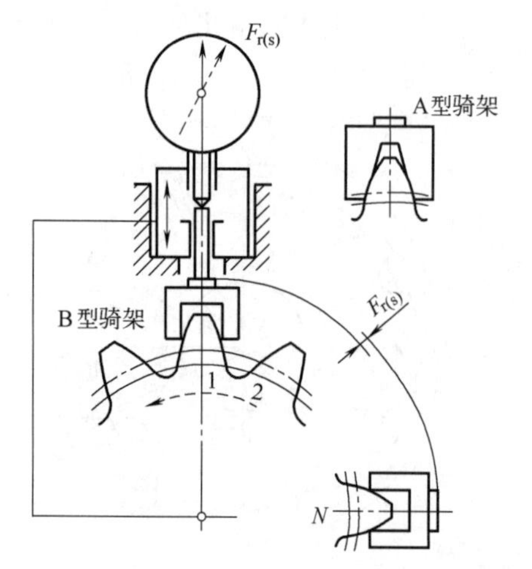

图 8-29 当所有齿槽宽相等，而存在齿距偏差时，用“骑架”进行径向跳动测量

齿轮副的切向综合偏差的测量与单齿的测量原理相同，只是单齿是采用测量齿轮与被测齿轮啮合，而齿轮副使用两个被测齿轮相互啮合进行测量。

② 齿轮副的接触斑点。齿轮副的接触斑点是指装配好的齿轮副在轻微制动下运转后齿面的接触擦亮痕迹，可以用沿齿高方向和沿齿长方向的百分数来表示。图 8-30～图 8-33 分别是几种典型接触斑点的示意图。

接触斑点的获得方法分为静态方法（通过软涂层的转移）和动态方法（通过硬涂层的磨损）两种。

静态方法是指将齿轮彻底清洗干净，去除油污，在小齿轮 3 个或更多齿上涂上一层薄（5～15μm）而均匀的印痕涂料（如红丹、普鲁士蓝软膏、划线蓝油等），然后在大齿轮上将与涂有涂料的小齿轮啮合的齿上喷上一层薄薄的显像液膜。由操作者转动小齿轮，使有涂料的轮齿与大齿轮啮合，并由助手在大齿轮上施加一个足够的反力矩以保证接触，然后把轮齿反转回到原来的位置，在轮齿的背面做上记号，以便对接触斑点进行观察。得到的接触斑点应用照相、画草图或透明胶带等方法记录下来，以便保存。

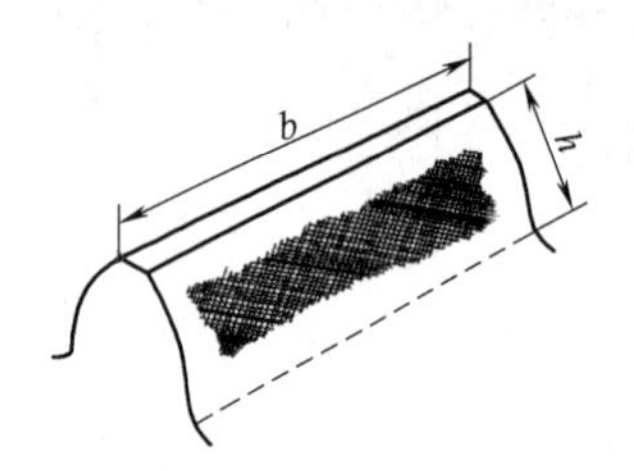

图 8-30 典型的规范，接触近似为：齿宽 b 的 80%有效齿面高度 h 的 70%，齿端修薄

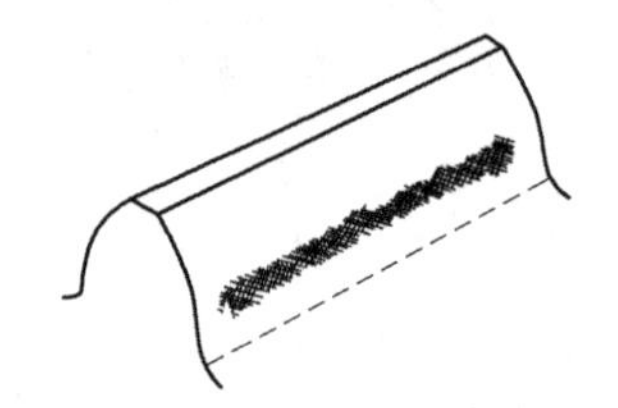

图 8-31 齿长方向配合正确，有齿廓偏差

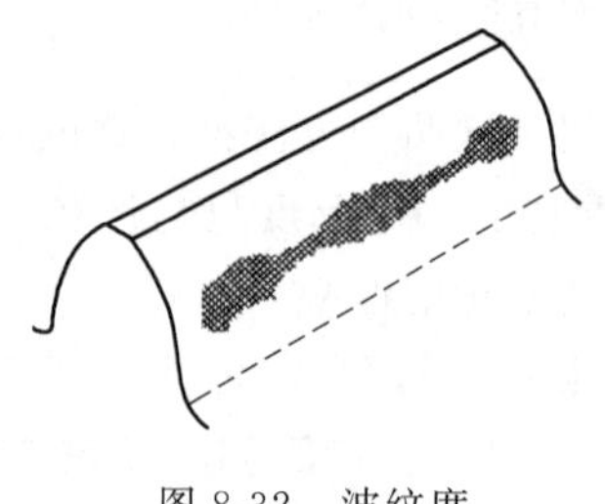

图 8-32 波纹度

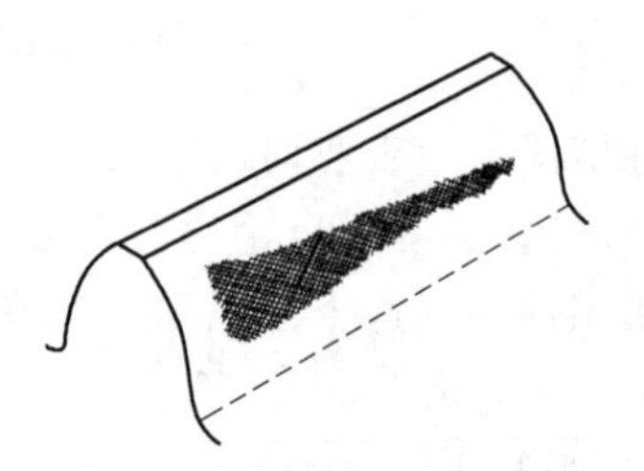

图 8-33 有螺旋线偏差，齿廓正确，有齿端修薄

动态方法是指将齿轮彻底清洗干净，去除油污，将小齿轮和大齿轮至少 3 个轮齿喷上划线用的蓝油，产生的膜应薄而光滑，不能太厚。随后给齿轮副一个载荷增量做短时间运行，然后停止，将其斑点记录下来，彻底清洗干净齿轮后在下一个载荷增量下重复以上程序。整个操作过程至少应在 3 个不同载荷上重复进行。典型载荷增量为 5%、25%、50%、75%和

100%，用所得的接触斑点进行比较，以保证在规定的工作条件下，观察到齿轮逐渐发展的接触面积达到设计的接触面大小。

检测产品齿轮副在其箱体内所产生的接触斑点可以有助于对轮齿间的载荷分布情况进行评估。

产品齿轮与测量齿轮的接触斑点，可用于评估装配后的齿轮的螺旋线和齿廓精度。

图 8-34 所示是指导性技术文件 GB/Z 18620.4 给出的齿轮装配后（空载）检测时，所预计的齿轮接触斑点的分布情况，实际接触斑点不一定与该图所示的一致。

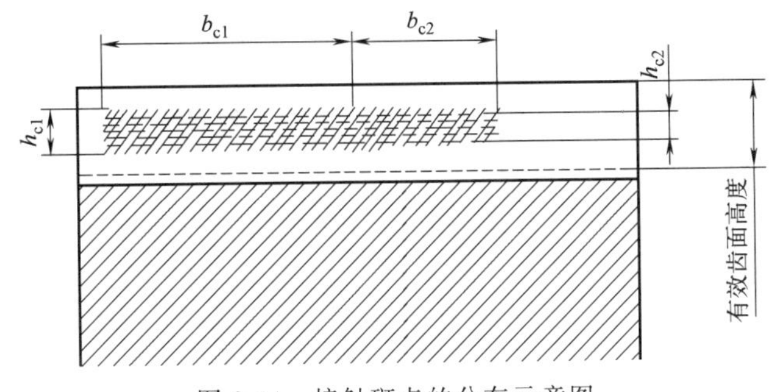

图 8-34　接触斑点的分布示意图

③ 侧隙和齿厚极限偏差。

a. 侧隙。侧隙 j 是两个相配齿轮的工作齿面相接触时，在两个非工作齿面之间所形成的间隙，也就是在节圆上齿槽宽度超过相啮合轮齿齿厚的量。通常，在稳定的工作状态下的侧隙（工作侧隙）与齿轮在静态条件下安装于箱体内所测得的侧隙（装配侧隙）是不相同的（小于装配侧隙）。

如图 8-35 所示，侧隙可以在法向平面上或沿啮合线测量，但它是在端平面上或啮合平面（基圆切平面）上计算和规定的。

侧隙分为圆周侧隙、法向侧隙和径向侧隙。

圆周侧隙 j_{wt}：当固定两个相啮合齿轮中的一个时，另一个齿轮所能转过的节圆弧长的最大值，如图 8-36 所示。

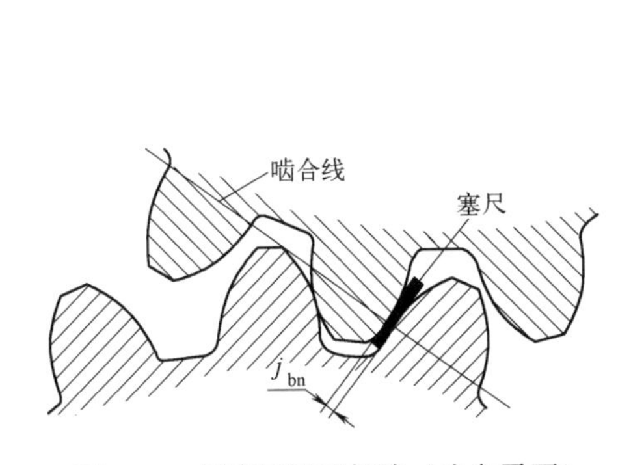

图 8-35　用塞尺测量侧隙（法向平面）

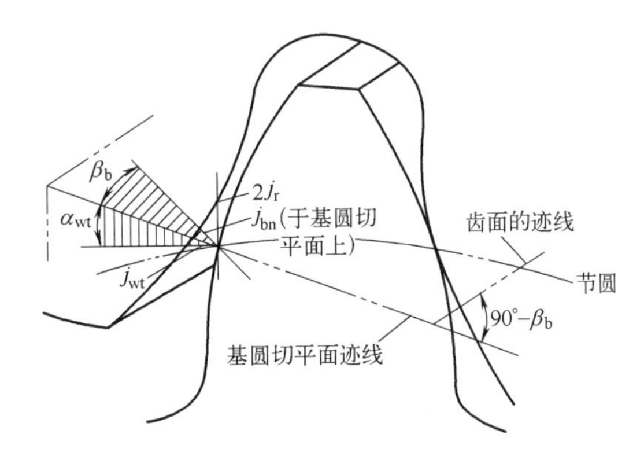

图 8-36　圆周侧隙、法向侧隙和径向侧隙之间的关系

法向侧隙 j_{bn}：当两个齿轮的工作齿面相互接触时，其非工作齿面之间的最短距离，如图 8-36 所示。它与圆周侧隙 j_{wt} 的关系如下：

$$j_{bn}=j_{wt}\cos\alpha_{wt}\cos\beta_b \tag{8-3}$$

式中 α_{wt}——端面压力角；

β_b——法向螺旋角。

径向侧隙 j_r：将两个相配齿轮的中心距缩小，直到左侧齿面和右侧齿面都接触，这个缩小的量即为径向侧隙。它与圆周侧隙 j_{wt} 的关系如下。

$$j_r=\frac{j_{wt}}{2\tan\alpha_{wt}} \tag{8-4}$$

决定侧隙大小的齿轮副尺寸要素有：小齿轮的齿厚 s_1、大齿轮的齿厚 s_2 和箱体孔的中心距 a。我国实现侧隙的方法是采用减小单个齿轮齿厚的方法，齿厚的检验项目有齿厚偏差和公法线长度偏差两项。

b. 齿厚偏差。齿厚偏差 f_{sn} 是指分度圆柱面上，实际齿厚与公称齿厚之差（对于斜齿轮指法向平面的齿厚），如图 8-37 所示。

齿厚上偏差 E_{sns} 和齿厚下偏差 E_{sni} 统称为齿厚偏差。齿厚偏差应在齿厚上偏差 E_{sns} 和下偏差 E_{sni} 限定范围内，即 $E_{sni}\leqslant f_{sn}\leqslant E_{sns}$。

齿厚是分度圆上的一段弧长，因不便于直接测量，通常用分度圆弦齿厚来代替。标准圆柱齿轮分度圆公称弦齿厚为：

$$\bar{s}=mz\sin\frac{90^\circ}{z} \tag{8-5}$$

弦齿厚的测量多用齿厚游标卡尺和光学测齿卡尺。齿厚游标卡尺测量齿厚时以齿顶圆为基准，按计算出的弦齿高 h_c 调整高度尺的位置。如图 8-38 所示，先松开螺钉 5 并锁紧螺钉 9，再调整微调螺母 7 使高度游标尺的示值为 h_c，然后固紧螺钉 5，将高度定位尺 12 置于被测齿顶上，并使卡尺的固定量爪垂直于齿轮的轴线，再用同样方法调整水平游标卡尺的微调螺母，使活动量爪和固定量爪与齿面对称接触，这时，水平游标尺示值即为分度圆弦齿厚的实际值。

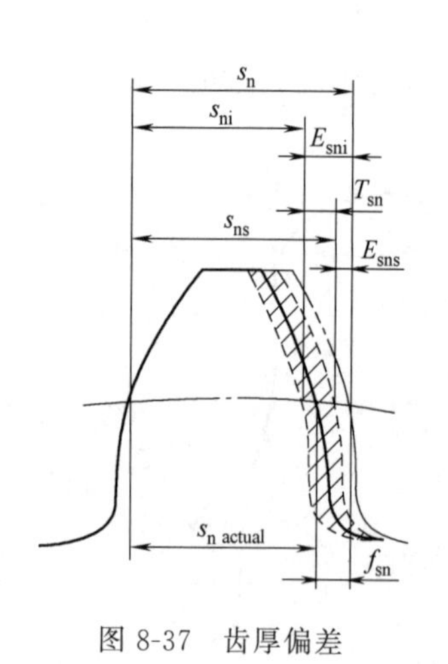

图 8-37 齿厚偏差

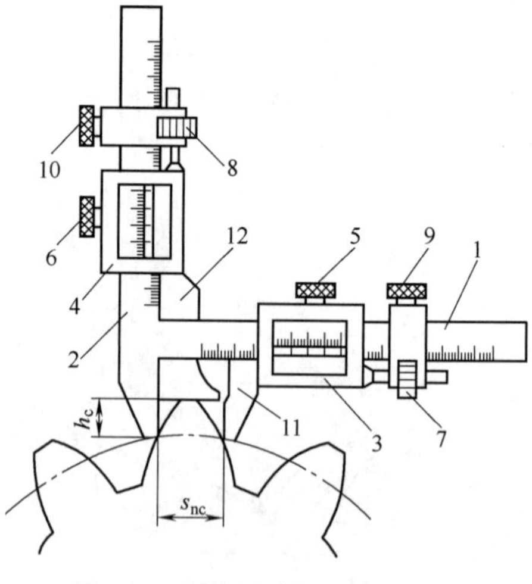

图 8-38 用齿厚游标卡尺测齿厚

1—水平游标尺；2—垂直游标尺；3—水平游标框架；4—垂直游标框架；5,6—框架锁紧螺钉；7,8—微调螺母；9,10—微调锁紧螺钉；11—活动量爪；12—高度定位尺

因测量齿厚时是以顶圆为基准，则其顶圆直径误差和跳动都会给测量结果带来较大的影响，故齿厚偏差只适用于要求精度较低和模数较大的齿轮。而对于高精度和便于在车间检验

的齿轮常用公法线平均长度偏差。

当斜齿轮的齿宽太窄，不允许做轮齿跨距测量时，可以用间接检测齿厚的方法，即把两个球或圆柱（销子）置于尽可能在直径上相对的齿槽内（图 8-39），然后测量跨球（圆柱）尺寸。

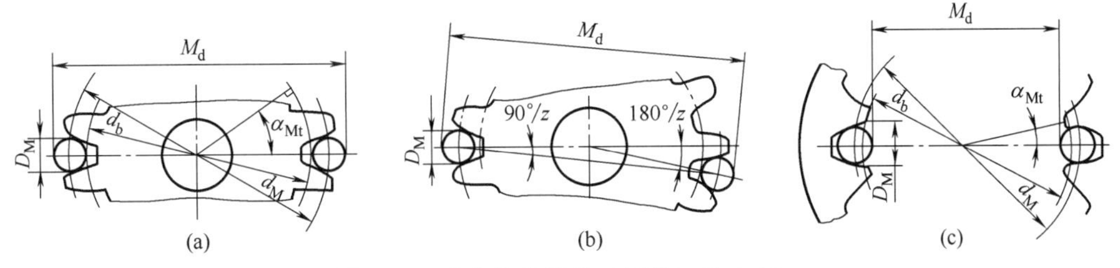

图 8-39　直齿轮的跨球（圆柱）尺寸 M_d

对于内斜齿轮，只能用球测量，常用球形测头内径千分表测量，测得端平面上两个置于直径两端的齿槽中球之间的最小尺寸。当测量奇数齿的斜齿轮时，需考虑用适当方法使球定位于端平面上。

c. 公法线平均长度偏差。公法线平均长度偏差是指在齿轮一周内，公法线长度的平均值对其公称值之差，如图 8-40 所示。齿轮的运动偏心会影响公法线长度，使公法线长度不相等，为了排除运动偏心对其长度的影响，应在齿轮圆周上 6 个部位测取实际值后，取其平均值 W_k，公法线长度的测量是使用公法线千分尺按计算出的跨齿数 k 进行测量。合理的跨齿数使测量时的切点位于齿高中部，即分度圆上或其附近。

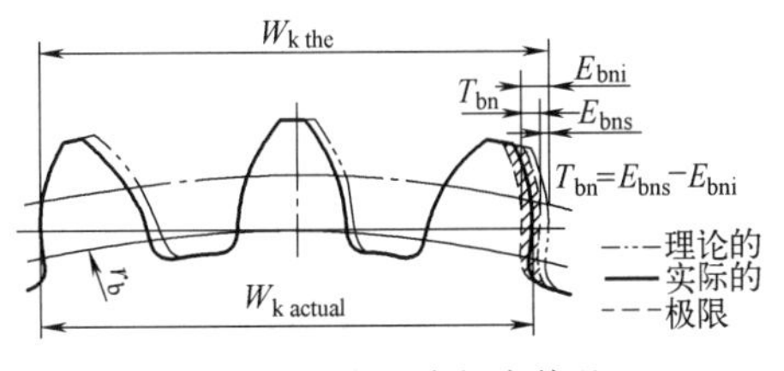

图 8-40　公法线长度偏差

$$k \approx \frac{z}{9}+0.5(\text{取最近的整数}) \tag{8-6}$$

通常跨齿数 k 可近似地取为齿数的 1/9。

对于 $\alpha=20°$ 的标准直齿圆柱齿轮，公法线长度的公称值可由下式求得；

$$W_k=m[1.476(2k-1)+0.014z] \tag{8-7}$$

式中　m——被测齿轮的模数；

z——被测齿轮的齿数；

k——跨齿数。

公法线千分尺可测量模数大于 1mm 的直齿和斜齿公法线长度。如图 8-41 所示，公法线千分尺的结构、使用方法和读数方法与外径千分尺相似，区别仅在于测量砧做成碟形。

如图 8-42 所示，测量公法线长度时应注意千分尺两个碟形量砧的位置，两个量砧与齿面需在分度圆附近相切。

使用公法线千分尺的注意事项：

- 使用前检查千分尺是否完好，有无校验合格标识。
- 使用时，将千分尺测量面及测量玻璃表面清洁干净。
- 使用时，必须首先归零。在归零时，缓慢地使测量杆与测砧接触，所用的力需和测量时保持一致（国家标准规定用力为 2～3N）。考虑到测量的不确定性，一般都要置零两次以上，测量次数不低于 3 次。

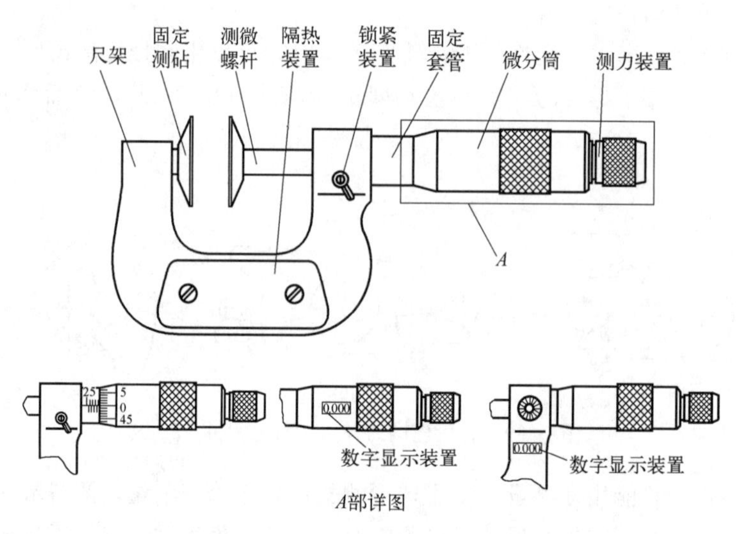

图 8-41 公法线千分尺结构型式

• 将被测产品移入两测量面之间，调微分筒，使工作面快接触到被测物体后，调测力装置，听到三声“咔咔咔”时停止。

④ 齿轮副中心距偏差 f_a（极限偏差$\pm f_a$）。f_a 是在齿轮副齿宽中间平面内，实际中心距与公称中心距之差，如图 8-43 所示。齿轮副中心距的大小直接影响齿侧间隙的大小。在实际生产中，通常以齿轮箱体支承孔中心距代替齿轮副中心距进行测量。公称中心距是在考虑了最小侧隙及两齿轮齿顶和其相啮合的非渐开线齿廓齿根部分的干涉后确定的。因 GB/Z 18620.3 标准中未给出中心距偏差值，仍采用 GB/T 10095—1988 标准的中心距极限偏差$\pm f_a$ 表中数值。

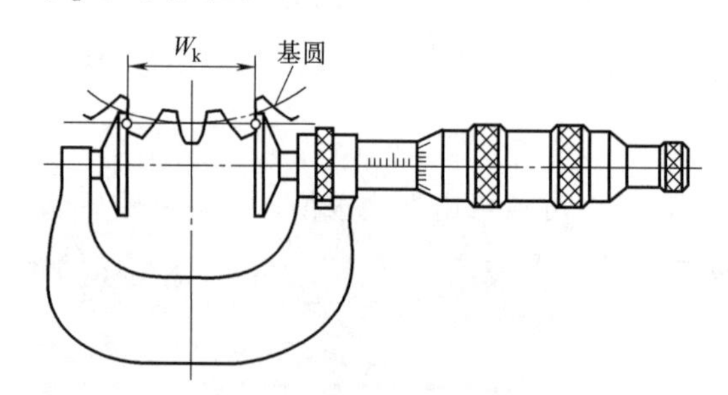

图 8-42 公法线千分尺测量公法线

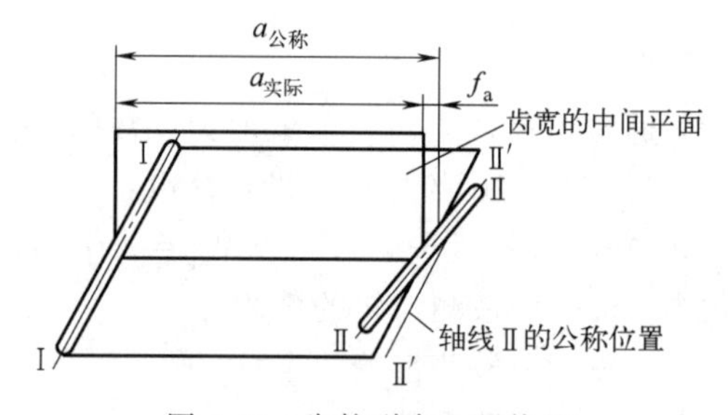

图 8-43 齿轮副中心距偏差

中心距的变动影响齿侧间隙及啮合角的大小，将改变齿轮传动时的受力状态。中心距的测量可用卡尺、千分尺等通用量具。

⑤ 齿轮副轴线的平行度偏差 $f_{\Sigma\delta}$、$f_{\Sigma\beta}$。$f_{\Sigma\delta}$ 是一对齿轮的轴线在其基准平面上投影的平行度偏差，$f_{\Sigma\beta}$ 是一对齿轮轴线在垂直于基准平面且平行于基准轴线的平面上投影的平行度偏差，如图 8-44 所示。基准平面是包含基准轴线，并通过另一根轴线与齿宽中间平面的交点所形成的平面。两根轴线中任意一根都可作为基准轴线。

$f_{\Sigma\beta}$、$f_{\Sigma\delta}$ 主要影响载荷分布和侧隙的均匀性。偏差值与轴的支撑跨距 L 及齿宽 b 有关。

齿轮副装配后，$f_{\Sigma\beta}$、$f_{\Sigma\delta}$ 的测量不方便，因此，通常以齿轮箱体支承孔中心线的平行度偏差代替齿轮副的轴线的平行度偏差进行测量。

⑥ 齿轮齿面表面粗糙度的测量。齿面的表面粗糙度影响齿轮的传动精度（噪声和振动）、表面承载能力（如点蚀、胶合和磨损）和弯曲强度（齿根过渡曲面状况）。

齿轮齿面表面粗糙度常用触针式测量仪测量。在测量表面粗糙度时，触针的针尖半径应为 2μm、3μm 或者 10μm，触针的圆锥角可为 60°或 90°，测量时触针的轨迹应与表面加工纹理的方向相垂直，触针应尽可能紧跟齿面的弯曲变化，在测量轮齿齿根过渡区的表面粗糙度时，整个方向应与螺旋线正交（图 8-45）。

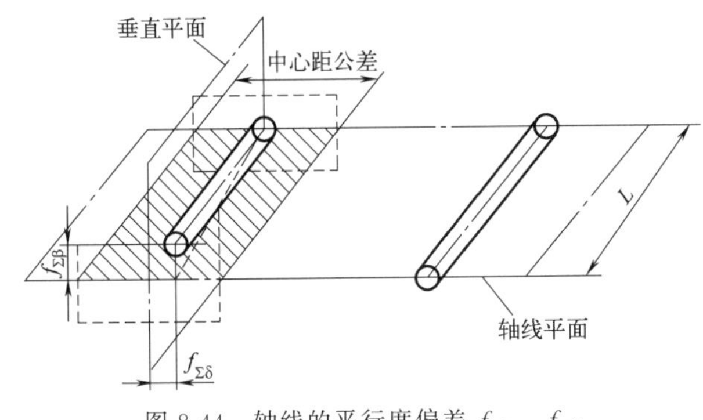

图 8-44　轴线的平行度偏差 $f_{\Sigma\beta}$、$f_{\Sigma\delta}$

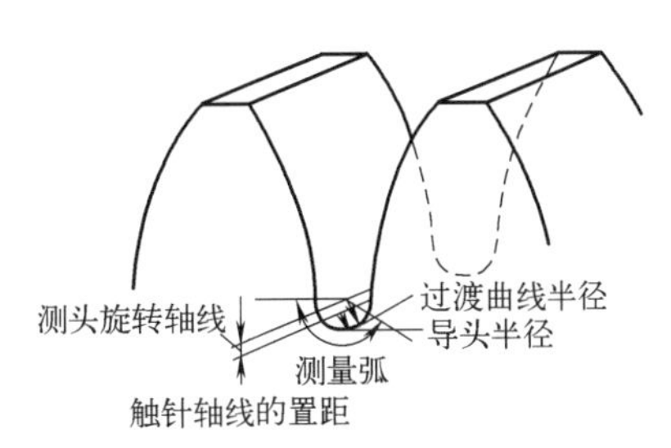

图 8-45　齿根过渡区表面粗糙度的测量

(4) 齿轮的公差与配合

装配好的齿轮是相匹配的产品，为了保证它们正常地运转，需要适当的侧隙配合。决定配合的齿轮副要素如图 8-46 所示。

齿轮的形状和位置偏差以及轴线的平行度也影响齿轮的配合。

小齿轮和大齿轮的齿厚实际尺寸和轴的中心距尺寸加上相应齿轮要素的偏差，确定了齿轮轮齿的侧隙 j，即在工作直径处非工作齿面间的间隙。

通常，最大侧隙并不影响传递运动的性能和平稳性，同时，实效齿厚偏差也不是在选择齿轮精度等级时的主要考虑因素。因此，在很多应用的场合，允许用较宽的齿厚公差或工作侧隙，并不会影响齿轮的性能和承载能力。

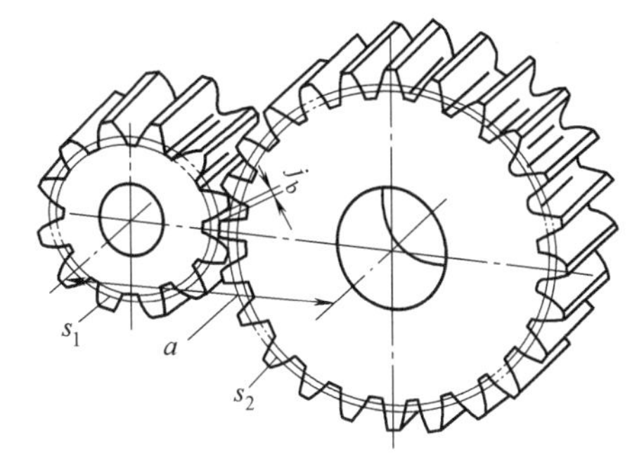

图 8-46　齿轮轮齿的配合

s_1—小齿轮的齿厚；s_2—大齿轮的齿厚；a—箱体的轴中心距；j_b—法向侧隙

最小工作侧隙不应当成为零或负值。由于工作侧隙是由装配侧隙和工作状态确定的，它们包括挠度、安装误差、轴承的径向跳动、温度以及其他未知因素的影响，因而必须区别开装配间隙和工作间隙。

侧隙不是固定值，由于制造误差和工作状态等原因，它在不同的轮齿位置上是变动的。

• 齿厚公差。齿厚与侧隙的给定值，是由设计人员按其使用情况选定的，在分度圆上垂直于齿线方向来规定和测量。

• 齿厚上偏差 E_{sns}。取决于分度圆直径和允许差，其选择大体上与齿轮精度无关。

• 齿厚下偏差 E_{sni}。齿厚下偏差是综合了齿厚上偏差及齿厚公差后获得的，由于上、下偏差都使齿厚减薄，从齿厚上偏差中减去公差值即得到齿厚下偏差为

$$E_{sni}=E_{sns}-T_{sn} \qquad T_{sn}=T_{st}\cos\beta$$

• 法向齿厚公差 T_{sn}。法向齿厚公差的选择基本上与轮齿精度无关，它主要应由制造设备来控制。

研习范例：设计减速器的主动齿轮

【例 8-1】 某减速器的一对渐开线直齿齿轮副，模数 $m=3\text{mm}$，$\alpha=20°$，小齿轮齿数 $z_1=32$，小齿轮孔径 $D=40\text{mm}$，齿宽 $b=20\text{mm}$，中心距 $a=288\text{mm}$，主动齿轮（小齿轮）圆周速度 $v=6.5\text{m/s}$，小批量生产。试确定主动齿轮的精度等级、齿厚偏差、检验项目及其允许值，并绘制齿轮工作图。

【解】：①确定精度等级。查 GB/T 10095.1—2008 中的“各类机械传动中所应用的齿轮精度等级的情况”表（注：以下各处所述“查表”均指 GB/T 10095.1—2008 中相关的表格），大致确定“一般（通用）减速器”的精度等级为 6～9，小齿轮的圆周速度 $v=6.5\text{m/s}$，查“齿轮精度等级与速度的应用情况”表选定该齿轮为 8 级精度。

② 确定检验项目及其允许值。必检项目为单个齿距偏差 f_{pt}、齿距累积总偏差 F_p、齿廓总偏差 F_α 和螺旋线总偏差 F_β。查表得：$f_{pt}=\pm12\mu\text{m}$，$F_p=53\mu\text{m}$，$F_\alpha=16\mu\text{m}$，$F_\beta=15\mu\text{m}$。

③ 齿厚偏差。标准圆柱齿轮分度圆公称弦齿厚为：

$$\bar{s}=mz\sin\frac{90°}{z}=3\times32\times\sin\frac{90°}{32}=4.712(\text{mm})$$

确定齿轮副所需最小侧隙，中心距 $a=288\text{mm}$，采用查表法，根据 $j_{bnmin}=\frac{2}{3}\times(0.06+0.0005a+0.03m_n)$ 计算，$j_{bnmin}=\frac{2}{3}\times(0.06+0.0005a+0.03m_n)=\frac{2}{3}\times(0.06+0.0005\times288+0.03\times3)=0.196\text{mm}$。

两个啮合齿轮的齿厚上偏差之和为：$E_{sns1}+E_{sns2}=-j_{bnmin}/\cos\alpha_n$，由此按等值分配计算，$E_{sns}=-\frac{j_{bnmin}}{2\cos\alpha_n}=-0.196/(2\cos20°)=-0.104\text{mm}\approx-0.10\text{mm}$。

确定齿厚下偏差，查表（按 8 级查）得径向跳动 $F_r=43\mu\text{m}$。

查表，得切齿径向进给公差 $b_r=1.26\text{IT9}=1.26\times87\mu\text{m}\approx110\mu\text{m}$。

计算齿厚公差，$T_{sn}=\sqrt{F_r^2+b_r^2}\times2\tan\alpha_n=\sqrt{43^2+110^2}\times2\tan20°\approx86\mu\text{m}$。

齿厚下偏差 E_{sni} 是齿厚上偏差减去齿厚公差后获得的，即 $E_{sni}=E_{sns}-T_{sn}=-0.10-0.086=-0.186\text{mm}$。

④ 确定齿坯精度。

a. 根据齿轮结构，齿轮内孔既是基准面，又是工作安装面和制造安装面，圆柱度公差为 $0.1F_p=0.1\times0.053=0.0053\text{mm}\approx0.005\text{mm}$。

孔的尺寸公差取 7 级，即 H7，$\phi40\text{H7}^{+0.025}_{0}$。

b. 端面的跳动公差，端面在制造和工作时都作为轴向定位的基准，其跳动公差为：

$$0.2(D_d/b)F_\beta=0.2\times(70/20)\times0.015=0.0105\text{mm}\approx0.011\text{mm}$$

此精度相当于5级，不是经济加工精度，适当放大公差，改为 6 级，公差值为 0.015mm。

c. 齿顶圆作为检测齿厚的基准和加工齿形的找正基准，应提出尺寸和跳动公差要求，查表得，跳动公差为 $0.3F_p=0.30\times0.053\text{mm}\approx0.016\text{mm}$，选用 6 级，公差值为 0.015mm。

齿顶圆柱面的尺寸公差取 8 级，即 h8，$\phi102\text{h}8_{-0.054}^{\ 0}$。

⑤ 确定齿坯各表面粗糙度值。查表，选用端面的 Ra 值为 3.2μm，齿面 Ra 值为 0.8μm，齿轮内孔为 7 级，Ra 值选取 1.6μm。

⑥ 绘制齿轮工作图。齿轮零件图如图 8-47 所示（图中尺寸未全部标出）。齿轮有关参数在齿轮工作图的右上角位置列表。

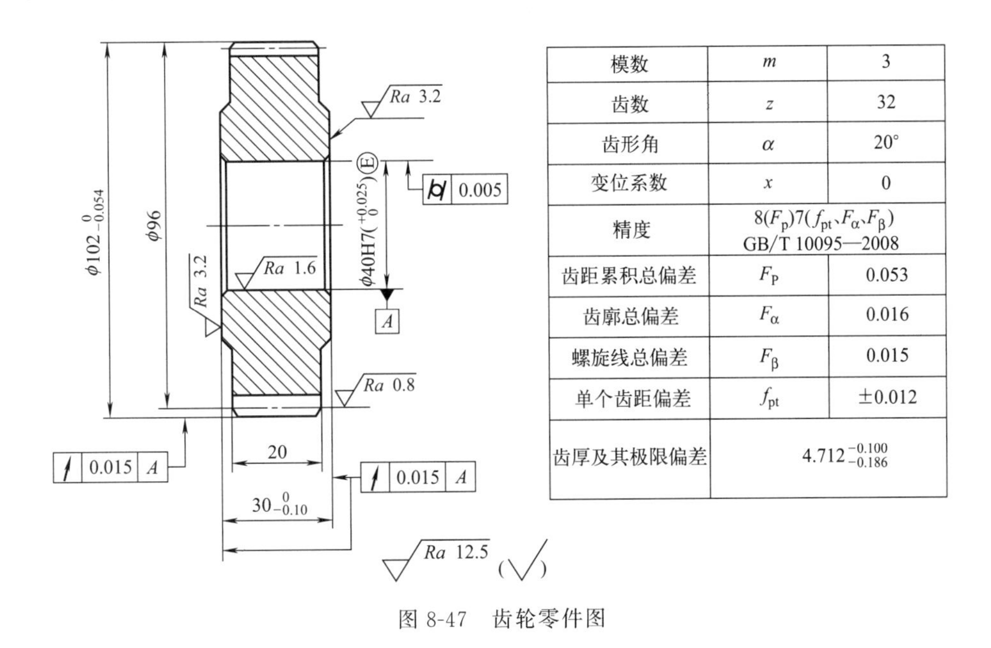

模数	m	3
齿数	z	32
齿形角	α	20°
变位系数	x	0
精度	$8(F_p)7(f_{pt}、F_\alpha、F_\beta)$ GB/T 10095—2008	
齿距累积总偏差	F_P	0.053
齿廓总偏差	F_α	0.016
螺旋线总偏差	F_β	0.015
单个齿距偏差	f_{pt}	±0.012
齿厚及其极限偏差	$4.712_{-0.186}^{-0.100}$	

图 8-47　齿轮零件图

8.2 锥齿轮传动

8.2.1 锥齿轮及其应用

锥齿轮用于轴线相交的两轴间的传动，外形呈锥形。锥齿轮沿节锥素线上，各点的端面模数值不相同，外端的端面模数最大。

锥齿轮广泛用于汽车、拖拉机、工程机械、机床等，与圆柱齿轮相比，锥齿轮是空间啮合，有齿形复杂、种类繁多、加工困难、测量不便的特点。

现行国家标准 GB/T 11365—2019《锥齿轮　精度制》适用于中点法向模数 $m_{nm}\geqslant$ 1mm，分度圆直径 $d\leqslant$4000mm 的直齿、斜齿、曲线齿锥齿轮和准双曲面齿轮（简称为锥齿轮）。当齿轮中点法向模数大于 55mm，中点分度圆直径大于 4000mm 时，按标准附录 A 处理。

8.2.2 锥齿轮和准双曲面齿轮精度

GB/T 11365—2019 规定了 10 个精度等级，按精度高低依次为 2，3，…，11 级。

针对不同的精度等级和测量类型，表 8-6 和表 8-7 列出了所推荐的测量控制方法。齿轮几何测量方法和规定的最少测量齿数见表 8-6，具体测量方法的选择取决于公差的大小、齿轮尺寸、生产批量、现有的设备、轮坯精度和测量费用。大轮和小轮可以规定不同的精度等级。如果齿厚、接触斑点或齿形有测量要求，应按照表 8-6 和表 8-7 执行。除非特别规定，所有的测量与评价均以公差基准直径 d_T 为基础。公差公式见表 8-8。

表 8-6 齿轮几何测量方法与规定的最少测量齿数（GB/T 11365—2019）

测量要素	典型测量方法	测量的最少齿数
单个要素测量		
单个齿距(SP)	双测头	全部轮齿
	单测头	全部轮齿
齿距累积(AP)	双测头	全部轮齿
	单测头	全部轮齿
齿圈跳动(RO)	球形测头	全部轮齿
	单测头—分度	全部轮齿
	双测头—180°	全部轮齿
	双面啮合综合测量	全部轮齿
齿面拓扑(TF)	CMM 或 CNC 特殊软件	3 齿近似等间隔
综合测量		
轮齿接触斑点(CP)	滚动检验机	全部轮齿
单面(SF)	单面啮合测量仪(附录 B)	全部轮齿
尺寸测量		
齿厚(TT)	齿厚卡尺	2 齿近似等间隔
	CMM 特定软件	3 齿近似等间隔
	滚动检验机	3 齿近似等间隔

表 8-7 精度等级和测量方法（GB/T 11365—2019）

轮齿尺寸	模数≥1.0mm		
基本要求	TT 和(CP 或 TF)		
精度	低	中	高
精度等级	11～9	8～5	4～2
最低要求	RO	SP 和 RO	SP 和 AP
替代方法	(SP 和 AP)或 SF		

注：1. 所有等级均应测量齿厚和 CP 或 TF。

2. 噪声控制要求齿形有好的共轭性。应很好地控制 TF、CP 或 SF（切向综合偏差）。重点推荐选用 SF（连带 CP 和 TT）方法。

3. 替代方法可用于代替最低要求。

表 8-8 公差公式（GB/T 11365—2019）

项目	公式	说明
单个齿距公差 f_{ptT}	$f_{ptT}=(0.003d_T+0.3m_{mn}+5)\sqrt{2}^{(B-4)}$	其应用范围仅限于精度等级 2 级到 11 级： $1.0mm \leqslant m_{mn} \leqslant 50mm$ $5 \leqslant z \leqslant 400$ $5mm \leqslant d_T \leqslant 2500mm$
齿距累积总公差 F_{pT}	$F_{pT}=(0.025d_T+0.3m_{mn}+19)\sqrt{2}^{(B-4)}$	

续表

<table>
<tr><th>项目</th><th colspan="2">公式</th><th>说明</th></tr>
<tr><td>齿圈跳动
公差 F_{rT}</td><td colspan="2">$F_{rT}=0.8\times(0.025d_T+0.3m_{mn}+19)\sqrt{2}^{(B-4)}$</td><td>其应用范围仅限于精度等级 4 级到 11 级：
$1.0\text{mm}\leqslant m_{mn}\leqslant 50\text{mm}$
$5\leqslant z\leqslant 400$
$5\text{mm}\leqslant d_T\leqslant 2500\text{mm}$</td></tr>
<tr><td rowspan="4">一齿切向
综合公差
f_{isT}</td><td colspan="3">一齿切向综合公差采用方法 A、方法 B、方法 C 来确定，可信度依次降低</td></tr>
<tr><td>方法 A</td><td colspan="2">根据工程应用经验、承载能力试验或二者结合，确定一齿切向综合公差。不考虑质量等级</td></tr>
<tr><td>方法 B</td><td>利用单面啮合综合偏差的短周期成分(高通滤波)的峰-峰幅值，确定一齿切向综合公差。锥齿轮副测量一周，运动曲线的最高点和最低点之间峰-峰幅值是不同的，其最大的峰-峰幅值不应大于 f_{isTmax}，最小的峰-峰幅值不应小于 f_{isTmin}
$f_{isTmax}=f_{is(design)}+(0.375m_{mn}+5.0)\sqrt{2}^{(B-4)}$
f_{isTmin} 值取以下公式计算的较大者：
$f_{isTmin}=f_{is(design)}-(0.375m_{mn}+5.0)\sqrt{2}^{(B-4)}$
$f_{isTmin}=0$
如果 f_{isTmin} 值是负的，取 $f_{isTmin}=0$</td><td rowspan="3">其应用范围仅限于精度等级 2 级到 11 级：
$1.0\text{mm}\leqslant m_{mn}\leqslant 50\text{mm}$
$5\leqslant z\leqslant 400$
$5\text{mm}\leqslant d_T\leqslant 2500\text{mm}$</td></tr>
<tr><td>方法 C</td><td>如果缺乏设计和试验数值，采用下式计算：
$f_{is(design)}=qm_{mn}+1.5$</td></tr>
<tr><td>切向综合公差
F_{isT}</td><td colspan="2">$F_{isT}=F_{pT}+F_{isTmax}$</td></tr>
</table>

注：d_T—公差基准直径；m_{mn}—中点法向模数；B—要求的精度等级；q—系数，见表 8-9。

表 8-9　典型一齿切向综合偏差幅值（GB/T 11365—2019）

应用	一齿切向综合偏差幅值/μrad	系数 q
旅行车	<30	0.05
卡车	20～50	1.0
工业	40～100	2～2.5
航空	40～200(平均 80)	2.0

锥齿轮精度公差的示例见表 8-10。

表 8-10　单个齿距公差 $f_{ptT,4}$ 级（GB/T 11365—2019）

轮齿尺寸	公差直径 d_T/mm							
模数	100	200	400	600	800	1000	1500	2500
m_{mn}/mm	f_{ptT}/μm							
1	5.5	6.0	6.5	—	—	—	—	—
5	7.0	7.0	8.0	8.5	9.0	9.5	11	—
10	8.0	8.5	9.0	10	10	11	13	16
25	—	13	14	14	15	16	17	20
50	—	—	21	22	22	23	25	28

8.3 圆柱蜗杆、蜗轮

8.3.1 蜗杆、蜗轮传动的特点

借助蜗杆、蜗轮可以实现空间交错轴和垂直轴之间的传动。这种传动具有单级传动比

大、传动平稳、振动小、噪声低、能自锁等优点，应用日益广泛。缺点是相对滑动速度大，传动效率较低，而且制造困难，生产成本较高。

8.3.2 圆柱蜗杆、蜗轮的精度

(1) 精度等级

GB/T 10089—2018《圆柱蜗杆、蜗轮精度》适用于：轴交角 $\Sigma=90°$，最大模数 $m=40$mm 及最大分度圆直径 $d \geqslant 2500$mm 的圆柱蜗杆蜗轮机构。标准在给定参数范围内，对各误差项目均给出了相应的公差或极限偏差。

GB/T 10089—1988 根据传动的使用要求和制造的难易程度，将蜗杆、蜗轮及传动的精度分成 12 个等级，精度由高到低依次为 1、2、…、12 级。

根据使用要求不同，允许选用不同精度等级的偏差组合。蜗杆和配对蜗轮的精度等级一般取成相同，也允许取成不相同。在硬度高的钢制蜗杆和材质较软的蜗轮组成的传动机构中，可选择比蜗轮精度等级高的蜗杆，在合期可使蜗轮的精度提高。例如蜗杆可以选择 8 级精度，蜗轮选择 9 级精度。

5 级精度的蜗杆蜗轮偏差允许值的计算公式见表 8-11。

表 8-11　5 级精度的蜗杆蜗轮偏差允许值的计算公式

参数	公式
单个齿距偏差 f_p	$f_p=4+0.315\times(m_x+0.25\sqrt{d})$
相邻齿距偏差 f_u	$f_u=5+0.4\times(m_x+0.25\sqrt{d})$
导程偏差 F_{pz}	$F_{pz}=4+0.5z_1+5\sqrt[3]{z_1}(\lg m_x)^2$
齿距累积总偏差 F_{p2}	$F_{p2}=7.25d_2^{\frac{1}{5}}m_x^{\frac{1}{7}}$
齿廓总偏差 F_α	$F_\alpha=\sqrt{(f_{H\alpha})^2+(f_{f\alpha})^2}$
齿廓倾斜偏差 $f_{H\alpha}$	$f_{H\alpha}=2.5+0.25\times(m_x+3\sqrt{m_x})$
齿廓形状偏差 $f_{f\alpha}$	$f_{f\alpha}=1.5+0.25\times(m_x+9\sqrt{m_x})$
径向跳动偏差 F_r	$F_r=1.68+2.18\sqrt{m_x}+(2.3+1.2\lg m_x)d^{\frac{1}{4}}$
单面啮合偏差 F_i'	$F_i'=5.8d^{\frac{1}{5}}m_x^{\frac{1}{7}}+0.8F_\alpha$
单面一齿啮合偏差 f_i'	$f_i'=0.7\times(f_p+F_\alpha)$

注：参数 m_x、d 和 z_1 的取值为各参数分段界限值的几何平均值；m_x 和 d 的单位均为 mm，偏差允许值的单位为 μm；蜗杆头数 $z_1>6$ 时，取平均数 $z_1=8.5$ 计算；蜗杆蜗轮的模数 $m_x=m_t$；计算 F_α、F_i'和 f_i'偏差允许值时应取 $f_{H\alpha}$、$f_{f\alpha}$、F_α 和 f_p 计算修约后的数值。

(2) 检验与公差

检验规则见表 8-12。

表 8-12　检验规则

项目	说明
径向跳动偏差	蜗轮：应测量蜗轮分度圆的齿宽中间位置
	蜗杆：一般通过间接测量齿距变动得到径向跳动偏差值
单个齿距偏差和相邻齿距偏差	蜗轮：应测量蜗轮分度圆的齿宽中间位置
	蜗杆：在分度圆柱面测量轴向齿距偏差。多头蜗杆还要测量其他轴向截面，直到获得蜗杆所有齿的偏差

续表

项目	说明
齿距累积总偏差	蜗轮:应测量蜗轮分度圆的齿宽中间位置
单面啮合偏差和单面一齿啮合偏差	单面啮合检验反映了蜗杆蜗轮啮合过程中的轮齿单项参数偏差对啮合过程的综合影响。蜗杆和蜗轮在给定的中心距内啮合,蜗杆右齿面或者左齿面始终与蜗轮配对齿面处于啮合状态,如果没有固定的工作齿面,则必须检测右齿面和左齿面 使用标准蜗杆蜗轮副检验单面啮合偏差 F_i' 和单面一齿啮合偏差 f_i'。一般来说,没有标准的蜗杆蜗轮副,在企业中一般使用单面啮合检测仪检验配对蜗杆蜗轮副。如果企业中没有用于单面啮合检验的单面啮合检测仪,也可检验配对蜗杆蜗轮副的接触斑点,其要求见表 8-13
齿廓总偏差	应在齿根圆和齿顶圆范围内测量齿廓总偏差。在蜗杆轴向截面内测量齿廓总偏差,在蜗轮中间平面内测量齿廓总偏差
导程偏差	在蜗杆啮合范围内的测量长度 l 内测量导程偏差。如果蜗杆实际啮合长度小于规定的测量长度 l,蜗杆导程偏差 F_{pz} 要直接按照实际啮合长度测量

蜗杆副的接触斑点主要按其形状、分布位置与面积大小来评定。接触斑点的要求应符合表 8-13 的规定。

表 8-13 蜗杆副接触斑点的要求

精度等级	接触面积的百分比/%		接触形状	接触位置
	沿齿高不小于	沿齿长不小于		
1 和 2	75	70	接触斑点在齿高方向无断缺,不允许成带状条纹	接触斑点痕迹的分布位置趋近齿面中部,允许略偏于啮入端。在齿顶和啮入、啮出端的棱边处不允许接触
3 和 4	70	65		
5 和 6	65	60		
7 和 8	55	50	不作要求	接触斑点痕迹应偏于啮出端,但不允许在齿顶和啮入、啮出端的棱边接触
9 和 10	45	40		
11 和 12	30	30		

注:采用修形齿面的蜗杆传动,接触斑点的接触形状要求可不受表中规定的限制。

对于蜗杆副的单面啮合偏差 F_i' 和单面一齿啮合偏差 f_i' 的偏差允许值,其计算公式为:

$$F_i'=\sqrt{(F_{i1}')^2+(F_{i2}')^2}$$

$$f_i'=\sqrt{(f_{i1}')^2+(f_{i2}')^2}$$

蜗杆蜗轮轮齿尺寸参数偏差各精度等级的允许值可查阅 GB/T 10089—2018。

8.4 齿条

8.4.1 齿条精度及其检验

(1) 齿条的国家标准

GB/T 10096—2022《齿条精度》适用于单一直齿或斜齿齿条。齿条的法向模数为 1～40mm,工作齿宽不大于 630mm。其基本齿廓符合 GB/T 1356。

(2) 齿条精度

① 精度等级。国家标准对齿条及齿条副规定了 11 个精度等级。第 1 级精度最高,依次递降,第 11 级最低。考虑目前加工水平和测量仪器的现状,对第 1 级和第 2 级精度,未列出公差值,预定为将来的发展精度。

齿距极限偏差 f_{pt}、齿距累积总偏差 F_p 的公差值见表 8-14、表 8-15,齿廓总偏差 F_α、

螺旋线总偏差 $F_β$ 和径向跳动 F_r 的精度等级的公差值可查阅 GB/T 10096—2022。

除 F_r 外，根据工作条件，齿条的左齿面和右齿面可采用不同的精度等级。

表 8-14 齿距极限偏差 $\pm f_{pt}$ 的值 μm

法向模数 m_n /mm	精度等级								
	3	4	5	6	7	8	9	10	11
≥1～3.5	2.5	4	6	10	14	20	28	40	56
>3.5～6.3	3.6	5.5	9	14	20	28	40	56	85
>6.3～10	4	6	10	16	22	32	45	63	90
>10～16	5.5	9	13	20	28	40	56	80	112
>16～25	6	10	16	22	35	50	71	100	140
>25～40	9	13	20	28	40	63	90	125	180

表 8-15 齿距累积总偏差 F_p 的公差值 μm

精度等级	法向模数 m_n /mm	齿条长度/mm								
		≤32	>32～50	>50～80	>80～160	>160～315	>315～630	>630～1000	>1000～1600	>1600～2500
3	≥1～10	6	6.5	7	10	13	18	24	35	50
4	≥1～10	10	11	12	15	20	30	40	55	75
5	≥1～16	15	17	20	24	35	50	60	75	95
6	≥1～16	24	27	30	40	55	75	95	120	135
7	≥1～25	35	40	45	55	75	110	135	170	200
8	≥1～25	50	56	63	75	105	150	190	240	280
9	≥1～40	70	80	90	106	150	212	265	335	400
10	≥1～40	95	110	125	150	210	300	375	475	550
11	≥1～40	132	160	170	212	280	425	530	670	750

② 基准与测量。

a. 齿条在加工、检测、安装时的基准平面应保持一致（如果无法实现，应设计工艺过渡基准平面或假想基准平面），并在齿条零件图上给出标注。该平面应是齿条精度检测和评价的唯一基准。

b. 齿条齿部的精度检测应在三坐标测量仪或其他经过专业认证的具有空间坐标测量功能的装置上完成。

c. 在齿条制造过程中的精度检测时，可以采用综合测量法，但其测量值仅适用于齿条生产过程控制的精度比对，不应作为齿条精度等级的最终评价。

d. 齿厚及齿厚公差归类于零件尺寸，生产过程中应予关注，但不应作为齿条精度等级的评价项目。

e. 对于某些大模数（m_n>30）非切削齿条零件（如自升式海洋平台升降装置桩腿齿条、大型起重设备行走驱动齿条、船闸升船机船厢提升齿条、山地轨道车辆驱动齿轨等，加工方式为数控火焰切割加齿面修整），检测项目和方法允许有所不同。具体的检测项目和方法可由供需双方协商确定。但检测只提供偏差值，不应作齿条精度等级的评价。

f. 以齿顶平面为基准，由企业自主开发的某些专用的齿条测量仪，可用于齿条产品生产过程中的精度比对，对于齿条某些精度指标的间接评价和安装指标的直接测量具有一定的便利，但不应作为齿条精度等级的最终评价。

8.4.2　齿条图样的标注

齿条精度等级的标注宜按以下格式表达：

GB/Z 10096—2022，等级 A

其中，A 表示齿条公差等级，应是 5 项指标（齿距极限偏差 f_{pt}、齿距累积总偏差 F_p、齿廓总偏差 F_α、螺旋线总偏差 F_β 和径向跳动 F_r）的精度等级中的最低级（必要时，这 5 项指标可采用不同的精度等级，但应逐一说明）；如果标注没有列出 GB/Z 10096 年代号，则应使用最新版。

8.5　小模数齿轮

8.5.1　小模数渐开线圆柱齿轮

（1）小模数渐开线圆柱齿轮的国家标准

GB/T 2363—1990《小模数渐开线圆柱齿轮精度》，该标准适用于法向模数 $m_n<1.0$mm，分度圆直径 $d\leqslant 400$mm 的渐开线圆柱齿轮，其基本齿廓按 GB/T 2362—1990《小模数渐开线圆柱齿轮基本齿廓》。

（2）小模数渐开线圆柱齿轮精度

① 精度等级。标准将齿轮精度定为 12 个等级，1 级最高，1 到 12 依次降低，1、2 级为发展级，未给出公差数值。

按对使用性能的影响，将评定齿轮精度的公差（或偏差）划分为三个组（见表 8-16）。

表 8-16　小模数圆柱齿轮公差组（GB/T 2363—1990）

公差组	公差或偏差	误差特性	对传动性能的影响
Ⅰ	F'_i、F''_i、F_p、F_{pk}、F_r、F_w	齿轮一转为周期的误差	传递运动的准确性
Ⅱ	f'_i、f''_i、f_{pt}、f_f、f_{pb}	在齿轮一周内多次周期地重复出现的误差	传动的平稳性
Ⅲ	F_β	齿向线的误差	载荷分布的均匀性

一般情况下，各公差组的精度等级相同。根据使用要求，允许各公差组选用不同的精度等级组合，但同一公差组内各公差项目应采用相同的精度等级。

② 公差与检验。标准规定以齿轮的工作轴线为检验基准。凡与此有关的检验项目应考虑由于基准不一致而带来的影响。

标准规定的误差检验项目很多，有些项目之间有着密切的关系，因此，不必对全部项目进行检验。

每个公差组包括了多种误差评定项目，根据各指标揭示的误差特征，规定一项或两项指标组成误差组合称为检验组。根据齿轮副的工作要求、生产规模、检测手段，在各公差组中任选一个检验组来检定和验收齿轮的精度。齿轮公差组检验组列于表 8-17。

表 8-17　小模数圆柱齿轮公差组检验组（GB/T 2363—1990）

Ⅰ组检验组	Ⅱ组检验组	Ⅲ组检验组
$\Delta F''_i$、ΔF_w	$\Delta f''_i$	ΔF_β
$\Delta F'_i$	$\Delta f'_i$	

续表

Ⅰ组检验组	Ⅱ组检验组	Ⅲ组检验组
ΔF_p ΔF_p、ΔF_{pk} ΔF_r、ΔF_w	Δf_f、Δf_{pt} Δf_f、Δf_{pb}	

标准规定的公差或极限偏差 F'_i、F''_i、F_p、F_{pk}、F_w、F_r、f'_i、f''_i、f_{pt}、f_f、f_{pb} 和 F_β 的数值可查阅 GB/T 2363—1990。

传动切向综合误差 F'_{it} 和传动一齿切向综合误差的公式如下。

$$F'_{it}=F'_{i1}+F'_{i2}$$

$$f'_{it}=\sqrt{f_{i1}{}^2+f_{i2}{}^2}$$

③ 侧隙

a. 基本概念。国家标准规定了齿轮传动圆周侧隙 j_t。它是指齿轮副装配后，固定一齿轮，另一齿轮从工作面接触到非工作面接触所转过的分度圆弧长。

b. 侧隙值。标准规定侧隙种类分为 5 种，按 j_{tmin} 值由小到大的顺序，用字母 h、g、f、e、d 表示，h 的 j_{tmin} 为 0。最小圆周侧隙 j_{tmin} 值见表 8-18。

表 8-18 最小圆周侧隙 j_{tmin} 值 μm

侧隙种类	中心距 a/mm								
	≤12	>12~20	>20~32	>32~50	>50~80	>80~125	>125~200	>200~315	>315~400
h	0	0	0	0	0	0	0	0	0
g	6	8	9	11	13	15	18	22	25
f	9	11	13	16	19	22	26	32	36
e	15	18	21	25	30	35	42	50	57
d	22	27	33	39	46	54	64	78	89

④ 齿坯要求。为保证齿轮加工、检验和安装时定位基准的一致性，国家标准规定了齿坯公差。国家标准推荐采用的齿坯尺寸公差、齿顶径向圆跳动公差和齿坯端面圆跳动公差列于 GB/T 2363—1990 附录 A。

(3) 图样标注

在齿轮工作图上，应标注齿轮的精度等级和侧隙种类。

标注方法如下。

① 齿轮的三个公差组精度指标采用相同精度等级时，标注为

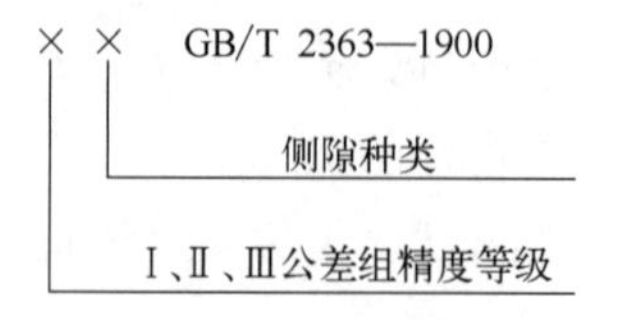

标注示例：齿轮的Ⅰ、Ⅱ、Ⅲ公差组精度等级同为 7 级，侧隙种类为 g，标注为

7g GB/T 2363—1990

② 齿轮的三个公差组精度指标采用不同精度等级时，标注为

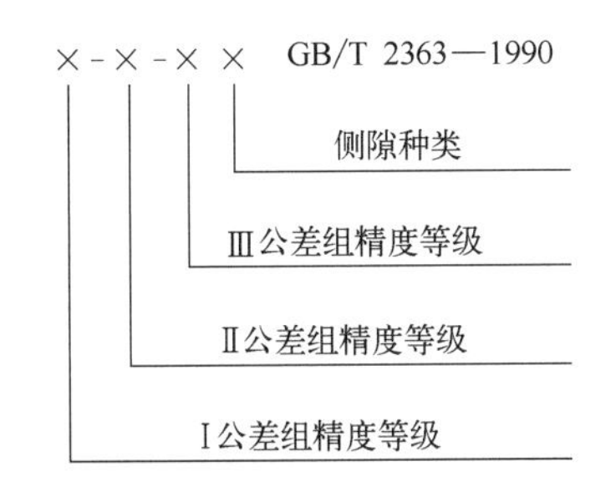

标注示例：齿轮三个公差组精度等级依次为 7 级、7 级、6 级，侧隙种类为 f，标注为

7-7-15f　GB/T 2363—1990

③ 当自行规定侧隙时，侧隙种类不标注。此时可在相应侧隙指标的公称尺寸上标注其上、下偏差。标注示例：

齿轮的Ⅰ、Ⅱ、Ⅲ组精度等级同为 7 级，侧隙上偏差为－0.008mm，下偏差为－0.050mm，标注为

$$7^{-0.008}_{-0.050}\quad \text{GB/T 2363—1990}$$

8.5.2 小模数锥齿轮

(1) 小模数锥齿轮的国家标准

在国内广泛调查、测试、分析研究的基础上，我国参考国际有关标准，制订了 GB/T 10225—1988《小模数锥齿轮精度》。

该标准适用于中点模数 m_m<1mm，基本齿廓按 GB/T 10224—1988 规定，中点分度圆直径 d_m≤200mm 的直、斜齿锥齿轮，齿轮副及其传动。

(2) 小模数锥齿轮精度

① 精度等级。标准规定为 12 个精度等级，精度由高到低依次用数字 1～12 表示。1、2、3 级系发展级，未给出公差数值。

评定小模数锥齿轮、齿轮副及其传动的项目，按其对传动性能的影响分为三个公差组，见表 8-19。

表 8-19　小模数锥齿轮公差组

公差组	公差或偏差	误差特性	对传动性能的影响
Ⅰ	齿轮：F'_i、$F''_{i\Sigma}$、F_p、F_{pk}、F_r 齿轮副：$F''_{i\Sigma c}$ 齿轮传动：F'_{it}、F_{vj}	以齿轮一转为周期的误差	传递运动的准确性
Ⅱ	齿轮：f'_i、$f''_{i\Sigma}$、f_{pt}、f_f 齿轮副：$f''_{i\Sigma c}$ 齿轮传动：f'_{it}	在齿轮一周内多次重复出现的误差	传动的平稳性(振动、噪声)
Ⅲ	齿轮：F_β 齿轮传动：f_α、接触斑点	齿向线误差	载荷分布的均匀性

通常各公差组选用相同的精度等级。根据使用要求，允许各公差组选用不同的精度等级组合，但同一公差组内各公差项目应采用相同的精度等级。

② 公差与检验。国家标准规定以齿轮的工作轴线与分锥顶点为检验基准。凡与此有关的检验项目应考虑由于基准不一致而带来的影响。

F'_{it}、f'_{it}、$F''_{i\Sigma}$及 $f''_{i\Sigma}$的数值按下式计算：

$$F'_{it}=F'_{i1}+F'_{i2} \qquad f'_{it}=\sqrt{(f'_{i1})^2+(f'_{i2})^2}$$

$$F''_{i\Sigma}=0.7F''_{i\Sigma c} \qquad f''_{i\Sigma}=0.7f''_{i\Sigma c}$$

鉴于标准规定的检验项目很多，允许根据齿轮的用途、精度要求、生产规模及测量条件等，从表8-20列出的三个公差组中各选一组项目进行检验。

表8-20 小模数锥齿轮检验组（GB/T 10225—1988）

公差组	齿轮	齿轮副	传动
Ⅰ	$\Delta F'_i$（4～8级） $\Delta F''_{i\Sigma}$（7～12级） $\{\Delta F_p, \Delta F_{pk}\}$（4～6级） ΔF_p（7～8级） ΔF_r（9～12级）	$\Delta F''_{i\Sigma c}$（7～12级）	$\Delta F'_{it}$（4～8级） ΔF_{vj}（7～12级）
Ⅱ	$\Delta f'_i$（4～8级） $\Delta f''_{i\Sigma}$（7～12级） $\{\Delta f_{pt}, \Delta f_f\}$（4～7级） Δf_{pt}（8～12级）	$\Delta f''_{i\Sigma c}$（7～12级）	$\Delta f'_{it}$（4～8级）
Ⅲ	ΔF_β（4～12级）	—	$\{\Delta f_a$, 接触斑点$\}$（4～12级）

注：在切齿机传动链精度能保证的前提下，ΔF_t 可用于5～8级，$\Delta F''_{i\Sigma c}$与$\Delta f''_{i\Sigma c}$可用于5～6级。

当有特殊要求时，允许自行规定接触斑点的要求。

③ 侧隙。国家标准对齿轮传动只规定其最小法向侧隙 J_{nmin}。侧隙种类分为5种，按 J_{nmin} 值从小到大的顺序，用字母h、g、f、e、d表示。h的 J_{nmin} 为零，具体数值见表8-21。

表8-21 最小法向侧隙 J_{nmin} μm

中点锥距 R_m /mm	小轮分锥角 δ_1 /(°)	侧隙种类				
		h	g	f	e	d
≤12	≤15	0	4	6	10	14
	>15～25	0	5	8	12	18
	>25	0	6	9	15	22
>12～20	≤15	0	5	8	12	18
	>15～25	0	6	9	15	22
	>25	0	8	11	18	27
>20～32	≤15	0	6	9	15	22
	>15～25	0	8	11	18	27
	>25	0	9	13	21	33
>32～50	≤15	0	8	11	18	27
	>15～25	0	9	13	21	33
	>25	0	11	16	25	39
>50～80	≤15	0	9	13	21	33
	>15～25	0	11	16	25	39
	>25	0	13	19	30	46
>80～125	≤15	0	11	16	25	39
	>15～25	0	13	19	30	46
	>25	0	15	22	35	54

注：正交齿轮副按中点锥距 R_m 查表。非正交齿轮副按下式算出的 R'_m 查表。

$$R'_m=\frac{R_m}{2}[\sin(2\delta_1)+\sin(2\delta_2)]$$

式中 δ_2，δ_1——分别为大、小轮分锥角。

④ 齿坯要求。为保证齿轮质量，其加工、检验和安装时的定位基准面应尽量一致，并在齿轮零件图上予以标注。

齿坯尺寸公差、齿坯顶锥向圆跳动公差和基准端面圆跳动公差、齿坯轮冠距极限偏差、齿坯顶锥角极限偏差可查阅国家标准 GB/T 10225—1988 附录 A。

(3) 图样标注

在齿轮工作图上，应标注齿轮的精度等级和侧隙种类。标注方法如下：

① 齿轮的三个公差组精度指标采用相同的精度等级时，标注为

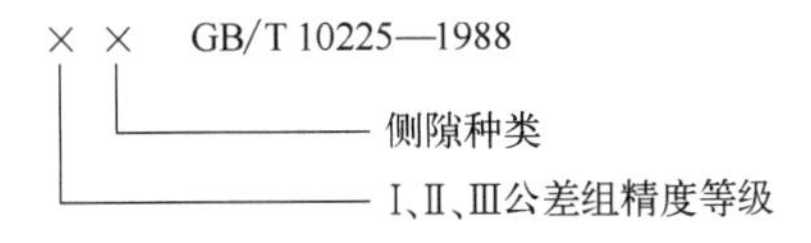

标注示例：齿轮的Ⅰ、Ⅱ、Ⅲ公差组精度等级同为 7 级，侧隙种类为 g，标注为

7g　GB/T 10225—1988

② 齿轮的三个公差组精度指标采用不同的精度等级时，标注为

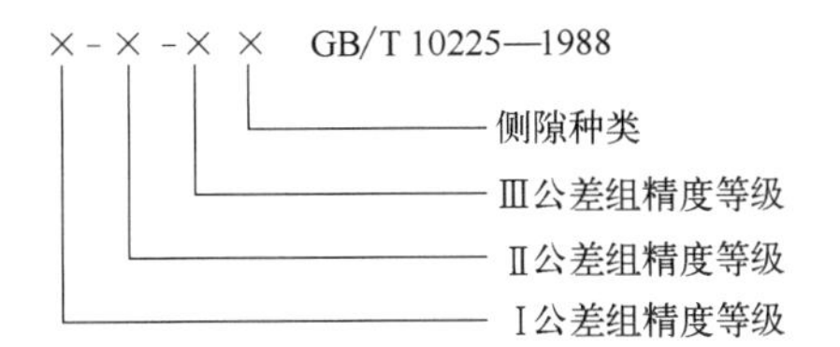

标注示例：齿轮的Ⅰ、Ⅱ、Ⅲ公差组精度等级分别为 7、7、6 级，侧隙种类为 f，标注为

7-7-6f　GB/T 10225—1988

8.5.3 小模数圆柱蜗杆、蜗轮

(1) 小模数圆柱蜗杆、蜗轮的国家标准

GB/T 10227—1988《小模数圆柱蜗杆、蜗轮精度》，规定了基本齿廓按 GB/T 10226—1988 的小模数圆柱蜗杆、蜗轮及其传动的误差定义，代号、精度等级、公差与检验、侧隙及图样标注等。

标准适用于：ZA—阿基米德蜗杆；ZI—渐开线蜗杆；ZN—法向直廓蜗杆；ZK—锥面包络蜗杆。也适用于圆柱蜗杆和渐开线圆柱齿轮组成的传动。标准适用参数范围为：轴交角 $\Sigma=90°$，$m<1.0$mm，蜗杆分度圆直径 $d_1\leqslant30$mm，蜗轮分度圆直径≤320mm。

(2) 小模数圆柱蜗杆、蜗轮精度

① 精度等级。标准规定了 12 个精度等级，精度由高到低依次用 1～12 表示，其中 1、2 级为发展级，未给出公差数值。

按照误差特性及对传动性能的影响，将各公差或偏差项目分为三个公差组，如表 8-22 所示。

表 8-22　小模数圆柱蜗杆传动公差组（GB/T 10227—1988）

公差组	公差或偏差代号	对传动性能的影响
Ⅰ	蜗轮：F'_i、F''_i、F_p、F_{pk}、F_r 传动：F'_{it}	传递运动的准确性

续表

公差组	公差或偏差代号	对传动性能的影响
Ⅱ	蜗杆：f_h、f_{h1}、f_{px}、f_{pxk}、f_{f1}、f_r 蜗轮：f'_i、f''_i、f_{pt}、f_{f2} 传动：f'_{it}	传动的平稳性
Ⅲ	蜗轮：f_{ao}、f_{xo}、$f_{\Sigma o}$ 传动：f_a、f_x、f_Σ，接触斑点	载荷分布的均匀性

根据使用要求，允许各公差组选用不同精度等级组合，但在同一公差组内各检验项目应保持相同的精度等级。

② 公差与检验。检验项目的蜗杆各检验项目的公差或极限偏差、蜗轮各检验项目的公差或极限偏差、蜗杆传动各检验项目的数值可查阅 GB/T 10227—1988。

F'_{it}、f'_{it}、f_a、f_x、f_Σ、j_{nmin} 按下式计算：

$$F'_{it}=F'_i+1.25f'_i$$

$$f'_{it}=1.25f'_i$$

f_a 取 IT 值如表 8-23 所示。

表 8-23　f_a 取 IT 值

精度等级	3,4	5,6	7,8	9～12
$\pm f_a$	$\frac{1}{2}$IT6	$\frac{1}{2}$IT7	$\frac{1}{2}$IT8	$\frac{1}{2}$IT9

$f_x=0.8f_a$

$f_\Sigma=3.04+0.96\sqrt{b}$

j_{nmin} 取 IT 值，如表 8-24 所示。

表 8-24　j_{nmin} 取 IT 值

侧隙种类	h	g	f	e	d
j_{nmin}	0	IT5	IT6	IT7	IT8

标准规定蜗杆和蜗轮的工作轴线为检验基准，凡与蜗杆和蜗轮的工作轴线有关的项目应考虑由于基准不一致而带来的误差。

根据蜗杆传动用途、精度要求、生产规模及测试条件等，可以从表 8-25 所示各组中选出一组进行检验。

表 8-25　小模数蜗杆传动检验组（GB/T 10227—1988）

公差组	蜗杆	蜗轮	传动
Ⅰ		$\Delta F'_i$；$\Delta F''_i$；$\begin{cases}\Delta F_p\\ \Delta F_{pk}\end{cases}$；$\Delta F_p$；$\Delta F_r$（9～12 级）	$\Delta F'_{it}$
Ⅱ	$\begin{cases}\Delta f_h\\ \Delta f_{h1}\\ \Delta f_{f1}\end{cases}$；$\begin{cases}\Delta f_{px}\\ \Delta f_{pxk}\\ \Delta f_{f1}\\ \Delta f_r\end{cases}$；$\begin{cases}\Delta f_{px}\\ \Delta f_{f1}\\ \Delta f_r\end{cases}$；$\begin{cases}\Delta f_{px}\\ \Delta f_r\end{cases}$（9～12 级）	$\Delta f'_i$；$\Delta f''_i$；$\begin{cases}\Delta f_{pt}\\ \Delta f_{f2}\end{cases}$；$\Delta f_{pt}$（9～12 级）	$\Delta f'_{it}$
Ⅲ	轴线位置不可调节的蜗杆传动	$\begin{cases}\Delta f_{ao}\\ \Delta f_{xo}\\ \Delta f_{\Sigma o}\end{cases}$	$\begin{cases}\Delta f_a\\ \Delta f_x\\ \Delta f_\Sigma\end{cases}$；接触斑点
	轴线位置可调节的蜗杆传动		接触斑点

注：根据蜗杆传动的用途和使用条件，允许对接触斑点不提出要求。

③ 侧隙。标准对蜗杆传动的侧隙按工作条件只规定最小侧隙 j_{nmin}。侧隙种类分为五种，按最小侧隙值从小到大的顺序，用字母 h、g、f、e、d 表示，h 的 j_{nmin} 值为 0。数值可查阅 GB/T 10227—1988。

对由圆柱蜗杆和渐开线圆柱齿轮组成的传动，齿轮侧隙推荐选用 GB 2363 的侧隙种类 h。

评定侧隙的项目如下。

轴线位置不可调节的蜗杆传动：蜗杆量柱测量距偏差 ΔE_M；蜗轮双啮中心距偏差 $\Delta E''_a$。

轴线位置可调节的蜗杆传动：j_{nmin}。

蜗杆量柱测量距上偏差 E_{Ms}、公差 T_M 和蜗轮双啮中心距极限偏差 E''_{as}、E''_{ai} 值可查阅 GB/T 10227—1988。其精度等级的选择，一般与第Ⅱ公差组精度等级相同。

(3) 图样标注

在蜗杆传动的装配图上，以分数形式分别标注蜗杆、蜗轮（或齿轮）的精度等级、侧隙种类和标准代号。标注示例如下。

① 蜗轮各组精度等级相同时，标注为

$$\frac{7-\mathrm{f}}{7}\quad \text{GB/T 10227—1988}$$

分子表示蜗杆Ⅱ组精度为 7 级、侧隙为 f；分母表示蜗轮Ⅰ、Ⅱ、Ⅲ组精度均为 7 级。

② 蜗轮各组精度等级不同时，标注为

$$\frac{6-\mathrm{f}}{7-6-6}\quad \text{GB/T 10227—1988}$$

分子表示蜗杆Ⅱ组精度为 6 级、侧隙为 f；分母表示蜗轮三组精度依次为 7、6、6 级。

③ 对圆柱蜗杆和渐开线圆柱齿轮组成的传动，标注为

$$\frac{7-\mathrm{f}\ \text{GB/T 10227—1988}}{7-\mathrm{h}\ \text{GB/T 10227—1988}}$$

分子表示蜗杆Ⅱ组精度为 7 级、侧隙为 f；分母表示齿轮Ⅰ、Ⅱ、Ⅲ组精度均为 7 级、侧隙为 h。

在蜗杆、蜗轮的工作图上，应分别标注其精度等级、侧隙种类和标准代号。标注示例如下。

对蜗杆标注为

6-f　GB/T 10227—1988

蜗轮各组精度等级相同时，标注为

7　GB/T 10227—1988

蜗轮各组精度等级不同时，标注为

7-6-|6　GB/T 10227—1988

第9章 圆锥的公差配合与测量

9.1 圆锥配合概述

9.1.1 圆锥配合及其基本参数

(1) 圆锥配合的特点及国家标准

① 圆锥配合的特点。圆锥配合广泛应用于各类机械设备中，其配合要素为内、外圆锥表面。由于圆锥是由直径、长度、锥度（或锥角）多尺寸要素构成的结构，影响互换性的因素比较多，在配合性质的确定和配合精度设计方面，比圆柱配合要复杂得多。与圆柱体结合相比，圆锥体结合具有以下特点：

a. 易保证配合的同轴度的要求，经多次拆装也不会降低同轴度精度；

b. 间隙可以调整，能满足不同的工作要求，且能自行补偿磨损，延长使用寿命；

c. 良好的圆锥配合，其密封性好；

d. 要实现良好的配合，加工和检验都较难；

e. 不适用于孔与轴的轴向相对位置要求较高的场合。

② 圆锥公差的国家标准。

GB/T 157—2001 《产品几何量技术规范（GPS）圆锥的锥度与锥角系列》。

GB/T 11334—2005 《产品几何量技术规范（GPS）圆锥公差》。

GB/T 12360—2005 《产品几何量技术规范（GPS）圆锥配合》。

GB/T 15754—1995 《技术制图　圆锥的尺寸和公差注法》。

与之相关的标准有：

GB/T 1804—2000 《一般公差未注公差的线性和角度尺寸的公差》。

GB/T 4096—2001 《产品几何量技术规范（GPS）棱体的角度与斜度系列》。

(2) 圆锥配合的基本参数

① 圆锥表面。与轴线成一定角度，且一端相交于轴线的一条直线段（母线），围绕着该轴线旋转形成的表面，如图 9-1 所示。

② 圆锥。由圆锥表面与一定尺寸所限定的几何体，如图 9-2 所示。

③ 圆锥角 α。通过圆锥轴线的截面内，两条素线之间的夹角称为圆锥角，如图 9-2 所示。

④ 斜角 $\alpha/2$。圆锥的素线与其轴线的夹角，等于圆锥角的一半，如图 9-2 所示。

⑤ 圆锥直径 D，d，d_x。圆锥在垂直于轴线截面上的直径，如图 9-2 所示。常用的圆锥直径有：最大圆锥直径 D，最小圆锥直径 d，给定截面上的圆锥直径 d_x。

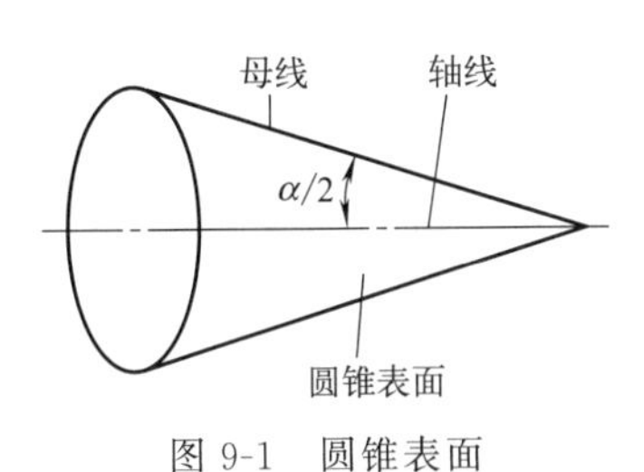

图 9-1　圆锥表面

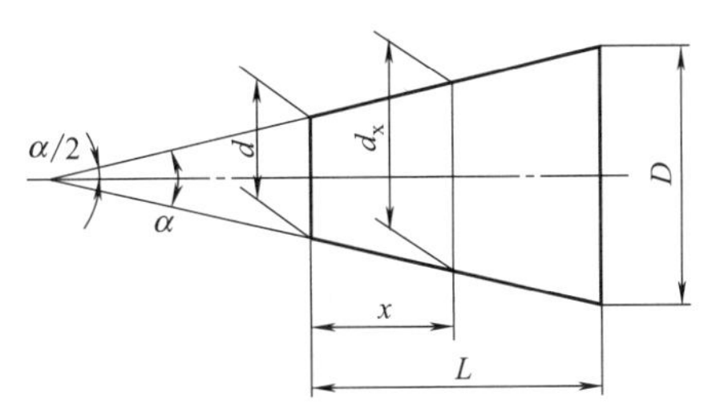

图 9-2　圆锥及圆锥配合的基本参数

⑥ 圆锥长度 L。最大圆锥直径与最小圆锥直径之间的轴向距离，如图 9-2 所示。

⑦ 圆锥配合长度 x。内、外圆锥的配合面之间的轴向距离，如图 9-2 所示。

⑧ 锥度 C。两个垂直于圆锥轴线截面的圆锥直径差与该两截面间的轴向距离之比。即

$$C=\frac{D-d}{L} \tag{9-1}$$

锥度 C 和圆锥角 α 的关系为

$$C=2\tan\frac{\alpha}{2}=1:\frac{1}{2}\cot\frac{\alpha}{2} \tag{9-2}$$

锥度关系式反映了圆锥直径、圆锥长度、圆锥角和锥度之间的相互关系，是圆锥的基本关系式。为了减少加工圆锥零件所用的专用刀具、量具的种类和数量，国家标准 GB/T 157—2001 规定了锥度与锥角系列，设计时应从标准系列中选用标准锥角 α 或标准锥度 C。锥度常用比例或分数表示，例如 $C=1:20$ 或 $C=1/20$。大于 120°锥角和 1∶500 以下的锥度未列入标准。为了便于圆锥件的设计、生产和控制，圆锥角或锥度值的推荐值的有效位数均可按需要确定。

公称圆锥可用两种形式确定。

a. 一个公称圆锥直径、公称圆锥长度和公称锥度或公称圆锥角。

b. 两个公称圆锥直径和公称圆锥长度。

⑨ 基面距 a。基面距决定两个配合圆锥的轴向相对位置，为相互配合的外锥体基面（轴肩或轴端面）与内锥体基面（端面）之间的距离，如图 9-3 所示。

圆锥配合的基本直径是指两锥体端缘截面上的公共直径。根据所选基本直径来决定基面距的位置，如以内圆锥的大端直径为基本直径，则基面距的位置在大端，如图 9-3（a）所示；如以外圆锥的小端直径为基本直径，则基面距的位置在小端，如图 9-3（b）所示。

⑩ 轴向位移 E_a。轴向位移 E_a 指相互配合的内、外圆锥从实际初始位置到终止位置移动的距离，如图 9-4 所示。用轴向位移可实现圆锥的各种不同配合。

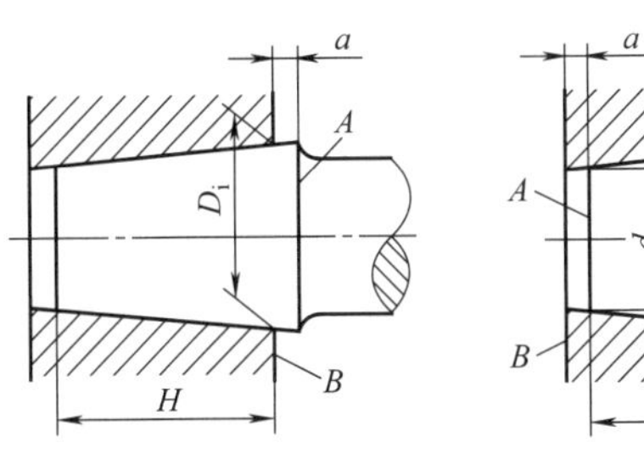

(a) 基面距的位置在大端

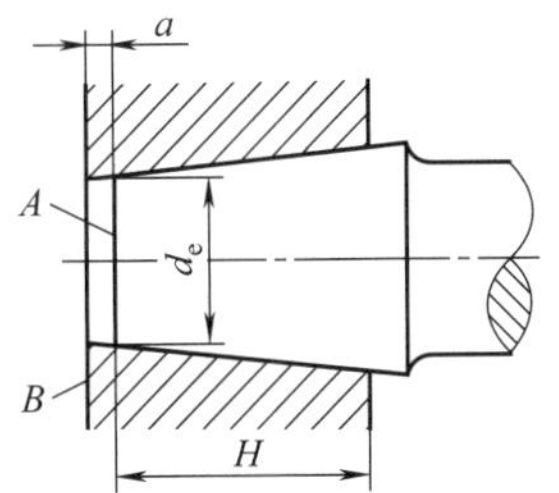

(b) 基面距的位置在小端

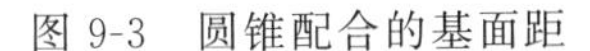
图 9-3　圆锥配合的基面距

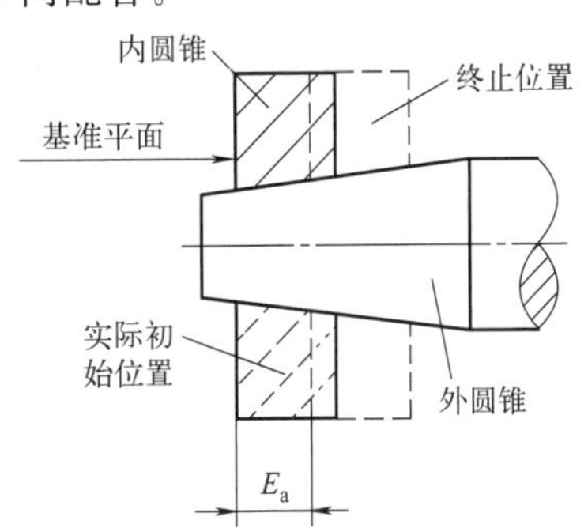

图 9-4　轴向位移 E_a

(3) 圆锥配合的种类及其形成方法

根据内、外圆锥相对轴向位置不同，圆锥配合可以获得间隙配合、过渡配合或过盈配合。

a. 间隙配合是指内、外圆锥之间有间隙，在装配和使用过程中，间隙量的大小可以调整，零件易于拆卸，如车床主轴圆锥轴颈与圆锥滑动轴承的配合。

b. 过渡配合是指内、外圆锥之间贴紧，具有很好的密封性，可以防止漏水和漏气，如发动机中气阀与阀座的配合，管道接头或阀门的配合。为使圆锥面接触严密，必须成对研磨，因而这类圆锥不具有互换性。

c. 过盈配合是指较大的轴向压紧力使内、外圆锥配合过盈，过盈量的大小可通过圆锥的轴向移动来调整。这类配合既可以自动定心，又具有自锁性，产生较大的摩擦力用以传递扭矩，广泛用于锥柄刀具，如铰刀、钻头等的锥柄与机床主轴圆锥孔的配合。

根据圆锥的形成方法的不同，GB/T 12360—2005《产品几何量技术规范（GPS）圆锥配合》将圆锥配合分为两种类型，即结构型圆锥配合和位移型圆锥配合。

① 结构型圆锥配合。所谓结构型圆锥配合，是指由圆锥结构或基面距确定装配后的最终轴向位置，内、外圆锥公差区之间的相互关系，以得到所需配合性质的圆锥配合。结构型圆锥配合可以是间隙配合、过渡配合或过盈配合。图 9-5（a）为外圆锥的轴肩与内圆锥的大端端面相接触，使两者相对轴向位置确定，形成所需要的圆锥配合的结构型圆锥配合示例；图 9-5（b）为由控制基面距 a 来确定装配后的最终轴向位置，形成所需要的过盈配合的结构型圆锥配合示例。

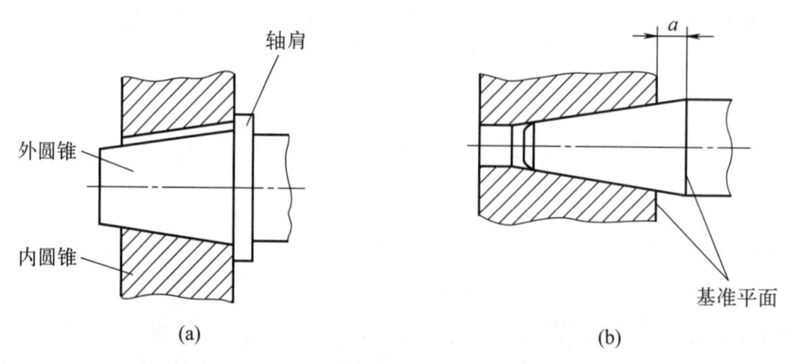

图 9-5　结构型圆锥配合示例

② 位移型圆锥配合。所谓位移型圆锥配合，是指内、外圆锥在装配时调整内、外圆锥相对轴向位移（E_a）确定相互关系，以得到所需配合性质的圆锥配合。位移圆锥配合可以是间隙配合或过渡配合。图 9-6（a）为从内、外圆锥实际初始位置开始，对内圆锥做一定的

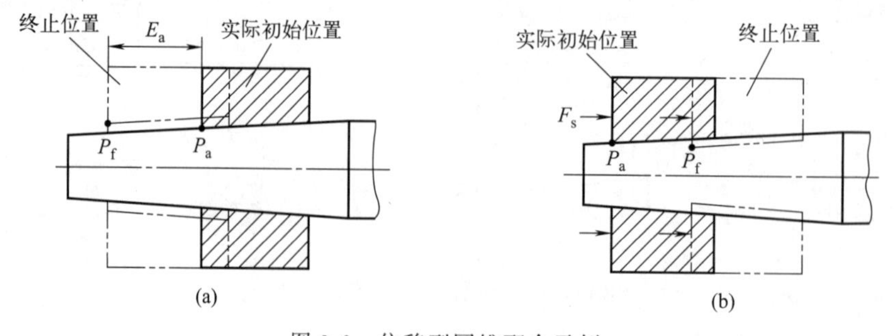

图 9-6　位移型圆锥配合示例

轴向位移 E_a 调整，直至终止位置，即可获得要求的间隙配合（或过盈配合）的位移型圆锥配合示例；图 9-6（b）为从内、外圆锥实际初始位置开始，对内圆锥施加一定的轴向装配力 F_a 得到过盈配合的位移型圆锥配合示例。位移型圆锥配合一般不用于形成过渡配合。

9.1.2　圆锥配合的相关规定

① 结构型圆锥配合推荐优先采用基孔制。内、外圆锥直径公差带代号及配合按 GB/T 1801 选取。如 GB/T 1801 给出的常用配合不能满足需要，可按 GB/T 1800.1 规定的基本偏差和标准公差组成所需配合。

② 位移型圆锥配合的内外圆锥直径公差带代号的基本偏差推荐选用 H、h；JS、js。其轴向位移的极限值按 GB/T 1801 规定的极限间隙或极限过盈来计算。

③ 位移型圆锥配合的轴向位移极限值（E_{max}、E_{min}）和轴向位移公差（T_E）按下列公式计算：

a. 对于间隙配合

$$E_{amin}=\frac{1}{C}|X_{min}| \tag{9-3}$$

$$E_{amax}=\frac{1}{C}|X_{max}| \tag{9-4}$$

$$T_E=E_{max}-E_{min}=\frac{1}{C}|X_{max}-X_{min}| \tag{9-5}$$

式中　C——锥度；

X_{max}——配合的最大间隙；

X_{min}——配合的最小间隙。

b. 对于过盈配合

$$E_{amin}=\frac{1}{C}|Y_{min}| \tag{9-6}$$

$$E_{amax}=\frac{1}{C}|Y_{max}| \tag{9-7}$$

$$T_E=E_{max}-E_{min}=\frac{1}{C}|Y_{max}-Y_{min}| \tag{9-8}$$

式中　C——锥度；

Y_{max}——配合的最大间隙；

Y_{min}——配合的最小间隙。

9.2　圆锥配合与圆锥公差

9.2.1　影响圆锥配合的因素

(1) 圆锥直径偏差和锥角偏差对基面距的影响

制造时，圆锥的直径、长度和锥角均会产生偏差。因此，在装配时，将会引起基面距的变化和表面接触状况不好。基面距过大，会减小配合长度；基面距过小，又会使补偿磨损的轴向调节范围减小，从而影响圆锥配合的使用性能。影响基面距的主要因素是内、外圆锥的直径偏差和锥角偏差。

① 圆锥直径偏差对基面距的影响。假设内、外圆锥的锥角无偏差，只有圆锥直径偏差，则内、外圆锥的大端直径和小端直径的偏差各自相等且分别为 ΔD_i、ΔD_e。若以内圆锥的最大圆锥直径 D 为配合直径，基面距 a 在大端，如图 9-7（a）所示，则基面距误差 $\Delta a'$ 为：

$$\Delta a' = -\frac{\Delta D_i - D_e}{2\tan\dfrac{\alpha}{2}} = -\frac{\Delta D_i - \Delta D_e}{C} \tag{9-9}$$

式中 α——圆锥角；

C——锥度。

由图 9-7（a）可知，当 $\Delta D_i > \Delta D_e$ 时，即内圆锥的实际直径比外圆锥的实际直径大，($\Delta D_i - \Delta D_e$) 的值为正，$\Delta a'$ 为负值，则基面距 a 减小；同理，由图 9-7（b）可知，当 $\Delta D_i < \Delta D_e$ 时，即内圆锥的基本直径比外圆锥的基本直径小，($\Delta D_i - \Delta D_e$) 的值为负，$\Delta a'$ 为正值，则基面距 a 增大。

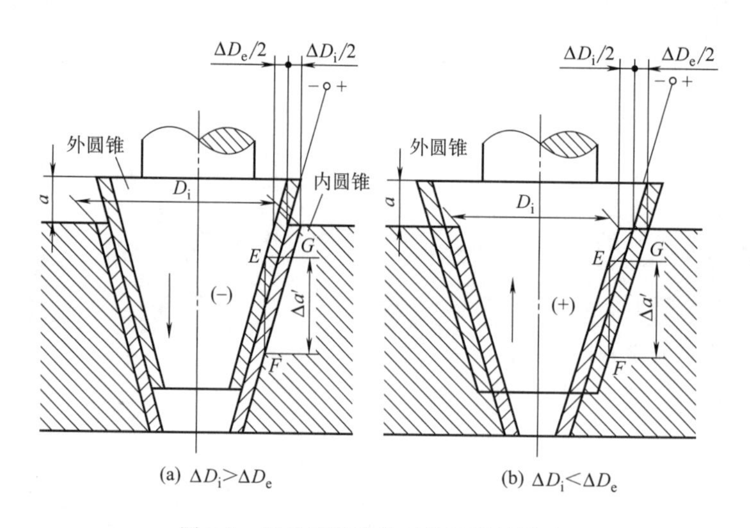

图 9-7 圆锥直径偏差对基面距的影响

② 锥角偏差对基面距的影响。假设基面距在大端，且内、外圆锥直径均无偏差，仅锥角有偏差，有两种可能的情况：

a. 外锥角偏差 $\Delta\alpha_e$ > 内锥角误差 $\Delta\alpha_i$，如图 9-8（a）所示，此时内、外圆锥在大端处接触，对基面距的影响较小，可以略去不计。因接触面积小，易磨损，可能使内、外圆锥相对倾斜。

b. 内锥角偏差 $\Delta\alpha_i$ > 外锥角偏差 $\Delta\alpha_e$，如图 9-8（b）所示，此时内、外圆锥在小端处接触，对基面距的影响较大。

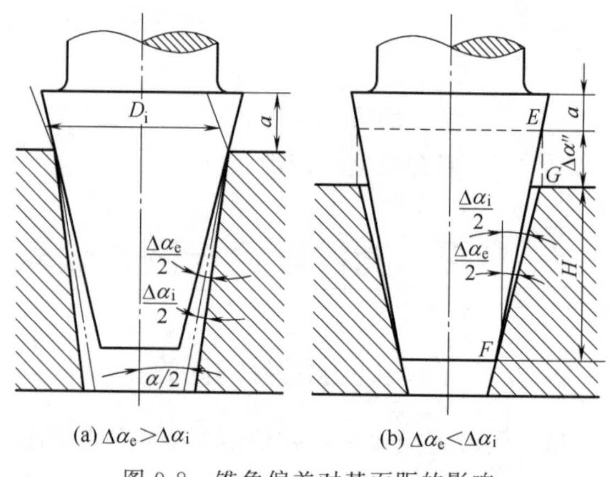

图 9-8 锥角偏差对基面距的影响

计算时，应考虑影响较大的情况，由图 9-8（b）可见，由于锥角偏差的影响，使基面距 a 增大了 $\Delta a''$，从 ΔEFG 可得

$$\Delta a''=\frac{H\sin[(\alpha_{\mathrm{i}}/2)-(\alpha_{\mathrm{e}}/2)]}{\cos(\alpha_{\mathrm{i}}/2)\sin(\alpha_{\mathrm{e}}/2)} \tag{9-10}$$

对于常用工具锥，圆锥角很小，$\sin\left(\frac{\alpha_{\mathrm{i}}}{2}-\frac{\alpha_{\mathrm{e}}}{2}\right)\approx\frac{\alpha_{\mathrm{i}}}{2}-\frac{\alpha_{\mathrm{e}}}{2}$，$\sin\alpha\approx 2\tan\alpha/2=C$ ，将角度单位化成“′”（$1'=0.0003\mathrm{rad}$），则有

$$\Delta a''=0.0006H(\alpha_{\mathrm{i}}/2-\alpha_{\mathrm{e}}/2)/C \tag{9-11}$$

式中 H——锥体的配合长度，mm。

实际上，圆锥直径偏差与锥角偏差同时存在，所以对基面距的综合影响是两者的代数和，即

$$\Delta a=\Delta a'+\Delta a''=[(\Delta D_{\mathrm{e}}-\Delta D_{\mathrm{i}})+0.0006H(\alpha_{\mathrm{i}}/2-\alpha_{\mathrm{e}}/2)]/C \tag{9-12}$$

式（9-12）是圆锥配合中圆锥直径、锥角之间的一般关系式。基面距公差是根据圆锥配合的具体功能确定的，根据基面距公差的要求在确定圆锥直径和角度公差时，通常按工艺条件先选定一个参数的公差，再由式（9-12）计算另一个参数的公差，其中 α_{i}、α_{e} 均以（′）为单位。

(2) 圆锥角偏离公称圆锥角对圆锥配合的影响

① 内、外圆锥的圆锥角偏离其公称圆锥角的圆锥角偏差，影响圆锥配合表面接触质量和对中性能。由圆锥直径公差（T_{D}）限制的最大圆锥角误差（$\Delta\alpha_{\max}$）在 GB/T 11334—2005 附录 A 中给出。在完全利用圆锥直径公差区时，圆锥角极限偏差可达$\pm\alpha_{\max}$。

② 为使圆锥配合尽可能获得较大的接触长度，应选取较小的圆锥直径公差（T_{D}），或在圆锥直径公差区内给出更高要求的圆锥角公差。如在给定圆锥直径公差（T_{D}）后，还需给出圆锥角公差（AT），它们之间的关系应满足下列条件：

a. 圆锥角规定为单向极限偏差（$+AT$ 或$-AT$）时：

$$AT_{\mathrm{D}}<\Delta\alpha_{\max}=T_{\mathrm{D}} \tag{9-13}$$

$$AT_{\alpha}<\Delta\alpha_{\max}=\frac{T_{\mathrm{D}}}{L}\times 10^{3} \tag{9-14}$$

式中 AT_{D}——以长度单位表示的圆锥角公差，μm；

AT_{α}——以角度单位表示的圆锥角公差，μrad；

$\Delta\alpha_{\max}$——以长度单位表示的最大圆锥角误差，μm；

L——公称圆锥长度，mm。

b. 圆锥角规定为对称极限偏差$\left(\pm\frac{AT}{2}\right)$时：

$$\frac{AT_{\mathrm{D}}}{2}<\Delta\alpha_{\max}=T_{\mathrm{D}} \tag{9-15}$$

$$\frac{AT_{\mathrm{D}}}{2}<\Delta\alpha_{\max}=\frac{T_{\mathrm{D}}}{L}\times 10^{3} \tag{9-16}$$

满足上述条件而确定的圆锥角公差数值应圆整到 GB/T 11334 中 AT 公差系列中的数值（一般应小一些）。

③ 内、外圆锥的圆锥角偏差给定的方向及其组合，影响配合圆锥初始接触的部位，其影响情况列于表 9-1。

a. 当要求初始接触部位为最大圆锥直径时，应规定圆锥角为单向极限偏差，外圆锥为

正（$+AT_e$），内圆锥为负（$-AT_i$）。

b. 当要求接触部位为最小圆锥直径时，应规定圆锥角为单向极限偏差，外圆锥为负（$-AT_e$），内圆锥为正（$+AT_i$）。

c. 当对初始接触部位无特殊要求，而要求保证配合圆锥角之间的差别为最小时，内、外圆锥角的极限偏差的方向应相同，可以是对称的$\left(\pm\frac{AT_e}{2}, \pm\frac{AT_i}{2}\right)$，也可以是单向的（$+AT_e$，$+AT_i$）或（$-AT_e$，$-AT_i$）。

表 9-1　圆锥角偏差对圆锥配合初始接触部位的影响（GB/T 12360—2005）

公称圆锥角	圆锥角偏差		简图	初始接触部位
	内圆锥	外圆锥		
α	$+AT_i$	$-AT_e$		最小圆锥直径
	$-AT_i$	$+AT_e$		最大圆锥直径
	$+AT_i$	$+AT_e$		视实际圆锥角而定。可能在最大圆锥直径（$\alpha_e>\alpha_i$ 时），也可能在最小圆锥直径（$\alpha_i>\alpha_e$ 时）
	$-AT_i$	$-AT_e$		
	$\pm\frac{AT_i}{2}$	$\pm\frac{AT_e}{2}$		
	$\pm\frac{AT_i}{2}$	$+AT_e$		可能在最大圆锥直径（$\alpha_e>\alpha_i$ 时），也可能在最小圆锥直径（$\alpha_i>\alpha_e$ 时），最小圆锥直径接触的可能性比较大
	$-AT_i$	$\pm\frac{AT_e}{2}$		
	$\pm\frac{AT_i}{2}$	$+AT_e$		可能在最大圆锥直径（$\alpha_e>\alpha_i$ 时），也可能在最小圆锥直径（$\alpha_i>\alpha_e$ 时），最小圆锥直径接触的可能性比较大
	$+AT_i$	$\pm\frac{AT_e}{2}$		

(3) 内圆锥或外圆锥的圆锥轴向极限偏差的计算

这里给出了圆锥配合的内圆锥或外圆锥直径极限偏差转换为轴向极限偏差的计算方法，可用以确定圆锥配合的极限初始位置和圆锥配合后基准平面之间的极限轴向距离；当用圆锥量规检验圆锥直径时，可用以确定与圆锥直径极限偏差相应的圆锥量规的轴向距离。

① 圆锥轴向极限偏差的概念。圆锥轴向极限偏差是圆锥的某一极限圆锥与其公称圆锥轴向位置的偏离（见图 9-9、图 9-10）。规定下极限圆锥与公称圆锥的偏离为轴向上偏差（es_z、ES_z）；上极限圆锥与公称圆锥的偏离为轴向下偏差（ei_z、EI_z）。轴向上偏差与轴向下偏差之代数差的绝对值为轴向公差（T_z）。

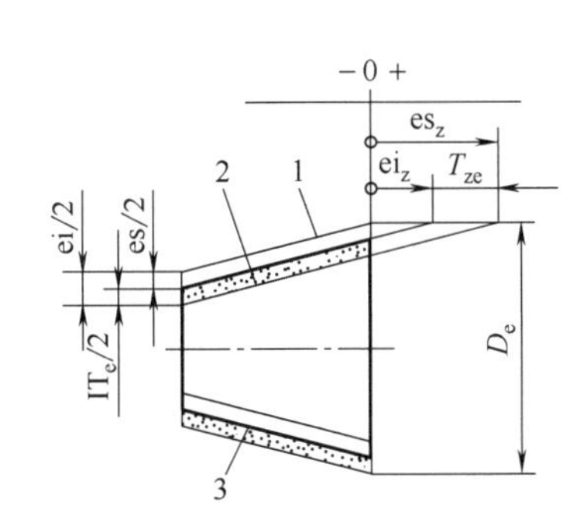

图 9-9　外圆锥轴向极限偏差示意图
1—公称圆锥；2—下极限圆锥；
3—上极限圆锥

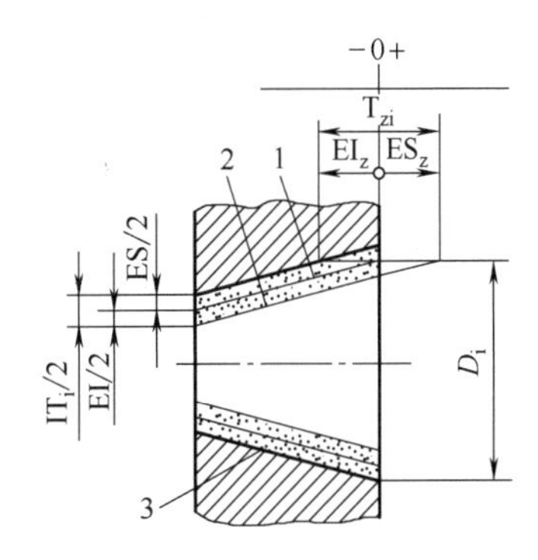

图 9-10　内圆锥轴向极限偏差示意图
1—公称圆锥；2—下极限圆锥；
3—上极限圆锥

② 圆锥轴向极限偏差的计算。

a. 轴向上偏差。

外圆锥
$$es_z=-\frac{1}{C}ei \tag{9-17}$$

内圆锥
$$ES_z=-\frac{1}{C}EI \tag{9-18}$$

b. 轴向下偏差。

外圆锥
$$ei_z=-\frac{1}{C}es \tag{9-19}$$

内圆锥
$$EI_z=-\frac{1}{C}ES \tag{9-20}$$

c. 轴向基本偏差。

外圆锥
$$e_z=-\frac{1}{C}\times 直径基本偏差$$

内圆锥
$$E_z=-\frac{1}{C}\times 直径基本偏差$$

d. 轴向公差。

外圆锥
$$T_{ze}=\frac{1}{C}\times IT_e \tag{9-21}$$

内圆锥
$$T_{zi}=\frac{1}{C}\times IT_i \tag{9-22}$$

9.2.2 圆锥公差

(1) 圆锥公差项目

国家标准GB/T 11334—2005《产品几何量技术规范（GPS）圆锥公差》规定了圆锥公差的项目、圆锥公差的给定方法及公差数值，适用于锥度C在（1∶3）～（1∶500）、长度L在6～630mm的光滑圆锥。为满足圆锥连接和使用的功能要求，标准给出了圆锥直径公差、圆锥角公差、圆锥形状公差和给定截面圆锥直径公差四个公差项目。

① 圆锥直径公差T_D。圆锥直径的允许变动量适用于圆锥全长。圆锥直径公差区为两个极限圆锥（上、下极限圆锥）所限定区域，如图9-11所示，一般以最大圆锥直径为基础。

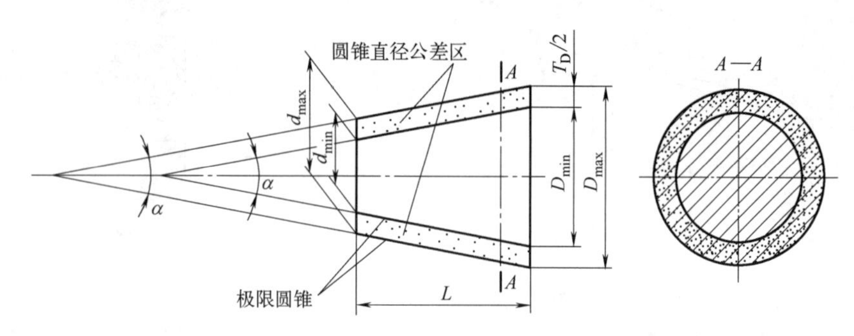

图9-11 圆锥直径公差区

② 圆锥角公差AT（AT_α或AT_D）。圆锥角的允许变动量。圆锥角公差区是两个极限圆锥角所限定的区域，如图9-12所示。

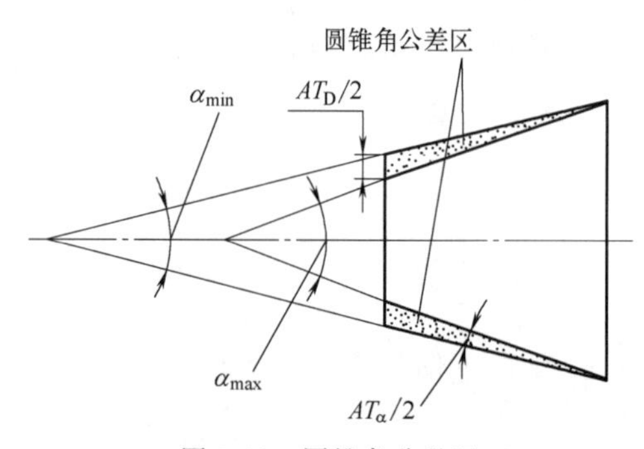

图9-12 圆锥角公差区

圆锥角公差共分12个等级，用$AT1$，$AT2$，…，$AT12$表示。其中$AT1$精度最高，其余依次降低。为加工和检验方便，圆锥角公差有两种表示形式。

a. AT_α：以角度单位微弧度（μrad）或以度（°）、分（′）、秒（″）表示圆锥角公差值；1微弧度等于半径为1米、弧长为1微米时所产生的角度。

b. AT_D：以长度单位微米（μm）表示公差值，它是用与圆锥轴线垂直且距离为L的两端直径变动量之差所表示的圆锥角公差。

AT_D与AT_α的换算关系如下：

$$AT_D = AT_\alpha \times L \times 10^{-3} \tag{9-23}$$

式中，AT_D、AT_α和L的单位分别为μm、μrad和mm。

由于同一加工方法对不同的圆锥长度所得的圆锥角度误差不同，长度越大圆锥角度误差越小，所以，在同一公差等级中，按公称圆锥长度的不同，规定了不同的角度公差值AT_α。

表9-2列出了$AT1$～$AT6$级圆锥角度公差数值。

圆锥角的极限偏差可以按照单向或双向（对称或不对称）取值，如图9-13所示。

表 9-2　圆锥角公差数值（摘自 GB/T 11334—2005）

公称圆锥长度 L/mm		圆锥角公差等级								
		$AT1$			$AT2$			$AT3$		
		AT_α		AT_D	AT_α		AT_D	AT_α		AT_D
大于	至	μrad	(″)	μm	μrad	(″)	μm	μrad	(″)	μm
自 6	10	50	10	>0.3～0.5	80	16	>0.5～0.8	125	26	>0.8～1.3
10	16	40	8	>0.4～0.6	63	13	>0.6～1.0	100	21	>1.0～1.6
16	25	31.5	6	>0.5～0.8	50	10	>0.8～1.3	80	16	>1.3～2.0
25	40	25	5	>0.6～1.0	40	8	>1.0～1.6	63	13	>1.6～2.5
40	63	20	4	>0.8～1.3	31.5	6	>1.3～2.0	50	10	>2.0～3.2
63	100	16	3	>1.0～1.6	25	5	>1.6～2.5	40	8	>2.5～4.0
100	160	12.5	2.5	>1.3～2.0	20	4	>2.0～3.2	31.5	6	>3.2～5.0

公称圆锥长度 L /mm		圆锥角公差等级								
		$AT4$			$AT5$			$AT6$		
		AT_α		AT_D	AT_α		AT_D	AT_α		AT_D
大于	至	μrad	(″)	μm	μrad	(′)(″)	μm	μrad	(′)(″)	μm
自 6	10	200	41	>1.3～2.0	315	1′05″	>2.0～3.2	500	1′43″	>3.2～5.0
10	16	160	33	>1.6～2.5	250	52″	>2.5～4.0	400	1′22″	>4.0～6.3
16	25	125	26	>2.0～3.2	200	41″	>3.2～5.0	315	1′05″	>5.0～8.0
25	40	100	21	>2.5～4.0	160	33″	>4.0～6.3	250	52″	>6.3～10.0
40	63	80	16	>3.2～5.0	125	26″	>5.0～8.0	200	41″	>8.0～12.5
63	100	63	13	>4.0～6.3	100	21″	>6.3～10.0	160	33″	>10.0～16.0
100	160	50	10	>5.0～8.0	80	16″	>8.0～12.5	125	26″	>12.5～20.0

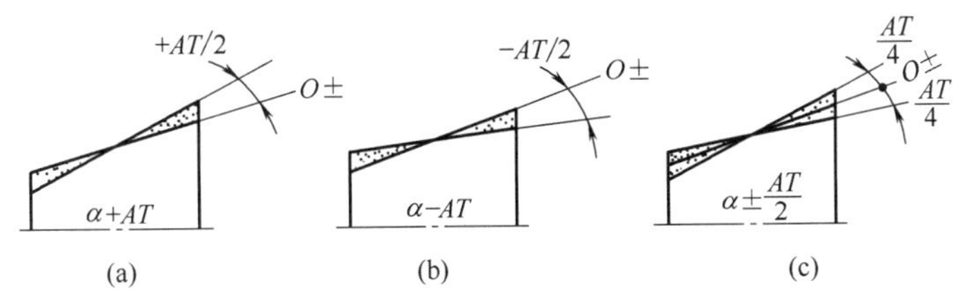

图 9-13　圆锥角极限偏差

③ 圆锥的形状公差（T_F）。圆锥的形状公差包括圆锥素线直线度公差和圆度公差。对于精度要求低的圆锥件，其形状公差不单独给出，而是由圆锥直径公差控制。对形状精度要求较高时，应单独给出相应的形状公差。其数值推荐从 GB/T 1184—1996 中选取，但应不大于圆锥直径公差的一半。

④ 给定截面圆锥直径公差（T_{DS}）。给定截面圆锥直径公差 T_{DS} 是指在垂直于圆锥轴线的给定截面内圆锥直径的允许变动量，它仅适用于该给定截面的圆锥直径。以给定截面圆锥直径 d_x 为公称尺寸，按 GB/T 1800.3 规定的标准公差选取。给定截面圆锥直径公差区是在给定的截面内两同心圆所限定的区域，如图 9-14 所示。

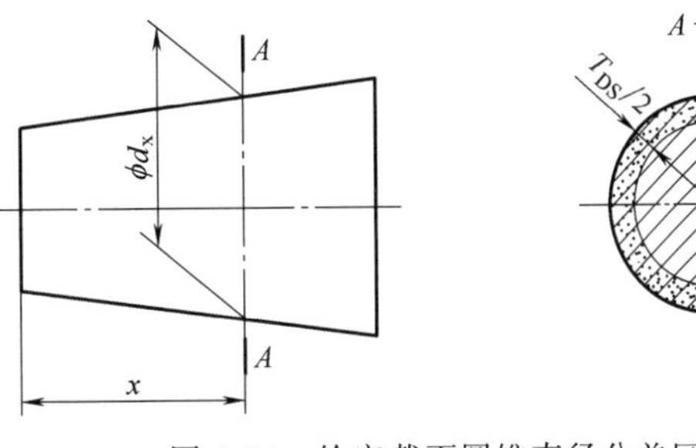

图 9-14　给定截面圆锥直径公差区

T_{DS} 公差区所限定的是平面区域，

而 T_D 公差区限定的是空间区域，二者是不同的。

(2) 圆锥公差的给定方法

对于一个具体的圆锥，并不需要给定上述四项公差，而应根据圆锥零件的功能要求和工艺特点给出所需的公差项目。国家标准 GB/T 11334—2005 规定了两种圆锥公差的给定方法。

① 给出圆锥的公称圆锥角 α（或锥度 C）和圆锥直径公差 T_D。由 T_D 确定了两个极限圆锥，此时圆锥角误差和圆锥的形状误差均应在极限圆锥所限定的区域内。此种给定方法的标注示例如图 9-15（a）所示，图 9-15（b）为其公差带。

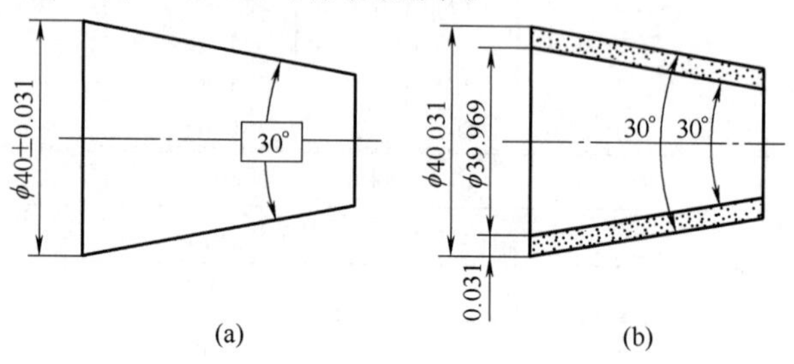

图 9-15 第一种圆锥公差的给定标注

当对圆锥角公差、圆锥的形状公差有更高的要求时，可再给出圆锥角公差 AT、圆锥的形状公差 T_F，此时 AT 和 T_F 仅占 T_D 的一部分。这种给定方法是设计中常用的一种方法，适用于有配合要求的内、外圆锥体。例如，圆锥滑动轴承，钻头的锥柄等。

② 给出给定截面圆锥直径公差 T_{DS} 和圆锥角公差 AT。此时，给定截面圆锥直径和圆锥角应分别满足这两项公差的要求，如图 9-16 所示为标注示例及其公差带。当对圆锥形状精度有更高的要求时，可再给出圆锥的形状公差 T_F。

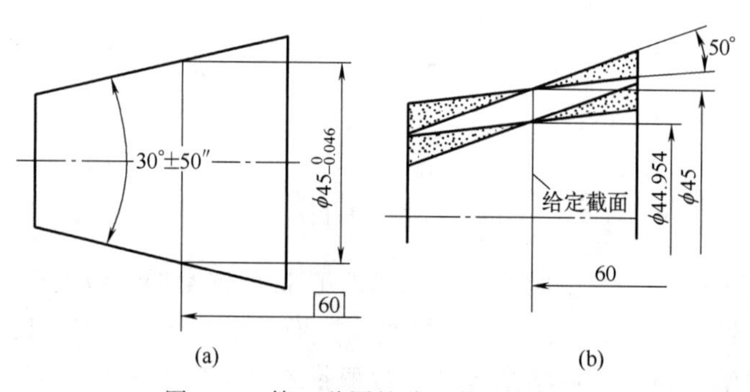

图 9-16 第二种圆锥公差的给定标注

该方法是在假定圆锥素线为理想直线的情况下给出的。它适用于对圆锥的某一给定截面有较高精度要求的情况。例如，阀类零件常常采用这种公差来保证两个相互配合的圆锥在给定截面上接触良好，具有良好的密封性。

(3) 圆锥公差的标注

GB/T 15754—1995《技术制图　圆锥的尺寸和公差标注》在正文里规定，通常圆锥公差应按面轮廓度法标注，如图 9-17（a）和图 9-18（a）所示，它们的公差带分别如图 9-17（b）和图 9-18（b）所示。必要时还可以给出形状公差要求，但只占面轮廓度公差的一部分，形位公差在面轮廓度公差带内浮动。对有配合要求的结构型内、外圆锥，也可采用基本锥度法标注；当无配合要求时，可采用公差锥度法标注。

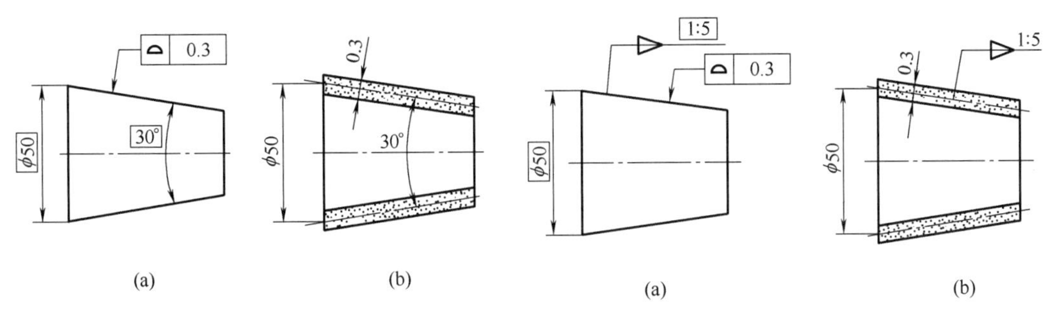

图 9-17　给定圆锥角的圆锥公差标注　　　　图 9-18　给定锥度的圆锥公差标注

① 面轮廓度法标注。面轮廓度法标注和相配合圆锥公差标注示例见表 9-3、表 9-4。

表 9-3　面轮廓度法标注

给定条件	图样标注	说明
给定圆锥角	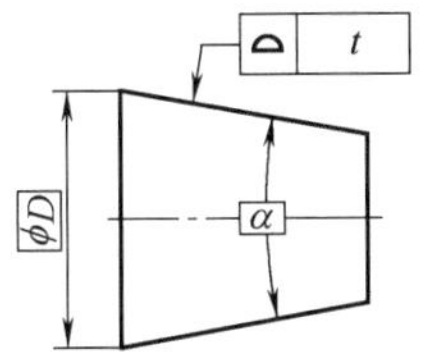	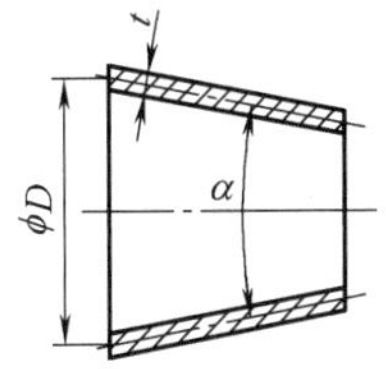
给定锥度	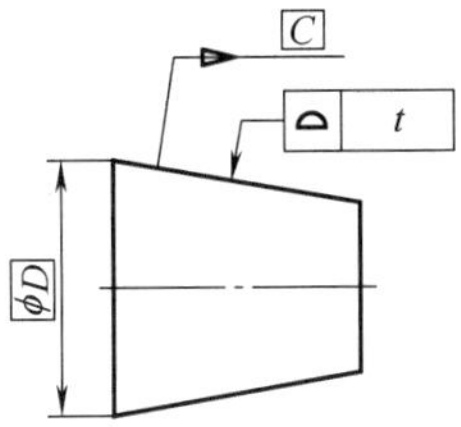	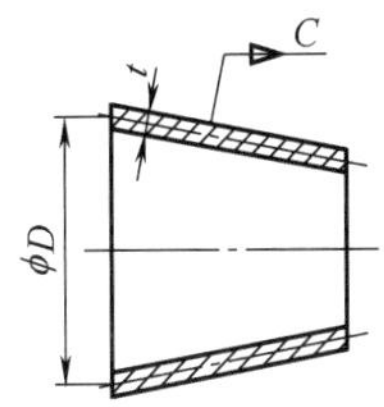
给定圆锥轴向位置	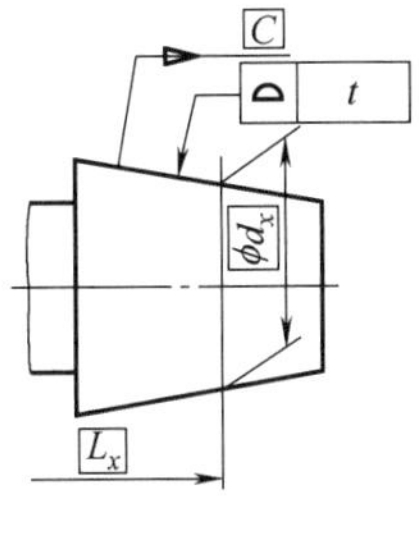	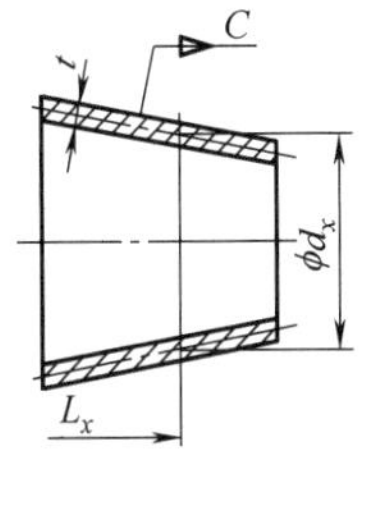
给定轴向位置公差	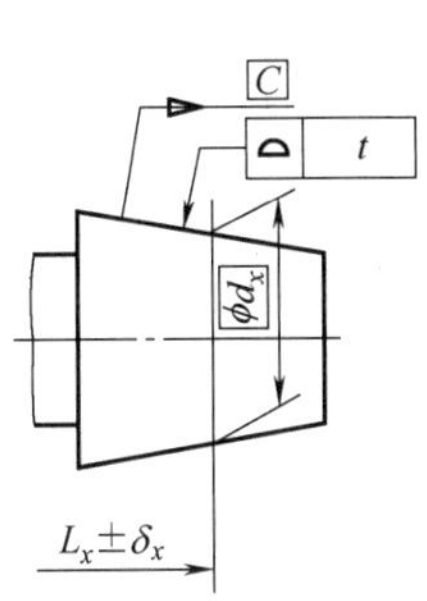	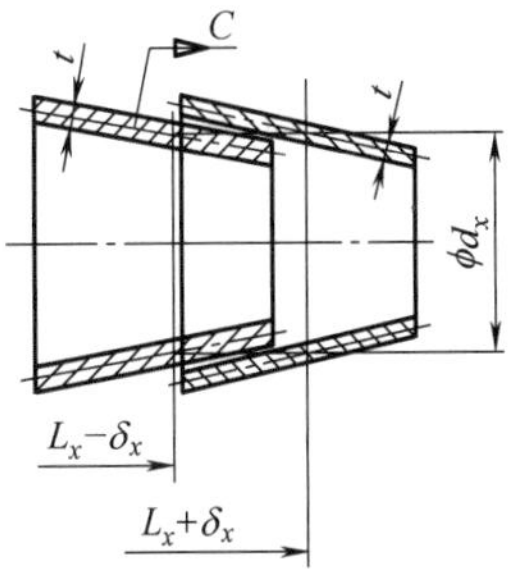

续表

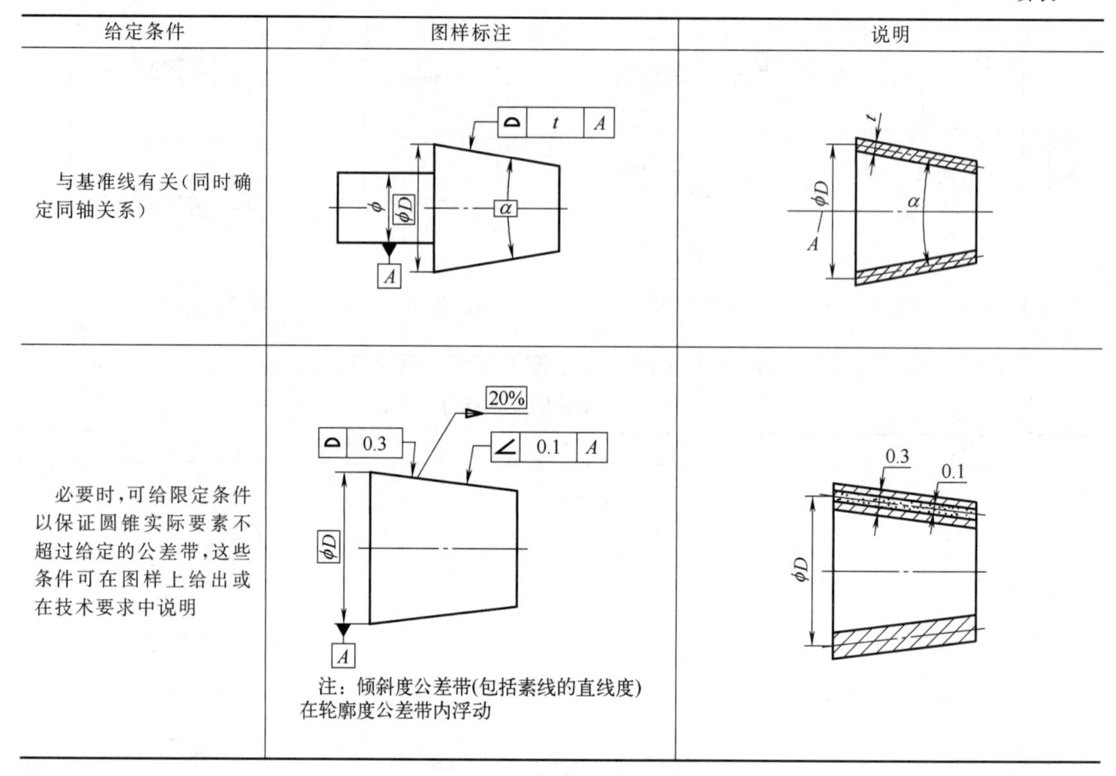

给定条件	图样标注	说明
与基准线有关（同时确定同轴关系）		
必要时，可给限定条件以保证圆锥实际要素不超过给定的公差带，这些条件可在图样上给出或在技术要求中说明	注：倾斜度公差带(包括素线的直线度)在轮廓度公差带内浮动	

表 9-4　相配合圆锥公差标注

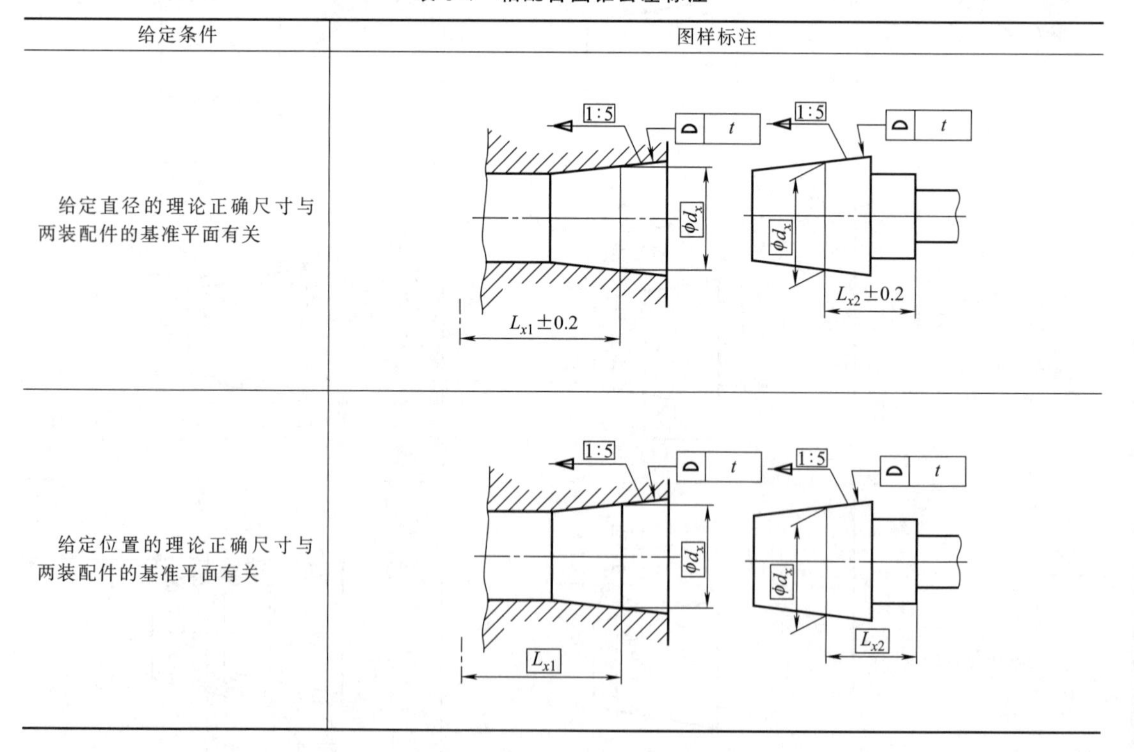

给定条件	图样标注
给定直径的理论正确尺寸与两装配件的基准平面有关	
给定位置的理论正确尺寸与两装配件的基准平面有关	

② 基本锥度法标注。基本锥度法是表示圆锥要素尺寸与其几何特征具有相互从属关系的一种公差带的标注方法，即由两同轴圆锥面（圆锥要素的最大实体尺寸和最小实体尺寸）

形成两个具有理想形状的包容面公差带。实际圆锥处处不得超过这两个包容面。因此，该公差带既控制圆锥直径大小、圆锥角大小，也控制圆锥表面的形状。若有需要，可附加给出圆锥角公差和有关形位公差要求作进一步的控制。基本锥度法适用于有配合要求的结构性内、外圆锥。标注示例见表 9-5。

表 9-5 基本锥度法标注示例

给定条件	图样标注	说明
给定圆锥直径公差 T_D	$\phi D \pm T_D/2$；30°	$T_D/2$；ϕD_{max}；ϕD_{min}；30° 30°；$T_D/2$
给定截面圆锥直径公差 T_{DS}	1:5；$\phi d_x \pm T_{DS}/2$；L_x	$T_{DS}/2$；ϕd_{xmax}；L_x
给定圆锥的形状公差 T_F	20%；∠ 0.1 A；$\phi D \pm 0.3$；A 注：倾斜度公差带(包括素线的直线度)在轮廓度公差带内浮动	0.1；0.3；ϕD_{max}；ϕD_{min}；0.3
相配合的圆锥的公差注法	1:5；ϕd_x；$L_{x1} \pm 0.2$	1:5；ϕd_x；$L_{x2} \pm 0.2$

续表

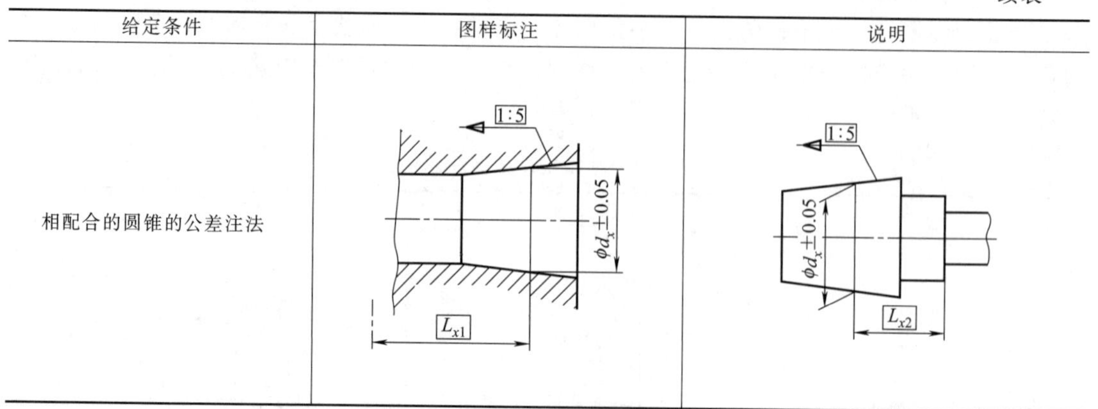

给定条件	图样标注	说明
相配合的圆锥的公差注法	1:5　$\phi d_x\pm0.05$　L_{x1}	1:5　$\phi d_x\pm0.05$　L_{x2}

③ 公差锥度法标注。公差锥度法是直接给定有关圆锥要素的公差，即同时给出圆锥直径公差和圆锥角公差，不构成两同轴圆锥公差带的标注方法。此时，给定截面圆锥直径公差仅控制该截面圆锥直径偏差，不再控制圆锥角偏差，T_{DS} 和 AT 各自分别规定，分别满足要求，故按独立原则解释。若有需要，可附加给出有关形位公差要求做进一步控制。公差锥度法适用于对某给定截面圆锥直径有较高要求的圆锥和密封及非配合圆锥。标注示例见表 9-6。

表 9-6　公差锥度法标注示例

给定条件	图样标注	说明
给定最大圆锥直径公差 T_D、圆锥角公差 AT	— t　$\phi D\pm\frac{T_D}{2}$　25°±30′　L	该圆锥的最大圆锥直径应由 $\phi D+\frac{T_D}{2}$和$\phi D-\frac{T_D}{2}$确定；锥角应在 24°30′与 25°30′之间变化；圆锥素线直线度要求为 t。以上要求应独立考虑
给定截面圆锥直径公差 T_{DS}、圆锥角公差 AT_D	$\phi d_x\pm\frac{T_{DS}}{2}$　$25°\pm\frac{AT8}{2}$　L　L_x	该圆锥的给定截面直径应由 $\phi d_x+\frac{T_{DS}}{2}$和$\phi d_x-\frac{T_{DS}}{2}$确定；锥角应在 $25°-\frac{AT8}{2}$与 $25°+\frac{AT8}{2}$之间变化。以上要求应独立考虑

研习范例：定心圆锥配合表面的标注

【例 9-1】 如图 9-19 所示，锥度 1∶5 的圆锥面为定心配合表面，其几何公差按 GB/T 15754—1995 的规定给出有位置要求的轮廓度公差，即相对基准轴线 $A—B$ 的面轮廓度为 0.01mm，粗糙度 Ra=0.8μm。

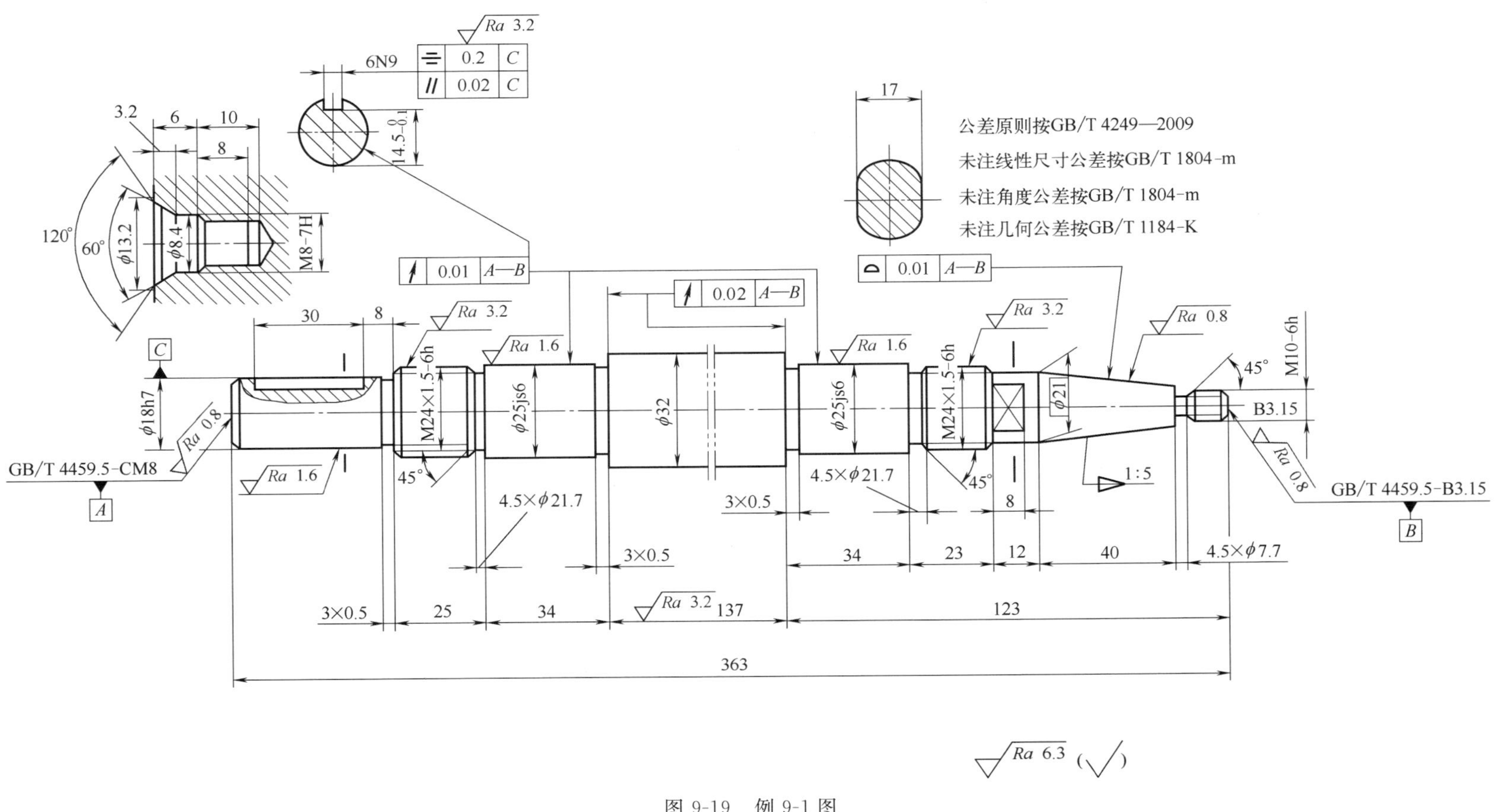
公差原则按GB/T 4249—2009
未注线性尺寸公差按GB/T 1804-m
未注角度公差按GB/T 1804-m
未注几何公差按GB/T 1184-K
GB/T 4459.5-CM8
GB/T 4459.5-B3.15
M10-6h
B3.15
M24×1.5-6h
φ25js6
φ32
φ21
φ18h7
M8-7H
6N9
1:5
363
137
123
Ra 6.3 (√)

图 9-19　例 9-1 图

9.3 圆锥角及锥度的测量

9.3.1 圆锥角及锥度的概念

锥度是指圆锥的底面直径与锥体高度之比，如果是圆台，则为上、下两底圆的直径差与锥台高度之比值。圆锥角则是构成圆锥体两条棱边的夹角。

注意：锥度与斜度不同，斜度是指一直线（或一平面）对另一直线（或一平面）的倾斜程度。

9.3.2 圆锥角及锥度的测量方法

(1) 比较测量法

比较测量法又称为相对测量法，是将角度量具与被测圆锥角度比较，用光隙法或涂色法估计被测锥度及角度的偏差。常用的量具有圆锥量规、锥度样板、90°角尺和角度量块等。

圆锥量规可以测量内、外圆锥的锥度和基面距偏差。测量内锥体用圆锥塞规，测量外锥体用圆锥环规，莫氏与公制圆锥量规如图 9-20 所示。

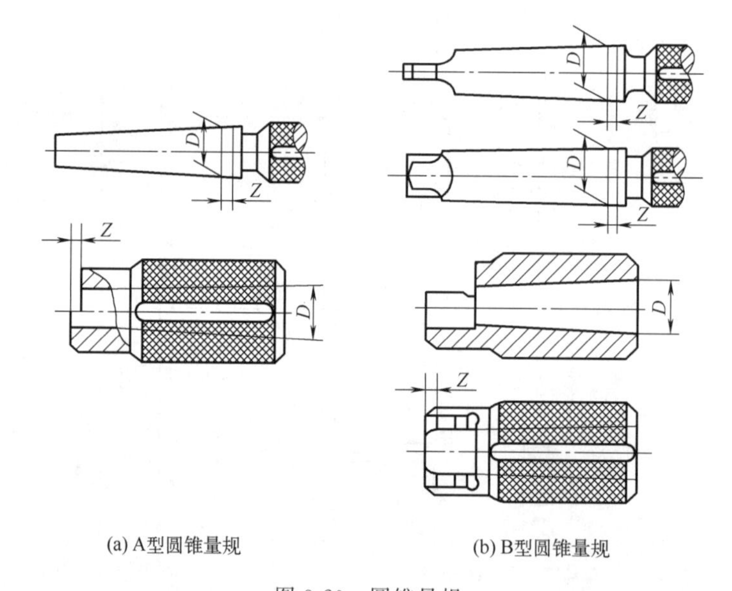

图 9-20 圆锥量规

由于圆锥结合时锥角公差一般比圆锥直径公差要求高，因此首先用圆锥量规测量锥度。测量锥度常用涂色法，在圆锥量规表面沿着素线方向薄薄地涂上 3～4 条均布的显示剂，然后把圆锥量规与被测圆锥对研轻转，取出圆锥量规，根据被测圆锥接触面的着色接触情况判断锥角偏差。对于圆锥塞规，若均匀地被擦去，说明圆锥角合格。

在圆锥量规的基准部处有距离为 z 的两条刻线（塞规）或台阶（环规），z 为零件圆锥的基面距公差。测量时，被测圆锥的端面只要介于两条刻线之间，即为合格。圆锥量规原理如图 9-21 所示。

在成批生产和大量生产时，为了减少辅助时间，可用专用的锥度样板测量圆锥角度，如

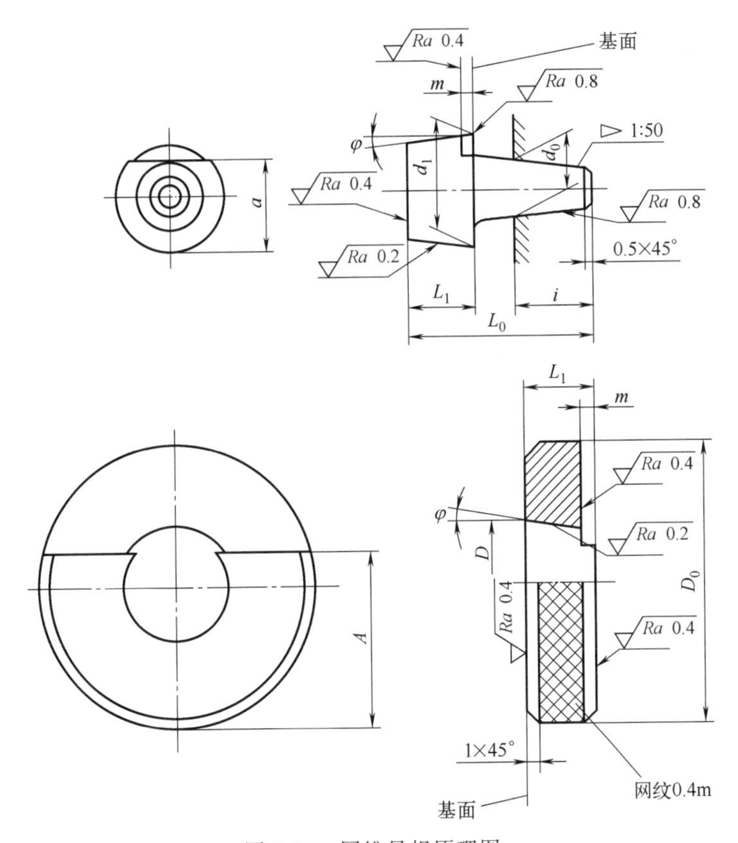

图 9-21　圆锥量规原理图

图 9-22 所示。锥度样板根据被测圆锥的角度要求制出，观察锥度样板工作面与被测圆锥表面间的透光情况，判断其角度偏差。

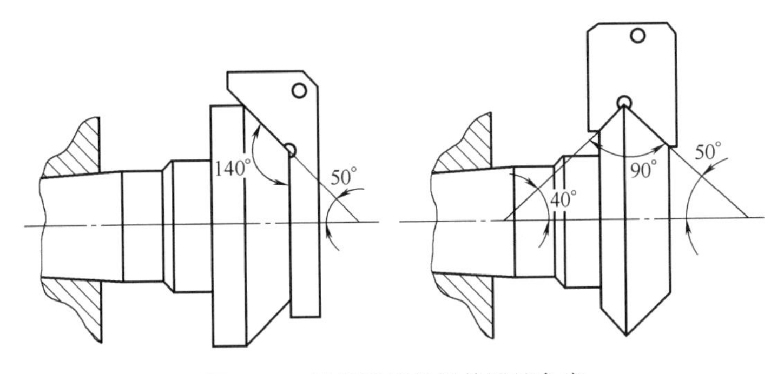

图 9-22　锥度样板检测外圆锥角度

角度量块是基准量具，具体使用方法可查看第 2 章。角度量块测量范围为 10°～350°，测量圆锥角度时与被测圆锥比较，用光隙法估计角度偏差。

(2) 直接测量法

直接测量法是用测量角度的量具和量仪直接测量，被测的锥度或角度的数值可在量具和量仪上直接读出。对于精度不高的圆锥，常用万能角度尺进行测量；对精度高的圆锥，则需用光学分度头和测角仪进行测量。

万能角度尺的结构和读数方法查看第 2 章的角度量具，用万能角度尺检测外圆锥角度时，应根据被测角度的大小，选择不同的测量方法，如图 9-23 所示。图 9-23（a）所示方法用于测量 0°～50°的角度；图 9-23（b）所示方法用于测量 50°～140°的角度；测量 140°～230°的角度可选用如图 9-23（c）所示的方法，将万能角度尺的直尺与直角尺卸下，用基尺与尺身的测量面可测量 230°～320°之间的角度，如图 9-23（d）所示。

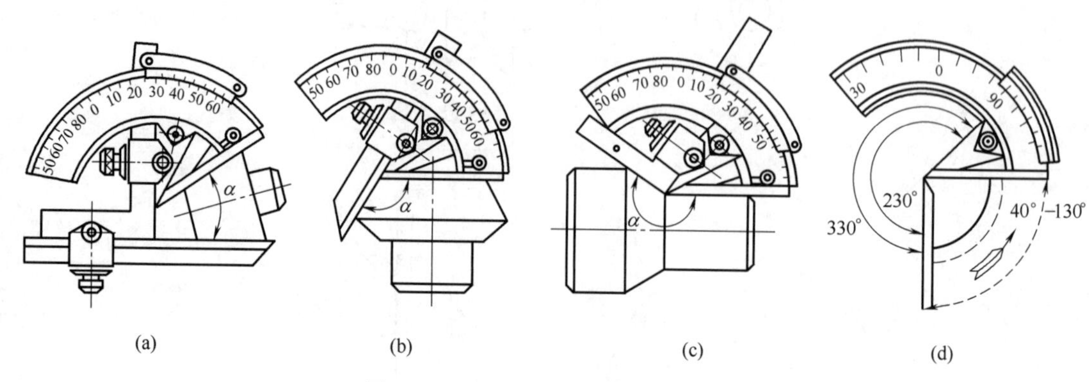

图 9-23 万能角度尺测量外圆锥角度

使用万能角度尺的注意事项：

① 使用前，先将万能角度尺擦拭干净，再检查各部件的相互作用是否移动平稳可靠、止动后的读数是否不动。

② 测量时，放松制动器上的螺母，移动主尺座做粗调整，再转动游标背面的手把做精细调整，直到使角度尺的两测量面与被测工件的工作面密切接触为止，然后拧紧制动器上的螺母加以固定，即可进行读数。

③ 测量完毕后，应用汽油或酒精把万能角度尺洗净，用干净纱布仔细擦干，涂以防锈油，然后装入匣内。

（3）间接测量法

圆锥锥度和角度的间接测量法是测量与被测圆锥的锥度或角度有一定函数关系的线性尺寸，再经过函数关系计算得到被测圆锥的锥度值或角度值。常用的有正弦规、圆柱、圆球、平板等工具和量具。

正弦规是根据正弦函数原理，利用量块的组合尺寸，以间接方法测量角度的测量器具。正弦规是用以在水平方向按微差比较方式测量工件角度和内、外锥体的一种精密量具，精度有 0 级、1 级两种。图 9-24（a）所示为正弦规的结构，主要由带有精密工作平面的主体和两个精密圆柱组成，四周可以装有挡板（使用时只装互相垂直的两块），测量时作为放置零件的定位板。图 9-24（b）所示为正弦规测量圆锥体锥度的示例。

使用正弦规的注意事项：

① 不能使用正弦规测量粗糙圆锥，被测圆锥表面不应有毛刺、灰尘，也不应带有磁性。

② 使用正弦规时，应注意轻拿轻放，不得在平板上长距离拖拉正弦规，以防两圆柱磨损。

③ 在正弦规上装卡圆锥时，应避免划伤圆锥表面。

④ 两圆柱中心距的准确与否，直接影响测量精度，所以不能随意调整圆柱的紧固螺钉。

⑤ 使用完毕，应将正弦规清洗干净并涂上防锈油。

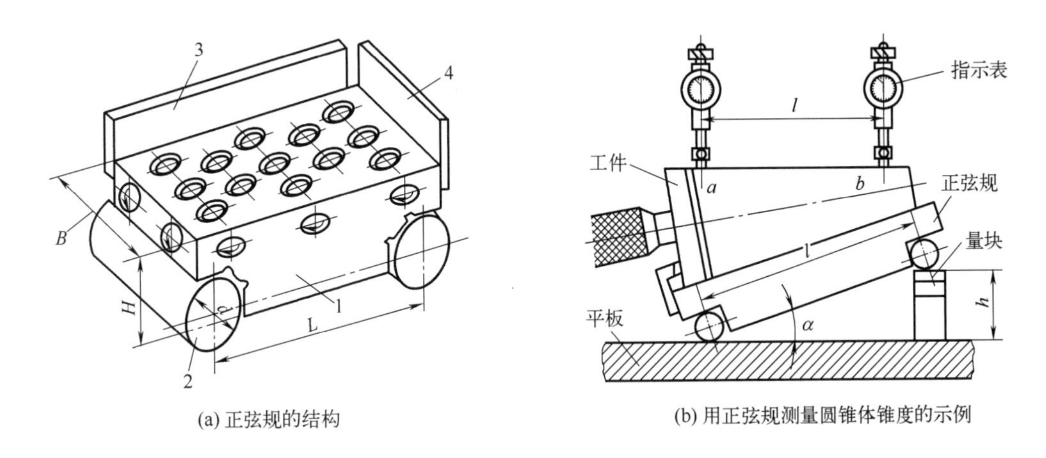

(a) 正弦规的结构

(b) 用正弦规测量圆锥体锥度的示例

图 9-24　正弦规

1—主体工作平面；2—圆柱；3—后挡板；4—侧挡板

第10章 键与花键的公差配合与测量

10.1 键的功用与技术要求

10.1.1 键的功用与国家标准

(1) 键与花键的功用

键和花键在机械传动中传递运动和动力。由于其结构简单、紧凑、可靠，因此广泛应用于轴与轴上传动件（如齿轮、带轮、手轮和联轴器等）之间的可拆卸连接，用以传递转矩和运动，有时也用作轴向滑动的导向，特殊场合还能起到定位和保证安全的作用。

根据传递转矩的大小、定位精度以及结构空间的尺寸，可以采用单键、双键或花键传动。传递一般转矩可采用平键与楔键。传递转矩较小时，可采用半圆键。矩形花键可以传递较大的转矩，在传动的同时，允许相配零件沿轴线做轴向移动，并能保持良好的导向性。渐开线花键具有承载能力大、自动定中心、精度高、互换性好和便于加工等优点。

(2) 有关键与花键的国家标准

GB/T 1568—2008《键　技术条件》。

GB/T 1095—2003《平键　键槽的剖面尺寸》。

GB/T 1096—2003《普通型　平键》。

GB/T 1097—2003《导向型　平键》。

GB/T 1566—2003《薄型平键　键槽的剖面尺寸》。

GB/T 1567—2003《薄型　平键》。

GB/T 1563—2003《楔键　键槽的剖面尺寸》。

GB/T 1564—2003《普通型　楔键》。

GB/T 1565—2003《钩头型　楔键》。

GB/T 1098—2003《半圆键　键槽的剖面尺寸》。

GB/T 1099.1—2003《普通型　半圆键》。

GB/T 1974—2003《切向键及其键槽》。

GB/T 1144—2001《矩形花键　尺寸、公差和检验》。

GB/T 3478—2008《圆柱直齿渐开线花键（米制模数　齿侧配合）》。

10.1.2 键的技术要求

GB/T 1568—2008《键　技术条件》规定了各种键的技术要求、验收检查、标志与包装，是键在加工生产、检验、贮运及使用等各个环节中的重要依据。

① 键的抗拉强度应大于或等于 590MPa。

② 键表面不允许有裂纹、浮锈、氧化皮和毛刺。

③ A、C 型平键、楔键的圆弧部分不应有偏斜。对采用冲切工艺的 A、C 型键，端部的半圆面积不允许有影响使用的缺陷，避免在半圆部分测量其高度。

④ 半圆键的键长两端允许倒成圆角，圆角半径 $r=0.5\sim1.5\text{mm}$（小键取小值，大键取大值）。

⑤ 普通平键、导向键和薄型平键，当键长 L 与键宽 b 之比大于或等于 8 时（即 $L/b\geqslant 8$），键宽 b 面在长度方向的平行度应按 GB/T 1184—1996 附录 B 中的规定，$b\leqslant6\text{mm}$ 按 7 级；$b\geqslant8\text{mm}\sim36\text{mm}$ 按 6 级；$b\geqslant40\text{mm}$ 按 5 级。

⑥ 楔键斜度 1∶100 的角度公差按 GB/T 11334—2005 中的 AT8 级选取，极限偏差为 $\pm AT8/2$。

⑦ 在供、需双方同意的情况下，平键、楔键的半圆部分和半圆键的圆弧部分允许不倒角或倒圆，但需要去毛刺。

验收时，原则上每个键都应当符合相应标准的全部规定，除尺寸检查外，有的还需进行强度试验和质量抽检。

10.2 单键连接

键又称单键，按其结构形式不同，分为平键、半圆键、切向键和楔键等四种。其中，平键又分为普通型平键和导向型平键两种，前者用于固定连接，后者用于导向连接。

10.2.1 平键连接

(1) 平键连接及其互换性

① 平键连接的组成。平键连接由键、轴、轮毂三部分组成，通过键的侧面分别与轴槽及轮毂槽的侧面相互接触来传递运动和转矩，键的上表面和轮毂槽底面留有一定的间隙。因此，键和轴槽的侧面应有足够大的实际有效面积来承受负荷，并且键要牢固可靠地嵌入轴槽，防止松动脱落。所以，键和键槽、轮毂槽的宽是配合尺寸，应规定较严的公差；而键长 L、键高 h、轴槽深 t_1 和轮毂槽深 t_2 为非配合尺寸，应给予较松的公差。国家标准 GB/T 1095—2003 规定了平键键槽的尺寸与公差，普通平键键槽的剖面尺寸如图 10-1 所示。表 10-1 摘录了部分普通平键键槽的尺寸与公差。

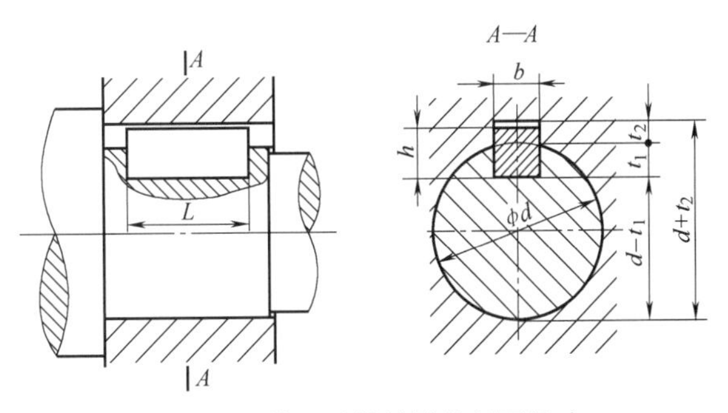

图 10-1　普通平键键槽的剖面尺寸

平键是标准件，平键连接是键与轴及轮毂三部分的配合，考虑工艺上的特点，为使不同的配合所用键的规格统一，便于采用精拔型钢来制作，国家标准规定键连接采用基轴制配合。为保证键在轴槽上紧固，同时又便于拆装，轴槽和轮毂槽可以采用不同的公差带，使其配合的松紧不同，国家标准 GB/T 1095—2003《平键　键槽的剖面尺寸》对平键与键槽和轮毂槽的键槽宽度极限偏差规定了松联结、正常联结和紧密联结三种联结类型。

表 10-1　普通平键键槽的尺寸与公差（GB/T 1095—2003）　　mm

轴	键尺寸	键槽											
		宽度 b						深度				半径 r	
		公称尺寸	极限偏差					轴 t_1		毂 t_2			
			正常连接		紧密连接	松连接							
直径 d	$b\times h$		轴 N9	毂 JS9	轴和毂 P9	轴 H9	毂 D10	公称尺寸	极限偏差	公称尺寸	极限偏差	min	max
自 6～8	2×2	2	−0.004 −0.029	±0.0125	−0.006 −0.031	+0.025 0	+0.060 +0.020	1.2	+0.1 0	1.0	+0.1 0	0.08	0.16
>8～10	3×3	3						1.8		1.4			
>10～12	4×4	4	0 −0.030	±0.015	−0.012 −0.042	+0.030 0	+0.078 +0.030	2.5		1.8			
>12～17	5×5	5						3.0		2.3		0.16	0.25
>17～22	6×6	6						3.5		2.8			
>22～30	8×7	8	0 −0.036	±0.018	−0.015 −0.051	+0.036 0	+0.098 +0.040	4.0	+0.2 0	3.3	+0.2 0		
>30～38	10×8	10						5.0		3.3		0.25	0.40
>38～44	12×8	12	0 −0.043	±0.0215	−0.018 −0.061	+0.043 0	+0.120 +0.050	5.0		3.3			
>44～50	14×9	14						5.5		3.8			
>50～58	16×10	16						6.0		4.3			
>58～65	18×11	18						7.0		4.4			
>65～75	20×12	20	0 −0.052	±0.026	−0.022 −0.074	+0.052 0	−0.149 −0.065	7.5		4.9		0.40	0.60
>75～85	22×14	22						9.0		5.4			
>85～95	25×14	25						9.0		5.4			
>95～110	28×16	28						10.0		6.4			

② 平键键槽的剖面尺寸。GB/T 1095—2003《平键　键槽的剖面尺寸》是对 GB/T 1095—1979《平键和键槽的剖面尺寸》的修订，规定了宽度 b=2～100mm 的普通型、导向型平键键槽的剖面尺寸，同时还规定了键槽的技术条件和键槽表面粗糙度。

a. 普通型平键的尺寸应符合 GB/T 1096—2003 的规定。

b. 导向型平键的尺寸应符合 GB/T 1097—2003 的规定。

c. 导向型平键的轴槽与轮毂槽用正常连接的公差。

d. 平键轴槽的长度公差用 H14。

e. 轴槽及轮毂槽的宽度 b 对轴及轮毂轴心线的对称度，一般可按 GB/T 1184—1996 表 B4 中对称度公差 7～9 级选取。

f. 轴槽、轮毂槽的键槽宽度 b 两侧面粗糙度参数 Ra 值推荐为 1.6～3.2μm。

g. 轴槽底面、轮毂槽底面的表面粗糙度参数 Ra 值为 6.3μm。

普通平键和薄型平键键槽尺寸与公差如图 10-2 所示。

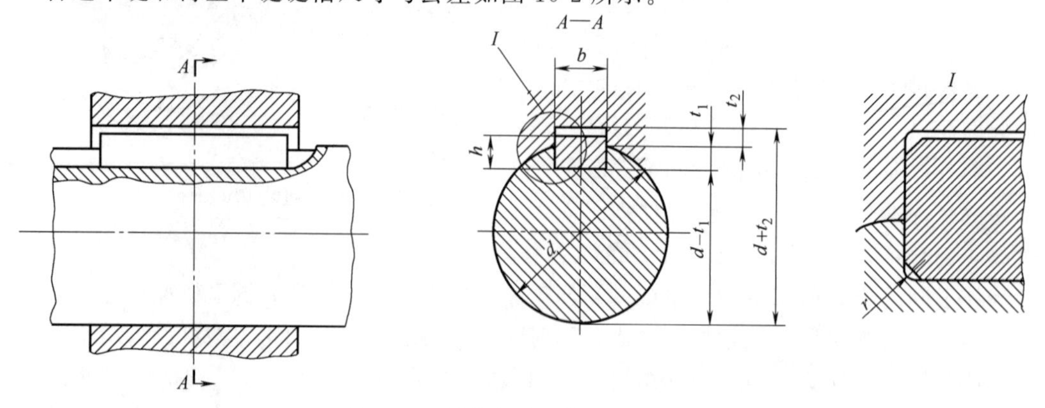

图 10-2　键槽尺寸及公差标注示例

③ 普通型平键的技术条件、尺寸与公差。

a. 技术条件应符合 GB/T 1568—2008 的规定。

b. 键槽的尺寸应符合 GB/T 1095—2003 的规定。

c. 当键长大于 500mm 时，其长度应按 GB/T 321—2005 的 R20 系列选取，为减小由于直线度而引起的问题，键长应小于 10 倍的键宽。

普通型平键的型式、尺寸与公差见图 10-3、表 10-2。

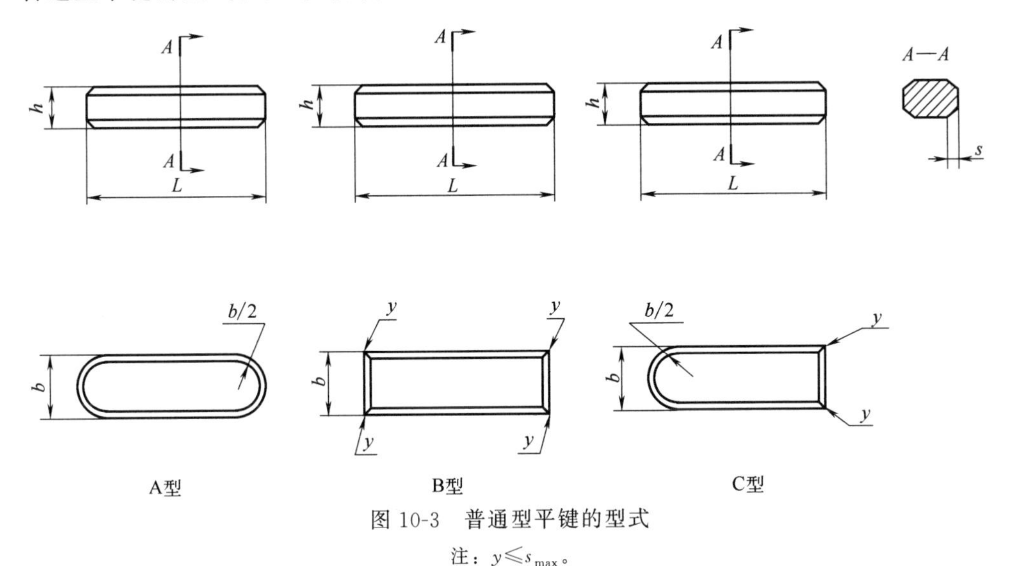

图 10-3 普通型平键的型式

注：$y \leqslant s_{max}$。

表 10-2 普通型平键的尺寸与公差（GB/T 1096—2003）

<table>
<tr><td rowspan="2">宽度 b</td><td colspan="2">公称尺寸</td><td>2</td><td>3</td><td>4</td><td>5</td><td>6</td><td>8</td><td>10</td><td>12</td><td>14</td><td>16</td><td>18</td><td>20</td><td>22</td></tr>
<tr><td colspan="2">极限偏差
(h8)</td><td colspan="2">0
−0.014</td><td colspan="3">0
−0.018</td><td colspan="2">0
−0.022</td><td colspan="4">0
−0.027</td><td colspan="2">0
−0.033</td></tr>
<tr><td rowspan="3">高度 h</td><td colspan="2">公称尺寸</td><td>2</td><td>3</td><td>4</td><td>5</td><td>6</td><td>7</td><td colspan="2">8</td><td>9</td><td>10</td><td>11</td><td>12</td><td>14</td></tr>
<tr><td rowspan="2">极限偏差</td><td>矩形
(h11)</td><td colspan="2">—</td><td colspan="3">—</td><td colspan="5">0
−0.090</td><td colspan="3">0
−0.110</td></tr>
<tr><td>方形
(h8)</td><td colspan="2">0
−0.014</td><td colspan="3">0
−0.018</td><td colspan="5">—</td><td colspan="3">—</td></tr>
<tr><td colspan="3">倒角或倒圆 s</td><td colspan="3">0.16～0.25</td><td colspan="3">0.25～0.40</td><td colspan="5">0.40～0.60</td><td colspan="2">0.60～0.80</td></tr>
<tr><td rowspan="2">宽度 b</td><td colspan="2">公称尺寸</td><td>25</td><td>28</td><td>32</td><td>36</td><td>40</td><td>45</td><td>50</td><td>56</td><td>63</td><td>70</td><td>80</td><td>90</td><td>100</td></tr>
<tr><td colspan="2">极限偏差
(h8)</td><td colspan="2">0
−0.033</td><td colspan="5">0
−0.039</td><td colspan="4">0
−0.046</td><td colspan="2">0
−0.054</td></tr>
<tr><td rowspan="3">高度 h</td><td colspan="2">公称尺寸</td><td>14</td><td>16</td><td>18</td><td>20</td><td>22</td><td>25</td><td>28</td><td>32</td><td>32</td><td>36</td><td>40</td><td>45</td><td>50</td></tr>
<tr><td rowspan="2">极限偏差</td><td>矩形
(h11)</td><td colspan="3">0
−0.110</td><td colspan="4">0
−0.130</td><td colspan="6">0
−0.160</td></tr>
<tr><td>方形
(h8)</td><td colspan="3">—</td><td colspan="4">—</td><td colspan="6">—</td></tr>
<tr><td colspan="3">倒角或倒圆 s</td><td colspan="3">0.60～0.80</td><td colspan="4">1.00～1.20</td><td colspan="3">1.60～2.00</td><td colspan="3">2.50～3.00</td></tr>
</table>

④ 标记。

标记示例

【例 10-1】 宽度 $b=16$mm、高度 $h=10$mm、长度 $L=100$mm，普通 A 型平键的标记为：

GB/T 1096　键 16×10×100

宽度 b＝16mm、高度 h＝10mm、长度 L＝100mm，普通 B 型平键的标记为：

GB/T 1096　键 B16×10×100

宽度 b＝16mm、高度 h＝100mm、长度 L＝100mm，普通 C 型平键的标记为：

GB/T 1096　键 C16×10×100

⑤ 平键的检测。对于平键连接，需要检测的项目有键宽，轴槽和轮毂槽的宽度、深度及槽的对称度。

a. 键和键宽。单件小批量生产时，一般采用通用计量器具（如千分尺、游标卡尺等）测量。大批量生产时，用极限量规控制，如图 10-4（a）所示。

b. 轴槽和轮毂槽深。单件小批量生产时，一般用游标卡尺或外径千分尺测量轴尺寸 $d-t_1$，用游标卡尺或内径千分尺测量轮毂尺寸 $d+t_2$。大批量生产时，用专用量规如轮毂槽深度极限量规和轴槽深极限量规，如图 10-4（b）、（c）所示。

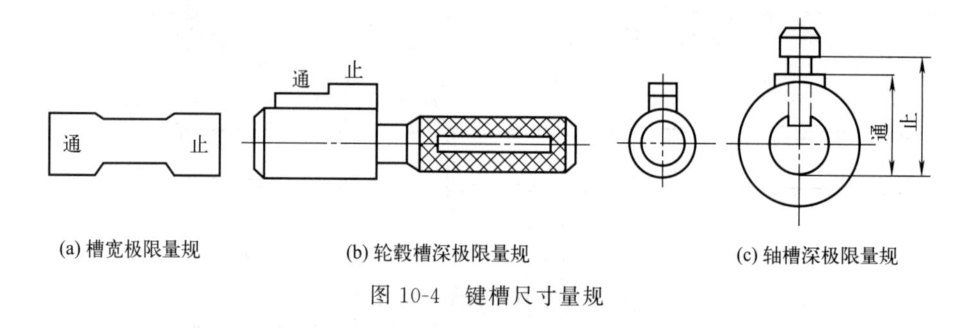

(a) 槽宽极限量规　(b) 轮毂槽深极限量规　(c) 轴槽深极限量规

图 10-4　键槽尺寸量规

c. 键槽对称度。单件小批量生产时，可用分度头、V 形块和百分表测量。轴键槽对基准轴线的对称度公差采用独立原则，这时键槽对称度误差可按图 10-5 所示的方法来测量。被测轴以其基准部位放置在 V 形支承座上，以平板作为测量基准，用 V 形支承座模拟体现轴的基准轴线，用定位块（或量块）模拟体现键槽中心平面。将置于平板上的百分表的测头与定位块的顶面接触，沿定位块的一个横截面移动，并稍微转动被测轴来调整定位块的位置，使百分表沿定位块的横截面移动的过程中示值始终稳定为止，从而确定定位块的这个横截面内的素线平行于平板。然后，测量定位块至测量基准的距离，再将被测工件旋转 180°后重复上述测量，得到该截面上、下两对应点的读数差 a，计算获得该截面的对称度误差。

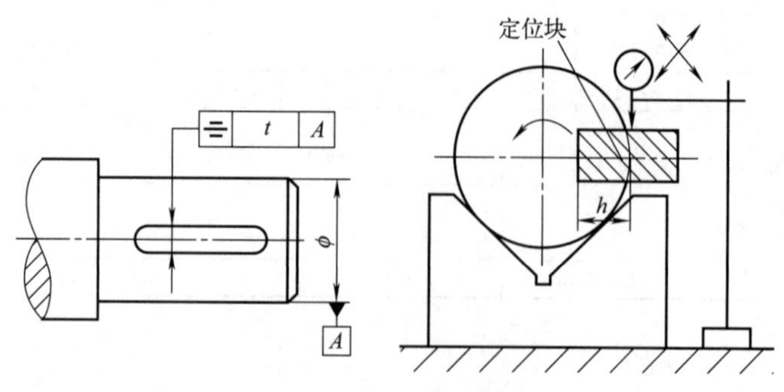

图 10-5　轴槽对称度测量

大批量生产时，一般用综合量规检测，如对称度极限量规，只要量规通过即为合格。图 10-6（a）为轮毂槽对称度量规，该量规以圆柱面作为定位表面模拟体现基准轴线，来检验键槽对称度误差，若它能够同时自由通过轮毂的基准孔和被测键槽，则表示合格。图 10-6（b）为轴槽对称度量规，该量规以其 V 形表面作为定心表面模拟体现基准轴线，来检验键槽对称度误差，若 V 形表面与轴表面接触且量规能够通过被测键槽，则表示合格。

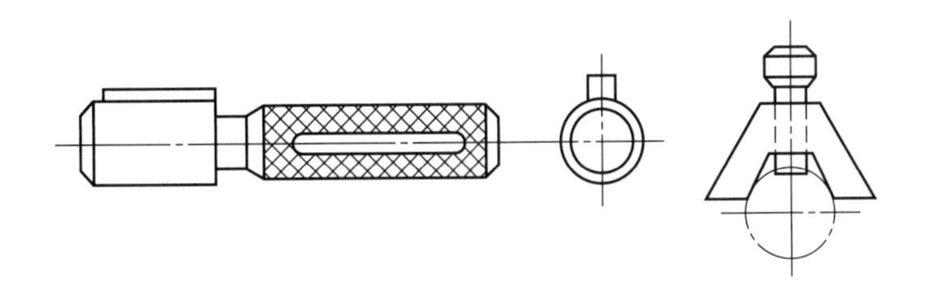

(a) 轮毂槽对称度量规　　(b) 轴槽对称度量规

图 10-6　对称度量规

(2) 导向型平键

GB/T 1097—2003《导向型　平键》规定了宽度 b=8～45mm 的导向型平键键宽 b 的极限偏差为“h8”。

① 技术条件。

a. 导向型平键的技术条件应符合 GB/T 1568—2008 的规定。

b. 键槽尺寸应符合 GB/T 1095—2003 的规定。

c. 当键长大于 450mm 时，其长度应按 GB/T 321—2005 的 R20 系列选取。为减小由于直线度而引起的问题，键长应小于 10 倍的键宽。

d. 固定用螺钉应符合 GB/T 822—2016 或 GB/T 65—2016 的规定。

② 尺寸与公差。导向型平键的型式、尺寸与公差见图 10-7 和表 10-3。

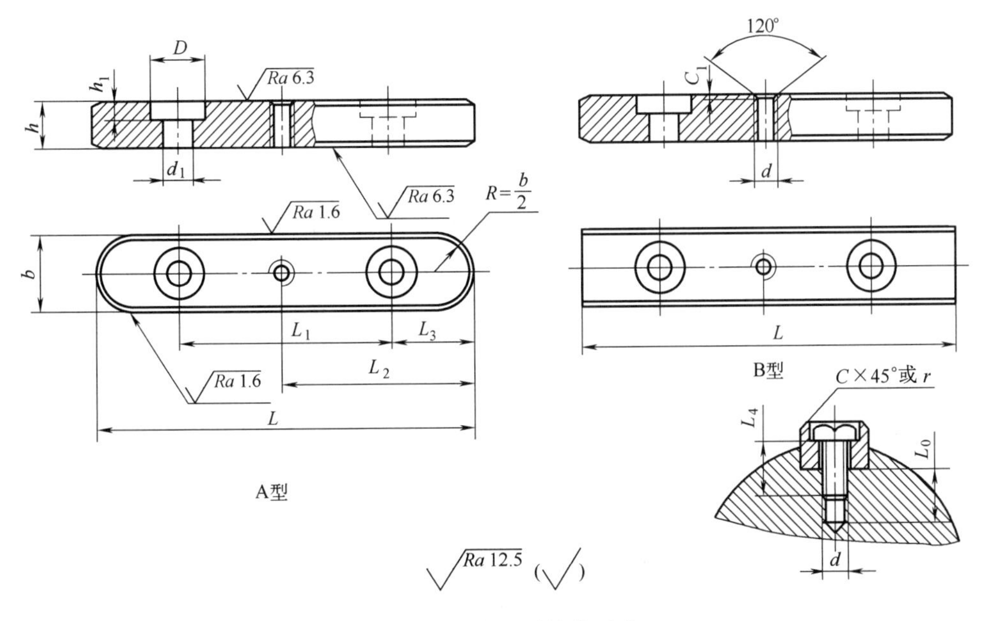

图 10-7　导向型平键的型式

表 10-3 导向型平键的尺寸与公差（GB/T 1097—2003） mm

b	公称尺寸	8	10	12	14	16	18	20	22	25	28	32	36	40	45
	极限偏差（h8）	0 −0.022		0 −0.027				0 −0.033					0 −0.039		
h	公称尺寸	7	8		9	10	11	12	14		16	18	20	22	25
	极限偏差（h11）	0 −0.090					0 −0.110						0 −0.130		
C 或 r		0.25～0.40	0.40～0.60					0.60～0.80					1.00～1.20		
h_1		2.4		3.0	3.5		4.5			6		7	8		
d		M3		M4	M5		M6			M8		M10	M12		
d_1		3.4		4.5	5.5		6.6			9		11	14		
D		6		8.5	10		12			15		18	22		
C_1		0.3		0.5									1.0		
L_0		7	8	10			12			15		18	22		
螺钉（$d \times L_4$）		M3×8	M3×10	M4×10	M5×10		M6×12		M6×16	M8×16		M10×20	M12×25		

③ 标记。

标记示例

【例 10-2】 宽度 b=16mm、高度 h=10mm、长度 L=100mm，导向 A 型平键的标记为：

GB/T 1097 键 16×100

宽度 b=16mm、高度 h=10mm、长度 L=100mm，导向 B 型平键的标记为：

GB/T 1097 键 B16×100

(3) 薄型平键

① 薄型平键键槽的技术条件。

GB/T 1566—2003《薄型平键 键槽的剖面尺寸》规定了宽度 b=5～36mm 的薄型平键键槽的剖面尺寸。

a. 薄型平键的尺寸应符合 GB/T 1567—2003 的规定。

b. 薄型平键的长度公差用 H14。

c. 轴槽及轮槽的宽度对轴及轮毂轴线的对称度，一般可按 GB/T 1184—1996 的对称度公差 7～9 级选取。

d. 轴槽、轮毂槽的键槽宽度 b 两侧面粗糙度按 GB/T 1031—2009，选 Ra 值为 1.6～3.2μm。

e. 轴槽底面，轮毂槽底面的表面粗糙度按 GB/T 1031—2009，选 Ra 值为 6.3μm。

② 薄型平键键槽的尺寸与公差。薄型平键键槽的尺寸与公差见表 10-4。

③ 薄型平键的技术条件。GB/T 1567—2003《薄型 平键》规定了宽度 b=5～36mm 的薄 A 型、B 型、C 型的平键尺寸，键宽 b 的极限偏差为“h8”。

a. 薄型平键的技术条件应符合 GB/T 1568—2003 的规定。

b. 键槽的尺寸应符合 GB/T 1566—2003 的规定。

④ 薄型平键的尺寸与公差。薄型平键的型式、尺寸与公差见图 10-8 和表 10-5。

表 10-4　薄型平键键槽的尺寸与公差（GB/T 1566—2003）　mm

键尺寸 $b\times h$	键槽											
	宽度 b						深度				半径 r	
	公称尺寸	极限偏差					轴 t_1		毂 t_2			
		正常连接		紧密连接	松连接							
		轴 N9	毂 JS9	轴和毂 P9	轴 H9	毂 D10	公称尺寸	极限偏差	公称尺寸	极限偏差	min	max
5×3	5	0 −0.030	±0.015	−0.012 −0.042	+0.030 0	+0.078 +0.030	1.8	+0.1 0	1.4	+0.1 0	0.16	0.25
6×4	6						2.5		1.8			
8×5	8	0 −0.036	±0.018	−0.015 −0.051	+0.036 0	+0.098 +0.040	3.0		2.3			
10×6	10						3.5		2.8		0.25	0.40
12×6	12	0 −0.043	±0.0215	−0.018 −0.061	+0.043 0	+0.120 +0.050	3.5		2.8			
14×6	14						3.5		2.8			
16×7	16						4.0	+0.2 0	3.3	+0.2 0		
18×7	18						4.0		3.3			
20×8	20	0 −0.052	±0.026	−0.022 −0.074	+0.052 0	+0.149 +0.065	5.0		3.3		0.40	0.60
22×9	22						5.5		3.8			
25×9	25						5.5		3.8			
28×10	28						6.0		4.3			
32×11	32	0 −0.062	±0.031	−0.026 −0.088	+0.062 0	+0.180 +0.080	7.0		4.4			
36×12	36						7.5		4.9		0.70	1.0

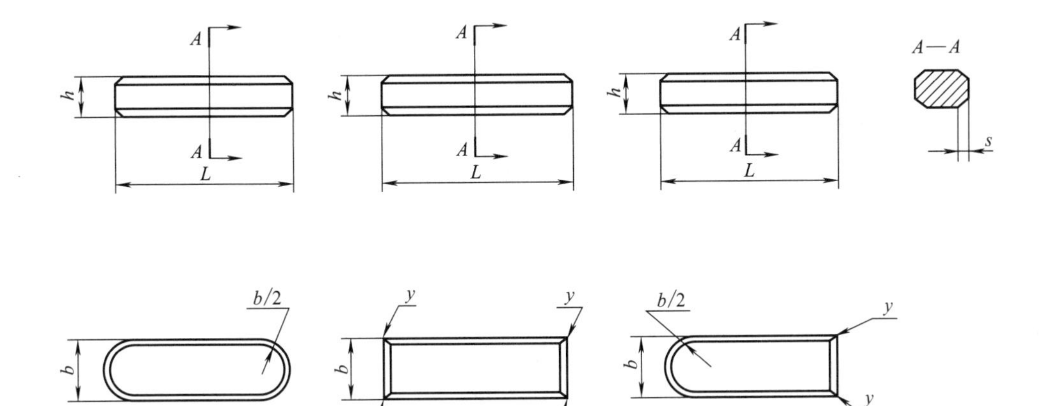

图 10-8　薄型平键的型式

注：$y\leqslant s_{\max}$。

表 10-5　薄型平键的尺寸与公差（GB/T 1567—2003）　mm

宽度 b	公称尺寸	5	6	8	10	12	14	16	18	20	22	25	28	32	36
	极限偏差（h8）	0 −0.018		0 −0.022		0 −0.027				0 −0.033				0 −0.039	
高度 h	公称尺寸	3	4	5	6	6	6	7	7	8	9	9	10	11	12
	极限偏差（h11）	0 −0.060	0 −0.075					0 −0.090						0 −0.110	
倒角或倒圆 s		0.25～0.40			0.40～0.60					0.60～0.80				1.0～1.2	

⑤ 标记。

标记示例

【例 10-3】 宽度 b=16mm、高度 h=7mm、长度 L=100mm，薄 A 型平键的标记为：

GB/T 1567　键 16×7×100

宽度 $b=16$mm、高度 $h=7$mm、长度 $L=100$mm，薄 B 型平键的标记为：

GB/T 1567　键 B16×7×100

宽度 $b=16$mm、高度 $h=7$mm、长度 $L=100$mm，薄 C 型平键的标记为：

GB/T 1567　键 C16×7×100

10.2.2 楔键连接

(1) 楔键键槽的剖面尺寸

GB/T 1563—2003《楔键　键槽的剖面尺寸》规定了宽度 $b=2\sim100$mm 的普通型和钩头型楔键键槽的剖面尺寸。

① 楔键的技术条件。

a. 普通型楔键的尺寸应符合 GB/T 1564—2003 的规定。

b. 钩头型楔键的尺寸应符合 GB/T 1565—2003 的规定。

c. 轴槽、轮槽的键槽宽度 b 两侧面粗糙度参数按 GB/T 1031—2009，选 Ra 值为 1.6～3.2μm。

d. 轴槽底面，轮毂槽底面的表面粗糙度参数按 GB/T 1031—2009，选 Ra 值为 6.3μm。

② 楔键的尺寸与公差。楔键键槽的剖面尺寸与公差按图 10-9 和表 10-6 的规定。

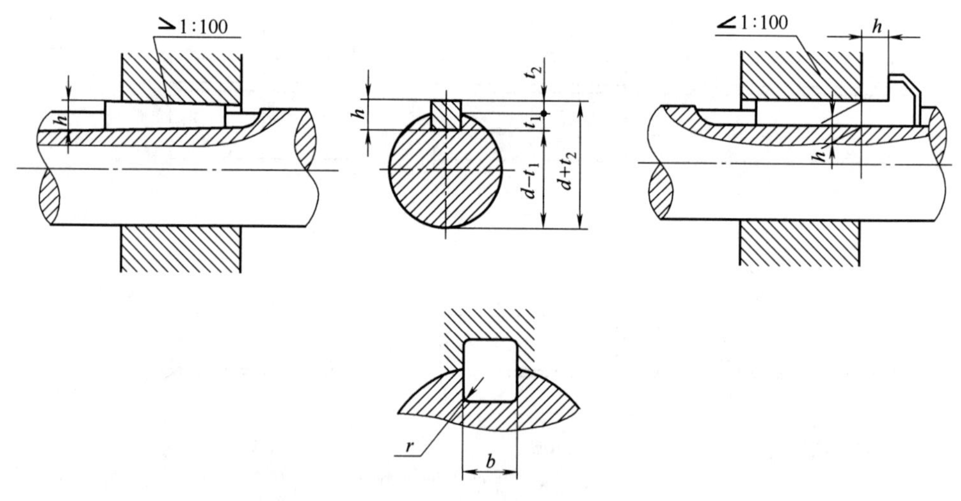

图 10-9　楔键键槽的剖面尺寸

注：1. ($d+t_2$) 及 t_2 表示大端轮毂槽深度。

2. 安装时，键的斜面与轮毂槽的斜面必须紧密配合。

(2) 普通型楔键

GB/T 1564—2003《普通型　楔键》规定了宽度 $b=2\sim100$mm 的普通 A 型、B 型、C 型楔键尺寸。

① 技术条件。

a. 普通型楔键的技术条件应符合 GB/T 1568—2008 的规定。

b. 普通型楔键键槽的尺寸应符合 GB/T 1563—2017 的规定。

c. 当键长大于 500mm 时，长度应按 GB/T 321—2005 的 R20 系列选取，为减小由于直线度而引起的问题，键长应小于 10 倍的键宽。

表 10-6　楔键键槽的尺寸与公差（GB/T 1563—2003）　　mm

键尺寸 $b\times h$	键槽											
	宽度 b						深度				半径 r	
	公称尺寸	极限偏差					轴 t_1		毂 t_2			
		正常连接		紧密连接	松连接							
		轴 N9	毂 JS9	轴和毂 P9	轴 H9	毂 D10	公称尺寸	极限偏差	公称尺寸	极限偏差	min	max
2×2	2	−0.004 −0.029	±0.0125	−0.006 −0.031	+0.025 0	+0.060 +0.020	1.2	+0.1 0	1.0	+0.1 0	0.08	0.16
3×3	3						1.8		1.4			
4×4	4	0 −0.030	±0.015	−0.012 −0.042	+0.030 0	+0.078 +0.030	2.5		1.8			
5×5	5						3.0		2.3		0.16	0.25
6×6	6						3.5		2.8			
8×7	8	0 −0.036	±0.018	−0.015 −0.051	+0.036 0	+0.098 +0.040	4.0	+0.2 0	3.3	+0.2 0		
10×8	10						5.0		3.3		0.25	0.40
12×8	12	0 −0.043	±0.0215	−0.018 −0.061	+0.043 0	+0.120 +0.050	5.0		3.3			
14×9	14						5.5		3.8			
16×10	16						6.0		4.3			
18×11	18						7.0		4.4			
20×12	20	0 −0.052	±0.026	−0.022 −0.074	+0.052 0	+0.149 +0.065	7.5		4.9		0.40	0.60
22×14	22						9.0		5.4			
25×14	25						9.0		5.4			
28×16	28						10.0		6.4			
32×18	32	0 −0.062	±0.031	−0.026 −0.088	+0.062 0	+0.180 +0.080	11.0		7.4			
36×20	36						12.0	+0.3 0	8.4	+0.3 0	0.70	1.00
40×22	40						13.0		9.4			
45×25	45						15.0		10.4			
50×28	50						17.0		11.4			
56×32	56	0 −0.074	±0.037	−0.032 −0.106	+0.074 0	+0.220 +0.100	20.0		12.4		1.20	1.60
63×32	63						20.0		12.4			
70×36	70						22.0		14.4			
80×40	80						25.0		15.4		2.00	2.50
90×45	90	0 −0.087	±0.0435	−0.037 −0.124	+0.087 0	+0.260 +0.120	28.0		17.4			
100×50	100						31.0		19.5			

② 尺寸与公差。普通型楔键的型式、尺寸与公差分别按图 10-10 和表 10-7 的规定。

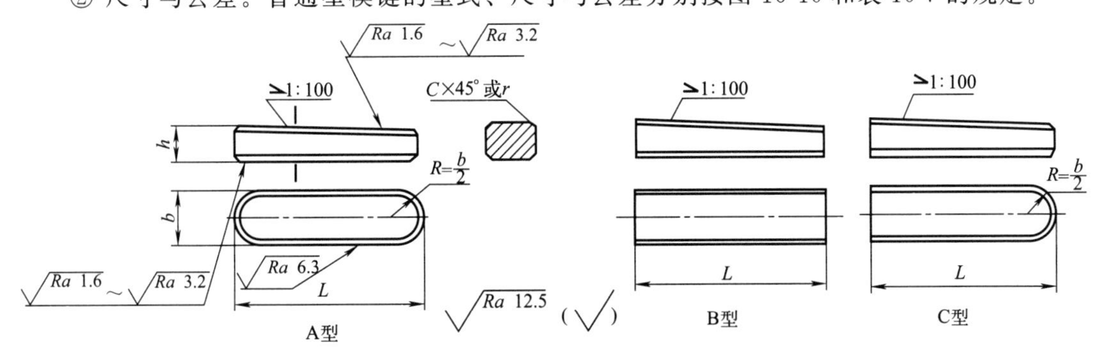

图 10-10　普通型楔键的型式

表 10-7　普通型楔键的尺寸与公差（GB/T 1564—2003）　　mm

宽度 b														
	公称尺寸	2	3	4	5	6	8	10	12	14	16	18	20	22
	极限偏差 (h8)	0 −0.014		0 −0.018			0 −0.022		0 −0.027				0 −0.033	

续表

高度 h	公称尺寸	2	3	4	5	6	7	8	8	9	10	11	12	14
	极限偏差(h11)	0 −0.060		0 −0.075			0 −0.090					0 −0.110		
倒角或倒圆 s		0.16～0.25		0.25～0.40			0.40～0.60						0.60～0.80	

③ 标记。

标记示例

【例 10-4】 宽度 b=16mm、高度 h=7mm、长度 L=100mm，普通 A 型楔键的标记为：

GB/T 1564　键 16×100

宽度 b=16mm、高度 h=10mm、长度 L=100mm，普通 B 型楔键的标记为：

GB/T 1564　键 B16×100

宽度 b=16mm、高度 h=10mm、长度 L=100mm，普通 C 型楔键的标记为：

GB/T 1564　键 C16×100

(3) 钩头型楔键

GB/T 1565—2003《钩头型　楔键》规定了宽度 b=4～100 的钩头型楔键。

① 钩头型楔键的技术条件。

a. 钩头型楔键的技术条件应符合 GB/T 1568—2008 的规定。

b. 钩头型键槽的尺寸应符合 GB/T 1563—2017 的规定。

c. 当键长大于 500mm 时，长度应按 GB/T 321—2005 的 R20 系列选取。为减小由于直线度而引起的问题，键长应小于 10 倍的键宽。

② 钩头型楔键的尺寸与公差。钩头型楔键的型式、尺寸与公差按图 10-11 和表 10-8 的规定。

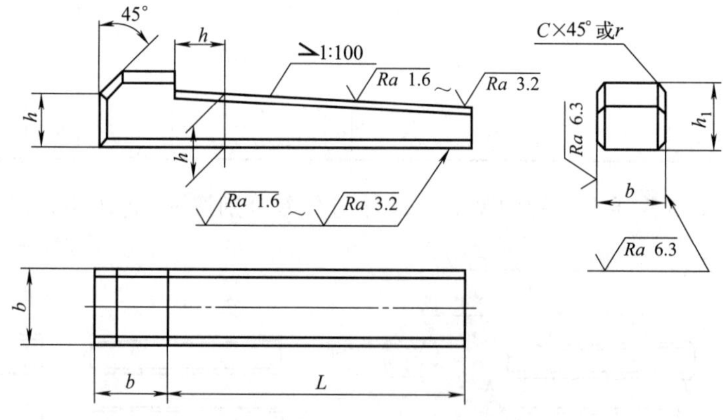

图 10-11　钩头型楔键的型式

表 10-8　钩头型楔键的尺寸与公差（GB/T 1565—2003）　mm

宽度 b	公称尺寸	4	5	6	8	10	12	14	16	18	20	22	25
	极限偏差(h8)	0 −0.018			0 −0.022		0 −0.027				0 −0.033		
高度 h	公称尺寸	4	5	6	7	8	8	9	10	11	12	14	14
	极限偏差(h11)	0 −0.075			0 −0.090					0 −0.110			
h_1		7	8	10	11	12	12	14	16	18	20	22	22
倒角或倒圆 s		0.16～0.25	0.25～0.40			0.40～0.60					0.60～0.80		

续表

宽度 b	公称尺寸	28	32	36	40	45	50	56	63	70	80	90	100
	极限偏差 (h8)	0 −0.033	0 −0.039					0 −0.046				0 −0.054	
高度 h	公称尺寸	16	18	20	22	25	28	32	32	36	40	45	50
	极限偏差 (h11)	0 −0.110		0 −0.130				0 −0.160					
h_1		25	28	32	36	40	45	50	50	56	63	70	80
倒角或倒圆 s		0.60～0.80		1.00～1.20				1.60～2.00			2.50～3.00		

③ 标记。

标记示例

【例 10-5】 宽度 $b=16$mm、高度 $h=10$mm、长度 $L=100$mm，钩头型楔键的标记为：

GB/T 1565　键 16×100

10.2.3 半圆键连接

(1) 半圆键键槽的剖面尺寸

GB/T 1098—2003《半圆键　键槽的剖面尺寸》规定了宽度 $b=1\sim10$mm 的普通型和平底型半圆键键槽的剖面尺寸。

① 半圆键的技术条件。

a. 半圆键的尺寸应符合 GB/T 1099.1—2003 的规定。

b. 轴槽及轮毂槽的宽度 b 对轴及轮毂轴线的对称度，一般可按 GB/T 1184—1996 对称度公差 7～9 级选取。

c. 轴槽、轮毂槽宽度 b 两侧面粗糙度参数按 GB/T 1031—2009，选 Ra 值为 1.6～3.2μm。

d. 轴槽底面、轮毂槽底面的表面粗糙度参数按 GB/T 1031—2009，选 Ra 值为 6.3μm。

② 半圆键键槽的尺寸与公差。半圆键键槽的剖面尺寸与公差按图 10-12 和表 10-9 的规定。

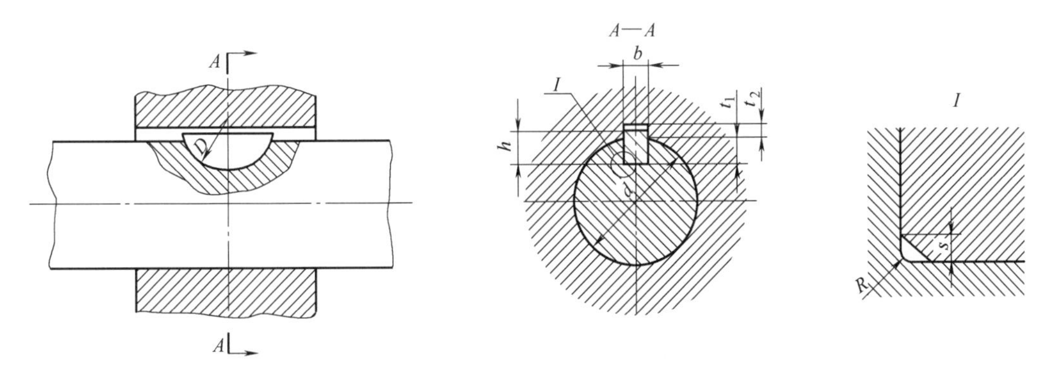

图 10-12　半圆键键槽的剖面尺寸

注：键尺寸中的公称直径 D 即为键槽直径最小值。

(2) 普通型半圆键

GB/T 1099.1—2003《普通型　半圆键》规定了宽度 $b=1\sim10$mm 的普通型半圆键。

表 10-9　半圆键键槽的尺寸与公差（GB/T 1098—2003）　mm

<table>
<tr><th rowspan="4">键尺寸
$b\times h\times D$</th><th colspan="12">键槽</th></tr>
<tr><th colspan="6">宽度 b</th><th colspan="4">深度</th><th rowspan="2" colspan="2">半径 R</th></tr>
<tr><th rowspan="2">公称尺寸</th><th colspan="5">极限偏差</th><th colspan="2">轴 t_1</th><th colspan="2">毂 t_2</th></tr>
<tr><th colspan="2">正常连接</th><th>紧密连接</th><th colspan="2">松连接</th><th rowspan="2">公称尺寸</th><th rowspan="2">极限偏差</th><th rowspan="2">公称尺寸</th><th rowspan="2">极限偏差</th><th rowspan="2">max</th><th rowspan="2">min</th></tr>
<tr><th></th><th></th><th>轴 N9</th><th>毂 JS9</th><th>轴和毂 P9</th><th>轴 H9</th><th>毂 D10</th></tr>
<tr><td>1×1.4×4
1×1.1×4</td><td>1</td><td rowspan="7">−0.004
−0.029</td><td rowspan="7">±0.0125</td><td rowspan="7">−0.006
−0.031</td><td rowspan="7">+0.025
0</td><td rowspan="7">+0.060
+0.020</td><td>1.0</td><td rowspan="5">+0.1
0</td><td>0.6</td><td rowspan="13">+0.1
0</td><td rowspan="7">0.16</td><td rowspan="7">0.08</td></tr>
<tr><td>1.5×2.6×7
1.5×2.1×7</td><td>1.5</td><td>2.0</td><td>0.8</td></tr>
<tr><td>2×2.6×7
2×2.1×7</td><td>2</td><td>1.8</td><td>1.0</td></tr>
<tr><td>2×3.7×10
2×3×10</td><td>2</td><td>2.9</td><td>1.0</td></tr>
<tr><td>2.5×3.7×10
2.5×3×10</td><td>2.5</td><td>2.7</td><td>1.2</td></tr>
<tr><td>3×5×13
3×4×13</td><td>3</td><td>3.8</td><td rowspan="6">+0.2
0</td><td>1.4</td></tr>
<tr><td>3×6.5×16
3×5.2×16</td><td>3</td><td>5.3</td><td>1.4</td></tr>
<tr><td>4×6.5×16
4×5.2×16</td><td>4</td><td rowspan="7">0
−0.030</td><td rowspan="7">±0.015</td><td rowspan="7">−0.012
−0.042</td><td rowspan="7">+0.030
0</td><td rowspan="7">+0.078
+0.030</td><td>5.0</td><td>1.8</td><td rowspan="7">0.25</td><td rowspan="7">0.16</td></tr>
<tr><td>4×7.5×19
4×6×19</td><td>4</td><td>6.0</td><td>1.8</td></tr>
<tr><td>5×6.5×16
5×5.2×19</td><td>5</td><td>4.5</td><td>2.3</td></tr>
<tr><td>5×7.5×19
5×6×19</td><td>5</td><td>5.5</td><td>2.3</td></tr>
<tr><td>5×9×22
5×7.2×22</td><td>5</td><td>7.0</td><td rowspan="5">+0.3
0</td><td>2.3</td></tr>
<tr><td>6×9×22
6×7.2×22</td><td>6</td><td>6.5</td><td>2.8</td></tr>
<tr><td>6×10×25
6×8×25</td><td>6</td><td>7.5</td><td>2.8</td><td rowspan="3">+0.2
0</td></tr>
<tr><td>8×11×28
8×8.8×28</td><td>8</td><td rowspan="2">0
−0.036</td><td rowspan="2">±0.018</td><td rowspan="2">−0.015
−0.051</td><td rowspan="2">+0.036
0</td><td rowspan="2">+0.098
+0.040</td><td>8.0</td><td>3.3</td><td rowspan="2">0.40</td><td rowspan="2">0.25</td></tr>
<tr><td>10×13×32
10×10.4×32</td><td>10</td><td>10</td><td>3.3</td></tr>
</table>

① 技术条件。

a. 半圆键的技术条件应符合 GB/T 1568—2008 的规定。

b. 键槽的尺寸应符合 GB/T 1098—2003 的规定。

② 尺寸与公差。普通型半圆键的尺寸与公差按图 10-13 和表 10-10 的规定。

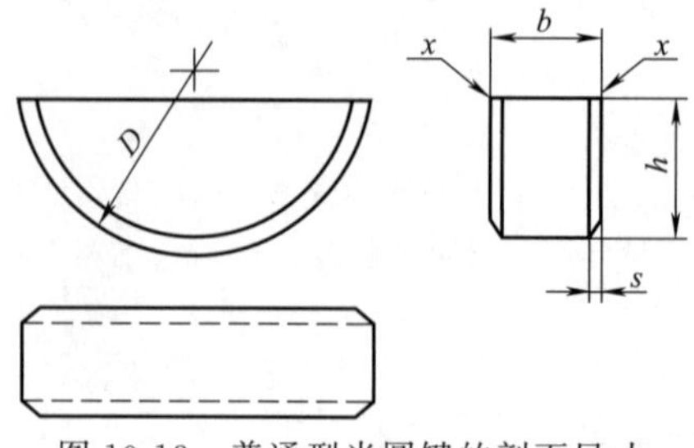

图 10-13　普通型半圆键的剖面尺寸

表 10-10 普通型半圆键的尺寸与公差（GB/T 1099.1—2003） mm

键尺寸 $b \times h \times D$	宽度 b		高度 h		直径 D		倒角或倒圆 s	
	公称尺寸	极限偏差	公称尺寸	极限偏差（h12）	公称尺寸	极限偏差（h12）	min	max
1×1.4×4	1	0 −0.025	1.4	0 −0.10	4	0 −0.120	0.16	0.25
1.5×2.6×7	1.5		2.6		7	0 −0.150		
2×2.6×7	2		2.6		7			
2×3.7×10	2		3.7	0 −0.12	10			
2.5×3.7×10	2.5		3.7		10			
3×5×13	3		5		13	0 −0.180		
3×6.5×16	3		6.5	0 −0.15	16			
4×6.5×16	4		6.5		16		0.25	0.40
4×7.5×19	4		7.5		19	0 −0.210		
5×6.5×16	5		6.5		16	0 −0.180		
5×7.5×19	5		7.5		19	0 −0.210		
5×9×22	5		9		22			
6×9×22	6		9		22			
6×10×25	6		10		25			
8×11×28	8		11	0 −0.18	28		0.40	0.60
10×13×32	10		13		52	0 −0.250		

③ 标记。

标记示例

【例 10-6】 宽度 b=6mm、高度 h=10mm、直径 D=25mm，普通型半圆键的标记为

GB/T 1099.1 键 6×10×25

10.2.4 切向键连接

GB/T 1974—2003《切向键及其键槽》规定了一般工作条件下轴颈 d=60～630mm 的普通型切向键及轴颈 d=100～630mm 的强力型切向键的键和键槽。

① 技术条件。

a. 切向键的技术条件应符合 GB/T 1568—2008 的规定。

b. 键槽的尺寸应符合本标准的规定。

② 尺寸与公差。

a. 普通型切向键及键槽的型式见图 10-14，尺寸、公差见表 10-11。

b. 强力型切向键及键槽的型式见图 10-14，尺寸、公差见表 10-12。

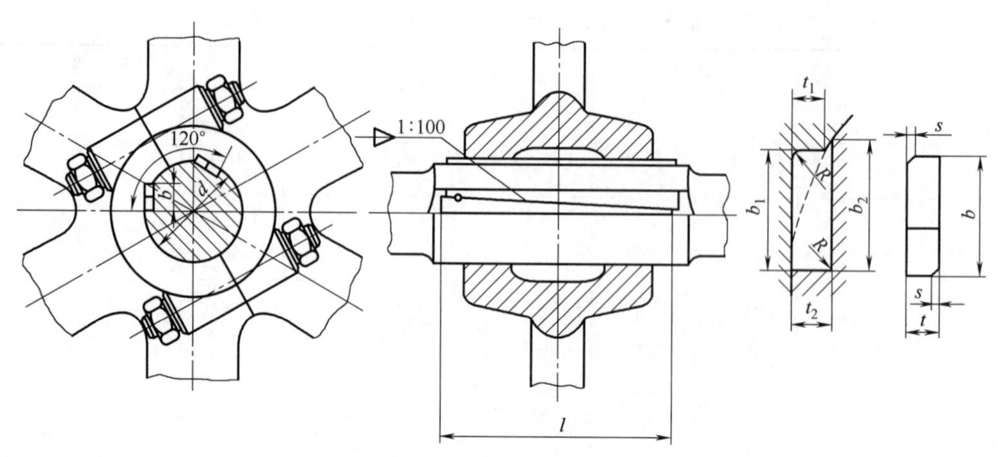

图 10-14 切向键的型式

注：1. 一对切向键在装配之后的相互位置应用销或其他适当的方法固定。

2. 长度 L 按实际结构确定，建议一般比轮毂厚度长 10%～15%。

3. 一对切向键在装配时，1∶100 的两斜面之间，以及键的两工作面与轴槽和轮毂槽的工作面之间都必须紧密接合。

4. 当出现交变冲击负荷时，轴径从 100mm 起，推荐选用强力切向键。

5. 两副切向键如果 120°安装有困难时，也可以 180°安装。

表 10-11 普通型切向键及键槽的尺寸与公差（GB/T 1974—2003） mm

轴径 d	键					键槽							
	厚度 t		计算宽度 b	倒角 s		深度				计算宽度		半径 R	
						轮毂 t_1		轴 t_2					
	公称尺寸	极限偏差 h11		min	max	公称尺寸	极限偏差	公称尺寸	极限偏差	轮毂 b_1	轴 b_2	max	min
60	7	0 −0.090	19.3	0.6	0.8	7	0 −0.2	7.3	+0.2 0	19.3	19.6	0.6	0.4
63			19.8							19.8	20.2		
65			20.1							20.1	20.5		
70			21.0							21.0	21.4		
71	8		22.5			8		8.3		22.5	22.8		
75			23.2							23.2	23.5		
80			24.0							24.0	24.4		
85			24.8							24.8	25.2		
90			25.6							25.6	26.0		
95	9		27.8			9		9.3		27.8	28.2		
100			28.6							28.6	29.0		
110			30.1							30.1	30.6		
120	10		33.2	1.0	1.2	10		10.3		33.2	33.6	1.0	0.7
125			33.9							33.9	34.4		
130			34.6							34.6	35.1		
140	11	0 −0.110	37.7			11		11.4		37.7	38.3		
150			39.1							39.1	39.7		
160	12		42.1			12	0 −0.3	12.4	+0.3 0	42.1	42.8		
170			43.5							43.5	44.2		
180			44.9							44.9	45.6		
190	14		49.6			14		14.4		49.6	50.3		
200			51.0							51.0	51.7		

续表

轴径 d	键					键槽							
	厚度 t		计算宽度 b	倒角 s		深度				计算宽度		半径 R	
						轮毂 t_1		轴 t_2					
	公称尺寸	极限偏差 h11		min	max	公称尺寸	极限偏差	公称尺寸	极限偏差	轮毂 b_1	轴 b_2	max	min
220	16	0 −0.110	57.1	1.6	2.0	16	0 −0.3	16.4	+0.3 0	57.1	57.8	1.6	1.2
240			59.9							59.9	60.6		
250	18		64.6			18		18.4		64.6	65.3		
260			66.0							66.0	66.7		
280	20	0 −0.130	72.1	2.5	3.0	20		20.4		72.1	72.8	2.5	2.0
300			74.8							74.8	75.5		
320	22		81.0			22		22.4		81.0	81.6		
340			83.6							83.6	84.3		
360	26		93.2			26		26.4		93.2	93.8		
380			95.9							95.9	96.6		
400			98.6							98.6	99.3		

注：1. 当轴径 d 位于两相邻轴径值之间时，采用大轴径值的 t 和 t_1、t_2，但 b 和 b_1、b_2 需按下式计算：

$$b=b_1=\sqrt{t(d-t)}$$

$$b_2=\sqrt{t_2(d-t_2)}$$

2. 当轴径 d 超过 630mm 时，推荐：$t=t_1=0.07d$，$b=b_1=0.25d$。

表 10-12　强力型切向键及键槽尺寸与公差（GB/T 1974—2003）　　mm

轴径 d	键					键槽							
	厚度 t		计算宽度 b	倒角 s		深度				计算宽度		半径 R	
						轮毂 t_1		轴 t_2					
	公称尺寸	极限偏差 h11		min	max	公称尺寸	极限偏差	公称尺寸	极限偏差	轮毂 b_1	轴 b_2	max	min
100	10	0 −0.090	30	1.0	1.2	10	0 −0.2	10.3	+0.2 0	30	30.4	1.0	0.7
110	11	0 −0.110	33			11		11.4		33	33.5		
120	12		36			12	0 −0.3	12.4	+0.3 0	36	36.5		
125	12.5		37.5			12.5		12.9		37.5	38.0		
130	13		39			13		13.4		39	39.5		
140	14		42			14		14.4		42	42.5		
150	15		45			15		15.4		45	45.5		
160	16		48			16		16.4		48	48.5		
170	17		51	1.6	2.0	17		17.4		51	51.5	1.6	1.2
180	18		54			18		18.4		54	54.5		
190	19	0 −0.130	57			19		19.4		57	57.5		
200	20		60			20		20.4		60	60.5		
220	22	0 −0.130	66	1.6	2.0	22	0 −0.3	22.4	+0.3 0	66	66.5	1.6	1.2
240	24		72	2.5	3.0	24		24.4		72	72.5	2.5	2.0
250	25		75			25		25.4		75	75.5		
260	26		78			26		26.4		78	78.5		
280	28		84			28		28.4		84	84.5		
300	30		90			30		30.4		90	90.5		
320	32	0 −0.160	96			32		32.4		96	96.5		
340	34		102	3.0	4.0	34		34.4		102	102.5	3.0	2.5
360	36		108			36		36.4		108	108.8		

续表

轴径 d	键					键槽							
	厚度 t		计算宽度 b	倒角 s		深度				计算宽度		半径 R	
						轮毂 t_1		轴 t_2		轮毂 b_1	轴 b_2		
	公称尺寸	极限偏差 h11		min	max	公称尺寸	极限偏差	公称尺寸	极限偏差			max	min
380	38	0 −0.160	114	3.0	4.0	38	0 −0.3	38.4	+0.3 0	114	114.5	3.0	2.5
400	40		120			40		40.4		120	120.5		
420	42		126			42		42.4		126	126.5		
440	44		132			44		44.4		132	132.5		
450	45		135			45		45.4		135	135.5		
460	46		138			46		46.4		138	138.5		
480	48		144			48		48.4		144	144.5		
500	50		150			50		50.5		150	150.7		
530	53	0 −0.190	159			53		53.5		159	159.7		
560	56		168			56		56.5		168	168.7		
600	60		180			60		60.5		180	180.7		
630	63		189			63		63.5		189	189.7		

注：1. 当轴径 d 位于两相邻轴径值之间时，键与键槽的尺寸按下式计算：

$$t=t_1=0.1d$$

$$b=b_1=0.3d$$

$$t_2=t+0.3\text{mm}(当\ t\leqslant 10\text{mm})$$

$$t_2=t+0.4\text{mm}(当\ 10\text{mm}<t\leqslant 45\text{mm})$$

$$t_2=t+0.5\text{mm}(当\ t>45\text{mm})$$

$$b_2=\sqrt{t_2(d-t_2)}$$

2. 当轴径 d 超过 630mm 时，推荐：$t=t_1=0.1d$，$b=b_1=0.3d$。

③ 标记。

标记示例

【例 10-7】 计算宽度 b=24mm、厚度 t=8mm、长度 l=100mm 的普通型切向键的标记为：

GB/T 1974 切向键 24×8×100

计算宽度 b=60mm、厚度 t=20mm、长度 l=250mm 的强力型切向键的标记为：

GB/T 1974 强力切向键 60×20×250

10.3 花键连接

10.3.1 花键连接的特点

花键连接是用花键孔和花键轴作为连接件以传递扭矩和轴向移动的，与平键连接相比，具有定心精度高、导向性好等优点。同时，轴和轮毂承受的载荷分布比较均匀，可以传递较大的转矩，连接强度高，连接也更可靠。花键可用作固定连接，也可用作滑动连接，在机械结构中应用较多。

花键按其键齿形状分为矩形花键、渐开线花键和三角形花键几种，本节讨论应用最广的矩形花键。

10.3.2 矩形花键

(1) 矩形花键的主要参数和定心方式

① 矩形花键的主要参数。国家标准 GB/T 1144—2001《矩形花键尺寸、公差和检验》

规定矩形花键的主要参数为大径 D、小径 d、键（键槽）宽 B，如表 10-13 中插图所示。为了便于加工和测量，键数规定为偶数，有 6、8、10 三种。按承载能力不同，矩形花键可分为中、轻两个系列。中系列的键高尺寸较大，承载能力强；轻系列的键高尺寸较小，承载能力较低。部分矩形花键的基本尺寸系列见表 10-13。

表 10-13　矩形花键的基本尺寸系列（GB/T 1144—2001）　　mm

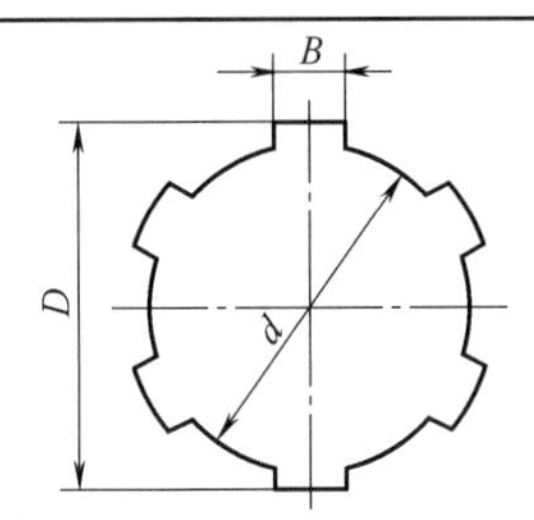

小径 d	轻系列				中系列			
	规格 $N\times d\times D\times B$	键数 N	大径 D	键宽 B	规格 $N\times d\times D\times B$	键数 N	大径 D	键宽 B
11					6×11×14×3		14	3
13					6×13×16×3.5		16	3.5
16	—	—	—	—	6×16×20×4		20	4
18					6×18×22×5		22	5
21					6×21×25×5	6	25	
23	6×23×26×6		26	6	6×23×28×6		28	6
26	6×26×30×6	6	30		6×26×32×6		32	
28	6×28×32×7		32	7	6×28×34×7		34	7
32	6×32×36×6		36	6	8×32×38×6		38	6
36	8×36×40×7		40	7	8×36×42×7		42	7
42	8×42×46×8		46	8	8×42×48×8		48	8
46	8×46×50×9		50	9	8×46×54×9	8	54	9
52	8×52×58×10	8	58	10	8×52×60×10		60	10
56	8×56×62×10		62		8×56×65×10		65	
62	8×62×68×12		68		8×62×72×12		72	
72	10×72×78×12		78	12	10×72×82×12		82	12
82	10×82×88×12		88		10×82×92×12		92	
92	10×92×98×14	10	98	14	10×92×102×14	10	102	14
102	10×102×108×16		108	16	10×102×112×16		112	16
112	10×112×120×18		120	18	10×112×125×18		125	18

矩形花键连接的结合面有三个，即大径结合面、小径结合面和键侧结合面。要保证三个结合面同时达到高精度的定心配合很困难，也无此必要，只需以其中一个结合面作为主要配合面，以确定内、外花键的配合性质。确定配合性质的结合面称为定心表面。

② 矩形花键的定心方式。矩形花键的定心方式有三种，即大径 D 定心、小径 d 定心和键侧（键槽侧）B 定心，如图 10-15 所示。GB/T 1144—2001 规定矩形花键以小径结合面作为定心表面，即采用小径定心。定心直径 d 的公差等级较高，非定心直径 D 的公差等级较低，并且非定心直径 D 表面之间有相当大的间隙，以保证它们不接触。键齿侧面是传递转矩及导向的主要表面，故键（槽）宽 B 应具有足够的精度，一般要求比非定心直径 D 要严格。

(2) 矩形花键的公差与配合

① 矩形花键的尺寸公差带。为了减少制造和检验内花键用的花键拉刀和花键量规的规

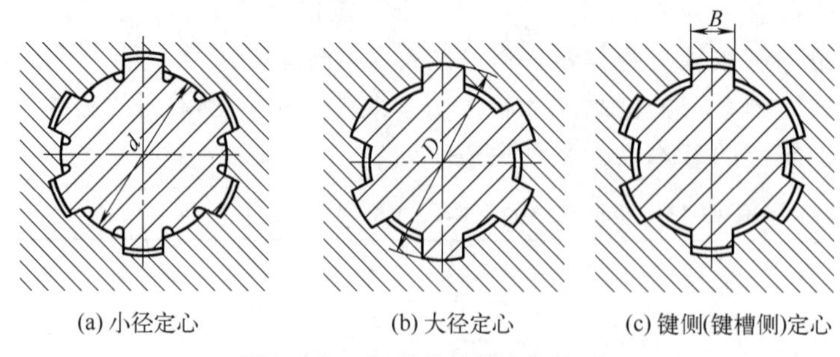

图 10-15 矩形花键的定心方式

格和数量，有利于花键拉刀和花键量规的专业化生产，矩形花键配合应采用基孔制。矩形花键连接的极限与配合分为两种情况：一种为一般用矩形花键，另一种为精密传动用矩形花键。其内、外花键的尺寸公差带见表 10-14。

表 10-14 矩形花键的尺寸公差带（GB/T 1144—2001）

内花键				外花键			装配型式
d	D	B		d	D	B	
		拉削后不热处理	拉削后热处理				
一般用							
H7	H10	H9	H11	f7	a11	d10	滑动
				g7		f9	紧滑动
				h7		h10	固定
精密传动用							
H5	H10	H7、H9		f5	a11	d8	滑动
				g5		f7	紧滑动
				h5		h8	固定
H6				f6		d8	滑动
				g6		f7	紧滑动
				h6		h8	固定

注：1. 精密传动用的内花键，当需要控制键侧配合间隙时，槽宽可选 H7，一般情况下可选 H9。
2. d 为 H6 和 H7 的内花键，允许与提高一级的外花键配合。

② 矩形花键的几何公差的规定。采用综合检验法时，花键的位置度公差按表 10-15 的规定。

表 10-15 矩形花键的位置度公差（GB/T 1144—2001） mm

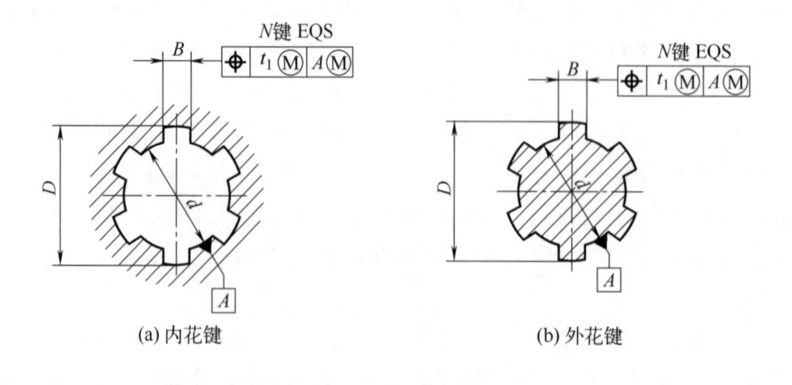

续表

键槽宽或键宽 B			3	3.5～6	7～10	12～18
t_1	键槽宽		0.010	0.015	0.020	0.025
	键宽	滑动、固定	0.010	0.015	0.020	0.025
		紧滑动	0.006	0.010	0.013	0.016

采用单项检验时，花键的对称度和等分度公差按表 10-16 的规定。

表 10-16　矩形花键的对称度和等分度公差（GB/T 1144—2001 附录 A）　mm

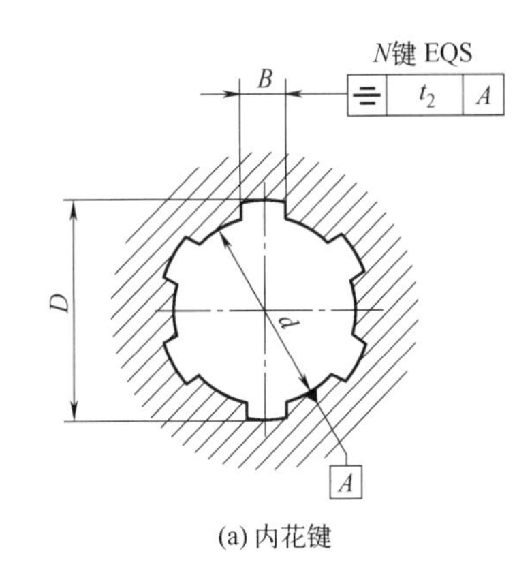

(a) 内花键

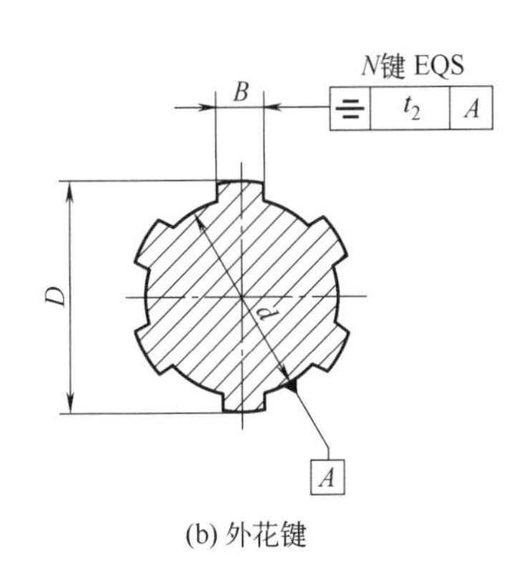

(b) 外花键

键槽宽或键宽 B		3	3.5～6	7～10	12～18
t_2	一般用	0.010	0.012	0.015	0.018
	精密传动用	0.006	0.008	0.009	0.011

注：键槽宽或键宽的等分度公差值等于其对称度公差值。

对于较长的花键，可根据产品性能自行规定键侧对轴线的平行度公差。

③ 矩形花键配合精度的选择。矩形花键配合精度的选择，主要考虑定心精度要求和传递转矩的大小。一般用花键连接则常用于定心精度要求不高的卧式车床变速箱及各种减速器中轴与齿轮的连接。精密传动用花键连接定心精度高，传递转矩大而且平稳，多用于精密机床主轴变速箱与齿轮孔的连接。

矩形花键规定了滑动、紧滑动和固定三种配合。固定连接方式，用于内、外花键之间无轴向相对移动的情况，而滑动和紧滑动连接方式，用于内、外花键之间工作时要求相对移动的情况。

配合种类的选用，首先应根据内、外花键之间是否有轴向移动，确定选固定连接还是非固定连接。对于内、外花键之间要求有相对移动，而且移动距离长、移动频率高的情况，应选择配合间隙较大的滑动连接，以保证运动灵活性及配合面间有足够的润滑油层，例如汽车、拖拉机等变速箱中的齿轮与轴的连接。对于内、外花键之同有相对移动，定心精度要求高，传递转矩大或经常有反向转动的情况，则应选用配合间隙较小的紧滑动连接。对于内、外花键间相对固定、无轴向滑动要求时，只用于传递转矩，则选择固定连接。

10.3.3　花键的标注与检测

(1) 矩形花键的标注

矩形花键的标记代号应按次序包括下列内容：键数 N，小径 d，大径 D，键宽 B，基本尺寸及配合公差带代号和标准号。

标记示例

【例 10-8】 花键 $N=6$；$d=23\ \frac{H7}{f7}$；$D=26\ \frac{H10}{a11}$；$B=6\ \frac{H11}{d10}$的标记为：

花键规格：$N \times d \times D \times B$

$6 \times 23 \times 26 \times 6$

花键副：$6 \times 23\ \frac{H7}{f7} \times 26\ \frac{H10}{a11} \times 6\ \frac{H11}{d10}$　GB/T 1144—2001

内花键：6×23H7×26H10×6H11　GB/T 1144—2001

外花键：6×23f7×26a11×6d10　GB/T 1144—2001

矩形花键在图样中的标注如图 10-16 所示。

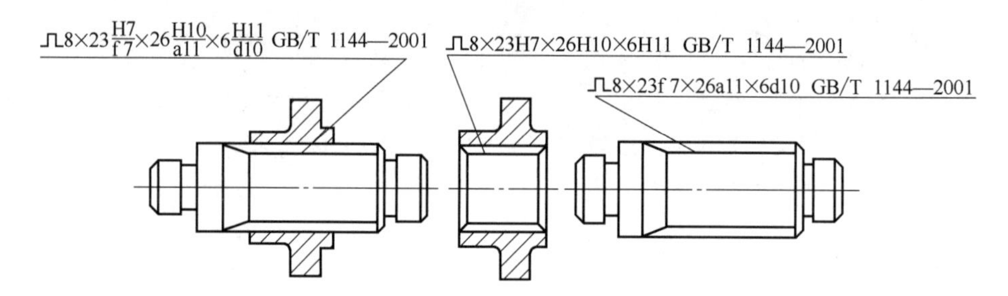

图 10-16　矩形花键在图样中的标注

(2) 花键的检测

矩形花键检验规则规定使用矩形花键综合通规和单项止规，因此在 GB/T 1144—2001 标准中把《矩形花键综合通规和单项止规的尺寸公差带和数值表》作为标准的附录（附录 B）。

在大批量生产中，验收内（外）花键应该首先使用花键综合通规，同时检验内（外）花键的小径、大径、键槽宽（键宽）、大径对小径的同轴度以及键槽（键）的位置度等的综合结果。检验合格后，再用单项止端塞规（环规）或通用计量器具检验其小径、大径和键槽宽（键宽）的实际尺寸是否超越其最小实体尺寸。

检验时，花键综合通规通过，单项止规不通过，则花键合格。花键综合通规不通过，或者单项止规通过，则花键不合格。矩形花键综合通规如图 10-17 所示。

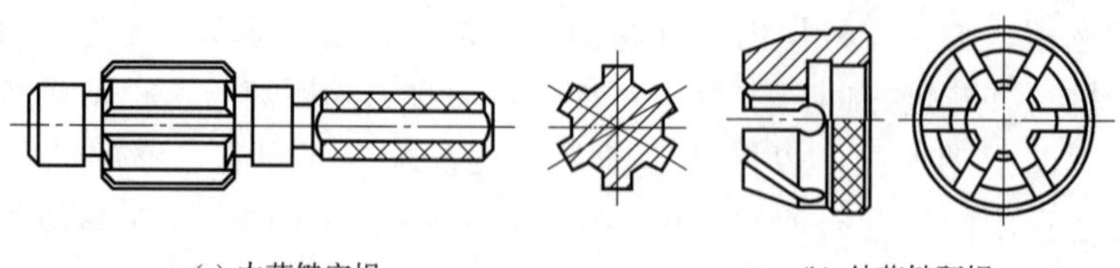

(a) 内花键塞规　　(b) 外花键环规

图 10-17　矩形花键综合通规

单件、小批量生产时，花键小径、大径和键槽（键）按照独立原则用千分尺、游标卡尺、指示表等通用计量器具分别检验。键（键槽）的对称度用光学分度头和杠杆千分表组合测量。

10.3.4 圆柱直齿渐开线花键

(1) 圆柱直齿渐开线花键的术语与结构（见表10-17、图10-18）

表10-17 圆柱直齿渐开线花键的术语、代号和定义（GB/T 3478.1—2008）

序号	术语	代号	定义
1	花键连接		两零件上借助内、外圆柱表面上等距分布且齿数相同的键齿相互联结，传递转矩或运动的同轴偶件 在内圆柱表面上的花键为内花键，在外圆柱表面上的花键为外花键
2	渐开线花键		具有渐开线齿形的花键
3	齿根圆弧 齿根圆弧最小曲率半径 内花键 外花键	 R_{imin} R_{emin}	连接渐开线齿形与齿根圆的过渡曲线
4	平齿根花键		在花键同一齿槽上，两侧渐开线齿形各由一段过渡曲线与齿根圆相连接的花键
5	圆齿根花键		在花键同一齿槽上，两侧渐开线齿形由一段或近似一段过渡曲线与齿根圆相连接的花键
6	模数	m	
7	齿数	z	
8	分度圆		计算花键尺寸用的基准圆，在此圆上的压力角为标准值
9	分度圆直径	D	
10	齿距	p	分度圆上两相邻同侧齿形之间的弧长，其值为圆周率 π 乘以模数 m
11	压力角	α	齿形上任意点的压力角，为过该点花键的径向线与齿形在该点的切线所夹锐角
12	标准压力角	α_D	规定在分度圆上的压力角
13	基圆		展成渐开线齿形的假想圆
14	基圆直径	D_h	
15	大径 内花键 外花键	 D_{ei} D_{em}	内花键齿根圆（大圆）或外花键齿顶圆（大圆）的直径
16	小径 内花键 外花键	 D_{ii} D_{ie}	内花键齿顶圆（小圆）或外花键齿根圆（小圆）的直径
17	渐开线终止圆		内花键齿形终止点的圆，此圆与小圆共同形成渐开线齿形的控制界限
18	渐开线终止圆直径	D_{Fi}	
19	渐开线起始圆		外花键齿形起始点的圆，此圆与大圆共同形成渐开线齿形的控制界限
20	渐开线起始圆直径	D_{Fe}	
21	基本齿槽宽	E	内花键分度圆上弧齿槽宽的基本尺寸，其值为齿距之半
22	实际齿槽宽 最大值 最小值	 E_{max} E_{min}	在内花键分度圆上各齿槽的弧齿槽宽
23	作用齿槽宽 最大值 最小值	E_v E_{vmax} E_{vmin}	数值等于一与之在全齿长上配合（无间隙且无过盈）的理想全齿外花键分度圆弧齿厚的齿槽宽
24	基本齿厚	S	外花键分度圆上弧齿厚，其值为齿距之半

续表

序号	术语	代号	定义
25	实际齿厚 最大值 最小值	S_{max} S_{min}	在外花键分度圆上各键齿的弧齿厚
26	作用齿厚 最大值 最小值	S_v S_{vmax} S_{vmin}	数值等于与之在全齿长上配合(无间隙且无过盈)的理想全齿内花键分度圆弧齿槽宽的齿厚
27	使用侧隙(全齿侧隙)	C_v	内花键作用齿槽宽减去与之相配合的外花键作用齿厚。正值为间隙,负值为过盈
28	理论侧隙(单齿侧隙)	C	内花键实际齿槽宽减去与之相配合的外花键实际齿厚
29	齿形裕度	C_F	在花键联结中,渐开线齿形超过结合部分的径向距离
30	总公差	$T+\lambda$	加工公差与综合公差之和
31	加工公差	T	实际齿槽宽或实际齿厚的允许变动量
32	综合公差	λ	花键齿(或齿槽)的形状和位置误差的允许范围
33	齿距累积公差	F_p	在分度圆上任意两个同侧齿面间的实际弧长与理论弧长之差的最大绝对值的允许范围
34	齿形公差	F_α	在齿形工作部分(包括齿形裕度、不包括齿顶倒棱)包容实际齿形的两条理论齿形之间法向距离的允许范围
35	齿向公差	F_β	在花键配合长度范围内,包容实际齿线的两条理论齿线之间分度圆弧长的允许范围 齿线是分度圆柱面与齿面的交线
36	棒间距	M_{Ri}	借助两量棒测量内花键实际齿槽宽时两量棒间的内侧距离,统称为 M 值
37	跨棒距	M_{Re}	借助两量棒测量外花键实际齿厚时两量棒间的外侧距离,统称为 M 值

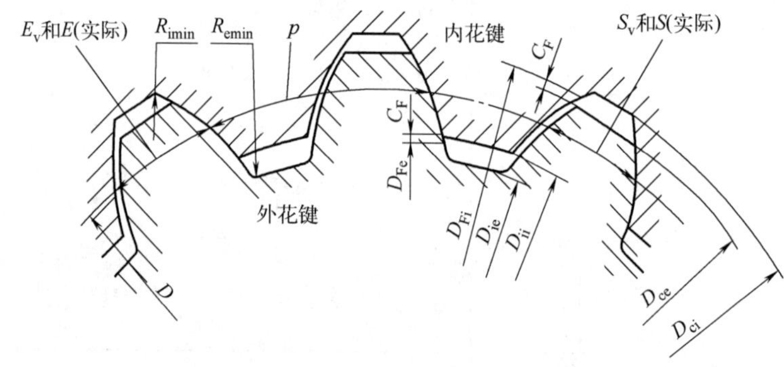

(a) 30°平齿根

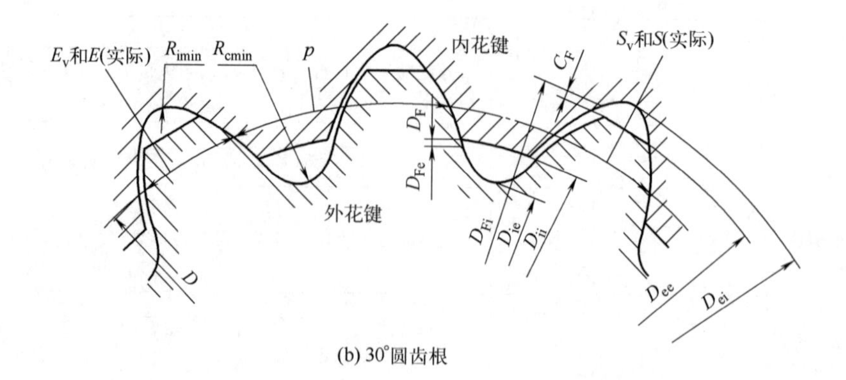

(b) 30°圆齿根

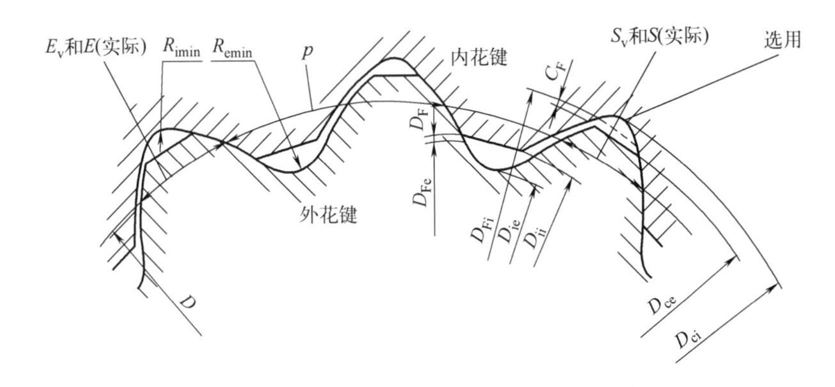

(c) 37.5°圆齿根

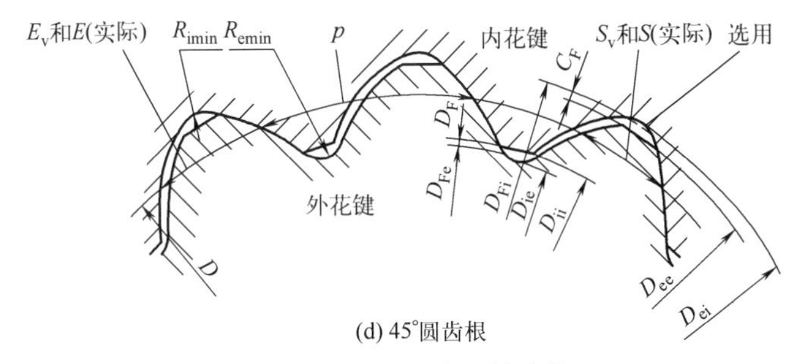

(d) 45°圆齿根

图 10-18　渐开线花键连接

(2) 圆柱直齿渐开线花键的基本参数

GB/T 3478.1—2008 规定的圆柱直齿渐开线花键的基本参数分为三种标准压力角与 15 种模数，模数 m 分为两个系列，优先采用第 1 系列。

标准压力角 α_D 是规定在分度圆上的压力角，也是基准齿形的齿形角。按照国标的规定，有 30°、37.5°与 45°三种标准压力角。

30°标准压力角的渐开线花键适用于固定连接、滑动连接和浮动连接，可用于汽车传动轴与半轴、汽车与拖拉机的变速箱、航空减速器传动轴、螺旋桨轴与附件传动轴等。

37.5°标准压力角的渐开线花键常用于联轴器，可以采用冷挤压或冷轧等冷成形工艺，以获得良好的力学性能。

45°标准压力角的渐开线花键由于压力角大、齿矮，对零件削弱少，抗弯强度好，适用于薄壁承载零件并适于冷成形工艺，通常用在传动精度要求不太高的结构。它取代了原来的三角形花键，可用于转向轴、操纵杆以及相对角向位置需要调整的调节机构。

(3) 圆柱直齿渐开线花键的基本齿廓

标准按三种齿形角和两种齿根规定了四种基本齿廓，见图 10-19。

渐开线花键的基本齿廓是指基本齿条的法向齿廓。基本齿条是指直径为无穷大的无误差的理想花键。

允许平齿根和圆齿根的基本齿廓在内、外花键上混合使用。

(4) 圆柱直齿渐开线花键的公差与配合

① 渐开线花键的尺寸系列。花键尺寸的计算公式见表 10-18。

② 渐开线花键的公差等级与公差。标准规定 4、5、6 和 7 四个公差等级。

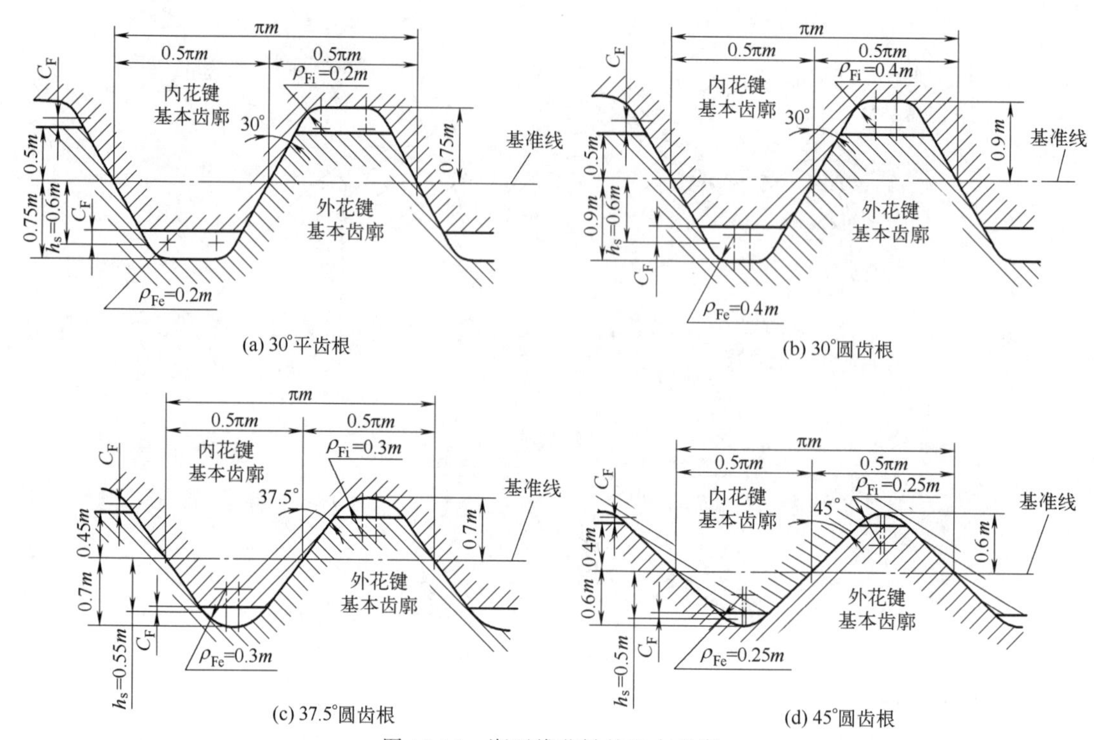

(a) 30°平齿根　　(b) 30°圆齿根

(c) 37.5°圆齿根　　(d) 45°圆齿根

图 10-19　渐开线花键的基本齿廓

表 10-18　渐开线花键的尺寸计算公式（GB/T 3478.1—2008）　　mm

项目	代号	公式或说明
分度圆直径	D	mz
基圆直径	D_b	$mz\cos\alpha_D$
齿距	p	πm
内花键大径基本尺寸 30°平齿根 30°圆齿根 37.5°圆齿根 45°圆齿根	 D_{ei} D_{ei} D_{ei} D_{ei}	 $m(z+1.5)$ $m(z+1.8)$ $m(z+1.4)$[1] $m(z+1.2)$[1]
内花键大径下偏差		0
内花键大径公差		从 IT12、IT13 或 IT14 中选取
内花键渐开线终止圆直径最小值 30°平齿根和圆齿根 37.5°圆齿根 45°圆齿根	 $D_{Fi\,min}$ $D_{Fi\,min}$ $D_{Fi\,min}$	 $m(z+1)+2C_F$ $m(z+0.9)+2C_F$ $m(z+0.8)+2C_F$
内花键小径基本尺寸	D_{ii}	$D_{Fe\,max}+2C_F$[2]
内花键小径极限偏差		
基本齿槽宽	E	$0.5\pi m$
作用齿槽宽最小值	$E_{v\,min}$	$0.5\pi m$
实际齿槽宽最大值	E_{max}	$E_{v\,min}+(T+\lambda)$
实际齿槽宽最小值	E_{min}	$E_{v\,min}+\lambda$
作用齿槽宽最大值	$E_{v\,max}$	$E_{v\,max}-\lambda$
外花键作用齿厚上偏差	es_v	
外花键大径基本尺寸 30°平齿根和圆齿根 37.5°圆齿根 45°圆齿根	 D_{ee} D_{ee} D_{ee}	 $m(z+1)$ $m(z+0.9)$ $m(z+0.8)$

续表

项目	代号	公式或说明
外花键大径上偏差		$es_v/\tan\alpha_D$
外花键大径公差		
外花键渐开线起始圆直径最大值	$D_{Fe\,max}$	$2\times\sqrt{(0.5D_b)^2+\left(0.5D_{\sin\alpha_D}-\dfrac{h_a-\dfrac{0.5es_v}{\tan\alpha_D}}{\sin\alpha_D}\right)^2}$ ③
外花键小径基本尺寸 30°平齿根 30°圆齿根 37.5°圆齿根 45°圆齿根	 D_{ie} D_{ie} D_{ie} D_{ie}	 $m(z-1.5)$ $m(z-1.8)$ $m(z-1.4)$ $m(z-1.2)$
外花键小径上偏差		$es_v/\tan\alpha_D$
外花键小径公差		从 IT12、IT13 或 IT14 中选取
基本齿厚	S	$0.5\pi m$
作用齿厚最大值	$S_{v\,max}$	$S+es_v$
实际齿厚最小值	S_{min}	$S_{v\,max}-(T+\lambda)$
实际齿厚最大值	S_{max}	$S_{v\,max}-\lambda$
作用齿厚最小值	$S_{v\,min}$	$S_{min}+\lambda$
齿形裕度	C_F	$0.1m$ ④

① 37.5°和 45°圆齿根内花键允许选用平齿根，此时，内花键大径基本尺寸 D_{ei} 应大于内花键渐开线终止圆直径最小值 $D_{Fi\,min}$。

② 对所有花键齿侧配合类别，均按 H/h 配合类别取 $D_{Fe\,max}$ 值。

③ 本公式是按齿条形刀具加工原理推导的。

④ 除 H/h 配合类别 C_F 等于 $0.1m$ 外，其他各种配合类别的齿形裕度均有变化。

a. 总公差（$T+\lambda$）。齿槽宽和齿厚的总公差（μm）计算式如下：

公差等级为 4 级时，计算式为 $10i_d+40i_E$；

公差等级为 5 级时，计算式为 $16i_d+64i_E$；

公差等级为 6 级时，计算式为 $25i_d+100i_E$；

公差等级为 7 级时，计算式为 $40i_d+160i_E$。

以分度圆直径 D 为基础的公差，其公差单位 i_d 为：

当 $D\leqslant 500$mm 时，$i_d=0.45\sqrt[3]{D}+0.001D$；当 $D>500$mm 时，$i_d=0.004D+2.1$。

以基本齿槽宽 E 或基本齿厚 S 为基础的公差，其公差单位 i_E 或 i_S 为：

$$i_E=0.45\sqrt[3]{E}+0.001E\text{（内花键用）};\ i_S=0.45\sqrt[3]{S}+0.001S\text{（外花键用）}$$

式中，D、E 和 S 的单位为 mm。

b. 综合公差 λ。综合公差是根据齿距累积误差、齿形误差和齿向误差对花键配合的综合影响给定的。考虑到各单项误差不太可能同时以最大值出现在同一花键上，而且三项单项误差不太可能相互无补偿地影响花键配合等情况，所以综合公差（μm）按下式计算：

$$\lambda=0.6\sqrt{F_p^2+F_\alpha^2+F_\beta^2}$$

c. 加工公差 T。加工公差为总公差（$T+\lambda$）与综合公差 λ 之差，即（$T+\lambda$）$-\lambda$。

d. 齿距累积公差 F_p。齿距累积公差 F_p（μm）的计算式如下：

公差等级为 4 级时，计算式为 $2.5\sqrt{L}+6.3$；

公差等级为 5 级时，计算式为 $3.55\sqrt{L}+9$；

公差等级为 6 级时，计算式为 $5.0\sqrt{L}+12.5$；

公差等级为 7 级时，计算式为 $7.1\sqrt{L}+18$。

式中，L 为分度圆周长之半，即 $L=\pi mz/2$，单位为 mm。

e. 齿形公差 F_{α}。齿形公差 F_{α}(μm) 的计算式如下：

公差等级为 4 级时，计算式为 $1.6\varphi_f+10$；

公差等级为 5 级时，计算式为 $2.5\varphi_f+16$；

公差等级为 6 级时，计算式为 $4.09\varphi_f+25$；

公差等级为 7 级时，计算式为 $6.39\varphi_f+40$。

式中，公差因数 $\varphi_f=m+0.0125mz$，单位为 mm。

f. 齿向公差 F_{β}。齿向公差 F_{β}(μm) 的计算式如下：

公差等级为 4 级时，计算式为 $0.8\sqrt{g}+4$；

公差等级为 5 级时，计算式为 $1.0\sqrt{g}+5$；

公差等级为 6 级时，计算式为 $1.25\sqrt{g}+6.3$；

公差等级为 7 级时，计算式为 $2.0\sqrt{g}+10$。

式中，g 为花键配合长度，单位为 mm。

③ 渐开线花键的配合。渐开线花键连接采用齿侧配合，键齿侧面既起驱动作用，又起自动定中心作用。

渐开线花键连接的齿侧配合采用基孔制，即仅用改变外花键作用齿厚上偏差的方法即可实现不同的配合。

花键齿侧配合的性质取决于最小作用侧隙。标准规定花键连接有 6 种齿侧配合类别（图 10-20）：H/k、H/js、H/h、H/f、H/e 和 H/d。对 45°标准压力角的花键连接，应优先选用 H/k、H/h 和 H/f。

齿距累积误差、齿形误差和齿向误差都会减小作用间隙或增大作用过盈，因此标准中给出了综合公差 λ 予以补偿。

当内、外花键对其安装基准有同轴度误差时，将减小花键副的作用间隙或增大作用过盈，因此必要时用调整齿侧配合类别等方法予以补偿。

允许不同公差等级的内、外花键相互配合。

(5) 圆柱直齿渐开线花键的参数标注

在零件图样上，应给出制造花键时所需的全部尺寸、公差和参数，列出参数表，表中应给出齿数、模数、压力角、公差等级和配合类别、渐开线终止圆直径最小值或渐开线起始圆直径最大值、齿根圆弧最小曲率半径，以及按 GB/T 3478.5 与选用的检验方法有关的相应项目。也可列出其他项目，例如，大径、小径及其偏差、M 值或 W 值等项目。必要时画出齿形放大图。

在有关图样和技术文件中，需要标记时，应符合如下规定：

内花键：INT　　外花键：EXl　　花键副：INT/EXT。

齿数：z（前面加齿数值）　　模数：m（前面加模数值）

30°平齿根：30P　　30°圆齿根：30R　　37.5°圆齿根：37.5　　45°圆齿根：45

公差等级：4、5、6 或 7

配合类别：H（内花键）；k、js、h、f、e 或 d（外花键）

标准编号：GB/T 3478.1—2008

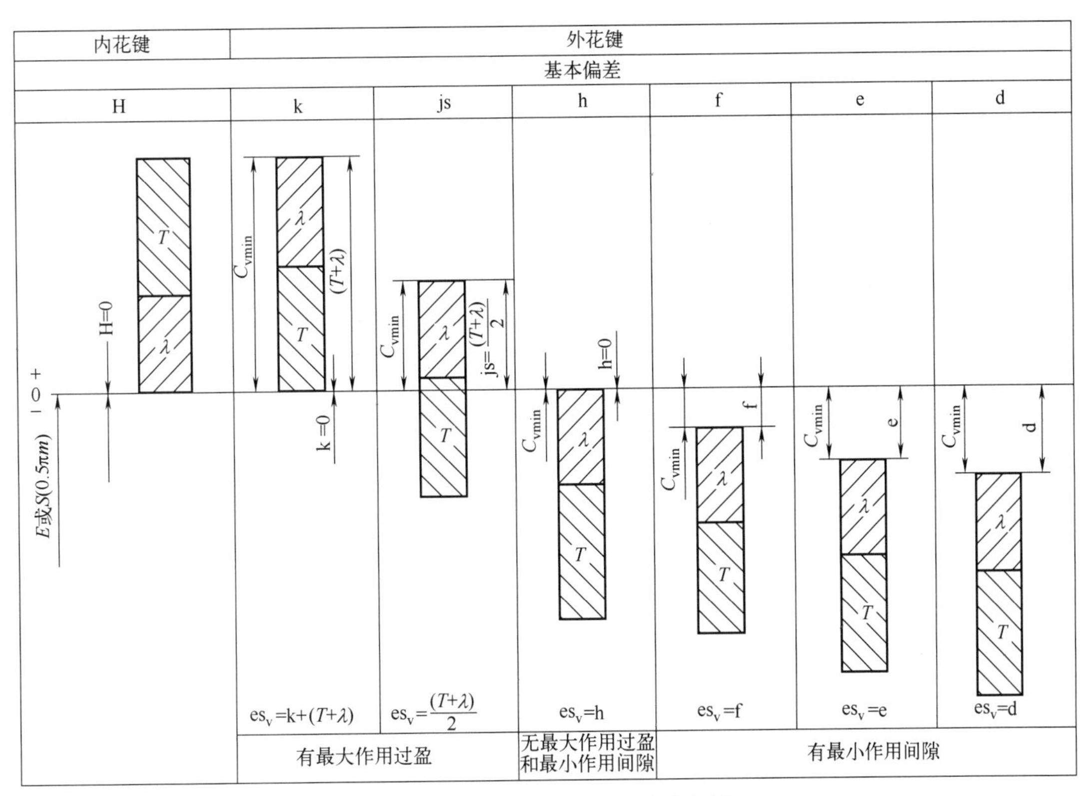

图 10-20　齿侧配合的公差带分布图

标记示例

【例 10-9】 示例 1：花键副，齿数 24、模数 2.5、30°圆齿根、公差等级为 5 级、配合类别为 H/h。

花键副：INT/EXT　24z×2.5m×30R×5H/5h　GB/T 3478.1—2008

内花键：INT　24z×2.5m×30R×5H　GB/T 3478.1—2008

外花键：EXT　24z×2.5m×30R×5h　GB/T 3478.1—2008

示例 2：花键副，齿数 24、模数 2.5、内花键为 30°平齿根、公差等级为 6 级；外花键为 30°圆齿根、其公差等级为 5 级、配合类别为 H/h。

花键副：INT/EXT　24z×2.5m×30P/R×6H/5h　GB/T 3478.1—2008

内花键：INT　24z×2.5m×30P×6H　GB/T 3478.1—2008

外花键：EXI　24z×2.5m×30R×5h　GB/T 3478.1—2008

示例 3：花键副，齿数 24、模数 2.5、37.5°圆齿根、公差等级为 6 级、配合类别为 H/h。

花键副：INT/EX3　24z×2.5m×37.5×6H/6h　GB/T 3478.1—2008

内花键：INT　24z×2.5m×37.5×6H　GB/T 478.1—2008

外花键：EXI　24z×2.5m×37.5×6h　GB/T 3478.1—2008

示例 4：花键副，齿数 24、模数 2.5、45°圆齿根、内花键公差等级为 6 级、外花键公差等级为 7 级、配合类别为 H/h。

花键副：INT/EXT　24z×2.5m×45×6H/7h　GB/T 3478.1—2008

内花键：INT　24z×2.5m×45×6H　GB/T 3478.1—2008

外花键：EXT　$24z \times 2.5m \times 45 \times 7h$　GB/T 3478.1—2008

当内花键采用直线齿形时，在参数表中应加注齿槽角及其数值。

在有关图样和技术文件中，需要标记时，用“45ST”表示45°直线齿形圆齿根。

标记示例

【例 10-10】 花键副，齿数24、模数1.5，内花键为45°直线齿形圆齿根、公差等级为6级，外花键为45°渐开线齿形圆齿根、公差等级为7级，配合类别为H/h。

花键副：INT/EXT　$24z \times 1.5m \times 45ST \times 6H/7h$　GB/T 3478.1—2008

内花键：INT　$24z \times 1.5m \times 45ST \times 6H$　GB/T 3478.1—2008

外花键：EXT　$24z \times 1.5m \times 45 \times 7h$　GB/T 3478.1—2008

参考文献

[1] 吴拓．公差配合与技术测量［M］．北京：机械工业出版社，2021.

[2] 任嘉卉．公差与配合手册量［M］．3版．北京：机械工业出版社，2013.

[3] 徐茂功．公差配合与技术测量［M］．4版．北京：机械工业出版社，2013.

[4] 薛岩，刘永田，等．互换性与测量技术知识问答［M］．北京：化学工业出版社，2012.

[5] 张文革，石枫．公差配合与技术测量［M］．北京：北京理工大学出版社，2010.

[6] 张美芸，陈凌佳，陈磊．公差配合与测量［M］．2版．北京：北京理工大学出版社，2010.